THIS IS HOKKAIDO

THIS IS HOKKAIDO

초판 1쇄 발행 2019년 5월 15일
개정1판 1쇄 발행 2023년 1월 16일
개정2판 1쇄 발행 2024년 4월 26일
개정3판 1쇄 발행 2025년 5월 15일

글·사진 권예나, 김민정
그림 권예나

발행인 박성아
편집 김현신
내지 디자인 onmypaper, the Cube
표지 디자인·지도 일러스트 the Cube
경영 기획·제작 총괄 홍사여리
마케팅·영업 총괄 유양현

펴낸 곳 테라(TERRA)
주소 03925 서울시 마포구 월드컵북로 400, 서울경제진흥원 2층(상암동)
전화 02.332.6976
팩스 02.332.6978
이메일 travel@terrabooks.co.kr
인스타그램 @terrabooks
등록 제2009-000244호
ISBN 979-11-92767-31-4 13980
값 19,800원

THIS IS 디스이즈홋카이도 HOKKAIDO

글·사진 권예나 김민정　그림 권예나

INTRO

삿포로

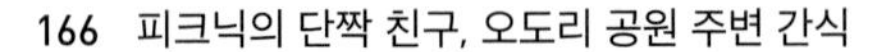

조잔케이 온천

신치토세공항

오타루

요이치 & 샤코탄

시코츠호

노보리베츠 & 도야

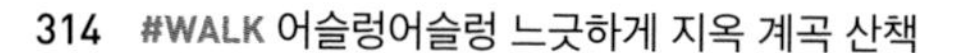

HAKODATE 函館 IN HOKKAIDŌ

하코다테

오누마 공원

아사히카와 & 비에이 & 후라노

토카치 & 오비히로

구시로 & 아칸-마슈 국립공원

아바시리 & 시레토코

왓카나이 & 리시리섬 & 레분섬

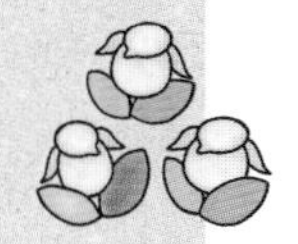

BEFORE READING

일러두기

❶ 이 책에 수록된 요금 및 영업시간, 교통 패스, 스케줄 등의 정보는 현지 사정에 따라 수시로 변동될 수 있습니다. 여행에 불편함이 없도록 방문 전 공식 홈페이지 또는 현장에서 다시 확인하길 권합니다.

❷ 교통 및 도보 소요 시간은 대략적인 것으로, 현지 사정에 따라 다를 수 있습니다.

❸ 일본어 표기는 국립국어원이 정한 외래어 표기법에 따랐으나, 'ㅋ' 'ㅌ' 'ㅊ'가 어두에 오면 'ㄱ' 'ㄷ' 'ㅈ'으로 표기한다는 원칙은 따르지 않고 실제에 가까운 발음과 가독성, 영어 표지판을 고려해 'ㅋ' 'ㅌ' 'ㅊ'로 통일했습니다. 단, 일부 고유명사화된 지명이나 인명, 영어 등의 표기는 독자의 이해와 인터넷 검색을 돕기 위해 국립국어원의 외래어 표기법에 따라 'ㄱ' 'ㄷ' 'ㅈ'으로 표기했습니다.

'ㅋ' 'ㅌ' 'ㅊ'로 통일하는 예) 기타카로 (X) 키타카로 (O), 다쿠신칸 (X) 타쿠신칸 (O), 지요다 (X) 치요다 (O)

'ㄱ' 'ㄷ' 'ㅈ'로 통일하는 예) 쿠시로 (X) 구시로 (O), 토야 (X) 도야 (O), 추오 (X) 주오 (O)

❹ 일본에서는 우리나라와 마찬가지로 생일을 기준으로 계산하는 '만 나이'를 사용합니다. 이 책에 수록한 나이 기준은 모두 만 나이입니다.

❺ 입장료나 교통 요금 중 초등학생, 중학생, 고등학생 요금이 책정된 경우는 각 학생 신분에 해당하는 나이로 계산합니다. 보호자 동반 입장 시에는 별도의 신분 증명이 필요 없지만, 육안으로 봤을 때 심히 의심되거나 보호자를 동반하지 않은 경우에는 여권 제시가 요구될 수 있습니다. 성인 요금보다 저렴한 대학생 요금이나 시니어 요금(대개 65세 이상)도 학생증이나 여권 증명이 필요할 수 있습니다.

❻ 홋카이도의 어린이 또는 초등학생 교통 요금은 대개 성인의 반값입니다. 끝자리가 5엔일 경우 보통 10엔 단위로 올림해 계산합니다. 5세 이하는 대개 무료입니다.

올림으로 계산하는 예) 어른 요금이 210엔일 때 210엔÷2=105엔이지만 110엔을 내야 함

❼ 홋카이도에서 대중교통 및 관광지 연령 기준과 요금 혜택은 다음과 같습니다.

성인: 12세 이상

어린이: 6~11세 또는 초등학생. 대개 성인 요금의 반값입니다. 5세, 12세도 초등학생이라면 반값인 경우도 있습니다.

영유아: 5세 이하 또는 미취학 아동. 대개 성인 1명당 1~2인 무료입니다. 단, 열차나 버스에서 좌석(JR은 지정석)을 차지할 경우 어린이 요금을 받습니다.

❽ 이 책에 소개한 명소와 식당, 상점에는 구글맵(Google maps) 검색어를 넣어 독자들이 지도를 쉽게 검색할 수 있도록 도왔습니다. 한국어 또는 영어로 검색할 수 없는 곳의 검색어는 구글맵에서 제공하는 '플러스 코드(Plus Codes)'로 표기했습니다. 플러스 코드는 '3992+F8 삿포로'와 같이 알파벳(대소문자 구분 없음)과 숫자, '+' 기호, 도시명으로 이루어졌습니다. 현재 내 위치가 있는 도시에서 장소를 검색할 경우 도시명은 생략해도 됩니다.

❾ 현지에서 렌터카 이용 시 내비게이션에 목적지를 입력할 때는 일본 전국의 위치 식별 코드인 맵코드Mapcode를 입력하는 것이 가장 빠르고 정확합니다. 이 책에서는 주차장이 있는 곳은 주차장의 맵코드를 표기했습니다. 또한 주차장을 갖추거나 인근 공용 주차장을 무료로 이용할 수 있는 곳은 장소별 맵코드 정보에 '(주차장)', 유료 주차장인 경우 '(유료 주차장)'이라고 표기했습니다.

예) MAPCODE 230 546 730*47(주차장), **MAPCODE** 603 169 354*75(유료 주차장)

주차장을 갖추지 못한 곳은 주차장 표기 없이 맵코드 정보만 넣거나 인근 유료 주차장 정보를 넣었습니다. 만약 가고자 하는 장소에 해당하는 맵코드가 없다면 전화번호를 입력하고, 다음으로 지명 또는 상호, 주소순으로 입력하면 됩니다. 책에 나오지 않은 장소에 대한 맵코드는 재팬 맵코드(japanmapcode.com/ko)에서 검색할 수 있습니다.

❿ 이 책에서 MAP ❶~㉛은 맵북(별책 부록)의 지도 번호를 의미합니다.

홋카이도 여행하기

HOKKAIDO

Hokkaido Overview

'홋카이도=삿포로'라고 알고 있었다면 큰 오산!
대자연의 땅 홋카이도에는 우리가 아는 삿포로 외에도 지역마다 가지각색 매력을 가진 도시들이 잔뜩 있다.
홋카이도의 추천 명소와 그곳에서 놓치지 말아야 할 액티비티를 꼽았다.

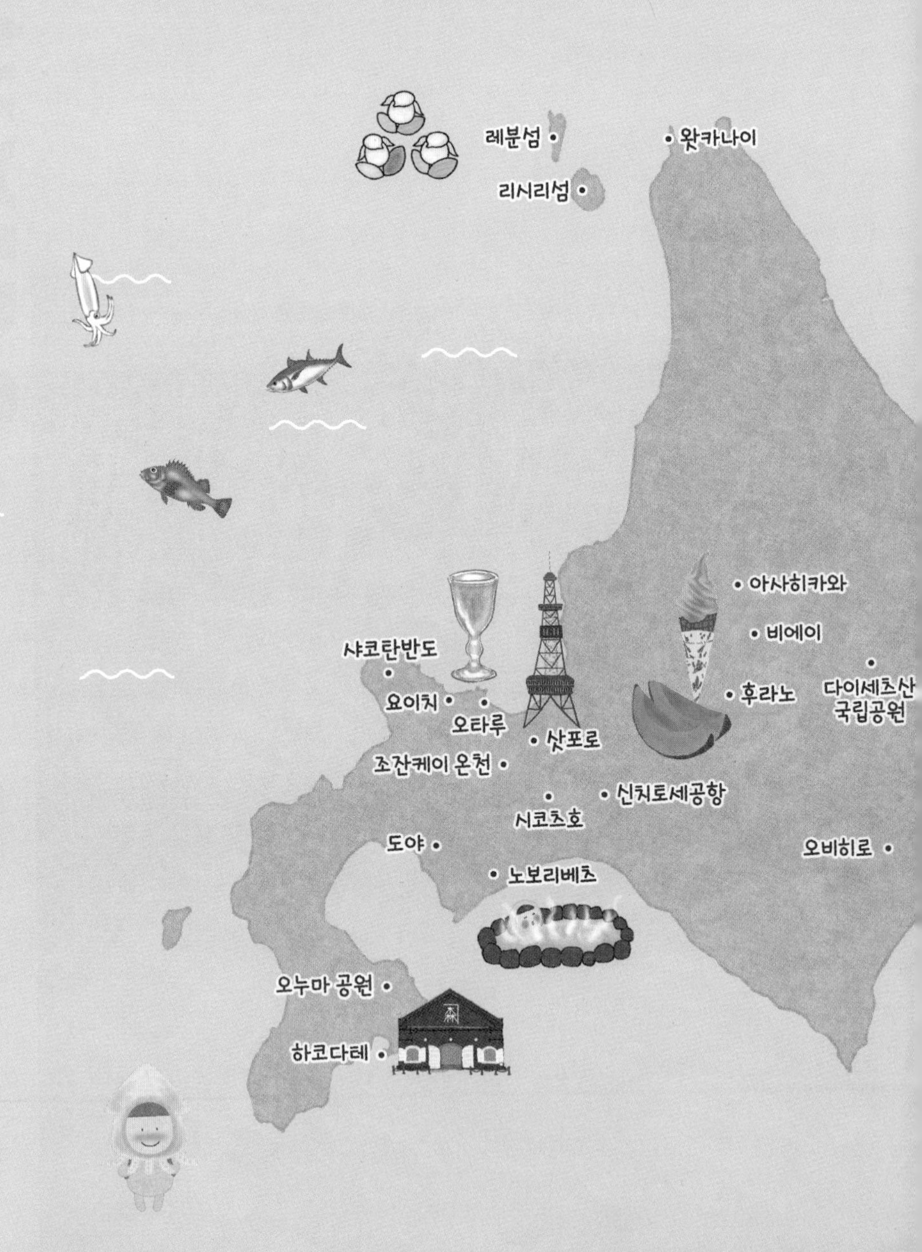

삿포로

일본 5대 도시로 꼽히는 홋카이도 최대 도시. 홋카이도 각지의 맛있는 음식이 모여드는 곳인 만큼 맛집 투어에 힘 줄 것을 추천!

→ 133p

오타루

삿포로 다음으로 많이 찾는 아담한 도시. 아름다운 오르골 소리와 은은한 가스등이 불을 밝히는 운하를 따라 낭만 산책을 즐겨보자.

→ 267p

하코다테

도시와 시골 모두 체험하고 싶다면 이곳! 소확행으로 가득한 여유만만한 생활이 펼쳐진다. 빈티지 카페와 야경은 놓치지 말자.

→ 331p

노보리베츠 & 도야

일명 온천 백화점이라 불린다. 피로를 싹 날려버릴 온천욕으로 힐링을 만끽해보자.

→ 309p

아사히카와&
비에이 & 후라노

홋카이도 중심부를 차지한 세 도시. 화려한 꽃밭과 울퉁불퉁 언덕 등 홋카이도 대표 이미지가 이곳에서 펼쳐진다.

→ 379p

토카치(오비히로)

홋카이도 면적의 10%를 차지하는 어마어마한 규모. 꽃과 나무, 식물이 만발한 목가적인 풍경을 원한다면 바로 이곳이다.

→ 427p

구시로 & 아칸-마슈 국립공원

때 묻지 않은 대자연의 총집합. 습원 국립공원과 굿샤로·마슈 칼데라 호수, 희귀 녹조류 마리모가 사는 아칸호 등 수려한 풍경이 펼쳐진다.

→ 445p

아바시리 & 시레토코

어쩌면 오호츠크해의 유빙을 만나볼 수 있는 곳. 거친 야생의 세계를 탐험하기에도 그만이다.

→ 467p

왓카나이 &
리시리섬 & 레분섬

삿포로 최북단. 러시아의 사할린이 보이는 땅끝마을을 체험해보자.

→ 487p

How to Travel 홋카이도

홋카이도는 본섬인 혼슈本州를 제외하고 일본 열도에서 가장 큰 섬이다. 면적이 큰 만큼 다양한 자연환경과 식생이 분포돼 있어 지역마다 뚜렷한 개성을 드러낸다. 홋카이도 여행이 처음이라면 삿포로를 중심으로 오타루, 후라노, 비에이, 조잔케이 온천 등 비교적 근교 여행을 추천한다. 온천과 힐링이 목적이라면 삿포로와 노보리베츠, 도야 등을 묶어 여행하는 것도 좋다.
홋카이도 방문이 처음이 아니라면 삿포로를 벗어나 하코다테, 오비히로, 구시로, 아바시리, 왓카나이 등 멀리 떨어진 지역을 다녀오는 것도 좋다. 같은 일본이라는 게 믿기지 않을 정도로 확연히 다른 풍경과 분위기를 느낄 수 있다.

홋카이도 기본 정보

명칭	홋카이도 北海道(도청 소재지는 삿포로)
화폐	엔화(¥, 円)
환율	100엔=약 1000원(2025년 4월 현재 매매기준율)
인구	약 511만 명(일본 총인구의 약 4.1%)
면적	83,423km²(남한 면적의 약 83%)
언어	일본어
국가번호	81
비자	여행을 목적으로 방문하는 대한민국 국적자는 무비자 입국 최대 90일
지리	일본 열도의 최북단에 위치해 있으며, 혼슈, 시코쿠, 규슈와 함께 일본 열도를 구성하는 4개 주요 섬 중 하나다. 일본의 섬에서는 혼슈 다음으로 크며, 세계의 섬 중에서는 아일랜드에 이어 21번째 규모다. 또한 전체 면적의 70%가 국립공원으로 지정될 만큼 자연경관이 뛰어나다.
전기	AC 100V/50Hz. 11자 모양의 2핀 플러그를 사용하므로 변환 플러그(일명 돼지코)를 준비해 가야 한다. 멀티 충전기도 가져가면 편리하다.

일본의 공휴일(2025년)

1월 1일 설날
1월 13일 성년의 날(1월 둘째 일요일) ★
2월 11일 건국기념일
2월 23일 일왕 생일
3월 20일 춘분(20·21일 중 평일) ★
4월 29일 쇼와의 날
5월 3일 헌법기념일
5월 4일 식목일
5월 5일 어린이날
7월 21일 바다의 날(7월 셋째 일요일) ★
8월 11일 산의 날
8월 15일 오봉(회사에 따라 15일 전후 3~4일 연휴)
9월 15일 경로의 날(9월 셋째 월요일) ★
9월 23일(9월 22·23·24일 중 첫 번째 평일) 추분 ★
10월 13일 체육의 날(10월 둘째 월요일) ★
11월 3일 문화의 날
11월 23일 근로 감사의 날

★는 매년 날짜가 바뀜

@ 공휴일이 일요일과 겹치면 그다음 날 월요일을 대체 휴일로 함

일본과 홋카이도의 행정구역

일본은 1도都(도쿄도), 1도道(홋카이도), 2부府(오사카부·교토부), 43개의 현縣으로 나뉘고, 크게 홋카이도·토호쿠·칸토·주부·킨키·시코쿠·큐슈·오키나와의 8개 지방으로 나뉜다. 홋카이도는 면적이 넓어 크게 도난道南, 도토道東, 도오道央, 도호쿠道北 4개 지역으로 구분하기도 한다.

홋카이도 VS 한국 물가 비교

✲100엔(￥)=1000원(2025년 4월 매매기준율 기준)

브랜드 생수(500~600ml)
약 110엔(약 1100원)
한국 약 1000원

우유(500ml)
약 170엔(약 1700원)
한국 약 1650원

맥도날드 빅맥 단품
480엔(약 4800원)
한국 5500원

스타벅스 아메리카노(Tall)
475엔(약 4750원)
한국 4500원

맥주(500ml, 편의점 기준)
약 300엔(약 3000원)
한국 약 3000원

지하철·버스 기본요금
(1회권 기준)
삿포로 240엔(약 2400원)
서울 1500원(현금)

택시 기본요금
삿포로 670엔(약 6700원)
서울 4800원

홋카이도 긴급 연락처

◆ 외교부 여권 안내

WEB www.passport.go.kr

◆ 외교부 해외안전여행 영사콜센터(24시간)

TEL 한국에서 02-3210-0404
일본에서 로밍 휴대폰 이용 시 +82-2-3210-0404(유료)
일본에서 유선 전화 또는 휴대폰 이용 시
010-800-2100-0404(1304) / 00531-82-0440(자동 콜렉트 콜)

WEB www.0404.go.kr

APP 플레이스토어 또는 앱스토어에서 '영사콜센터'를 검색 후 '영사콜센터 무료전화앱'을 설치하면 무료 상담전화 및 카카오톡 상담 가능

◆ 주 삿포로 대한민국 총영사관

GOOGLE 386Q+X7 삿포로

ADD 12 Chome-1-4 Kita 2 Jonishi Chuo-ku, Sapporo, Hokkaido

TEL +81-11-218-0288/업무시간 외 +81-80-1971-0288

OPEN 08:45~12:00, 13:00~17:30/토·일·우리나라 및 일본 공휴일 휴무

WALK 지하철 도자이선 니시주잇초메역 1번 출구 10분

WEB overseas.mofa.go.kr/jp-sapporo-ko/index.do

◆ 기타 현지 긴급 연락처

경찰 110 **화재/구급차** 119

+MORE+

일본 식당 예약에 유용한 무료 국제전화 앱

전화로 일본 식당을 예약할 땐 다양한 무료 국제전화 앱을 활용해보자. 대표적인 앱은 아이폰 'OTO Call', 안드로이드폰 'OTO Free International Call'로, 한국에서 일본으로 국제전화를 걸어도 현재 사용 중인 요금제의 국내 전화요금 정도만 차감된다. 파파고 등의 번역 앱을 이용해 원하는 날짜와 시간, 인원수 등을 미리 찾아둔 후 전화를 걸어서 번역 앱에 나온 한글 발음 그대로 읽으면 끝. 전화번호 입력 시엔 일본 국가 번호 81을 누른 뒤 식당 전화번호에서 앞자리 0을 제외하고 입력한다. 예약 확인을 위해 필요한 연락처는 투숙 호텔의 주소와 전화번호로 대체할 수 있다.

영사콜센터

해외안전여행 국민외교

파파고

OTO Call

홋카이도의 사계

홋카이도는 땅이 워낙 넓어서 지역마다 날씨가 천차만별이다.
따라서 여행을 떠나기 전에는 '홋카이도'가 아닌 '삿포로', '오타루', '구시로' 등
여행지의 정확한 지명으로 날씨를 검색하는 것이 좋다.

겨울

'홋카이도' 하면 떠오를 그 계절, 바로 겨울이다. 보통 홋카이도에는 10월 말부터 눈이 오기 시작하고 11월부터는 소복소복 눈이 쌓이기 시작해 온 땅이 하얗게 물든다. 삿포로 도심에서는 4월까지 군데군데 눈이 쌓인 모습을 볼 수 있어 일 년에 절반 가까이 눈을 볼 수 있는 셈. 홋카이도의 어느 지역이든 눈이 많이 오는 편이므로 겨울에 홋카이도를 여행한다면 잘 미끄러지지 않으면서 방수가 되는 신발을 준비하는 것이 좋다. 두꺼운 외투는 필수고, 여러 겹의 따뜻한 내의, 장갑, 모자 등을 두루 준비해 보온에 신경쓰자.

봄

일본의 봄 하면 떠오르는 벚꽃. 홋카이도는 일본에서도 벚꽃이 가장 늦게 피는 지역이다. 이 말인즉슨, 3~4월 벚꽃 시즌을 놓친 사람들에게도 꽃놀이를 즐길 기회가 다시 한번 주어진다는 말씀! 4월 말 하코다테를 시작으로 5월 초까지 홋카이도 일대에 벚꽃이 개화한다. 하지만 놓치면 1년 뒤를 기약해야 하는 마지막 벚꽃 구경이기에 벚꽃 명소마다 가득 찬 인파는 감수해야 할 것. 따뜻한 햇볕에 몸도 마음도 가벼워지는 시기지만, 옷차림마저 덩달아 가벼워졌다가는 감기에 걸릴 수 있으니 유의하자. 밤에는 아직 바람이 차고 쌀쌀한 공기가 내려앉는다.

여름

홋카이도의 여름은 강렬하다. 강하게 내리쬐는 태양 아래 홋카이도 전 지역이 반짝이는 기간. 지역에 따라 다르지만 보통 여행하기 좋은 6월부터 8월까지를 여름 시즌으로 본다. 이 시기는 명실상부 홋카이도 여행의 최고 성수기로 여행하기 가장 좋은 시즌이다. 각종 여름 축제와 불꽃놀이로 눈과 마음이 모두 즐거워진다. 장마가 없고 낮에는 기온이 높아 더운 편이지만, 습도가 낮고 건조한 더위라 우리나라의 여름과는 사뭇 다르다. 또한 여름이라도 지역에 따라 밤낮 기온 차가 클 수 있으니 긴소매, 긴바지 등을 준비하는 것이 좋다.

가을

공기가 서늘해지기 시작하는 9월, 홋카이도의 가을이 고개를 들이민다. 10월이 되면 푸른 여름의 색은 온데간데없고 색색의 단풍이 제 빛깔을 뽐내기 시작, 바야흐로 단풍놀이 시즌이 열린다. 삿포로에서 가장 가까운 단풍 명소는 조잔케이 온천과 호헤이쿄로, 자연으로 둘러싸인 온천 마을 전체와 호수가 울긋불긋 물든다. 낮은 비교적 따뜻하지만, 해가 지고 나면 상당히 쌀쌀해지므로 긴소매와 겉옷을 챙겨오는 것이 좋다. 11월은 가을에서 겨울로 넘어가는 이도 저도 아닌 애매한 시기지만, 최근에는 이상고온 현상으로 단풍도 예년보다 늦어지고 있다. 가을의 시작 무렵인 8월 중순~9월에는 집중호우가 내리기도 하나, 태풍은 적은 편이다.

홋카이도의 여름과 겨울 옷차림 상식

1 여름: 낮에는 시원하게, 밤에는 따뜻하게

2024년 여름 삿포로의 한낮 기온이 34°C를 기록했다. 일본 최북단에 자리한 홋카이도는 여름이 선선해서 여름 여행지로 인기가 많은데, 해가 갈수록 점점 여름이 더워지는 추세. 조만간 '홋카이도는 여름에도 서늘하다'라는 표현을 쓰지 못할지도 모르겠다. 하지만 아무리 낮에 더웠더라도 저녁엔 언제 그랬냐는 듯 쌀쌀해지니 여름에 홋카이도에 갈 땐 일반적인 여름 옷차림에 더해 얇은 카디건이나 바람막이도 잊지 말고 챙겨가자.

2 겨울: 내의, 귀마개, 장갑, 방한 부츠, 모자 필수

지구온난화 탓에 눈의 왕국 홋카이도의 겨울도 점점 더 따뜻해지고 있다. 강설량이 부족해 개장 시기를 늦추는 스키장들이 생겨날 정도. 하지만 그럼에도 홋카이도의 겨울은 여전히 춥다. 모자, 귀마개, 장갑은 필수. 신발은 눈에 파묻혀도 젖지 않는 스노우 부츠를 추천한다. 방수가 되거나 보온까지 고려한 장화를 찾아볼 것. 아이젠이 있다면 챙겨오면 좋고 없다면 여행 중에 신발 바닥에는 탈착식 스파이크를 사서 붙여주자. 다이소나 돈키호테, 호텔 로비에서 판매하기도 한다. 눈 덮인 도로에서 캐리어를 끌고 가다가는 중심을 잃고 미끄러지기 쉬우므로 배낭이 안전하다. 핫팩은 몸을 따뜻하게 하는데 도움이 되며, 특히 신발 안에 넣는 핫팩은 야외 활동이 많은 추운 날에 강력 추천!

홋카이도 주요 도시의 월평균 기온 & 강우량

월평균 최고 기온(℃) · 월평균 최저 기온(℃) · 월평균 강우량(mm)

삿포로

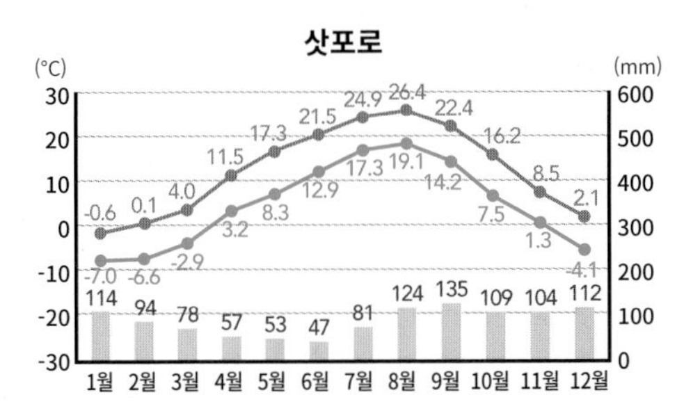

구시로

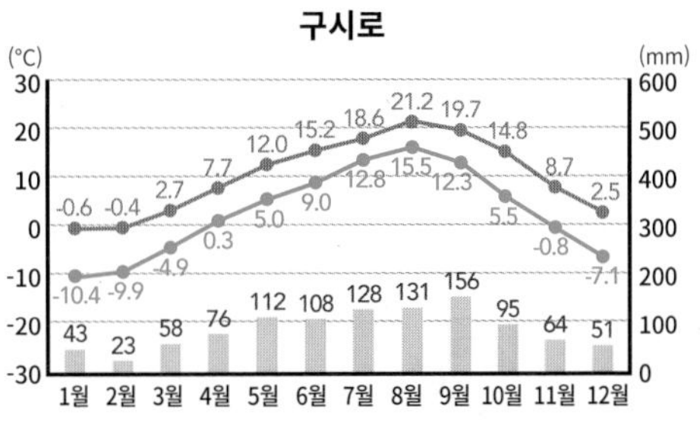

하코다테

	1월	2월	3월	4월	5월	6월	7월	8월	9월	10월	11월	12월
월평균 최고 기온(℃)	-0.7	1.5	5.3	11.8	16.5	19.9	23.4	25.8	22.7	16.8	9.7	3.3
월평균 최저 기온(℃)	-6.2	-5.9	-2.6	2.6	7.5	12.1	16.6	18.7	14.1	7.4	1.4	-3.5
월평균 강우량(mm)	77	59	59	70	84	73	130	154	153	100	108	85

시레토코·아바시리

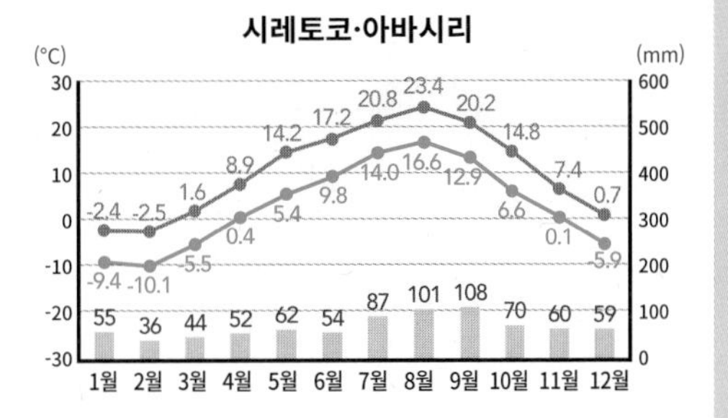

아사히카와

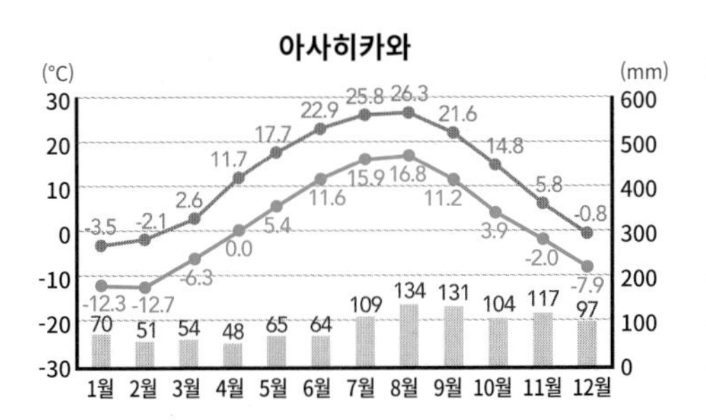

왓카나이

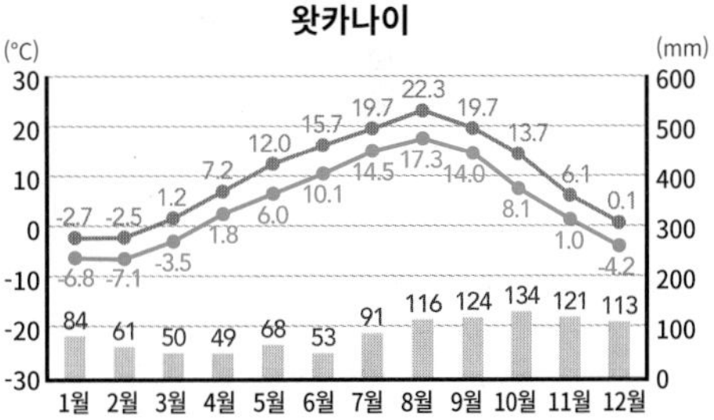

+MORE+

홋카이도에서는 눈사람 보기 쉽지 않아요!

'파우더 스노우'라는 별명을 가진 홋카이도의 눈은 부드럽고 포슬포슬해서 눈사람을 만들기 쉽지 않다. 지나가다가 혹시라도 눈사람이 있다면 기념사진 찍는 걸 잊지 말자.

여기다!
인생사진 남기는 명당

흠칫, 정말 내가 찍은 사진이 맞나? 쏠트몬이 추천하는 홋카이도 포토 스폿 리스트!
어떤 카메라를 가져가도 인생사진을 남길 수 있다.
하지만 훌륭한 장비는 필요 없어도 맑은 날씨의 절대적인 도움이 필요하다는 반전이 있으니…
그날 날씨는 하늘에 기도하는 수밖에!

오쿠라야마 전망대

날씨가 좋으면 삿포로 전체가 한눈에!

테미야 공원

그림처럼 펼쳐지는 오타루항 풍경

지옥 계곡

지옥을 연상시키는 연기가 폴폴~

곳곳에서 만나는 언덕

'언덕의 마을'이라는 별명 그대로

외국인묘지 & 바다 전망 카페들

영원히 간직하고픈 인생 석양

토카치 힐즈

이 정원, 통째로 갖고 싶다!

마츠미대교

가슴이 웅장해지는 경이로운 풍경

7 다이세츠산

일본 최북단의 부동호

일본 호수 청정도 1위의 위엄!

8 시코츠호

9

비에이 & 후라노

청의 호수

물감을 풀어 놓은 듯
비현실적인 에메랄드빛

호소오카 전망대

끝이 안 보이는 습원 풍경

오호츠크 유빙관 전망대

오호츠크해가 보이는 풍경이란~

노샤푸곶

태양과 입맞추는 돌고래

왓카나이 12

일생에 한 번은 가볼 만한 홋카이도 대표 축제 일정

홋카이도의 대표 축제는 매일같이 눈이 내리는 2월과 7~8월의 짧은 여름에 몰려있다. 뭐니 뭐니 해도 가장 유명한 것은 삿포로의 눈축제. 오타루 눈빛거리 축제와 일정이 살짝 겹쳐 여행 계획만 잘 세운다면 홋카이도의 대표 겨울 축제를 한 번에 둘러볼 수 있다. 홋카이도 전역이 신록으로 찬란한 7~8월에는 시원한 맥주 축제를 포함한 여름 축제가 크게 열린다.

2월

삿포로 눈축제
さっぽろ雪まつり

2월 초·중순

명실상부 홋카이도 대표 축제. 오도리 공원, 스스키노 거리에 눈과 얼음으로 만든 다양한 조각 작품이 설치된다. 각종 이벤트와 홋카이도산 먹거리를 만나는 일도 빼놓을 수 없는 즐거움.

오타루 눈빛거리 축제
小樽雪あかりの路

2월 초·중순

낭만적인 오타루의 밤을 아름답게 수놓는 불빛과 눈으로 만든 조각품이 거리를 밝힌다. 삿포로 눈축제와 겹치는 일정 기간에 두 곳을 함께 방문하는 것이 팁!

아사히카와 겨울 축제
旭川冬まつり

2월 초·중순

삿포로 눈축제에 이어 홋카이도에서 두 번째로 많은 입장객 수를 자랑하는 축제. 눈과 얼음으로 만든 조형물을 둘러보고 맛있는 지역 음식도 즐길 수 있다.

4월

시레토코 설벽 워킹
知床雪壁ウオーク

4월 중순

눈이 많이 와서 겨울에는 통제되는 시레토코 도로. 봄을 맞아 도로를 개통하기 전, 제설 작업으로 생긴 설벽을 걸어볼 수 있는 독특한 시간이다.

도야호 롱런 불꽃축제
洞爺湖ロングラン花火大会

4월 말~10월

도야호에서 매일 밤 8시 45분경, 약 20분간 벌어지는 소소한 불꽃놀이다. 유람선 위나 온천 마을 호수 근처에서 하늘을 수놓는 낭만을 즐겨보자.

5월

삿포로 라일락 축제
さっぽろライラックまつり

5월 중순·말

약 400여 그루의 라일락 나무가 있는 오도리 공원에서 봄바람과 음악, 맛있는 음식과 와인을 함께 즐기는 시간.

하코다테 고료카쿠 축제
箱館五稜郭祭

5월 중순

고료카쿠에 벚꽃이 만발하는 5월, 하코다테 전쟁의 무대였던 고료카쿠의 역사를 전하는 축제가 열린다. 지역주민들이 직접 참여하는 각종 콘테스트와 퍼레이드를 볼 수 있다.

6월

요사코이 소란 축제
よさこいソーラン祭り

6월 초

홋카이도 대학의 한 학생이 코치현의 요사코이 축제를 접한 뒤 삿포로로 돌아와 작게 시작한 축제다. 시민들이 춤을 추며 행진하는 퍼레이드가 하이라이트.

홋카이도 신사 축제
北海道神宮例祭

6월 중순

삿포로 축제라고도 불리는 홋카이도 대표 축제 중 하나. 신을 태운 커다란 가마가 홋카이도 신궁을 출발해 행진하는 것이 큰 볼거리다.

7~8월

나카후라노 라벤더 축제
なかふらのラベンダーまつり

7월 중순

후라노에서도 보라색 라벤더로 유명한 나카후라노의 축제. 라벤더를 이용한 다양한 체험 부스와 밴드 공연, 민속 공연, 불꽃놀이 등이 펼쳐진다.

삿포로 여름 축제
さっぽろ夏まつり

7월 말~8월 중순

짧은 여름이 아쉬운 홋카이도 주민들은 여름밤 늦은 시간까지 맥주와 맛있는 음식을 즐기곤 한다. 삿포로 맥주 축제로 유명한 오도리 공원의 비어가든도 이 축제의 한 부분이다.

오누마호 축제
大沼湖水まつり

7월 말

1906년부터 120년 가까이 이어온 오누마호의 여름 대표 축제. 한 스님이 등롱을 호수에 띄워 공양했던 것이 그 시초. 등롱이 켜진 호수 위로 오색의 불꽃축제가 시작된다.

하코다테항 축제
函館港まつり

8월 초

하코다테 시민 모두가 즐기는 하코다테 대표 여름 축제. 시민들이 함께 추는 오징어 춤사위 위로 불꽃놀이가 펼쳐진다.

노보리베츠 지옥 축제
登別地獄まつり

8월 말

지옥 온천으로 유명한 노보리베츠에 푸른색 악마, 붉은색 악마와 염라대왕이 등장해 지역 주민들과 함께 즐기는 퍼레이드 행사.

9~10월

삿포로 가을 축제
さっぽろオータムフェスト

9월 중순~10월 말

가을이 무르익는 오도리 공원에 각 지역의 농축산품과 라멘, 와인, 술 등 홋카이도의 맛이 총집결한다. 매년 200만 명 이상이 방문하는 대규모 축제.

11~12월

삿포로 화이트 일루미네이션
Sapporo White Illumination

11월 중순~3월 중순

1981년부터 시작된 화이트 일루미네이션으로, 반짝이는 수천 개의 전구가 오도리 공원과 삿포로 주요 지역을 밝게 빛낸다. 도시 전체가 테마파크처럼 아름답게 꾸며지는 시간.

삿포로 뮌헨 크리스마스 마켓
ミュンヘン・クリスマス市 in Sapporo

11월 중순~12월 25일

삿포로가 독일 뮌헨과 맺은 자매결연 30주년을 기념해 2002년부터 시작한 행사다. 오도리 공원 일대에 작은 크리스마스 상점들이 문을 연다.

하코다테 크리스마스 판타지
Hakodate Christmas Fantasy

12월 1~25일

하코다테항 해상에 20m의 크리스마스트리가 점등되며 시작되는 행사. 베이 에어리어 주변에서 아티스트의 라이브 공연이나 각종 이벤트가 진행된다.

홋카이도, 먹으러 가자!
(feat.먹방지도)

이건 꼭 먹어보자!

홋카이도 각지 명물 구루메

행정 구역으로 나누면 홋카이도는 14개의 진흥국振興局 아래 여러 시, 군, 정 등으로 나뉜다. 각 지역에는 그 지역을 대표하는 명물 음식이 있기 마련. 그중에서도 안 먹으면 후회할 홋카이도 머스트 잇Must Eat 음식 리스트를 꼽았다.

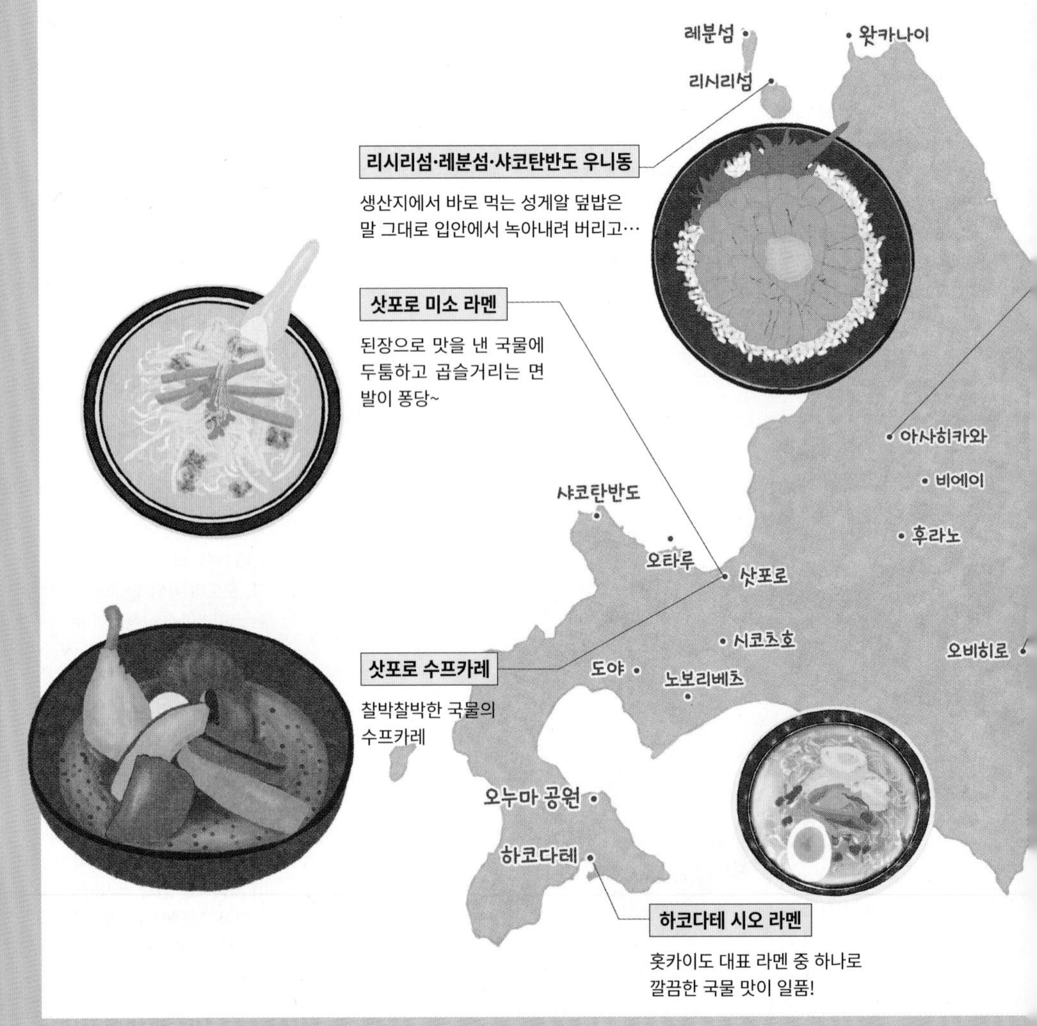

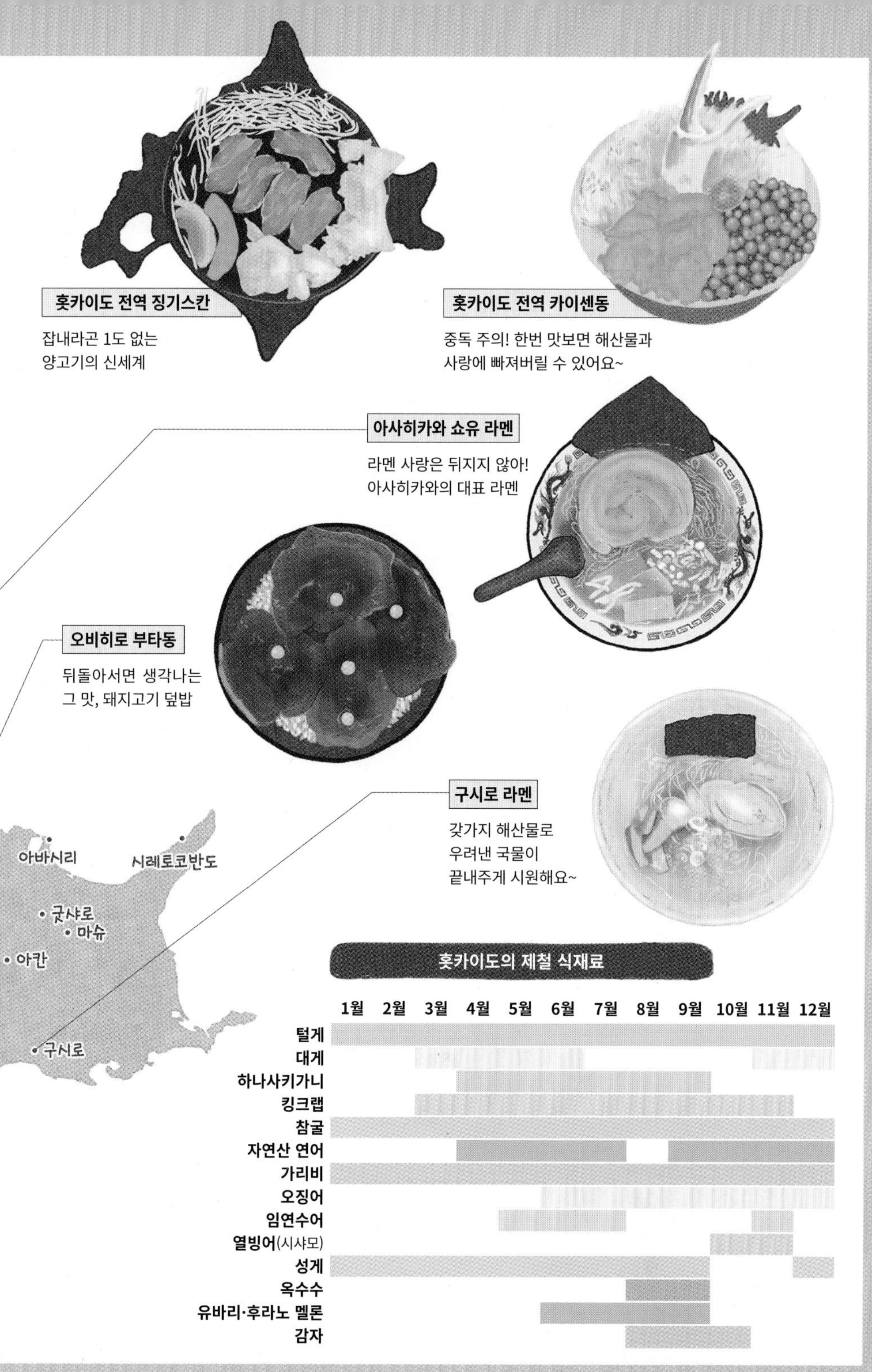
홋카이도 전역 징기스칸
잡내라곤 1도 없는
양고기의 신세계
홋카이도 전역 카이센동
중독 주의! 한번 맛보면 해산물과
사랑에 빠져버릴 수 있어요~
아사히카와 쇼유 라멘
라멘 사랑은 뒤지지 않아!
아사히카와의 대표 라멘
오비히로 부타동
뒤돌아서면 생각나는
그 맛, 돼지고기 덮밥
구시로 라멘
갖가지 해산물로
우려낸 국물이
끝내주게 시원해요~
아바시리
시레토코반도
굿샤로
마슈
아칸
구시로
홋카이도의 제철 식재료
1월
2월
3월
4월
5월
6월
7월
8월
9월
10월
11월
12월
털게
대게
하나사키가니
킹크랩
참굴
자연산 연어
가리비
오징어
임연수어
열빙어(시샤모)
성게
옥수수
유바리·후라노 멜론
감자

홋카이도 아이스크림

소프트아이스크림 ソフトクリーム(소프트크림)

홋카이도 아이스크림이 처음부터 이렇게 맛있었던 건 아니다. 어떻게 하면 더 맛있는 아이스크림을 만들까 고민과 개선을 거듭한 결과, 지금의 '홋카이도=소프트아이스크림!'이라는 명성을 얻게 된 것이라고. 홋카이도 지역 곳곳의 유명 식재료를 활용하는 전략이 적중한 것도 한몫했다.

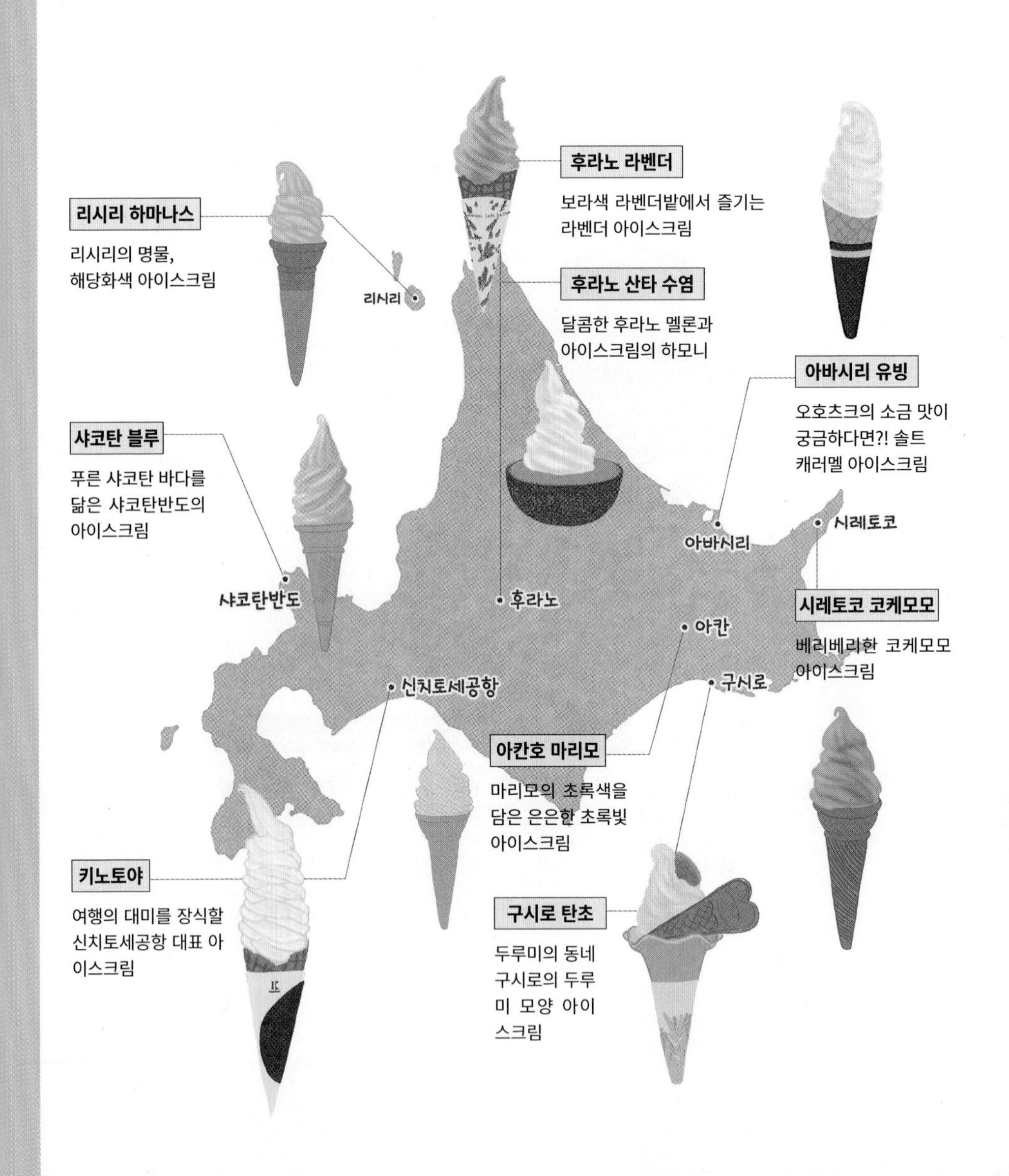

각 지역에서 먹어보는

홋카이도 동네 음식

현지인들의 사랑을 듬뿍 받아 유명해진 홋카이도 요리도 있다.
대중의 사랑에 힘입은 지역 음식들 중 우리 입맛에도 잘 맞는 별미를 찾아보자.

오타루 나루토

호불호 없는 통구이 치킨

하코다테 시스코라이스

고소한 버터밥 위로 스며든
미트소스의 풍미

하코다테 차이니즈 치킨버거

두툼하게 튀긴 치킨과
매콤달콤한 소스+마요네즈

비에이 버거

비에이산 우유와 소고기,
빵으로 만든 건강한 버거

후라노 오무카레

후라노의 식재료를 듬뿍 사용한
오므라이스 + 카레 덮밥

구시로 스파카츠

풍성한 스파게티 위에
돈카츠로 볼륨 빵빵!

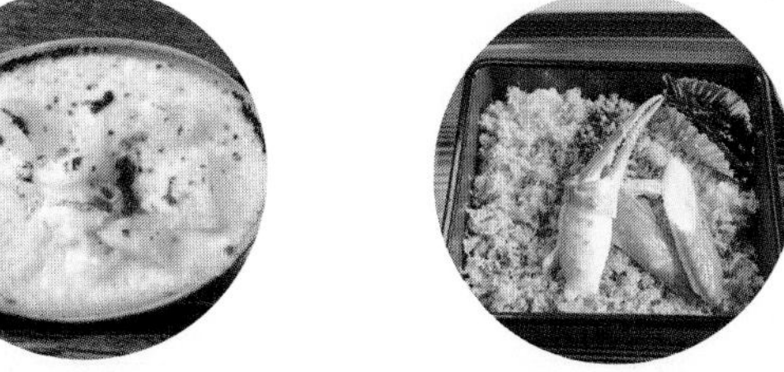

아칸 코탄동

돼지고기와 비밀 소스가 맛의 비결,
아이누 마을 코탄동

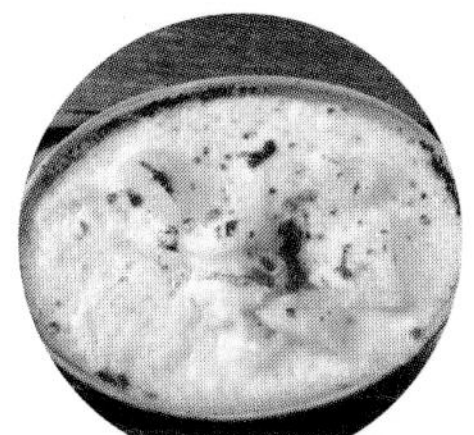

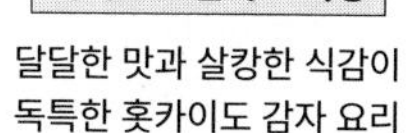

시레토코 감자 그라탕

달달한 맛과 살캉한 식감이
독특한 홋카이도 감자 요리

왓카나이 카니메시

땅끝마을에서 맛보는
짭짤한 게살 밥

홀짝홀짝

홋카이도 추천 음료

음식뿐 아니라 음료도 'Made in 홋카이도'가 대세!
이곳에서만 맛볼 수 있는 독특한 음료가 많으니 여행 중 잊지 말고 깨알 즐거움을 누려보자.

홋카이도 한정 콜라

홋카이도에서만 파는 한정판 패키지.
종종 자판기에서 만날 수 있다.

토카치 우유

낙농왕국 토카치산 우유

하코다테 우유

하코다테 초원의 젖소에게
짜낸 우유

후라노 우유

후라노 여행 중 자주 만날 수 있는
후라노 병우유

니세코 물

맑고 깨끗한 니세코의 물.
홋카이도 편의점에서 종종 볼 수 있다.

리시리 밀피스

리시리의 명물 음료. 쿨피스와
요구르트가 섞인 맛이다.

아칸 마리모히토

아칸호에 서식하는 녹조류인
마리모 모양의 젤리를 동동 띄운
이색 모히토

후라노 라벤더 라무네

일본 대표 사이다 라무네의
라벤더 버전

후라노 푸딩

후라노에 왔다면 꼭 먹어봐야 할
부드럽고 달콤한 푸딩

우물우물

홋카이도 추천 간식

어디선가 먹어본 익숙한 맛. 하지만 홋카이도 사람들은 '다르다!'고 단언하는 홋카이도산 간식거리들이다. 알쏭달쏭 내가 아는 그 맛 같지만 너무 깊숙이 따지지 말고 재미 삼아 먹어보자.

잔기 ザンギ

홋카이도 닭튀김.
짭짤하게 간이 잘 밴
카라아게와 비슷한 맛이다.

쟈가버터 じゃがバター

감자를 뜻하는 쟈가이모じゃがいも와
버터의 합성어.
한마디로 버터감자다.

치쿠와 빵 ちくわパン

어묵의 한 종류인 치쿠와가
들어간 빵. 세이코마트에서
만나보자.

요우캉 빵 ようかんパン

양갱을 넣은 빵.
역시 세이코마트에서 판매한다.

츠쿠네 つくね

닭고기나 생선살을 경단 모양으로
빚어낸 음식

토우키비 唐黍

달달하기로 유명한 홋카이도 옥수수.
식감이 사각사각하다.

멜론 メロン

여태 먹었던 멜론 맛은 잊어도 좋다!
최상급 홋카이도 멜론

사쿠란보 桜桃

앵두 혹은 버찌류 열매.
달콤상큼한 맛이 일품이다.

푸딩 プディング

홋카이도의 우유로 만든 푸딩.
부드러움이 남다르다.

홋카이도 음식 탐구 일기

삿포로 라멘

ラーメン

라멘 격전지!

라멘의 부흥을 주도한 일본 3대 라멘이 있었으니, 하카타(후쿠오카), 키타카타(후쿠시마), 그리고 삿포로 되시겠다. 삿포로 시내에만 1000개 이상의 라멘집이 들어선 것도 모자라 라멘 거리까지 만들었다고. 삿포로 사람들의 유난스러운 라멘 사랑에 두손 두발 다 들었다. 미소 라멘의 발상지이자 일본에서 내로라하는 라멘 맛집을 무수히 배출한 삿포로. 냉정한 맛의 세계에서 살아남은 라멘집들을 찾아 라멘 투어를 떠나보자.

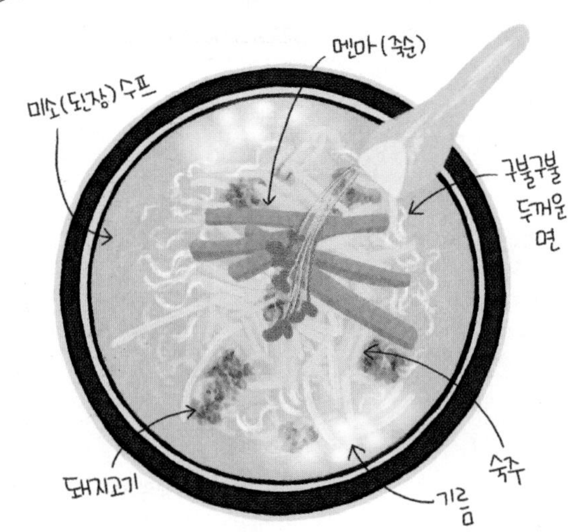

1 구수함과 꼬릿함, 그 사이 어딘가

삿포로 라멘의 가장 큰 특징을 꼽자면 돼지기름인 라드Lard를 사용한다는 것! 춥고 긴 홋카이도 날씨에 수프 온도를 따뜻하게 유지하기 위함이라고 한다. 4월 말까지도 눈이 다 녹지 않는 추운 지역인 만큼 높은 열량 확보도 필요했을 터. 그러니 기름이 둥둥 떠다니는 라멘 수프를 보고 너무 놀라지 마시라!

2 탱글탱글 컬이 살아있는 면발

일본 라멘은 한국의 인스턴트 라면과 달리 면이 쭉 곧게 뻗은 것이 특징이다. 하지만 삿포로에서만큼은 한국의 라면처럼 통통하고 꼬불꼬불한 면이 주류! 면이 끈끈하고 찰져서 식감이 매우 풍성하다. 면과 함께 멘마(죽순을 발효시켜 만든 식재료), 파, 숙주나물 등이 고명으로 올라온다.

3 별걸 다 넣는 삿포로 라멘

홋카이도의 신선한 해산물과 제철 식재료를 십분 활용하는 것이 삿포로 라멘만의 독특한 점 중 하나. 홋카이도 특산물을 듬뿍 담아 각기 다른 개성을 추구한다. 옥수수나 버터 등 낯선 재료가 올라오는 이색 삿포로 라멘들은 도쿄를 비롯한 전국에 지점을 내며 'Made in 삿포로' 라멘의 위상을 드높이고 있다.

내 입맛에 맞는 라멘 찾기

라멘 세계에 입문하는 초보자에게는 삿포로 라멘이 제격! 다양한 라멘이 탄생해 전국구로 퍼져나가는 이곳에서는 당신의 입맛에 딱 맞는 라멘을 만날 가능성이 크다. 라멘집 수만큼이나 종류도 다양하니 라멘 투어를 통해 입맛에 맞는 인생 라멘을 찾아보자.

1 미소? 쇼유? 시오? 알쏭달쏭한 라멘의 세계

삿포로의 라멘 수프는 돼지 뼈를 우려낸 돈코츠가 많다. 이 육수에 된장으로 간을 하면 미소, 간장으로 간을 하면 쇼유, 소금으로 간을 하면 시오 라멘이 되는 것. 미소는 구수함, 쇼유는 담백함, 시오는 깔끔함이 특징이라지만, 실제로 기름기 있는 라멘 국물을 받아보면 큰 차이를 느끼지 못할 수도 있다. 이외에도 새우로 국물을 낸 육수와 매콤한 탄탄멘, 국물에 면을 찍어 먹는 츠케멘 등 종류가 다양하다.

2 매운맛은 이게 최선이야?!

라멘 집마다 '매울 신辛'이 붙은 메뉴가 있다. 매운 미소 라멘辛味噌ラーメン, 매운 쇼유 라멘辛醬油ラーメン과 같은 식이다. 하지만 하나같이 맵다기보다는 더 진하고 더 짠 맛에 가깝다. 우리나라의 칼칼한 매운맛을 상상했다면 성에 차지 않을 수도 있으니 너무 기대하지 않는 것이 좋다. 그렇다고 가장 매운맛을 선택하면 먹기 힘들어질 수 있다. 적당한 단계로 조정하자.

3 입맛 따라 내 맘대로 추가추가!

가게마다 면의 굵기와 익힌 정도 등을 선택할 수 있는 곳도 있다. 토핑은 삶은 달걀이나 차슈 등 기호에 맞게 추가하자. 주문한 라멘이 나오면 먼저 수프의 맛을 음미한 뒤 면을 입에 넣고 면의 식감과 수프와의 조화로움을 평가해볼 것. 어느 정도 맛을 익힌 후에는 테이블 한쪽의 시치미(고춧가루와 산초가루 등을 혼합한 일본의 양념)나 라유, 간 마늘, 후추 등을 넣어 먹어보자. 궁합이 맞는 양념을 찾는다면 라멘의 풍미를 더욱 깊게 즐길 수 있다.

+MORE+

라멘 메뉴판 읽기

미소 라멘 味噌(みそ)ラーメン
일본식 된장 라멘

쇼유 라멘 醬油(しょうゆ)ラーメン
간장 라멘

시오 라멘 塩(しお)ラーメン
소금 라멘

카라이 미소 라멘 辛味噌ラーメン
매운 된장 라멘

콘버터 라멘 コーンバターラーメン
홋카이도산 옥수수와 버터가 들어간 라멘

츠케멘 つけ麺
면을 진한 소스에 찍어 먹는 라멘

탄탄멘 担担麵
중국 사천요리 탄탄면을 응용한 매콤한 국물 라멘

오오모리 大盛り
곱빼기

토핑 トッピング
라멘에 추가로 올릴 재료

차슈 チャーシュー
굽거나 찐 돼지고기 토핑

멘마 メンマ
죽순을 유산 발효한 가공식품. 라멘 위에 토핑으로 올라간다.

타마고 玉子
삶은 달걀. 기본으로 포함된 가게도 있다.

라이스 ライス
공기밥

차항 チャーハン
볶음밥

교자 餃子
군만두

비루 ビール
맥주

우론차 ウーロン茶
우롱차

코오라 コーラ
콜라

: WRITER'S PICK :

삿포로 초등학교에는 라멘 수업이 있다?

믿기 어렵겠지만, 삿포로 공립 초등학교 3학년 과정에는 라멘 수업이 있다. 수업 후에는 무려 라멘 테스트를 치르기도 한다고! 라멘 매니아라면 한 번쯤 참관하고 싶은 수업이 아닐까?

삿포로 라멘의 기원을 찾아

삿포로에 라멘이 처음 등장한 것은 1922년, 홋카이도 대학가의 중국식당에서였다. 짭짤한 중화면에 돼지고기와 파, 멘마 등의 토핑을 얹어준 것이 시초였다고. 우리가 아는 삿포로 미소 라멘을 세상에 알린 곳은 여전히 성업 중인 니시야마라멘 아지노산페이(186p)다. 삿포로 라멘의 역사가 궁금하다면 찾아볼 것.

SOUP CURRY

수프카레

오직, 여기에서만

スープカレー

'아무리 만들어봐도 그 맛이 안 나…' 삿포로 수프카레에 반해 집에서 그 맛을 재현해보려던 사람들은 하나같이 이 말에 공감한다. 시중에서 파는 카레 가루나 고형 카레를 이용해 국물이 자작한 수프카레를 만들기는 생각보다 어렵기 때문. 따뜻하고 매콤한 수프카레의 맛과 향을 오롯이 느끼려면 반드시 여기, 삿포로여야 한다.

수프카레, 카레와 무엇이 다를까?

삿포로에서 시작된 수프카레는 우리에게 익숙한 카레라이스와는 확연히 다르다. 가장 큰 차이는 자작한 국물 형태의 수프, 그리고 수프와 따로 조리되는 건더기다. 수프는 다양한 향신료로 맛을 내 향이 강하고 매운 것이 특징. 가게마다 독자적인 향과 식감을 추구해 같은 수프카레라도 맛은 천차만별이다.

수프카레의 종류

수프카레는 메인 재료에 따라 다양하다. 가장 흔히 만나볼 수 있는 메뉴는 튀기거나 구운 닭 다리를 올린 치킨 카레. 이외에도 각종 제철 채소가 주인공인 베지터블 카레, 홋카이도산 돼지고기로 만든 돼지고기 카레, 신선한 어패류가 듬뿍 든 해산물 카레 등 홋카이도의 식재료를 백분 활용한 다양한 수프카레가 준비돼 있다.

수프카레를 처음 마주하면 수프 맛부터 음미해보자.

재료 본연의 맛이 살아있는 카레 재료들을 맛보자.

밥 짓는 법 역시 가게마다 천차만별. 수프카레에 본격적으로 밥을 말기 전, 수프를 밥에 살짝 끼얹어서 밥맛과 수프의 조화를 확인하자.

수프와 재료들을 충분히 즐기고 밥 맛도 즐겼다면 원하는 방식대로 즐길 차례!

단계별로 밟아나가는 수프카레 주문하기

가게마다 약간씩 차이가 있지만, 일반적으로 수프카레의 메인 재료를 먼저 고르고 수프 스타일, 매운 정도, 밥의 양, 토핑 고르기 순서로 주문한다. 대부분 영어 메뉴판을 갖추고 있으니 주문 전 '에고노 메뉴 아리마스까英語のメニューはありますか'라고 영어 메뉴판 유무를 물어보자. 한국어 메뉴판까지 갖춘 곳도 있다.

1 메인 재료

- □ 한국인은 치킨이지!
- □ 홋카이도산 싱싱한 해산물
- □ 뭐니 뭐니 해도 고기가 최고!
- □ 담백함으로 승부하는 채소

대표적인 메인 재료는 넓적한 닭 다리가 올라간 치킨이다. 신선한 해산물과 질 좋은 고기 등 홋카이도의 신선한 특산물을 이용한 수프카레도 사랑받는다. 감자를 비롯한 채소들도 워낙 맛이 좋아 담백한 채소 수프카레도 꾸준한 인기를 얻고 있다.

2 수프 스타일

- □ 가장 무난한 선택, 토마토 수프
- □ 카레에 우유가?! 밀크 수프
- □ 부드러운 코코넛 밀크 수프

메인 재료 못지않게 중요한 것이 바로 수프 스타일이다. 맑은 국물부터 걸쭉한 수프까지 가게마다 스타일이 다른데, 자주 등장하는 수프 종류로는 토마토, 밀크, 코코넛 밀크가 있다. 토마토 수프는 새콤한 맛이 매력이며, 코코넛 밀크나 밀크는 향신료와 의외의 부드러운 궁합을 자랑한다. 수프 종류에 따라 추가 요금을 받는 경우도 있다.

3 맵기 정도

- □ **1~2** 누구에게나 편안한 맛
- □ **3~4** 한국인 기본 맵기
- □ **5** 진짜 매운맛

맵기 정도는 대개 1~5, 1~10 등 숫자로 표시한다. 중간이나 중간보다 한 등급 위를 선택해도 아주 맵지는 않다. 그렇다고 무턱대고 가장 매운 맛을 선택하면 큰코다칠 수 있으니 주의! 적당히 매운 중간 수준을 주문하는 게 무난하다. 맵기에 따라 추가 요금을 받는 경우도 있다.

4 유료 토핑

메인 재료를 고르면서 아쉬웠던 토핑을 추가로 고를 수 있다. 추가 토핑은 각종 채소, 해산물, 소시지 등 가게마다 다양하다. 꼭 먹어보고 싶은 토핑이 있었다면 하나쯤 추가해보자.

5 밥의 양

밥의 양은 대, 중, 소 중에서 고를 수 있다. 무료로 제공하는 양과 추가 요금을 받는 범위가 다르니 메뉴판을 잘 확인해보자.

GOURMET 3 JINGISUKAN

징기스칸 ジンギスカン

양껏 구운 양고기!

무려 홋카이도 문화유산으로 지정된 향토음식 징기스칸. 동그란 징기스칸 냄비에 양고기와 채소를 올려 불고기처럼 구워 먹는다. 삿포로의 징기스칸은 주로 생고기를 사용해 양고기 특유의 누린내가 없는 것이 특징. 말해주기 전까지는 양고기인지 모르는 사람도 있을 정도다. '북쪽의 대지' 홋카이도의 드넓은 땅에서 직접 키운 건강한 양고기, 징기스칸을 맛보자.

선술집 vs 프랜차이즈, 당신의 선택은?

징기스칸 맛집들은 크게 두 가지로 나뉜다. 하나는 퇴근 후 들르기 좋은 이자카야 느낌의 선술집 스타일, 다른 하나는 깔끔하고 고급스러운 분위기의 프랜차이즈 스타일이다. 두 곳 모두 혼자든, 여럿이든 상관없이 즐기기 편안한 분위기이므로 취향껏 선택하면 된다.

1 시끌시끌 분위기 제대로 사는 선술집

여행자의 밤을 후끈 달아오르게 하는 선술집. 복작복작한 카운터석에서 후끈한 열기와 고기 익는 냄새를 맡아가며 오감으로 징기스칸을 즐길 수 있다. 생맥주를 한잔 곁들이면 잊지못할 홋카이도의 밤을 선사할 것! 단, 대부분 저녁에만 문을 열며 실내 흡연이 허락되는 곳이 있다는 점, 고기 냄새가 고스란히 몸에 밴다는 것이 단점이다.

2 대접받는 느낌의 정갈한 프랜차이즈

선술집의 단점을 모두 극복할 수 있는 곳. 깔끔한 실내 분위기와 고급스러운 인테리어가 제대로 한상 대접받는 것 같은 느낌이다. 겉옷을 보관하는 장소를 따로 두어 옷에 냄새가 배지 않도록 하는 세심한 서비스도 제공한다. 단, 선술집과 마찬가지로 실내 흡연 가능 여부를 확인하고 가는 것이 좋다.

봉긋하게 올라온 징기스칸 냄비

숙주 혹은 채소를 가장자리에 두고 꼭대기에 비계를 올려준다.

고기의 양은 가게마다 차이가 꽤 크니 주문 전에 확인하자.

냄비 세팅 완료! 자유롭게 구워 먹는 먹방 시간!

대부분 가게에서 제공하는 짭짤한 소스. 취향에 따라 찍어 먹자.

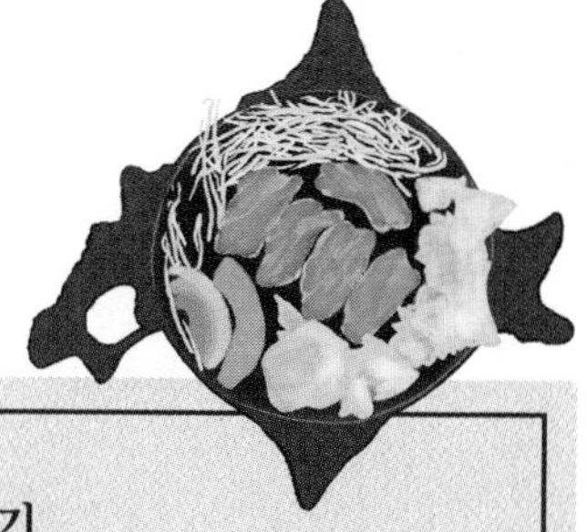

징기스칸 야무지게 주문하기

징기스칸은 볼록한 냄비 중앙에 양고기를 올리고 가장자리에 양파와 숙주 등 채소를 얹어 구워 먹는 것이 일반적이다. 중앙에서 흘러내린 육즙과 기름이 채소와 어우러져 고소함이 배가된다. 2~3인이 1개의 냄비를 사용하며, 1인 기준으로 양고기를 선택해 채소 토핑과 사이드 메뉴를 곁들인다. 밥과 반찬, 음료는 모두 별도로 주문해야 하며, 고기 역시 추가로 주문할 수 있다. 첫 양파는 서비스로 제공되기도 한다.

1 양고기

☐ 아기 입맛이다 싶으면 무조건 램
☐ 양고기 좀 먹어봤다~하는 고수들은 머튼 도전

양의 나이 혹은 영구 앞니의 유무에 따라 양고기의 이름이 다르다. 주문할 때 생후 12개월 이하의 램ラム과 13개월 이후의 머튼マトン을 알아두자. 램은 양고기 냄새가 거의 없어 부담 없고, 머튼은 양고기 특유의 육향과 깊은 풍미를 느낄 수 있다는 평이다. 램과 머튼 중 하나만을 전문으로 다루는 가게도 있다.

2 양념

☐ 고기는 노템전이지! 본연의 맛을 즐기고 싶다면 기본으로
☐ 달달한 양념 맛이 땡긴다면 양념 고기 선택

징기스칸은 양념하지 않은 생고기를 굽는 것이 일반적이다. 하지만 간장이나 된장에 절인 양고기는 잡내가 더 적고 맛이 풍성해 양념 징기스칸을 선호하는 사람도 많다. 양념 징기스칸을 맛보고 싶다면 마츠오 징기스칸 (191p)을 찾아보자.

GOURMET 4 CRAB

게 요리 蟹(がに/かに)

눈처럼 새하얀 속살

'삿포로에 간다면... 일단 게, 게를 먹고 싶어.' 삿포로 여행에 큰 관심이 없는 사람들도 유독 게 이야기에는 군침을 흘린다. 한 끼 한 끼가 소중한 여행자의 입장에서 알아본 본격 게 요리 탐구, 시작해보자!

그 유명한 삿포로 게는 어디서 먹나요?

게는 해산물 요리 전문점이나 시장에서 먹을 수 있다. 한 가지 알아둬야 할 것은 시장이라고 해서 가격이 싸지 않다는 점! 무시무시한 시가時價가 적용돼 날마다 게 가격이 달라진다. 높은 몸값을 자랑하는 커다란 대게나 고급 게만 나와 있는 날도 비일비재하다. 그러니 시장이라고 저렴하게 게를 맛볼 수 있다는 기대는 접어두는 게 좋다. 삿포로 시내에는 건물 밖에 커다란 게 모형을 달고 '여기가 바로 게 맛집이요'라며 광고하는 게 전문점이 많다.

+MORE+

홋카이도 3대 게

우리가 도전할 만한 상대는 털게, 하나사키가니, 대게 3종류 정도. 시내의 게 요리 전문점에서도 쉽게 만나볼 수 있는 일명 '3대 게 코스' 되시겠다. 조금 무리한다면 왕게(타라바가니 鱈場蟹 또는 たらばがに), 즉 킹크랩도 영접할 수 있다.

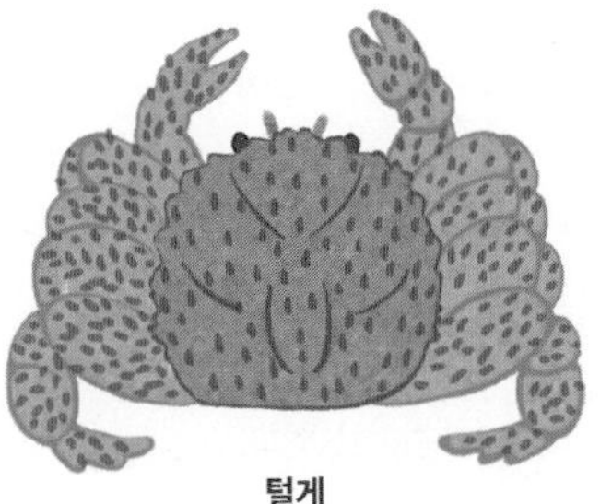

털게
케가니毛蟹, けがに
단맛 나는 게살과
지방질이 풍부한 내장이 특징

대게
즈와이가니楚蟹, ずわいがに
살이 많고 부드러우며,
게 내장의 농후한 맛이 매력

하나사키가니
花咲蟹, ハナサキガニ
지방질이 많은 농후한 맛. 열을 가하면
온몸이 붉어지고 작은 뿔들이 꽃처럼 피어난다.

1 시장 구경하면서 만나는 게

삿포로의 대표 시장인 장외 시장과 니조 시장에서는 홋카이도 바다에서 올라온 다양한 어패류와 게를 만날 수 있다. 시장에서 삶은 게를 먹고 싶다면 상점마다 돌아다니며 게의 상태나 가격을 꼼꼼하게 확인하자. 간혹 다리가 한두 개 부러진 게를 저렴하게 팔기도 한다. 다만 시장 한구석에서 다소 초라한 모습으로 게를 맛봐야 할 수 있으니 참고할 것.

2 전문점에서 느긋하게 즐기는 카이세키 요리 会席料理

시장에서 게를 직접 골라 먹는 게 막막하다면 게 요리 전문점을 추천한다. 편안하고 안락한 분위기에서 세심한 서비스를 받을 수 있다. 카이세키는 에도 시대에 즐기던 고급 코스 요리로, 삿포로 시내의 게 요리 전문점에서는 게를 테마로 한 카이세키 코스를 다양하게 즐길 수 있다. 게다가 런치 시간을 공략하면 인당 4000~5000엔대의 합리적인 가격에 만나볼 수 있다는 사실! 영어는 물론 한국어 메뉴판을 제공하는 곳도 많다.

: WRITER'S PICK :

삿포로 장외 시장, 죠가이시죠場外市場

삿포로의 아침을 여는 장외 시장의 대게 식당은 내외국인 관광객이 많이 찾는 곳이라 음식의 신선도, 직원의 접객 수준이 좋은 편이다. 삿포로 중심에서는 조금 멀지만, 가게에서 운영하는 무료 셔틀버스를 이용하면 편리하다. 상점과 식당을 함께 운영하는 키타노구루메테이, 키타노료바에서 JR 삿포로역이나 호텔로 셔틀버스를 보내준다. 이용 조건은 이곳에서 식사하거나 상품을 구매하는 것. 이용 하루 전 호텔 프런트에 예약을 문의하자. 돌아올 때는 미리 시간을 정한 뒤 본인의 호텔이나 JR 쇼엔역, JR 삿포로역 등에 하차할 수 있다. **MAP ❷**

GOOGLE 삿포로 장외시장 상가진흥조합
MAPCODE 9 549 060*20(주차장)
TEL 011-621-7044
OPEN 07:00~15:00(가게마다 다름)
WEB www.jyogaishijyo.com
WALK JR 쇼엔역桑園 서쪽 개찰구 왼쪽 출구 10분/지하철 도자이선 니주욘켄역二十四軒 5번 출구 7분(키타노구루메테이, 키타노료바 무료 셔틀버스는 049p 참고)

카이센동 海鮮丼

한 그릇에 담긴 신선한 바다

밥 위에 신선한 해산물을 얹은 카이센동(해산물 덮밥). 싱싱한 해산물이 넘쳐나는 홋카이도 어시장에는 구석구석 카이센동 맛집이 넘쳐난다. 그중에서도 장외 시장과 니조 시장의 카이센동은 별미로 꼽히니 그 신선한 특권을 누려보자.

카이센동 입문자를 위한 기초 정보

카이센동에 올라가는 재료로는 참치, 성게, 연어알 등 다양한 해산물이 있다. 재료에 따라 우니동ウニ丼(성게 덮밥), 이쿠라동イクラ丼(연어알 덮밥) 등으로 불리기도 한다. 밥과 해산물 위에는 작은 와사비 덩어리가 올라가며, 기호에 따라 양을 조절해 섞어 먹으면 된다. 일본의 깻잎인 시소紫蘇를 올리는 경우도 있는데, 고수처럼 향이 강해 호불호가 있지만 해산물과의 조화는 꽤 훌륭하다. 삿포로의 카이센동 가게에는 대부분 영어나 한국어 메뉴판이 마련돼 있고 메뉴별로 사진이 있어 고르는 데 큰 어려움이 없다. 게를 넣고 끓여 시원한 된장국을 함께 곁들이는 것도 좋다. 두툼하게 살이 오른 임연수어구이 역시 밥도둑 메뉴. 직원에게 홋케ほっけ라고 문의하면 알아듣는다.

+MORE+

카이센동 전격 해부

미리 알고 가면 주문이 편해지는 카이센동 인기 재료들

참치 마구로 マグロ
성게 우니 うに
오징어 이카 イカ
새우 에비 海老
연어 사몬 サーモン(양식)/ 사케 鮭(자연산)
연어알 이쿠라 イクラ
가리비 호타테 ホタテ
게 가니/카니 がに/かに

삿포로 장외 시장 추천 카이센동 맛집

키타노구루메테이
北のグルメ亭

GOOGLE 키타노구루메테이
MAPCODE 9 548 204*76(주차장)
TEL 0120-004-070/011-621-3545
PRICE 해산물 덮밥海鮮丼 3270엔, 새우·게·연어알 덮밥えび·かに·サーモン丼 1840엔, 성게·3색 참치 덮밥とろ三色丼 3490엔
OPEN 식당 07:00~16:00
WEB www.kitanogurume.co.jp
셔틀버스 예약: www.kitanogurume.net/tr/reservation
WALK JR 쇼엔역桑園 서쪽 개찰구 왼쪽 출구 13분/지하철 도자이선 니주욘켄역二十四軒 5번 출구 8분/삿포로 시내 호텔과 JR 삿포로역 북쪽 출구 밖 패밀리마트 앞(Google: 389X+MR 삿포로)에서 무료 셔틀버스 이용(06:30~12:30, 1시간 간격, 예약 필수)

키타노료바(1~3호점)
北の漁場

GOOGLE 38CC+68 삿포로
MAPCODE 9 548 118*51(주차장)
TEL 011-621-5112
PRICE 연어알·대게·연어 덮밥鮭かに丼 2948엔, 특상 해산물 덮밥特上海鮮丼 4928엔
OPEN 07:00~15:00
WEB www.uedabussan.co.jp
WALK JR 쇼엔역桑園 서쪽 개찰구 왼쪽 출구 13분/지하철 도자이선 니주욘켄역二十四軒 5번 출구 8분/삿포로 중앙구·북구 내 호텔과 JR 삿포로역에서 무료 셔틀버스 이용(07:00~13:00, 당일 12:00까지 예약 필수)

: WRITER'S PICK :

연어 도시의 차원이 다른 급식, 이런 급식 보셨나요?

일본 최고의 연어 어획량을 자랑하는 홋카이도의 시베츠군 시베츠시. 이곳의 어린이와 청소년들에게는 1년에 한 번 고급 연어알 덮밥이 급식으로 제공된다. 연어 과학관標津サーモン科学館과 연어 공원 시베츠 새먼파크標津サーモンパーク까지 조성해 둔 소문난 연어의 고장다운 특혜다.

스시 寿司(すし)

일본에 왔다면 빼놓을 수 없지!

일본을 상징하는 대표 요리, 스시. 19세기 에도(지금의 도쿄)에서 일종의 패스트푸드 개념으로 등장한 음식이다. 신선한 홋카이도 재료를 두툼히 올린 삿포로의 초밥은 놓칠 수 없는 별미! 일본에 왔으면 초밥 한 번 정도는 배불리 먹어주는 것이 인지상정. 제철을 맞아 통통하게 살오른 스시를 만나보자.

스시에도 종류가 있다고?

우리가 흔히 알고 있는 스시는 흰밥 위에 생선을 올린 니기리즈시握り寿司다. 초로 간을 한 밥을 한입 크기로 쥐고 고추냉이를 발라 그 위에 신선한 제철 어패류를 올리면 완성! 삿포로 스시 가게에서 가장 흔하게 볼 수 있는 형태이기도 하다. 그 외에도 김말이처럼 말아 만든 마키즈시巻き寿司, 스시를 김으로 둘러 군함 모양으로 만든 군칸마키즈시軍艦巻き寿司, 우리에게도 익숙한 유부초밥 이나리즈시稲荷寿司 등이 있다.

: WRITER'S PICK :

기왕이면 카운터석!

대부분의 초밥집에서는 대개 런치 세트 등을 주문할 때 테이블석에 앉으면 모든 초밥을 한 번에 내주고, 카운터석에 앉으면 셰프가 바로 만든 초밥을 그릇에 하나씩 올려준다. 생선을 다루는 셰프의 모습을 눈앞에서 보고 갓 만든 초밥을 그 자리에서 맛보는 즐거움이 큰 카운터석. 흥이 많은 셰프를 만나면 때론 재료에 관한 이야기를 해주거나, 여행 정보를 공유해주는 등 식사가 더 즐거워진다.

알아두면 편리한 스시 재료 이름

초밥집 메뉴에 자주 등장하는 어패류 종류와 일본어를 알아보자.

생선

참치	마구로	鮪, まぐろ
가다랑어	카츠오	鰹, かつお
방어	부리	鰤, ぶり
연어	사케, 사몬	鮭, さけ/サーモン
장어	우나기	鰻, うなぎ
붕장어	아나고	穴子, あなご
참돔	마다이	真鯛, まだい
금눈돔	긴메다이	金目鯛, きんめだい
돌돔	이시다이	石鯛, いしだい
감성돔	쿠로다이	黒鯛, くろだい
잿방어	칸파치	間八, かんぱち
새끼방어	하마치	ハマチ
광어	히라메	平目魚
고등어	사바	鯖, さば
전갱이	아지	鯵, あじ
꽁치	산마	秋刀魚, さんま
농어	스즈키	鱸, すずき

알

연어알	이쿠라	イクラ
성게	우니	ウニ
청어알	가즈노코	数の子, かずのこ
날치알	토비코	トビコ

기타 해산물

대게	즈와이가니	ズワイガニ
단새우	아마에비	甘海老, あまえび
꽃새우	사루에비	猿海老, さるえび
모란새우	보탄에비	ほたん海老, ほたんえび
오징어	이카	イカ
문어	타코	タコ
전복	아와비	鮑
고둥	츠부가이	つぶ貝
갯가재	샤코	蝦蛄, しゃこ
소라	사자에	栄螺, さざえ
가리비	호타테가이	帆立貝, ほたてがい
굴	카키	牡蠣, かき
대합	하마구리	蛤, はまぐり

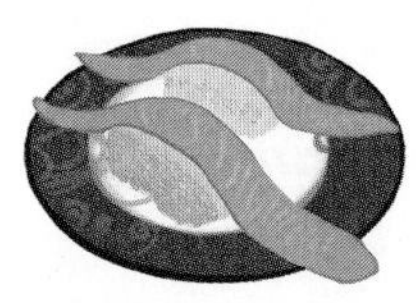

홋카이도 쇼핑 탐구 일기

일본 쇼핑의 꽃 드럭스토어 ドラッグストア

의약품과 화장품, 식품 등 다양한 생필품을 파는 드럭스토어는 삿포로 같은 대도시의 번화가에서 흔히 볼 수 있다. 드럭스토어 쇼핑을 벼르고 있다면 매장이 가장 밀집한 다누키코지(177p)로 향할 것. 단, 홋카이도의 드럭스토어 가격이 본토보다 비싸다는 평이 많으므로 꼭 사야 할 아이템만 알뜰히 담을 것을 권한다.

드럭스토어 추천 쇼핑 리스트

로이히 츠보코 동전 파스

어깨와 허리 통증에 효과가 뛰어난 동전 크기 파스. 어르신들에게 특히 인기다.

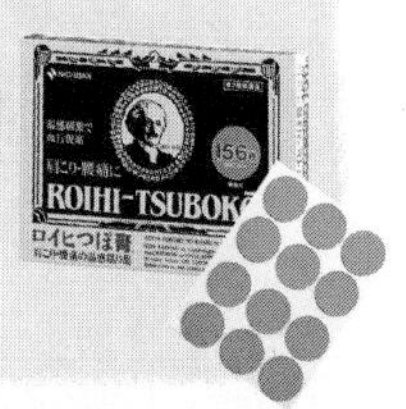

비오레 사라사라 파우더 시트

시트에 특수 투명 파우더가 함유돼 땀을 닦아 내면 피부가 금세 뽀송하고 산뜻해진다.

멘소래담 아크네스25 메디컬 크림 EXa

염증성 여드름을 빠르게 진정시키고 재생을 돕는 약용 크림. 성인 여드름에 효과적이다.

메구리즘 증기 아이마스크

눈의 피로를 풀어주는 온열 아이마스크. 약 40°의 온도로 10분간 발열한다. 장시간 모니터를 사용하거나 야외 활동이 많은 날 추천.

하다라보 시로쥰 프리미엄 로션

미백과 보습 효과를 겸비한 약용 화장수. 자극이 적고 촉촉해 민감한 피부에도 부담 없이 사용할 수 있다.

무히패치

모기 물린 곳에 붙이면 붓기과 가려움증이 가라앉는 패치. 여름철 어린이와 함께 여행하는 부모들의 필수 아이템. 물파스형도 있다.

: WRITER'S PICK :

드럭스토어 입장 전, 나만의 쇼핑 리스트 만들기

드럭스토어 쇼핑을 나서기 전, 쇼핑 리스트를 작성해가자. 정신없이 모여드는 사람들 틈에서 현란한 일본어로 뒤덮인 제품 패키지들을 마주하면 질려버리기 십상이다. 또한 합리적인 쇼핑을 위한 검색은 필수! '국민' 혹은 '대표'라는 별명이 붙은 제품들은 성공 확률이 높으며, 의약품의 만족도가 큰 편이다. 단, 추천 리스트는 어디까지나 참고용으로만 이용할 것. 추천 제품이라는 말만 믿고 잔뜩 구매했다가는 본인에게 맞지 않아 처치곤란이 될 수 있다.

사론파스

어깨나 허리 결림, 근육통에 좋은 파스로, 부드럽게 붙고 떨어져 사용이 편리하다. 바르는 타입의 파스도 있다.

다이쇼A

사용하기 편리한 구내염 치료제. 동그란 패치를 환부에 착 붙이기만 하면 끝.

오타이산

소화불량이나 위산과다 등에 효과가 있는 위장약. 1포씩 낱개 포장돼 있어서 복용하기 편하다.

마유

말의 지방으로 만든 크림으로 페이스, 바디, 헤어 등 종류별로 다양하다. 건조한 피부나 헤어에 효과가 좋으며, 특히 홋카이도산 제품이 많다.

네츠사마 시트

일본의 국민 해열 시트. 여행하다가 갑자기 열이 나서 난감할 때 유용하다.

휴족시간

여행자의 필수 아이템. 숙소로 돌아와 종아리와 발바닥에 붙이고 자면 부기가 싹 가라앉는다.

핫카유(박하유)

홋카이도 어디서나 볼 수 있는 박하오일. 아로마 오일이나 마사지 오일로 사용된다.

루루룬

홋카이도에서 나는 하스카프(블루베리와 비슷한 열매)와 꿀로 만든 홋카이도 한정 마스크 팩. 라벤더 향이 나는 보라색 제품이 가장 인기!

로토 리세 안약

피로하고 충혈된 눈에 넣으면 마법처럼 상쾌해지는 안약. 콘택트렌즈용도 있다.

홋카이도에서 만나볼 수 있는 드럭스토어

홋카이도 대표 드럭스토어

사츠도라

サツドラ

삿포로 드럭스토어의 줄임말로, 보통 사츠도라라고 부른다. 상점이 넓고 쾌적한 대신 가격대가 다소 높은 편. 매장에서 흘러나오는 로고송은 며칠 동안 머리 속을 맴돌 정도로 중독성이 있다.

WEB satudora.jp/shop/tanukikojidaiou/

930038

사츠도라 5% 할인 바코드 쿠폰
(계산 전 제시, 일부 상품 제외)

화장품은 여기서

아인즈앤토루페

AINZ & TULPE

대형건물과 지하상가 등 접근성이 좋은 곳에 주로 있다. 밝은 조명과 깔끔한 디스플레이 덕분에 여유롭게 화장품을 둘러볼 수 있어 특히 코덕(코스메틱 덕후)들에게 추천한다.

WEB ainz-tulpe.jp

작지만 속은 알찬

코쿠민

コクミン

오사카에 본사를 둔 드럭스토어 체인이다. 삿포로 매장들은 규모가 작은 편이나, 여행자에게 인기 있는 제품을 중심으로 알차게 운영하는 모습이다.

WEB www.kokumin.co.jp

홋카이도에서 특히 대중적인

선드럭

サンドラッグ

유독 홋카이도에서 많이 보이는 드럭스토어다. 대체로 매장이 작은 편이나, 할인 제품이 많은 것이 특징이다. 인기 있는 몇몇 제품만 노리는 스타일이라면 추천.

WEB www.sundrug.co.jp

한 번쯤 들어본 그 이름

마츠모토 키요시

マツモトキヨシ

일본 전역에 매장을 둔 드럭스토어 체인이지만, 홋카이도에선 삿포로 스스키노에 있는 매장 5개가 거의 전부다. 다양한 상품을 갖추고 있어 우리가 상상하는 드럭스토어의 전형적인 모습을 만나볼 수 있는 곳.

WEB www.matsukiyo.co.jp

: WRITER'S PICK :

의약품은 반드시 의사와 상의!

두통약, 소화제, 멀미약 등 일본의 의약품은 선물용으로도 인기지만, 복용 중인 약이 있는 경우 구매와 복용에 절대 주의할 것을 당부한다. 또한 인터넷에서 판매하는 일본 드럭스토어 제품을 구매하는 것은 대부분 불법이니 의약품은 절대 인터넷으로 구매하지 말 것.

면세 혜택 & 귀국 시 알아둘 점

1 일본 내 면세 혜택

- □ 6개월 미만 체류하는 외국인 방문객을 대상으로 한다.
- □ 면세품은 반드시 일본 내에서 소비하지 않고 국외에 가지고 돌아갈 목적으로 구매해야 한다.
- □ 같은 날 한 매장에서 구매한 물품일 경우에만 면세받을 수 있다.
- □ 상품 구매 시 반드시 여권을 제시해야 한다.

일본에서는 'Tax Free' 마크가 있는 곳이라면 어디서든 1인당 동일 상점에서 세금을 제외하고 5000엔 이상 구매 시 소비세 8~10%가 면세된다. 가전제품, 의류, 액세서리, 신발, 보석, 공예품 등의 일반 물품에서 주류, 식품, 화장품, 담배, 의약품 등의 소비재까지 거의 모든 품목이 면세 대상에 해당한다. 단, 상점에 따라 소비세 중 1~2%의 수수료가 붙을 수 있고, 소비재와 일반 물품의 구매 금액을 합산하지 않고 각각 계산할 수 있다.

2 귀국 시 반입금지·검역 관리 대상 품목

- □ 육류 및 육가공품(식육, 육포, 장조림, 순대, 햄, 소시지, 베이컨, 통조림, 만두, 육류가 든 카레 등)
- □ 유가공품(우유, 치즈, 버터 등)
- □ 알가공품(알, 난백 등)
- □ 살아있는 수산생물
- □ 냉장·냉동 전복류, 굴, 새우류
- □ 살아있는 식물, 생과일, 생채소
- □ 조리되지 않은 견과류
- □ 임산물, 화훼류
- □ 컵형 곤약젤리

3 귀국 시 면세 한도(1인당)

- □ 휴대품 전체 US$800
- □ 주류 2병
  (전체 용량 2L, 총액 US$400 이하)
- □ 담배 200개비
- □ 향수 60ml
- □ 농림축산물이나 한약재 등은 10만원 이하로 한정되고 품목별로 수량 또는 중량에 제한이 있다.
- □ 입국장 면세점에서 구매한 물건 중 국산 물품은 면세 범위에서 우선 공제된다.

출국 시 면세점 구매 한도는 폐지됐지만, 귀국 시 1인당 면세 한도는 US$800이다. 따라서 국내 반입할 물건을 US$800 이상 구매했거나 선물 받았다면 입국 시 반드시 세관에 신고해야 한다. 자진 신고하면 20만원 한도로 30%의 세금 감면 혜택이 있지만, 신고하지 않고 적발되면 40%(2년이내 2회 이상일 경우 60%)의 가산세가 붙는다. 자세한 규정은 인천본부세관 홈페이지(www.customs.go.kr/incheon/main.do)에서 확인한다.

SHOPPING
2
CONVENIENCE STORE

편의점 コンビニ

편의점 간식 배는 역시 따로

일 년 내내 인기 메뉴와 시즌 한정 메뉴가 어우러져 여행자의 발길을 붙잡는 일본 편의점! 그중 3대 편의점인 세븐일레븐, 로손, 패밀리마트의 사심 듬뿍 담은 추천 메뉴 홋카이도편을 준비했다.

세븐일레븐

드립커피 오리지널 블랜드
ドリップコーヒー オリジナルブレンド

가성비 만점인 드립백. 우리 돈 5000원 정도에 고품질 드립 커피를 18개나 득템할 수 있다. 527엔

모코탄멘 나카모토 카라우마메시
蒙古タンメン中本辛旨飯

도쿄에서 시작한 매운 라멘 맛집, 모코탄멘 나카모토와 세븐일레븐의 콜라보 제품. 밥, 면, 수프 중 뜨거운 물을 부어 죽처럼 먹는 밥이 매콤해서 우리 입맛에 잘 맞는다. 257엔

야채 스틱 미소 마요네즈
野菜スティック 味噌マヨネーズ入り

여행 중 비타민 보충에 좋은 야채 스틱. 특히 세븐일레븐의 야채 스틱은 아삭한 식감과 감칠맛 나는 된장 마요 소스가 꿀맛! 259엔

테마키즈시 홋카이도 낫토마키
手巻寿司 北海道産大豆の納豆巻

홋카이도산 콩으로 만든 낫토를 넣은 김밥. 낫토를 좋아하는 사람이라면 극호, 안 좋아하는 사람이라면 불호! 잘 모르겠다면 한 번 도전해보시라. 192엔

커다란 주먹밥, 재료 듬뿍 잔기 마요네즈
大きなおむすび 具たっぷりザンギマヨネーズ

마늘, 생강으로 양념한 홋카이도식 치킨 잔기에 마요네즈를 잡잡! 세상에서 가장 무서운 맛인 '아는 맛'. 237엔

홋카이도산 감자와 소고기 고로케
北海道産じゃがいもの牛肉コロッケ

홋카이도산 감자로 만든 소고기 고로케는 기본 of 기본! 빵가루의 바삭바삭한 식감도 제대로다. 100엔

시로쿠마
練乳の味わい白くま

연유를 넣어 얼린 얼음에 또다시 연유와 얼린 과일을 올린 호화로운 아이스크림. 빙수처럼 먹을 수 있다. 397엔

농후 가토 쇼콜라
ガトーショコラ

진한 초콜릿 풍미와 촉촉한 식감이 매력인 디저트. 포장지 색상은 자주 바뀌니 'Chocolate Cake'를 확인하자. 354엔

로손

프리미엄 롤케이크
プレミアムロールケーキ

100% 생크림으로 만들어 부드럽고 느끼하지 않은 롤케이크. 로손에 가면 무조건 사는 디저트 중 하나. 227엔

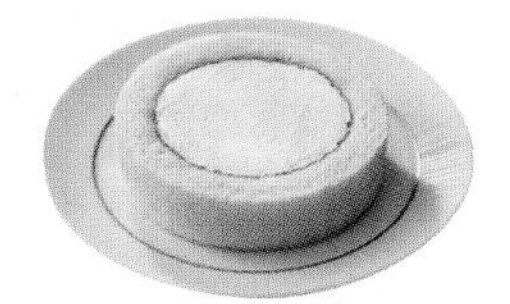

쁘띠 치즈 수플레
プチチーズスフレ

부드러운 식감의 앙증맞은 수플레 케이크. 디저트를 좋아하는 사람이라면 누구나 좋아할 맛. 192엔

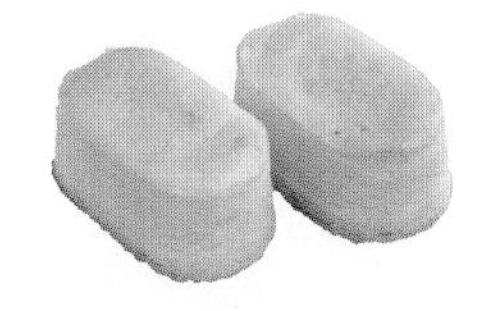

커다란 트윈 슈
大きなツインシュー

보기에도 먹음직스러운 대형 슈크림빵. 휘핑크림과 커스터드크림이 함께 들어있어서 2가지 맛을 동시에 즐길 수 있다. 138엔

모찌 식감 롤
もち食感ロール
(北海道産生 クリーム入り)

홋카이도산 생크림으로 만든 롤케이크. 쫀득한 식감이 유명한 로손의 인기 롤케이크다. 343엔

그린 스무디 원데이
グリーンスムージーONEDAY

1팩에 하루 섭취할 야채 350g이 든 스무디. 건강하고 깔끔한 맛의 음료다. 198엔

마시는 요구르트
のむヨーグルト

요구르트 좋아하는 사람은 무조건 좋아할 음료. 딸기, 블루베리, 꿀 등 다양한 맛이 있다. 158엔

스야키 믹스 너트
素焼きミックスナッツ

기름과 소금을 넣지 않고 구운 아몬드, 호두, 캐슈넛 믹스. 건강 간식을 찾는다면 추천. 228엔

한입 동물 카스테라
ひとくち動物カステラ

이렇게 귀여운데 누가 마다할까. 선물하기 좋고 맛도 좋은 동물 모양 카스테라! 118엔

: WRITER'S PICK :

일본 편의점의 성인인증 시스템

일본 편의점에는 술·담배·성인잡지 등을 계산할 때 구매자가 '성인'인지 확인하는 시스템이 갖춰져 있다. 점원이 해당 상품의 바코드를 찍으면 고객 쪽 화면에 "20세 이상입니까?"라는 질문이 뜨는데, 구매자가 "Yes"를 눌러야 결제가 진행된다.

패밀리마트

FamilyMart

패미치키
ファミチキ

바삭한 껍질, 촉촉한 육즙을 자랑하는 패밀리마트표 인기 닭튀김. 240엔

극상 멘치카츠
極旨メンチカツ

간식으로도, 술안주로도 좋은 멘치카츠. 육즙 가득한 소고기와 달큰한 양파 맛이 일품이다. 198엔

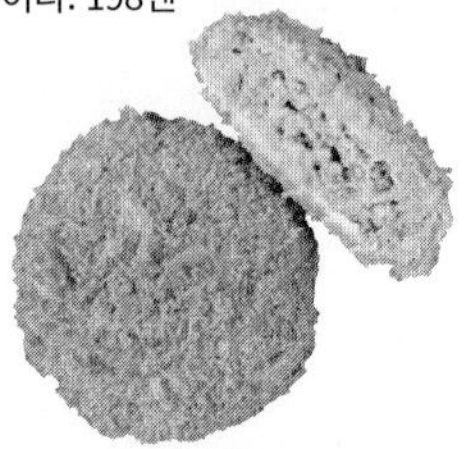

아메리칸도그
アメリカンドッグ

'겉바속쫄' 빵 안에 도톰한 소시지가 든 기본 핫도그. 착한 가격에 큼직한 크기가 장점이다. 145엔

'Made in 홋카이도'를 노리자!

편의점마다 홋카이도 매장에서만 만나볼 수 있는 '홋카이도 한정상품' 리스트가 있다는 사실을 아시는가? 특히 유제품과 빵 종류에 'Made in 홋카이도' 제품이 대거 포진해 있다. 편의점에 들어가면 두 눈을 부릅뜨고 매장을 둘러보자.

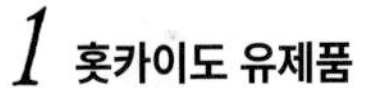

1 홋카이도 유제품

홋카이도의 젖소 목장에서 만들어 낸 유제품이 다양하다. 특히 오비히로가 포함된 토카치 지역은 유제품의 왕국으로 불릴 정도이니 우유나 버터, 요구르트 등에 '토카치十勝'라고 적혀 있다면 고민 말고 장바구니 리스트에 올려보자. 그 외에도 하코다테, 아사히카와, 비에이, 후라노 등 홋카이도의 지역 이름을 내건 유제품들은 모두 뛰어난 품질을 자랑한다.

2 홋카이도 멜론 상품

달고 맛있기로 유명한 홋카이도 멜론. 그중에서도 유바리 멜론夕張メロン을 최고로 치지만, 홋카이도 전역에서 훌륭한 멜론이 생산된다. 홋카이도에서는 멜론을 이용해 만든 가공식품이 유독 많은데, 여행자 필수템으로 꼽히는 킷캣 초콜릿과 젤리류가 인기다.

: WRITER'S PICK :

샷포로 고수는 지하 식품관을 노린다

삿포로에서의 야식털이만큼은 편의점이 아니라 백화점과 쇼핑몰 지하 식품관을 노려보자. JR 삿포로역과 연결돼 뛰어난 접근성을 자랑하는 다이마루 백화점(145p) 지하 1층 식품관 홋페타운ほっぺタウン과 지하철 오도리역과 연결된 삿포로 미츠코시 백화점(162p) 지하 1~2층 식품관은 여행자 동선에 제격이다. 하루 여행을 마무리하고 폐점시간에 맞춰 가면 각종 도시락, 튀김, 스시, 심지어 삶은 털게까지 저렴하게 득템할 수 있다. 홋카이도 각지의 농수산물, 명물 디저트 브랜드, 인기 맛집 등도 입점해 있다.

SPECIAL PAGE

홋카이도 1등 편의점 세이코마트 Seicomart

홋카이도의 편의점 체인 세이코마트는 일본 서비스 산업 생산성 협의회가 발표하는 고객만족도 지수 편의점 부분에서 매번 1위에 랭크된다. 2023년 집계한 결과까지 합치면 8년 연속 1위! 참고로 2023년에 백화점 부분은 한큐 백화점, 드럭스토어는 디스카운트 드럭 코스모스, 카페는 코메다 커피가 1위를 차지했다. 매장 수는 약 1100개로, 홋카이도에서는 일본 편의점 1위 세븐일레븐을 제치고 가장 많다.

주당들을 위한 편의점

세이코마트는 주류 라인업이 다양하고 저렴해서 '주당들을 위한 편의점'이라는 별명이 있다. 다른 편의점에서 찾을 수 있는 캔맥주는 물론이고 와인과 츄하이 등도 종류가 많고 저렴한 편이다.

홋카이도 대표 로코노미, 세이코마트 X 유니클로 UT

홋카이도 도민들은 자신들의 로컬 식재료가 일본 최고라고 자부하는 만큼 로컬 편의점 브랜드인 세이코마트에 쏟는 애정 역시 각별하다. 이 때문에 지역 기반 소비에 가치를 두는 경제 활동인 로코노미Loconomy(로컬Local + 이코노미Economy)도 세이코마트를 중심으로 활발히 이뤄진다. 유니클로는 2023년에 삿포로 매장을 에스타에서 도큐 백화점으로 이동하면서 홍보 이벤트로 세이코마트를 비롯한 홋카이도의 유명 브랜드 8곳과 콜라보한 한정판 디자인 티셔츠를 17가지나 내놓기도 했다. 세이코마트의 핫 셰프 코너 로고인 웃는 소와 세이코마트의 오렌지색 새 모양 로고, 연어구이 등이 유니클로 티셔츠 안으로 들어갔다.

야채를 비롯한 대부분 식재료가 홋카이도산이다.

핫 셰프 Hot Chef

커다란 주먹밥(오니기리), 덮밥, 치킨, 도시락, 빵 등을 판매하는 코너. 냉동식품을 데워서 판매하는 여타 편의점과 다르게 매장에서 재료 손질부터 조리까지 전부 담당하는 것으로 알려졌다. 돈카츠와 부드러운 달걀에 쯔유 소스를 푹 끼얹은 카츠동(돈가스 덮밥), 은근한 매운맛이 감도는 프라이드치킨, 부드러운 돼지고기와 달짝지근한 간장소스가 어우러진 부타동(돼지고기 덮밥), 톡톡 터지는 명란 특유의 식감과 풍미를 잘 살린 명란 마요 오니기리, 100% 발효 버터를 사용한 프랑스 직수입 생지로 만든 크루아상이 히트 상품이다.

SHOPPING

3

DON QUIXOTE

돈키호테 ドン·キホーテ

일본 쇼핑의 필수 코스

정신없는 디스플레이에 없는 거 빼고 다 있는 만물상점. 일본제는 물론이고 전 세계 상품을 취급하는 대형 할인 매장으로, 1980년대 도쿄에 첫 매장을 오픈한 이래 일본 전역에 지점이 퍼졌다. 최적의 상권에 자리하고 대부분 24시간 문을 열기 때문에 일본 여행 시 꼭 한 번 들르게 되는 쇼핑의 메카. 마스코트 캐릭터는 돈펭ドンペン이다.

돈키호테를 스마트하게 이용하는 법

외국인 여행자들은 세금 제외 5000엔 이상 구매하면 8~10%의 소비세를 면세받을 수 있다. 매장 한쪽에 별도로 마련된 택스 프리 카운터에서 결제해야 면세가 가능하며, 여권을 반드시 제시해야 한다. 돈키호테에서 제공하는 5% 할인 쿠폰을 챙겨 두면 면세에 할인이 더해져서 더욱 저렴하게 살 수 있다.

쿠폰 발급 사이트 QR코드

: WRITER'S PICK :

돈키호테 vs 메가 돈키호테

돈키호테 매장은 일반 돈키호테와 그보다 더 규모가 크고 다양한 제품을 파는 메가 돈키호테로 나뉜다. 삿포로에는 스스키노에 일반 돈키호테가 있고 다누키코지에 메가 돈키호테가 있다. 메가 돈키호테에서는 고기나 생선, 과일 등 신선식품을 취급하는 것도 특징. 단, 도쿄나 오사카보다는 규모가 작은 편이다.

홋카이도에 특화한 쇼핑 아이템

유바리산 멜론 젤리 & 과자

유바리산 고품질 멜론으로 만든 젤리와 과자는 타지역 매장에서도 팔지만, 홋카이도의 돈키호테에서는 한층 다양한 종류를 찾아볼 수 있다.

북쪽의 포도 믹스
北のぶどうミックス

코카콜라의 생수 브랜드 이로하스いろはす에서 출시한 북부 지역 한정 음료. 아오모리·아키타·이와테현산 포도 추출물을 첨가해 청량함을 더했다.

북해도 요시미 구운 옥수수 과자
北海道とうきびチョコ

홋카이도산 옥수수에 화이트초콜릿을 입힌 고소달달 과자. 선물용으로도 인기 많은 지역 한정 간식이다.

잉카노메자메
インカのめざめ

일본 제과 회사 가루비Calbee의 고급 감자 스낵. 홋카이도의 희귀한 감자 품종인 잉카노메자메로 만들어 바삭한 식감에 달콤하고 고소한 맛이 특징이다.

갈 때마다 쟁이는 돈키호테 아이템

돈키호테 PB 상품

돈키호테에서 내놓은 자체 PB 상품 중에는 가성비 좋은 제품이 꽤 많다. 'ㅑ' 모양 로고를 두르고 있는 제품들이 그 주인공. 기존의 유명 제품 옆에 자리한 경우가 많으니 가격을 비교해가며 구매하자.

와칸센

ロート防風通聖散錠満量a

일명 '와칸센'이라고 불리는 일본의 국민 다이어트 보조제. 패키지에 표기한 그대로 뱃살 관리를 돕는다. 가격대가 꽤 높기 때문에 이거 하나 집으면 면세 혜택이 바로 시작된다.

엘릭서 미스트

ELIXIR Luminous Glow Mist

피부에 뿌리면 광택 효과가 나는 미스트. 부드럽고 촉촉한 느낌도 좋다. 미스트치고는 가격대가 좀 있지만, 선물용으로 좋다.

메이지 초콜릿

Meiji Chocolate

돈키호테 추천 리스트에 빠지지 않는 아이템. 종류가 워낙 많아서 맘에 드는 걸로 고르면 된다. 특히 카카오 70% 이상의 초콜릿들은 고급스럽고 깔끔한 맛에 한국보다 가격도 저렴한 편.

오쿠치 가글

Okuchi Mouth Wash

가성비 최고라는 구강 청결제다. '메이드 인 코리아'라는데 역수입되는 신기한 물건으로, 레몬, 복숭아, 민트 등 다양한 맛이 있다. 일본 현지에서도 인기가 높다.

마토메쥬

Matomage Hair Styling Stick

삐져나온 잔머리를 정리해주는 스타일링 헤어 왁스. 작은 가방에도 쏙 들어가는 크기여서 인기가 많다. 분홍색과 민트색 중 민트색이 좀 더 강력한 버전이다.

아네론

Aneron

일본 대표 멀미약 중 하나. 신체에 부드럽게 흡수되고 효과도 빠른 편이다. 어린이용은 따로 있다.

란도린

Laundrin

섬유유연제, 섬유탈취제, 향수 등으로 쓰이는 다용도 패브릭 미스트. BTS 정국이 쓰는 섬유탈취제로 알려지면서 한국 여행자들 사이에서도 입소문이 났다. 추천 향은 은은한 클래식 플로럴.

트란시노

Transino

'기미' 하면 이 제품을 찾을 만큼 일본에서 인기가 많은 브랜드다. 먹는 약부터 바르는 크림까지 종류가 다양하다. 가격대가 좀 있는 편이지만, 기미가 고민이라면 추천.

유럽 못지않게 맥주를 사랑하는 일본에는 전국구로 유명한 맥주 브랜드는 물론이고 수제 맥주 브루어리도 상당히 많다. 편의점에서도 지역 맥주를 곧잘 판매하니 눈에 띄는 술이 있다면 라벨을 잘 살펴보자. 홋카이도 한정 맥주인 삿포로 클래식, 삿포로 블랙 라벨 더 홋카이도The北海道, 기린 이치방 홋카이도 치토세공장 한정 양조北海道千歳工場限定醸造도 놓치지 말자.

추천 맥주 리스트

산토리 더 프리미엄 몰츠
The Premium Malt's

산토리의 고급 라인 맥주. 일본인들에게는 명절이나 특별한 날에 선물용으로도 인기가 높다. 홉의 쌉쌀한 맛과 풍미를 살린 주조 방법을 사용하며, 이상적인 거품의 크리미한 맥주로 평가받는다.

아사히 쇼쿠사이 생맥주
Asahi Shokusai Nama Beer

프랑스산 아로마 홉을 써서 향이 풍부하고 쌉싸름한 깊은 맛을 자랑한다. 아사히 특유의 드라이한 느낌보다 부드럽고 고급스럽다.

기린 이치방 시보리
Kirin Ichiban

가벼운 바디감과 향기를 가진 기린의 대표작. 씁쓸한 맛으로 한국인에게는 오래전 오비 맥주나 크라운 맥주를 떠올리게 한다는 평이 있다. 처음 발효한 맥아를 사용해 부드럽고 깔끔한 맛을 낸다.

기린 라거 비어
Kirin Lager Beer

일본에서 가장 오랫동안 사랑받아온 라거 스타일의 맥주. 곡물의 깊은 향에 톡 쏘는 탄산이 더해졌고 저온 숙성으로 성숙한 맛과 풍미가 매력이다.

삿포로 클래식
Sapporo Classic

홋카이도 한정 판매 맥주. 100% 맥아 사용과 파인아로마 홉의 쌉싸름한 풍미가 특징으로, 계절 한정 디자인도 출시돼 여행 기념품으로 인기다.

삿포로 블랙 라벨
Sapporo Black Label

재료 선택과 공정이 까다롭기로 유명한 브랜드. 삿포로 맥주만의 독자적인 기술을 사용해 맥아의 풍미가 오래 지속된다. 첫 맛이 깔끔하고 상쾌해서 일본 맥주에 입문하는 사람들에게 추천한다.

에비스
YEBISU

삿포로 맥주의 프리미엄 브랜드. 산토리 더 프리미엄 몰츠와 더불어 인기 있는 고급 맥주다. 독일인 마이스터를 고용해 독일산 장비와 원료로 생산하는데, 그만큼 풍부한 풍미를 자랑한다.

오리온 더 프리미엄
Orion The Premium

오키나와산 대표 맥주의 상위 버전. 시트러스한 상쾌한 향이 돋보이며, 바다나 캠핑과 어울리는 여름철 인기 맥주다.

원료, 첨가물, 제조법도 가지가지, 니혼슈 간단 분류법

니혼슈는 정미율(쌀의 겉면을 깎아내고 남은 양)에 따라, 주정 사용 여부에 따라, 제조 방법에 따라 다양하게 분류한다. 대부분의 니혼슈는 분류 자체를 이름으로 사용하는 경우가 많아서 아래 구분법 정도만 확인해도 어떤 술인지 어느 정도 파악할 수 있다.

분류	정미율	원료
혼조조 本醸造	70% 이하	쌀, 누룩, 주정
긴조 吟醸	60%이하	쌀, 누룩, 주정
다이긴조 大吟醸	50%이하	쌀, 누룩, 주정
준마이 純米	규정 없음	쌀, 누룩
준마이긴조 純米吟醸	60%이하	쌀, 누룩
준마이다이긴조 純米大吟醸	50%이하	쌀, 누룩

+MORE+

맛에 따라 다른 니혼슈, 주도酒度와 산도酸度

부드럽고 순한 니혼슈는 단맛을 뜻하는 아마구치甘口(주도, '+'와 '-'로 표시), 쌉싸름한 맛에 알코올 도수가 높은 니혼슈는 매운맛을 뜻하는 카라구치辛口(산도, 1.2를 기준으로 높을수록 매운맛이 강하다)로 대부분 표기한다. 이는 술이 가진 향미, 입안이나 목을 자극하는 강도가 어느 정도인가를 뜻하는 표현 방식일 뿐, 실제로 달거나 매운 것은 아니다.

홋카이도 대표 니혼슈 브랜드

홋카이도는 깨끗한 물, 고품질 쌀, 추운 날씨의 3박자를 갖춰 니혼슈(일본주 또는 사케)를 만들기 좋은 환경이다. 19세기부터 발달한 지역 양조장에서는 저마다 술맛 좋기로 유명한 니혼슈를 생산한다. 순하고 드라이한 맛의 니혼슈는 홋카이도산 해산물 요리에 가장 잘 어울린다.

1 삿포로 향토주 치토세츠루千歳鶴

1872년 창업한 삿포로 유일의 향토주 브랜드. 술 창고까지 제대로 갖춘 인기 술이다. 고품종 쌀만 엄선해 누룩으로 만드는데, 전체적인 라인업이 모두 풍미가 좋다고 평가받는다. 삿포로 시내 술 박물관에서 시음하고 구매할 수 있다.

GOOGLE 지토세쓰루 술 뮤지엄
OPEN 10:00~18:00(월말 ~17:00)/연말연시 휴무
WEB nipponseishu.co.jp/chitosetsuru/museum/
WALK 삿포로 시영 지하철 도자이선 버스센터마에역バスセンター前 9번 출구 5분

치토세츠루 다이긴조 킷쇼
千歳鶴 大吟醸 吉翔

2 홋카이도에서 가장 오래된 술 창고 코바야시 주조小林酒造建造物群

1879년 창업해 홋카이도에서 가장 오래된 술 창고를 가진, 홋카이도 사케의 선구자. 술창고는 현재 박물관으로 개조해 일반인에게 개방하고 있다. 홋카이도산 쌀만 사용하고 홋카이도 지역 요리에 어울리는 사케 주조를 추구한다.

GOOGLE 3Q6C+J6 구리야마조
MAPCODE 320 812 115*78(주차장)
PRICE 무료
OPEN 10:00~17:00(11~3월 ~16:00)/연말연시 휴무
WEB 3city.net/cultural-property-list/tanko-06/
CAR JR 쿠리야마역栗山 1.2km

키타노니시키 준마이다이긴조
北の錦 純米大吟醸

3 에도 시대 전통과 다이세츠산 청정수의 만남 아사히카와 오토코야마 주조자료관男山 酒造り資料舘

일본 제일의 전통 명주 중 하나로 손꼽히는 사케 브랜드. 1697년 간사이 지역에서 창업해 홋카이도 아사히카와로 생산지를 옮긴 후 홋카이도의 대표 사케가 됐다. 다이세츠산의 만년설이 녹은 맑고 깨끗한 물로 담그는 이 술은 에도 막부의 애장품이었다고. 일본 전국 주류 품평회에서 여러 번 입상했고 일본주 최초의 몽드셀렉션(벨기에에서 운영하는 세계적 권위의 먹거리 품평회) 수상작이기도 하다.

오토코야마 준마이다이긴조
男山 純米大吟醸

GOOGLE 오토코야마 주조 자료관
OPEN 양조장 개방 09:00~17:00/연말연시·부정기 휴무/오토코야마 주조자료관 무료 관람 가능
WEB www.otokoyama.com/museum/
CAR JR 아사히카와역旭川 6.6km

整
中
40
新メニュー登場!!
広島県産
カキフライ

홋카이도 추천 일정

홋카이도 각지를 여행할 최적의 코스와 방법을 제시하니 본인의 여행 목적과 콘셉트에 맞게 응용해보자.
단, 항공, 열차, 버스 운행 시각은 각 현지 사정에 따라 달라질 수 있으므로 다시 한번 체크해보는 것은 필수!

한국인에게 가장 인기 있는

겨울에는 눈으로 뒤덮인 겨울 왕국, 여름에는 보라색 라벤더가 물결치는 전혀 다른 풍경과 즐길 거리가 준비돼 있다.
홋카이도 여행의 관문 신치토세공항에서 출발하는 삿포로+오타루 여행코스는 홋카이도를 처음 찾는 이들의 정석 코스다.

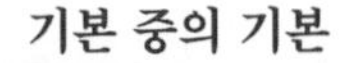

기본 중의 기본

삿포로+오타루 2박 3일

처음 홋카이도 여행을 가는 사람들에게 추천하는 베이직 코스.
홋카이도 여행의 필수 관문인 삿포로와 근교 오타루를 함께 보는 2박 3일 일정이다.

DAY 1

처음 만나는 삿포로, 하이라이트부터 도장깨기!

DAY 2 낭만과 운치가 가득한 오타루 산책

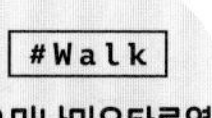

09:10
삿포로역 출발

09:45
미나미오타루역
도착

#Walk
JR 미나미오타루역
~오타루 운하
272P

09:50
메르헨 교차로에서
증기시계와 기념 촬영

10:15
오르골당에서
귀 호강 + 키타이치
글라스관에서
눈 호강 + 르타오
본점에서 입 호강

#Walk
JR 오타루역
~오타루 운하
288P

14:30
오타루 운하의
낭만 속으로!

13:00
오타루 예술촌에서
스테인드글라스 감상

12:00
미스터 초밥왕의
스시 거리에서
초밥 클리어!

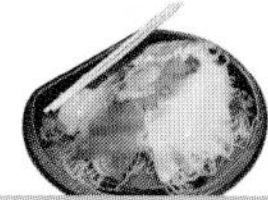
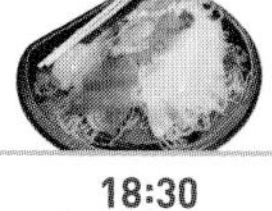
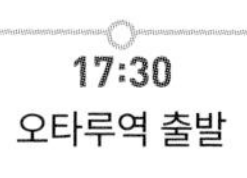

16:30
구국철
테미야선에서
인생사진 남기기

17:00
센트럴타운
미야코도리에서
미소노 아이스크림,
아마토우 쿠키
맛보기

17:30
오타루역 출발

18:10
삿포로역 도착

18:30
백화점·쇼핑몰
식품관에서 야식 쇼핑
(058p 참고)

19:30
숙소 도착 후 휴식

DAY 3 삿포로 여행 필수 코스, 대낮부터 맥주 탐험!

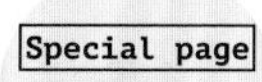

#Walk
오도리 웨스트
214P

09:00
공원부터
미술관까지
가벼운 산책
나서기

Special page
삿포로
맥주 투어
210P

11:30
홋카이도 한정판 맥주 맛보러!
삿포로 맥주 투어
또는 삿포로 비어 가든에서
징기스칸 무제한 뷔페 즐기기

13:00
숙소에서
짐 찾아서
공항으로
출발!

여름 맥주 축제 & 꽃놀이

삿포로+후라노 절경 2박 3일

홋카이도의 짧은 여름을 불태우는 삿포로 여름 축제(맥주 축제 포함)와
후라노의 보랏빛 라벤더에 집중하는 2박 3일 일정.
후라노는 렌터카 혹은 버스 투어 이용을 추천한다.

오도리 공원에서 홋카이도의 찬란한 여름을 즐기자!

12:00
공항 도착

14:00
숙소에 짐 보관

JR 삿포로역~ 오도리 공원
158P

14:30
오도리 공원 맥주 축제
현장 미리 보기(본격적인 즐기기는 밤 시간에)

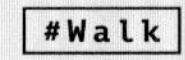

오도리 웨스트
214P

15:00
삿포로시 자료관
구경하기

15:30
미기시 코타로 미술관
or 홋카이도립
근대미술관에서
감성 충전!

17:00
아틀리에 모리히코에서
블렌드 커피 한 잔에
여유 즐기기

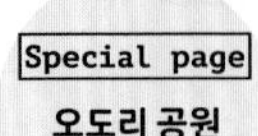

오도리 공원 축제
164P

18:00
본격적인 오도리 공원
맥주 축제 즐기기

20:30
숙소 도착 후 휴식

그림 같은 그 풍경, 보라색 라벤더밭을 보러 떠나자!

10:00
삿포로역에서
렌터카 수령

12:30
후라노 도착

#DRIVE
비에이~후라노 꽃밭 396P

13:00
팜 토미타에서 보라색
라벤더 물결 감상

14:00
토미타 멜론하우스에서
달콤한 멜론 간식

#Walk
'후라노 3부작' 배경지 410P

16:00
바람이 부는 정원
카제노 가든 산책

17:30
드라마 속 카페에서
티타임

18:30
요정의 집을 닮은
닝구르 테라스 둘러보기

19:30
후라노 식재료로 만든
오무카레로 저녁식사

20:30
숙소 도착 후 휴식

마지막까지 후라노를 만끽하고 돌아가는 날

10:00
후라노 마르셰에서
지역 특산품과
기념품 쇼핑

10:30
후라노 출발

12:30
삿포로역에서
렌터카 반납

13:00
공항으로 출발!

눈축제와 온천이 있는 겨울 여행

삿포로+조잔케이 온천+비에이 3박 4일

홋카이도의 대표 눈축제가 펼쳐지는 삿포로와 근교의 조잔케이 온천,
그리고 그림 같은 설경의 비에이 투어까지 포함하는 3박 4일 일정이다.
비에이는 렌터카 혹은 비에이 버스 투어 이용을 추천한다.

삿포로에서 가장 가까운 온천 마을, 조잔케이에서 느긋한 온천욕

- **12:00** 공항 도착
- **14:00** 삿포로역 도착 후 조잔케이 온천으로 이동(14:00 또는 15:00 출발 캇파라이너호 버스 이용)
- **15:30** 조잔케이 온천 마을 도착
- **16:00** 호텔·리조트 체크인 후 온천 이용
- **18:00** 숙소에서 저녁식사후 휴식

홋카이도 대표 축제, 삿포로 눈축제 즐기기!

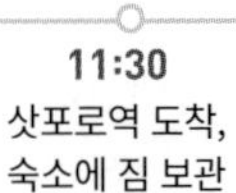

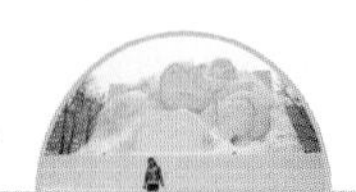

- **09:00** 호텔·리조트에서 아침 식사 후 온천 이용
- **10:20** 체크아웃 후 삿포로역으로 이동(캇파라이너호 버스 이용)
- **11:30** 삿포로역 도착, 숙소에 짐 보관
- **12:00** 토카치 부타동 잇핀에서 푸짐한 고기 덮밥 즐기기
- **13:30** 오도리 공원 일대 눈축제 둘러보기 (165p 참고)

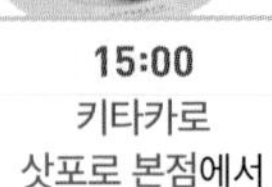
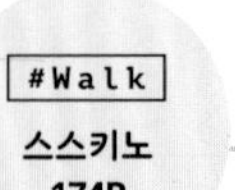

- **15:00** 키타카로 삿포로 본점에서 티 타임
- **16:00** 스스키노 니카 사인 인증샷 찍고 다누키코지 상점가와 스스키노 골목길 둘러보기
- **18:00** 스스키노에서 뜨거운 수프카레로 몸 녹이기
- **20:00** 숙소 도착 후 휴식

DAY 3 눈으로 뒤덮인 언덕 마을 비에이 투어

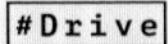
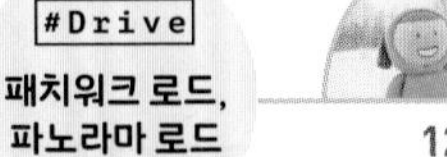

#Drive
패치워크 로드, 파노라마 로드
403P, 406P

09:00
삿포로 출발

12:00
켄과 메리의 나무, 세븐스타 나무, 크리스마스트리 나무 등 비에이 유명 나무 인증샷 찍기

13:30
비에이 명물 식당, 준페이에서 점심식사

15:00
신비로운 청의 연못 탐방

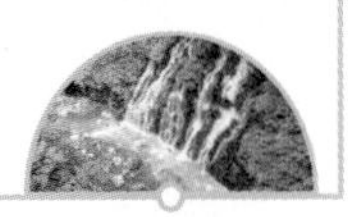

15:30
얼지 않는 흰 수염 폭포 감상

18:30
삿포로 도착

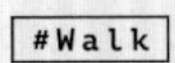

#Walk
스스키노
174P

19:00
구루메 천국 스스키노에서 저녁 식사와 가벼운 술 한잔!

21:00
숙소 도착 후 휴식

DAY 4 집으로!

09:00
호텔에서 아침 식사

10:00
삿포로역 또는 스스키노에서 기념품 쇼핑하기

12:00
숙소에서 짐 찾아서 공항으로 출발!

홋카이도의 보석 같은 야경을 돌아보는

삿포로+하코다테 3박 4일

밤낮없이 뜨거운 삿포로의 야경 명소들과 미슐랭 그린가이드에서 별 3개를 받은
하코다테야마 전망대 등 홋카이도 야경 명소를 총망라했다.

두근두근 하코다테로 가는 길

12:00
공항 도착

13:50
신치토세공항역에서
에어포트 열차 탑승

14:00
미나미치토세역에서
특급 호쿠토
열차로 환승

17:15
하코다테역 도착

17:30
숙소 도착 후 휴식

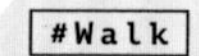

**JR 하코다테역~
베이 에어리어
338P**

18:30
하코다테 비어에서
하코다테 맥주와
지역 식재료로 만든
요리 즐기기

20:00
베이 에어리어
야경 감상

21:00
숙소 이동 후 휴식

하코다테 하이라이트, 고료카쿠+하코다테야마 야경

09:00
느긋하게 호텔에서
아침 식사

#Walk
**고료카쿠
368P**

10:00
별 모양 성곽
고료카쿠 공원 &
타워 둘러보기

11:30
하코다테 시오
라멘의 진수,
아지사이 본점에서
점심식사

#Walk
**모토마치
언덕길
350P**

14:00
모토마치 언덕길을
오르며 건축물
둘러보기

16:00
구 영국영사관 안
빅토리안 로즈에서
티타임

#Walk
하코다테야마
362P

18:00
하코다테야마 전망대
로프웨이 탑승

18:30
일몰 시간에 맞춰
야경 감상하기

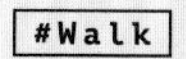

#Walk
모토마치 공원 &
건축물
352P

20:00
모토마치 공원과
주변 건축물 따라
밤 산책

21:30
숙소 도착 후 휴식

DAY 3 활기찬 하코다테 아침시장+삿포로 신 야경 명소

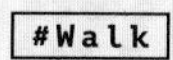

#Walk
JR 하코다테역~
베이 에어리어
338P

10:00
하코다테의 아침을
여는 아침시장 구경

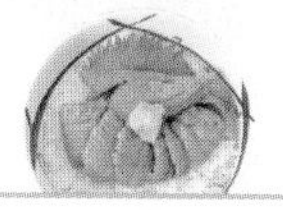

12:00
우니 무라카미에서
신선한 성게 덮밥
우니동 한 그릇

13:30
하코다테역에서
특급 호쿠토 열차
탑승

17:00
삿포로역 도착 후
숙소에 짐 맡기기

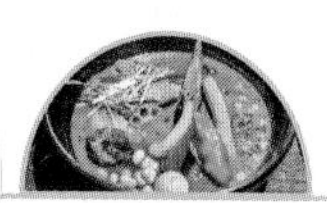

17:30
삿포로역 또는
스스키노 로지우라
커리 사무라이에서
뜨끈한 수프카레
맛보기

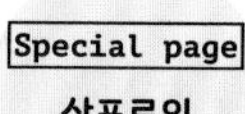

Special page
삿포로의
반전 매력
225P

18:30
삿포로의
로맨틱 밤 풍경,
모이와야마
전망대 오르기

#Walk
스스키노
174P

20:00
구루메 천국
스스키노에서
가벼운 술 한잔!

21:30
숙소 도착 후
휴식

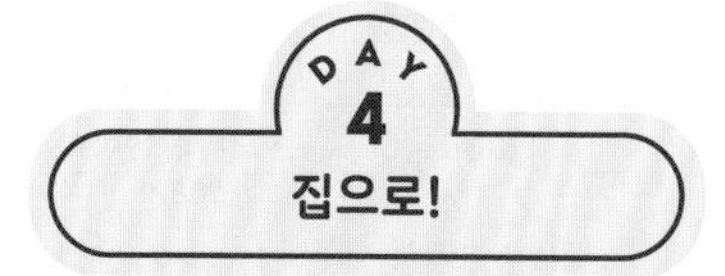

DAY 4 집으로!

09:00
호텔에서 아침 식사

10:00
삿포로역 또는
스스키노에서
기념품 쇼핑하기

12:00
숙소에서 짐 찾아서
공항으로 출발!

기본에 충실한 삿포로 근교 총집합

삿포로+오타루+후라노+비에이 4박5일

가장 기본적인 삿포로와 오타루 2박 3일 코스에 어느 하나 포기하기 힘든 인기 근교 코스를 더했다. 홋카이도의 절경 포인트로 널리 이름을 날린 후라노와 비에이까지 꾹꾹 담은 4박 5일 일정이다.

DAY 1 처음 만나는 삿포로, 하이라이트부터 도장깨기!

12:00 공항 도착

14:30 숙소에 짐 보관

#Walk JR 삿포로역~오도리 공원 158P

15:00 삿포로역 또는 오도리 공원 주변에서 군것질거리 탐색

16:00 삿포로 시계탑 앞에서 기념 촬영

16:30 삿포로 TV 타워에서 오도리 공원 전망 즐기기

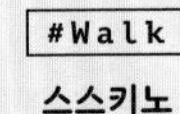

#Walk 스스키노 174P

17:30 다누키코지 상점가와 스스키노 골목길 둘러보기

18:30 스스키노 니카 사인 인증샷 찍기

19:00 구루메 천국 스스키노에서 저녁 식사와 가벼운 술 한잔!

21:00 숙소 도착 후 휴식

DAY 2 낭만과 운치가 가득한 오타루 산책

#Walk JR 미나미오타루역~오타루 운하 272P

09:50 메르헨 교차로에서 증기시계와 기념 촬영

10:15 오르골당, 키타이치글라스관, 르타오 본점 둘러보기

12:00 미스터 초밥왕의 스시 거리에서 초밥 클리어!

13:00 오타루 예술촌에서 스테인드글라스 감상

14:30 오타루 운하의 낭만 속으로!

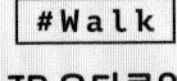

#Walk JR 오타루역~오타루 운하 288P

16:30 구국철 테미야선에서 인생사진 남기기

17:00 센트럴타운 미야코도리에서 미소노 아이스크림, 아마토우 쿠키 맛보기

17:30 오타루역 출발

18:10 삿포로역 도착 후 백화점·쇼핑몰 식품관에서 야식 쇼핑(058p 참고)

19:30 숙소 도착 후 휴식

DAY 3 여기가 그 유명한 후라노 라벤더밭!

10:00
삿포로역에서 렌터카 수령

12:30
후라노 도착

#Drive
비에이~후라노 꽃밭
396P

13:00
팜 토미타에서 보라색 라벤더 물결 감상

14:00
토미타 멜론하우스에서 달콤한 멜론 간식

#Walk
'후라노 3부작' 배경지
410P

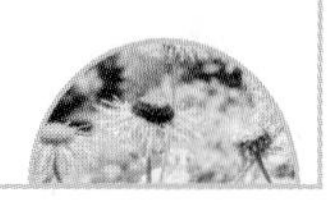

16:00
바람이 부는 정원 카제노 가든 산책

17:30
드라마 속 카페에서 티타임

18:30
요정의 집을 닮은 닝구르 테라스 둘러보기

19:30
후라노 식재료로 만든 오무카레로 저녁식사

20:00
숙소 도착 후 휴식

DAY 4 비에이 언덕마을 몰아보기

#Drive
패치워크 로드, 파노라마 로드
403P, 406P

10:00
켄과 메리의 나무, 세븐스타 나무, 크리스마스트리 나무 등 비에이 유명 나무 인증샷 찍기

12:30
비에이 명물 식당, 준페이에서 점심식사

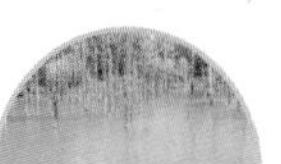

14:00
신비로운 청의 연못 탐방

14:30
얼지 않는 흰 수염 폭포 감상

17:30
삿포로 도착 후 마지막 저녁 식사

20:00
숙소 도착 후 휴식

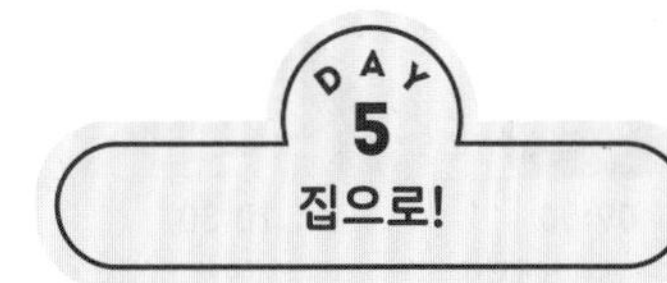

DAY 5 집으로!

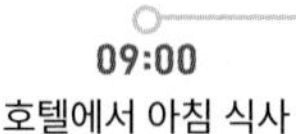

09:00
호텔에서 아침 식사

10:00
삿포로역 또는 스스키노에서 기념품 쇼핑하기

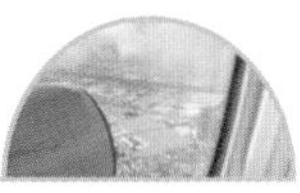

12:00
숙소에서 짐 찾아서 공항으로 출발!

부모님과 가기 좋은 온천 여행

두 곳의 온천 마을을 온전히 즐기는 것은 물론, 삿포로 구경까지 덤으로 얻는 온천 여행 코스다. 홋카이도 대표 온천 마을 노보리베츠와 도야를 둘러보는 3박 4일 일정.

노보리베츠+도야 3박 4일

삿포로에서 2시간 남짓이면 닿을 수 있는 노보리베츠와 도야는 부모님이나 아이와 함께 다녀오기 가장 좋은 가족여행지 중 하나다. 홋카이도에서 온천 휴양지는 선택이 아닌 필수 코스다.

DAY 1 부모님과 함께 느긋하게 즐기는 삿포로 대표 관광 코스

11:00
공항 도착

13:00
삿포로역 주변
숙소에 짐 보관

#Walk
JR 삿포로역
142P

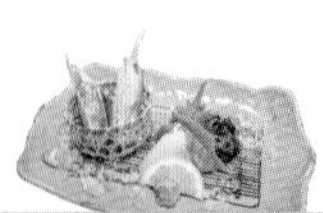

13:30
삿포로 카니혼케에서
대게 런치 코스
맛보기(예약 권장)

14:30
T38 JR 타워
전망대에서 삿포로
전망 감상

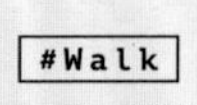

#Walk
JR 삿포로역
~오도리 공원
158P

15:30
삿포로역에서 오도리
공원까지 산책하며
주요 명소 둘러보기

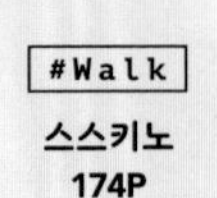

#Walk
스스키노
174P

17:30
스스키노 니카 사인
인증샷 촬영 후
다누키코지 상점가,
스스키노 골목골목
둘러보기

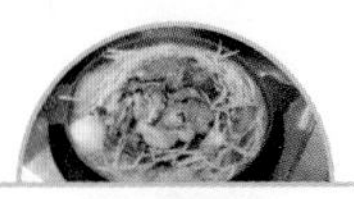

18:30
마츠오 징기스칸에서
푸짐한 양고기로
저녁 식사

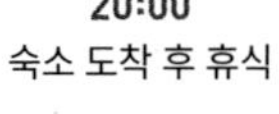

20:00
숙소 도착 후 휴식

DAY 2 힐링 여행지 도야호 온천 마을로 이동

09:00
니조 시장에서
신선한 카이센동으로
아침 식사

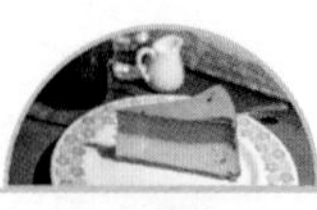

10:30
코토부키 커피에서
커피 한 잔

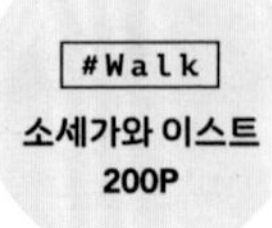

#Walk
소세가와 이스트
200P

17:00
도야호 온천 마을
한 바퀴 둘러보기

#Drive
도야호 온천 마을
326P

16:00
숙소 도착

13:30
삿포로역에서 도야호 온천행 송영버스 탑승
or JR 열차 탑승 후 도야역에서 택시로 이동

*송영버스는 온천 숙소에서 무료 또는 유료로 제공하며, 주로 오후 1~3시 사이에 출발한다.

18:00
숙소에서 저녁식사

20:00
온천욕 후 휴식

DAY 3
김이 폴폴~ 노보리베츠 온천 지옥 탐험

09:00
JR 도야역까지
택시로 이동 후
JR 열차 탑승

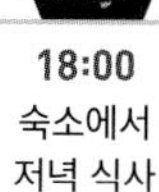

10:30
JR 노보리베츠역 하차
후 택시 또는 버스로
이동

11:00
노보리베츠 온천
숙소 도착 후
짐 맡기기

#Walk
지옥 계곡 산책
314P

11:30
노보리베츠 온천
센겐 공원에서
간헐천 구경

12:00
온천 마을에서
라멘 혹은 소바로
점심식사

13:00
노보리베츠
지옥 계곡 탐방

14:00
오유누마강 천연
족욕탕에서 족욕
즐기기

15:00
숙소 체크인 후
온천욕 즐기기

18:00
숙소에서
저녁 식사

20:00
가벼운 온천욕
후 휴식

DAY 4
집으로!

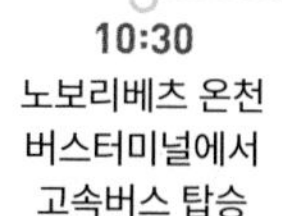

10:30
노보리베츠 온천
버스터미널에서
고속버스 탑승

12:00
신치토세공항
도착

14:00
집으로!

아사히카와+토카치 3박 4일

일본의 인기 동물원 순위 1위에 꼽히는 아사히야마 동물원을 둘러본 뒤 우에노 팜부터
유명 정원이 이어진 토카치 가든 가도를 따라 한적한 드라이브를 즐기는 이색 코스!

일본 대표 동물원 아사히야마 동물원으로 가보자~!

11:00
신치토세공항
도착 후 JR 탑승

12:00
삿포로역 도착 후 JR 특급
카무이·라일락 탑승

14:30
JR 아사히카와역
도착. 숙소에 짐 보관
후 시내버스로 이동

#Bus+Walk
**아사히야마
동물원
392P**

15:30
아사히야마 동물원
구석구석 둘러보기

18:30
아사히카와역
도착

#Walk
**아사히카와역
주변
388P**

19:00
아사히카와 라멘으로
저녁식사

20:00
숙소 도착
후 휴식

홋카이도 정원의 발상지에서부터 천년의 숲까지 섭렵!

09:30
아사히카와역에서
렌터카 수령

10:00
홋카이도 정원의 발상지
우에노 팜 산책

11:00
카페에서 티 타임

11:30
오비히로로 이동

#Drive
**오비히로~
토카치 가든 가도
438P**

14:00
홋카이도 '북쪽의 대지'
토카치센넨노모리 정원
구경하기

17:00
마나베 가든에서
전 세계 정원 섭렵!

#Walk
**오비히로역 주변
431P**

19:00
오비히로의 핫한
명물, 부타동으로
저녁 식사

20:00
숙소 도착 후 휴식

아름다운 정원과 달콤한 스위츠 순례

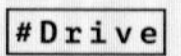

오비히로~ 토카치 가든 가도
438P

09:00
토카치 힐즈에서
정원 구경과 전망
한 번에 즐기기

12:00
롯카노모리에서
행복한 산책 후
카페에서 런치 해결

15:00
토카치노
프로마주에서
아이스크림 먹기

16:30
오비히로의 상징
행복역에서
인증 사진 찍기

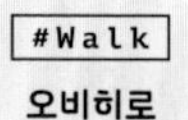

오비히로 스위츠 순례
434P

17:00
오비히로역에서
렌터카 반납

17:30
롯카테이 오비히로
본점에서
마루세이 아이스샌드
먹어보기

18:30
JR 오비히로역
에스타 서관
토카치 신무라
목장에서
와플 먹어보기

18:40
JR 오비히로역
에스타 서관
크랜베리에서
스테디셀러
스위트 포테이토
먹어보기

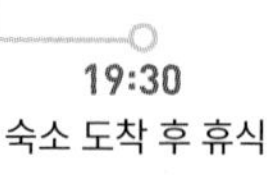

19:30
숙소 도착 후 휴식

맛있는 공항, 신치토세공항 100배 즐기기

09:00
오비히로역에서
공항행 직행버스
탑승

11:40
신치토세공항
도착

신치토세 공항 맛집
255P

13:00
돈부리차야에서
점심식사

14:00
기념품 쇼핑

15:00
집으로!

신비로운 대자연을 찾아

세계자연유산을 비롯해 습원, 유빙 등 홋카이도의 버라이어티한 자연을 즐기러 떠나보자.
조금 멀긴 하지만 흔히 볼 수 없는 독특한 자연경관과 풍경을 만나러 가는 길.

웅장한 습원과 칼데라호

구시로+아칸-마슈 국립공원 4박 5일

홋카이도에 위치한 6개의 국립공원 중 무려 4개가 이곳에 모여 있다.
습원과 칼데라호 등 광대한 대자연이 만들어낸 선물 같은 풍경을 만끽하자.

DAY 1 구시로로 가는 날

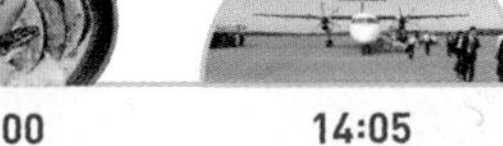

11:00 신치토세공항 도착

12:00 공항 맛집 수프카레 라비에서 점심식사

14:05 국내선 환승 후 구시로공항 도착

15:30 구시로역 도착

16:00 숙소 도착

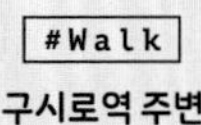

#Walk 구시로역 주변 449P

17:00 누사마이교에서 석양 감상

18:00 구시로의 명물 로바타야키 & 잔기 맛보기

20:00 숙소 도착 후 휴식

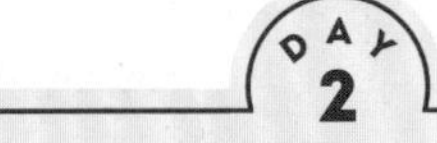

DAY 2 노롯코 기차+아칸 버스로 습원 투어

#Walk 구시로역 주변 449P

09:00 와쇼 시장에서 갓테동으로 아침 식사

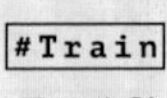

#Train 동부 습원 454P

11:06 구시로역에서 노롯코 기차 탑승

11:30 구시로시츠겐역 도착

12:00 108계단 전망대 오르기

12:38 구시로시츠겐역 출발

13:05 구시로역 도착

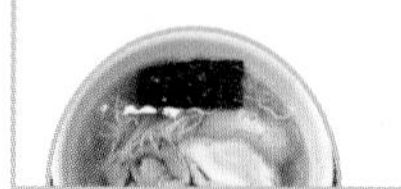

13:30
탄쵸 시장 우옷치에서 구시로 명물 라멘으로 점심식사

서부 습원 일일 탐험
456P

14:35
구시로역 앞 버스터미널에서 아칸 버스 탑승

15:20
온네나이 비지터 센터 도착

15:30
습원 산책로 산책

16:26
온네나이 비지터 센터에서 버스 타고 출발

17:18
구시로역 도착

18:00
이즈미야 본점에서 스파카츠 맛보기

19:30
숙소 도착 후 휴식

칼데라 호수로 드라이빙 만끽

09:00
구시로역에서 렌터카 수령

#Drive
아칸-마슈 국립공원
458P

10:30
마슈호 제1·제3 전망대와 이오산, 굿샤로호 스나유, 비호로 고개 전망대 구경 및 점심식사

#Walk
아칸호 온천 마을 Day 3
462P

17:00
아칸호 온천 마을 도착. 숙소 체크인 후 휴식

18:00
숙소에서 저녁 식사

20:00
아지신에서 홋카이도 사슴고기구이에 마리모히토 곁들이기

21:30
가벼운 온천욕 후 휴식

아칸호 온천 마을 Day 4
462P

10:00
아칸관광기선 타고 아칸호 유람

11:30
아이누코탄 구경 후 마루키부네에서 점심식사로 향토요리 맛보기

13:00
봇케 산책로 산책하기

14:00
아칸호반 에코 뮤지엄센터 관람

15:00
아칸호 출발

16:30
구시로역 도착, 렌터카 반납

17:00
숙소 도착 후 휴식

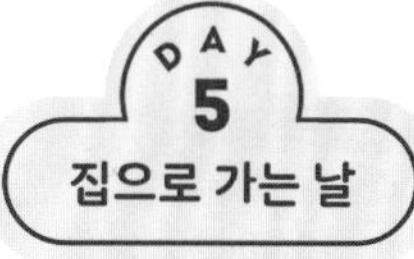

집으로 가는 날

07:20
구시로역 버스터미널에서 버스 탑승

09:00
구시로공항 출발

09:40
신치토세공항 도착

12:00
집으로!

여름의 땅끝마을 탐험

왓카나이+리시리섬+레분섬 3박 4일

사할린이 보이는 땅끝마을 왓카나이와 작은 섬 리시리·레분을 둘러보는 코스.
황량함과 아름다움을 동시에 느낄 수 있는 신비로운 경험이다.
리시리와 레분에서는 페리가 도착하는 시간에 맞춰 운행하는 정기관광버스를 이용하면
주요 명소를 편하게 둘러볼 수 있다.

DAY 1 일본 국내선 이용, 왓카나이공항 도착

12:00
신치토세공항 도착

13:00
공항 맛집에서
점심식사

14:00
도시락 구매하기

15:35
국내선 환승

16:30
왓카나이공항 도착

17:00
왓카나이역행
공항버스 탑승

18:00
왓카나이역 근처 숙소
체크인 후 휴식

DAY 2 사랑스러운 섬 리시리 한 바퀴

06:30
왓카나이항
페리터미널에서
하트랜드 페리 탑승

09:00
리시리
오시도마리항
페리터미널 도착

#BUS
리시리섬
498P

09:30
리시리 숙소에
짐 보관 후 주변 산책

12:00
사토우 식당에서
든든한 우니동
한 그릇

13:40
정기관광버스 리시리 B코스 탑승
(카무이 해안공원, 센호시미사키 공원 등)

18:00
리시리 후지 온천에서 온천욕.
저녁식사후 숙소에서 휴식

DAY 3 꽃의 섬 레분 둘러보기

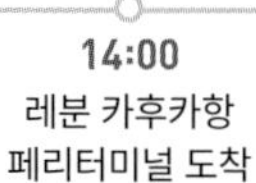

09:00
숙소에서 아침 식사 후 체크아웃

11:00
유히가오카 전망대 산책하며 리시리 풍경 즐기기

13:00
리시리 오시도마리항 페리터미널에서 하트랜드 페리 탑승

14:00
레분 카후카항 페리터미널 도착

14:15
정기관광버스 레분 B코스 탑승 후 스코톤곶, 스카이곶 탐방

16:40
레분 카후카항 페리터미널 도착

17:00
하트랜드 페리 탑승

19:00
왓카나이항 페리터미널 도착

20:00
왓카나이 숙소 도착 후 휴식

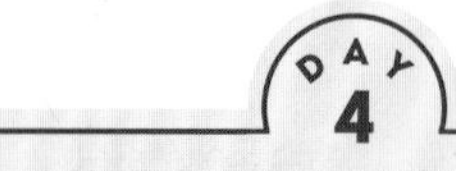

DAY 4 아쉽지만 다음을 기약하며, 집으로!

10:30
왓카나이역 버스터미널에서 공항버스 탑승

11:45
왓카나이공항에서 국내선 탑승

12:40
신치토세공항 도착

15:00
집으로!

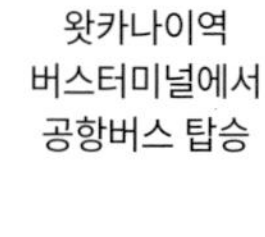
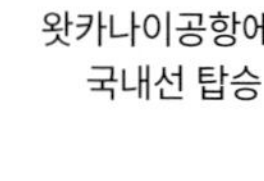

혹독한 겨울의 꽃 유빙

삿포로+아바시리+시레토코 4박 5일

바다를 떠도는 얼음 조각 유빙은 혹독한 겨울의 흔적이다.
봄이 찾아오기 전, 홋카이도 겨울의 끝자락을 붙잡아보자.

DAY 1 내일을 위해 쉬엄쉬엄, 삿포로역 맛집 탐험

15:00
신치토세공항 도착

17:00
삿포로역 근처 숙소 도착

설레는 첫 끼니는? 147P

18:00
삿포로역 맛집 토카치 부타동 잇핀에서 든든한 저녁식사

19:00
글라시엘에서 상큼한 과일 파르페 타임

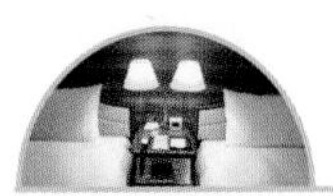

20:00
숙소 도착 후 휴식

DAY 2 오랜 시간 끝에 체험하는 아바시리 유빙 관광

Tip! 아바시리의 시설들은 겨울에 일찍 문을 닫으므로 아침 일찍부터 관광을 시작해 저녁에 숙소로 돌아가는 것이 좋다.

06:50
삿포로역에서 JR 특급 오호츠크 탑승

12:10
아바시리역 도착

13:00
아바시리 시내 숙소에 짐 보관

14:00
유빙 관광 쇄빙선 오로라 탑승
(1월 중순~3월, 시간표 변경 가능)

15:30
오호츠크 유빙관 관람

유빙 위를 걷는 독특한 체험, 시레토코 유빙 워크

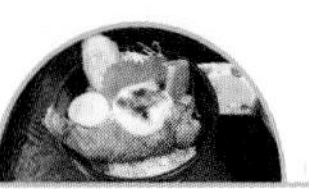

10:15 아바시리역에서 시레토코 에어포트라이너 탑승

12:00 우토로 온천 버스터미널 도착

12:10 우토로 관광안내소에서 유빙 워크 체험 문의

12:30 우토로 온천 마을 식당에서 점심식사

14:00 신비로운 유빙 워크 체험

16:00 온천욕 후 휴식

삿포로까지 긴긴 여정을 떠나는 날

평일이라면:

10:50 우토로 온천 버스터미널에서 샤리 버스 시레토코선 타고 샤리 버스터미널 도착 후 점심식사

13:50 JR 시레토코샤리역에서 유빙 기차 타고 아바시리역 도착

17:30 JR 특급 오호츠크 탑승

22:50 JR 삿포로역 도착 후 역 근처 숙소에서 휴식

토·일·공휴일이라면:

09:30 우토로 온천 버스터미널에서 샤리 버스 시레토코 에어포트라이너 탑승

12:37 JR 아바시리역에서 특급 다이세츠 타고 아사히카와역 도착

16:30 JR 아사히카와역에서 특급 라일락 탑승

17:55 JR 삿포로역 도착 후 역 근처 숙소에서 휴식

특별한 기억을 남기고 집으로!

07:00 호텔에서 아침 식사

08:00 공항으로 출발!

홋카이도 IN & OUT

홋카이도 IN

서울(인천), 부산(김해)에서 신치토세공항(삿포로)까지 정기 노선을 운항 중이다. 취항 중인 국내 항공사로는 인천에서는 대한항공, 아시아나항공, 진에어, 티웨이항공, 제주항공, 에어부산, 이스타젯, 부산에서는 에어부산·아시아나항공(공동 운항), 진에어·대한항공(공동 운항)이 있다. 소요 시간은 2시간 30분~3시간. 한편 아시아나항공은 여름 성수기에 한해 인천-아사히카와 직항 전세기를 운항한다. 소요 시간은 약 3시간.

+MORE+

국내 취항 항공사 웹사이트

대한항공 www.koreanair.com
아시아나항공 flyasiana.com
에어부산 www.airbusan.com
에어서울 flyairseoul.com
제주항공 www.jejuair.net
진에어 www.jinair.com
티웨이항공 www.twayair.com

항공권 가격 비교 웹사이트

스카이스캐너 skyscanner.co.kr
네이버 항공권 flight.naver.com
익스피디아 expedia.co.kr

Step 1 비지트 재팬 웹 등록하기

출국 일정이 확정되면 비지트 재팬 웹에 접속해 계정을 만들고 입국 예정 정보를 미리 등록해 두자. 필수는 아니지만, 입국 시 휴대폰 화면 제시만으로 통과할 수 있어서 권장한다. 비지트 재팬 웹에 등록하지 않은 경우 비행기에서 승무원이 건네는 입국 카드를 작성한다. 단, 최근에는 기내에서 입국 카드를 배부하지 않는 항공사가 늘어나는 추세다. 이런 경우 일본 공항에 도착 후 입국심사장에 비치된 입국 카드를 작성해야 한다. 입국 카드 및 비지트 재팬 웹은 모두 영어로 작성하며, 일본 현지 주소(일본 내 연락처)는 호텔을 예약한 경우 호텔 주소와 이름을, 그 외 장소에서 체류 시엔 해당 주소를 쓴다.

비지트 재팬 웹 services.digital.go.jp/ko/visit-japan-web/

➔ 비지트 재팬 웹 등록 방법

❶ 회원 가입(이메일 주소 필요) **후 본인 및 동반가족 정보 등록**

90일까지 무비자 입국이 가능하므로 VISA 필요 여부 확인 시 '필요 없음'에 체크하자. ➡

❷ 입국·귀국 예정 신규 등록

'입국·귀국 정보 인용' 선택 시 무비자 여행자나 신규 등록자는 '인용하지 않고 등록 진행'을 선택한다. ➡

❸ 입국 심사 및 세관 신고 등록

'입국·귀국 예정 등록' 목록에서 방금 등록한 여행명을 클릭해 '입국 심사 및 세관 신고'를 등록하고 QR코드를 발급받는다.

+MORE+

수하물 규정 체크!

수하물의 크기와 요금, 준비 방법에 관한 항공사별 수하물 규정은 이용 예정인 항공사의 홈페이지에서 확인하고, 액체류나 배터리 반입 기준 등 기내·위탁 수하물 규정은 항공안전 호루라기 홈페이지를 참고해 입국 시 혼란이 없도록 한다.

항공안전 호루라기
WEB www.whistle.or.kr

Step 2 입국하기

공항에 도착하면 입국 심사가 진행된다. 지문 인식기에 지문을 스캔하고 얼굴 사진을 찍은 후, 여권과 입국 카드 또는 비지트 웹 재팬 QR코드를 제시하면 통과. 이후 수하물을 찾고 세관 검사대에 수기로 작성한 세관 신고서를 제출하거나 비지트 재팬 웹 QR코드 전용 창구에서 QR코드를 스캔하고 나간다.

Step 3 신치토세공항에서 이동하기

신치토세공항에서 삿포로 시내까지는 국제선 청사와 도보 5~10분 거리의 연결 통로로 이어진 국내선 청사로 이동한 후 지하 1층과 연결된 JR 신치토세공항역에서 쾌속 에어포트 열차를 타는 것이 가장 빠르고 편리하다. JR 삿포로역과 JR 오타루역까지 환승 없이 직행하며, 각각 약 40분, 1시간 15분 소요. 단, 숙소가 스스키노 혹은 오도리 공원 근처거나, 공항버스가 정차하는 호텔에 묵는다면 공항버스를 타는 것도 좋은 방법이다. 또한, 국제선 청사에서 고속버스를 타면 아사히카와, 오비히로, 노보리베츠 온천, 시코츠호, 아바시리 등으로 바로 갈 수 있다. 대부분 예약제로 운행하며, 전화 혹은 고속버스 예약 웹사이트를 통해 예약할 수 있다. 자세한 내용은 각 도시 교통편 참고.

신치토세공항 정보
WEB www.new-chitose-airport.jp/ko/

+MORE+

반입 금지 물품 체크!

최근 일본은 귀금속 밀수 대책 강화로 금제품 반입 심사를 엄격하게 시행하고 있다. 따라서 고가의 금제품은 착용하지 않길 권하며, 금 또는 금제품 반입 시엔 반드시 세관에 신고해야 한다. 또한, 구제역과 아프리카 돼지열병으로 육류 반입도 철저히 금지돼 있다.

홋카이도 OUT

신치토세공항 국제선 터미널에 3층 항공사 카운터로 가서 체크인하고 짐을 맡긴 뒤 여권과 탑승권을 가지고 출국 심사대를 통과, 지정된 게이트에서 비행기에 탑승한다. 온라인 체크인 서비스를 제공하는 항공사를 이용할 경우 출국 48시간~1시간 전에 모바일 탑승권을 발급받으면 공항에서 더욱 빠르게 출국 수속을 마칠 수 있으니 참고하자.

세관 신고 대상 물품이 있다면 비행기 안에서 승무원이 나눠주는 여행자 휴대품 신고서(세관 신고서)를 작성한 다음, 한국에 도착해 세관원에게 건넨다(신고 대상 물품이 없다면 작성할 필요 없음). '여행자 세관신고앱'을 통해 모바일 세관 신고를 미리 해두면 종이에 따로 기재하지 않아도 된다.

홋카이도 내 이동 수단

일본에서 혼슈本州 다음으로 큰 섬인 홋카이도는 남한의 4/5에 육박하는 면적을 자랑한다. 따라서 주요 도시 간 이동 시간이 오래 걸리고 교통비도 상당히 비싼 편. 여행자들은 상황에 맞게 JR 열차나 고속버스, 렌터카, 저비용항공 등을 이용한다. 이때 열차나 자동차로 4시간 넘게 이동해야 할 경우에는 항공 이동을 고려해보는 것도 좋다.

JR

홋카이도 내에서 이동할 때 가장 대중적인 교통수단은 JR 홋카이도 열차다. 비교적 시간을 정확히 지켜 운행하는 편이나, 폭설이나 지진 등의 자연재해에는 열차 역시 속수무책이 되는 경우가 있으니 참고할 것. 또한 장거리 이동 시에는 요금이 상당히 부담될 수 있다. 이럴 때는 홋카이도 레일패스를 이용하거나 고속버스와 적절히 나눠서 이동하는 것을 추천한다. 열차 스케줄은 JR 홋카이도 한국어 페이지와 구글맵(경로 찾기)에서 확인할 수 있고, JR 에키넷을 통해 승차권과 패스, 지정석권을 예매할 수 있다. 참고로 신칸센은 신하코다테호쿠토역新函館北斗까지만 연결되어 여행자가 이용할 일이 거의 없다.

+MORE+

JR 홋카이도 시간표 & 요금 검색

- **JR 홋카이도** JR北海道
www.jrhokkaido.co.jp/global/korean/
*한국어. 일부 역명은 영어로 입력

JR 패스·승차권 구매, 지정석 예약

- **JR 에키넷** えきねっと
www.eki-net.com/personal/top/index
*한국어. 역명은 영어로 입력

에키넷 한국어 웹사이트

➔ JR 홋카이도 열차 노선

* 운행 구간은 열차나 철로 상황에 따라 달라질 수 있음

➔ 삿포로~주요 도시 간 열차 소요 시간 & 요금 (자유석/지정석)

도시	소요 시간 & 요금	도시	소요 시간 & 요금
오타루	JR 쾌속 에어포트 약 35분, 800엔/1640엔	**하코다테**	JR 특급 약 3시간 30분~4시간, 9770엔(지정석)
후라노	JR 특급+JR 보통 2~3시간, 4230엔/4760엔	**아사히카와**	JR 특급 약 1시간 30분, 4910엔/5440엔
오비히로	JR 특급 약 2시간 40분, 8120엔(지정석)	**구시로**	JR 특급 4시간~4시간 30분, 1만320엔(지정석)
아바시리	JR 특급 약 4시간~5시간 30분, 1만340엔/1만870엔	**왓카나이**	JR 특급 약 5시간 30분, 1만890엔/1만1420엔
노보리베츠 온천	JR 특급 약 1시간 20분+도난 버스 약 20분, 4890엔(지정석)+버스 450엔		
도야호 온천	JR 특급 약 2시간+도난 버스 약 25분, 6690엔(지정석)+버스 400엔		

➔ 멀리멀리 다닐 예정이라면, 홋카이도 레일패스

삿포로역의 JR 인포메이션 데스크

신칸센과 미나미홋카이도 열차, 도난 이사리비 철도道南いさりび鉄道를 제외한 모든 JR 홋카이도 열차(특급, 쾌속, 보통, 임시, 관광 등)를 이용할 수 있는 패스다. 삿포로에서 하코다테, 오타루, 아사히카와를 오가는 등 동선이 긴 여행에 유용하다. 하지만 패스의 본전을 뽑겠다는 마음으로 계획을 세우다 보면 열차에서 시간을 지나치게 허비할 수 있다는 것을 기억하자. 가격 역시 만만치 않으므로 일정을 충분히 계산한 후 선택할 것. 그 외 삿포로-후라노 에리어 패스와 삿포로-노보리베츠 에리어 패스도 있으니 자신의 여행 일정에 맞는 것으로 선택하자.

	홋카이도 레일패스 5일권	홋카이도 레일패스 7일권	홋카이도 레일패스 10일권	삿포로-노보리베쓰 에리어 패스 4일권	삿포로-후라노 에리어 패스 4일권
성인	2만2000엔	2만8000엔	3만7000엔	1만엔	1만1000엔
어린이(6~11세)	1만1000엔	1만4000엔	1만8500엔	5000엔	5500엔

*각 패스는 일본 국내 JR 역에서도 구매할 수 있으나, 1000엔(어린이는 500엔) 더 비싸다.
*단기 체제 외에 유학 비자나 워킹홀리데이 비자 소지자는 구매할 수 없다.
*한국에서 구매한 교환권은 발행일로부터 3개월 이내에만 유효하며, 교환권에 기재된 패스의 종류는 바꿀 수 없다.
*패스 분실 시 재발행이 불가하며, 사용 날짜도 변경할 수 없다. 미교환 패스는 유효기간 내 환불 가능(수수료 있음).
*노면전차, 지하철, JR 홋카이도 버스는 이용할 수 없다. 단, 홋카이도 레일패스 소지자는 JR 홋카이도 버스의 삿포로 시내 구간과 삿포로-오타루 간 고속 오타루호 이용 가능.

➔ 패스 교환 & 사용 방법

티켓 형태의 JR 패스

국내 온라인 여행사나 JR 공식 판매 웹사이트인 JR 에키넷 한국어 페이지에서 패스를 구매한 후 신치토세공항역, 삿포로역 등 지정 역(패스마다 다름) 내 JR 매표소(미도리노마도구치みどりの窓口, 영어명: Ticket Counter)와 JR 인포메이션 데스크에서 모바일 교환권과 여권을 보여주고 실물 패스를 받는다. 모든 패스는 열차를 처음 이용한 날부터 1일이 시작되며, 연속일로만 사용할 수 있다.
사용 방법은 간단하다. 역의 개찰구를 통과하면서 개찰기의 노란색 투입구에 패스를 넣은 후 받아 가기만 하면 된다. 이때 지정석권은 넣지 않는다. 개찰기가 없는 역에서는 직원에게 패스를 보여주고 통과한다.

➔ 지정석 예약 방법

JR 열차는 지정석만 있는 그린차(1등칸)와 지정석 및 자유석이 있는 보통차(2등칸)로 이루어져 있다. 패스 소지자는 보통차의 지정석과 자유석을 무제한 탑승할 수 있지만, 지정석 이용 시엔 사전 예약하고 받은 지정석권(무료)을 소지해야 한다. 단, 일반 열차(지정석 없음)와 관광열차, 임시열차 등 일부 열차는 지정석을 예약할 수 없거나 기차역에서만 예약할 수 있고, SL 후유노 시츠겐호는 지정석권을 별도 구매해야만 탑승할 수 있다.
지정석권은 ❶ JR 주요 역의 매표소(티켓 카운터)나 JR 인포메이션 데스크에 패스를 제시하고 받거나, ❷ 역 안에 설치된 무인 지정석 발권기에 패스를 투입하고 받거나, ❸ JR 에키넷에서 이용일 2일 전까지 예약(패스 개시 전에도 가능) 후 JR 주요 역의 매표소, JR 인포메이션 데스크, 지정석 발권기(JR 에키넷에서 패스를 구매한 경우에만 가능)에서 전날 21:00까지 받을 수 있다. 지정석권의 예약·발급은 출발·도착역이 아닌 다른 역에서도 가능하다.
성수기나 출퇴근 시간에는 자유석이 종종 만석이라 서서 갈 수 있고 지정석도 빨리 매진되므로 장거리 이동이라면 가능한 한 일찍 지정석을 확보해 두는 것이 안전하다.

+MORE+

하코다테, 노보리베츠, 도야, 오비히로, 구시로 갈 땐 지정석 예약 필수!

특급 호쿠토(삿포로~노보리베츠~도야~하코다테), 특급 스즈란(삿포로~노보리베츠~무로란), 특급 토카치(삿포로~미나미치토세~토마무~오비히로), 특급 오조라(삿포로~미나미치토세~토마무~오비히로~구시로)는 전 차량이 지정석으로 운영된다. 따라서 JR 패스 소지자도 좌석을 예약하고 지정석권을 발급해야 한다. 지정석권 없이 패스만 가지고 탑승할 경우 비어있는 좌석에 앉아도 되지만, 자리 주인이 오면 비켜줘야 하고 만석일 경우 서서 가야 한다. 패스가 없다면 승차권+특급권+지정석권을 구매한다.

고속버스

홋카이도는 삿포로를 중심으로 곳곳을 연결하는 고속버스 노선이 발달해 있다. 결코 싸지는 않지만, JR 열차보다는 저렴한 편. 대부분의 고속버스가 사전 예약제로 운행하며, 학생 할인(학생증 필요), 조기 예약 할인, 인터넷 예약 할인, 왕복 할인 등 다양한 할인 혜택을 제공한다.
홋카이도의 고속버스는 여러 버스 회사가 한 개의 노선을 공유하는 공동 배차제로 운영하는 경우가 많다. 가장 큰 사업자는 삿포로와 오타루를 거점으로 한 홋카이도 주오 버스다.

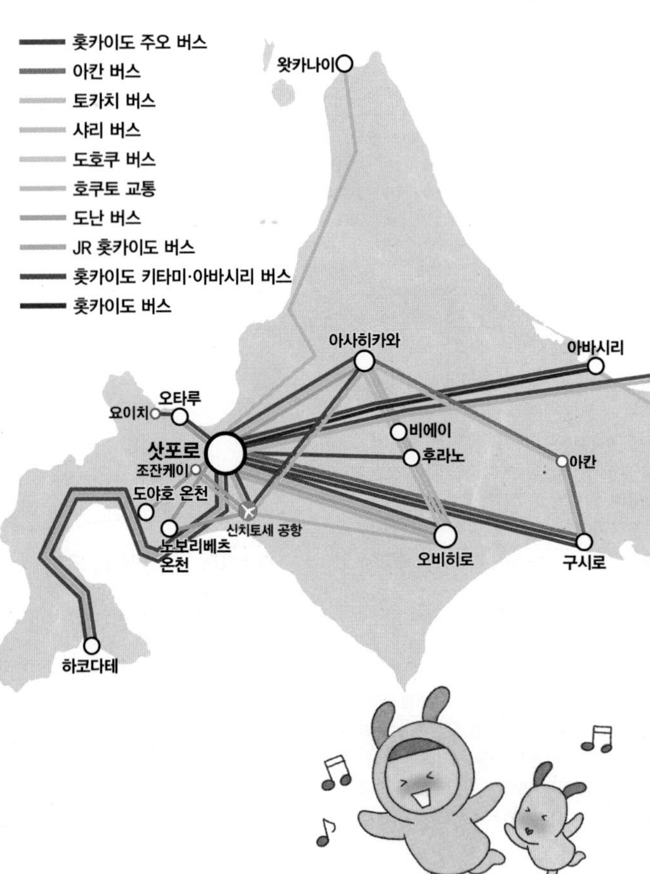

➔삿포로~주요 도시 간 고속버스 소요 시간 & 편도 요금

오타루	약 1시간, 730엔	아사히카와	약 2시간~, 2500엔
하코다테	약 5시간 30분, 4320엔~	오비히로	약 3시간 30분~, 3330엔~
노보리베츠 온천	약 1시간 50분, 2500엔	구시로	약 5시간 40분, 5230엔~
도야호 온천	약 2시간 20분, 3700엔	아바시리	약 6시간 20분, 6510엔~
후라노	약 2시간 30분, 2700엔	왓카나이	6~7시간, 6030엔~

+MORE+

고속버스 예약 웹사이트

- **고속버스닷컴**
www.kosokubus.com/kr/(한국어)
- **재팬 버스 온라인**
japanbusonline.com/ko(한국어. 할인 요금 적용 안 됨)
- **발차오라이넷** 発車オ～ライネット
secure.j-bus.co.jp/hon/(일본어. 한국어로 전환 시 할인 요금 적용 안 됨)

*대부분 구간에서 모바일 승차권 이용 가능

홋카이도 내 고속버스 회사

- **홋카이도 주오 버스** 北海道中央バス
www.chuo-bus.co.jp/highway/
- **아칸 버스** 阿寒バス
www.akanbus.co.jp/express/
- **토카치 버스** 十勝バス
www.tokachibus.jp/highway/
- **아바시리 버스** 網走バス
www.abashiribus.com
- **샤리 버스** 斜里バス
www.sharibus.co.jp
- **도호쿠 버스** 道北バス
www.dohokubus.com
- **호쿠토 교통** 北都交通
www.hokto.co.jp
- **도난 버스** 道南バス
donanbus.co.jp
- **JR 홋카이도 버스(JHB)** JR北海道バス
www.jrhokkaidobus.com
- **홋카이도 버스** 北海道バス
hokkaidoubus-newstar.jp/bus

➔ 삿포로 고속버스 정류장

신칸센 연장 공사로 인해 삿포로역 앞 버스터미널이 폐쇄됨에 따라 고속버스 정류장이 시내 곳곳에 설치돼 운영되고 있다. 삿포로에서 출발하는 대부분의 고속버스는 JR 삿포로역 남쪽 출구 앞 지정 정류장을 출발해 주오 버스 삿포로 터미널 또는 오도리 공원·스스키노 주변 거리를 거쳐 홋카이도 각지로 향한다. 자세한 정류장 정보는 각 도시 교통편 참고.

: WRITER'S PICK :
당일치기 버스 투어

홋카이도는 계절에 따른 변화 요인이 많고, 특히 겨울은 날씨 변화가 심해 렌터카를 이용하는 데 어려움을 겪을 수 있다. 이럴 땐 삿포로에서 출발하는 버스 투어 상품을 이용하는 것도 좋은 방법이다. 여러 회사에서 계절에 따라 다양한 코스를 운영하는데, 이용자 후기를 꼼꼼히 따져본 뒤 선택하면 패키지 관광 못지않은 편리함을 누릴 수 있다. 한국에서 예약하고 가는 경우가 대부분으로, 검색창에 '홋카이도 버스 투어'라고 입력하거나, 홋카이도 대신 가고자 하는 지역의 이름을 넣어 검색해보자.
현지에서는 홋카이도 주오 버스의 정기관광버스가 코스 종류도 다양하고 외국어 응대도 좋아 여행자들에게 인기 있다. 오전·오후 한나절 코스, 1일 코스 등 일정과 출·도착 지점을 선택할 수 있고 시즌별로 다양한 주제의 코스를 운영하므로 개성 있는 테마 여행을 계획해볼 수 있다. 단, 삿포로와 그 주변 지역만을 돌아보는 코스가 대부분이다. 한국어 온라인 웹사이트 또는 JR 삿포로역 북쪽 출구 근처(홋카이도 삿포로 음식과 관광 정보관 맞은편)에 있는 주오 정기관광버스 창구에서 예약할 수 있다.

홋카이도 주오 버스 정기관광버스 teikan.chuo-bus.co.jp/ko/(한국어)

국내선 항공

홋카이도는 열차나 고속버스 요금이 만만치 않으므로 이동시간이 4시간을 넘길 경우 국내선 항공권을 검색해보는 것도 좋다. 일본국적의 ANA항공 또는 JAL항공은 외국인을 위한 국내선 항공권을 저렴한 프로모션 가격에 판매하기도 하니 시간과 비용을 모두 고려해 가장 경제적인 선택을 하자. 항공 이동을 추천하는 경로로는 신치토세공항에서 하코다테, 구시로, 왓카나이, 아바시리 등이 있다.

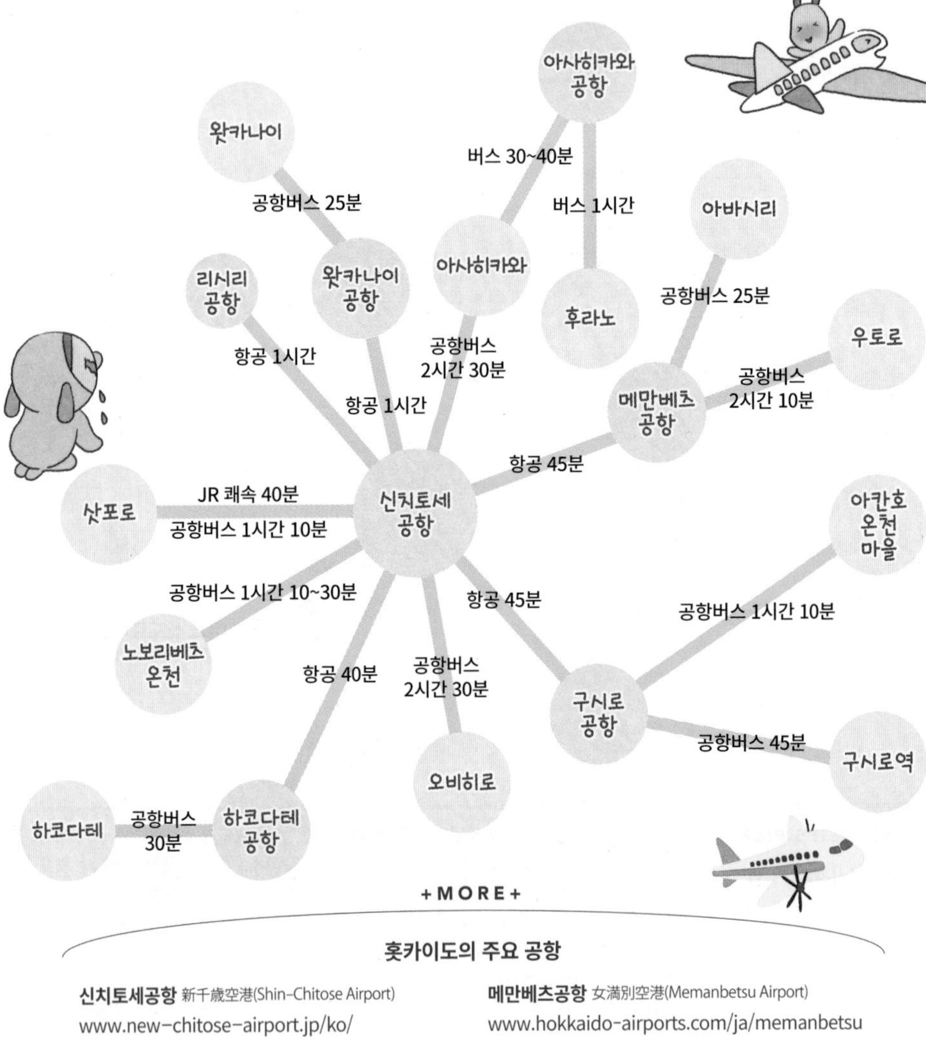

+MORE+

홋카이도의 주요 공항

신치토세공항 新千歳空港(Shin-Chitose Airport)
www.new-chitose-airport.jp/ko/

하코다테공항 函館空港(Hakodate Airport)
airport.ne.jp

아사히카와공항 旭川空港(Asahikawa Airport)
www.aapb.co.jp/kr/

메만베츠공항 女満別空港(Memanbetsu Airport)
www.hokkaido-airports.com/ja/memanbetsu

왓카나이공항 稚内空港(Wakkanai Airport)
www.wkj-airport.jp

토카치-오비히로공항 とかち帯広空港(Obihiro Airport)
obihiro-airport.com

➔ 신치토세공항 이용 팁

호카이도의 관문인 신치토세공항新千歳空港은 국제선 터미널과 국내선 터미널로 이루어져 있다. 두 터미널은 중앙의 연결 통로를 통해 도보 5분 정도면 이동 가능하다. 국내선 출발 로비는 2층, 도착 로비는 1층, 국제선 출발 로비는 3층, 도착 로비는 2층에 있고, JR 역은 국내선 터미널의 지하 1층 중앙에 있다. 목적지까지 열차를 이용한다면 'JR Train' 사인을, 버스를 이용한다면 'BUS' 사인을 따라 이동한다. 4층에는 영화관과 온천 시설이 마련돼 있어 비행기 출발 시간이 많이 남은 경우 편리하게 이용할 수 있다. 렌터카를 예약한 경우 1층의 렌터카 사무실에서 수속을 밟은 후 무료 셔틀버스를 타고 차량 인수 장소로 이동한다. 그밖에 공항에 관한 자세한 내용은 253p 참고.

➔ 신치토세공항 층별 안내도

	국내선 터미널빌딩	연결통로	국제선 터미널빌딩
4층	오아시스·파크 영화관 온천		라운지
3층	구루메 월드	스마일 로드(연결통로) 로이스 초콜릿 월드 도라에몽 와쿠와쿠 스카이 파크 헬로 키티 해피 플라이트	출발 로비
2층	출발 로비 쇼핑 월드	슈타이프 디스커버리 워크	도착 로비
1층	도착 로비		승하차 로비 버스 안내소
지하 1층	JR 신치토세공항역		

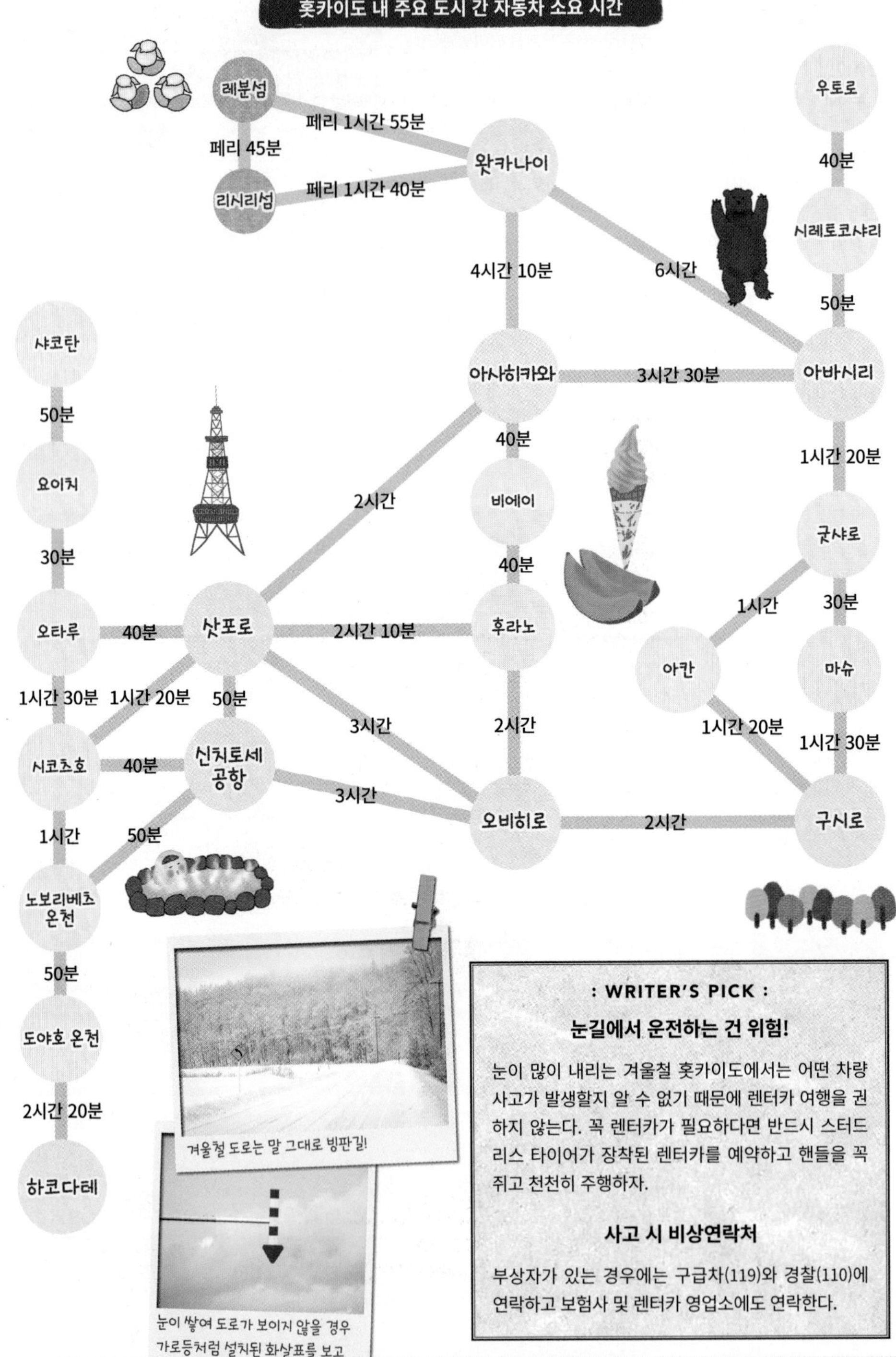

겨울철 도로는 말 그대로 빙판길!

눈이 쌓여 도로가 보이지 않을 경우 가로등처럼 설치된 화살표를 보고 도로 위치를 가늠해야 한다.

: WRITER'S PICK :

눈길에서 운전하는 건 위험!

눈이 많이 내리는 겨울철 홋카이도에서는 어떤 차량 사고가 발생할지 알 수 없기 때문에 렌터카 여행을 권하지 않는다. 꼭 렌터카가 필요하다면 반드시 스터드리스 타이어가 장착된 렌터카를 예약하고 핸들을 꼭 쥐고 천천히 주행하자.

사고 시 비상연락처

부상자가 있는 경우에는 구급차(119)와 경찰(110)에 연락하고 보험사 및 렌터카 영업소에도 연락한다.

예약부터 반납까지! 홋카이도 렌터카 여행 총정리

드넓은 홋카이도의 낭만을 제대로 즐기려면 드라이브 여행만 한 게 없다. 렌터카 예약과 수령부터 도로 운전 방법, 주차, 반납까지 홋카이도 렌터카 여행의 모든 것을 정리했다.

Step 1 렌터카 예약 및 수령

렌터카 예약은 인터넷에서 검색 후 국내 대행업체 중 한 곳을 선택해 진행하거나, 일본 현지의 렌터카 예약 사이트를 통해 진행한다. 홈페이지에서 제공하는 할인 쿠폰을 다운받으면 좀 더 저렴하게 이용할 수 있다. 차 인수 장소는 공항, 역 주변, 관광지 주변 등 다양하게 지정할 수 있는데, 신치토세공항에서 받을 경우 인수 장소까지 무료 셔틀버스가 운행하기 때문에 편리하게 차를 받을 수 있다.

일본 렌터카 예약 사이트

자란넷	jalan.net/rentacar
타비라이	en.tabirai.net/car/
토요타	rent.toyota.co.jp/ko/
라쿠텐트래블	travel.rakuten.co.jp/cars

Step 2 자동차보험 가입하기

렌터카는 대인·대물에 대한 면책 보험이 기본적으로 가입돼 있다. 추가로 가입할 만한 특약 항목은 자차에 대한 보상 항목인 CDW(Collision Damage Waiver)와 사고 차량이 운행을 못함으로써 렌터카 회사가 입는 손해를 보상하는 항목인 NOC(Non-Operation Charge)가 있다. 모든 보험 항목에는 본인 부담금이 있게 마련이며, 이를 0으로 낮추려면 당연히 보험료를 더 내야 한다.

Step 3 출발 전 점검사항

일본은 우리나라와 반대로 운전석이 오른쪽에 있다. 출발 전 엔진 시동 방법, 와이퍼와 방향 지시등 등 차량 내 설비 이용 방법, 주유구의 위치, 주유구 마개 여는 방법, 사고시 연락처 등을 충분히 안내받는다. 더불어 6세 미만 유아 탑승 시 유아용 카시트 사용이 필수이니 수령할 때 카시트를 반드시 장착한다.

Step 4 내비게이션 입력하기

차에 내장된 내비게이션 검색 시에는 맵코드MAPCODE, 이름, 전화번호 등을 이용한다. 영어나 한국어 검색이 가능한 내비게이션이 장착된 차량도 종종 있으니 예약할 때 확인해보자. 단, 한국어가 지원되는 내비게이션은 수량이 한정돼 있기 때문에 서둘러 예약해야 한다. 목적지까지 가는 방법은 다양하며, 유료도로, 무료 국도 등을 선택할 수 있다.
참고로 삿포로, 오타루, 하코다테, 오비히로, 구시로, 아바시리, 왓카나이 등 주요 도시에 있는 소규모 상점이나 식당은 주차장이 없는 곳이 많기 때문에 주변의 유료 주차장 또는 대중교통을 이용하는 것이 좋다.

+MORE+

구글맵 내비게이션, 사용해도 괜찮을까?

구글맵 내비게이션도 실시간 도로 교통 정보를 반영한다. 하지만 '최적 경로'나 '큰길 우선' 설정 기능이 없고 주로 최단 경로를 안내하기 때문에 비포장도로나 제한속도가 낮은 지방도로로 안내하는 경우가 많다. 또 도로를 가로질러 우회전이 가능하거나 신호등이 있는 교차로인데도 등록되지 않아 멀리 돌아가라고 할 때도 종종 있다. 따라서 홋카이도에서는 되도록 차량에 내장된 내비게이션 사용을 권한다.
구글맵을 사용할 수밖에 없다면 출발하기 전에 여행 지역의 오프라인 지도를 미리 다운로드 하는 것도 운행에 도움이 된다. 홋카이도는 도시를 벗어나면 스마트폰의 내비게이션이 작동하지 않는 경우가 많은데, 통신사의 신호는 끊겨도 GPS 신호는 교신이 된다. 구글맵 내비게이션은 ❶ 스마트폰에서 GPS 사용을 설정하고 ❷ 구글맵의 내 현재 위치 및 오디오 스피커 사용을 허용한 후 ❸ 경로 검색 시 이동 수단을 '운전'으로 선택하면 바로 이용할 수 있다.

Step 5 주행 시작하기

출발 전 다음의 2가지를 기억하자. ❶ 일본은 우리나라와 반대로 좌측통행이고 ❷ 보행자 우선이니 보행자가 있으면 무조건 정지할 것. 한국에서는 기본적으로 좌회전이 금지돼 있지만, 일본에서는 우리나라의 좌회전에 해당하는 우회전이 금지돼 있지 않아서 뒤따라오는 차가 경적을 울릴 수 있다는 점을 알아두자.

주행에 적응할 때까지는 반드시 천천히 서행한다. 일본에서는 느리게 간다고 빵빵대는 일이 거의 없다. 일본 도로 표지판 중에서 주의할 부분 중 하나는 최고 속도 제한 규정이며, 예상치 못한 곳에서 사복 경찰이 등장할 수 있으니 긴장을 늦추지 말아야 한다.

Step 6 주행차선 & 추월차선 활용하기

도로 가장 우측이 '추월차선'이고 다른 차선들이 '주행차선'이다. 기본적으로는 주행차선을 이용하면서 앞차를 추월할 때는 추월차선을 이용해 추월한다. 추월 후에는 다시 주행차선으로 돌아간다. 이때 차선 변경 전 방향 지시등을 반드시 켜야 한다.

+MORE+

자주 출몰! 주의해야 할 도로 표지판

차량 진입 금지
전방의 차량과 충돌 우려가 있으니 진입을 금지한다는 뜻이다.

일방통행
화살표 방향으로만 이동할 수 있다는 뜻이다.

Step 7 고속도로에서 ETC카드 & HEP 이용하기

ETC카드는 한국의 하이패스와 비슷한 것으로, 유료 고속도로를 지날 때 자동 결제되는 카드다. ETC카드를 이용하기 위해서는 카드를 비롯해 카드 탑재기도 필요하다. 렌터카 예약 시 ETC카드 탑재기와 ETC카드 둘 다 대여할 수 있는지 확인하자. 탑재기에 카드 주입 후 보라색 ETC 전용 차선으로 통과하면 된다. ETC카드 없이 현금이나 신용카드로 결제하려면 초록색 일반 차선을 통과하면서 통행권을 발급받는다.

HEP은 '홋카이도 익스프레스 패스'의 약자로, ETC카드 단말기에 넣어서 사용하는 외국인 여행자 전용 유료 도로 할인 패스다. 렌터카 대여 시 여권을 제시하고 구매할 수 있으며, 2~14일권 중 렌트 기간과 동일한 기간으로 선택한다. 단, 홋카이도 내에는 유료 고속도로가 많지 않으므로 대개는 구매할 필요가 없다.

ETC카드 전용 차선

일반 차선

Step 8 주차하기

일본 도로는 대부분 주차 금지이고 단속도 철저한 편이다. 따라서 반드시 지정된 주차장을 이용하고 주차 금지 구역 표시를 확인해둘 것.

Step 9 주유하기

주유소는 직원이 서비스하는 곳과 셀프 주유소로 나뉜다. 우리나라처럼 경유가 휘발유보다 저렴한 편이다. 휘발유는 일반 휘발유レギュラー(레귤러)와 고급 휘발유ハイオク(하이옥)의 2종류가 있고 색상이 다르게 표시된다. 렌터카 영업소에서 특별히 요구하지 않는 한 일반 휘발유를 넣는 게 경제적이다.

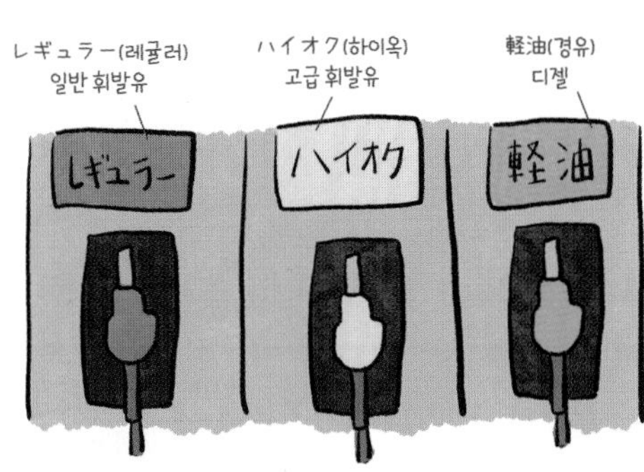

Step 10 렌터카 반납하기

반드시 영업소의 영업시간 안에 예약 시 신청한 반납 장소로 반납한다. 일본은 영업시간을 칼 같이 지키기 때문에 시간이 늦으면 반납이 불가능할 수 있으니 반납이 늦어질 것 같다면 반드시 미리 영업소에 연락하자. 예정 시간보다 빨리 반납할 경우 소정의 금액을 환급받을 수도 있다(렌터카 회사의 규정에 따라 다름). 차량 반납 전 차에 둔 개인 소지품이 없는지 글러브 박스, 암 레스트, 등받이 수납 공간 체크 필수.

★는 홋카이도 시닉 바이웨이

건졌다, 인생샷!

다이세츠산 천공의 도로 大雪山 天空の道 ★

홋카이도에서 가장 높은 다이세츠산 국립공원을 횡단하는 273번 국도의 일부. 자작나무가 우거진 토카치 미츠마타十勝三股 마을 부근부터 홋카이도 국도에서 가장 높은 고개인 미쿠니고개三国峠(해발 1139m)까지 약 12km 구간이 특히 아름답다. 미쿠니고개를 넘기 직전 U자형으로 휘어진 지점에 도달하면 다른 세계가 열린 듯 비현실적인 풍경의 마츠미대교松見大橋가 나온다. 나무가 빽빽이 들어찬 숲을 날아오르는 듯한 짜릿한 기분을 즐기며 고개에 오르면 마치 나무의 바다를 유영하는 고래 같은 다리 풍광이 펼쳐진다. 사계절 내내 절경을 볼 수 있지만, 단풍에 물드는 9월 말~10월 중순이면 감동이 배가 된다.

추천 루트 오비히로 → 아사히카와

거리 약 12km

소요 시간 약 10분

GOOGLE 오비히로 쪽 기점: G582+J39 가미시호로조,
아사히카와 쪽 기점: mikuni pass observation deck

MAPCODE 오비히로 쪽 기점: 743 048 736*86,
아사히카와 쪽 기점: 743 285 148*24

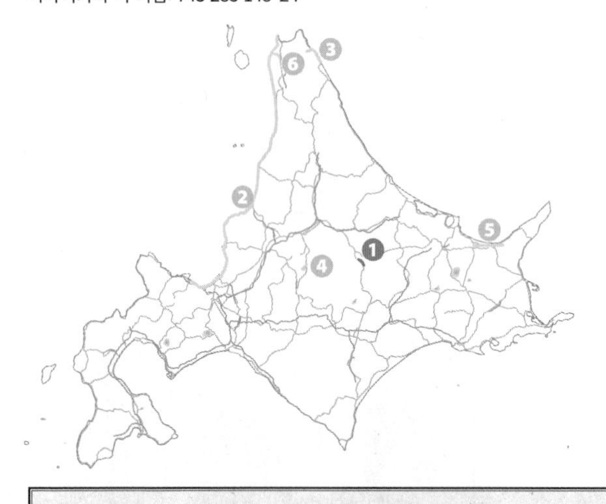

: WRITER'S PICK :

홋카이도 시닉 바이웨이

홋카이도 시닉 바이웨이는 홋카이도의 드라이브 관광을 홍보하기 위해 선정한 도로로, '빼어나게 아름다운 길'이란 뜻의 '슈이츠나 미치秀逸な道'라고도 불린다. 2025년 현재 12개의 코스와 다수의 후보 코스가 있으며, 홈페이지에서 자세한 정보를 얻을 수 있다.

WEB roads.scenicbyway.jp

1 **마츠미대교**(마츠미오하시) 松見大橋

S자 곡선과 울창한 삼림에 둘러싸인 붉은 교각이 아름다운 330m 길이의 다리. 마츠미대교의 전경은 바로 위에 놓인 미도리후카교緑深橋에서 볼 수 있는데, 미도리후카교는 마츠미대교를 건너 터널을 통과하면 바로 나온다(오비히로 쪽에서 진입할 때 기준). 다리 끝에 마련된 주차장(무료)에 차를 세우고 다리로 걸어 내려가면 멋진 사진을 남길 수 있다.

GOOGLE 주차장: midorifukabashi parking lot
MAPCODE 743 255 240*14(미도리후카교 주차장)
CAR JR 오비히로역 91.5km/JR 아사히카와역 97.2km

2 미쿠니고개 전망대 三国峠展望台

오비히로 쪽에서 진입 시 미도리후카교에서 마츠미대교를 감상한 뒤 조금 더 오르면 나오는 휴게소. 마츠미대교의 모습을 볼 수 있는 곳은 아니니 주의한다. 커피와 소프트아이스크림이 맛있기로 입소문 난 작은 카페와 화장실, 주차장이 마련돼 있다. 카페에서는 간단한 식사도 할 수 있다.

GOOGLE mikuni pass observation deck
MAPCODE 743 285 148*24
CAR 마츠미대교 주차장 1.1km

+MORE+

소운쿄 層雲峡

미쿠니고개 전망대를 뒤로 하고 아사히카와 방향으로 30km 정도 달려 내려가면 매년 1~3월 개최하는 얼음폭포 축제(빙폭 축제)로 유명한 다이세츠산 국립공원 최대 온천 마을, 소운쿄가 나온다. 이곳에서 로프웨이(케이블카)와 2인승 리프트를 번갈아 타고 다이세츠산에서 2번째로 높은 산인 쿠로다케黒岳(해발 1984m)의 7부 능선(해발 1520m)을 오르면 다이세츠산 풍경이 두 눈 가득 펼쳐진다. 여기서부터 짧은 거리의 숲길 트레킹을 즐기거나 쿠로다케 정상까지 등산도 가능하다(편도 약 1시간 30분 소요). 겨울철에는 스키 명소로 변신한다.

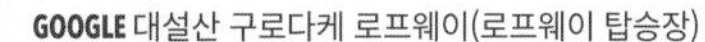

GOOGLE 대설산 구로다케 로프웨이(로프웨이 탑승장)
MAPCODE 623 204 513*23
OPEN 로프웨이 1월 말~5월 08:00~16:30(1월 말~3월 ~16:00), 6월~10월 중순 06:00~18:00(10월 ~17:00)/리프트 09:00~15:20, 정비 기간 중 운휴(홈페이지 확인)/겨울철에는 스키 장비를 가진 사람만 리프트 이용 가능

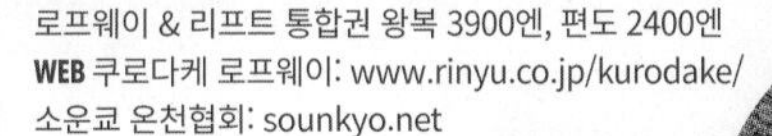

PRICE 로프웨이 왕복 3000엔, 편도 1800엔/리프트 편도 1200엔/ 로프웨이 & 리프트 통합권 왕복 3900엔, 편도 2400엔
WEB 쿠로다케 로프웨이: www.rinyu.co.jp/kurodake/
소운쿄 온천협회: sounkyo.net

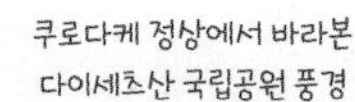

쿠로다케 정상에서 바라본
다이세츠산 국립공원 풍경

Best 2 한없이 호사로운 블루
오로론 라인 オロロンライン

오타루에서 시작해 삿포로 북쪽에 위치한 이시카리시를 거쳐 홋카이도 최북단 왓카나이까지 북상하는 도로. 337번 국도 → 231번 국도 → 239번 국도 → 106번 지방도로 갈아타며 약 300km를 달린다. '오로론 라인'이란 이름은 이곳에 살았다는 펭귄 닮은 바다오리ウミガラス의 애칭 '오로론'에서 따온 것. 끝없이 이어지는 도로의 왼쪽에는 바다가 푸르게 펼쳐지고 오른쪽에는 홋카이도의 평야와 구릉지대가 반복해서 나타나며 엄청난 공간감을 선사한다.

코스의 막바지에 위치한 테시오카코교天塩河口大橋를 건너면 하얀색 풍력발전기가 늘어선 풍경 맛집이다. 석양이 아름답기로도 유명해 일몰 시간에는 한층 많은 관광객이 모여든다. 시간이 없는 여행자는 삿포로에서 시작해서 충분히 감상할 수 있다.

추천 루트 오타루·삿포로 → 왓카나이

거리 약 300km(오타루 기준)

소요 시간 약 7시간(오타루 기준)

GOOGLE 시작점: 이시카리 미치노에키, 종점: 노샤푸 곶

MAPCODE 시작점: 514 862 186*66, 종점: 964 092 530*27

1 미치노에키 이시카리 <아이로도 아츠타>
道の駅石狩 <あいろーど厚田>

오타루나 삿포로에서 출발하면 제일 먼저 등장하는 도로 휴게소. 3층의 전망 발코니와 라운지에서 잠시 쉬어 가기 좋다. 휴게소 뒤쪽 언덕의 아츠타 전망대厚田展望台는 커플끼리 영원한 사랑을 약속하며 종을 치고 자물쇠를 걸어 두는 연인의 성지이자 바다 석양 명소다.

GOOGLE 이시카리 미치노에키
MAPCODE 514 862 186*66
OPEN 09:00~18:00(11~3월 10:00~16:00)/연말연시 휴무
WEB aikaze.co.jp
CAR JR 오타루역 62.4km/JR 삿포로역 44.5km

2 쿠니마레 주조
国稀酒造

140년 역사를 자랑하는 홋카이도 최북단의 양조장. 쌀 맛을 최대한 끌어내는 전통 주조법으로 깔끔한 맛의 사케를 만든다. 2017년 일본 전역의 술 경연 대회인 전국신주감평회에서 금상을 수상했다. 16종의 무료 시음 및 무료 견학을 실시한다.

GOOGLE 쿠니마레주조
MAPCODE 802 678 577*28(주차장)
OPEN 09:00~17:00
WEB www.kunimare.co.jp
CAR 미치노에키 이시카리 <아이로도 아츠타> 68.1km

3 미치노에키 오비라 니신반야
道の駅 おびら鰊番屋

239번 국도변에 있는 대형 휴게소. 농가 직송 특산물 판매장, 식당, 구 하나다가 어부대기소旧花田家番屋 3개의 건물이 모여 있다. 구 하나다가 어부대기소는 홋카이도 개척 초기에 성했던 청어잡이를 위해 1905년 지은 어업 시설 겸 주택으로, 중요문화재로 지정돼 있다.

GOOGLE 구하나다가 어부대기소
MAPCODE 959 184 062*48(주차장)
OPEN 식당 10:30~16:00(11~4월 ~14:00)
WEB hokkaido-obira.com/michinoekiobiranishimbanya/
CAR 쿠니마레 주조 39.4km

4 쇼산베츠 콘피라 신사
豊岬 金比羅神宮

해상 안전 수호신이자 비를 다스리는 신, 콘피라를 모신 신사. 바다 위에 세워진 빨간 도리이 사이로 노을이 스며들 때 특히 아름답다. 골프장, 캠핑장, 휴게소 등을 갖춘 미사키다이 공원みさき台公園 아래에 있다.

GOOGLE 쇼산베츠콘피라신사
MAPCODE 692 513 398*37(주차장)
OPEN 24시간
CAR 미치노에키 오비라 니신반야 52.1km

광활한 풍경 사이로 쭉 뻗은 길
에사누카선 エサヌカ線

오호츠크해를 따라 13km 정도 거의 일직선으로 뻗어 있는 도로. 홋카이도 북쪽 땅끝인 소야곶에서 아바시리 방향으로 239번 국도를 타고 40km가량 내려가다 바닷가 쪽으로 빠지면 나온다. 전봇대나 가로수처럼 시야를 가리는 장애물이 없고 푸른 농지와 탁 트인 하늘, 멀리 지평선과 수평선이 평행을 이룬 풍경이 환상적이라서 라이더의 성지로 꼽힌다.

추천 루트 왓카나이 → 아바시리
거리 약 13km
소요 시간 약 12분
GOOGLE 시작점: 769Q+H7V 사루후쓰, 종점: 58GH+79W 사루후쓰
MAPCODE 시작점 680 389 001*18, 종점: 869 609 746*45

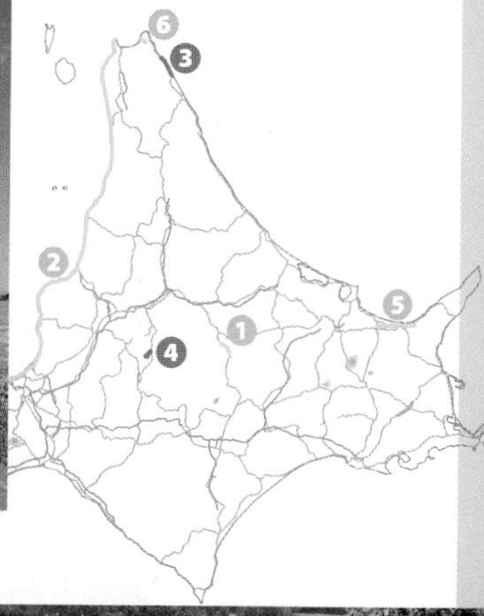

놀이기구 탄 듯 짜릿한 기분!
제트코스터의 길
ジェットコースターの路 ★

장난감 자동차 길처럼 오르락 내리락하는 모양이 마치 제트코스터(롤러코스터) 같다 하여 이름 붙여진 길. 아름다운 구릉과 시골 풍경, 멀리 보이는 다이세츠산의 장엄한 경관이 한 폭의 그림 같다. 비에이의 칸노팜(396p)에서 237번 국도를 따라 후라노 방향으로 가다가 '西11線農免農道'라고 적힌 표지판이 가리키는 길로 우회전한 뒤 직진하면 나온다.

추천 루트 비에이 → 후라노
거리 약 4km
소요 시간 약 2분
GOOGLE 시작점: GCMR+2C 가미후라노조, 종점: GC27+32 가미후라노조
MAPCODE 시작점: 349 698 551*13, 종점: 349 574 659*88

드디어 실물 영접

하늘로 이어지는 길

天に続く道

오르막과 내리막이 끝없이 계속되는 334번, 244번 국도의 28.1km 직선 구간. 끝이 안보이는 길은 마치 하늘과 맞닿아 있는 것 같다. 정서향으로 난 길이라 해 질녘 방문하면 길 위에 석양이 내리는 황홀한 장면을 볼 수 있는데, 특히 춘분(3월 21일경)과 추분(9월 23일경) 즈음엔 도로와 석양의 해가 정확하게 일직선에 놓인다. 동쪽 시작점에 도로 모습을 촬영할 수 있는 데크와 무료 주차장이 마련돼 있다.

추천 루트 시레토코 → 아바시리

거리 약 28km

소요 시간 약 30분

GOOGLE 시작점: 하늘로 이어진 길 시작점, 종점: VCRX+9RM 고시미즈조

MAPCODE 시작점: 642 561 460*83, 종점: 444 789 552*45

무료 주차장과 사진 촬영용 나무데크가 마련된 동쪽 시작점(스타트 포인트)

동쪽 시작점에서 1km가량 떨어진 곳에 조성된 쉼터와 주변 풍경

GOOGLE 하늘로 이어진 길 전망대

땅끝에서 찾은 특별한 순간

백조개 길 白い道 ★

일본 같지 않은 이국적인 풍경으로 홋카이도 베스트 드라이브 코스에 빠지지 않는 곳. 홋카이도 최북단 소야곶과 연결된 소야 구릉 안쪽의 비포장길로, 왓카나이 특산물인 가리비 조개껍데기를 잘게 깨서 깔아 놓아 길이 온통 하얗게 보인다. 흰색 길과 초록빛 구릉지 너머 파란 바다의 강렬한 색상 대비는 어떻게 찍어도 그림! 공식적으로는 양방통행로지만 1차선 도로라 소야곶에서 진입해 소야 공원 쪽으로 빠져나가는 것이 암묵적인 룰이다.

추천 루트 왓카나이 소야곶 → 왓카나이

거리 약 3km

소요 시간 약 10분

GOOGLE 시작점: FWM4+G2 왓카나이, 종점: FVRQ+544 왓카나이

MAPCODE 시작점: 805 814 692*33, 종점: 805 842 510*35

홋카이도 드라이브 추천 코스 4

홋카이도 자동차 여행 0순위!

4박 5일 홋카이도 가든 가도 일주 코스 : 총 이동 거리 620km~

	코스	숙박
day 1	❶ **신치토세공항**에서 렌터카 픽업 ↓197km(약 3시간) ❷ **오비히로** 도착. 호텔 체크인	**오비히로** 2박
day 2	❸ **오비히로~토카치 가든** 드라이브	
day 3	JR 오비히로역 ↓95km(약 1시간 30분) ❹ **마츠미대교** ↓32km(약 40분) ❺ **소운쿄** & **쿠로다케** 정상 오르기 ↓67km(약 1시간 20분) ❻ **아사히카와** 도착. 호텔 체크인	**아사히카와** 1박
day 4	↓45km(약 1시간) ❼ **패치워크 로드**(세븐스타 나무 → 오야코 나무 → 호쿠세이의 언덕 전망 공원 → 켄과 메리의 나무 → 제루부의 언덕) → **청의 호수** ↓25km(약 40분) ❽ **파노라마 로드**(치요다 언덕 전망대 → 타쿠신칸 → 크리스마스트리 나무) ↓4km(약 10분) ❾ **사계채의 언덕** ↓26km(약 30분) 또는 ↓20km(약 25분) ❿ **팜 도미타** ↓10km(약 15분) ⓫ **후라노** 도착. 호텔 체크인	**후라노** 1박
day 5	↓6km(약 10분) ⓬ **'후라노 3부작' 배경지** ↓116km(약 2시간 10분) ⓭ **삿포로** 도착. 렌터카 반납	

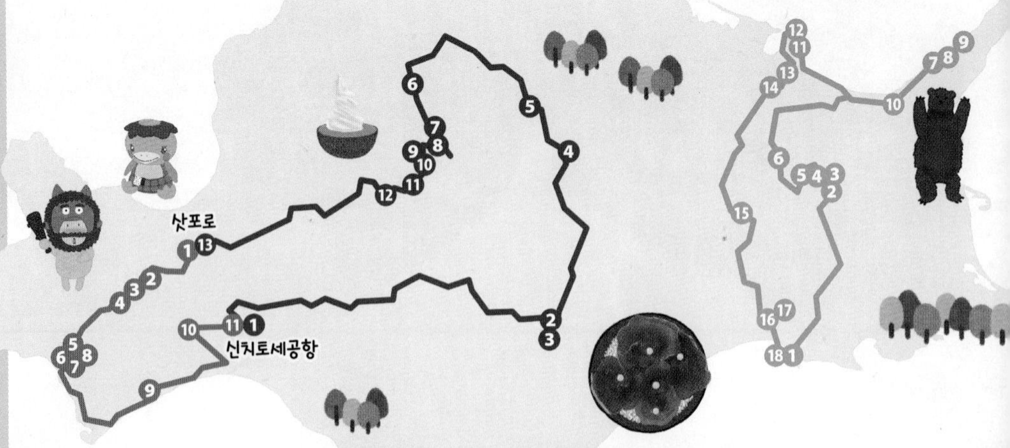

홋카이도 온천 '핫플' 모음

2박 3일 온천 일주 코스 :

총 이동 거리 270km~

day	코스	숙박
day 1	❶ **JR 삿포로역** 근처에서 렌터카 픽업	도야호 온천 1박
	↓28km(약 45분) ❷ **조잔케이후타미 공원**	
	↓6km(약 10분) ❸ **호헤이쿄댐**	
	↓11km(약 15분) ❹ **무이네대교**無意根大橋(홋카이도 시닉 바이웨이가 꼽은 '슈이츠나 미치', Google: muineohashi bridge, 정차 불가)	
	↓57km(약 1시간) ❺ **도야호 사이로 전망대**	
	↓1.6km(약 2분) ❻ **레이크 힐 팜**	
	↓9km(약 10분) ❼ **도야호 온천** 도착. 호텔 체크인	
day 2	❽ 도야코기선 타고 **나카섬** 한 바퀴	노보리베츠 온천 1박
	↓58km(약 50분) ❾ **노보리베츠 온천** 도착. 호텔 체크인	
day 3	↓70km(약 1시간) ❿ **시코츠호 온천 마을**	
	↓30km(약 40분) ⓫ **신치토세공항** 도착. 렌터카 반납	

무이네대교 ©シーニックバイウェイ北海道

호헤이쿄댐

청정 대자연의 끝판왕!

3박 4일 홋카이도 동부 핵심 코스 :

총 이동 거리 540km~

day	코스	숙박
day 1	❶ **JR 구시로역** 근처에서 렌터카 픽업	우토로 온천 마을 1박
	↓83km(약 1시간 30분) ❷ **마슈호 제1 전망대**	
	↓3.2km(약 5분) ❸ **마슈호 제3 전망대**	
	↓12km(약 25분) ❹ **이오산**(유황산)	
	↓10km(약 12분) ❺ **굿샤로호 스나유**	
	↓27km(약 30분) ❻ **비호로 고개 전망대**	
	↓106km(약 2시간) ❼ **우토로 온천 마을** 도착. 호텔 체크인	
day 2	↓5km(약 10분) ❽ **시레토코 자연 센터**	아바시리 1박
	↓9km(약 20분) ❾ **시레토코 5호**	
	↓40km(약 50분) ❿ **하늘로 이어지는 길**	
	↓51km(약 1시간) ⓫ **아바시리** 도착. 호텔 체크인	
day 3	↓12km(약 20분) ⓬ **노토로곶**	아칸호 온천 마을 1박
	↓16km(약 20분) ⓭ **아바시리 감옥 박물관**	
	↓11km(약 12분) ⓮ **메르헨 언덕**	
	↓72km(약 1시간 20분) ⓯ **아칸호 온천 마을** 도착. 호텔 체크인	
day 4	↓60km(약 1시간) ⓰ **온네나이 비지터 센터**	
	↓5.3km(약 7분) ⓱ **구시로시 습원 전망대**	
	↓15km(약 20분) ⓲ **구시로** 도착. 호텔 체크인	

*1~2일째는 안개가 짙게 끼거나 곰이 출몰해 시설이 폐쇄되는 경우가 많으므로 하루 정도 더 머무르며 여유롭게 돌아보는 것이 좋다.

*반대 방향으로 여행도 가능하다.

태어난 김에 홋카이도 일주!

14박 15일 홋카이도 완전 일주 코스 : 총 이동 거리 2300km~

day	일정	숙박
day 1	❶ **JR 삿포로역** 근처에서 렌터카 픽업 ❷ **오로론 라인**(미치노에키 이시카리 <아이로도 아츠타> → 쿠니마레 주조 → 미치노에키 오비라 니신반야 → 쇼산베츠 콘피라 신사) ↓308km(JR 삿포로역에서 주행 시간만 약 6시간, 최소 8시간 예상) ❸ **왓카나이** 도착. 호텔 체크인	**왓카나이** 2박
day 2	↓약 55km(약 1시간 30분) ❹ **왓카나이 공원, 노샤푸곶, 소야곶, 백조개 길** 등	
day 3	JR 왓카나이역 ↓64km(약 1시간 10분) ❺ **에사누카선** ↓250km(약 4시간 40분) ❻ **아바시리** 도착. 호텔 체크인	**아바시리** 1박

삿포로

신치토세공항

day	일정	숙박
day 4	↓12km(약 20분) **⑦ 노토로곶** ↓16km(약 20분) **⑧ 아바시리 감옥 박물관** ↓78km(약 1시간 30분) **⑨ 우토로 온천 마을** 도착. 호텔 체크인	**우토로 온천 마을** 2박
day 5	↓5km(약 10분) **⑩ 시레토코 자연 센터** ↓9km(약 20분) **⑪ 시레토코 5호** ↓14km(약 30분) **⑫ 시레토코 크루즈 선착장** ↓40km(약 50분) **⑬ 하늘로 이어지는 길** ↓27km(약 30분) **⑭ 우토로 온천 마을**	
day 6	↓106km(약 2시간) **⑮ 비호로 고개 전망대** ↓27km(약 30분) **⑯ 굿샤로호 스나유** ↓10km(약 12분) **⑰ 이오산**(유황산) ↓12km(약 25분) **⑱ 마슈호 제3 전망대** ↓3.2km(약 5분) **⑲ 마슈호 제1 전망대** ↓66km(약 1시간 10분) **⑳ 구시로시 습원 전망대** ↓15km(약 20분) **㉑ 구시로 도착. 호텔 체크인**	**구시로** 1박
day 7	↓72km(약 1시간 20분) **㉒ 아칸호 온천 마을** ↓120km(약 2시간) **㉓ 오비히로** 도착. 호텔 체크인	**오비히로** 2박
day 8	**㉔ 오비히로~토카치 가든 드라이브**	
day 9	JR 오비히로역 ↓95km(약 1시간 30분) **㉕ 마츠미대교** ↓32km(약 40분) **㉖ 소운쿄 & 쿠로다케** 등산 ↓67km(약 1시간 20분) **㉗ 아사히카와** 도착. 호텔 체크인	**아사히카와** 1박
day 10	↓45km(약 1시간) **㉘ 패치워크 로드**(세븐스타 나무 → 오야코 나무 → 호쿠세이의 언덕 전망 공원 → 켄과 메리의 나무 → 제루부의 언덕) **→ 청의 호수** ↓25km(약 40분) **㉙ 파노라마 로드**(치요다 언덕 전망대 → 타쿠신칸 → 크리스마스트리 나무) ↓4km(약 10분) ↓20km(약 25분) **㉚ 사계채의 언덕** 또는 **㉛ 팜 도미타** ↓26km(약 30분) ↓10km(약 15분) **㉜ 후라노** 도착. 호텔 체크인	**후라노** 1박
day 11	↓148km(약 2시간 40분) **㉝ 시코츠호 온천 마을** ↓70km(약 1시간) **㉞ 노보리베츠 온천 마을** 도착. 호텔 체크인	**노보리베츠 온천** 1박
day 12	↓186km(약 2시간 30분) **㉟ 오누마 공원** ↓30km(약 40분) **㊱ 하코다테** 도착. 호텔 체크인	**하코다테** 2박
day 13	**㊲ 하코다테 관광**	
day 14	JR 하코다테역 ↓165km(약 2시간 30분) **㊳ 도야호 온천 마을** ↓9km(약 10분) **㊴ 레이크 힐 팜** ↓1.6km(약 2분) **㊵ 사이로 전망대** ↓57km(약 1시간) **㊶ 무이네대교**無意根大橋(홋카이도 시닉 바이웨이가 꼽은 '슈이츠나 미치', Google: muineohashi bridge, 정차 불가) ↓11km(약 15분) **㊷ 호헤이쿄댐** ↓6km(약 10분) **㊸ 조잔케이 온천** 도착. 호텔 체크인	**조잔케이 온천** 1박
day 15	↓28km(약 40분) **㊹ 삿포로** 도착. 렌터카 반납	

*주차가 불편하고 볼거리가 많은 삿포로와 오타루는 대중교통 또는 도보로 돌아보고, 요이치와 샤코탄은 오타루에서 차를 빌려 당일치기로 다녀오는 것이 효율적이다.

*5~6일째는 안개가 짙게 끼거나 곰이 출몰해 시설이 폐쇄되는 경우가 많으므로 하루 정도 더 머무르며 여유롭게 돌아보는 것이 좋다.

환전 & 현지 결제 노하우

환전 & 현금 준비하기

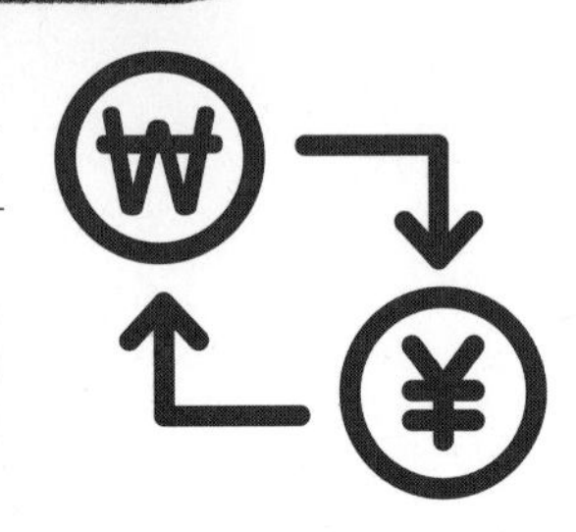

일본은 작은 상점뿐 아니라 시내 대형 음식점에서도 현금 결제만 가능하는 곳이 꽤 있고 자동판매기 또한 현금만 사용 가능하기 때문에 어느 정도의 현금을 미리 환전해가는 것이 좋다. 특히 현지에서는 모든 대중교통 승차권을 구매하거나 IC카드를 충전할 때 현금만 사용 가능하다는 점에 주의하자. 주거래 은행 홈페이지나 앱에서 환전을 신청한 후 본인이 지정한 날짜에 지정한 은행 지점에서 수령(출발 당일 공항 지점에서도 수령 가능)하면 최대 90%까지 환율 우대와 무료 여행자보험 가입, 면세점 할인쿠폰 등의 혜택을 제공받을 수 있다. 환전은 지폐만 가능하고 1천엔·2천엔·5천엔·1만엔권 4종을 적절히 섞어서 환전하면 된다. 공항에서 환전하면 시중 은행보다 높은 환율이 적용된다.

신용카드 & 체크카드

해외에서 사용 가능한 국제카드인지 확인하고 혹시 모를 오류에 대비해 서로 다른 종류의 카드를 준비해간다. 카드 뒷면에 서명을 했는지, 비밀번호를 설정했는지, 여권과 카드의 영문 이름이 같은지 확인할 것. 원화로 결제되면 환전 비용이 이중으로 발생하는 데다 2% 안팎의 수수료를 부과하는 카드사도 있으니 '해외 원화 결제 사전 차단 서비스'도 신청해둔다.

카카오페이 & 네이버페이

원화-엔화 환전 시 매매기준율이 적용돼 은행 환전 수수료가 없고 결제 수수료도 신용카드보다 저렴하다. 할인이나 쿠폰 증정 이벤트를 활용하면 더욱 쏠쏠. 앱의 국가 설정 메뉴에서 결제 사업자를 알리페이플러스로 바꾸기만 하면 한국에서 사용하던 그대로 일본에서 사용할 수 있다. 알리페이플러스 로고가 붙은 편의점, 드럭스토어, 식당, 상점, 백화점 등에서 점원에게 스마트폰 결제 화면의 QR코드 또는 바코드를 제시하거나 매장에서 제시하는 QR코드를 셀프 촬영해 결제한다. 첫 사용 전에 은행 계좌를 연결해 포인트나 머니를 충전해 두면 이후에는 연결해둔 계좌에서 자동 충전된다.

: WRITER'S PICK :

컨택리스 카드Contactless Card인지 확인하세요!

컨택리스 카드는 단말기 근처에 카드를 대면 결제가 이뤄지는 신용카드·체크카드로, 교통카드처럼 빠르고 간편한 데다 일부 도시에서는 별다른 절차 없이 지하철이나 열차의 교통 단말기에서도 사용할 수 있어 엔데믹 이후 해외여행 필수템으로 자리 잡았다. 오사카, 고베, 후쿠오카 등에서는 국내에서 쓰던 컨택리스 카드(일부 제외)를 들고 가서 그대로 열차와 지하철, 버스 등 대중교통을 이용할 수 있으며, 홋카이도에서는 신치토세공항-삿포로 간 공항버스 등에 도입했다. 일본에서는 '터치 결제タッチ決済'라고 부르며, 사용 범위가 점차 확대되고 있어 여행이 한결 편해질 전망이다. 카드 뒷면과 결제 단말기에 와이파이 신호와 유사한 마크가 있다면 컨택리스 기능이 탑재된 카드 & 단말기라는 뜻이니 유심히 살펴보자. 단, 아직은 VISA, JCB, American Express 등 일부 신용카드사만 결제 가능하다.

단말기에 이런 마크가 있다면 컨택리스 결제가 된다는 뜻!

일본 여행 필수템, 트래블 카드

해외여행자들 사이에서 트래블 카드는 이제 더 이상 선택이 아닌 필수 준비물로 자리 잡았다. 환전 수수료, 일본 가맹점 결제 및 ATM 인출 수수료가 모두 무료인 것이 최대 장점. 원하는 금액을 원할 때 간편하게 환전할 수 있고, 컨택리스 기능도 있어 현지 결제나 대중교통 이용 시에도 편리하다.

트래블로그

토스뱅크 외화통장

➔ 트래블 카드, 어떤 게 좋을까?

카드사와 핀테크 기업이 경쟁적으로 선보인 트래블 카드는 무려 10가지가 넘는다. 크게는 '연회비 없는 체크카드'와 '연회비가 있지만 다양한 혜택을 제공하는 신용카드'로 나뉘는데, 현재는 체크카드 발급률이 압도적으로 높다.

● 대표적인 트래블 카드

하나카드 트래블로그, 신한 SOL트래블, 트래블월렛/트래블페이, KB국민 트래블러스, 우리카드 위비트래블, 토스뱅크 외화통장

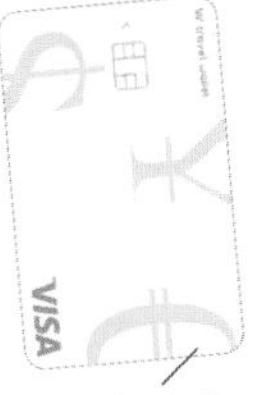

트래블월렛

신한 SOL 트래블

➔ 내게 맞는 카드 고르는 팁

기본적인 혜택은 비슷하지만, 공항 라운지 무료 이용, 편의점 할인, 원화 재환전 수수료 면제 등 카드별로 세부 혜택은 천차만별. 일본에서 특히 자주 쓰이는 세븐뱅크·이온뱅크 ATM 수수료 면제 여부, 출금·충전·결제 한도, 연동 계좌, 컨택리스 기능 탑재 여부도 꼼꼼히 따져보자. 하나카드, 신한카드, 우리카드는 모기업의 국내 영업력을 기반으로 국내 사용 시 적립금을 제공하거나 대중교통을 할인해 주는 등 공격적으로 마케팅을 펼치고 있다. 글로벌 브랜드가 비자인지 마스터인지에 따라 사용처가 달라지므로, 2장 이상 준비하는 것도 좋은 전략이다.

KB국민 트래블러스

우리카드 위비트래블

ATM 사용법

현금 사용 빈도가 높은 일본에는 공항과 역, 쇼핑몰, 편의점 등 곳곳에 ATM이 설치돼 있다. 구글맵에서 세븐뱅크는 '세븐일레븐' 또는 'seven bank atm', 이온뱅크는 'aeon bank atm'이라고 검색하면 대부분 ATM의 위치가 나온다. 단, 이온뱅크는 일본어로 검색해야 나오는 곳도 있다.

➔ 세븐뱅크

어디서든 쉽게 볼 수 있는 세븐일레븐에 설치돼 있고 한국어를 지원해 편리하다. 출금 계좌를 선택하는 화면에서 '건너뛰기'(카드 종류에 따라 다를 수 있음)를 누르고 비밀번호 4자리수 외에 남은 자리를 0으로 채워서 입력한다.

➔ 이온뱅크

미니스톱, 이온몰, 주요 공항과 역 등에 설치돼 있고 한국어 또는 영어를 지원한다. 비밀번호 4자리수 외의 남은 자리를 0으로 채우고, 출금 계좌는 '보통 예금 계좌'(영어 화면일 경우 'International Cards')를 선택한다.

이온 뱅크 ATM

세븐 뱅크 ATM

일본판 티머니 & 전자화폐

교통계 IC카드

홋카이도의 일부 지역에서도 우리나라의 선불식 교통카드와 같은 IC카드를 사용해 대중교통을 탈 수 있다. 삿포로와 근교 지역(오타루, 신치토세공항 등)을 연결하는 JR 열차와 일부 버스, 삿포로·하코다테 시내 대중교통을 비롯해 IC 마크가 붙어있는 편의점이나 상점, 택시에서도 사용할 수 있다.

일본에는 여러 종류의 IC카드가 있는데, 대부분의 일본 지역에서 사용할 수 있는 카드를 발급받으면 두고두고 유용하다. 타지역 발행 카드 중 홋카이도에서도 통용되는 카드는 스이카·파스모·이코카·스고카 등이 있으며, 아이폰 사용자는 애플페이에 등록해 모바일 카드도 만들 수 있다. 단, 구매·환불은 카드를 발행한 해당 지역에서만 가능하다. 모든 IC카드는 현금으로만 구매·충전할 수 있고 보증금(500엔)이 있는데, 삿포로나 하코다테에서는 대중교통을 이용할 일이 그리 많지 않으니 IC카드가 꼭 필요한지 신중히 생각하고 구매하자.

+MORE+

기명식 IC카드

간단하게 구매할 수 있는 무기명식 카드 대신 개인 정보 등록이 필요한 기명식 카드를 구매하면 분실 시 환불·재발행할 수 있다. 각 역의 매표소나 다기능 자동판매기에서 '기명 記名'을 선택하고 이름, 성별, 생년월일 등을 입력한 뒤 발급받는다.

홋카이도에서 구매 가능한 IC카드

➔ 키타카 Kitaca

JR 홋카이도 발행. JR 매표소인 미도리노마도구치みどりの窓口(영어명: Ticket Counter)나 키타카 대응 가능 자동판매기에서 구매한다. 대부분의 일본 지역에서 사용 가능하고, 최초 발매액은 2000엔(보증금 500엔 포함). 어린이용은 없다.

➔ 사피카 SAPICA

삿포로시 발행. 삿포로권 지하철, 버스, 전차에서 사용할 수 있으며, 삿포로 밖에서는 잘 호환되지 않아 여행자에게는 큰 쓸모가 없다. 삿포로 지하철 각 역과 버스터미널에서 구매하며, 어린이용 기명식 카드도 있다. 최초 발매액은 2000엔(보증금 500엔 포함).

키타카

사피카

충전 & 잔액 확인

IC 마크가 있는 역 내 자동판매기, 충전기, 정산기 등을 이용한다. 이때 현금만 사용 가능. 잔액 및 이용 내역을 확인할 수 있는 앱을 스마트폰에 설치하면 더욱 편리하게 사용할 수 있다.

IC 마크가 있는 일본 전역의 교통편과 가맹점에서 사용할 수 있다(사피카 제외).

환불하기

여행을 마친 후에는 역의 유인 창구에 카드를 반납하고 잔액에서 수수료 220엔을 제외한 금액과 보증금 500엔을 돌려받는다. 잔액이 220엔 미만일 땐 남은 금액만큼만 수수료로 떼고 보증금 500엔은 그대로 환불되므로 잔액이 0엔일 때 환불받는 것이 가장 이득이다. 교통비로 소진이 애매하면 편의점에서 사용하는 것을 추천. 기명식 카드의 경우 여권 등 본인을 증명할 수 있는 증명서를 유인 창구에 제시하고 환불받을 수 있다.

➔ 환불 금액 계산의 예

- **잔액이 1000엔일 때** 1000엔-220엔(수수료)+500엔(보증금)=1280엔
- **잔액이 220엔일 때** 500엔(보증금)
- **잔액이 0엔일 때** 500엔(보증금)

스마트폰 데이터 서비스

이심 eSIM

출고 때부터 이미 휴대폰에 내장돼 있던 칩에 가입자 정보를 내려받아 사용하는 디지털 심. 데이터를 구매한 후 이메일로 전송받은 QR코드를 촬영하고 몇 가지 설정만 변경해주면 된다. 이심 내장 스마트폰은 듀얼심(이심+본심) 구성이 가능하기 때문에 한국 번호를 그대로 사용할 수 있고 국내용·해외용 등 용도를 구분해 활용하기에도 좋다. 요금은 사용 기간과 용량에 따라 다양하다. 단, 이심 기능이 탑재된 휴대폰 기종만 사용할 수 있다. 이심은 현지에 도착해 핸드폰을 켜야 활성화된다.

이심 설치가 완료되면 아이폰은 안테나가 세로로 2줄이 되고 안드로이드폰은 안테나가 2개로 표시된다. 통신사는 아이폰과 안드로이드폰 둘 다 2개가 잡힌다(그림은 아이폰 기준).

유심 USIM

기존 휴대폰의 심카드와 교체해서 데이터를 사용하는 방법. 이심과 마찬가지로 사용 기간과 용량에 따라 가격이 다양하다. 국내에서 미리 구매해 집이나 공항에서 수령하는 방법이 가장 저렴하다. 유심을 교체한 상태에서는 한국 번호를 사용할 수 없고 앱을 통해서만 문자나 전화 수신이 가능하다.

로밍

각 통신사에서 제공하는 서비스. 로밍 요금제 가입 후 일본에 도착해서 휴대폰을 켜는 것만으로 손쉽게 인터넷을 사용할 수 있다. 자신의 국내 전화번호를 그대로 해외에서 이용할 수 있어 문자 메시지를 주고받거나 전화를 받을 수 있다는 것도 장점 중 하나. 통신사마다 요금제가 다양하고 일본은 선택할 수 있는 옵션이 많은 편이니 사용 중인 통신사의 홈페이지나 앱에서 체크해보자. 특히 약간의 추가 요금으로 여럿이 데이터를 공유해서 쓸 수 있는 가족·지인 결합 상품이 경제적이다. 통신사 앱이나 홈페이지 또는 고객센터 무료 전화(현지에서도 가능)로 가입한다.

포켓 와이파이

휴대용 와이파이 수신기를 별도 대여해 하루 종일 데이터를 사용할 수 있는 시스템. 하루 2GB를 3000원대에 이용할 수 있고 기기 한 대로 여러 명이 함께 데이터를 나눠 쓸 수 있다. 단, 휴대폰과 함께 항상 지니고 다녀야 하고, 단말기 배터리가 방전되지 않도록 관리해야 하며, 사용자가 많은 경우 데이터 속도가 느려질 수 있다. 일행이 흩어질 때를 대비해 다른 스마트폰 데이터 서비스와 병용하거나 수신기를 여러 대 준비하는 것이 좋다.

+MORE+

여행에 유용한 무료 앱

• **구글맵** Google Maps

여행에서 없어서는 안 될 필수 앱. 단순 지도의 역할은 물론, 길 찾기 기능을 이용해 교통수단, 거리, 요금 등의 정보를 제공해 헤맬 일이 없다. 가고 싶은 곳을 즐겨찾기(저장) 해두면 쉽게 계획대로 이동할 수 있고 맛집 리뷰도 충실하다.

• **파파고** Papago

네이버에서 제공하는 일본어 번역 서비스 앱. 구글 번역기보다 번역이 매끄럽고 일본어와 한국어 간 음성 지원도 자유로워 일본인과 기본적인 의사소통을 할 수 있다.

홋카이도 추천 숙소

*요금은 2인 1실 기준

삿포로

안전하고 깔끔한 삿포로역~오도리 공원 주변 호텔

호텔명 & 홈페이지	주소 & 전화번호	요금	교통	♥좋아요
JR 타워 호텔 닛코 삿포로 **JR Tower Hotel Nikko Sapporo** www.jrhotels.co.jp/tower/	2-5 Kita 5 Jonishi, Chuo Ward, Sapporo 011-251-2222	모더레이트 트윈 3만엔~	삿포로역과 연결된 JR 타워	#삿포로역 연결 #전망
호텔 마이스테이스 삿포로 스테이션 **Hotel Mystays Sapporo Station** www.mystays.com	4 Chome-15 Kita 8 Jonishi, Kita Ward, Sapporo 011-729-4055	스탠다드 더블 1만2150엔~	삿포로역 도보 3분	#홋카이도 대학 근처 #가성비 #청결
JR 동일본 호텔 메츠 삿포로 **JR-EAST Hotel Mets Sapporo** www.hotelmets.jp/sapporo	2 Chome 5-3 Kita 7 Jonishi, Kita Ward, Sapporo 011-729-0011	수페리어 트윈 2만9000엔~	삿포로역 도보 1분	#삿포로역 바로 뒤 #친절한 직원 #넓고 청결한 욕실
크로스 호텔 삿포로 **Cross Hotel Sapporo** www.crosshotel.com/sapporo/	2-23 Kita 2-jo Nishi, Chuo-ku, Sapporo 011-272-0010	트윈·스타일리쉬 HIP 3만엔~	삿포로역 도보 9분	#최신 스타일 인테리어 #쇼핑과 관광
게이오 플라자 호텔 삿포로 **Keio Plaza Hotel Sapporo** www.keioplaza-sapporo.co.jp	7 Chome 2 - 1 Kita 5 Jonishi, Chuo Ward, Sapporo 011-271-0111	스탠다드 더블 1만5000엔~	삿포로역 도보 6분	#전망 #토요타 렌터카 영업소 입점
삿포로 그랜드 호텔 **Sapporo Grand Hotel** www.grand1934.com	4 Chome Kita 1 Jonishi, Chuo Ward, Sapporo 011-261-3311	트윈 1만6200엔~	삿포로역 도보 11분	#편안한 침대 #세월의 흔적
삿포로 워싱톤 호텔 플라자 **Sapporo Washington Hotel Plaza** washington.jp/sapporo/	1 Chome-3-9 Kita 6 Jonishi, Kita Ward, Sapporo 011-708-0410	세미 더블 1만3600엔~	삿포로역 도보 2분	#2022년 오픈 #신축 건물은 역시

가성비 좋은 스스키노 & 다누키코지 호텔

호텔명 & 홈페이지	주소 & 전화번호	요금	교통	♥좋아요
도큐 스테이 삿포로 오도리 **Tokyu Stay Sapporo Odori** www.tokyustay.co.jp/hotel/spo/	5 Chome-26-2 Minami 2 Jo nishi, Chuo-ku, Sapporo 011-200-3109	수페리어 트윈 (조식 포함) 2만2900엔~	삿포로 전차 다누키코지역 도보 6분, 오도리역 도보 5분	#2018년 오픈 #세탁기완비
도미 인 프리미엄 삿포로 **Dormy Inn Premium Sapporo** dormy-hotels.com/dormyinn/	6 Chome-4-1 Minami 2 Jonishi, Chuo Ward, Sapporo 011-232-0011	트윈 1만2500엔~	삿포로 전차 다누키코지역 도보 1분, 스스키노역 도보 6분	#다누키코지 상점가 안 #맛집 탐방 #쇼핑 #라멘 서비스
라젠트 스테이 삿포로 오도리 **La'gent Stay Sapporo Odori** www.lagent.jp/sapporo-odori/	5 Chome-26-5 Minami 2 Jonishi, Chuo Ward, Sapporo 011-200-5507	수페리어 더블 2만 2000엔~	삿포로 전차 다누키코지역 도보 1분, 스스키노역 도보 4분	#다누키코지 #스스키노 #오도리 공원
머큐어 호텔 삿포로 **Mercure Hotel Sapporo** all.accor.com/hotel/7023/index.ko.shtml	2 Chome-2-4 Minami 4 Jonishi, Chuo Ward, Sapporo 011-513-1100	스탠다드 트윈 2만4000엔~	스스키노역 도보 3분	#모던한 인테리어 #스스키노 중심 여행에 추천
41피시스 삿포로 **41PIECES Sapporo** piecehotel.com/41pieces	5 Chome-29-2 Minami 2 Jonishi 011-252-7042	스튜디오 C 3만엔~	스스키노역	#2021년 오픈 #넓은 객실 #인테리어 굿

나 홀로 여행자라면, 게스트하우스

호텔명 & 홈페이지	주소 & 전화번호	요금	교통	♥좋아요
그랜드 호스텔 엘디케이 삿포로 **Grand Hostel LDK Sapporo** thestaysapporo.com	9 Chome-1008-10 Minami 5 Jonishi, Chuo Ward, Sapporo 011-252-7401	트윈(2층 침대) 5000엔~	스스키노역 도보 8분	#가성비 #위치는 애매
삿포롯지 게스트하우스 & 바 **SappoLodge Guesthouse & Bar** 호텔 예약 대행 사이트 이용	1 Chome-1-4 Minami 5 Johigashi, Chuo Ward, Sapporo 011-214-1164	도미토리 3500엔~	스스키노역 도보 7분	#도심 속 산장 컨셉 #바에서 한잔 #청결로 승부

삿포로 근교, 조잔케이 온천 료칸

호텔명 & 홈페이지	주소 & 전화번호	요금	교통	♥좋아요
쇼게츠 그랜드 호텔 Shogetsu Grand Hotel www.shogetsugrand.com	3 Chome-239 Jozankeionsen -higashi 0570-026-575	수페리어 트윈 (조식·석식 포함) 4만2000엔~	조잔케이 신사 앞 버스 정류장 도보 3분	#석식 Good #전망 좋은 방
조잔케이 만세이카쿠 호텔 밀리오네 定山渓万世閣 Hotel Milione www.milione.jp	3 Chome Jozankeionsen- higashi 0570-083-500	모던 트윈 (조식·석식 포함) 3만2000엔	조잔케이 신사 앞 버스 정류장 도보 5분	#삿포로역 셔틀버스 #사우나 공사 중
누쿠모리노 야도 후루카와 ぬくもりの宿 ふる川 www.yado-furu.com	4 Chome-353 Jozankeionsen- nishi 011-598-2345	트윈 (조식·석식 포함) 5만8000엔~	조잔케이 온천가 버스 정류장 바로 앞	#높은 디테일 완성도 #맥주 무료
조잔케이 유라쿠소안 Jozankei Yurakusoan dormy-hotels.com/resort/ hotels/yurakusoan/	3 Chome-228-1 Jozankeionsen -higashi 011-595-3001	할리우드 트윈 (조식·석식 포함) 4만 9300엔	조잔케이 신사 앞 버스 정류장 도보 3분	#온천 #신장개업 #료칸
수이잔테이 클럽 조잔케이 翠山亭俱楽部定山渓 www.club-jyozankei.com	2 Chome-2-10 Jozankeionsen -nishi 011-595-2001	일본식 4인실 (조식·석식 포함) 7만4000엔~	조잔케이 오하시 버스 정류장 도보 5분	#개인 노천탕 #친절한 가이세키 #깔끔한 시설

오타루

호텔명 & 홈페이지	주소 & 전화번호	요금	교통	♥좋아요
오텐트 호텔 오타루 Authent Hotel Otaru www.authent.co.jp	2 Chome-15-1 Inaho, Otaru 0134-27-8100	스탠다드 트윈 2만3000엔~	오타루역 도보 8분	#넓고 깔끔한 객실 #오타루 운하
도미 인 프리미엄 오타루 Dormy Inn Premium Otaru dormy-hotels.com/ko/ dormyinn/hotels/otaru	3 Chome-9-1 Inaho, Otaru 0134-21-5489	더블 1만7600엔~	오타루역 도보 1분	#오타루역 코앞 #천연온천
호텔 소니아 오타루 Hotel Sonia Otaru sonia-otaru.com	1 Chome-4-20 Ironai, Otaru 0134-23-2600	스탠다드 트윈 1만5200엔~	오타루역 도보 12분	#오타루 운하 전망 #노천탕은 여탕에만
호텔 노르드 오타루 Hotel Nord Otaru www.hotelnord.co.jp	1 Chome-4-16 Ironai, Otaru 0134-24-0500	스탠다드 트윈 1만4900엔~	오타루역 도보 12분	#오타루 운하 전망 #조식 Good

노보리베츠 & 도야

노보리베츠 료칸

호텔명 & 홈페이지	주소 & 전화번호	요금	교통	♥좋아요
다이이치 타키모토칸 Dai-ichi Takimotokan www.takimotokan.co.jp	55 Noboribetsu-onsen, Noboribetsu 0143-84-2111	수페리어 트윈 (조식·석식 포함) 4만6200엔~	노보리베츠 온천 버스터미널 도보 7분	#노보리베츠 지옥 계곡 #온천랜드 분위기
오야도 기요미즈야 Oyado Kiyomizuya www.kiyomizuya.co.jp	173 Noboribetsu-onsencho, Noboribetsu 0143-84-2145	8장 다다미 방 (조식·석식 포함) 1만9000엔~	노보리베츠 온천 버스터미널 도보 10분	#가이세키 룸서비스
호텔 유모토 노보리베츠 Hotel Yumoto Noboribetsu www.yumoto-noboribetu.com	29 Noboribetsu-onsencho, Noboribetsu 0143-84-2277	트윈 (조식·석식 포함) 3만5000엔~	노보리베츠 온천 버스터미널 도보 2분	#넓고 깨끗한 객실
료테이 하나유라 Ryotei Hanayura www.hanayura.com	100 Noboribetsu Onsen-cho, Noboribetsu 0143-84-2322	12장 다다미방 (조식·석식 포함) 6만8000엔~	노보리베츠 온천 버스터미널 도보 7분	#객실 내 노천탕
파크 호텔 미야비테이 Park Hotel Miyabitei www.miyabitei.jp	100 Noboribetsu Onsen-cho, Noboribetsu 0143-84-2335	8장 다다미방 (조식·석식 포함) 2만6000엔~	노보리베츠 온천 버스터미널 도보 9분	#현대식 인테리어 #넓은 노천탕
보로 노구치 노보리베츠 Bourou Noguchi Noboribetsu www.bourou.com	200-1 Noboribetsu Onsen-cho, Noboribetsu 0570-026-570	스탠다드 스위트 (조식·석식 포함) 9만2900엔~	노보리베츠 온천 버스터미널 도보 16분	#노보리베츠 지옥 계곡
더 윈저 호텔 도야 The Windsor Hotel Toya www.windsor-hotels.co.jp/ja/	Shimizu, Toyako, Abuta 0142-73-1111	프리미엄 트윈 (조식 포함) 4만9100엔~	도야역 자동차 20분	#바다+도야호 전망
더 레이크 뷰 도야 노노카제 리조트 The Lake View Toya Nonokaze Resort nonokaze-resort.com	29-1 Toyakonsen Toyako, Abuta 0570-026-571	배리어 프리 트윈룸 (조식·석식 포함) 6만6000엔~	도야역 자동차 10분	##도야호 전망 노천탕
도야(호스텔) The Toya the-toya.com	144-41 Toyakoonsen, Toyako, Abuta 080-4637-1110	2인실 (공용 화장실) 1만1000엔~	도야역 자동차 10분	#카페+사우나+호텔 #도야호 액티비티

하코다테

하코다테 시내 & 유노카와 온천 주변 호텔

호텔명 & 홈페이지	주소 & 전화번호	요금	교통	♥좋아요
라 비스타 하코다테 베이 **La Vista Hakodate Bay** www.hotespa.net/hotels/lahakodate/	12-6 Toyokawa-cho, Hakodate 0138-23-6111	트윈 (조식 포함) 1만2100엔~	하코다테역 도보 13분	#조식 Good
프리미어 호텔 캐빈 프레지던트 하코다테 **Premier Hotel Cabin President Hakodate** cabin.kenhotels.com/hakodate/	14-10 Wakamatsu-cho, Hakodate 0138-22-0111	더블 1만6400엔~	하코다테역 도보 1분	#하코다테역 근처
더 셰어 호텔 하코바 하코다테 **HakoBA The Share Hotels** www.thesharehotels.com/hakoba/	23-9, Suehiro-cho, Hakodate 0138-27-5858	모더레이트 트윈 (개별 욕실) 1만1390엔~	하코다테 전차 스에히로초역 도보 2분	#리뉴얼 오픈
보로 노구치 하코다테 **Bourou Noguchi Hakodate** www.bourou-hakodate.com	1 Chome-17-22 Yunokawacho, Hakodate 0570-026-573	일본식 모던룸 (온천 전망탕 포함) 7만9500엔~	하코다테 전차 유노카와온센역 도보 3분	#유노카와 온천 #싱글룸 특화
호텔 반소 **Hotel Banso** www.banso.co.jp	1 Chome-15-3 Yunokawacho, Hakodate 0138-57-5061	스탠다드 트윈 2만9000엔~	하코다테 전차 유노카와온센역 도보 5분	#유노카와 온천

오누마 공원 주변 호텔

호텔명 & 홈페이지	주소 & 전화번호	요금	교통	♥좋아요
하코다테 오누마 프린스 호텔 **Hakodate Onuma Prince Hotel** www.princehotels.co.jp/hakodate/	Nishi-Onuma-Onsen, Nanae-cho, Kameda-gun 0138-67-1111	수페리어 트윈 1만6000엔~	오누마코엔역 자동차 7분	#오누마공원 대표 숙소

오누마 공원

비에이 후라노 호텔 & 리조트

호텔명 & 홈페이지	주소 & 전화번호	요금	교통	♥좋아요
후라노 내추럭스 호텔 Furano Natulux Hotel www.natulux.com	1-35 Asahimachi, Furano 0167-22-1777	캐주얼 트윈 1만9000엔~	후라노역 도보 1분	#후라노역에서 제일 가까운 호텔
후라노 호텔 Furano Hotel www.jyozankei-daiichi.co.jp/furano/	Gakudensanku Furano 011-598-2828	10장 다다미방 3만엔~	후라노역 자동차 11분	#주변 경관 #조용 #2023년 리뉴얼 오픈
신후라노 프린스 호텔 New Furano Prince Hotel www.princehotels.co.jp/newfurano/	Nakagoryo Furano 0167-22-1111	트윈 1만8300엔~	후라노역 자동차 15분	#닝구르테라스 #카제노가든
호시노 리조트 토마무 더 타워 Hoshino Resorts Tomamu The Tower www.snowtomamu.jp	Nakatomamu Shimukappu, Yufutsu 0167-58-1111	스탠다드 트윈 3만엔~	후라노역 자동차 1시간 20분	#리조트 #운해테라스 #물의 교회 #2박 이상

아사히카와 시내 호텔

호텔명 & 홈페이지	주소 & 전화번호	요금	교통	♥좋아요
JR 인 아사히카와 JR Inn Asahikawa www.jr-inn.jp/asahikawa/	7 Chome 2-5 Miyashitadori, Asahikawa 0166-24-8888	세미 더블 1만4800엔~	아사히카와역 도보 2분	#아사히카와역에서 제일 가까운 호텔
호텔 WBF 그랜드 아사히카와 Hotel WBF Grande Asahikawa www.hotelwbf.com/grande-asahikawa	10 Chome-3-3 Miyashitadori, Asahikawa 0166-23-8000	세미 더블 1만7800엔~	아사히카와역 도보 5분	#아사히카와역 #온천
호텔 루트인 그랜드 아사히카와 에키마에 Route-Inn Grand Asahikawa Ekimae www.route-inn.co.jp/hotel_list/hokkaido/index_hotel_id_635/	8 Chome-1962-1 Miyashitadori, Asahikawa 050-5847-7720	세미 더블 (조식 포함) 2만엔~	아사히카와역 도보 5분	#아사히카와역 #온천
호시노 리조트 오모7 아사히카와 Hoshino Resorts OMO7 Asahikawa omo-hotels.com/asahikawa/	9 Chome, 6-jodori ,Asahikawa 0166-24-2111	스튜디오 8000엔~	아사히카와역 도보 15분	#2018년 리뉴얼 오픈

토카치 & 오비히로

호텔명 & 홈페이지	주소 & 전화번호	요금	교통	♥좋아요
도미 인 오비히로 **Dormy Inn Obihiro** www.hotespa.net/hotels/obihiro/	9 Chome-11-1 Nishi 2 Jominami, Obihiro 0155-21-5489	스탠다드 더블 1만2200엔~	오비히로역 도보 7분	#온천 #면요리 추천
슈퍼 호텔 프리미어 오비히로 에키마에 **Super Hotel Premier Obihiroeki-mae** superhotel.co.jp/s_hotels/obihiro	10-37, Nishi 3 Jominami, Obihiro 0155-29-9000	컴팩트 트윈 2만800엔~	오비히로역 도보 2분	#2018년 오픈 #가성비 온천
모리노 스파 리조트 홋카이도 호텔 **Morino Spa Resort Hokkaido Hotel** www.hokkaidohotel.co.jp	19-1 Nishi 7 Jominami, Obihiro 0155-21-0001	노르딕 뱅크 트윈 3만 4400엔~	오비히로역 자동차 7분	#예쁜 외관 #조용 #미네랄 함유 모르 온천
리치먼드 호텔 오비히로 에키마에 **Richmond Hotel Obihiro Ekimae** richmondhotel.jp/obihiro/	11 Chome-17 Nishi 2 Jominami, Obihiro 0155-20-2255	더블 1만2500엔~	오비히로역 도보 2분	#오비히로역 #가성비
호텔 니코 노스랜드 오비히로 **Hotel Nikko Northland Obihiro** okura-nikko.com/nikko/	Obihiro, Nishi 2 Jominami, 13 Chome, 1 015-524-1234	더블 1만6600엔~	오비히로역 도보 1분	#기차역 #가족여행 #커넥티드룸

청의 연못

구시로 호텔

호텔명 & 홈페이지	주소 & 전화번호	요금	교통	♥좋아요
도미 인 프리미엄 구시로 天然温泉 幣舞の湯 ドーミーインPREMIUM釧路 dormy-hotels.com/ko	2 Chome-1-1 Kitaodori, Kushiro 0154-31-5489	더블 (조식 포함) 3만4000엔~	구시로역 자동차 5분	#노천탕 #식사 Good
구시로 센추리 캐슬 호텔 Kushiro Century Castle Hotel www.castlehotel.jp	2-5 Okawa-cho, Kushiro 0154-43-2111	더블 (조식 포함) 2만9000엔~	구시로역 자동차 5분	#구시로강 전망 #조식 Good
아나 크라운 플라자 호텔 구시로 Crowne Plaza ANA Kushiro www.ihg.com	3 Chome-7 Nishiki-cho, Kushiro 0154-31-4111	트윈 2만7000엔~	구시로역 자동차 5분	#항구 전망 #조식 Good

아칸호 료칸 & 호텔

호텔명 & 홈페이지	주소 & 전화번호	요금	교통	♥좋아요
레이크 아칸 츠루가 윙스 Lake Akan Tsuruga Wings www.tsuruga.com	4 Chome-6-10 Akancho, Akanko-onsen, Kushiro 0154-67-4000	트윈 (산 전망, 조식·석식 포함) 3만4000엔~	아칸호 도보 1분	#아칸호 #아이누코탄
라 비스타 아칸가와 La Vista Akangawa dormy-hotels.com	3-1 Akancho Okurushbe, Kushiro 0154-67-5566	트윈 3만4000엔~	아이누 민속마을 자동차 10분	#아칸호 #노천온천

이오산

아칸호

아바시리 호텔

호텔명 & 홈페이지	주소 & 전화번호	요금	교통	♥좋아요
도미 인 아바시리 Dormy Inn Abashiri Natural www.hotespa.net/hotels/abashiri/	3 Chome-1-1 Minami 2 Jonishi, Abashiri 0152-45-5489	더블 2만1000엔~	아바시리 버스터미널 도보 10분	#아바시리 버스터미널 #유빙 크루즈 #온천 #무료소바
토요코 인 홋카이도 오호츠크 아바시리 에키마에 Toyoko Inn Hokkaido Okhotsk Abashiri Ekimae www.toyoko-inn.com/search/detail/00003/	1 Chome-3-3 Shinmachi, Abashiri 0152-45-1043	프리미엄 플러스 2만1000엔~	아바시리역 도보 1분	#아바시리역 바로 앞
호쿠텐 노 오카 레이크 아바시리 츠루가 리조트 Hokuten no oka Lake Abashiri Tsuruga Resort www.hokutennooka.com	159 Yobito, Abashiri 0152-48-3211	트윈 (조식·석식 포함) 4만엔~	메만베츠 공항 자동차 17분	#메만베츠 공항과 아바시리역 사이 #친절 #라운지 B&W 오디오

우토로 온천 & 샤리 호텔

호텔명 & 홈페이지	주소 & 전화번호	요금	교통	♥좋아요
키타코부시 시레토코 호텔 & 리조트 Kitakobushi Shiretoko Hotel & Resort www.shiretoko.co.jp	172 Utorohigashi, Shari 0152-24-2021	트윈 4만1500엔~	우토로 온천 버스터미널 도보 5분	#바다 전망 노천탕
시레토코 다이이치 호텔 Shiretoko Daiichi Hotel shiretoko-1.com	Sharicho 306 Utorokagawa, Shari 0152-24-2334	스탠다드 트윈 4만7000엔~	우토로 온천 버스터미널 자동차 5분	#유빙 전망 #식사 Good #2022년 리뉴얼
키키 시레토코 내추럴 리조트 Kiki Shiretoko Natural Resort www.kikishiretoko.co.jp	192 Utorokagawa, Shari 0152-24-2104	스탠다드 트윈 3만5000엔~	우토로 온천 버스터미널 자동차 4분	#온천 #조식 Good #시레토코 투어
호텔 보스 HOTEL BOTH shiretoko-b.com	106-4 Ikushinakita, Shari 015-524-1234	도미토리 3500엔~, 방갈로 6500엔~, 독채 별장 (복층) 3만엔~	시레토코 샤리역 자동차 5분	#방갈로 독채 #가족여행 #세련된 디자인 #식사 Good

왓카나이 호텔

호텔명 & 홈페이지	주소 & 전화번호	요금	교통	♥좋아요
서필 호텔 왓카나이 **Surfeel Hotel Wakkanai** www.surfeel-wakkanai.com	1 Chome-2-2 Kaiun, Wakkanai 0162-23-8111	스탠다드 트윈 2만7000엔~	왓카나이역 도보 6분	#왓카나이항 #북방파제 돔 바로 옆 #바다 전망
도미 인 와카나이 **Dormy Inn Wakkanai** www.hotespa.net/hotels/wakkanai/	2 Chome-7-13 Central, Wakkanai 0162-24-5489	더블 2만1000엔~	왓카나이역 도보 3분	#무료온천 #식사 Good
호텔 트렁크 와카나이 **Hotel Trunk Wakkanai** www.hoteltrunk-wakkanai.jp	1 Chome-5-16 Central Wakkanai 0162-22-3411	8장 다다미방 2만7000엔~	왓카나이역 도보 6분	#바다 전망 #온천 #식사 Good

리시리섬 & 레분섬 호텔

호텔명 & 홈페이지	주소 & 전화번호	요금	교통	♥좋아요
리시리 마린 호텔 **Rishiri Marine Hotel** marine-h.com	81-5 Minatomachi Oshidomari Rishirifuji, Rishiri 0163-82-1337	스탠다드 트윈 (조식·석식 포함) 2만4200엔~	오시도마리 페리 터미널 도보 10분	#주변 경관 #시설은 다소 오래된 편
하나 레분 **Hana Rebun** www.hanarebun.com	558 Tonnai Kafukamura, Rebun 0163-86-1177	스탠다드 트윈 (조식·석식 포함) 4만8400엔~	카후카 페리 터미널 도보 7분	#바다 전망 온천 #식사 Good

왓카나이 노샤푸곶

대자연 속으로 풍덩 빠져보는 캠핑

대자연을 자랑하는 홋카이도에는 훌륭하고 멋진 캠핑장이 많다. 그래서 캠핑이 라이프스타일로 자리 잡은 지 오래인 일본인들에게도, 홋카이도에서의 캠핑은 설레고 즐거운 경험이 아닐 수 없다.

1 #오비히로 스노우 피크 토카치 포로시리 캠프 필드

Snow Peak TOKACHI POROSHIRI Campfield

상쾌한 홋카이도의 자연을 즐기기에 가장 좋은 캠핑장. 오비히로 시내에서 차로 약 40분 거리로, 한국에도 마니아가 많은 아웃도어 브랜드 스노우 피크가 운영한다. 무료, 유료, 작고 독특한 목조 모바일 하우스 주바코JYUBAKO로 나뉘며, 캠핑 장비가 없어도 숙박이 가능한 주바코를 보유한 것이 최대 장점. 세계적인 건축가 쿠마 켄고와 스노우 피크가 함께 개발한 주바코는 2인까지 머물 수 있으며, 침구류, 책상, 화로 등이 갖춰져 있고 전기 충전도 가능하다. 단, 공용 화장실을 사용해야 한다. 캠핑장에는 온수가 나오는 취사동, 설거지 시설, 세탁실, 샤워실 등이 있고 캠핑용품 판매와 대여 서비스를 제공한다.

GOOGLE 스노우피크 토카치 포로시리 캠프 필드
MAPCODE 592 437 566*36
TEL 0256-46-5858
WEB www.snowpeak.co.jp/locations/tokachi/
CAR JR 오비히로역 31km

: WRITER'S PICK :

어디서나 야생동물 주의!

홋카이도에서는 가장 번화한 삿포로 시내에서도 불곰이 출몰할 정도이므로 어디서나 야생동물에 주의해야 한다. 캠핑을 비롯해 등산이나 야외 활동을 할 때는 어두워지기 전에 활동을 마무리하고 비상사태에 대비해 호루라기 등을 소지하자. 음식물이나 쓰레기는 반드시 되가져가고 곰 퇴치용 스프레이도 준비하면 좋다. 길을 걷다가 까마귀의 공격을 받는 일도 심심치 않게 벌어지는데, 번식기인 4~7월은 까마귀들의 공격성이 더욱 심해지니 모자나 우산을 준비하는 것도 추천. 머리가 좋은 까마귀들은 한 번 공격한 사람을 기억했다가 또다시 공격하기도 한다.

2 #오비히로
루스츠 캠핑장
Rusutsu Yama wa Tomodachi Camping Ground

홋카이도 최대 규모의 리조트 중 하나인 루스츠 리조트 내에 자리한 캠핑장. 삿포로 시내 중심에서 조잔케이 온천을 경유해 차로 약 1시간 30분 거리에 있다. 리조트 내 스키장 슬로프를 활용한 캠핑장이기 때문에 주변에 호텔, 온천, 소소한 놀이시설 등을 갖췄으며, 온천은 캠핑장에서 걸어갈 수 있어서 편리하다. 삿포로나 근교 지역 주민들이 즐겨 찾는 가족 여행 장소지만, 혼자서도 조용히 캠핑을 즐길 수 있는 분위기. 텐트, 타프, 화로, 오븐 등의 각종 장비 대여가 가능하고 루스츠에서 직접 재배한 식재료를 판매한다.

GOOGLE 루스츠 캠핑장
MAPCODE 385 318 091*32
TEL 0136-46-3332
WEB rusutsu.com/ko/rusutsu-camp-village/
CAR JR 삿포로역 74km

3 #치토세시
모랏푸 캠핑장
Morappu Camping Site

한겨울에도 얼지 않는 부동호不凍湖 치토세시의 시코츠호支笏湖 호숫가 모래밭에 자리한 캠핑장. 건너편의 에니와다케恵庭岳 산과 호수가 바라보이는 아름다운 풍경이 포인트다. 프리사이트라서 어디든지 텐트를 칠 수 있는 공간이 있고 카누 등의 액티비티도 즐길 수 있다. 차로 10분 거리에 일본 최고의 수질로 뽑히기도 했던 시코츠호 온천 마을이 있다.

GOOGLE 모랏푸 캠핑장
MAPCODE 545 859 823*85
TEL 0123-25-2201
WEB www.qkamura.or.jp/shikotsu/camp/
CAR 시코츠호 온천 마을 주차장 7.7km/신체토세 공항 31km

4 #미나미후라노초
카나야마호 오토 캠핑장
Kanayamako Auto Camping Ground

홋카이도 중심부에 자리해 '홋카이도의 배꼽'이라 불리는 미나미후라노초의 오토 캠핑장. 7월 중순~말경 방문하면 아름다운 카나야마호와 보랏빛 라벤더 밭이 훤히 내려다보이는 언덕에서 캠핑을 즐길 수 있다. 세탁실, 샤워실, 화장실, 매점 등의 각종 시설은 별도로 마련된 관리동에 갖춰져 있다. 매년 7월에 열리는 호수 축제 때 불꽃놀이가 무척 아름답다.

GOOGLE kanayamako auto camping ground
TEL 0167-52-2100
ADD Higashishikagoe, Minamifurano, Sorachi District
WEB minamifurano-kousya.com/camp.php
CAR JR 후라노역 36.5km

人生にヨロコビを
パチンコへ
すすきのビル
FIGHTERS
すすきのビル
8階
2F
NIKKA
BLACK
ハイボール
香る夜
ENJOY A RELAXING NIGHT
SUSUKINO BLD.
SAPPORO
札幌
IN HOKKAIDŌ

삿포로 札幌

봄에나 걱정했던 미세먼지가 시도 때도 없이 찾아오면서, 맑은 날이 이렇게 소중했던 적이 있었을까 싶다. 뿌연 하늘을 보고 있노라면 당장이라도 삿포로로 가고 싶은 충동이 불끈! 그만큼 깨끗한 공기, 정돈된 분위기가 삿포로의 매력이다. 여행하기 편한 인프라와 바다에 둘러싸여 풍부한 해산물, 매일 아침 목장에서 공수해온 홋카이도산 유제품이 '저요! 저요!' 손을 드니 여행자는 행복할 수밖에.

위치 & 풍경

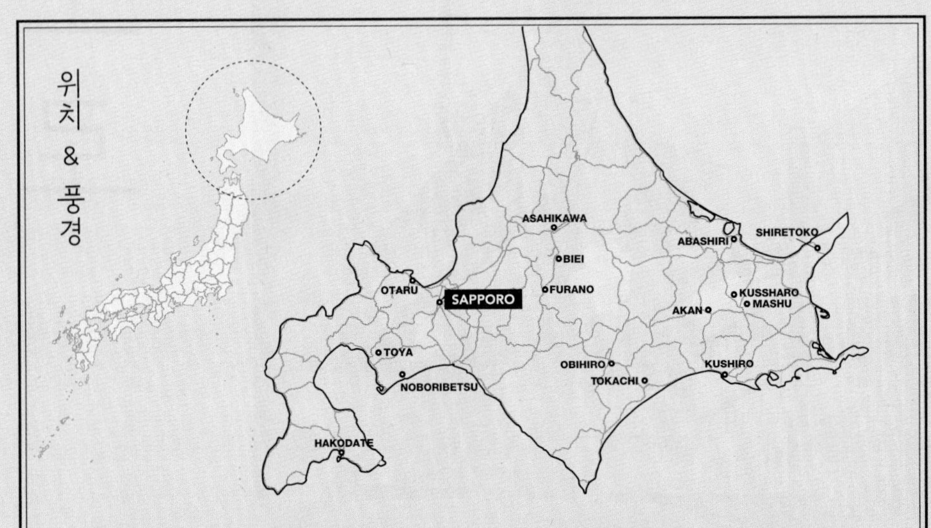

일본 5대 도시이자, 홋카이도 최대 도시. 1121km²의 면적은 우리나라 서울의 약 2배, 홍콩과 거의 비슷한 크기다. 섬 나라인 일본의 대도시들은 대체로 해안을 중심으로 발전했는데, 삿포로는 독특하게도 내륙도시다. 19세기 홋카이도 개척 시대에 도시 계획에 따라 가로세로 반듯하게 나뉜 바둑판 모양의 도시가 되었다.
1년 365일 중 130일 이상 눈이 온다. 10월 말에 첫눈이 내리기 시작해 연평균 약 600㎝의 적설량을 보인다. 본격적인 봄이 시작되는 5월 전까지 도심 곳곳에서 눈이 남아 있을 정도. 우리와 같은 시간대를 사용하지만, 지역적으로 동쪽에 치우쳐 있어 겨울에는 오후 3~4시만 돼도 해가 지기 시작한다. 7~8월 한여름 기온도 25°C 안팎으로 습도가 낮고 저녁에는 서늘하다. 일본 현지인에게는 여름 휴가지로, 외국인 여행자에게는 겨울 여행지로 인기가 많은 것이 특징이다.

여행이 필요한 사람들

- ☑ 미세먼지를 떠나 파란 하늘과 맑은 공기가 필요한 사람
- ☑ 대자연을 만나고 싶지만, 도시의 쇼핑, 맛집도 놓치고 싶지 않은 사람
- ☑ 맥주, 해산물, 양고기, 수프카레, 라멘 등 맛집 탐방을 하고 싶은 사람

베스트 여행 시기

어디부터 말해야 할까. 우선 2월! 홋카이도의 대표 축제인 삿포로 눈축제 기간이다. 그야말로 설국을 만날 수 있다. 만물이 소생하는 5월은 삿포로에 늦은 봄이 오는 시간이다. 흐드러지게 핀 벚꽃과 청량한 하늘을 볼 수 있다.

7~8월은 일본 최대의 비어가든, 삿포로 여름 축제의 한 부분인 맥주 축제가 열린다. 9~10월에는 알록달록 단풍이 보이는 충만한 가을을 느낄 수 있고, 11~12월에는 일루미네이션 행사로 오도리 공원과 삿포로 곳곳에 반짝반짝 조명이 빛난다. 이외에 3~4월은 나무들이 앙상하고 다소 황량해서, 1월은 축제 기간도 아닌데 눈이 너무 많이 와서 추천하진 않지만, 대신 숙소 가격이 아주 저렴하다는 장점이 있다.

※ 여행을 피해야 하는 시기

약 4~5만 관중을 수용하는 삿포로 돔에 대형 가수의 공연이 가끔 열린다. 원체 인구가 적은 홋카이도인지라 이곳에서 공연을 한다는 것 자체가 상당한 티켓 파워가 있다는 증거. 이 시기에는 삿포로 숙소 구하기가 하늘의 별 따기고 삿포로 전체 맛집과 상점은 공연하는 가수의 팬들로 점령된다. 당연히 평범한 여행자가 여행하기에는 좋지 않은 시기다. 삿포로 돔 공연 일정은 홈페이지(www.sapporo-dome.co.jp/schedule/)에서 확인 가능.

삿포로 가는 법

우리나라 → ✈ → **신치토세공항**

인천·김해공항에서 삿포로 신치토세공항新千歳空港으로 향하는 정기 노선이 운항 중이다. 일본 노선 중 가장 고가를 자랑하는 노선으로, 비수기 평일에는 20만원대에도 예약할 수 있지만, 여름·겨울 성수기라면 50~60만원을 호가한다. 비행 소요 시간은 인천공항 기준 2시간 40분~3시간이다.

신치토세공항 →  → **삿포로**

대개 '삿포로공항'이라고 부르지만, 엄밀히 따지면 홋카이도 치토세시에 있는 '신치토세공항'이다. 홋카이도 공항 중에서는 가장 규모가 큰 편. 국내선, 국제선 청사가 구분돼 있고 두 청사를 연결하는 통로는 2층에 있다. 신치토세공항에서 삿포로역까지 가는 방법은 JR, 버스, 택시 3가지. 모두 공항 내 표지판이 잘 안내하고 있어 찾아가는 데 어려움은 없다.

※ 삿포로는 재개발 중

홋카이도의 대표 도시 삿포로는 현재 삿포로역을 중심으로 재개발이 활발하게 이뤄지고 있다. 대표적으로 JR 삿포로역 동쪽에 홋카이도 신칸센 삿포로역을 새로 건설하느라 그 자리에 있던 에스타ESTA와 파세오PASEO가 영업을 종료했다. 신칸센 개통은 2030년을 목표로 하고 있지만, 지금으로선 완공 시기가 불분명하다는 의견이 많다. 또한 일본의 반도체 연합회사 라피드가 반도체 생산 기지로 삿포로 인근의 치토세시를 선정해 그 주변에 공장을 건설하면서 이 일대의 개발 바람이 주변으로 확산하고 있다.

신치토세공항에서 시내 가기

❶ JR 쾌속 에어포트 JR 快速 エアポート(Rapid Airport)

한국에서 출발한 대부분의 여행자들이 이용하는 방법이다. JR 신치토세공항역에서 JR 삿포로역까지 특별 쾌속, 쾌속, 구간 쾌속이 약 10분 간격으로 운행한다. 특별 쾌속은 36분, 쾌속은 37~38분, 구간 쾌속은 43~44분 소요되고, 요금은 모두 같다. 첫차는 06:38, 막차는 23:21에 있다. 홋카이도는 기상 악화로 때때로 기차가 지연되거나 취소되기도 한다. 특히 폭설이 심한 겨울에는 이 같은 상황이 종종 있으니 참고하자. JR 에키넷 한국어 웹사이트에서 티켓(JR 패스 소지자는 지정석)을 구매·예약할 수 있다. IC카드 사용 가능.

PRICE 신치토세공항역~삿포로역 편도 1230엔(지정석은 840엔 추가)
WEB www.jrhokkaido.co.jp/airport/
예약 www.eki-net.com/ko/jreast-train-reservation/Top/Index

♥1 기상악화나 천재지변 등 특별한 이유가 없다면 삿포로까지 45분 이내에 도착한다. 비교적 쾌적하고 안전하게 이동할 수 있다. 요금도 1230엔으로 합리적.

💔1 대부분 여행자가 기차를 이용하므로 좌석이 없는 경우가 있다. 특히 큰 짐이 있다면 캐리어 수납 공간이 따로 있는 지정석을 추천! 또한 숙소가 삿포로역 주변이 아닌 스스키노 혹은 다른 지역일 경우 삿포로역에서 또 한 번 다른 교통수단으로 갈아타야 하는 번거로움이 있다.

티켓과 JR 패스를 구매·교환할 수 있는 JR 인포메이션 데스크

: WRITER'S PICK :

문제없어! JR 쾌속 에어포트 탑승!

국제선 2층에 도착하면 짐을 찾고 나와 바로 앞에 보이는 무빙워크를 타고 국내선 구역에 도착, 'JR Train' 사인을 따라 지하 1층으로 내려가 JR 탑승 게이트 옆 자동판매기에서 티켓을 발권한다. 티켓 자동판매기 화면을 한국어로 전환한 후 '에어포트호'를 누르고 자유석·지정석, 인원수를 지정, 현금을 넣으면 거스름돈과 함께 티켓이 나온다. 이 티켓을 개찰구에 넣고 되돌아 나오는 티켓을 챙겨 삿포로·오타루행 승강장으로 들어가면 끝!

❷ 공항버스(공항연락버스) Airport Liner Bus

숙소가 스스키노, 오도리 공원 근처라면 공항버스가 편하다. 삿포로 도심행 버스는 'Route Bus(노선버스)' 사인을 따라 1층으로 내려간 뒤 밖으로 나가 84번 승차장에서 탑승한다. 버스는 삿포로 시내 주요 호텔과 관광지 등 약 30개 정류장에 정차하는 완행 노선(후쿠즈미역 경유편)과 삿포로역·오도리 공원·스스키노·나카지마 공원 등 6개 정류장에만 정차하는 직행 노선으로 나뉘니 목적지를 확인한 후 이용하자. 운행 시간은 국제선 터미널 출발 기준 완행 08:46~23:01(15분 간격 운행), 직행 12:11~19:11(1일 4회)이며, 삿포로역까지 소요 시간은 완행 1시간 10분~, 직행 약 1시간~. 예약 불가.

주오 버스와 호쿠토 교통이 번갈아가며 운행한다.

♥1 숙소가 스스키노라면 삿포로역에서 짐을 들고 또 한 번 다른 교통수단으로 환승할 필요가 없어 편하다.

💔1 출퇴근 시간, 폭설 등 여러 가지 이유로 차가 막힐 땐 소요 시간이 2배 이상 늘어날 수 있음이 가장 치명적인 단점. 또한 먼저 국내선 터미널에 들러 국제선 터미널에 정차하므로 많은 인원이 몰렸을 땐 버스에 제때 탑승하지 못할 수 있다.

PRICE 삿포로 도심 편도 1300엔
WEB www.chuo-bus.co.jp/airport/
www.hokto.co.jp/sapporo-chitose/

❸ 택시

신치토세공항에서 삿포로역까지 약 1시간, 유료 고속도로를 지나면서 내는 통행료까지 감안하면 1만엔 이상은 예상해야 한다. 짐이 너무 많거나 노약자와 함께하는 여행이 아니라면 추천하지 않는다.

♥1 원하는 목적지까지 가장 편하게 갈 수 있다.

💔1 비싸다. 우리 돈으로 약 10만원 이상을 쓰고 시작.

: WRITER'S PICK :

공항버스 요금 결제 방법 4가지

❶ 국제선 터미널에서 'Route Bus(노선버스)' 사인을 따라 1층으로 내려가면 버스 안내소가 나온다. 모니터에서 목적지에 해당하는 요금과 노선, 출발 시각을 확인하고 자동판매기에서 티켓을 구매한다. 자동판매기는 한국어를 지원하므로 쉽게 조작할 수 있다.

❷ 12세 이상은 차내에서 현금을 내고 편도·왕복 승차권을 구매할 수 있다. 잔돈이 부족할 경우 버스에 있는 동전 교환기를 이용해 잔돈으로 바꿔 요금을 낸다.

❸ 컨택리스 카드Contactless Card(마스터카드는 제외)가 있다면 티켓을 사지 않고 바로 탑승할 수 있다. 탈 때, 내릴 때 각각 전용 단말기에 카드를 터치한다(어린이는 기사에게 말한 후 터치).

❸ 주오 버스 운행편은 차내에서 키타카, 사피카, 스이카 등 IC카드로 결제할 수 있다(탈 때, 내릴 때 각각 전용 단말기에 터치). 단, 어린이는 어린이용 기명식 IC카드가 있어야 한다(114p 참고).

■ 삿포로 도심행 공항버스 정류장(신치토세공항 출발 기준)

삿포로 시내 교통

도쿄, 오사카 등을 여행한 경험이 있다면 삿포로는 아주 쉽게 다닐 수 있다. 주요 명소가 도심 가운데 몰려있어 삿포로역과 스스키노만 섭렵해도 도시 전체가 익숙해진다. 웬만한 명소는 걸어서 다닐 수 있고, 조금 떨어진 곳도 지하철이나 전차를 타면 20~30분을 넘지 않는 것이 보통이다.

삿포로 지하철 札幌市営地下鉄

서울·부산 지하철을 이용하다가 삿포로의 지하철 노선도를 보면 짧고 단순해 명쾌한 느낌이다. 노선은 난보쿠선南北線(그린), 도자이선東西線(오렌지), 도호선東豊線(블루) 3개. 가장 긴 도자이선도 20.1km로 19개 역뿐이다. 삿포로역은 난보쿠선과 도호선이, 오도리역은 모든 노선이 만나는 대표 환승역이다.

PRICE 1구역(이동 거리 3km 이내) 210엔, 2구역(이동 거리 7km 이내) 250엔, 지하철 1일 승차권 830엔/어린이는 반값, 5세 이하 무료/IC카드 사용 가능
WEB www.city.sapporo.jp/st/(삿포로 교통국)

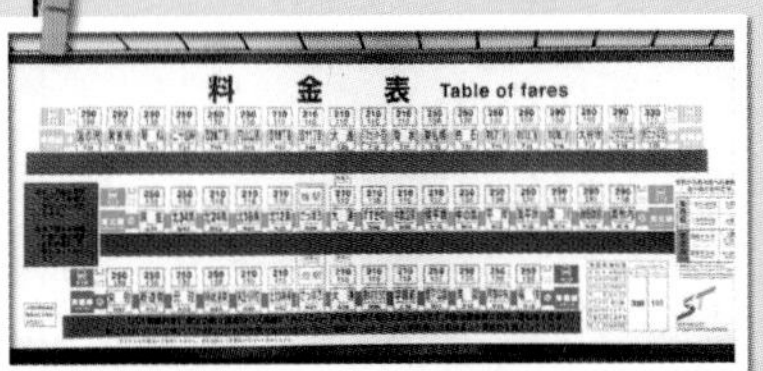

자동판매기 위에 설치된 노선도를 통해 요금을 확인할 수 있다.

지하철 1회권을 구매할 수 있는 흰색 자동판매기

지하철 1회권, 1일 승차권, 승계권, 도니치카 킷푸, 사피카 IC카드도 구매할 수 있는 녹색 자동판매기

삿포로 전차(삿포로 시덴) 札幌市電

1909년 건축 자재 운송 노선으로 운행을 시작해 1927년 시민들을 위한 전차로 새롭게 태어났다. 이후 지금까지 스스키노 거리를 출발해 24개 정류장(약 9km)을 돌아 다시 출발 지점이었던 스스키노로 부지런히 되돌아오는 중. 요금은 거리에 상관없이 동일하다. 승차장은 보통 도로 중앙에 있어 횡단보도를 건너야 하며, 전차가 들어올 때 부딪히지 않도록 주의한다. 전차는 뒤쪽 입구入口로 타서 앞쪽 출구出口로 내리고, 내릴 때 운전석 옆 요금 투입구에 현금을 넣거나 카드 단말기에 IC카드(키타카, 스이카, 파스모, 사피카 등)를 터치한다. 잔돈이 없을 때는 요금 투입구 주변 동전 교환기를 이용해 미리 바꿔두는 센스! 1000엔을 넣으면 500·100·50·10엔 동전이 골고루 나온다.

PRICE 230엔, 노면전차 1일 승차권 570엔(운전기사 또는 스마트폰 앱 'Japan Transit Planner'에서 구매), 노면전차 24시간 승차권 840엔('Japan Transit Planner'에서 구매)/어린이는 반값, 5세 이하 무료/IC카드 사용 가능
WEB www.stsp.or.jp

내리려면 하차 버튼을 누른다.

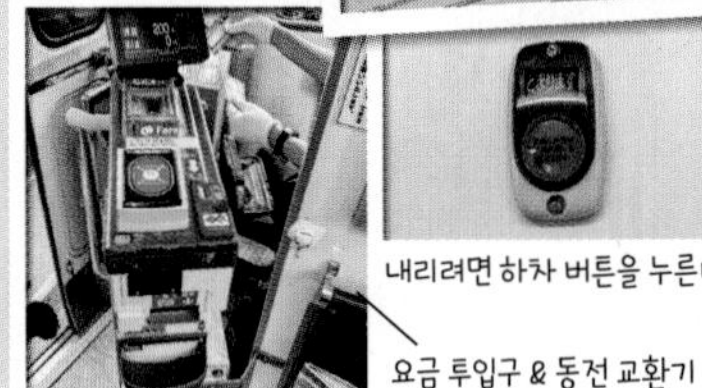
요금 투입구 & 동전 교환기

노선버스

홋카이도 주오 버스中央バス, JR 홋카이도 버스, 조테츠 버스じょうてつバス, 반케이 버스ばんけいバス, 유테츠 버스夕鉄バス에서 운행한다. JR 홋카이도 레일패스 소지자는 JR 홋카이도 버스 중 일부 노선을 무료로 이용할 수 있으나, 홋카이도 시내에서 버스를 탈 일은 드물다. 대부분 버스 뒷문으로 타 정리권 발권기에서 정리권整理券(번호표)을 뽑고 자리에 앉은 뒤, 앞문으로 내릴 때 정리권의 숫자와 버스 앞 전광판의 숫자가 일치하는 요금을 찾아 요금 투입구에 넣는다. 역시 잔돈이 부족할 때는 동전 교환기를 이용할 수 있다.

PRICE 기본요금 240엔, 어린이 120엔/
홋카이도 주오 버스·JR 홋카이도 버스·조테츠 버스에서 IC카드 사용 가능

버스 요금 투입구 & 동전 교환기

택시

삿포로 시내에서 흔히 볼 수 있다. 주요 택시 정류장에서 탑승하고, 대부분 신용카드를 사용할 수 있다.

PRICE 기본요금(1280m까지) 670엔, 이후 241m당 80엔+10km/h 이하 운행 시 1분 30초당 80엔/22:00~05:00은 심야 할증 요금(20%) 추가/중형 택시 기준

여행 팁

❶ 지하철 ⇋ 전차·버스 환승 할인

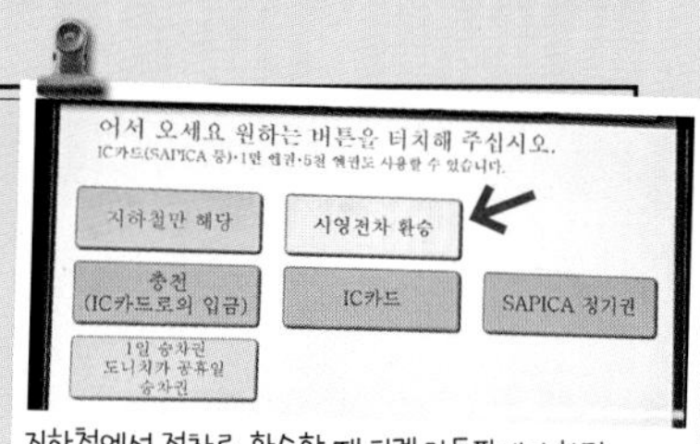

지하철에서 전차로 환승할 때 티켓 자동판매기 화면

IC카드나 노리카에켄乗継券(승계권) 이용 시 지하철과 전차·버스 간 환승 할인을 받을 수 있다(전차와 버스 간 환승 시엔 적용 불가). 이 책에 소개한 장소 중 환승 할인을 받을 만한 곳으로는 마루야마 동물원(220p), 오쿠라야마 전망대(219p), 삿포로 히츠지가오카 전망대(225p) 등이 있다. 할인 금액은 승차 거리(구간)에 따라 다르며, 지정된 지하철역과 정류장에서만 적용된다. 에키버스 홈페이지(ekibus.city.sapporo.jp, 한국어 지원)에서 경로 검색 시 환승 요금을 확인할 수 있다.

PRICE 지하철+전차 360엔~, 지하철+버스 370엔~(기본 구간을 벗어나 추가 요금 발생 시 하차할 때 차액을 지급한다.)

Case 1.
지하철 ⇋ 전차

지하철을 먼저 탈 경우 자동판매기의 한국어 화면에서 '시영전차 환승' 티켓을 구매한다. 전차를 먼저 탈 경우엔 내릴 때 전차 요금에 130엔을 더한 요금을 지급하고 운전기사에게 승계권을 받아 지하철역 개찰기의 티켓 투입구에 통과시킨 후 다시 가져간다. IC카드 이용 시엔 할인 요금이 자동으로 적용된다(단, 다인 결제 시 적용 불가).

환승 할인이 가능한 지하철역 난보쿠선 호로히라바시·나카지마코엔·스스키노·오도리, 도자이선 니시주핫초메·니시주잇초메·오도리, 도호선 호스이스스키노·오도리

Case 2.
지하철 ⇋ 버스

홋카이도 주오 버스·JR 홋카이도 버스·조테츠 버스는 IC카드 이용 시 자동으로 환승 할인된다(단, 다인 결제 시 적용 불가). 반케이 버스는 마루야마코엔역円山公園, 유테츠 버스는 신삿포로역新さっぽろ에서 갈아탈 때 승계권을 받으면 할인받을 수 있다. 버스를 먼저 탄 경우 하차 시 운전기사에게, 지하철을 먼저 탄 경우 환승역 개찰구에 있는 역무원에게 갈아탄다고 말하고 차액을 지불한 후 승계권을 받는다.

❷ 주말엔 더 알뜰하게 다녀요

삿포로 지하철과 삿포로 전차는 저렴한 1일 승차권이 있다는 사실~! 1일 승차권의 유효시간은 당일 첫차부터 막차까지이며, 막차가 자정을 넘기더라도 유효하다.

■ 도니치카 킷푸 ドニチカキップ

토·일·공휴일과 연말연시(12월 29일~1월 3일)에 보다 저렴하게 삿포로 지하철을 이용할 수 있는 1일 승차권이다. 주말에 지하철을 3번 이상 탈 계획이라면 이득. 각 지하철역 티켓 자동판매기에서 구매할 수 있다.

PRICE 520엔, 어린이 260엔

■ 도산코 패스 どサンこパス

역시 토·일·공휴일·연말연시(12월 29일~1월 3일)에 삿포로 전차를 알뜰하게 이용할 수 있는 1일 승차권이다. 도니치카 킷푸보다 좋은 점은 성인 1명당 어린이(초등학생) 2명을 동승할 수 있다는 것. 전차 기사에게 직접 구매할 수 있다.

PRICE 460엔

삿포로 광역도

삿포로 시내 중심

T01 미야노사와 宮の沢
発寒中央
시로이 코이비토 공원 (시로이 코이비토 공장)
白い恋人パーク (白い恋人工場見学)
T02 発寒南
JR 琴似
T03 琴似
二十四軒 T04
西28丁目 T05
JR 八軒
N03 北24条
N04 北18条
N05 北12条
소엔역 桑園
삿포로역 札幌
N06 H07 삿포로 さっぽろ
苗穂
모에레누마 공원 モエレ沼公園
마루야마 공원 円山公園
마루야마코엔 円山公園
西11丁目
T08
T06
T07 西18丁目
N07 H08
T09 오도리 大通
T10 バスセンター前
T11 菊水
N08
H09 豊水すすきの
すすきの
JR 白石
T12 東札幌
T13 白石
JR 平和
홋카이도 신궁 北海道神宮
오쿠라야마 전망대 大倉山ジャンプ競技場
마루야마 동물원 円山動物園
N09 中島公園
H10 学園前
나카지마 공원 中島公園
H11 豊平公園
T14 南郷7丁目
T15 南郷13丁目
로프웨이이리구치 ロープウェイ入口
N10 中の島
멘야 사이미 麺屋 彩未
H12 미소노 美園
N11 平岸
모이와산로쿠 로프웨이역 もいわ山麓
모이와산 藻岩山
삿포로 모이와야마 로프웨이 札幌もいわ山ロープウェイ
N12 南平岸
H13 月寒中央
H14 후쿠즈미 福住
후쿠즈미 버스터미널 福住バスターミナル
삿포로 모이와야마 전망대 札幌もいわ山 展望台
0 1km
澄川 N13
삿포로 돔 札幌ドーム
신삿포로역
북해도 개척촌(홋카이도 개척촌)
북해도 박물관
산림공원온천 키요라
自衛隊前 N14
삿포로 히츠지가오카 전망대 さっぽろ羊ヶ丘展望台

JR 八軒
89
키타노료바 3호점
키타노료바 2호점
키타노구루메테이 北のグルメ亭
키타노료바 1호점 北の漁場
T04 니주욘켄 二十四軒
JR 소엔역 桑園
JR 가쿠엔토시선 JR学園都市線
JR 하코다테 본선 JR函館本線
포플러나무 길 ポプラ並木
홋카이도 대학 종합박물관 北海道大学総合博物館
엘름의 エルムの
삿포로 장외 시장 札幌市場外市場
124
파티스리 시이야 Pâtisserie SHiiYA
326
회전스시 토리톤 마루야마점 回転寿し トリトン 円山店
453
마루야마사료 円山茶寮
452
T05
리타루 커피 RITARU COFFEE
니시니주핫초메 西28丁目
미기시 코타로 미술관 三岸好太郎美術館
홋카이도립 근대미술관 北海道立近代美術館
홋카이도 지사공관 北海道知事公館(旧三井クラブ)
230
키요타카 & 호레이스 카프론 동상
지하철 도자이선
디앤디파트먼트 프로젝트 삿포로 by 3KG D&DEPARTMENT PROJECT SAPPORO by 3KG
삿포로시 자료관 札幌市資料館
니시주잇초메 西11丁目 T08
아틀리에 모리히코 ATELIER Morihiko
니시주핫초메 西18丁目 T07
오도리 웨스트 大通ウェスト
스페이스 1-15 SPACE 1-15
주오구야쿠쇼마 中央区役所前
니시주고초메 西15丁目
마루야마 공원 円山公園
T05 마루야마코엔 円山公園
마루야마 팬케이크 円山ぱんけーき
삿포로 전차 札幌市電
니시센로쿠조 西線6条
0 200m
453

삿포로 시내 중심

N04 키타주하치조 北18条
칸조도리히가시 環状通東 H04
수프카레 코코로 カレー食堂 心
피칸티 Picante
H05 히가시쿠야쿠쇼마에 東区役所前
지하철 도호선 東豊線
H06 키타주산조히가시 北13条東
N05 키타주니조 北12条
소세가와 강 創成川
지하철 난보쿠선 南北線
홋카이도 대학 北海道大学
삿포로 맥주 박물관 サッポロビール博物館
삿포로 비어 가든 サッポロビール園
사쿠슈코토니강 サクシュコトニ川
정문
홋카이도 삿포로 관광안내소 北海道さっぽろ観光案内所
홋카이도 삿포로 음식과 관광 정보관 北海道さっぽろ 食と観光 情報館
삿포로역 札幌
JR 하코다테 본선 JR函館本線
JR 치토세선 JR千歳線
苗穂
요도바시카메라 멀티미디어 삿포로 ヨドバシカメラ
JR 타워 JRタワー
T38 JR 타워 전망대 T38 JR タワー展望室
다이마루 백화점 DAIMARU
아피아 (지하상가) APIA
게이오 플라자 호텔 삿포로 Keio Plaza Hotel Sapporo
도큐 백화점 東急百貨店
삿포로 さっぽろ N06
H07 삿포로 さっぽろ
삿포로 팩토리 & 삿포로 개척사 맥주 양조장 Sapporo Factory & 札幌開拓使麦酒醸造所
홋카이도청 구본청사 北海道庁旧本庁舎
아카렌가 테라스 赤れんがテラス
치카호(지하상가) チ・カ・ホ
그랜드 호텔 삿포로 Sapporo Grand Hotel
삿포로 시계탑 札幌市時計台
주오 버스 삿포로 터미널 中央バス 札幌ターミナル
오타루행 고속 오타루호 北1条西7丁目
오도리 공원 大通公園
오로라타운 (지하상가) オーロラタウン
삿포로 TV 타워 さっぽろテレビ塔
T10 버스센터마에 バスセンター前
오도리 버스 센터 大通バスセンター
N07 T09 H08 오도리 大通
소세가와 이스트 創成川イースト
니조 시장 二条市場
니시욘초메 西4丁目
니시핫초메 西8丁目
폴타운(지하상가) POLE TOWN
리틀 주스바 Little Juice Bar
지하철 도자이선 東西線
다누키코지 狸小路
다누키코지 상점가 狸小路商店街
SMILE HOTEL
와다시 라멘 우메키치 和だしらぁめん うめきち
도요히라 강 豊平川
기쿠스이 菊水 T11
신 라멘요코초 新ラーメン横丁
삿포로 전차 札幌市電
N08 스스키노 すすきの
시세이칸쇼갓코마에 資生館小学校前(西創成)
H09 호스이스스키노 豊水すすきの
그랜드 호스텔 엘디케이 삿포로 Grand Hostel LDK Sapporo
스스키노 すすきの
원조 삿포로 라멘요코초 元祖さっぽろラーメン横丁
에비소바 이치겐 총본점 えびそば 一幻 総本店
히가시혼간지마에 東本願寺前
시내행 공항버스 나카지마코엔 中島公園
야마하나쿠조 山鼻9条
나카지마코엔 中島公園 N09

#Walk

삿포로 여행의 중심,
JR 삿포로역 주변

약 197만 명, 인구수만 놓고 보면 삿포로는 일본에서 다섯 손가락 안에 드는 대도시다. 홋카이도의 전체 인구밀도는 낮지만, 삿포로만큼은 예외. 특히 삿포로 여행이 시작되는 삿포로역 주변으로는 매일 5만 명의 유동인구가 오간다. 홋카이도 여행 중 어쩌면 유일하게 '복잡함'과 맞닥뜨릴 수 있는 장소다. 삿포로역을 관통하는 철로는 고가 위에 있어 에스컬레이터를 타고 내려와야 본격적인 삿포로역과 만날 수 있다. 개찰구는 동쪽East Gate과 서쪽West Gate이 있다.

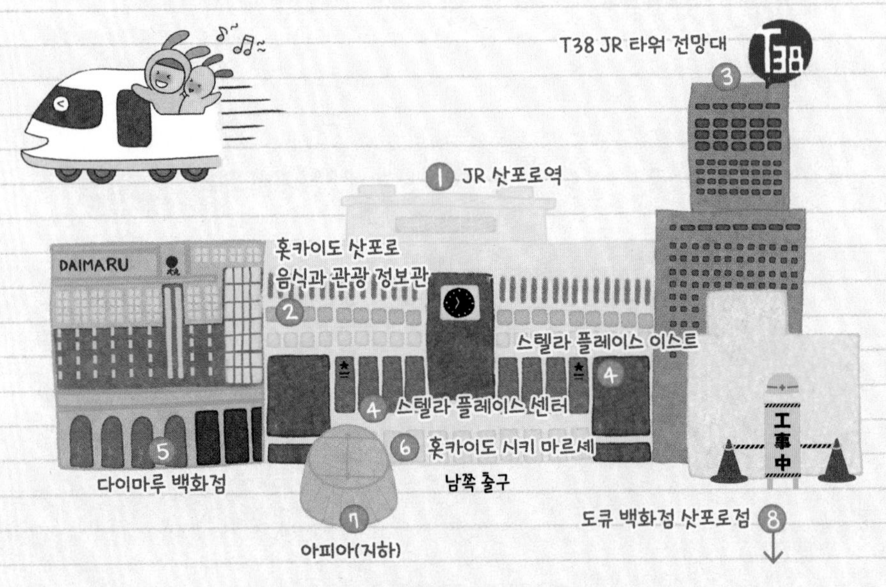

+MORE+

일본 어디에도 없는 지하보도!
삿포로역 앞 도로 지하 보행 공간 札幌駅前通地下広場(치카호チカホ)

삿포로를 여행하다 보면 특유의 세련되면서 기능적인 공공 디자인에 놀라곤 한다. 지하보도인 삿포로역 앞 도로 지하도도 그중 하나. 줄여서 '치카호チカホ'라고도 하는 이 지하보도는 시민들이 삿포로의 맹추위에도 아랑곳하지 않고 이동하면서 휴식과 이벤트까지 다각도로 즐길 수 있게끔 설계됐다. 삿포로에서 유동 인구가 가장 많은 삿포로역에서 스스키노까지 이동하는 데 걸리는 시간은 15~20분. 오도리 공원 출구와도 연결되기 때문에 산책로로 이용하기도 좋다. 곳곳에 의자와 테이블이 놓인 공간과 와이파이 무료 서비스 구역이 있으며, 지역 특산품을 판매하는 마켓 등이 열린다. 여름철 이상기후로 30°C가 넘는 가마솥더위로 푹푹 쪘을 땐 삿포로 시민들의 무더위 쉼터로도 애용됐다. 필자의 경우 유난히 크고 사나운 홋카이도 까마귀를 피하려고 지하보도를 즐겨 이용한다.

GOOGLE chi-ka-ho sapporo
OPEN 05:45~24:30
WEB www.sapporo-chikamichi.jp

JR 삿포로역은 '札幌', 지하철 삿포로역은 'さっぽろ'로 표기합니다.
JR 삿포로역에서 지하로 내려오면 지하철 삿포로역으로 이어져요~

1 호카이도 여행의 관문

JR 삿포로역

JR 札幌駅

JR 삿포로역 주변의 상업 시설을 통틀어 'JR 타워JR タワー'라고 부른다. 이곳만 잘 활용해도 일본 여행 중 꼭 챙겨야 할 유명 브랜드숍과 프랜차이즈 식당은 정복할 수 있다. 'Tax-Free' 마크가 붙은 상점에선 세금 제외 5000엔 이상 구매 시 면세 혜택을 받을 수 있으니 여권은 필수! 출구는 크게 남쪽 출구와 북쪽 출구로 나뉘며, 남쪽은 관광지를 비롯한 대형 백화점, 쇼핑몰, 지하철역, 고속버스·공항버스 정류장, 북쪽은 관광안내소, JR 인포메이션 데스크, 홋카이도 대학 등으로 연결된다. 코인로커는 출구 주변을 중심으로 곳곳에 설치돼 있다(크기에 따라 400~700엔). 신칸센이 삿포로까지 연장되는 2030년경까지 삿포로역 일대가 재개발되면서 크게 바뀔 예정이다. MAP ❸

GOOGLE 삿포로역
OPEN 미도리노마도구치みどりの窓口(JR 티켓 카운터) 05:40~23:55, JR 타워 10:00~21:00(쇼핑몰마다 다름)
WEB www.jrhokkaido.co.jp/network/station/station.html#1

2 JR 삿포로역 필수 코스!

홋카이도 삿포로 음식과 관광 정보관

北海道さっぽろ 食と観光 情報館

'식재료의 천국' 홋카이도답게 관광안내소 하나도 범상치 않다. 음식 위주의 홋카이도 특산품과 기념품을 살 수 있는 홋카이도 도산코 플라자 삿포로점北海道どさんこプラザ 札幌店과 외국인 여행자를 돕는 JR 인포메이션 데스크, 관광안내소北海道さっぽろ観光案内所를 모두 한 자리에 모아놓은 것. 관광안내소는 홋카이도 전체에 관한 안내를 도우며, 입구에 비치된 팸플릿을 잘 들춰보면 각종 할인 쿠폰이나 지역의 작지만 볼만한 축제 등 깨알 정보를 얻을 수 있다. 외국어 응대가 가능한 직원도 있으니 홋카이도에 관해 궁금한 게 있다면 여기서 해결하고 가자. 외화 환전기도 설치돼 있고 휠체어·유모차 대여 서비스도 제공한다. MAP ❸

GOOGLE hokkaido sapporo tourist information centre
OPEN 관광안내소 08:30~20:00
WEB www.city.sapporo.jp/keizai/kanko/johokan/johokan.html
WALK JR 삿포로역 내 북쪽 출구 근처 (서쪽 콩코스)

JR Information Desk

: WRITER'S PICK :

JR 인포메이션 데스크

JR 패스 개시 및 구매, 지정석 예약, 티켓 구매, 스케줄 조회 등 열차에 관한 문의는 홋카이도 삿포로 음식과 관광 정보관에 있는 JR 인포메이션 데스크를 이용할 것. 외국인 데스크가 마련돼 있어서 한국어 또는 영어로 자유롭게 의사소통할 수 있다.

OPEN 08:30~19:00

+MORE+

줄서서 먹는 샌드위치 자판기
산드리아 Sandria

1978년 삿포로에 문을 연 노포 샌드위치점 산드리아가 JR 삿포로역에 샌드위치 자판기를 설치해서 화제다. 창업 당시 레시피를 그대로 유지하며 홋카이도산 재료를 듬뿍 넣어 만든 이 샌드위치를 맛보려고 자판기 앞에는 매일 긴 줄이 늘어선다. 달걀 샌드위치를 비롯해 40종류 이상의 샌드위치가 있으며, 모두 200~300엔대로 저렴하다.

OPEN 06:00~12:00
WALK JR 삿포로역 서쪽 개찰구 근처

의외로 '도시도시한' 삿포로의 풍경

T38 JR 타워 전망대

T38 JR タワー展望室

홋카이도에서 가장 높은 빌딩인 JR 타워 38층에 위치한 높이 160m의 전망대다. 해 질 무렵 오타루 방향이 붉게 달아오르는 모습이 장관이다. 한쪽이 통유리로 트여 있어 개방감이 느껴지는 남자 화장실과 다목적용 조망 화장실까지 꼼꼼히 들러볼 것. 일본에서 화장실 공간 연구로 유명한 건축가 고바야시 준코가 설계했다. 전망대 한쪽의 T'카페에서는 간단한 식사나 음료와 함께 느긋하게 전망을 감상할 수 있고, T'숍에선 T38 오리지널 상품과 JR 기념품을 살 수 있다. **MAP ❸**

GOOGLE jr 타워 전망대
PRICE 740엔, 중·고등학생 520엔, 4세~초등학생 320엔
OPEN 10:00~22:00/폐장 30분 전까지 입장
WEB www.jr-tower.com/t38
WALK 스텔라 플레이스 센터 2호 엘리베이터(스타벅스 옆)를 타고 6층으로 이동, JR 타워 전망대 매표소에서 티켓 구매 후 전망대 전용 엘리베이터를 탄다.

안 들르곤 못 배기는 이 구역 쇼핑 왕

스텔라 플레이스

Stellar Place

JR 삿포로역 남쪽 출구 부근에 자리한 대형 쇼핑몰. 트렌드를 발 빠르게 반영하는 200여 곳의 쟁쟁한 상점이 입점해 여행자의 발길을 붙잡는다. 이스트East와 센터Center 2개 구역으로 나뉘어 있으며, 특히 센터 6층 식당가에 들어선 30곳의 맛집이 인기다. 회전초밥 네무로 하나마루, 토카치 부타동 잇핀, 아이스크림 전문점 글라시엘과 요츠바 화이트 코지 등 식사부터 디저트까지 한방에 즐길 수 있다. 식사 후엔 프랑프랑, 무인양품, 나카가와 마사시치 상점 등 일본의 인기 라이프스타일 브랜드 쇼핑에 나서보자. **MAP ❸**

GOOGLE 삿포로 스텔라 플레이스
OPEN 10:00~21:00(6층 레스토랑 11:00~23:00)/상점마다 다름
WEB www.stellarplace.net
WALK JR 삿포로역과 연결

5 일본에서 백화점 쇼핑은 못 참지

다이마루 백화점

DAIMARU

JR 삿포로역 남쪽 출구 서쪽에 있는 백화점으로, 삿포로에 있는 여타 백화점 중 단연 최고의 입지 조건을 뽐낸다. 지하 1층 식품관은 홋카이도의 대표 간식거리와 도시락을 만나볼 수 있는 여행자들의 단골 코스로, 최근 시선이 집중된 곳은 오직 홋카이도에서만 맛볼 수 있는 홋카이도산 치즈 과자 전문점 스노 치즈Snow Cheese다. 8층 식당가에는 돈카츠 타즈무라(148p)를 비롯해 초밥, 장어덮밥, 소바, 함박스테이크 등 종류별 맛집이 가득하며, 포켓몬 공식숍인 포켓몬 센터가 자리한다. 4층의 유아동 코너에는 무료 키즈 스페이스가 있다. MAP ❸

GOOGLE 다이마루 삿포로점
OPEN 10:00~20:00(8층 레스토랑 11:00~22:00)/상점마다 다름
WEB www.daimaru.co.jp/sapporo
WALK JR 삿포로역과 연결

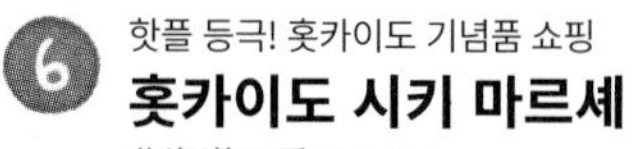

6 핫플 등극! 홋카이도 기념품 쇼핑

홋카이도 시키 마르셰

北海道四季マルシェ

삿포로 농학교의 갓 구운 쿠키샌드 앙버터
焼きたてクッキーサンド餡バター.
키노토야의 밀크 쿠키 사이에 토카치산 팥앙금과
홋카이도산 버터크림이 쏘옥~ (소비기한 3일)

JR 홋카이도역에 2022년 오픈한 식료품 마켓. 따스하고 개방적인 분위기 속에서 홋카이도산 명과자와 주류, 시키 마르셰의 PB 상품인 도산 테이블DO3TABLE을 포함한 브랜드별 인스턴트 라멘과 수프카레, 잼, 통조림, 조미료, 제철 과일과 채소 등 1200여 종의 식료품을 쇼핑할 수 있다. 매장에서 갓 구운 것만 고집하는 공장 병설형 매장, 삿포로 농학교札幌農学校의 밀크 쿠키와 소프트아이스크림, 테이크아웃점으로 입점한 중식당 호테이布袋(173p)의 명물 양념치킨도 대인기다. 매장 한켠에 마련된 간이 테이블에서 취식도 가능. JR 삿포로역 1층, 스텔라 플레이스 센터와 다이마루 백화점 사이의 통로에 입구가 있어서 찾기 쉽다. MAP ❸

GOOGLE 홋카이도 시키 마르셰
OPEN 08:00~21:30
WEB hkiosk.co.jp/hokkaido-shikimarche
WALK 스텔라 플레이스 센터 1층

일본 최초로 자연 방목
유기농 우유로 만든
삿포로 농학교의
소프트아이스크림

지하 쇼핑은 내가 책임진다!

아피아
APIA

JR 삿포로역 남쪽 구역 지하 1층에 자리한 지하상가로, 지하철 삿포로역과 이어진다. 내추럴 키친 &(155p)와 쓰리코인즈(155p), 토미오카 클리닝 라이프 랩(153p) 등 저렴하고 실용적인 잡화 브랜드와 인기 캐릭터숍인 산리오 기프트 게이트, 다양한 장르별 식당 약 110개가 모여 있다. 단, 현재 JR 삿포로역 재개발 공사에 따라 폐점이 잦은 편이라는 점 참고. MAP ❸

GOOGLE apia
OPEN 10:00~21:00(레스토랑 11:00~21:30)/상점마다 다름
WEB www.apiadome.com
WALK JR 삿포로역과 연결

전격 리뉴얼로 인기 급상승

도큐 백화점 삿포로점
東急百貨店 さっぽろ店

8

90년 역사를 지닌 도큐 백화점의 홋카이도 유일 지점. 그간 삿포로역에서 조금 떨어진 위치 때문에 여타 백화점보다 존재감이 없었지만, 2023년 9월 리뉴얼 오픈하면서 인기 매장들이 대거 입점하고 방문객도 급증했다. 특히 삿포로역 앞 대형 쇼핑몰 에스타ESTA 폐관에 따라 옮겨온 빅카메라(157p), 핸즈(152p), 빌리지 뱅가드(157p)는 이곳에서만 만날 수 있다. 6층 빅카메라 주류 코너에서는 한국인에게 인기인 일본주와 위스키를 저렴하게 득템할 확률이 높으니 잘 살펴보자. 7층엔 유니클로와 GU가 있고, 9층은 키털트 전문층으로 반다이 캔디·원피스 카드게임·이치방쿠지 공식숍이 있다. 당일 구매한 합산 금액이 세금 제외 5000엔 이상이면 면세받을 수 있다. 지하 1층엔 식품관이 있으며, JR·지하철 삿포로역과 연결되는 북쪽 출구에 이온뱅크와 세븐뱅크 ATM이 있다. MAP ❸

GOOGLE 삿포로 도큐백화점
OPEN 10:00~20:00(10층 레스토랑 11:00~22:00)
WEB www.tokyu-dept.co.jp/sapporo/
WALK 지하철 도호선 삿포로역과 연결/JR 삿포로역 남쪽 출구 3분

일본 여행 시작

설레는 첫 끼니는?

일본 여행을 준비할 때 기대했던 여행의 맛! 다양한 종류의 신선한 초밥, 금방 튀긴 바삭한 일식 돈카츠, 두툼한 돼지고기에 짭짤한 소스를 발라 구운 부타동과 한 숟갈 떠먹기 시작하면 멈출 수 없는 삿포로 대표 음식 수프카레까지. 삿포로역에 도착하자마자 일본 여행의 설레는 첫 끼를 만끽할 수 있다.

오픈 시간에 맞춰 가세요

회전초밥 네무로 하나마루

JR 타워 스텔라 플레이스점

回転寿司 根室花まる JRタワーステラプレイス店

홋카이도의 신선한 재료로 만들어 살살 녹는 초밥의 맛, 저렴한 가격, 거기에 삿포로역에서 찾기 쉬운 위치까지. 이 3박자가 완벽히 맞아 떨어져 '미친' 인기를 자랑하는 회전초밥집이다. 좋은 재료에서 나오는 품질은 기본, 워낙 많은 사람이 찾아 빨리 소비되는 초밥은 늘 신선함 그대로 벨트 위를 회전한다. 한국어 메뉴판을 보고 원하는 스시 번호를 종이에 써서 내면 바로 만들어준다. 1시간 이상 웨이팅이 기본이지만, 대기표의 QR코드를 스마트폰으로 스캔하면 실시간 대기 현황을 알 수 있고 입장 시간도 예측할 수 있어서 가게 앞에 줄 서지 않아도 된다. 만약 대기 시간이 너무 길다면 삿포로역에서 도보 4분 거리에 있는 미레도점mirdeo店을 방문해보자. 스텔라 플레이스점보다 여유롭게 초밥을 먹고 싶은 현지인들이 즐겨 찾는 곳이다. MAP ❸

GOOGLE 스텔라 플레이스점: 네무로 하나마루 스텔라 플레이스
미레도점: 네무로하나마루 미레도점
PRICE 1접시 165엔~
OPEN 11:00~22:00(L.O.21:30)
WEB www.sushi-hanamaru.com
WALK 스텔라 플레이스점: 스텔라 플레이스 센터 6층 | 미레도점: 미레도miredo 쇼핑몰 지하 1층

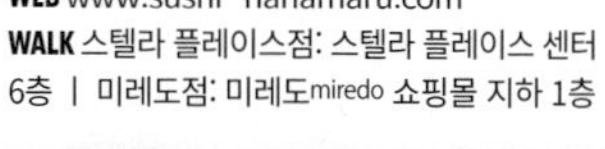

+MORE+

초밥 마니아라면 여기도 추천! 시키 하나마루 四季 花まる

자매 브랜드 시키 하나마루 역시 질 좋은 초밥을 제공한다. 단, 회전초밥집이 아니라 카운터석이나 테이블에서 주문해서 먹는 일반 음식점 스타일이다. 지점명은 브랜드에 따라 조금씩 다르며, 삿포로역 북쪽 출구점은 '스시토 로바타야키寿司と炉端焼 시키 하나마루', 삿포로 시계탑점과 스스키노점은 '마치노스시카町のすし家 시키 하나마루'로 운영한다. 초밥은 접시당 385엔~, 초밥 런치 세트(11:00~15:00) 1600엔~.

◆ **북쪽 출구점**北口店 MAP ❸

GOOGLE robatayaki shiki
OPEN 11:00~15:00, 17:00~22:00(토 ~23:00, 일·공휴일 ~21:00, 토·일·공휴일은 브레이크타임 없음)/부정기 휴무
WALK JR 삿포로역 북쪽 출구 2분. NCO삿포로NCO札幌 지하 1층

◆ **시계탑점**時計台店 MAP ❸

GOOGLE shikihanamaru tokeidai
OPEN 11:00~22:00
(금·토·공휴일 전날 ~23:00)/부정기 휴무
WALK 삿포로 시계탑 바로 북쪽. 삿포로 토케이다이 빌딩札幌時計台ビル 1층

◆ **스스키노점**すすきの店 MAP ❺

GOOGLE 거리의초밥집 사계절 Hanamaru
OPEN 11:00~15:00, 17:00~22:00(토 ~23:00, 토·일·공휴일은 브레이크타임 없음)/부정기 휴무
WALK 스스키노 니카 사인 2분

호카이도 대게의 전당

삿포로 카니혼케 삿포로에키마에 본점

札幌かに本家 札幌駅前本店

커다란 게 모형이 붙은 건물로 시선을 압도한다. 나 홀로 여행자에게까지 프라이빗 룸을 제공해주는 곳. 시가로 계산되는 삶은 털게 한 마리毛かに姿ゆで나 런치 코스 왓카나이お昼の会席稚内 등을 즐길 수 있다. 고급스러운 분위기와 서비스를 보장하는 만큼 가격이 만만치 않다. MAP ❸

GOOGLE 카니혼케 삿포로에키마에
PRICE 삶은 털게 한 마리 시가, 런치 코스 3500~8700엔대
OPEN 11:30~22:00(L.O.21:30)/12월 31일 테이크아웃만 가능
WEB kani-honke.jp
WALK JR 삿포로역 남쪽 출구 3분

돼지고기를 좋아한다면 필수!

토카치 부타동 잇핀

十勝豚丼 いっぴん

홋카이도 남동부 토카치 지역의 대표 음식 부타동豚丼(돼지고기 덮밥)을 만나자. 잇핀에서는 돼지고기까지 토카치산을 사용해 우리 입맛에도 딱 맞는 부타동을 선보인다. 특히 양념 소스는 병째 사 오고 싶을 정도. 밥과 고기의 양은 3단계 중 선택할 수 있는데, 삿포로에 온 만큼 이것저것 많이 먹어 볼 계획을 세웠을 테니 하프 사이즈 정도로 맛보자. 두툼하게 썬 고기는 씹는 맛도 좋다. MAP ❸

GOOGLE 잇핀 스텔라플레이스점
PRICE 하프ハーフ 부타동(레귤러 반 사이즈) 740엔, 부타동(레귤러 사이즈) 990엔, 특곱빼기特盛り 부타동(특대 사이즈) 1320엔
OPEN 11:00~22:00
WEB www.butadon-ippin.com
WALK 스텔라 플레이스 센터 6층

호불호가 없는 두툼한 일식 돈카츠

타즈무라

たづむら

누구나 좋아할 만한 대중적인 돈카츠집이다. 기름기가 적고 튼실한 등심 살코기를 튀긴 로스카츠ロースかつ, 부드러운 안심의 식감과 바삭한 튀김 옷이 잘 어울리는 히레카츠ひれかつ 모두 만족스럽다. 정식으로 주문해도 1500엔대(100~120g 기준)에서 한 끼 해결할 수 있어 삿포로역에서 뭘 먹을까 고민될 때 찾으면 좋다. 무엇보다 다이마루 백화점이란 최적의 위치에 스텔라 플레이스보다 한산한 분위기가 마음에 든다. MAP ❸

GOOGLE 돈카츠 타즈무라 삿포로
PRICE 로스카츠 정식 1530엔, 히레카츠 정식 1580엔
OPEN 11:00~21:00
WALK 다이마루 백화점 8층 식당가

삿포로에 왔다면 하루 한 끼는 수프카레!

히리히리 니고우

ヒリヒリ2号

삿포로 명물 음식 중 하나인 수프카레는 가게마다 독특한 인테리어, 요리 방법 등으로 독자적인 세계를 구축하고 있다. 이곳은 원시 부족 추장님이 나올 것 같은 동남아풍의 인테리어가 돋보이는 곳. 분위기처럼 정통적인 카레 향신료의 향과 풍미 진한 수프가 특징이다. 고수パクチー 토핑을 추가할 수 있는 것도 이 집만의 특이점. 무난하게 맛보기에는 채소 듬뿍 수프카레ベジタブルカリー, 호로호로치킨카레ホロホロチキンカリー 등을 추천한다. 맵기는 가게에서 추천하는 3단계가 적당하며, 그 이상을 택하면 제법 매워진다. 삿포로 시내 중심에 있는 3곳의 지점은 저마다 '히리히리' 뒤에 붙는 이름이 다르다. **MAP ❸**

GOOGLE 히리히리2호
PRICE 채소 듬뿍 수프카레 1380엔, 호로호로치킨카레 1380엔
OPEN 11:30~21:30
WEB hirihiri.jp
WALK JR 삿포로역 남쪽 출구 5분. WEST6 1층

인생 수프카레와 만나다

로지우라 커리 사무라이 아피아점

Rojiura Curry SAMURAI 札幌駅アピア店

삿포로에서 시작돼 도쿄, 오사카, 히로시마 등 전국으로 뻗어나간 수프카레집이다. 화학조미료나 밀가루, 기름을 사용하지 않고 야채와 닭 뼈, 돼지 뼈, 가다랑어포 등을 듬뿍 넣고 이틀간 끓여 만든 육수를 사용한다. 대표 메뉴인 치킨과 야채 20개 품목은 홋카이도 농가에서 공수한 야채의 단맛과 식감이 뛰어나고 홋카이도산 쌀로 지은 밥과도 찰떡같이 어울린다. 테이블마다 놓여 있는 터치 패드의 한국어 메뉴를 보고 원하는 카레를 고른 후 맵기 정도와 토핑, 밥의 양을 선택할 수 있다. 브로콜리를 튀긴 사쿠사쿠 브로콜리サクさくブロッコリ는 꼭 추가할 것! 시내에 있는 2개 지점 중 이곳 아피아점은 삿포로역과 연결되는 뛰어난 접근성과 스스키노의 사쿠라점(184p)보다 짧은 대기 시간이 최대 장점. 매장 분위기를 따진다면 사쿠라점이 한 수 위다. **MAP ❸**

GOOGLE 로지우라 커리 아피아점
PRICE 치킨과 야채 20개 품목 2145엔, 치킨과 야채 12개 품목 1650엔, 야채 12개 품목 1210엔/브로콜리 튀김 토핑 추가 330엔
OPEN 11:00~21:30(L.O.21:00)
WEB samurai-curry.com/shop_apia/
WALK JR 삿포로역과 연결. 아피아 웨스트 11호

삿포로역과 연결되는
아피아점

달달한 휴식

홋카이도 스위츠

JR 삿포로역을 둘러싼 쇼핑몰에는 콘셉트가 돋보이는 스타일리시한 카페부터 빵 맛에 자부심이 대단한 베이커리, 몇 번이고 길목을 오가며 테이크아웃하고 싶은 디저트가 진열된 숍까지 다양하다. 잠시 시간이 남거나 카페인과 당 충전이 필요할 때, 내 취향에 딱 맞는 곳을 찾아보자.

오직 여기서만 맛볼 수 있는 푸딩!

키타카로

北菓楼

홋카이도 최고의 슈크림과 바움쿠헨으로 유명한 홋카이도 대표 과자 브랜드 키타카로의 지점이 다이마루 백화점 지하 식품관에 있다. 이 매장 한정 C컵 유키푸딩Cカップゆきプリン은 우유로 만든 푸딩을 바닥에 깔고 그 위에 시폰 케이크와 신선한 과일을 올린 뒤 부들부들한 크림치즈로 마무리한 시그니처 메뉴! 먹을 때 각 층을 잘 섞어 공기가 들어갈 수 있게 하면 부드러운 달콤함을 두 배로 경험할 수 있다. 조기 품절되는 날도 있으니 서둘러 가자. 슈크림 중에선 여러 겹의 파이 속에 크림이 가득 차 있는 점보 파이 슈 유메후시기(이상한 꿈)夢不思議 추천. **MAP ❸**

GOOGLE 키타카로 다이마루 삿포로점
PRICE C컵 유키푸딩 400엔, 유메후시기 300엔
OPEN 10:00~20:00
WEB www.kitakaro.com
WALK 다이마루 백화점 지하 1층 식품매장

달콤 쌉싸래한 커피와 초콜릿 세상

초콜릿 & 에스프레소 새터데이스 스탠드

Chocolate & Espresso SATURDAYS Stand

삿포로에서 탄생한 초콜릿 카페 새터데이스의 테이크아웃 전문점. 산지별로 엄선한 카카오 생두로 만든 빈투바 초콜릿과 에스프레소를 즐길 수 있다. 추천 메뉴는 초콜릿 라테, 초콜릿 셰이크, 초콜릿 소프트아이스크림 등 초콜릿을 사용한 달콤한 음료와 아이스크림! 계절 한정 메뉴도 다채로우며, 매장 한쪽에는 기념품용으로 좋은 초콜릿과 구움과자도 판매한다. **MAP ❸**

GOOGLE 에스프레소 새터데이스 스탠드
PRICE 초콜릿 소프트아이스크림 480엔~, 초콜릿 라테 550엔~, 초콜릿 셰이크 600엔~
OPEN 10:00~20:00
WEB www.saturdayschocolate.com
WALK 스텔라 플레이스 센터 지하 1층

진하고 쫄깃한 르타오 아이스크림

글라시엘

GLACIEL

오타루의 유명 스위츠 브랜드 르타오LeTAO에서 운영하는 파르페와 아이스크림 전문 브랜드다. 알록달록 아이스크림 케이크와 새콤상큼한 과일 파르페를 카페 안에서 맛볼 수 있고 컵 또는 콘 아이스크림을 테이크아웃할 수도 있다. 아이스크림은 찰지고 쫄깃해 이탈리안 젤라토에 가까운 맛이 매력적이다. 한국어 메뉴판에 인기 메뉴까지 표시돼 있어 고르기도 쉽다. MAP ❸

GOOGLE glaciel sapporo
PRICE 젤라토 500엔~, 파르페 1540엔~
OPEN 10:00~21:00
WEB glaciel.jp
WALK 스텔라 플레이스 센터 2층

빵 냄새 폴폴 풍기는 백 년 빵집

폴 삿포로

PAUL 札幌

1889년 창업해 5대째 전통을 이어오고 있는 프랑스의 빵집, 폴의 삿포로 지점이다. 프랑스산 밀가루와 생지로만 빵을 만들어 본토 맛을 그대로 느낄 수 있으며, 카페 인테리어도 프랑스 분위기를 한껏 살렸다. 바게트와 샌드위치, 크루아상부터 페이스트리와 타르트 등 다양한 종류의 식사와 디저트용 빵이 준비돼 있다. 오전 8시부터 오픈하고 JR 삿포로역 동쪽 개찰구 바로 앞이어서 가볍게 아침 식사를 즐기기에도 그만인 곳. 아침에는 빵과 음료 세트가 제공된다. MAP ❸

GOOGLE 폴 삿포로 스텔라플레이스점
PRICE 바게트, 캄파뉴 등 식사빵 300~600엔대, 샌드위치 500~600엔대, 모닝 세트 825엔~
OPEN 08:00~21:00
WEB www.pauljapan.com
WALK 스텔라 플레이스 이스트 1층

부드럽고 진한 토카치 소프트아이스크림

요츠바 화이트 코지

よつ葉 White Cosy

훗카이도 여행을 하면 편의점이나 슈퍼에서 요츠바 유업의 제품을 흔히 볼 수 있다. 토카치 지역 목장에서 생산하는 유명 유제품 브랜드로, 화이트 코지에선 이곳 우유로 만든 풍성한 디저트를 판매한다. 부드럽고 진한 정통 소프트아이스크림과 모범생처럼 베이직하게 구운 팬케이크가 인기. 아이스크림과 팬케이크에 정석이 있다면 이런 게 아닐까 싶다. MAP ❸

GOOGLE yotsuba stellar b1
PRICE 요츠바의 하얀 파르페よつ葉の白いパフェ 900엔, 팬케이크 1050엔
OPEN 10:00~20:0021:00(L.O.20:00)
WEB www.yotsuba.co.jp/white/
WALK 스텔라 플레이스 센터 지하 1층

남의 집 구경하는 즐거움

라이프스타일 브랜드

홋카이도의 중심이자 상권이 발달한 삿포로역에는 유명 라이프스타일숍이 밀집해 있다. 합리적인 가격에 실용적인 제품을 선보이는 인테리어·홈퍼니싱 브랜드를 비롯해 독특한 콘셉트와 개성으로 이목을 끄는 가게를 한 호흡에 섭렵해보자.

통통 튀는 아이디어를 팝니다

핸즈

HANDS

세상의 온갖 잡화를 싹 다 모은 일본의 대형 잡화 쇼핑몰. 문구, 주방용품, 인테리어, DIY용품, 패션, 뷰티, 가전, 장난감 등 그야말로 없는 게 없고 시즌마다 신상품이 쏟아져 나온다. 도큐 백화점 8층 전체를 꽉 채운 제품의 상당수가 아이디어 상품이라 둘러보는 재미가 한가득. 본래 도큐 핸즈였다가 핸즈로 이름이 바뀌었다. MAP ❸

GOOGLE 핸즈 삿포로점
OPEN 10:00~20:00
WEB hands.net
WALK 도큐 백화점 8층

좀 더 행복한 일상을 위해

베이식 앤 액센트

BASIC AND ACCENT

히로시마에 본사를 둔 키친 & 라이프스타일 전문 숍. 무심코 지나치기 쉬운 일상에서 좀 더 재미있고 흥미를 더할 수 있는 잡화들을 선별한다. 테이블웨어를 기본으로 라탄 등 다양한 소재의 생활용품이 눈에 띈다. 아티스트와의 협업 프로젝트나 로컬 브랜드 제품들을 소개하는 프로젝트도 시즌마다 펼친다. MAP ❸

GOOGLE 베이식 앤 액센트
OPEN 10:00~21:00
WEB basicandaccent.com
WALK 스텔라플레이스 3층

일상을 반짝반짝 빛내줄 아이템

프랑프랑

Francfranc

일본의 대표 잡화 전문 체인점이다. 센스 있는 디자인의 소소한 생활용품부터 주방용품, 가구, 침구까지 폭넓은 장르의 아이템이 매장을 꽉 채운다. 'Franc'이란 '솔직한, 자유로운, 순수한'이라는 뜻의 프랑스어로, 시즌마다 평범한 일상에 생기를 불어넣어 줄 생활잡화들을 선보인다. 파르코 백화점에도 지점이 있다. MAP ❸

GOOGLE 프랑프랑 스텔라플레이스점
OPEN 10:00~21:00
WEB francfranc.com
WALK 스텔라 플레이스 이스트 1층

무지 마니아라면 삿포로역에서는 여기!

무인양품

無印良品(MUJI)

마니아가 많은 무인양품 매장이 접근성 좋은 스텔라 플레이스에 위치했다. 먹는 것에 취미가 있다면 정리가 잘 돼 있는 식품 코너로 가자. 카레, 수프, 과자, 음료 등은 부피가 작고 가격 부담도 적어 기념품 명목으로 구매해 내가 먹어 치우기에도 좋다. 문구 덕후라면 깔끔하고 간결한 디자인의 노트, 펜, 각종 팬시용품을 둘러보고, 패션에 더 관심 있다면 실용적인 의류나 패션 액세서리에 집중해보자. 삿포로 지점만의 특이점은 딱히 없으니 부담 없이 보시라. **MAP ❸**

GOOGLE 무인양품 스텔라
OPEN 10:00~21:00
WEB muji.net
WALK 스텔라 플레이스 이스트 6층

요리는 서툴러도 키친웨어는 예쁘게

마두

Madu

'맛있는 식탁, 기분 좋은 생활'을 표방하는 하우스웨어 전문 브랜드. 주방에서 사용하는 키친웨어가 여성들의 발걸음을 붙잡는다. 작은 소품부터 의자 등 가구도 있지만, 아무래도 이곳의 하이라이트는 식기다. 알록달록 예쁜 도자기의 머그컵이나 앙증맞은 수저받침을 보고 있으면 절로 사고 싶은 마음이 샘솟는 곳. 시즌마다 매장 콘셉트를 부지런히 바꿔, 그때그때 트렌드를 확인하러 가기에도 좋다. **MAP ❸**

GOOGLE 마두 스텔라플레이스점
OPEN 10:00~21:00
WEB www.madu.jp/brands/madu/
WALK 스텔라 플레이스 이스트 2층

특기는 청소 취미는 빨래라면

토미오카 클리닝 라이프 랩

とみおかクリーニング LIFE LAB.

특기가 청소, 취미가 세탁기 돌리기라면 이곳을 주목해볼 것. 사람보다 소가 많다는 홋카이도 동쪽 마을인 나카시베츠中標津의 한 세탁소가 유동인구 5만이 넘는 삿포로역에 제대로 일을 냈다. 일본은 물론 전 세계에서 공수한 청소도구와 세탁용품을 판매하고 청소와 세탁에 관한 지식과 기술을 전파하는 것이 목표. 이 세계가 이렇게 다채로웠나 싶을 만큼 깊이가 남다르다. **MAP ❸**

GOOGLE 토미오카 클리닝 라이프 랩
OPEN 10:00~21:00
WEB www.tomioka-group.co.jp
WALK 아피아 센터 78호

디자인이 독특한 구둣솔

여행하러 온 느낌 제대로

일본 감성 기념품들

설렘 가득 일본 여행을 두고두고 추억할 기념품을 장만하고 싶다면 반드시 체크해야 할 상점 리스트. 고급진 전통 잡화들을 모아둔 앙증맞은 잡화점을 여기에 모았다.

창업 300년을 맞이한 전통 상점

나카가와 마사시치 상점

中川政七商店

모르고 보면 그저 감각 좋은 디자인 상품이려니 싶다. 하지만 모두 오랜 전통이 깃든 내공 있는 제품들이다. 1716년 간사이 지역 나라의 한 직물점에서 출발해 현재는 전통 공예에 SPA를 도입, 일본 전역의 공예품을 발굴하며 새로운 스타일을 제안하는 편집숍으로, 패션, 액세서리를 비롯해 식품 등 라이프스타일 전반을 다룬다. 특히 마니아를 불러모으는 특유의 디자인 감각으로 여성 고객에게 사랑받고 있다. MAP ❸

GOOGLE 나카가와 마사시치 상점 스텔라플레이스점
OPEN 10:00~21:00
WEB nakagawa-masashichi.jp
WALK 스텔라 플레이스 센터 3층

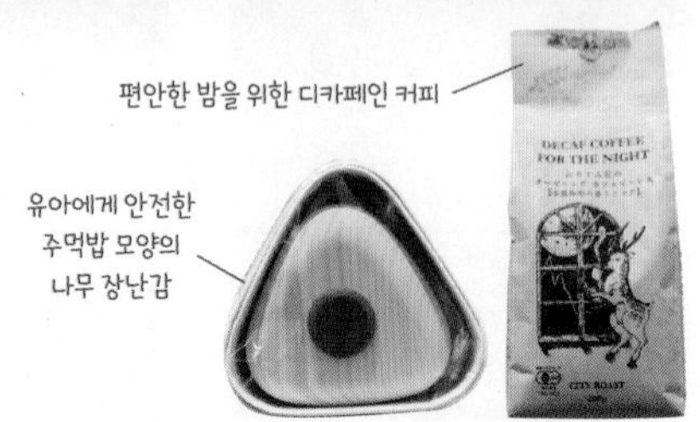

힙한 도쿄 바이브!

클라스카 갤러리 앤 숍 “DO”

CLASKA Gallery & shop “DO”

도쿄의 대표 디자인 호텔, 클라스카 호텔에서 오픈한 라이프스타일 잡화점. ‘쓰임새가 좋고 미감이 뛰어난 제품’을 추구하면서 전통 수공예품부터 일본의 일러스트레이터·요리 연구가·디자이너와 콜라보한 현대적인 아이템까지 다양한 품목을 다룬다. 일본 각지에서 엄선한 예쁘고 귀한 오리지널 아이템도 많아서 특별한 안목이 없어도 제법 근사한 물건을 집어 올 수 있는 곳이다. MAP ❸

GOOGLE 삿포로 claska do
OPEN 10:00~21:00
WEB claska.com/gallery/
WALK 스텔라 플레이스 이스트 3층

여기서는 지름신을 만나도 좋다!

초저가 잡화 브랜드

아무데서나 지름신을 영접하면 안 되는, 취향은 가득하지만, 주머니가 얇은 여행자들은 이리 오시라. 일본판 코스파(가격 대비 성능비를 뜻하는 'cost-performance'의 일본식 줄임말)의 끝판왕들을 삿포로역 주변에서도 찾을 수 있다.

'소확행' 타입에게 추천

플라자

PLAZA

1966년 도쿄 신주쿠에서 수입 잡화점으로 시작해 숱한 히트작을 내놓으며 초고속 성장한 생활 잡화 브랜드다. 일본 전역에 100여 개 매장을 두고 있지만, 홋카이도에서는 스텔라 플레이스에서만 만날 수 있다. 식품, 화장품, 캐릭터 굿즈 등 다양한 품목이 있고 의외로 식품류의 판매량이 많은 편이다. 신상품을 끊임없이 출시하고 상품 회전율이 높아 제품 구색이 '넘사벽'이다. MAP ❸

GOOGLE 플라자 삿포로스텔라플레이스점
OPEN 10:00~21:00
WEB www.plazastyle.com
WALK 스텔라 플레이스 센터 지하 1층

예쁜 쓰레기가 되더라도 선택은 자유

내추럴 키친 &

NATURAL KITCHEN &

잡화점 중의 잡화점. 대부분 깊게 생각하면 그다지 필요하지 않은 소품들이지만, 충동구매를 이겨내지 못할 만큼 귀엽고 아기자기하다. 그중에서도 꼭 추천하고 싶은 아이템은 우산과 우비. 저렴하고 깜찍한 디자인의 이들은 갑자기 비가 오거나 눈이 올 일이 많은 삿포로에서도 유용하다. 우비는 판초 스타일보다는 소매가 있는 스타일을 구매할 것. 바람이 많이 불면 판초가 뒤집혀 시야를 막을 수 있다. 100엔, 300엔, 500엔, 1000엔, 1500엔, 2000엔 등 가격대가 다양하다. MAP ❸

GOOGLE natural kitchen & apia
OPEN 10:00~21:00
WEB www.natural-kitchen.jp
WALK 아피아 센터 70호

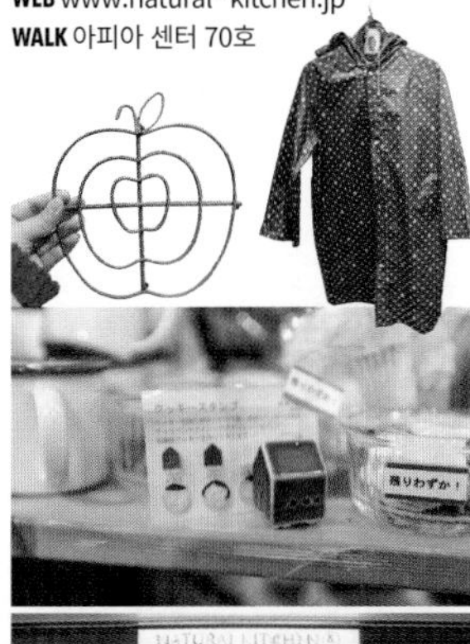

100엔숍의 진화 버전, 300엔숍

쓰리코인즈

3COINS

모든 물건을 300엔(세금 제외)에 구매할 수 있어 이름이 쓰리코인즈다. 귀여운 쓰레기통, 주방용품, 슬리퍼, 양말, 스타킹 등 저렴하고 쓸모있는 기념품을 찾는다면 들러볼 만하다. 시즌마다 업데이트가 돼 새로운 상품이 등장한다는 것도 즐거운 소식. 스스키노로 향하는 지하상가 오로라타운(162p)에도 지점이 있다. MAP ❸

GOOGLE 3coins apia
OPEN 10:00~21:00
WEB www.3coins.jp
WALK 아피아 센터 57호

귀여운 디자인의 수세미

귀염라이팅 당해버렸다!

인기 캐릭터 굿즈숍

일본만큼 캐릭터와 귀여움에 진심인 나라가 또 있을까. 캐릭터 굿즈에 별 관심이 없던 사람들도 홀린 듯 뭐 하나는 꼭 사게 만드는 일본의 귀염라이팅의 세계를 삿포로에서도 경험해보자.

삿포로 유일의 포켓몬 공식숍

포켓몬센터

ポケモンセンターサッポロ

오리지널 상품을 비롯해 삿포로 한정판 및 최신 포켓몬 굿즈 2500여 종이 한자리에 모여 있고 재미난 이벤트도 다양하게 펼쳐진다. 주말과 공휴일은 특히 붐비니 되도록 개점 또는 폐점 시간쯤에 방문하자. 면세 가능. 신치토세공항 국내선 터미널 2층에도 매장이 있다. MAP ❸

GOOGLE 삿포로 포켓몬센터
OPEN 10:00~20:00
WEB www.pokemon.co.jp/shop/pokecen/sapporo/
WALK 다이마루 백화점 8층

학창시절 추억 소환

스누피타운

スヌーピータウンショップ札幌店

스누피 캐릭터 잡화라면 뭐든 다 있는 공식 굿즈숍. 인형, 문구류, 식기류, 패션잡화, 식품 등 다양한 제품들은 스누피 마니아가 아니어도 눈길이 갈 정도로 귀여움이 똘똘 뭉쳤다. MAP ❸

GOOGLE 삿포로 스누피타운
OPEN 10:00~21:00
WEB town.snoopy.co.jp
WALK 스텔라 플레이스 센터 5층

홋카이도 유일! 디즈니의 공식 굿즈 판매점

디즈니스토어

ディズニーストア 札幌ステラプレイス店

디즈니 마니아라면 그냥 지나칠 수 없는 곳. 넓은 매장 안에 디즈니 캐릭터를 총동원해 만든 잡화가 빼곡하다. 신상품과 한정상품 등 사고 싶은 제품을 미리 홈페이지에서 체크하고 간다면 망설이는 시간을 줄일 수 있다. MAP ❸

GOOGLE 삿포로 디즈니스토어
OPEN 10:00~21:00
WEB shopdisney.disney.co.jp
WALK 스텔라 플레이스 센터 5층

+MORE+

리락쿠마 스토어 & 스밋코구라시 숍

Rilakkuma store & すみっコぐらしshop

리락쿠마와 스밋코구라시들이 오밀조밀 모인 곳. 2024년 파르코 백화점(163p) 지하 2층에 문을 열었다. 언제 봐도 홀딱 반할만하면서도 힐링이 되는 리락쿠마와 스밋코구라시들의 문구류, 장난감, 각종 잡화로 가득하다.

GOOGLE 삿포로 파르코
OPEN 10:00~21:00
WEB www.san-x.co.jp/blog/store/
WALK 지하철 난보쿠선·도자이선·도호선 오도리역과 바로 연결되는 파르코 백화점 지하 2층

누구도 막을 수 없다!

덕후들의 쇼핑 명당

속세를 벗어나 유유자적하려고 머나먼 북쪽 땅 홋카이도까지 왔건만, 이곳에서도 '덕질'을 부르는 아이템들이 당신을 기다리고 있다는 사실! 지갑이 술술 열리는 건 한순간이다.

오덕의 문을 열어보자

빌리지 뱅가드

Village Vanguard

'재미있는 서점'을 콘셉트로 책뿐 아니라 다양한 잡화를 취급하는 독특한 서점이다. 일본 전역에 500개 이상의 지점을 둔 대형 체인으로, 매장을 구역마다 컬렉션 형태로 꾸며두기로 유명하다. 약간 어두운 실내와 정신없이 나열된 진열을 구경하는 재미가 있고 독특하고 이색적인 상품도 많아 눈이 즐거운 곳이다. MAP ❸

GOOGLE 빌리지 뱅가드 도큐백화점
OPEN 10:00~20:00
WEB www.village-v.co.jp
WALK 도큐 백화점 9층

얼리어답터와 키덜트의 필수 코스

빅카메라

ビックカメラ(BIC CAMERA)

일본 전역에 매장을 둔 대형 전자제품 쇼핑몰. 백화점 2개층 전체에 걸쳐 스마트폰 관련 액세서리나 각종 가전제품과 카메라 관련 용품, 게임, 피규어, 장난감 코너가 널찍하게 꾸며져 있다. 6층은 주류, 의약품, 여행용품도 판매하며, 특히 일본주와 위스키 코너의 인기가 높다. MAP ❸

GOOGLE 빅카메라 삿포로점
OPEN 10:00~20:00
WEB www.biccamera.co.jp
WALK 도큐 백화점 5~6층

여기도 안 가볼 순 없지!

요도바시카메라 멀티미디어 삿포로

ヨドバシカメラマルチメディア札幌
YODOBASHI CAMERA

빅카메라와 함께 일본을 대표하는 대형 전자제품 쇼핑몰이다. 총 3층 규모이며 취급 품목은 빅카메라와 비슷하다. 1층은 PC와 게임, 스마트폰 관련 용품, 2층은 카메라와 TV, 오디오, 시계, 아웃도어용품, 3층은 각종 생활가전과 장난감, 피규어, 캡슐토이 등을 판매한다. MAP ❸

GOOGLE 요도바시카메라 삿포로
OPEN 09:30~22:00
WEB www.yodobashi.com
WALK JR 삿포로역 북쪽 출구 2분

#Walk

삿포로 하이라이트 도장깨기!
JR 삿포로역~오도리 공원

가로세로 격자무늬로 이루어진 계획도시 삿포로는 여행자에게 친절한 편이다. 특히 여행자의 주무대인 JR 삿포로역~오도리 공원~스스키노는 직선으로 뻗어 있어 초행자도 어렵지 않게 길을 찾을 수 있다. 가장 먼저 JR 삿포로역에서 10분 정도면 삿포로의 상징인 홋카이도청 구본청사와 시계탑에 닿는다. 남쪽 출구로 나와 오도리 공원 방면으로 계속 걸으며 이미 우리 눈엔 익숙한 사진 속 장소들의 실물과 만나보자.

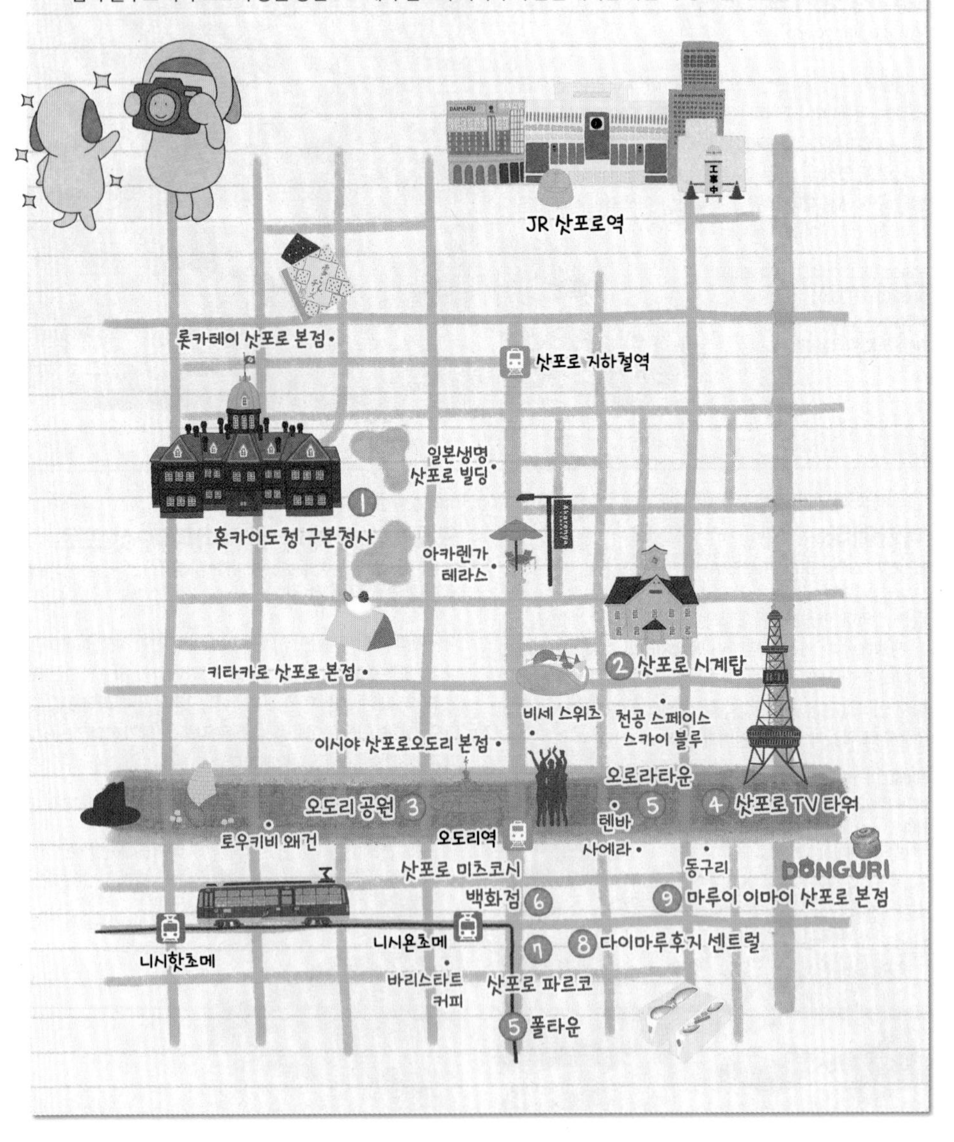

붉은 벽돌의 위엄

1 홋카이도청 구본청사

北海道庁旧本庁舎

붉은 벽돌이 인상적인 이곳은 국가 중요문화재이자 홋카이도를 대표하는 이미지로 자주 등장하는 구청사다. '아카렌가赤レンガ(붉은 벽돌) 청사'라는 애칭으로도 자주 불린다. 1888년 바로크풍을 현대적으로 해석한 미국식 네오바로크 양식으로 지어져, 바로 뒤 신청사가 완공되는 1968년까지 약 80년간 홋카이도 행정의 중추 역할을 해왔다. 앞마당에는 아담한 연못과 정원이 있다. 현재 2025년 7월 25일 재개관을 목표로 대규모 보수공사가 진행 중이다.

MAP ❸&❹

GOOGLE 홋카이도청
PRICE 견학 무료
OPEN 보수 공사로 휴관 중
WEB www.pref.hokkaido.lg.jp/kz/kkd/akarenga.html
WALK JR 삿포로역 남쪽 출구 10분

홋카이도 토끼가 홋카이도 사슴 탈을 쓴 지역 캐릭터 큔짱キュンちゃん. 말할 수 있는 단어는 '큔(심쿵)'뿐이지만, 귀여움으로 강력 무장한 덕에 인기가 많다큔~

빌딩 숲 사이 보물 같은 옛 모습

2 삿포로 시계탑

札幌市時計台

삿포로의 또 다른 상징, 시계탑. 건물 앞에 포토 라인이 있어 오도리 공원을 향해 걷는 여행자는 어김없이 인증 사진을 찍고 간다. 1878년 홋카이도 대학의 전신인 삿포로 농업학교 건물로 세워져, 1970년 국가 중요문화재가 되었다. 탑 안에는 130년간 멈추지 않고 움직인 대형 시계와 역사 자료 등이 전시돼 있다. 대단한 볼거리는 아니어서 '명성에 비해 실망하는 여행지' 중 하나로 꼽히기도 하지만, 근처 줄줄이 들어선 고층 빌딩 사이에 홀로 옛 모습을 지키고 선 그 자체가 귀한 볼거리가 아닐까. MAP ❸&❹

GOOGLE 삿포로 시계탑
PRICE 200엔, 고등학생 이하 무료
OPEN 08:45~17:10(10분 전 입장 마감)/1월 1~3일 휴무
WEB sapporoshi-tokeidai.jp
WALK 홋카이도청 구본청사 8분/JR 삿포로역 남쪽 출구 10분

: WRITER'S PICK :

시계탑을 가장 멋지게 담는 방법

삿포로를 홍보하는 사진에서처럼 시계탑을 예쁘게 찍기란 쉽지 않다. 워낙 많은 사람이 오는 명소라 북적대는 그림을 피할 수 없는 것. 무엇보다 이른 아침이나 늦은 밤 시간을 노리는 게 중요하다. 고맙게도 건물 앞쪽에 만들어 놓은 포토 라인에서 촬영하면 만족할 만한 사진을 얻을 수 있고, 정면의 횡단보도를 건너 보이는 건물 2층으로 올라가면 주변의 건물과 차도를 피해 시계탑 전체를 예쁘게 담을 수 있다.

3

샷포로의 오아시스

오도리 공원

大通公園

도심 속 오아시스인 오도리 공원은 삿포로 시민들의 휴식처이자 놀이터, 축제의 공간이다. 1년 365일 사랑받는 공원이지만, 특히 삿포로 눈축제 기간이면 200만여 명의 여행자가 찾는 명소 중의 명소다.
공원의 역사는 이 도시가 바둑판 모양으로 정비된 19세기 후반으로 거슬러 올라간다. 당시 소세가와創成川 강을 기준으로 동·서를 나누고, 화재방지선을 기준으로 관청가와 민간 구역을 남·북으로 배치했는데, 이 두 선이 만나는 지점에 오도리 공원이 생긴 것. 본격적으로 공원을 정비하기 시작한 것은 20세기 이후였고, 눈축제가 기폭제 역할을 하면서 삿포로의 얼굴로 자리매김했다. 삿포로 TV 타워 앞 3개 블럭은 금연 구역으로 지정돼 있으니 주의한다. MAP ❹

GOOGLE 오도리 공원
WEB odori-park.jp
WALK 삿포로 시계탑 3분/JR 삿포로역 남쪽 출구 13분/지하철 난보쿠선·도자이선·도호선 오도리역 2·5·6·8·27번 출구 바로

+MORE+

오도리 공원 꼼꼼히 보기!

JR 삿포로역을 등지고 오도리 공원을 바라봤을 때 가장 왼쪽(동쪽)에는 삿포로 TV 타워가 있고, 가장 오른쪽(서쪽)에는 삿포로시 자료관(215p)이 있다. TV 타워에서 자료관까지는 약 1.7km. 11개의 횡단보도를 건너고 빠른 걸음으로 걸으면 약 20분 소요된다. 익숙하지 않은 각 구역의 이름까지 기억할 필요는 없고, 어디서 출발했든 구역마다 있는 조형물이나 분수 등을 구경하며 천천히 산책하는 것을 추천한다.

❶ 니시이치·니초메 西1·2丁目
삿포로 TV 타워가 있는, 공원의 가장 동쪽이다. '교류의 장'이라고 불린다.

❷ 니시산·욘·고초메 西3·4·5丁目
샘의 동상 등 조각품이 많고 두 개의 분수가 있어 사진 찍기 좋은 구역이다. '물과 빛의 장'으로 불린다.

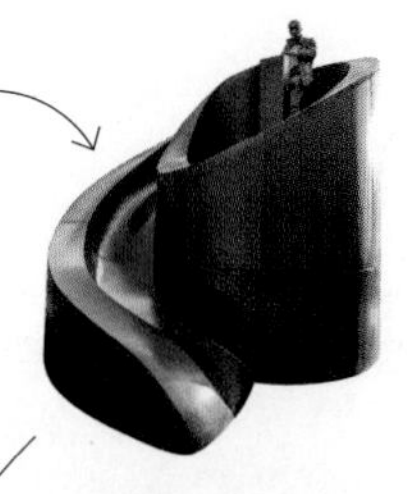

❸ 니시로쿠·나나·하치·큐초메 西6·7·8·9丁目
베니스 비엔날레 출품작인 <슬라이드 만트라(흰색)>의 블랙 버전, 미끄럼을 즐기는 플레이스 로프가 있어 '놀이와 이벤트의 장'으로 불린다. 인포메이션센터 겸 오피셜숍도 있다.

❹ 니시주·주잇초메 西10·11丁目
홋카이도 개척 공로자인 쿠로다 키요타카 & 호레이스 카프론 동상이 있고 독일에서 온 나무 모양 조형물 마이바움이 설치된 '역사와 문화' 영역이다.

❺ 니시주니초메 西12丁目
5월에 55종의 장미가 만발하는 침상정원이 있는 곳. 건너편에는 이국적인 모습의 삿포로시 자료관이 보인다.

오도리 공원을 한눈에!

삿포로 TV 타워

さっぽろテレビ塔

에펠탑, 도쿄 타워와 닮았지만, 아담한 사이즈에 귀여움이 느껴지는 삿포로의 상징이다. 2023년 8월에 66주년을 맞이한 베테랑 명소로, 접근성까지 좋아 방문자가 줄지 않는다. 오도리 공원 동쪽 끝에 있는 절호의 위치 덕에 90m 높이의 전망대에 서면 길쭉한 오도리 공원의 야경을 한눈에 훑어볼 수 있다. 특히 삿포로 눈축제, 화이트 일루미네이션 기간이 인기! 일명 '무서운 창怖窓'은 발밑부터 천장까지 전면 유리로 돼 있어 다가서면 약간 으스스하다. 매표소는 3층에 있다. **MAP ❹**

GOOGLE 삿포로 tv 타워
PRICE 1000엔(초등·중학생 500엔), 낮·밤 2회 입장 티켓 1500엔(초등·중학생 700엔, 2일간 유효), 초등학생 미만 무료/학생증 제시/삿포로 시계탑 공통 입장권 1100엔
OPEN 09:00~22:00(21:50 최종 입장)/
시설 점검 시 휴무(연중 약 3일, 홈페이지 확인)
WEB www.tv-tower.co.jp
WALK 지하철 난보쿠선·도자이선·도호선 오도리역 27번 출구 바로

삿포로 TV 타워에서 내려다본 오도리 공원

+MORE+

시청 루프탑에서 무료 전망 즐기기
천공 스페이스 스카이 블루

札幌市役所 天空スペーススカイブルー

삿포로 시청 19층 옥상 전망대. 날씨가 맑은 날이라면 오도리 공원과 함께 가볼 만한 곳이다. 오도리 공원과 삿포로 TV 타워와 가까워서 함께 둘러보기 좋은 위치다. 특별한 일이 없는 한 평일 낮에 개방하며, 기상 악화 등의 이유로 폐장하게 되면 입구에서 안내한다. **MAP ❹**

GOOGLE 삿포로 시청
OPEN 전망 회랑 4월 말~9월 09:30~16:30/카페 & 레스토랑 10:00~18:00(L.O.17:00)/토·일 휴무
WALK 삿포로 TV 타워 4분

또 하나의 공간, 지하상가

오로라타운 & 폴타운

AURORA TOWN & POLE TOWN

1970년대 초 지하철 개통과 함께 형성된 삿포로 최초의 지하상가. 지하철 오도리역에서 동쪽의 삿포로 TV 타워까지 연결된 오로라타운과 남쪽의 스스키노역까지 연결된 폴타운으로 나뉜다. JR 삿포로역과 연결된 아피아 지하상가와 비교해 규모는 작지만, 성격은 비슷하다. 입점 업체 수는 약 80개. 폴타운에는 멀리서도 버터 향이 솔솔 풍기는 키노토야 베이크(182p), 따끈한 주먹밥이 맛있는 아린코ありんこ, 일본 학교 급식 단골 메뉴로 등장했던 쿠페빵 전문점 콧페야こっぺ屋, 퀄리티 좋은 300엔숍 쓰리코인즈, 내추럴 키친 &와 키친 키친의 인기 잡화만 따로 모은 내추럴 키친 & 셀렉트 등이 눈여겨 볼만하다. 폴타운 북쪽에서 JR 삿포로역까지는 삿포로역 앞 도로 지하 보행 공간(142p)이 이어진다. MAP ❹

GOOGLE 삿포로 지하상가 오로라타운, pole town
OPEN 10:00~21:00/상점마다 다름
WEB www.sapporo-chikagai.jp
WALK 지하철 난보쿠선·도자이선·도호선 오도리역과 연결/난보쿠선 스스키노역과 연결

지하 마트 해산물이 대단해

삿포로 미츠코시 백화점

札幌三越

일본 최초의 백화점 미츠코시가 1932년 문을 연 홋카이도 최대 규모 백화점. 지하 1~2층 식품관이 특히 유명하다. 전국구로 활약하는 500년 전통의 교토 화과자점 토라야とらや, 영국 대표 홍차 브랜드 포트넘 앤 메이슨 티, 긴자에서 시작한 프랑스 빵집 조안 파리, 오타루 명물 가마보코(어묵)집 카마에이かま栄, 삿포로의 귀여움 담당 샐리스 컵케이크 등 쟁쟁한 매장이 즐비하다. 그중 관광객과 현지인 모두를 사로잡는 곳은 지하 1층의 센교(생선) 니시자와鮮魚にしざわ. 홋카이도 해산물 기업에서 운영하는 소매점으로, 테이크아웃용 생선회를 비롯해 다양하고 신선한 지역 해산물을 선보인다. 2023년 말엔 유니클로와 GU가 10층 전체를 리뉴얼해 오픈했다. MAP ❹

GOOGLE 삿포로 미츠코시 백화점
OPEN 10:00~19:00(지하 2층~지상 1층 및 북관 ~19:30, 10층 유니클로·GU ~20:00)
WEB www.mitsukoshi.mistore.jp/sapporo.html
WALK 지하철 난보쿠선·도자이선·도호선 오도리역 12번 출구와 연결

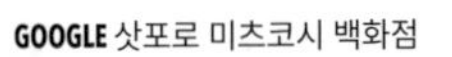

2030의 쇼핑을 책임지는

삿포로 파르코

札幌PARCO

지하철 오도리역과 연결되는 대형 백화점. 지하 2층~지상 8층 규모로, 일본 젊은층이 선호하는 패션 잡화 브랜드가 많다. 여행자들이 주목할 곳은 1층의 바오바오 이세이 미야케·꼼데가르송·오니츠카 타이거와 5·6층의 홋카이도 최대 규모의 무인양품. 7층에는 홋카이도 최초로 오픈한 만화 굿즈 전문점 점프숍과 지브리 캐릭터숍 동구리 공화국, 지하 2층에는 리락쿠마 스토어 & 스밋코구라시 숍(156p)과 세븐뱅크 ATM이 있다. MAP ❹

GOOGLE 삿포로 파르코
OPEN 10:00~20:00(8층 레스토랑 11:00~22:45)/상점마다 다름
WEB sapporo.parco.jp
WALK 지하철 난보쿠선·도자이선·도호선 오도리역·폴타운과 연결

오래되고 멋이 나는 문방구

다이마루후지 센트럴

DAIMARUFUJII CENTRAL

홋카이도를 대표하는 대형 노포 문구점. 1902년 창업했다. 1~4층에 각종 지류와 필기구, 미술용품, 포장용품 등이 가득한데, 오리지널 디자인은 물론 다른 곳에서는 찾기 어려운 잡화도 많아서 문구 마니아나 미술에 관심 있다면 들러볼 만하다. 오도리역에서 도보 2분 거리여서 접근성도 좋다.
MAP ❹

GOOGLE 다이마루후지 센트럴
OPEN 10:00~19:00
WEB www.daimarufujii-central.com
WALK 삿포로 파르코 1분

삿포로 시민의 즐겨찾기

마루이 이마이 삿포로 본점

丸井今井札幌本店

중장년층을 타깃으로 한 고급 브랜드 지향의 백화점. 삿포로 TV 타워 옆에 자리해 관광객과 현지인 모두가 즐겨 찾는다. 추천 층은 지하 1~2층 식품관. 8층에는 대형 수예점 유자와야 ユザワヤ와 일본의 이케아라 불리는 니토리의 소형 매장 니토리 익스프레스가 있다. 9층 면세 카운터에 여권을 제시하면 5% 할인되는 게스트 카드 발급 가능. 젊은 여성층이 타깃인 마루이 백화점OIOI과는 다른 곳이다.
MAP ❹

GOOGLE 마루이 이마이 삿포로 본점
OPEN 10:30~19:30(10층 레스토랑 ~20:00)
WEB www.maruiimai.mistore.jp
WALK 지하철 난보쿠선·도자이선·도호선 오도리역 33번 출구 바로

7

8

9

: WRITER'S PICK :

백화점과 쇼핑몰 면세 서비스

일본의 많은 백화점과 쇼핑몰은 외국인을 위한 면세 서비스를 제공하고 있다. 여러 매장에서 당일에 산 물건을 모두 합산해 세금 별도 5000엔 이상일 경우 소비세 8~10% 중 1~2%(백화점·쇼핑몰마다 다름)의 수수료를 제외한 금액을 한꺼번에 환급해준다. 다만 백화점·쇼핑몰 내 모든 매장이 면세에 해당하는 것은 아니고 합산이 배제되는 매장도 있으므로 상점에 따른 추가 확인이 필요하다. 매장에서 세금이 포함된 가격으로 구매 후 지정된 면세 카운터에서 환불 절차를 진행하며, 여권이 꼭 필요하다.

SPECIAL PAGE

오도리 공원은 축제 중!

일 년 내내 삿포로 시민들의 휴식처가 되어주는 오도리 공원. 그중에서도 오도리 공원이 가장 빛나는 시기가 있으니, 바로 축제가 만발하는 여름과 겨울이다. 7~8월 짧은 여름 동안에는 새파란 하늘과 청량한 초록색이 공원을 뒤덮고, 삿포로에 첫눈이 내리는 10월 말~11월 초면 오도리 공원에 하얀 눈 카펫이 깔린다. 그리고 이 기간에는 축제가 쉴 틈 없이 이어진다.

오도리 공원 축제의 꽃 중의 꽃, 삿포로 여름 축제さっぽろ夏まつり 기간(7월 말~8월 초, 정확한 일정은 홈페이지 참고)에 공원 전체가 노천 맥주 파티장이 되는 비어가든ビアガーデン을 놓치지 말자. 홋카이도의 반짝 여름을 즐기기 위해 1954년 시작된 축제로, 유카타를 입고 전통 춤을 추는 홋카이 봉오도리北海盆踊り가 이어진다. 겨울철 눈축제와 함께 이 기간 숙소 잡기는 하늘의 별 따기.

WEB sapporo-natsu.com

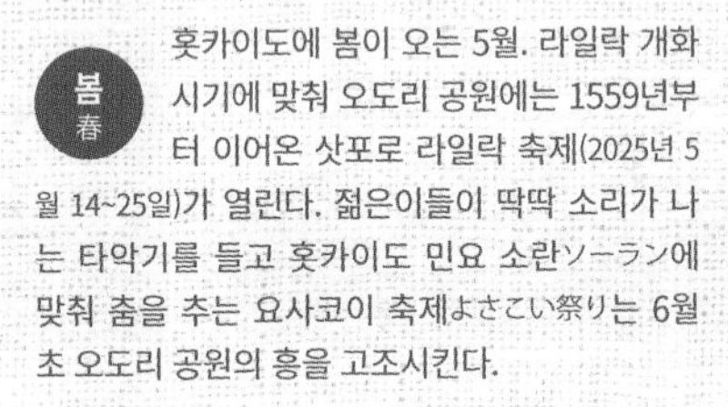

+MORE+

봄·가을에도 축제는 계속된다!

봄 春 홋카이도에 봄이 오는 5월. 라일락 개화 시기에 맞춰 오도리 공원에는 1559년부터 이어온 삿포로 라일락 축제(2025년 5월 14~25일)가 열린다. 젊은이들이 딱딱 소리가 나는 타악기를 들고 홋카이도 민요 소란ソーラン에 맞춰 춤을 추는 요사코이 축제よさこい祭り는 6월 초 오도리 공원의 흥을 고조시킨다.

WEB sapporo.travel/lilacfes

가을 秋 말도 살이 찌는 가을에 '홋카이도와 삿포로의 음식'을 주제로 온갖 맛있는 음식이 다 모이는 삿포로 오텀페스트가 열린다(대략 9월 초~10월 초 약 한 달간 개최). 제철을 맞은 신선한 식재료로 다양한 음식이 등장하는데, 무엇보다 냄새가 너무나 참을 수 없는 것!

WEB sapporo-autumnfest.jp

겨울

冬

삿포로는 역시 겨울에 빛난다. 오도리 공원 축제의 맏형격인 삿포로 눈축제さっぽろ雪まつり(2025년은 2월 4~11일 개최 예정)가 기다리고 있는 것. 1950년 유쾌한 학생들이 눈싸움을 즐기면서 눈을 갖고 창의적인 조형물을 만든 것이 유명해져 축제로 진화했다. 매년 이를 보기 위해 전 세계인이 몰려와 숙소는 진작에 동이 날 지경. 오도리 공원, 스스키노, 츠도무つどーむ 시민회관 일대에 300여 개의 눈과 얼음 조형물이 세워지고, 그중 200여 개가 오도리 공원에 들어선다.

이밖에도 11월 말~12월 25일에는 대형 트리와 겨울을 모티브로 한 눈 조형물, 반짝이는 전구 장식이 오도리 공원 일대와 삿포로 시내 곳곳을 수놓는 화이트 일루미네이션さっぽろホワイトイルミネーション과 삿포로와 자매결연을 맺은 뮌헨의 크리스마스 마켓ミュンヘン·クリスマス市이 겨울 삿포로를 빛낸다.

WEB www.snowfes.com I white-illumination.jp/munich/

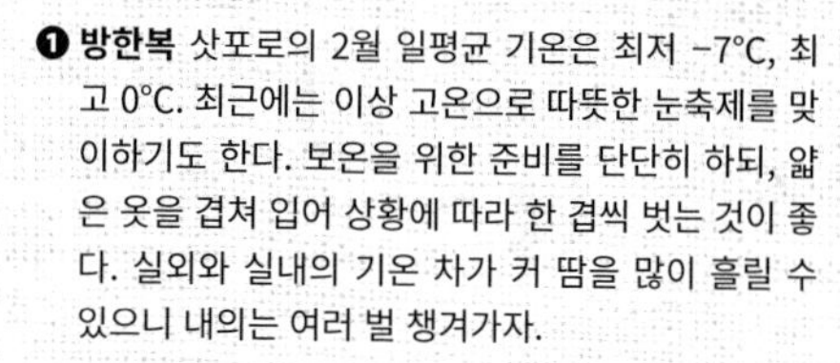

WRITER'S PICK

삿포로 눈축제, 준비물은 무엇?

❶ **방한복** 삿포로의 2월 일평균 기온은 최저 −7°C, 최고 0°C. 최근에는 이상 고온으로 따뜻한 눈축제를 맞이하기도 한다. 보온을 위한 준비를 단단히 하되, 얇은 옷을 겹쳐 입어 상황에 따라 한 겹씩 벗는 것이 좋다. 실외와 실내의 기온 차가 커 땀을 많이 흘릴 수 있으니 내의는 여러 벌 챙겨가자.

❷ **아이젠** 겨울에는 현지인도 넘어지는 사람이 부지기수. 길 곳곳이 빙판이라 상당히 위험하다. 아이젠이 있다면 주저 말고 챙길 것.

❸ **스베리도메**滑り止め 아이젠이 없을 땐 현지에서 미끄럼 방지용 체인이나 신발 바닥에 붙이는 탈착식 스파이크를 구매한다. 공항 기념품 상점이나 다이소, 대형 슈퍼마켓에서 판매한다.

❹ **우산** 눈이 미친 듯이 올 때는 아무리 어깨를 털어도 소용 없다. 우산을 준비해 비처럼 피하는 것을 추천.

❺ **카메라 보호 장비** 아름다운 조형물을 사진에 담을 때 눈이 많이 온다면 카메라가 눈을 뒤집어쓰게 된다. 고가의 카메라라면 전문 보호 장비를 챙기고, 여의치 않다면 커다란 헝겊이라도 준비하자.

피크닉의 단짝 친구

오도리 공원 주변 간식

오도리 공원이 길다 보니 주변이라고 칭하는 지역이 넓기도 넓어 맛집도, 간식거리를 구할 작은 가게도 많다. 근사한 레스토랑에서 한 끼 식사도 좋지만, 현지인처럼 아기자기한 피크닉 시간을 갖는 것도 여행의 큰 즐거움. 좋아하는 간식거리를 사서 공원을 테이블 삼아보자.

때맞춰 만나는 옥수수 포장마차

토우키비 왜건

とうきびワゴン

'토우키비とうきび'는 '옥수수'를 뜻하는 홋카이도 사투리다. 4월 중순부터 10월 말까지 오도리 공원 니시이치(1)~나나(7)초메 부근에 나타나는 이 포장마차는 우리말로 표현하면 '옥수수 마차'. 무려 1955년부터 때를 잊지 않고 찾아와 공원을 더 재미나게 만드는 명물로 자리 잡았다. 아삭한 홋카이도의 옥수수와 그에 못지않게 유명한 버터 감자 쟈가버터ジャガバター 등을 판매한다. 날마다 출몰 위치와 운영 시간이 다른데, 자세한 일정은 공식 트위터(@toukibi_wagon)를 참고하자.

GOOGLE odori park sweetcorn stand
PRICE 구운 옥수수 500~550엔, 쟈가버터 300엔

빵순이라면 피크닉 준비는 여기서

동구리

DONGURI

삿포로에선 모르는 사람이 없는 유명 베이커리로, 우리에게도 묘한 친근감을 준다. 식사 대용으로 손색없는 속이 실한 빵이 옛날 동네 빵집의 추억을 되살려 주기 때문. 이 집의 인기 No.1은 길쭉한 어묵이 든 치쿠와 빵ちくわ(竹輪)パン이며, 베이컨 에그ベコンエッグ에도 추천 표시 'おすすめ(오스스메)' 스티커가 붙어 있다. 꼬치에 꽂은 닭튀김 쿠시잔기串ザンギ 역시 피크닉용 간식으로는 딱이다. MAP ❹

GOOGLE 동구리 오도리점
PRICE 치쿠와 빵 216엔, 베이컨 에그 237엔, 쿠시잔기 367엔
OPEN 10:00~21:00
WEB donguri-bake.co.jp
WALK 삿포로 TV 타워 2분. Le Trois 1층

: WRITER'S PICK :

홋카이도식 후라이드 치킨, 잔기ザンギ

일본식 닭튀김인 카라아게唐揚げ와 비슷한 모양이지만, 홋카이도 사람들은 '다르다'고 강조하는 것이 잔기다. 홋카이도의 동쪽 구시로에서 온 치킨으로, 미각이 뛰어난 사람들은 둘의 차이를 느낄 수 있지만, 보통은 '카라아게와 무엇이 다를까?'라며 고개를 갸웃거리게 된다. 카라아게와 달리 잔기는 닭고기에 밑간을 세게 해서 더 진한 맛이 난다는 게 정론이지만, 요즘은 카라아게도 양념 맛이 강한 편이어서 사실상 거의 차이가 없다. 그저 둘 다 맛있을 뿐!

여기가 천국인가요? 홋카이도 디저트 세상!

비세 스위츠
BISSE SWEETS

오도리 공원 근처 비세 빌딩 1층에는 그 외관만큼이나 화려한 디저트계 1급 체인점 두 곳이 모여 있다. 바로 비세 스위츠라는 공간에! 반드시 먹어봐야 할 것은 마치무라 농장町村農場의 신선한 우유로 만든 소프트아이스크림, 키노토야KINOTOYA의 시그니처 메뉴 오무파르페オムパフェ다. 특히 키노토야는 높은 천장과 탁 트인 거리 풍경을 즐길 수 있는 통유리창에 둘러싸인 카페까지 겸하고 있어서 점심 식사 장소로도 인기가 높다. MAP ❹

GOOGLE 오도리 빗세
PRICE 마치무라 농장 소프트아이스크림 460엔(테이크아웃 445엔), 키노토야 오무파르페 740엔
OPEN 10:00~20:00
WEB www.odori-bisse.com
WALK 지하철 오도리역 지하에서 13번 출구와 바로 이어지는 건물. BISSE 1층

한정판 하얀 연인은 참을 수 없지

이시야 삿포로오도리 본점
ISHIYA 札幌大通本店

일본 여행 기념품의 대명사 시로이코이비토白い恋人(하얀 연인)로 유명한 제과 회사 이시야의 단독 매장. 이시야는 삿포로 내 3곳의 단독 매장을 비롯해 여러 백화점과 쇼핑몰에 입점해 있지만, 이곳에서만 판매하는 미니 시로이코이비토는 작고 귀여워서 선물용으로 제격이다. 상품성이 조금 떨어지는 과자들만 모아 저렴하게 파는 것도 장점. 하코다테의 치즈오믈렛 디저트 스내이플스와 콜라보한 제품이나 바움쿠헨을 하얗게 만든 시로이 바움, 시로이코이비토 화이트초콜릿 푸딩 등도 있다. MAP ❹

GOOGLE ishiya sapporoodori honten
PRICE 시로이코이비토 1개 85엔, 시로이 바움 1382엔, 소프트아이스크림 400엔~
OPEN 10:00~20:00
WEB www.ishiya.co.jp/shop
WALK 지하철 오도리역 14번 출구와 연결. 삿포로오도리니시4 빌딩札幌大通西4ビル 1층

참을 수 없는 카레빵의 유혹

텐바

天馬

즉석에서 튀겨 파는 카레빵으로 핫해진 카레 전문점. 멀리서부터 후각을 자극하는 진한 카레 향과 길게 늘어선 대기 줄을 지켜보고 있노라면 '역시 맛집이야!'라는 생각이 절로 든다. 매력적으로 매콤한 카레 소와 바삭하게 튀겨낸 빵의 궁합은 역시나 환상적. 특히 반숙으로 익힌 부드러운 달걀이 들어간 찐득한 반숙란 카레빵とろ~り半熟卵カレー을 추천한다. 이밖에 12종 이상의 카레와 수프카레도 맛있으며, 카레와 감자튀김, 오렌지주스, 간식 등으로 구성된 키즈 세트도 알차다. MAP ④

GOOGLE 텐바 오로라타운점
PRICE 카레빵 250엔, 카레 990엔~(키즈 세트 550엔)
OPEN 11:00~21:00
WALK 지하철 오도리역과 지하로 연결. 오로라타운 A-13호

늦으면 못 먹는 인기 샌드위치

사에라

さえら

무려 네 번째 방문 만에 사에라의 샌드위치를 맛볼 수 있었다. 오픈 시간부터 줄이 길고 재료가 떨어지면 바로 문을 닫기 때문에 이곳의 샌드위치를 맛보려면 노력이 좀 필요하다. 시그니처 메뉴는 홋카이도산 무당게의 게살을 넣은 타라바가니 & 훈체치킨 샐러드 샌드위치たらばがに & スモークチキンサラダ. 삿포로에서만 맛볼 수 있는 호화로운 샌드위치라 모두가 궁금해하는 맛이다. 하지만 현지인들은 오히려 덜 알려진 후르츠 & 새우카츠 샌드위치フルーツ&エビカツ가 더 맛있다고 평하기도 한다. 매장이 워낙 붐비므로 여유로운 분위기나 친절한 서비스는 기대하지 않는 것이 좋다. MAP ④

GOOGLE 사에라 삿포로
PRICE 타라바가니 & 훈체치킨 샐러드 샌드위치 1140엔, 후르츠 & 새우카츠 샌드위치 940엔/샌드위치 주문 시 음료 추가 290엔
OPEN 10:00~18:00/수 휴무
WALK 지하철 오도리역 19번 출구 오른쪽 건물. 토신 빌딩都心ビル 지하 3층

좋아하는 사람과 가세요~

분위기 좋은 카페

홋카이도를 대표하는 스위츠 브랜드들은 삿포로에 근사한 지점을 가진 경우가 많다. 카페에 앉아서 안락함을 누리다 보면 좋아하는 사람이 절로 하나둘 떠오르는 곳. 물론 혼자 가도 더없이 좋을 카페들이다.

건축가 안도 타다오의 터치

키타카로 삿포로 본점

北菓楼 札幌本館

안도 타다오 팬들이 관련 뉴스를 보다가 알음알음 들르는 곳. 그가 리뉴얼에 참여한 옛 도서관 건물에 홋카이도 유명 스위츠 브랜드 키타카로가 들어섰다. 사진 찍는 걸 좋아한다면 조금 기다려서라도 카페 안에서 시간을 보내길 권한다. 높은 천장과 화이트톤의 내부, 양쪽 벽면을 메운 키 큰 책장이 둘도 없는 멋스러움을 연출할 테니까. 메뉴는 무얼 선택해도 맛있지만, 저렴한 가격에 고급 호텔의 애프터눈 티 세트가 부럽지 않은 케이크 세트를 추천한다. MAP ❹

GOOGLE 기타카로 본점
PRICE 케이크 세트(케이크 2종류+아이스크림+커피) 990엔
OPEN 1층 숍 10:00~18:00, 2층 카페 11:00~17:00 (L.O.16:30)
WEB www.kitakaro.com
WALK 지하철 오도리역 5번 출구 5분/홋카이도청 구본청사 2분

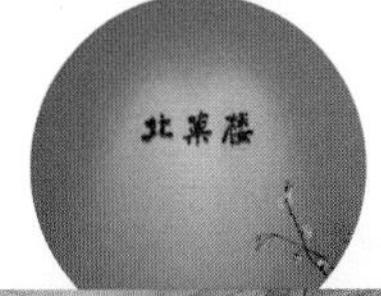

꽃과 달콤함이 있는 시간

롯카테이 삿포로 본점

六花亭 札幌本店

꽃무늬 패키징이 인상적인 홋카이도의 대표 스위츠 브랜드 롯카테이의 삿포로 본점이다. 아름다운 건물 전층을 모두 사용하며, 1층 숍, 2층 카페, 5층 갤러리 등 즐길만한 공간이 많다. 달콤한 향기가 짙은 1층 숍에서 과자 쇼핑만 해도 좋고 여유로움이 흐르는 2층 카페에서 음료와 디저트 메뉴로 느긋한 시간을 만끽해도 좋겠다. 특히 1층에서 뒷문으로 통하는 정원만큼은 놓치지 말고 구경해볼 것.

MAP ❸

GOOGLE 롯카테이 삿포로본점
PRICE 유키콘치즈雪こんチーズ 280엔, 마루세이 아이스샌드マルセイアイスサンド 300엔
OPEN 10:00~17:30(2층 카페 10:30~16:30)/ 수 휴무/계절에 따라 변동
WEB www.rokkatei.co.jp/shop/sapporo
WALK 홋카이도청 구본청사 7분/ JR 삿포로역 남쪽 출구 8분

바삭한 코코아 비스킷에 아이스크림과 화이트 초콜릿, 건포도를 더한 마루세이 아이스샌드

오도리 공원의 시원한 풍광과 진한 커피

토쿠미츠 커피

TOKUMITSU COFFEE Cafe & Beans

어느 카페나 레스토랑이 이 집 원두를 사용한다는 사실만으로도 일단 커피 맛은 보장된다. 오도리 공원을 바라보는 전면 통유리창에 천장까지 높아 화사한 분위기 또한 매력적이다. 드립으로 내려주는 원두는 선택지가 다양하며, 시즌마다 바뀌는 추천 로스팅을 즐겨보는 것도 좋겠다. 드립 커피 외에 카푸치노, 카페라테, 카페 콘 판나, 비엔나 커피, 아이스 캐러멜 라테 등 다양한 메뉴가 있다. MAP ❹

GOOGLE 토쿠미츠 커피
PRICE 커피 400~820엔, 디저트 450~1300엔
OPEN 10:00~20:00/12월 31일·1월 1일 휴무
WEB www.tokumitsu-coffee.com
WALK 지하철 오도리역 지하에서 13번 출구와 바로 이어지는 건물. BISSE 2층

감성 피드에 올려두고픈 카페

바리스타트 커피

BARISTART COFFEE

SNS에서 #삿포로카페를 검색해보자. 여러 번 눈에 띄는 이미지는 아마 이곳일 테다. 오각형 출입구가 인상적인 짙은 벽돌의 외관이 인증 욕구를 불러오는 곳. 하지만 진정한 한 방은 홋카이도 4개 지방(타키노우에, 네무로, 비에이, 삿포로)의 우유 중 선택해서 마실 수 있는 라테의 맛이다. 고객이 직접 고른 우유 생산지에 따라 가격이 달라지는 시스템. 스탠딩석 4개가 전부인 작은 가게라 대부분 테이크아웃 손님인데, 한 잔 한 잔 공들여 커피를 내리기 때문에 웨이팅이 길어질 수 있음은 감안하자. MAP ④

GOOGLE 삿포로 바리스타트 커피
PRICE 카페라테(R 사이즈) 우유 산지에 따라 700~1000엔
OPEN 10:00~18:00
WEB www.baristartcoffee.com
WALK 지하철 오도리역 3번 출구 3분/
삿포로 미츠코시 백화점 3분

낙농 왕국 토카치는 삿포로의 남동쪽에 있는 지역입니다. 특히 토카치 우유가 맛이 좋기로 유명한데요. 그래서 토카치 이름을 달고 나오는 우유, 요구르트, 아이스크림, 빵은 그냥 다 맛있어 보이는 느낌입니다. 현지인들도 토카치라면 '맛있는 동네'로 기억하더군요.

맛있는 집 옆에 맛있는 집

홋카이도청 구본청사 앞 맛집

홋카이도청 구본청사 바로 앞 반짝이는 통유리 건물 아카렌가 테라스赤れんがテラス는 현지인의 만남의 장소로 애용된다. 지하 1층부터 지상 3층까지의 레스토랑은 모두 맛집이라고 해도 부족함이 없다. 2층에는 자유롭게 휴식할 수 있는 아트리움 테라스가, 5층에는 구청사를 조망할 수 있는 전망 테라스가 있다. 아카렌가 테라스과 나란히 서 있는 일본생명 삿포로 빌딩日本生命札幌ビル에도 유명 맛집 체인이 많아 홋카이도청 구본청사 앞 상권의 양대산맥을 이룬다.

부담 한 그릇, 만족 한 가득

하코다테 우니 무라카미

函館うに むらかみ 日本生命札幌ビル店

덮밥 한 그릇치고는 엄청난 가격이지만, 성게를 좋아한다면 보는 것만으로도 가슴이 설렐 곳. 일본산 성게 중 최고로 꼽는 홋카이도산 제철 성게 중에서도 최상품만 골라 흰 쌀밥 위에 수북이 얹은 생우니동(성게 덮밥)生うに丼은 성게 특유의 고급스러운 향과 함께 입안에서 사르르 녹아내린다. 식품보존제 없이도 색이 진하면서도 알이 풀어지지 않고 윤기가 흐르는 성게를 덮밥, 그라탕, 구이, 디저트 등 다양한 요리로 일 년 내내 즐길 수 있다. 본점은 하코다테에 있다. MAP ❹

GOOGLE 우니 무라카미
PRICE 생우니동 레귤러(우니 80g) 7975엔/스몰(우니 40g) 5005엔, 우니 그라탕うにグラタン 1595엔
OPEN 11:30~14:00(L.O.13:30), 17:30~21:30(L.O.20:45)/연말연시 및 부정기(주로 수요일) 휴무
WEB www.uni-murakami.com
WALK 홋카이도청 구본청사 정문 앞 일본생명 삿포로 빌딩 지하1층

꾸준히 성장하는 초밥집

스시 나츠메

鮨棗

아주 넓진 않지만, 깨끗하고 단정한 실내, 홋카이도청 구본청사가 보이는 경치가 고급스러움을 더한다. 런치 세트(11:30~15:00)를 주문하면 샐러드, 된장국, 달걀찜을 곁들인 신선하고 맛 좋은 초밥을 품질 대비 합리적인 가격에 만날 수 있다. 나츠메棗 세트에는 참치 중뱃살과 전복, 성게, 게를 포함해 10점이, 아오이葵 세트에는 참치 중뱃살, 성게, 도화새우, 가리비, 갯방어 포함 9점이, 쿠스노키楠 세트에는 참치 붉은 살, 새우, 가리비, 달걀말이 등 10점이 나온다. 무엇보다 셰프가 바로 쥔 초밥을 한 점 한 점 접시에 올려주는 카운터석을 추천. 2010년 스스키노에 본점을 연 후 삿포로 내에서 지점을 늘려가며 꾸준히 성장 중이다. MAP ❹

GOOGLE 스시 나츠메
PRICE 나츠메 4730엔(디너 5280엔), 아오이 3630엔(디너 4180엔), 쿠노스키 2530엔(디너 3080엔)
OPEN 11:30~15:00(L.O.14:30), 17:00~22:30(L.O.22:00)
WEB www.sushi-natsume.com
WALK 아카렌가 테라스 3층

로컬들이 애정하는 중국집

중국요리 호테이

中国料理 布袋

1988년 창업부터 지금까지 현지인들이 강력 추천하는 중국요리 전문점. 50종에 달하는 메뉴는 무엇이든 맛있지만, 반드시 먹어봐야 할 것은 하루 3천 개 이상 팔린다는 홋카이도의 명물 닭튀김요리 잔기ザンギ다. 담백하고 바삭한 튀김옷과 짭짤한 간장 양념 맛이 삿포로 제일이라고 평가 받는다. 마파두부가 그릇을 꽉 채운 면요리 마보멘マーボー麺도 다른 곳에선 맛보기 어려운 이곳만의 특식. 정식 세트를 주문하면 잔기와 마파두부, 샐러드, 된장국, 밥 등을 맛볼 수 있다. 본점은 오도리 공원 근처에 있다. MAP ❹

GOOGLE 호테이 아카렌가테라스점
PRICE 잔기(3개) 750엔, 마보멘 1000엔, 정식 세트 980~1430엔
OPEN 11:00~15:00(L.O.14:30), 17:00~22:00(L.O.21:30)
WEB zangihoteigroup.com/other2/
WALK 아카렌가 테라스 3층

#야들야들 #부들부들 #흑돼지돈카츠

흑돼지 돈카츠 쿠로마츠

黒豚とんかつ くろまつ

후쿠오카에서 온 흑돼지 돈카츠 전문점. 가고시마현의 농장에서 길러낸 품질 좋은 흑돼지는 살코기가 부드럽고 지방 맛도 달콤하면서 깔끔하다. 얇은 튀김옷에 싸인 두툼한 돈카츠는 그 자체로도 아주 맛있으니 첫 입은 아무것도 찍지 않고 맛볼 것. 그다음 소금이나 와사비 간장을 찍어 먹으면 감칠맛이 제대로 폭발한다. 흑돼지 로스카츠나 히레카츠 고젠黒豚ロスカツ御膳을 주문하면 밥, 된장국, 양배추가 곁들여진다. MAP ❹

GOOGLE 쿠로마츠 흑돼지 돈카츠
PRICE 흑돼지 로스카츠 고젠 2800엔(히레카츠 3000엔)
OPEN 11:00~22:00
WALK 아카렌가 테라스 3층

밥과 양배추 곱빼기는 무료!

해산물보다 고기가 땡기는 날에는

야키니쿠 바 타무라

YAKINIKU BAR TAMURA

홋카이도는 해산물도 맛있지만, 고기도 맛있다! 맛있는 홋카이도산 소고기를 먹을 수 있는 타무라는 현지인의 평가도 좋은 야키니쿠(일본식 고기구이) 식당이다. 저녁엔 가격이 부담스러우니 합리적인 가격의 런치 메뉴부터 챙겨보자. 달마다 달라지는 런치 메뉴는 가격 대비 만족도가 높다. 밥과 김치, 미소장국이 포함되어 한끼 제대로 먹을 수 있는 갈비와 사가리(등심과 갈비 경계 부위) 구이カルビ&サガリ焼肉ランチ나 식사용 냉면이 나오는 스테이크와 냉면 세트北海道牛ステーキ&冷麺のハーフセット가 인기다. MAP ❹

GOOGLE 야키니쿠 바 타무라
PRICE 갈비와 사가리 구이 1680엔, 스테이크와 냉면 세트 1680엔
OPEN 11:00~14:30, 17:00~22:00/부정기 휴무
WEB fmc-tamura.co.jp/akatera
WALK 아카렌가 테라스 3층

#Walk

어른들의 삿포로

스스키노

일본의 3대 유흥가 중 하나인 스스키노すすきの. 도쿄를 기준으로 '북쪽에서 가장 큰 유흥가'라는 타이틀에 걸맞게 일본인들도 하루쯤은 이곳에서의 흥겨운 밤을 꿈꾼다. 여행자에게는 삿포로의 '제대로 된' 맛을 섭렵할 수 있는 구루메 천국! 라멘과 징기스칸을 필두로 3500여 개의 음식점과 상점, 오락시설이 모여 있다. 낮에는 제법 단정히 있다가도 밤이면 요란한 불빛과 몰려드는 인파로 반전 매력을 보여주는 스스키노를 탐험해보자.

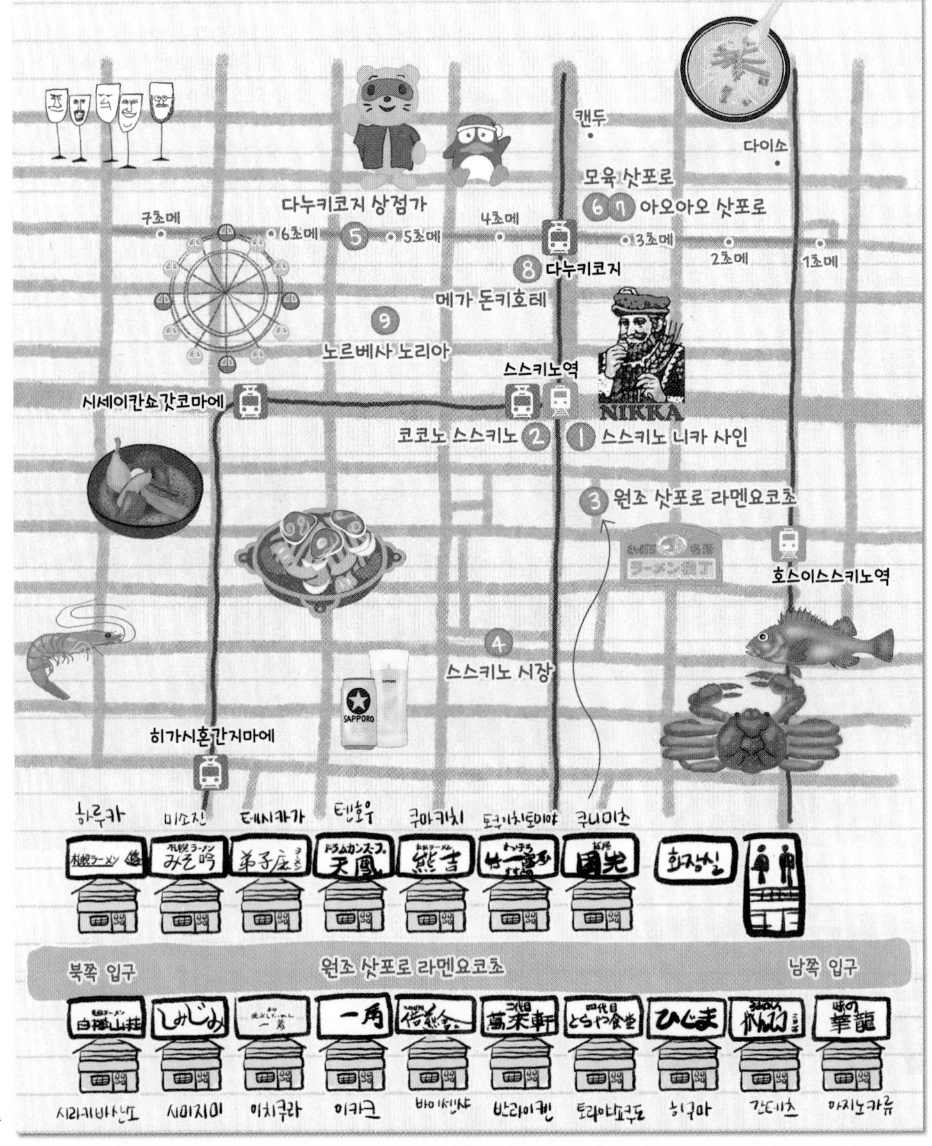

1 스스키노의 상징
스스키노 니카 사인
すすきのニッカ大看板

오사카의 글리코상만큼 사랑받는 삿포로의 명물 간판. 스스키노 중심 사거리(스스키노 교차점)를 장식하는 커다란 LED 간판 속 주인공은 1965년 블랙 니카 위스키병 라벨에 등장해 지금까지 인기를 모으고 있는 '블렌딩의 왕King of Blenders'이다. 니카 위스키는 스코틀랜드에서 위스키 제조법을 익혀 산토리 위스키의 전신인 코토부키야를 키운 일본 위스키의 아버지, 타케츠루 마사타카竹鶴政孝가 홋카이도에 세운 일본 양주 브랜드로, 현재 일본 내 2위를 달리고 있다. 간판은 1969년 처음 설치됐는데, 2019년 시시각각 다양한 색상으로 변하는 LED 조명으로 교체되면서 구경하는 재미가 쏠쏠해졌다. 길 건너편 맥도날드 2층은 니카 사인과 사거리를 지나는 전차를 한 컷에 담을 수 있는 포토존으로 인기가 높다. MAP 5

GOOGLE 스스키노 니카 사인
WALK 삿포로 전차 스스키노 정류장 1분/지하철 난보쿠선 스스키노역 3번 출구 바로/오도리 공원 8분

호카이도 대표 브랜드 총집결!

코코노 스스키노

COCONO SUSUKINO

2023년 11월 니카 사인이 있는 스스키노 사거리에 오픈한 복합 상업 시설. 테마는 '낮에도 잠들지 않는 스스키노 거리의 놀이터'로, 가족·연인·친구끼리 즐길 수 있는 스스키노의 핫플레이스로 떠올랐다. 지하 2층~지상 4층에 푸드·패션·뷰티·라이프스타일 등 70여 매장이 꽉 차 있고 특히 먹거리의 보고인 지하 1~2층 푸드 코너의 인기가 높다. 3~4층엔 늦게까지 문 여는 맛집과 유니크한 주점이 들어선 코코노 푸드홀과 코코노 요코초ココノ横丁, 게임센터가 여행자를 설레게 한다. 1층에는 화장품 멀티 드럭스토어 아인즈앤토루페AINZ & TULPE, 5층엔 GIGO 캡슐토이 점포와 영화관, 7~18층엔 스파와 루프탑 테라스를 갖춘 호텔과 레스토랑이 있다. MAP ❺

GOOGLE 코코노 스스키노
OPEN 10:00~21:00(코코노 푸드홀 11:00~23:00, 코코노 요코초 11:00~24:00)
WEB cocono-susukino.jp
WALK 스스키노 니카 사인 건너편

: WRITER'S PICK :

찾았다!
코코노 스스키노 추천 먹거리 & 쇼핑

- **회전스시 네무로 하나마루** 回転寿司 根室花まる
  삿포로 인기 회전초밥 체인. B1F
- **링링** ring ring 쌀가루 100% 바움쿠헨. B1F
- **대지의 청과점 부온 아페티토** 大地ノ青果店 buon appetito
  이탈리안 반찬과 도시락. B1F
- **돈구리**DONGURI
  치쿠와 어묵과 참치 샐러드를 넣은 치쿠와빵. B1F
- **파티스리 프레르**Patisserie Frères
  삿포로 스위츠 경연대회에서 우승한 케이크. B1F
- **홋카이도 시키 마르셰**北海道四季マルシェ
  홋카이도산 명과자와 주류, 식료품. B1F
- **다이소/쓰리피** DAISO/THREEPPY
  100엔숍 다이소와 300엔숍 쓰리피의 콜라보. 2F
- **새터데이스 코** SATURDAYS Co
  삿포로에서 탄생한 초콜릿 & 커피 바. 3F
- **로지우라 커리 사무라이** Rojiura Curry SAMURAI
  하루치 야채 수프카레. 3F
- **츠키시마 몬자 쿠우야** 月島もんじゃ くうや
  도쿄인의 소울푸드, 몬자야키. 4F

③ 삿포로 라멘 먹자골목

원조 삿포로 라멘요코초

元祖さっぽろラーメン横丁

스스키노의 후미진 골목에는 17개의 라멘집이 줄지어 있는 원조 삿포로 라멘요코초가 있다. 대부분은 10명 남짓 들어갈 수 있는 작은 규모로, 길게는 50년 이상 같은 자리를 지켜온 가게들이다. 일본 드라마에 등장할 법한 특유의 분위기를 풍기지만, 현지인들은 오히려 '라멘요코초는 관광객이 가는 곳'이라고 생각하기도 한다. 그러니 너무 큰 기대는 금물. 주변에서 음주를 즐기다가 여행자의 기분으로 마무리 해장할 때 가자. 육고기파라면 불맛이 느껴지는 두툼한 차슈가 올라가는 니다이메 반라이켄二代目 萬来軒(11:00~20:00/일 휴무)을, 해산물파라면 조개 국물이 담백한 시미지미しみじみ(11:00~다음 날 02:00(금·토 ~04:00)/수·12월 30일~1월 1일 휴무)를 추천한다. 거의 모든 가게가 현금만 받는다는 것도 참고. MAP ❺

GOOGLE 삿포로 라멘요코초
OPEN 11:30~다음 날 03:00(가게마다 다름)
WALK 스스키노 니카 사인 3분

+MORE+

같은 듯 다른 너, 신 라멘요코초

新ラーメン横丁

원조 라멘요코초가 얼마나 유명했는지, 신 라멘요코초라는 후배도 생겼다. 스스키노역과 가깝고 이름도 비슷해 이곳을 원조로 착각하는 경우가 있지만, 이곳은 골목이 아닌 반지하로 서로 다른 곳이다. 다만 작은 가게들의 모습과 분위기는 원조와 비슷하고, 현지인들에겐 역시 '관광지'로 통한다.

MAP ❺

GOOGLE 3943+5M 삿포로
OPEN 11:00~다음 날 03:00/가게마다 다름
WALK 스스키노 니카 사인 1분

거대한 골동품 건물

스스키노 시장

すすきの市場

1922년 문을 연 시장이자 홋카이도에서 가장 오래된 공영 주택 건물. 당시 일본에서 유행했던 일종의 주상복합 건물로, 1층은 잡화, 정육, 청과, 꽃집 등이 좁은 통로를 사이에 두고 자리하고 2~5층은 주거 공간으로 사용한다. 지하에는 제로반치ゼロ番地라는 이름의 식당, 카페, 스낵 공간이 있다. 한바퀴 둘러보는 것만으로도 타임슬립한듯 호기심을 불러 일으키는 곳이다. MAP ❺

GOOGLE 스스키노 시장
OPEN 시장 08:00~16:00, 제로반치 19:00~24:00/가게마다 다름/일 휴무
WALK 스스키노 니카 사인 5분

오도리 공원과 닮은 아케이드 상점가

다누키코지 상점가

狸小路商店街

지도상에서 오도리 공원과 평행선을 그리는 동서로 긴 아케이드 상점가다. 길이 약 900m에, 든든한 지붕을 믿고 들어온 각종 상업시설이 비가 오나 눈이 오나 쇼핑족을 유혹한다. 호텔과 호스텔, 맛집, 브랜드숍, 드럭스토어, 메가 돈키호테 등 200여 개의 상점이 몰려 있어 쇼핑을 목적으로 온 여행자라면 이 근처에 숙소를 잡는 것도 요령이다. 1초메丁目에서 7초메까지 총 7개 구역으로 나뉘는데, 삿포로 전차 다누키코지狸小路 정류장 동쪽(모육 삿포로 쪽)이 1~3초메, 서쪽(메가 돈키호테 쪽)이 4~7초메다. 다누키코지는 한국말로 번역하면 너구리 골목이란 뜻이다.

MAP ❹ & ❺

GOOGLE 다누키코지 상점가
WALK 삿포로 전차 다누키코지 정류장 바로

다누키코지의 신상 랜드마크

6 모육 삿포로
moyuk SAPPORO

2023년 오도리 공원과 스스키노 사거리 사이에 문을 연 복합 상업 시설. 고층부는 맨션, 지하 2층~지상 7층까지 상업시설이다. 층별로 놓치지 말아야 할 곳은 우리나라보다 가격이 조금 더 저렴한 러쉬(1층), 다이소에서 런칭한 300~1000엔숍 스탠다드 프로덕트(2층), 소니 스토어와 잡화 쇼핑몰 로프트(3층), 현지인들이 사랑하는 수족관 아오아오 삿포로(4~6층), 전망 명소인 모육 스카이가든(7층), 홋카이도산 식료품 마켓(지하 1층), 젊은 세대를 겨냥한 돈키호테의 화장품 및 과자 중심 매장 키라키라 돈키キラキラドンキ(1층)다. 밤 10시까지 영업하는 푸드코트가 있는 지하 2층은 지하상가 폴타운과 곧바로 연결된다. 모육(모유쿠)은 너구리라는 뜻의 아이누어로, 모육 삿포로가 자리한 곳이 바로 다누키코지 상점가 3초메 옆이다. MAP ❺

GOOGLE moyuk sapporo
OPEN 10:00~22:00(키라키라 돈키 ~다음 날 02:00)
WEB www.moyuk.jp
WALK 스스키노 니카 사인 3분

: WRITER'S PICK :

소니의 라이프스타일 체험 소니 스토어 SONY STORE

소니에서 운영하는 체험형 공간. 도쿄, 오사카, 후쿠오카, 나고야에 이어 모육 삿포로 3층에 오픈했다. 소니 소속 스타일리스트가 직접 안내하는 특별 매장으로, 소니의 신상품이 출시되면 이곳에 가장 먼저 전시된다. 다양한 이벤트도 열린다.

GOOGLE sony store sapporo
OPEN 11:00~19:00
WEB sony.jp/store/retail/sapporo/

새로운 도시형 아쿠아리움에서 '물멍'

7 아오아오 삿포로
AOAO SAPPORO

'거리에서 이어지는 자연의 입구'라는 콘셉트로 모육 삿포로 4~6층에 자리 잡은 흥미진진한 신개념 아쿠아리움. 도심 속에서 아름다운 수중 경관을 바라보며 힐링하기 좋은 곳이다. 매표소와 기념품점이 있는 4층에서 6층으로 올라간 후 내려오며 관람한다. 펭귄 구역이 있는 6층이 가장 하이라이트여서 관람객도 많고 시간도 꽤 소요되니 참고하자. 펭귄 구역 바로 옆에는 홋카이도산 밀로 만든 크루아상과 함께 커피와 주류를 즐길 수 있는 시로쿠마(백곰) 베이커리 앤드シロクマベーカリー&가 있다. 5층엔 해양 생물이 헤엄치는 수조와 책이 함께 전시된 라이브러리, 4층엔 인공 해수를 만드는 시설과 해양 생물을 기르는 실험실이 자리한다. 도시에서 생활하는 현대인 모두에게 추천하는 공간이다. MAP ❺

GOOGLE 아오아오 삿포로
PRICE 2000~2200엔, 초등·중학생 1000~1100엔, 3세 이상 200엔/시기에 따라 요금 변동, 매달 홈페이지 공지
OPEN 10:00~22:00(21:00 최종 입장)
WALK 모육 삿포로 4~6층

놓치면 섭섭해! 온갖 잡다구리의 전당

8 메가 돈키호테

MEGAドン·キホーテ 札幌狸小路本店

지하 2층, 지상 4층 규모의 대형 할인잡화점으로, 시중에서 구할 수 있는 거의 모든 상품을 취급한다. 과자부터 명품 가방까지 장르 불문! 그야말로 별의별 것을 다 취급한다. 제품이 너무 많고(3~4만 점), 상품이 높게도 쌓여있어 쾌적한 환경은 포기해야 하지만, 그 혼돈의 매력 덕에 돈키호테를 찾는 사람도 많다. 같은 상품이라도 지점마다 가격이 다르고 재고에 따라 가격이 수시로 바뀐다는 점을 알아둘 것. MAP ❺

GOOGLE 돈키호테 다누키코지점
OPEN 24시간
WEB www.donki.com/store/shop_list.php?pref=1
WALK 삿포로 전차 다누키코지 정류장 바로. 다누키코지 상점가 4초메/스스키노 니카 사인 3분/폴타운과 연결

삿포로 시민들이 아끼는 관람차

9 노르베사 노리아

nORBESA ノリア

오사카의 헵파이브, 나고야의 스카이보트처럼 삿포로에도 도심 한가운데 건물 위에서 돌아가는 관람차가 있다. 스스키노와 다누키코지 사이에 있어 낮보다는 반짝반짝 야경을 누리기 좋은 곳. 시내 중심가에서 놀다가 관람차로 아쉬움을 달래는 현지 중고생들을 구경하는 재미도 있다. 소요 시간은 약 10분. 겨울에는 히터도 틀어준다. 1층에는 반다이의 캡슐토이 대형 점포가 들어서 있다. MAP ❺

GOOGLE 노르베사
PRICE 1000엔(2바퀴 1100엔), 초등·중학생 500엔(2바퀴 600엔), 미취학아동 무료
OPEN 11:00~23:00(금·토 및 공휴일 전날 ~다음 날 01:00, 10분 전 입장 마감)
WEB www.norbesa.jp/shop/4/
WALK 스스키노 니카 사인 5분/삿포로 전차 스스키노 정류장 2분. 노르베사 쇼핑몰 7층

살까? 벌써 집었네

라이프스타일 잡화 & 취미숍

삿포로 최대 번화가 스스키노인데 쇼핑을 빼놓을 순 없다. 여행자의 마음을 사로잡는 일본의 소소한 라이프스타일 잡화숍과 취미숍을 스스키노에서 만나보자.

다이소에서 만든 감성 잡화숍

스탠다드 프로덕트

Standard Products

다이소가 만든 하이라인 뉴 브랜드. 2021년 도쿄 시부야에 1호점을 오픈한 이래 전국에 100여 개의 매장을 열며 승승장구하고 있다. 깔끔한 에코백부터 정갈하고 예쁜 그릇, 수납합, 캠핑용품까지 다이소의 제품에 감성을 한 스푼 더한 다양한 품목들이 있으며, 100~1000엔대의 저렴한 가격에 100엔숍보다 아름다운 디자인과 뛰어난 품질을 선보인다. MAP ❺

GOOGLE 스탠다드 프로덕트 모육 삿포로점
OPEN 10:00~20:00
WEB www.instagram.com/standardproducts_official
WALK 모육 삿포로 2층

100엔숍 쇼핑의 숨은 명당

캔두

Can★Do 札幌大通店

스스키노에서 저렴한 잡화 사냥에 나서기 좋은 100엔숍 체인. 2층 규모의 넓고 쾌적한 매장에 각종 생활용품과 화장품, 식품까지 다양한 라인업을 갖췄다. 자잘하고 소소한 제품들을 구경하는 것도 재미있고 가격 대비 만족스러운 쇼핑도 즐길 수 있는 곳. 일본식 발음으로는 '캰두キャン★ドゥ'라고 읽는다. MAP ❹

GOOGLE 캔두 삿포로오도리점
OPEN 10:00~20:00
WEB www.cando-web.co.jp
WALK 모육 삿포로 1분

안 가면 손해! 100엔숍의 대명사

다이소

ダイソー 札幌22スクエア店

저렴한 가격에 적당한 품질의 다양한 물건을 파는 100엔숍의 대명사. 득템을 노려볼 품목은 역시 매일 사용하는 물건들로, 일회용 주방용품이나 헤어밴드 등 자주 쓰고 자주 없어지는 것 위주로 공략하자. 건너편 맥도날드 건물 6층에 있는 다누키코지 2초메점도 대형 점포이니 찾아간 김에 함께 둘러보자. MAP ❹

GOOGLE 다이소 삿포로22스퀘어점
OPEN 10:00~21:00
WEB www.daiso-sangyo.co.jp
WALK 모육 삿포로 3분

뭘 좋아할지 몰라서 다 모아둔 곳

로프트

Loft

문구·사무용품에 화장품과 주방용품까지 라인 업이 화려한 잡화점. 공간이 넓어 쾌적하게 쇼핑을 즐길 수 있고 세금 환급도 쉽다. 밸런타인데이나 핼러윈데이, 크리스마스와 같이 굵직한 시즌에는 지점 전체가 한정 상품, 한정 매대로 꾸며져서 볼거리가 더해진다. 2023년 가을 삿포로역 앞에서 모육 삿포로로 이전해 문을 열었다. MAP 5

GOOGLE 로프트 모육 삿포로점
OPEN 10:00~21:00
WEB www.loft.co.jp
WALK 모육 삿포로 3층

열려라! 덕후들의 개미지옥

만다라케

まんだらけ 札幌店

도쿄, 오사카 등 일본 대도시에서 만나는 헌책방이자 오덕의 성지. 피규어를 비롯해 만화책, 캡슐토이, 코스튬 의상 등 신기하고 재미있는 것들을 잔뜩 만날 수 있다. 넓고 은근히 볼 게 많은 '개미지옥'으로, 시간이 오래 잡아먹힐 수도 있다. MAP 5

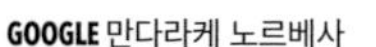

GOOGLE 만다라케 노르베사
OPEN 12:00~20:00(19:30 최종 입장)
WEB www.mandarake.co.jp/shop/spr/index.html
WALK 노르베사 쇼핑몰 2층

스스키노에서 만나요

디저트

이것저것 구경거리가 많은 스스키노를 걸을 땐 당 충전이 필수다.
홋카이도 지역 유명 제과점과 유제품 브랜드의 클래스가 다른 디저트의 세계가 펼쳐진다.

공항에서 파는 바로 그 디저트!

키노토야 베이크 폴타운점

KINOTOYA BAKE ポールタウン店

신치토세공항 최고의 인기 간식인 갓 구운 치즈타르트焼きたてチーズタルト와 극상 우유 소프트아이스크림極上牛乳ソフト을 맛볼 수 있는 곳. 입안에 넣는 순간 진한 치즈 무스가 사르르 녹아 사라지는 치즈타르트는 쿠키 부분의 더 바삭바삭한 식감을 위해 매장에서 2번 굽는다. 농후함과 매끄러움, 부드러움을 모두 갖춘 소프트아이스크림은 천국의 맛! 공항 지점에서 파는 것과 똑같은 극상 우유 소프트아이스크림은 이곳에서만 맛볼 수 있다. MAP ⑤

GOOGLE 키노토야 베이크 폴타운점
PRICE 갓 구운 치즈타르트 250엔, 극상 우유 소프트아이스크림 450엔
OPEN 10:00~20:00
WEB www.kinotoya.com
WALK 지하철 오도리역과 지하로 연결. 폴타운 내(모육 삿포로 근처)

토카치산 우유는 실패할 리 없지

츠바키X드림 돌체

椿·DREAM DOLCE

수플레 케이크로 유명한 삿포로 츠바키살롱椿サロン의 자매 브랜드, 츠바키산도椿さんど가 드림 돌체와 콜라보해 선보이는 매장이다. 츠바키산도는 폭신한 핫케이크 사이에 부드러운 크림과 과일을 넣어 만드는데, 도쿄를 비롯해 후쿠오카와 타이베이에도 매장이 있다. 소프트아이스크림도 상당히 부드럽고 맛있어서 스스키노까지 걸어갈 당충전하기 제격인 곳. 드림 돌체는 토카치 지역 직영 목장에서 공수한 우유로 고품질의 젤라토와 소프트아이스크림을 만들어낸다. 역시 토카치산 유제품은 실패가 없다. MAP ⑤

GOOGLE 츠바키 드림
PRICE 츠바키산도 4개들이 1280엔, 젤라토 싱글 450/더블 550엔, 소프트아이스크림 500엔, 소프트아이스크림 & 젤라토 650엔
OPEN 10:00~20:00
INSTAGRAM tsubaki_dreamdolce
WALK 지하철 오도리역과 지하로 연결. 폴타운 내(메가 돈키호테 근처)

홋카이도 소프트아이스크림의 여왕

퀸즈 소프트크림 카페

クイーンズソフトクリームカフェ

오타루 남쪽의 야마나카 목장에서 직송된 소프트아이스크림이 맛있는 곳. 저온살균법으로 가공한 우유 특유의 부드러움과 고소함이 그대로 전해진다. 단골들의 추천 메뉴는 과일소스를 끼얹은 아이스크림. 신선한 블루베리와 딸기를 당일 수확해 당일 가공한 소스가 새콤달콤한 맛을 더한다. 달짝지근한 토카치산 팥을 듬뿍 넣은 아즈키(팥) 아이스크림도 꼭 먹어보자.

MAP ⑤

GOOGLE 퀸즈 소프트크림 카페 모육
PRICE 소프트아이스크림 430엔(와플콘 480엔), 딸기·블루베리·아즈키 아이스크림 490엔
OPEN 10:00~21:00
WALK 모육 삿포로 1층

나도 모르게 삿포로 항공권을 검색하는 이유

수프카레

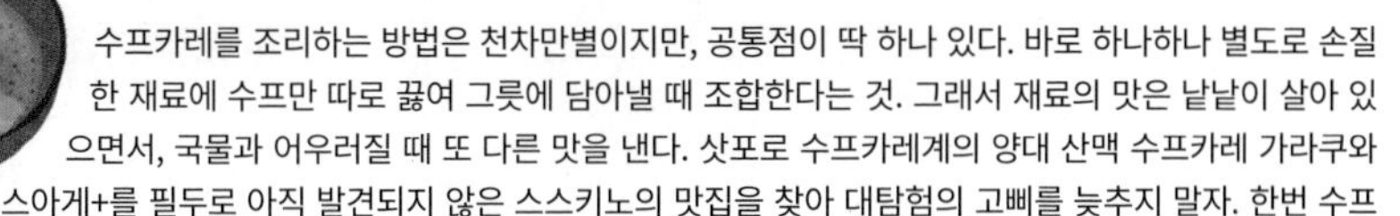

수프카레를 조리하는 방법은 천차만별이지만, 공통점이 딱 하나 있다. 바로 하나하나 별도로 손질한 재료에 수프만 따로 끓여 그릇에 담아낼 때 조합한다는 것. 그래서 재료의 맛은 낱낱이 살아 있으면서, 국물과 어우러질 때 또 다른 맛을 낸다. 삿포로 수프카레계의 양대 산맥 수프카레 가라쿠와 스아게+를 필두로 아직 발견되지 않은 스스키노의 맛집을 찾아 대탐험의 고삐를 늦추지 말자. 한번 수프카레에 입문했다면 나도 모르게 삿포로 항공권을 검색하게 된다.

해외로~ 해외로~ 입소문 난 수프카레

수프카레 가라쿠

SOUP CURRY GARAKU

오픈 전부터 줄이 길게 늘어서는 삿포로 수프카레집 중 하나. 입소문이 어디까지 났는지 외국인 여행자도 많이 찾는다. 홋카이도산 식재료를 듬뿍 사용하는 수프카레 메뉴 중 육질이 부드러운 카미후라산 돼지고기 샤브와 7가지 버섯 숲かみふらのポークの豚しゃぶと7種きのこの森과 부들부들 잘 익힌 돼지구이 조림이 들어간 수프카레とろとろ炙り焙煎角煮가 눈에 띈다. 수프는 대체로 무난하게 즐기기 좋은 맛으로, 무려 40단계까지 조절할 수 있는 맵기 선택권도 특징이다. 단, 너무 무리는 말고 5번 선에서 타협할 것을 추천한다. 1인석이 많아 나 홀로 여행자도 가볍게 들르기 좋다. MAP ❹

GOOGLE 스프카레 가라쿠
PRICE 카미후라산 돼지고기 샤브와 7가지 버섯 숲 1590엔, 부들부들 잘 익힌 돼지구이 조림이 들어간 수프카레 1640엔
OPEN 11:30~15:30(L.O.15:00), 17:00~21:00(L.O.20:30)/부정기 휴무
WEB www.s-garaku.com
WALK 모육 삿포로 3분. 오쿠무라 빌딩おくむらビル 지하 1층

중독성 짙은 마약 수프카레

스아게+

すあげ+

한 번도 가지 않은 사람은 있어도, 한 번만 간 사람은 없다는 스아게+. 시레토코산 닭고기, 카미후라노산 돼지고기에 해산물은 물론 쌀까지 홋카이도 식재료를 이용한다. 카레 국물에 풍덩 빠지기 쉬운 재료들은 꼬치로 엮어 먹기 좋게 내주는 센스. 후라노에서 자란 돼지고기(라벤더 포크) 덩어리를 통째로 조린 후 숯불에 구운 홋카이도 해바라기밭 돼지고기 조림(카쿠니) 카레道産ひまわり畑ポークの角煮カレー를 특히 추천한다. 바삭바삭 시레토코 닭고기와 야채 카레パリパリ知床鶏と野菜カレー도 괜찮다. 단, 현지인도 애정하는 맛집으로, 웨이팅이 긴 편이니 늦은 점심이나 이른 저녁 시간을 노려보자. 바로 근처 AI-BILD2 빌딩 4층에 2호점(스아게 2)이 있다. 현금 결제만 가능. MAP ❺

GOOGLE 수프카레 스아게+
PRICE 홋카이도 해바라기밭 돼지고기 조림 카레 1550엔, 바삭바삭 시레토코 닭고기와 야채 카레 1550엔
OPEN 11:30~21:00(목 ~20:30, 토·일·공휴일 11:00~/L.O.영업 종료 30분 전까지)
WEB www.suage.info
WALK 스스키노 니카사인 4분. 츠시마츠 빌딩都志松ビル 2층

위풍당당 카레 왕 납시오~

수프카레 킹

Soup Curry King

닭 뼈와 야채로 우려낸 육수는 기본! 여기에 다시마, 멸치, 가다랑어포를 사용한 뽀얗고 진한 육수까지 추가해 단골들을 홀리는 맛집이다. 추천 메뉴는 당근, 가지, 브로콜리, 버섯, 피망 등 11가지 야채가 듬뿍 들어간 치킨 야채 카레로, 닭고기에서 흘러나온 육즙이 국물과 섞여 더욱 깊은 맛이 난다. 매운 정도는 13단계 중 3단계 정도가 적당하며, 베트남 고추가 들어가는 6단계부터는 추가 요금이 붙는다. 본점은 시내 중심부에서 다소 떨어져 있는 대신 주차장이 완비돼 있다. JR 삿포로역 근처 요도바시 카메라 멀티미디어 삿포로 옆에 지점(게이트웨이점ゲートウェイ店)이 있다. MAP ❹

GOOGLE 수프카레 킹 센트럴
PRICE 치킨 야채 카레 1750엔, 돼지고기조림 카레 1400엔, 해물 카레 2100엔
OPEN 11:30~15:30, 17:30~21:30(토·일·공휴일 브레이크타임 없음)
WEB www.soupcurry-king.shop
WALK 모육 삿포로 북쪽 길 건너편. 카타오카 빌딩カタオカビル 지하 1층

친구네 다락방에 온 듯 정겨운 맛집

로지우라 커리 사무라이 사쿠라점

Rojiura Curry SAMURAI さくら店

➡ 내용은 149p를 참고하세요. MAP ❺

GOOGLE 수프카레 사무라이 사쿠라점
OPEN 11:30~15:00(L.O.14:30), 17:30~21:30(L.O.21:00)
WEB samurai-curry.com/shop_sakura/
WALK 스스키노 니카 사인 5분. 티아라36ティアラ36 2층

수프카레의 세계로 탐험을 떠나자!

트레져

TREASURE

번화가인 다누키코지 근처에 있어 접근성이 좋고 가라쿠의 자매점이라 맛의 실패 확률이 적은 가게다. 추천 메뉴는 홋카이도 소고기와 시레토코 돼지고기를 넣어 만든 철판 햄버그 카레鉄板ハンバーグ나 스테디셀러인 닭 다리 카레定番煮込みチキンレッグ다. 수프의 베이스는 본연의 풍미가 가득한 오리지널, 부드러움이 더해진 두유 중 고를 수 있고 모두 걸쭉한 편이다. 5단계의 맵기 중에선 3단계부터 약간 매콤한 수준. 최근에 새롭게 단장해서 내외부가 깔끔해졌다. MAP ❹

GOOGLE 스프카레 트레져
PRICE 철판 햄버그 카레 1590엔, 닭 다리 카레 1480엔
OPEN 11:30~15:30(LO.15:00), 17:00~21:00(LO.20:30)
WEB s-treasure.jp
WALK 모육 삿포로 5분

늦은 밤 수프카레가 생각났다면

수프카레 바 단

札幌スープカレーBAR暖

스스키노에서 새벽에도 뜨끈한 수프카레를 맛볼 수 있는 곳. 삿포로에는 유명한 수프카레 가게가 많지만, 늘 대기 줄이 길고 새벽까지 영업하는 경우가 거의 없기 때문에 한밤중이라면 이곳이 좋은 선택이다. 인기 NO.1 메뉴는 치즈가 풍부한 후와타마 치즈 치킨 카레ふわ玉チーズチキンカレー, NO.2 메뉴는 깔끔한 야채 치킨 카레野菜チキンカレー이고 토마토 치즈 햄버그 카레도 든든하다. 맵기는 2~3단계를 추천. 와인, 칵테일 등 주류도 판매하고 흡연 가능. 영어 메뉴판 있음. MAP ❹

GOOGLE 삿포로 스프카레 바 단
PRICE 후와타마 치즈 치킨 카레 1400엔, 야채 치킨 카레 1350엔
OPEN 11:00~15:00, 17:00~23:00, 다음 날 00:00~06:00/부정기 휴무
WEB www.instagram.com/soupcurrybar_dan
WALK 스스키노 니카 사인 6분. 6.4 빌딩 2층

영혼을 담은 한 그릇

수프카레 소울스토어

スープカレー SOUL STORE

카레에 푹 빠진 셰프가 2008년 차린 수프카레 집. 재료 본연의 맛을 최대한 살리고 컬러풀한 색감의 토핑을 보기 좋게 올려 인스타그래머블한 비주얼도 놓치지 않았다. 추천 메뉴는 치킨 커리チキンカリー와 홋카이도 농가에서 공수한 야채 15~20종을 넣은 제철 야채 커리季節の旬菜カリー다. 국물은 취향에 따라 선택 가능. 클래식Classic은 닭 뼈와 향신료, 야채, 과일로 우린 육수이고, 약간의 단맛이 추가된 봇사Bossa는 여성들이 많이 선택한다. 코코넛과 유자를 넣은 사이키Psyche(디너에만 가능)와 깊은 맛의 홈메이드 마라 소스Mala Sauce도 궁금하다면 도전! MAP ❹

GOOGLE 수프카레 소울스토어
PRICE 치킨 커리 1300엔, 제철 야채 커리 1600엔
OPEN 11:30~15:00, 17:30~08:30
WEB soulstore.info
WALK 메가 돈키호테 4분. 다누키코지 서쪽 끝 7초메 DRESS7 빌딩 2층

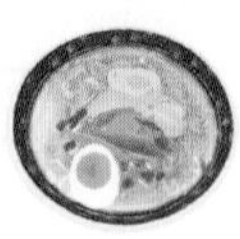

마니아를 부르는 라멘의 성지

삿포로 미소 라멘

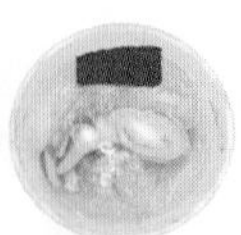

하카타(후쿠오카) 라멘, 키타카타(후쿠시마) 라멘과 더불어 일본 3대 라멘으로 불리는 삿포로 라멘은 홋카이도에서 공수한 좋은 재료를 듬뿍 넣어 저렴한 가격에 든든하게 한 끼를 채울 수 있다. 특히 스스키노와 다누키코지 일대는 라멘 뒷골목인 원조 라멘요코초와 그를 따라 한 신新 라멘요코초가 생길 만큼 뜨거운 라멘 격전지! 한 집 걸러 한 집이 맛집인 이곳에서 어렵게 엄선한 가게들을 정리해본다.

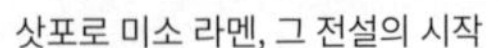

삿포로 미소 라멘, 그 전설의 시작

아지노산페이

味の三平

삿포로 미소 라멘의 원조로 통하는 곳이다. 숙주와 돼지고기를 불맛 나게 볶아 고명을 만드는 미소 라멘 스타일을 70여 년 전 이 가게가 제일 먼저 고안했다는 것. 둘 이상 함께 간다면 이 집의 인기 1위 메뉴인 미소 라멘과 2위인 매운 텟카 라멘을 모두 맛보자. 미소 라멘은 명성대로 짭짤하고 구수하며, 매운 텟카鉄火라멘은 마지막 국물 한 수저까지 뜨끈하게 마실 수 있어 매운 짬뽕 애호가들의 입맛을 사로잡는다. 독특하게도 대형 문구점 안에 있어서 다른 라멘집보다 영업 시간이 짧다는 점을 기억하자. 가게를 이끄는 나이 지긋한 마스터의 포스가 남다르다. MAP ❹

GOOGLE 아지노산페이
PRICE 미소·텟카·쇼유 라멘 1000엔
OPEN 11:00~18:30/월·둘째 화·부정기 휴무
WEB www.ajino-sanpei.com
WALK 파르코 백화점 바로 뒤. 다이마루후지 센트럴 4층

삿포로 라멘을 전국구로 성장시키다

스미레 스스키노점

すみれ すすきの店

30년 전 업계 최초로 진하고 농후한 미소 라멘을 선보여 삿포로 미소 라멘을 전국구 스타로 만든 주인공이다. 이곳에서 수련한 셰프들이 속속 자신의 라멘집을 개업하며 출신지를 어필해 더욱더 유명해졌다. 대표 메뉴인 미소 라멘은 진한 국물 맛도 맛이지만, 고깃국인가 싶을 정도로 차슈가 넉넉하다. 깔끔하지만 깊고 풍부한 국물과 쫄깃하고 도톰한 면이 조화로운 짭짤한 시오 라멘도 인기. 2인 이상 방문한다면 미소 라멘과 시오 라멘을 주문해 둘 다 맛보자. 여행자에게는 1964년 오픈한 본점보다 접근성이 좋은 이곳 스스키노점을 추천. 저녁부터 문을 연다. MAP ❺

GOOGLE 스미레 스스키노
PRICE 미소·시오·쇼유 라멘 1200엔/달걀 추가 200엔, 차슈 추가 600엔
OPEN 17:00~24:00/부정기 휴무
WEB www.sumireya.com
WALK 스스키노 니카 사인 2분. 픽시스 빌딩ピクシスビル 2층

해장하고 싶은 날, 인생 라멘을 만났다

라멘 신겐

らーめん 信玄

이시카리시의 하나가와 본점花川本店과 삿포로 지점 딱 2군데 매장만 운영해 더 사랑받는 곳이다. 외국인 여행자에게도 유명해 웨이팅 리스트는 일본인 반, 외국인 반이다. 오픈 시간에 맞춰가면 오래 기다리지 않고 먹을 수 있고 회전율도 빠른 편이니 희망을 놓지 말자. 신겐의 미소 라멘은 다른 집보다 기름기가 적고 진한 국물이 뼈 해장국을 연상케 해 우리 입맛에도 잘 맞는다. 라멘 초보자나 미소 라멘 입문자에게 추천. 코를 박고 먹으면 얼굴이 보이지 않을 만큼 큰 그릇도 특징이다. 현지인들에겐 라멘과 찰떡 궁합을 자랑하는 볶음밥, 차항(チャーハン)도 인기다. MAP ❹

GOOGLE 라멘 신겐
PRICE 미소·시오·쇼유 라멘 950엔, 차항 500엔
OPEN 11:00~다음 날 01:00
WALK 삿포로 전차 히가시혼간지마에東本願寺前 정류장 2분/스스키노 니카 사인 12분

참을 수 없이 꼬수운 새우 국물

에비소바 이치겐 총본점

えびそば 一幻 総本店

새우로 우린 고소하고 맛있는 국물 향이 가게 주변부터 진동한다. 역시 웨이팅이 긴 라멘 맛집으로, 모든 국물에는 새우가 들어가 에비 미소えびみそ(새우 된장), 에비 시오えびしお(새우 소금), 에비 쇼유えびしょうゆ(새우 간장)라는 화려한 라인 업을 짜고 있다. 여기에 취향껏 진한 수프인 아지와이あじわい(돼지 뼈 국물)까지 무료로 추가할 수 있는 것. 면발의 굵기도 제일 두꺼운 고쿠부토멘極太麺과 얇은 면인 호소멘細麺 중 택할 수 있다. 신치토세공항에도 지점이 있지만, 웬만큼 빨리 가지 않으면 비행 시각 때문에 웨이팅을 포기할 확률이 높으므로 이곳을 추천한다. MAP ❷

GOOGLE 에비소바 이치겐
PRICE 모든 라멘 950엔/달걀味玉 추가 150엔, 차슈チャーシュー 3장 추가 250엔
OPEN 11:00~다음 날 03:00/부정기 휴무
WEB www.ebisoba.com
WALK 삿포로 전차 히가시혼간지마에東本願寺前 정류장 5분/스스키노 니카 사인 15분

야식 라멘 먹으러 갈 땐

멘야 유키카제 스스키노 본점

麺屋雪風 すすきの本店

스스키노 한복판에 위치해 한바탕 술을 즐기고 나온 애주가들이 마무리로 해장하러 가는 집이다. 이곳 미소 라멘에서 일단 시선을 사로잡는 건 두툼하고 먹음직스러운 차슈. 기본으로 달걀 반쪽, 목이버섯과 함께 제공되는데, 보는 것만으로도 든든하고 기쁘다. 흰 된장과 붉은 된장 두 가지로 끓여 내는 국물 맛은 깊고 농후해 중독성이 있다. 다소 기름진 느낌이 우리네 곰탕을 강하게 연상시키는 맛. 간은 조금 짠 편이다. **MAP ❹**

GOOGLE 멘야 유키카제
PRICE 미소味噌 라멘 998엔, 매운 미소辛味噌 라멘 1050엔
OPEN 11:00~14:30, 18:00~다음 날 03:00(금·토 ~04:00, 일 ~00:30)(L.O.영업 종료 30분 전까지)
WALK 스스키노 니카 사인 8분

+MORE+

맛집 랭킹을 평정한 신흥 강자
멘야 사이미 麺屋 彩未

중심가에서 멀다는 치명적인 단점을 안고 있지만, 궁극의 라멘 맛을 찾는 라멘 마니아에겐 궂은 날씨에도 30분 이상은 기꺼이 기다릴 수 있는 핫한 라멘집이다. 인기 메뉴는 당연히 미소味噌 라멘. 미소 라멘 특유의 기름짐과 묵직함이 덜한 대신, 뜻밖에 맑고 깔끔한 뒷맛이 매력적이고 쇼유醬油 라멘과 시오塩 라멘도 맛있다. 일본의 맛집 랭킹 사이트 타베로그와 트립어드바이저 상위권은 물론 미슐랭 가이드에도 이름을 올린 맛집으로, 홋카이도산 사탕무로 만든 전통 사이다 세피아노시게키セピアのしげき를 곁들이면 더없이 좋다. 참고로 달걀은 올려주지 않으며, 메뉴에도 없다. **MAP ❶**

GOOGLE 멘야 사이미
PRICE 미소·쇼유·시오 라멘 1000엔/곱빼기大盛 100엔 추가, 세피아노시게키 200엔, 맥주 500엔, 밥 50~150엔
OPEN 11:00~15:15, 17:00~19:30(바쁜 날은 평일 10:45~, 토·일·공휴일 10:30~)/화~목은 점심만 오픈/월요일 및 매달 2회 부정기 휴무
WALK 지하철 도호선 미소노역美園 1번 출구 4분

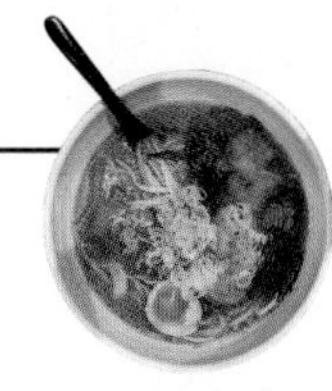

내 입맛에 '착붙!' 미소 치즈 라멘

삿포로 라멘 하루카

札幌ラーメン悠-はるか-

호텔 레스토랑 출신 셰프가 일식·양식·중식을 담당했던 경험을 라멘에 불어넣어 새로운 감각의 라멘을 추구한다. 홋카이도 라멘 업계에 신선한 충격을 주었다는 게 현지 미디어의 평. 간판 메뉴는 미소 라멘에 고소하고 짭짤한 홋카이도산·이탈리아산·뉴질랜드산 치즈를 더해 한국인 입맛을 저격하는 미소 치즈 라멘みそチーズらーめん, 진한 홋카이도산 버터와 달콤한 옥수수를 얹은 전설의 미소 버터 콘 라멘伝説のみそばたーこーんらーめん이다. 카운터 석 8개뿐인 작은 식당이라 언제든 줄 설 각오를 해야 한다. 기다리는 동안 직원이 보여주는 QR코드를 스캔해 주문한다(한국어 지원).

MAP 5

GOOGLE 라멘 하루카
PRICE 미소 치즈 라멘 1150엔, 미소 버터 콘 라멘 1150엔, 매운 미소 라멘 950~1050엔
OPEN 11:00~15:00, 17:00~23:00
WEB www.ramenharuka.com
WALK 스스키노 니카 사인 2분. 원조 삿포로 라멘 요코초 첫 번째 집

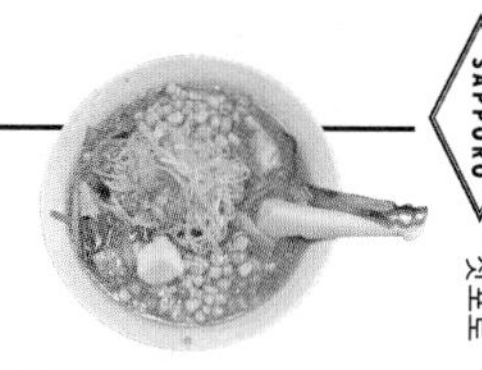

현지인이 사랑하는 미소 라멘

케야키 스스키노 본점

けやき すすきの本店

노포 라멘집이 가득한 스스키노에선 신생 가게(1999년 오픈)지만, 10시간 이상 우려낸 맑은 닭 육수와 볶은 채소, 파채, 기름기 없는 두꺼운 차슈, 꼬들꼬들한 중간 굵기 면으로 느끼한 맛을 줄이면서도 미소 라멘 고유의 맛을 느낄 수 있게 해 금방 입소문이 났다. 기본 미소 라멘味噌ラーメン과 매콤한 부추맛 두반장을 넣은 츠라이 라멘辛いラーメン이 우리 입맛에 잘 맞는다. 현지인에게 가장 인기 있는 메뉴는 콘 버터 라멘コーンバターラーメン. 입구 안쪽의 식권 판매기(한국어 병기)에서 식권을 구매한 뒤 직원에게 건넨다.

MAP 5

GOOGLE 케야키 스스키노본점
PRICE 미소 라멘 1200엔, 콘 버터 라멘 1500엔, 츠라이 라멘 1400, 차슈 1장 200엔
OPEN 10:30~다음 날 02:45
WEB www.sapporo-keyaki.jp
WALK 스스키노 니카 사인 3분

참깨를 넣은 고소한 국물이 특징

라멘 요시야마쇼우텐 다누키코지점

らーめん吉山商店 狸小路店

고소한 참깨 미소 라멘으로 삿포로 라멘계의 새 장을 열었다. 추천 메뉴는 진한 해물맛 볶음참깨 된장 라멘濃厚魚介焙煎ごまみそらーめん. 짭짤하고 구수한 미소 라멘에 해산물 육수가 깊은 맛을 더하고 참깨의 고소한 향이 식욕을 돋운다. 아사히카와의 한 라멘집에서 수련한 셰프가 2006년 삿포로 히가시구東区에 본점을 연 이후 삿포로에 7개, 오사카에 1개, 말레이시아에 해외 지점을 둘 정도로 성장한 저력의 맛집. MAP 5

GOOGLE 요시야마쇼우텐 다누키코지점
PRICE 진한 해물맛 볶음참깨 된장 라멘 980엔, 볶음참깨 된장 라멘 980엔
OPEN 11:00~22:30(LO.22:00)
WEB www.yosiyama-shouten.com
WALK 메가 돈키호테 2분. 다누키코지 5초메

잡내가 1도 없는 맛있는 양고기
징기스칸

양고기를 솥뚜껑 모양의 냄비 위에 요리조리 구워먹는 요리 징기스칸. 홋카이도에서는 꼭 징기스칸 전문점이 아니어도 흔하게 만날 수 있는 메뉴지만, 기왕 비행기까지 타고 온만큼 유명 징기스칸 전문점에서 본격적인 식사를 즐겨보자. 스스키노에는 이름난 징기스칸 가게가 많다. 고기를 좋아하는 '돼지런한' 여행자는 물론이고 양고기 특유의 냄새가 없으므로 양고기라면 고개를 절레절레 하던 여행자에게도 강력 추천. 고기 굽는 냄새가 옷에 배고 연기 때문에 눈이 약간 따가울 수도 있지만, 이 정도는 감수할 수 있을 만큼 맛나는 시간이 될 것이다.

연기 샤워쯤은 기꺼이 감당하고 싶은 집
삿포로 징기스칸
さっぽろジンギスカン

1987년 오픈한 뒷골목 선술집 스타일의 가게다. 옆 사람과 어깨가 닿을 정도로 좁은 카운터석뿐이라 다소 불편하지만, 마치 일본 심야식당에 온 듯한 분위기가 매력 있다. 신선한 양고기를 고집하는 가게로, 생 램 징기스칸生ラムジンギスカン을 시키면 램 고기ラム肉(생후 약 12개월 이하)를 내준다. 양고기 기름에 노릇노릇 구워먹는 무제한 양파도 장점. 여기에 아스파라거스, 버섯 등의 구이용 야채 한 접시를 추가해도 별미다. 혼자서 1만엔 이상 먹어 치운 일본인도 발견! 창문을 열어 환기를 하는데도 양고기 굽는 연기가 어마어마해 온몸에 냄새가 밸 각오는 해야 한다. MAP ❺

GOOGLE sapporo genghis khan
PRICE 생 램 징기스칸 1200엔, 구이용 야채 한 접시 420~530엔
OPEN 17:00~22:00/수 휴무
WALK 스스키노 니카 사인 7분. 제6 아사히 칸코 빌딩第６旭観光ビル 1층

최고급 양고기를 제공한다는 자부심
이타다키마스
いただきます。

역시 카운터석 위주의 선술집 스타일이지만, 깔끔하고 세련된 분위기다. 100% 직접 키운 양으로 양질의 고기를 제공한다는 자부심으로 어느 정도 질이 보장된 양고기가 나온다. 다른 가게에는 없는 내장 부위를 먹어볼 수 있다는 것도 장점. 다만 접시당 양이 적어도 너무 적은 게 단점이다. 무턱대고 먹다가는 1만엔을 훌쩍 넘길 수 있으니 수시로 체크할 것. 처음 제공하는 기본 야채는 자릿세 개념으로 별도 청구된다(330엔). 직원이 응대할 수 있는 만큼만 자리에 앉히기 때문에, 빈자리가 있어도 밖에서 대기할 수 있다. MAP ❺

GOOGLE 이타다키마스
PRICE 징기스칸 세트(홋카이도산과 뉴질랜드산 혼합) 1480엔, 등심ロース 2560엔, 목살肩ロース 2178엔, 안심ヒレ 3960엔, 구이용 야채 리필 1접시 360엔
OPEN 11:30~14:30(L.O.14:00), 16:00~22:00(L.O.21:30)/부정기 휴무
WEB itadakimasu.gorp.jp
WALK 스스키노 니카 사인 4분

양고기 맛 언덕에 올라보자

아지노히츠지가오카

味の羊ヶ丘

유명 징기스칸집의 웨이팅이 너무 길 때 꺼낼 수 있는 카드다. 여행자들 사이에선 잘 알려지지 않았지만, 일본 맛집 랭킹 사이트의 상위권을 차지하는 현지인 맛집. 허벅지살과 목살만을 다룬다. 둘다 씹는 맛이 좋지만, 좀 더 부드러운 걸 택하라면 허벅지살에 손! 양파, 파, 숙주 등 야채는 리필 가능해 부담도 적다. 마늘과 고춧가루를 기호에 따라 소스에 넣어 먹는 것을 추천한다. 흡연 가능한 곳이니 주의. MAP ⑤

GOOGLE 아지노히츠지가오카
PRICE 징기스칸 허벅지살ジンギスカンモモ肉 950엔, 징기스칸 목살ジンギスカン肩ロース 980엔
OPEN 12:00~다음 날 00:00(L.O.23:30)
WEB www.ajino-hitsujigaoka.com
WALK 스스키노 니카 사인 3분

한국인이 사랑한 맛집

다루마 본점

だるま 本店

여행자들 사이에서 가장 유명한 선술집 스타일의 징기스칸 맛집이다. 창업한 지 70년이 지났지만, 본점과 가까운 곳에 지점을 계속 늘려갈 만큼 여전히 세를 키우고 있다. 질 좋은 양고기를 사용하고 마늘과 고춧가루가 들어간 특제 소스가 인기의 비결로 꼽힌다. 15석뿐인 좁은 규모에 오픈 전부터 웨이팅이 생겨 언제가든 오래 기다려야 하지만, 막상 들어가면 접객이 무성의해 실망하는 사람도 많다. 팬도 많고 안티도 많은 맛집인 셈. 다른 지점의 맛도 거의 같으니 웨이팅을 줄이려면 주변 지점을 찾는 것도 방법이다. 근처에 4.4점·5.5점·6.4점·7.4점 등의 지점이 있다. MAP ⑤

GOOGLE 다루마 본점
PRICE 징기스칸 1280엔, 생맥주 650엔, 기본 야채(자릿세) 220엔
OPEN 17:00~23:00(L.O.22:30)/연말연시 휴무
WEB sapporo-jingisukan.info
WALK 스스키노 니카 사인 4분

GOOGLE 마츠오 징기스칸 스스키노점
PRICE 램 징기스칸 90분ラムジンギスカン食べ放題 1인 4200~4900엔(6~12세 반값)/2인 이상 주문 가능
OPEN 17:30~23:30(L.O.23:00)/화 휴무
WEB matsuojingisukan-susukino.gorp.jp
WALK 스스키노 니카 사인 5분

양념 징기스칸을 뷔페로 배 터지게!

마츠오 징기스칸 스스키노점

松尾ジンギスカン すすきの店

생 양고기를 구워먹는 징기스칸이 대세였던 홋카이도에서, 소스에 재운 양념 양고기를 도입해 이목을 집중시킨 브랜드다. 그중 스스키노점은 뷔페식이라 쉽게 주문할 수 있고 눈치 보지 않고 배 터지게 먹을 수 있어 애정하는 곳. 맛있게 굽는 노하우를 그림으로 세세하게 알려주고 접객도 친절하며, QR 코드 주문 방식이라 편리하다. 처음 징기스칸을 경험하는 사람에게 추천한다. 근처에 스스키노 4.2점すすきの4.2店이 있다. 구글맵에서 예약 가능. MAP ⑤

입안 가득 부드럽고 고소한 풍미

징기스칸 마루타케 스스키노 본점

じんぎすかん マルタケ すすきの本店

'일본 최고의 징기스칸 가게'를 목표로 하는 정겨운 분위기의 현지인 맛집. 특제 소스와 육향 제대로인 홋카이도산 양고기(한정)를 선보이는 데다 냄비까지 가게에서 직접 만드니 그야말로 징기스칸에 진심인 가게. 호주나 뉴질랜드산 양고기도 고품종만 취급한다. 예약 필수에 시간 제한(1인 60분, 2인 90분, 3인 120분)이 있는 등 운영 방침이 까다롭지만, 그만큼 뛰어난 퀄리티와 분위기로 징기스칸을 즐길 수 있다. 전화 예약 시 추천받은 메뉴로 주문하면 실패가 없다. 마무리는 기름진 입안을 깔끔하게 해주는 소금 아이스크림을 권한다. MAP ❺

GOOGLE 징기스칸 마루타케 스스키노 본점
PRICE 홋카이도산 양고기 모둠 2948엔, 소금구이 1408엔, 소금 아이스크림 638엔, 자릿세 550엔/1인
OPEN 17:00~23:00
(21:30까지 입장/L.O.22:00)/일 휴무
WEB www.facebook.com/maruka.sapporo/
WALK 스스키노 니카 사인 6분

+MORE+

24시간 따뜻한 주먹밥
니기리메시 にぎりめし

유흥과 환락의 거리 스스키노에서 늦은 밤 따끈하게 배를 채우기 좋은 24시간 주먹밥집. 편의점보다 높은 퀄리티의 50여 종의 일본식 주먹밥을 맛볼 수 있다. 한국어 메뉴판은 없지만, 파파고 등의 번역 앱을 이용하면 쉽게 주문할 수 있다. 명란 마요 주먹밥이나 명란 치즈 주먹밥이 인기이며, 주먹밥에 버섯 된장국을 곁들이면 잘 어울린다. 한밤중에 맥주 한 잔을 곁들여 먹어도 좋고 든든한 아침 식사 장소로도 추천. 테이크아웃 가능. MAP ❺

GOOGLE 니기리메시
PRICE 주먹밥 320~680엔
OPEN 24시간
WALK 스스키노 니카 사인 5분

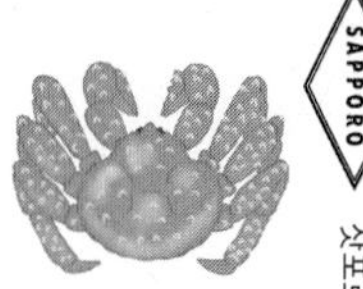

공복과 두둑한 지갑을 준비하세요

게 요리

각종 미디어에서 '게 요리만큼은 삿포로'라고 자주 등장해서 그런가, 주변 사람들의 삿포로 이야기에는 온통 게뿐이다. 털이 북실북실한 게가 통째로 삶아 나오는 모습을 보았다며 하도 군침들을 흘려대니, 도대체 '그 게' 어디서 먹나 싶어 삿포로 곳곳을 많이도 헤매고 다녔다. 스스키노에는 커다란 게 모형 간판을 달고 여행자를 유혹하는 게 요리 전문점이 많다. 대부분 안락한 다다미방을 갖췄고 맛과 가격도 비슷한 수준. 게 요리에 대한 자세한 내용은 046p 참고.

스키야키로 즐겨보자

카니야 본점

かに家 本店

550석 규모의 넓고 깔끔한 분위기와 레드 킹크랩 스키야키인 혼타라바카니스키本タラバかにすき 메뉴가 돋보이는 집이다. 스키야키란 육수에 식재료를 넣어 끓여 먹는 냄비 요리로 우리의 전골과 비슷하다. 게 사시미와 두부 등의 전채 요리로 식사를 시작한 뒤, 맑은 육수에 각종 채소와 두부, 게를 넣어 뜨끈하게 끓여 먹는다. 담백하면서도 깊은 국물 맛이 좋고 마지막에 남은 국물로 만들어 먹는 죽도 별미다. 구글맵에서 예약 가능. MAP ❺

GOOGLE 카니야 본점
PRICE 혼타라바카니스키 1만6280엔/1인
OPEN 11:00~15:00, 17:00~22:00
WEB www.kani-ya.co.jp/kani/sapporo/
WALK 스스키노 니카 사인 3분

나는 '게장군'이로소이다

홋카이도 카니쇼군 삿포로 본점

北海道かに将軍 札幌本店

카니야와 같은 그룹에 속한 대형 게 요리 전문점이다. 대게 샤부샤부 카이세키 코스, 나나카마도ななかまど를 비롯한 각종 호화로운 게 코스 요리를 맛볼 수 있다. 고풍스러운 분위기의 인테리어에 프라이빗한 개인실도 장점. 어린이용 카이세키 메뉴를 주문하면 게살튀김과 슈마이, 김밥, 장난감 등이 제공된다. 카니야 바로 옆 건물, 1층의 커다란 게 모형 간판이 스스키노의 밤을 화려하게 비춘다. 구글맵에서 예약 가능. MAP ❺

GOOGLE 카니쇼군 삿포로본점
PRICE 나나카마도 1만2980엔~, 어린이용(초등학생 이하) 카이세키 2750엔/1인
OPEN 11:00~15:00, 17:00~22:00
WEB kani-ya.co.jp/shogun/sapporo/
WALK 스스키노 니카 사인 4분

가성비 맛집을 부탁해

효세츠노몬

氷雪の門

우리나라 여행자들에겐 '빙설의 문'으로 유명한 게 요릿집. 60여 년의 업력을 지녔다. 점심에는 대게 구이와 게살 초밥, 게살 크림 고로케 등 알찬 구성의 홋카이도산 해산물 요리를, 저녁에는 왕게와 대게 샤부샤부 코스蟹のしゃぶしゃぶコース를 합리적인 가격에 맛볼 수 있다. 주말에는 예약하는 게 안전하다. MAP ❺

GOOGLE 효우세츠노몬
PRICE 런치 코스 5830엔~, 게살 샤부샤부 코스 9130엔
OPEN 11:00~15:00(L.O.14:00), 16:30~23:00(L.O.21:30)/토·일·공휴일은 브레이크 타임 없음
WEB www.hyousetsu.co.jp
WALK 스스키노 니카 사인 4분

시원한 술과 함께 저무는

여행지의 밤

하루를 마무리하는 여행지에서의 밤. 편하게 술 한잔 마실 선술집이 자동반사적으로 떠오른다. 삿포로의 밤을 책임지는 스스키노에는 해산물로 유명한 이자카야가 천지다. 단, 지갑이 홀쭉해질 각오가 필요하다.

다다미방에 오밀조밀 앉아 비우는 술잔

쿠사치 스스키노 본점

くさち すすきの本店

부담 없는 분위기, 비교적 저렴한 가격에 시간을 보낼 수 있는 선술집이다. 카니다루마かにだるま라는 메뉴가 인기로, 된장으로 양념한 게 요리를 게 껍데기에 채워준다. 맥주나 일본 술과 함께 즐기기에 제격. 5개 꼬치 모둠串本盛り合わせ까지, 상상했던 '일본의 이자카야'로 안내하는 곳이다. MAP ⑤

GOOGLE 쿠사치 스스키노 본점
PRICE 카니다루마 1100엔, 5개 꼬치 모둠 950엔, 삿포로 클래식 450엔~
OPEN 17:00~23:00/일·공휴일·연말연시 휴무
WALK 메가 돈키호테 2분. 미나미3 니시4 빌딩南3西4ビル 7층

세상 맛있는 홍살치에 녹다

향토요리 오가

郷土料理 おが

현지인에게 사랑받는 이자카야. 신선한 홍살치와 맛 좋은 게 요리를 대접받을 수 있다. 추천 메뉴는 홍살치 샤부샤부 코스きんきのしゃぶしゃぶコース로, 홋카이도산 소고기 스테이크, 털게 등껍질 그라탕, 홍살치 샤부샤부 등과 디저트까지 총 9종의 메뉴가 나온다. 삶은 털게와 대게 구이 등 8종의 메뉴로 구성된 카니즈쿠시 코스かにづくしコース도 호화롭다. 단, 주말과 공휴일에는 예약 인원이 많아 자리를 잡기가 힘든 편. 호텔 컨시어지에 예약을 부탁하거나 전날 직접 방문해 예약하는 것도 좋다. MAP ⑤

GOOGLE oga sapporo
PRICE 홍살치 샤부샤부 코스 9500엔~, 카니즈쿠시 코스 1만4000엔(2인부터 주문 가능)
OPEN 17:00~23:00(L.O.22:00)
WALK 스스키노 니카 사인 3분. 산스리 빌딩サンスリービル 8층

: WRITER'S PICK :

가격이 맙소사!

해산물 이자카야가 목적이라면 번화가 구석의 허름한 가게여도 가격이 천정부지로 솟을 수 있음을 알아두자. 우리나라 예능 프로그램에도 등장한 적 있는 소박한 이자카야의 메뉴판을 들고 경악했던 경험이 있다. 출연자들이 극찬했던 홍살치 요리가 10만원 돈, 여기에 술 한 잔 더하면 20만원 정도는 금방이었다. 본래 수수해 보이는 이자카야도 자릿세를 받고, 홋카이도의 신선한 재료를 사용한다는 프리미엄이 가격 상승의 요인이 되는 것. 하지만 그만큼 삿포로 이자카야여서 즐길 수 있는 포인트가 많은 셈이다.

이것저것 주문하다 보면 어느덧 야심한 밤

카이요테이 스스키노 본점

開陽亭 すすきの 本店

이번엔 우리나라 여행자에게 인기 있는 이자카야다. 스스키노 근방에 지점이 3개나 되는데, 특이하게도 하코다테 본점보다 삿포로 지점들의 평이 더 좋다. 여성들이 좋아하는 게살 크림 고로케カニクリームコロッケ가 시그니처 메뉴, 좋아하지 않을 수 없는 맛이다. 주먹밥에 성게를 올린 우니기리うにぎり나 산지 직송 춤추는 활오징어회活イカおどり造り, 술안주로 다부지게 등장하는 모둠회刺身盛合わせ도 꾸준히 콜을 받는 메뉴다. MAP ⑤

GOOGLE 카이요테이 스스키노 본점
PRICE 게살 크림 고로케 1개 680엔, 우니기리 1280엔, 모둠회 2860엔(2인분)
OPEN 17:00~24:00(일·공휴일 ~23:00)
WEB www.kaiyoutei.co.jp
WALK 스스키노 니카 사인 4분. 신주쿠도리 화이트 빌딩新宿通りホワイトビル 지하 1층

파이팅 넘치는 로컬 주점

아이요 미나미 4조점

あいよ すすきの 南4条店

스스키노에서 로컬 주점 분위기를 제대로 체험할 수 있는 이자카야다. 맛은 기본이고 활기 넘치는 직원들의 기분 좋은 서비스로도 높은 평가를 받는 곳. 현지인과 어우러져 왁자지껄한 분위기를 만끽하고 싶다면 카운터석을, 안락한 분위기를 원한다면 개인실을 추천한다. 산지에서 직송한 싱싱한 회와 굴, 조개 요리는 물론, 홋카이도의 명물 닭튀김 잔기나 야키토리에 이르기까지 맛있는 안주를 합리적인 가격에 즐길 수 있으며, 삿포로 시내에 있는 3개 지점 모두 인기가 좋다. MAP ⑤

GOOGLE 아이요 미나미 4조점
PRICE 모듬회 2199엔~, 야키토리 220엔~, 잔기 1개 164엔~, 자릿세お通し 473엔
OPEN 17:00~다음 날 01:00(금·토 및 공휴일 전날 ~06:00)
WEB aiyo-sapporo-minami4jo.com/
WALK 스스키노 니카 사인 2분. 와타나베 빌딩渡辺ビル 2층

밤에만 여는 재미난 빵집

요루노시게팡

夜のしげぱん

'밤의 시게 빵'이라는 독특한 이름을 가진 빵집. 2~3명이면 꽉 차는 비좁은 공간이지만, 밤새도록 먹음직스러운 빵을 만들어내서 한밤중에도 갓 구운 빵을 맛볼 수 있다. 단골손님은 퇴근길에 들르는 직장인들. 술 한잔 후 야식으로 빵을 사러 오는 손님들도 많다. 인기 1위 메뉴는 바깥에도 당당하게 진열해둔 카레빵이고 소시지빵, 메론빵, 초코소라빵, 크림빵 등 대부분의 빵이 200엔대로 저렴하고 맛있다. 빵 이름에 사람 이름을 붙여놓은 것도 유쾌하다. MAP ❺

GOOGLE 요루노시게팡
OPEN 17:00~다음 날 04:00/수 휴무
WALK 스스키노 니카 사인 5분. 제5 케이와 빌딩第5桂和ビル 1층

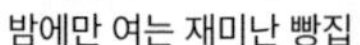

홋카이도 사케를 제대로 즐겨보자

직영 치토세츠루

直営 千歳鶴

창업 6대째인 홋카이도 사케 명가 치토세츠루의 직영 이자카야. 홋카이도산 제철 해산물요리와 향토요리, 약 30종의 술을 갖췄다. 주말과 공휴일엔 예약 필수인 인기 이자카야지만, 카운터석은 예약 없이도 종종 자리가 나기 때문에 늦은 밤 2차로 도전해볼 만하다. 추천 사케는 깔끔하고 달큰한 치토세츠루의 대표 사케, 다이긴조 킷쇼大吟醸 吉翔. 가격이 부담스럽다면 사케 3종 시음 세트인 다이긴조노미쿠라베 세트大吟醸飲みくらべ セット를 추천한다. 준마이다이긴조 수준의 킷쇼(상쾌한 여운), 치토세(풍부한 맛), 주이추주(부드러운 단맛) 3가지 술을 한 잔씩 제공한다. 가벼운 술안주로는 감자튀김과 토마토 모차렐라 치즈구이揚げ芋とトマトのチーズ焼き가 좋다. 홋카이도산 감자와 토마토, 치즈 본연의 맛이 훌륭하게 어우러진다. MAP ❺

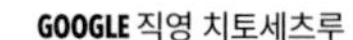

GOOGLE 직영 치토세츠루
PRICE 다이긴조 킷슈 1잔 1727엔/1병(720ml) 1만3530엔, 다이긴조노미쿠라베 세트 2178엔, 감자튀김과 토마토 모차렐라 치즈구이 715엔
OPEN 17:00~23:00(L.O.22:30)/일 휴무
WEB www.chitosetsuru.jp/food
WALK 스스키노 니카 사인 2분. 뉴스스키노 빌딩ニューすゝきのビル 1층

즐겁게 술을 마시는 대형 맥주 홀

라이온 다누키코지점

ライオン 狸小路店

샷포로 맥주의 전신인 샷포로 무기슈札幌麦酒가 1914년 창업해, 2014년 100주년을 맞은 빈티지한 비어홀이다. 소시지 등 간단한 안주와 함께 맥주 한 잔 가볍게 걸치기 좋은 곳으로, 이자카야와는 달리 자릿세가 없는 게 장점이다. 치킨 카라아게에 맥주 한잔을 비우기 좋은 곳. 2층의 아저씨 인형이 하루 종일 열심히 돌아다녔으니 이제부턴 맥주를 마시자고 유혹한다. MAP ❺

GOOGLE beer hall lion sapporo
PRICE 샷포로 생맥주 블랙라벨 638엔~, 라이온 치킨 카라아게 4조각 1034엔, 홋카이도산 소시지 5종 모듬 2178엔
OPEN 11:30~22:00(일 ~21:00)
WEB hokkaido-sapporolion.jp/shop/beerlion/tanukikoji.html
WALK 모육 삿포로 2분. 다누키코지 상점가 2초메

SPECIAL PAGE

내 맘대로 일본 이자카야 이용 팁!

우리나라에서 이미 익숙해진 줄 알았던 이자카야. 일본에 가면 또 새롭다.
일본 이자카야를 200% 즐기는 방법.

오토시お通し에 놀라지 말자

우리나라 여행자들 사이에서 흔히 '자릿세'로 통한다. 정확히 말하면 메뉴가 등장하기 전 미리 내주는 음식의 값이다. 대부분 300엔을 넘어 일본에서도 의견이 분분하단다. 젊은 친구들은 오토시를 반기지 않는 추세. 하지만 나이가 지긋한 세대에서는 오토시의 종류와 맛으로 가게의 수준을 가늠하기도 한다.

"토리아에즈 비루とりあえずビール"

일본 드라마나 영화를 보면 이자카야에 들어간 주인공이 가장 먼저 이렇게 얘기한다. "토리아에즈 비루." 우리말로 "일단 맥주 한 잔"이라는 의미다. 일본에서는 보통 맥주를 먼저 주문해 놓고 메뉴판을 찬찬히 보며 안주를 주문하곤 한다. 암호를 해독하듯 일본어 메뉴판에서 안주 고를 시간을 벌어보자.

해산물파라면, 사시미 모리아와세

일본의 이자카야는 해산물에 강한 곳과 야키토리(닭꼬치 등의 꼬치 요리)에 강한 곳으로 나뉜다. 메뉴에 사시미さしみ(刺身) 종류가 있다면 보통 해산물에 강한 곳이다. 이때는 모둠회인 사시미 모리아와세盛り合せ를 추천한다. 그날 들어온 해산물로 만든 다양한 생선회로, 메뉴판을 봐도 뭐가 뭔지 헷갈리거나 그날 좋은 생선을 일일이 물어보기에 민망할 때 좋은 선택이다.

해산물이 싫다면, 카라아게 & 야키토리

우리에게 치킨이 있다면 일본에는 카라아게空揚げ(가게에선 보통 唐揚げ로 표기)가 있다. 치킨과 비교하면 튀김이 약간 더 가볍고 양념이 없는 게 특징. 닭고기에 녹말가루나 밀가루를 묻혀 바삭하게 바로 튀겨주는 카라아게는 이자카야에서 먹기 좋은 메뉴다. 만약 일본 식당에서 카라아게를 주문했는데 맛이 없다면 그 집은 정말 별로라는 정설이 있을 정도.

하코다테 지역에서는 돼지고기를 쓰기도 하지만, 야키토리焼き鳥는 대부분 닭고기 꼬치구이라고 보면 된다. 메뉴에 야키토리 모둠이 있다면 모둠 메뉴로 추천. 양념인지 소금 간인지에 따라 꼬치의 종류가 다르다. 일반적으로 어린이는 양념 소스인 타래タレ를, 어른은 소금 간인 시오塩를 선호한다고.

술이 무제한! 노미호다이

애주가라면 비싼 이자카야에서 맘 상하지 말고 노미호다이飲み放題를 찾는 것도 좋은 방법이다. 일종의 술 무제한 시스템. 일본에서 경기가 위축될 때 등장해 인기를 얻었다. 단, 퀄리티는 보장할 수 없으니 참고하시길. 음식이 무제한인 경우는 타베호다이食べ放題라고 한다.

술을 안 마신다면? 우롱차 & 하이볼

술을 즐기지는 않지만, 일본의 이자카야는 가보고 싶다면? 술을 아예 입에도 대지 못한다면 술과 너무 색이 다르지 않으면서 술안주와 의외의 궁합을 자랑하는 우롱차ウーロン茶를 주문하고, 조금은 즐길 수 있는 정도라면 하이볼ハイボール도 괜찮다. 하이볼은 위스키에 탄산수를 넣어주는 것이 정석. 가게마다 다른 스타일의 하이볼을 제공한다.

*일본의 실내 금연 정책상 2020년 4월 이전에 창업한 소규모 주점은 흡연이 가능한 곳이 많으니 흡연 여부는 입구에서 확인한다.

샷포로의 밤은 달콤하게 마무리

시메 파르페

맛있는 홋카이도 음식들로 배를 채웠다면 마무리는 달콤한 파르페다. 보통 술을 마시고 먹는 해장 라멘을 시메 라멘シメラーメン이라고 표현하는데, 삿포로에선 달콤한 파르페로 밤을 마무리하는 시메 파르페シメパフェ가 오랫동안 유행이었다. 삿포로 유흥 일번지 스스키노에 유난히 파르페숍이 많은 것도 그 이유다.

달콤한 행복 레시피

시아와세노레시피 스위트 플러스

幸せのレシピ～スイート～Plus

작고 아늑한 분위기의 파르페 전문점. 반짝이는 샹들리에와 붉은 톤의 인테리어, BGM까지 찰떡같이 어우러져 <이상한 나라의 앨리스> 속으로 순간 이동한 기분이 든다. 오래된 동화책을 펼친 것 같은 메뉴에는 파르페 일러스트가 세심하게 그려져 있는데, 실제 메뉴도 일러스트와 싱크로율이 높아 만족스럽다. 파르페에 넣는 젤라토는 100% 홋카이도산 우유로 만드는 수제 젤라토다. 현금만 가능. MAP ❺

GOOGLE 시아와세노레시피 스위트 플러스
PRICE 파르페 1180~1880엔, 탄산음료 500~600엔, 와인·칵테일 600엔~
OPEN 19:00~다음 날 03:00
WEB www.facebook.com/shiawaserecipe
WALK 스스키노 니카 사인 2분. 제32 케이와 빌딩第32桂和ビル 5층

낮과 밤이 다른 반전 아이스크림 가게

바라펭긴도우(바라 펭귄당)

バーラー·ペンギン堂

낮에는 아이스크림과 파르페를 파는 '아이스크림 펭귄당', 밤에는 주류와 파르페를 파는 '바라 펭귄당'으로 업종을 바꿔 운영하는 가게다. 나무로 만든 오래된 가정집을 개조해 특유의 아늑한 분위기로 현지 커플들의 사랑을 받고 있다. 여기에 아이스크림, 파르페, 와인, 샴페인, 위스키 등 메뉴만 80여 종을 갖췄다. 가게가 워낙 작고 간판도 따로 없어 입구를 찾기까지 시간이 조금 걸릴 수 있다. '아이스크림 펭귄당'은 현재 운영 중지 중. MAP ❹

GOOGLE 바라펭귄당
PRICE 파르페 1430엔~(음료 세트 1930엔~)
OPEN 18:00~23:00(L.O.22:00)/일·공휴일 13:00~18:00(L.O.17:00)/수요일·부정기 휴무
WEB www.instagram.com/barlorpenguindou
WALK 스스키노 니카 사인 6분

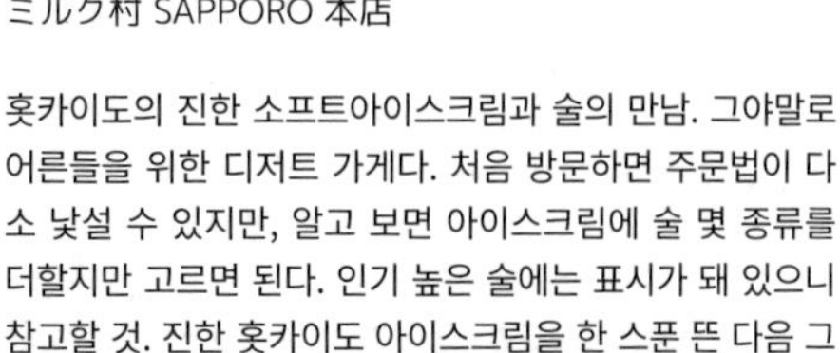

이상한 나라의 어른들

밀크무라 삿포로 본점

ミルク村 SAPPORO 本店

홋카이도의 진한 소프트아이스크림과 술의 만남. 그야말로 어른들을 위한 디저트 가게다. 처음 방문하면 주문법이 다소 낯설 수 있지만, 알고 보면 아이스크림에 술 몇 종류를 더할지만 고르면 된다. 인기 높은 술에는 표시가 돼 있으니 참고할 것. 진한 홋카이도 아이스크림을 한 스푼 뜬 다음 그 위에 몇 방울 술을 떨어트려 먹는 것이 가장 맛있게 즐기는 방법이다. 분홍·보랏빛의 조명, 복작대는 인테리어가 독특한 분위기를 만든다. 주말과 공휴일에는 웨이팅이 길다. MAP ❺

GOOGLE 홋카이도 밀크무라
PRICE A세트(술 2종, 컵 아이스크림, 크레페·요구르트, 커피)·B세트(술 3종, 컵 아이스크림, 커피) 2000엔
OPEN 13:00~23:00(수 17:00~)/월 휴무
WALK 스스키노 니카 사인 2분. 뉴호쿠세이 빌딩ニュー北星ビル 6층

주문처럼 외우는 밤의 단어

파르페, 커피, 리큐르, 설탕

Parfait, Coffee, Liquor, Sato

샷포로의 밤을 특별하게 만들어줄 카페 겸 바다. 초콜릿과 망고 파르페, 솔티드 캐러멜과 피스타치오 파르페, 제철 과일 파르페 등 케이크와 칵테일을 연상케 하는 예쁘고 호화로운 파르페는 비주얼도 맛도 모두 합격. 여기에 더해 글라스 와인과 일본주, 럼주, 수제 소주, 위스키 등 꼼꼼하게 엄선된 40여 종의 술도 즐겨보자. MAP ❹

GOOGLE 파르페 커피 술 사토
PRICE 파르페 1626~2053엔, 커피와 주류 600엔~
OPEN 13:00~다음 날 00:00, 금·토 13:00~다음 날 01:00/부정기 휴무
WEB www.pf-sato.com
WALK 모육 삿포로 5분. 기니나루木Ninaru 빌딩 1~3층/
지하철 오도리역 36번 출구와 연결된 건물에서 도보 1분

#Walk

삿포로 Old & New
소세가와 이스트

삿포로 동쪽에는 도시를 따라 길게 흐르는 작은 강 소세가와創成川가 있다. 에도 시대에 수로로 만든 인공 하천으로, 19세기 말까지 화물 수송에 쓰이며 이 주변 산업을 발전시킨 주역이었다. 강 주변에는 옛 창고와 공장 건물이 남아 있고, 다시 강을 기준으로 동쪽 지구를 소세가와 이스트創成川イースト(또는 소세가와 히가시創成川東)라고 부른다. 조용하고 서민적인 분위기가 물씬 나는 화려하지 않은 골목에서 커피 향을 벗 삼아 타박타박 걸어보자.

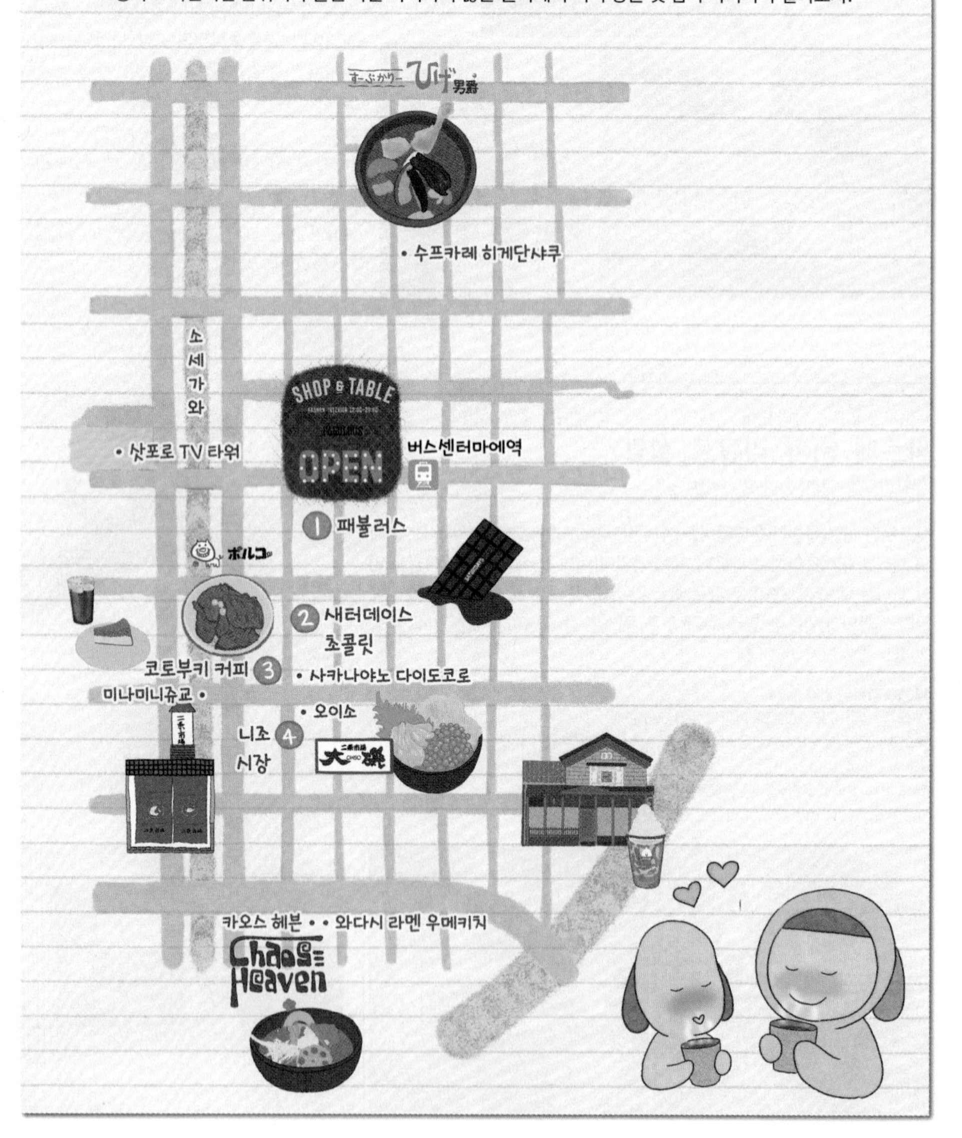

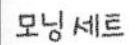

모닝 세트

1 이름처럼 멋스러운 카페
패뷸러스
FAbULOUS

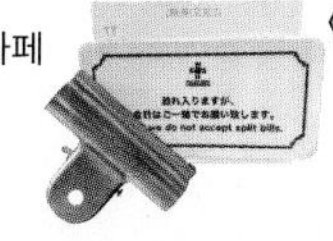

도심 속 문화 충전소와 같은 카페다. 매달 새롭게 걸리는 홋카이도 출신 작가들의 독특한 작품을 갤러리처럼 만날 수 있고, 의류를 비롯한 패션 잡화와 인테리어 소품 등 숍 인 숍 형태의 매장을 구경하는 재미도 색다르다. 커피도 맛있지만, 과일·야채·햄 치즈 샌드위치 또는 바삭하고 도톰한 토스트, 음료로 구성된 4가지 모닝 세트도 인기다. 매거진 속 촬영 장소로도 자주 소개될 만큼 소세가와 이스트의 심플하고 자유로운 분위기를 멋스럽게 전달하는 공간이다. MAP 4

GOOGLE fabulous sapporo
PRICE 패뷸러스 블렌드 커피 700엔, 모닝 세트 850~1250엔, 티라미스 680엔, 파르페 1300~1500엔, 디저트류에 드링크 추가 시 300엔
OPEN 모닝 타임 09:00~11:30(L.O.10:30), 런치 & 카페 타임 11:30~19:00(런치 세트 L.O.14:30), 숍 09:00~19:00
WEB www.rounduptrading.com
WALK 지하철 도자이선 버스센터마에역 3번 출구 1분/삿포로 TV 타워 4분

2 예쁜 것이 모이자, 사람들도 모였다
새터데이스 초콜릿
Saturdays Chocolate

'토요일'과 '초콜릿'이라니, 흥미로운 단어들만 모아서 이름을 만들었나 보다. 삿포로의 커플들은 모두 다 여기에 온 것처럼 현지인에게는 핫한 데이트 장소. 매장 안에는 차갑고 따뜻한 초콜릿 음료로 에너지를 충전 중인 손님들과 하나하나 예쁘게 포장된 초콜릿을 사려는 사람들로 북적인다. 니조 시장, 삿포로 TV 타워와 가까워 여행자의 동선과도 잘 맞으니 선물용으로 예쁜 패키징의 초콜릿을 담아보는 건 어떨까. MAP 4

GOOGLE saturdays chocolate
PRICE 초콜릿라테 550엔~, 핫초콜릿 650엔, 초콜릿 소프트아이스크림 480엔(계절 한정)
OPEN 10:00~18:00/수 휴무
WEB www.saturdayschocolate.com
WALK 지하철 도자이선 버스센터마에역 1번 출구 4분/삿포로 TV 타워 5분

소세가와 이스트를 닮은 카페 

코토부키 커피

寿珈琲

오래된 느낌이 소세가와 이스트의 분위기를 담뿍 머금고 있는 카페다. 수산시장(니조 시장)을 마주 보고 있다고는 상상할 수 없을 정도로 차분하고 묵직한 매력이 있다. 아담한 카페 안은 커피 향도 좋아 잠시 쉬어가기에 그만인지라, 진하고 묵직한 커피 한 잔으로 카페인이 당기는 오후의 노곤함을 떨쳐내기 좋다. 일정이 바쁘다면 매장에서 마시는 것보다 저렴한 테이크아웃을 추천. MAP ❹

GOOGLE 코토부키 커피
PRICE 커피 580엔~(테이크아웃 500엔~)
OPEN 09:00~24:00(일·공휴일 10:00~20:00)
WEB kotobuki-coffee.com
WALK 스스키노에서 소세가와의 미나미니쥬교みなみにじょうばし 건너 1분

카이센동 먹으러 가는 시장

니조 시장

二条市場

19세기 후반부터 역사를 쓴 수산시장. 삿포로 중심부에 있어 접근성이 좋은 편이다. 다만 규모가 작고 현지인의 발길이 뜸해, 떠들썩한 시장 구경을 기대한다면 실망할 수 있다. 신선한 카이센동海鮮丼(해산물 덮밥)을 목표 삼는다면 들러볼 만하지만, 가격이 저렴하진 않다. MAP ❹

GOOGLE 니조시장
OPEN 07:00~18:00(가게마다 다름)
WALK 지하철 도자이선 버스센터마에역 1번 출구 5분/스스키노에서 소세가와의 미나미니쥬교みなみにじょうばし 건너 바로

속속 숨어있는

이 근처 맛집 리스트

소세가와(소세강)를 기준으로 동쪽 동네는 북적대는 환락가 스스키노와는 다른 차분한 모습을 보인다. 현지인이 살고 있는 집이 이어진 길이나 평범해 보이는 골목이 이 일대의 보통 풍경. 마치 삿포로의 일상 속에 들어온 듯한 기분을 느낄 수 있다. 하지만 여기도 엄연히 삿포로. 한 집 걸러 한 집이 맛집이 아닐 수 없다. 여행자들의 필수 코스인 니조 시장과 그 근처 속속 숨어있는 최고 인기 맛집을 찾았다.

니조 시장 인기 스타

사카나야노 다이도코로 니조 시장 본점

魚屋の台所 二条市場本店

엄밀히 말하면 니조 시장의 건너편. 한 걸음 떨어져서일까, 현지인이 비교적 많은 카이센동(해산물 덮밥)집이다. 카운터석에 앉으면 일본인 여행자에게 '마루야마 동물원에 가서 튀김빵을 먹어라'는 둥 훈수를 두는 셰프의 목소리도 들을 수 있다. 추천 메뉴는 그날 가장 신선한 해산물에 따라 달라지니 용기 있게 '오스스메 메뉴おすすめメニュー(추천 메뉴)'를 물어보자. 문 닫는 날이 많으니 홈페이지에서 영업일을 확인하고 가야 한다. MAP ❹

GOOGLE 사카나야노 다이도코로 니조시장점
PRICE 해산물 덮밥 1800~3800엔(성게 덮밥은 시가)
OPEN 07:00~15:00(재료가 떨어지면 종료)
WEB sakanayano-daidokoro.com
WALK 스스키노에서 소세가와의 미나미니쥬교みなみにじょうばし 건너 2분

니조 시장 부동의 명성 No.1

오이소

大磯

사카나야노 다이도코로와 길 하나를 사이에 둔, 역시 카이센동 맛집이다. 우리나라, 중국, 타이완 등 해외에서 온 여행자들이 관광 코스처럼 방문하는 곳으로, 위치가 대로변에 있어 찾기 쉽고 메뉴에 사진을 첨부해서 주문하기 편리하다. 그렇다고 맛이나 수준이 떨어지는 것도 아니니 걱정하지 마시라. 성게, 대게, 연어알이 모둠으로 나오는 3색 덮밥이 인기 메뉴다. 한국어 터치패드로 주문한다. MAP ❹

GOOGLE 니조시장 오이소
PRICE 3색 덮밥 4200엔, 성게·연어·연어알 ウニ·いくら·サーモン 덮밥 3660엔
OPEN 07:30~15:30, 17:00~21:00(일·공휴일 07:30~16:00)/수 휴무
WALK 스스키노에서 소세가와의 미나미니쥬교 みなみにじょうばし 건너 1분

셰프의 진심이 담긴 한 그릇

와다시 라멘 우메키치

和だしらぁめん うめきち

멸치와 다시마 육수를 사용한 니보시 라멘煮干しらぁめん으로 성공을 거둔 집. 촉촉한 차슈와 아삭한 멘마를 씹으며 잡내 없는 깊은 맛의 국물을 후루룩 마시다 보면 어느새 그릇이 바닥까지 싹 비어 있다. 매운맛을 좋아한다면 펀치 라멘을 추천. 육즙 머금은 닭고기 교자도 라멘과 궁합이 잘 맞는다. 전직 복서 출신 셰프가 현역 시절 체중 관리를 하면서 하루 한 끼의 소중함을 누구보다 잘 알기에 건강한 식재료만 골라서 요리한다고. 깔끔한 인테리어와 세심한 서비스로 여성 고객도 즐겨 찾으며, 저녁에 문을 열어서 한밤중에도 이용할 수 있다. MAP ❷

GOOGLE 우메키치
PRICE 니보시 라멘 900엔, 펀치 라멘 1000엔, 교자(5개) 500엔
OPEN 19:00~다음 날 01:00(금·토 ~03:00)/일 휴무
WALK 지하철 도호선 호스이스스키노역 5번 출구 5분

소박한 맛으로 현지인을 사로잡은 집

수프카레 히게단샤쿠

すーぷかりー ひげ男爵

'수염 남작'이란 이름의 수프카레집. 국물이 다른 집보다 담백하고 자극적이지 않아서 마지막 한 방울까지 남김없이 마실 수 있다. 추천 메뉴는 잘 구운 닭 다리가 등장하는 치킨チキン 수프카레. 맵기는 3이 적당하다. 밥양은 기본으로 제공되는 300g부터 무려 1.2kg(275엔 추가)까지 선택할 수 있는데, 1.2kg을 싹 비운 대식가들은 SNS에 기쁘게 인증샷을 남기기도 한다. 삿포로 수프카레를 소재로 한 일본 드라마 <수프카레>에 소개돼 현지인에게 꾸준히 사랑받는 집으로, 번화가를 피해 조용히 수프카레를 음미하고 싶을 때 들러보길 권한다. 돼지고기는 '포크ポーク', 채소는 '베지터블ベジタブル', 다진 소고기와 낫토는 '키마 낫토キーマ納豆'를 고른다. MAP ❹

GOOGLE 히게단샤쿠
PRICE 치킨 수프카레 1350엔, 기타 수프카레 1250~1750엔
OPEN 11:00~15:00, 17:00~22:00
WALK 지하철 도자이선 버스센터마에역 5번 출구 5분/삿포로 TV 타워 6분

내 맘대로 조합해 먹는 수프카레

카오스 헤븐

Chaos Heaven

삿포로 중심가에서는 살짝 벗어났지만, 지역 주민 사이에서는 인기 스타라 오픈 시간 전부터 줄이 생긴다. 먼저 수프카레 종류를 고른 뒤 총 4가지 수프 스타일(믹스, 카오스, 토마토, 코코넛) 중에서 취향껏 선택하면 된다. 추천 메뉴는 살짝 매콤한 치키치키(바삭한 맛パリパリ과 부드러운 맛やわらか 중 바삭한 맛 추천) 수프카레에 믹스 스타일을 조합한 것. 홋카이도산 우유를 넣어 부드럽고 걸쭉한 수프의 농도가 매력을 더한다. 1에서 10까지 맵기도 정할 수 있는데, 5를 넘어서면 약간 맵게 느껴진다. 현미를 섞어 영양소가 풍부한 밥도 특징. 그 위에 예쁘게 올려주는 반숙 달걀도 먹음직스럽다.
MAP ❹

GOOGLE 카오스헤븐 수프카레
PRICE 치키치키 수프커리 1290엔/밀크·토마토 스타일 수프 160엔 추가(카오스 스타일 무료)
OPEN 11:30~15:00, 17:00~21:00/화 휴무
WALK 지하철 도호선 호스이스스키노역 5번 출구 5분. 프리웨이フリーウエイ 2층

삿포로에서 가장 오래된 도시 공원
나카지마 공원 中島公園

'일본 공원 100선'에 꼽히는 나카지마 공원은 삿포로 서민들의 휴식처로 오랫동안 사랑받아 왔다. 백 년을 훌쩍 넘긴 나무들이 만들어낸 울창한 녹음과 예쁜 연못, 걷기 좋은 풀밭 등이 곳곳에 펼쳐진다. 축구장 33개 면적에 달하는 넓은 공원 안에는 정원과 음악홀, 천문대 등 다양한 시설이 있다. 스스키노 한복판에서 남쪽으로 도보 약 10분 거리다.

GOOGLE 나카지마 공원
OPEN 24시간
WALK 지하철 난보쿠선 나카지마코엔역中島公園 1·3번 출구 바로

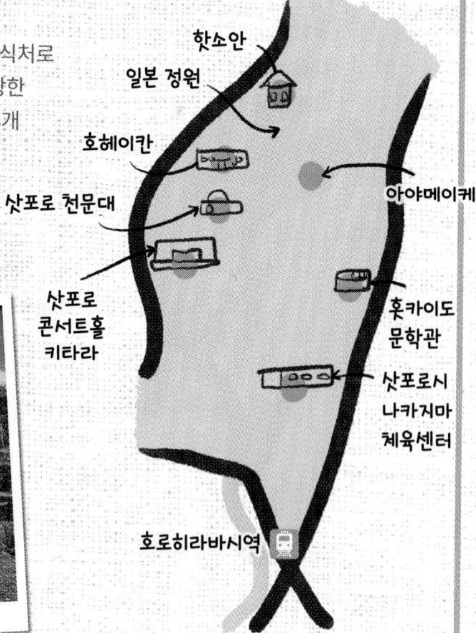

가을 풍경이 압권

일본 정원

日本庭園

공원 안에는 연못 중심으로 일본 정원이 조성돼 있다. 가을이면 연못 수면에 비치는 알록달록한 단풍이 무척 아름답다. 오래된 민가처럼 보이는 핫소안八窓庵은 에도 시대 다인이자 건축가 코보리 엔슈小堀遠州가 현재의 시가현에 지었던 다실을 20세기 초 옮겨온 것. 삿포로 시내에서 가장 오래된 목조 건축물로, 국가지정중요문화재로 지정돼 있다.

메이지 시대가 남긴 건축물

호헤이칸

豊平館

일본 정원을 지나면 또 다른 국가지정중요문화재인 호헤이칸이 등장한다. 1881년 메이지 정부가 세운 유일한 호텔 건물로 오도리공원 부근에 개관했으나, 1958년 나카지마 공원으로 이축됐다. 내부에는 메이지 일왕이 투숙한 객실을 재현한 방과 화려한 샹들리에, 건물 역사에 관한 전시물 등이 있다.

첫사랑이 지나간 자리

삿포로시 천문대

札幌市天文台

1958년 개관한 삿포로시 천문대는 넷플릭스 드라마 <더 퍼스트 러브 하츠코이>에 등장해서 최근 더 유명해졌다. 내부에는 구경 20cm의 굴절망원경이 설치돼 있다. 무료 공개 시간은 10:00~12:00, 14:00~16:00(월·화요일 및 공휴일 다음날, 연말연시 휴관). 홈페이지에서 야간 예약(무료)도 가능하다.

\#Walk

캠퍼스를 걷는 즐거움

홋카이도 대학

1876년 삿포로 농업학교로 개교한 홋카이도 대학北海道大学은 현재 대학병원과 종합박물관 등을 거느린 도내 유명 종합 대학이다. 약 177만㎡ 부지에는 포플러 가로수길, 작은 강이 흐르는 공원, 전쟁 때 거의 피해를 입지 않은 오래된 건물 등 볼거리가 많아 산책하기에 좋으며, 현지인이 아침 조깅하는 모습도 구경할 수 있다. 애칭은 줄여서 '호쿠다이北大'. 다만 관광 목적의 차량(렌터카)은 캠퍼스로 진입하기 힘들다는 점을 참고하자. MAP ❷

GOOGLE 홋카이도대학
WEB www.hokudai.ac.jp
WALK JR 삿포로역 북쪽 출구 8분

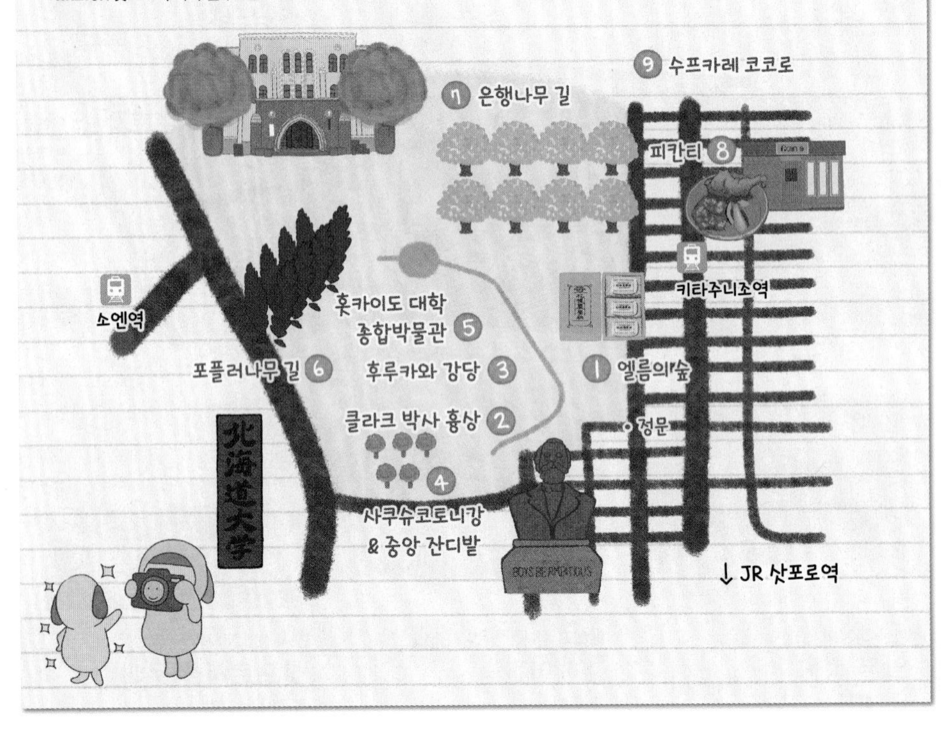

기념품과 지도는 여기서 챙기자

엘름의 숲

エルムの森

홋카이도 대학 정문으로 들어서면 인포메이션센터가 있는 엘름의 숲과 만난다. 종합 안내 지도를 얻을 수 있고 기념품숍과 카페가 함께 있어 산책 전 둘러보기 좋다. MAP ❷

호카이도 대학의 스타

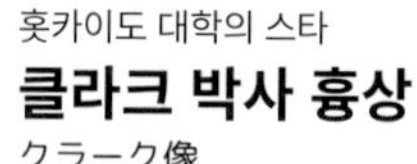

클라크 박사 흉상

クラーク像

삿포로 농업학교의 초대 교감으로, 우리나라에서는 흔히 "소년이여, 야망을 가져라(Boys be ambitious)"라고 해석되는 유명한 말을 남긴 주인공이다. 히츠지가오카 전망대(225p)에 전신 동상이 세워진 바로 그 인물. 홋카이도는 물론 일본 전체가 높이 사는 인물로, 1926년 개교 50주년을 기념해 세워진 이후 일본 전역에서 몰려든 인파로 대학 연구에 지장이 생긴 적도 있었더란다. 태평양 전쟁 중 금속 헌납으로 녹여졌다가 1948년에 복원되었다. MAP ❷

멋스러운 산책의 체크 포인트

후루카와 강당

古河講堂

구리 광산과 금속가공업으로 시작해 재벌이 된 후루카와 그룹이 헌납한 금액으로 1909년 지은 건물이다. 미국 빅토리아 양식으로 벽을 만들고 프랑스에서 공수한 맨사드 지붕을 올렸다. 여러 건축 양식이 융합된 형태가 예스러운 분위기를 고스란히 품고 있다. 현재는 문학연구학과의 연구실로 사용 중이다. MAP ❷

누구에게나 쉴 공간을 주는

사쿠슈코토니강 & 중앙 잔디밭

サクシュコトニ川

지금은 작은 개울 정도지만, 옛날에는 연어가 올라올 정도로 풍성한 강이었다고 한다. 교내를 흐르는 이 작은 개울과 중앙의 널찍한 잔디밭이 홋카이도 대학이 지닌 특유의 목가적인 풍경의 주역. 학생들은 물론 삿포로 시민들도 자주 찾는 오아시스 같은 공간이다. MAP ❷

박물관을 좋아한다면?

홋카이도 대학 종합박물관

北海道大学総合博物館

1999년 홋카이도 대학 전체의 학술 자료를 정리하고 학교 내부와 외부에 정보를 교류하기 위해 만들었다. 학술 표본의 전시 및 공개 등의 역할을 한다. 학생이 아니더라도 관람할 수 있으며, 입장료는 무료. 기념품숍이 붙어 있고 소프트아이스크림을 팔기도 한다. 월요일은 휴관. MAP ❷

호카이도 대학 산책의 하이라이트

포플러나무 길

ポプラ並木

1903년 소규모로 포플러 나무를 심기 시작해, 1912년 임학과 학생들의 실습으로 더 풍성해지며 포플러 가로수 길이 만들어졌다. 2004년 태풍으로 절반에 가까운 나무들이 쓰러졌으나, 일본 전역에서 기부금을 받아 다시 세우기도 했다. 이후에도 공들여 가꾸고 있는 홋카이도 대학의 하이라이트로, 현재 산책은 80m 정도 가능하다.

MAP ❷

+MORE+

유키무시 雪虫

홋카이도에서는 겨울이 오기 전 유키무시라는 벌레가 나타난다. 초파리를 닮은 아주 작은 벌레로, 이 벌레가 나타나기 시작하면 곧 눈이 온다는 속설이 있다. 삿포로 여행을 다녀온 사람들이 남긴 후기 중에 "날파리가 왜 이리 많나요?"라는 글이 종종 보이는데, 이게 바로 유키무시 때문이다. 쌀쌀했던 어느 가을 날, 산책을 방해하는 무시무시한 벌레떼의 공격에 필자도 깜짝 놀랐다.

가을에는 온통 노란색 세상

은행나무 길

イチョウ並木

380여m 길 양쪽에 70그루의 은행나무가 가을이면 노란 잎으로 변신한다. 1939년 심은 나무들로 매년 짧은 전성기를 보내지만, 홋카이도 대학을 대표하는 명소임에는 틀림없다.

MAP ❷

: WRITER'S PICK :

호쿠다이 가을 산책

홋카이도 대학(줄여서 '호쿠다이'라고도 부른다) 은행나무 길은 매년 가을 노란 낙엽비가 내리는 삿포로 단풍 명소다. 주말이면 양쪽으로 늘어선 70여 그루의 은행나무가 노랗게 변하는 장관을 만끽하려고 많은 현지인이 이곳을 찾아온다. 주인과 함께 산책 나온 각양각색 강아지들을 구경하는 것도 소소한 재미다. 산책은 자유롭게 할 수 있지만, 대학교 교정이기 때문에 외부 차량 통행 불가, 차도에서 사진 촬영 및 무단횡단, 삼각대 사용 금지 등 몇 가지 지켜야 할 기본 수칙이 있다.

8 따끈한 수프카레 국물로 유종의 미!

피칸티

Picante

홋카이도 대학가 맛집으로 유명한 전설의 수프카레집이다. 미슐랭 가이드 홋카이도판에 빕구루망으로 등장, 합리적인 가격에 맛있는 식사를 할 수 있는 식당으로 인정받았다. 추천 메뉴는 바삭하게 튀긴 닭 다리가 포인트인 사쿠토 피카 치킨サクッとPICAチキン. 국물에 눅눅해지지 않도록 닭 다리는 독특한 그릇에 따로 담아 내온다. 피칸티 스페셜ピカスペシャル 역시 시그니처 메뉴(평일은 14:00부터 주문 가능). 반숙 달걀과 우엉, 마이타케(잎새버섯) 튀김이 풍성하게 올라간다. 모든 메뉴는 38억년의 바람38億年の風(진한 맛), 개벽開闢(담백한 일본풍), 아유르베다 약선アーユルヴェーダ薬膳(진한 약선식) 3가지 수프 종류 중에서 고를 수 있고 맵기 또한 선택 가능하다. 단, 맵기는 가장 약한 마일드를 골라도 입맛에 따라 다소 자극적으로 느껴질 수 있다. 보통의 입맛이라면 살짝 매콤한 2번 레귤러를 권한다. 삿포로역과 오도리 공원 사이에도 지점이 있다. MAP ❷

GOOGLE 피칸티 본점
PRICE 사쿠토 피카 치킨 1640엔, 피칸티 스페셜 1690엔/평일 런치 타임(11:30~14:00)은 50엔씩 할인/마이타케 토핑 290엔
OPEN 11:30~23:00(L.O.22:45)
WEB www.picante.jp
WALK 지하철 난보쿠선 키타주니조역北12条 1번 출구 4분

: WRITER'S PICK :

춤추는 버섯 토핑, 마이타케 舞茸

마이타케는 버섯 채집꾼들이 발견하면 기뻐서 춤을 췄을 만큼 일본에서 귀한 잎새버섯이다. 죽기 전에 먹어야 할 식재료로 꼽힐 정도. 단맛과 식감이 좋고 미네랄과 식이섬유가 풍부한 것으로 알려졌다. 피칸티의 수프카레 토핑 중에는 마이타케 튀김과 구운 마이타케가 있다. 개인적으로는 깔끔한 맛의 구운 마이타케를 추천. 홋카이도에서 자란 환상의 버섯 맛을 경험해보자.

9 대학교 앞 학생 맛집

수프카레 코코로

カレー食堂 心

홋카이도 대학생들이 즐겨 찾는 수프카레 맛집. 한국인 유학생들 사이에서도 입소문이 자자했는데, 2017년 홋카이도 미슐랭 가이드에 이름을 올리면서 더 유명해지더니 현재는 도쿄와 사이타마, 타이완에도 지점을 냈다. 진하고 깊은 국물은 프랑스와 이탈리아에서 요리를 공부한 셰프의 솜씨가 녹아 있고 토핑으로 올라가는 야채가 큼직한 것이 특징. 추천 메뉴는 17가지의 계절 야채와 닭고기를 푸짐하게 넣은 닭고기 야채 수프카레とり野菜のスープカレー. 드라이브스루, 테이크아웃 가능. MAP ❷

GOOGLE 스프카레 코코로
PRICE 닭고기 야채 수프카레 1580엔, 씨푸드 수프카레 1450엔, 스페셜 카레 2280엔
OPEN 11:30~21:30
WEB cocoro-soupcurry.com
WALK 홋카이도 대학 정문 13분/지하철 난보쿠선 키타주하치조역北18条 2번 출구 4분

SPECIAL PAGE

삿포로 여행 필수 코스!
삿포로 맥주 투어

맥주를 좋아하는 사람에게 삿포로는 분명 만족스러운 여행지다. 이곳에서만 맛볼 수 있는 개척사 맥주는 120여 년 전 맛 그대로를 추구하고, 공장 직송 맥주는 또 얼마나 신선한지. 집으로 돌아오는 공항에서 낑낑대며 맥주를 기념품으로 사는 이유도 홋카이도 한정판 맥주 삿포로 클래식サッポロクラシック이 있기 때문이다. 삿포로 시내에는 옛 양조장 건물을 개조한 '맥주 테마파크'가 들어섰나니, 애주가들이여 지금 당장 맥주 원샷 투어를 떠나자!

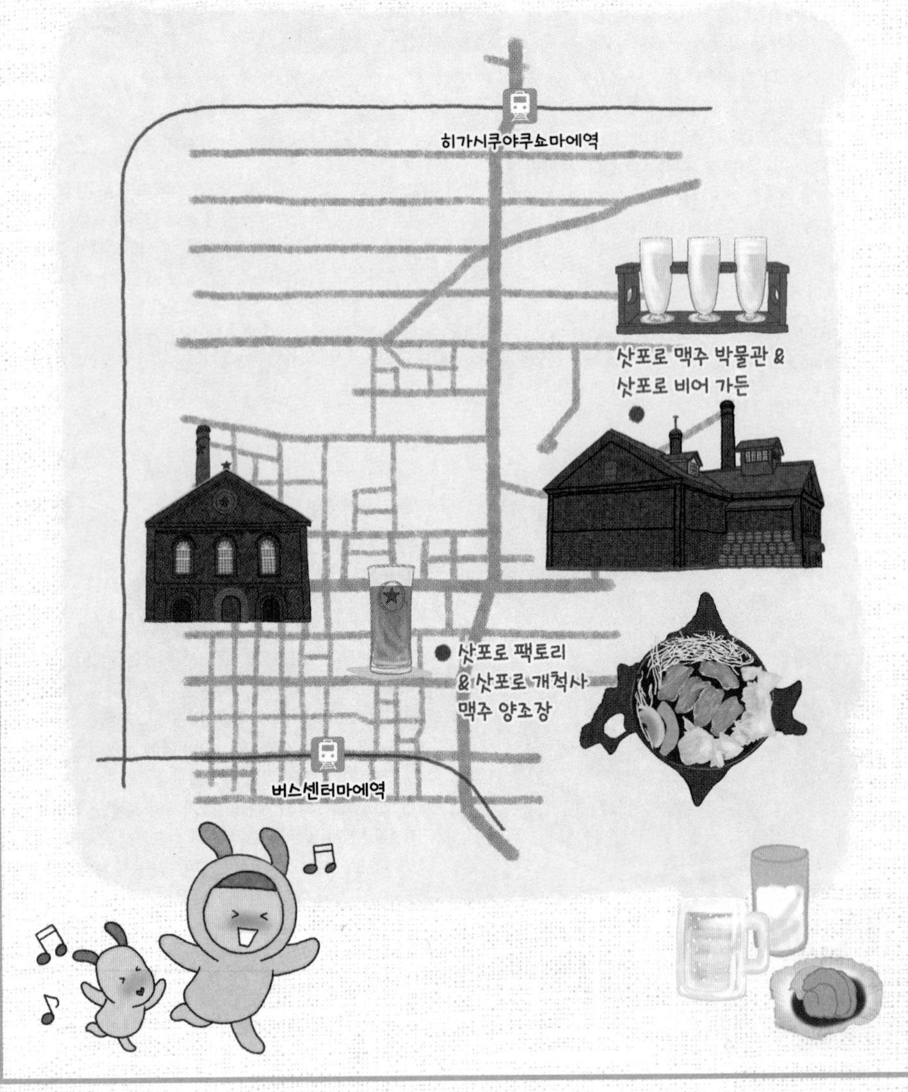

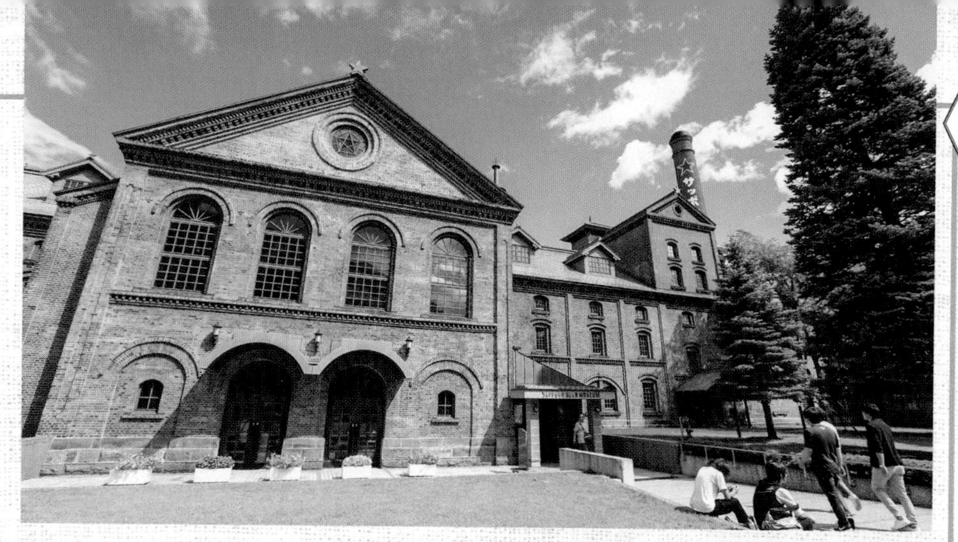

아무리 바빠도 여기는 가야지!

삿포로 맥주 박물관

サッポロビール博物館

1890년 건축된 빨간 벽돌 건물이 인상적인 이곳. 1960년대까지도 맥주 생산 공장으로 쓰이다가, 현재는 일본 유일의 맥주 박물관으로 변신해 자유 견학(15~20분 소요)과 프리미엄 투어(유료, 일본어 가이드 투어+1881년 당시의 맛을 재현한 '복각 삿포로 맥주'와 현대 생맥주 '블랙 라벨' 비교 시음)를 겸하고 있다. 박물관의 하이라이트는 맥주 시음 코너. 관람을 마치고 스타홀로 내려와 자판기에서 티켓을 뽑은 뒤 직원에게 보여주면 그 자리에서 공장 직송한 생맥주를 콸콸 부어준다. 홋카이도에서만 마실 수 있는 '삿포로 클래식', 40여 년간 베스트 셀러를 기록해온 '블랙 라벨', 그리고 삿포로 맥주의 첫 양조장에서 만든 '개척사 맥주'를 제공한다. 시음 코너 옆 기념품숍에서는 개척사 맥주와 홋카이도 공장 직송 맥주를 구매할 수 있다. MAP ❷

GOOGLE 삿포로맥주박물관
PRICE 자유 견학 무료(3층에서 시작, 2층에서 종료)/**프리미엄 투어** 1000엔(중학생~18세 500엔, 홈페이지에서 사전 예약 필수)/**스타홀** 블랙라벨과 클래식 450엔, 개척사 맥주 550엔(각각 240ml), 3종 샘플링 세트 1200엔, 소프트드링크 200엔~
OPEN 자유 견학 11:00~18:00(17:30 최종 입장)/**프리미엄 투어** 11:30~17:00(30분 간격, 월(공휴일은 다음 날) 휴무)/**스타홀** 11:00~18:30(L.O18:00, 최대 30분간 이용)/**견학 및 투어** 월(공휴일인 경우 그다음 날) 휴무, **전체** 연말연시·부정기 휴무
WEB www.sapporobeer.jp/brewery/s_museum/
WALK 지하철 도호선 히가시쿠야쿠쇼마에역東区役所前 4번 출구 10분/도큐 백화점 남쪽의 삿포로에키마에札幌駅前 정류장(Google: 3983+94 삿포로)에서 주오 버스中央バス 環88번(삿포로 맥주원·팩토리선, 약 20분 간격 운행, 240엔)을 타고 약 15분 뒤 삿포로비루엔サッポロビール園 하차 후 1분

+MORE+

프리미엄 투어로 삿포로 맥주 박물관 완전 정복!

프리미엄 투어는 가이드의 안내에 따라 영상 관람 → 전시실 관람 → 맥주 시음을 한다. 복각 삿포로제 맥주와 삿포로 블랙 라벨 시음까지 마치면 투어가 마무리. 최대 20명이 함께 둘러보는 50분 코스로, 일본어로만 진행되기 때문에 일본어에 서툰 여행자에게는 추천하지 않는다. 방문 4주 전부터 3일 전까지 홈페이지에서 프리미엄 투어를 신청(영문)하면 된다.

박물관 구경 후 본격적으로 마시자

삿포로 비어 가든

サッポロビール園

삿포로 맥주 박물관 옆에 자리한 크고 작은 5개의 레스토랑이다. 운영 시간 등도 삿포로 맥주 박물관과 동일. 생맥주와 어울리는 징기스칸부터 홋카이도의 신선한 해산물과 채소로 만든 다양한 메뉴를 만날 수 있다. 레스토랑 각각의 개성이 다르니 여행 구성원과 스타일에 따라 고르는 것이 팁. 기본적으로 안주는 징기스칸으로 통하며, 전형적인 비어홀의 느낌을 흥겹게 즐기고 싶다면 개척사관開拓使館을, 아이나 어르신과 함께라면 조용한 분위기의 레스토랑 라일락Lilac과 가든 그릴Garden Grill을 추천한다. 특히 개척사관 2·3층의 케셀홀ケッセルホール과 1층의 트롬멜홀トロンメルホール은 삿포로에서 징기스칸 요리를 말할 때 빼놓을 수 없는 맛집이다. 식사 시간 100분(테이블 이용 시간은 각 120분) 한정 뷔페로 양고기와 돼지고기·치킨 무한 리필에, 공장에서 갓 뽑은 삿포로 블랙라벨과 파이브 스타, 에비스 프리미엄 블랙 맥주를 맛볼 수 있다(음료 별도). MAP ❷

GOOGLE 삿포로 맥주원
OPEN 11:30~21:00(런치는 14:30까지 입장, 레스토랑에 따라 조금씩 다름)/12월 31일 휴무
PRICE 케셀홀·트롬멜홀: 100분 한정 뷔페 3600~7500엔, 일부 기간에만 운영하는 트롬멜홀 평일 60분 한정 런치 뷔페 3200엔/
라일락: 100분 한정 뷔페 4800엔, 60분 한정 런치 뷔페 3500엔
포플러관: 100분 한정 뷔페 4700~6200엔, 60분 한정 런치 뷔페 3000엔/
가든 그릴: 징기스칸 코스 4000~9000엔(음료 제외), 3종 징기스칸 런치 2680엔
*가든 그릴을 제외하고 초등학생은 반값
WEB www.sapporo-bier-garten.jp

: WRITER'S PICK :

캔맥주를 생맥주처럼! 스노우 헤드 만들기

맥주 박물관에서 마셨던 공장 직송 생맥주가 생각나는데, 당장 삿포로에 갈 수 없다면? 우리나라 TV 프로그램을 통해 공개된 삿포로 맥주 공장의 비법으로, 더 맛있게 캔맥주를 따라보자.

❶ 잔을 테이블 위에 놓고 충분히 거품을 내며 맥주를 잔의 반 정도로 따른다.

❷ 맥주와 거품의 비율이 1:1이 될 때까지 기다렸다가, 다시 잔의 90%까지 맥주를 따른다.

❸ 남은 맥주는 캔의 입구를 잔에 바짝 붙여 거품이 컵 위로 올라오도록 따라내면 끝.

쇼핑몰도 구경하고 개척사 맥주도 마시고!

삿포로 팩토리 & 삿포로 개척사 맥주 양조장

Sapporo Factory & 札幌開拓使麦酒醸造所

삿포로 팩토리는 양조장이던 옛 붉은 벽돌의 건물은 그대로 유지한 채 대규모 복합상업시설로 재탄생한 곳이다. 현지인에게 인기인 브랜드 매장들과 100엔숍, 프랜차이즈 카페와 식당, 게임 센터도 즐기고 소소하게 당시 양조장 외관을 구경하며 개척사 맥주를 맛볼 수 있다. 무료 견학이 가능한 삿포로 개척사(카이타쿠시) 맥주 양조장을 둘러본 뒤 바로 옆 삿포로 개척사 맥주 판매소(브루어리 1876)에서 직접 만든 개척사 시대 맥주를 맛볼 수 있다(900엔/500ml). 1876년 창업 당시의 맛을 재현한 개척사 맥주는 일반 맥주에 비해 거친 맛과 좀 더 강한 홉의 향을 느낄 수 있는데, 가벼운 느낌의 여과 버전과 묵직한 느낌의 무여과 버전을 비교 시음해보는 것도 좋다. MAP ❷

GOOGLE 삿포로 팩토리
OPEN 양조장 견학관 10:00~22:00(12월 31일 휴무)/브루어리 1876(유료 시음) 11:00~18:30(L.O. 18:00)/삿포로 팩토리 10:00~20:00(레스토랑 11:00~22:00)
WEB 삿포로 팩토리: sapporofactory.jp/
삿포로 개척사 맥주 양조장: sapporobeer.jp/brewery/sapporokaitakushi/
WALK 지하철 도자이선 버스센터마에역 8번 출구 6분/삿포로 TV 타워 12분

#Walk

오도리 공원에서 운치 따라 서쪽으로!

오도리 웨스트

삿포로의 중심을 둘러봤다면 오도리 공원 서쪽으로 삿포로의 예술과 디자인 감성을 만나러 가자. 아주 가까운 거리는 아니지만, 오도리 웨스트大通ウェスト에는 산책 삼아 걷기 좋은 미술관, 공원, 유명 디자인숍 등이 있다. 가로세로 격자로 이어진 길을 따라만 가면 되니 길 찾기도 노 프로블럼!

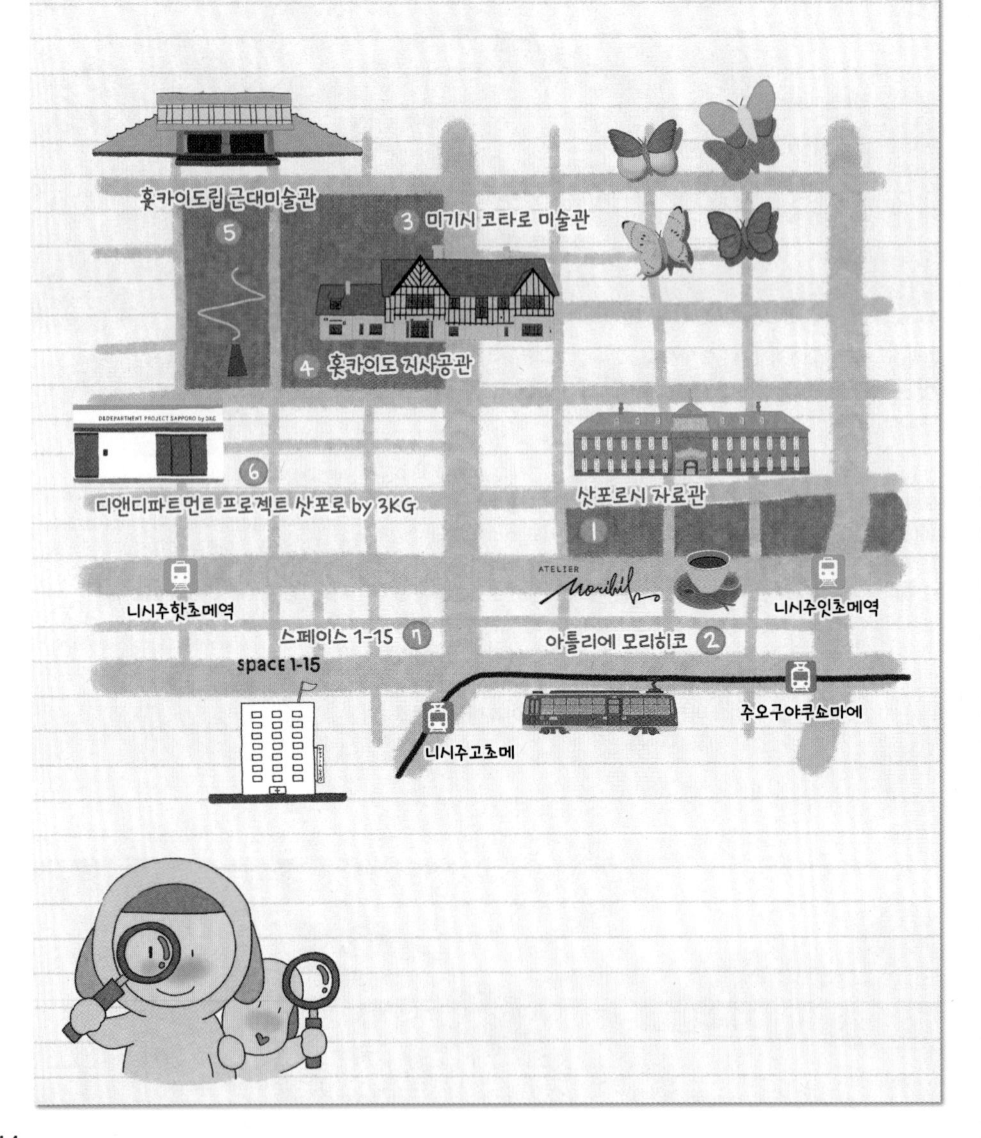

오도리 공원을 앞마당 삼은 운치 있는 건물
삿포로시 자료관
札幌市資料館

오도리 공원의 서쪽 끝, 위엄 있게 자리한 삿포로시 자료관이다. 1926년 고등법원 용도로 세워져 1, 2심 그 이상의 재판을 담당하는 법정이었다. 1973년 법원이 이전하며 자료관의 역할을 담당하게 되었고 2018년 3월 삿포로시 유형문화재로 지정되었다. 건축 재료로는 드물게도 삿포로 연석을 이용해 지었고 일본 다이쇼시대大正時代(다이쇼 일왕 통치 시기인 1912~26년)의 형사 법정을 재현한 1층이 주요 볼거리다. 이밖에도 때마다 기획전이 열리는 전시실 갤러리와 휴게 공간이 있다. MAP ❷

GOOGLE 삿포로시 자료관
PRICE 무료
OPEN 09:00~19:00/월(공휴일은 그다음 평일)·12월 29일~1월 3일 휴무
WEB www.s-shiryokan.jp
WALK 지하철 도자이선 니시주잇초메역西11丁目 1번 출구 4분

운치 있는 옛 건물이
기념 촬영하기에 좋은 배경입니다.
가장 예쁘게 사진을 찍으려면
오후 일찍이나 오전 중에
가는 것을 추천해요.
해 질 녘엔 역광이 된답니다.

② 집 앞에 두고 싶은 따뜻한 공간
아틀리에 모리히코
ATELIER Morihiko

맑은 날에는 커다란 창으로 들어오는 햇살이, 비 오는 날에는 빗소리를 타고 흘러오는 운치가 더없이 좋은 공간이다. 진한 산미가 매력적인 커피 한 잔을 시켜두고 아늑한 분위기에 취해보자. 한켠에서는 수제 비누와 패션 소품을 파는 편집숍 시에스타 라보Siesta Labo를 겸하고 있어 삿포로 스타일의 굿즈를 구하는 사람에게도 추천한다. MAP ❷

GOOGLE atelier morihico
PRICE 커피 891엔~
OPEN 08:00~19:00
WEB www.morihico.com/shop/atelier/
WALK 삿포로 전차 주오구야쿠쇼마에中央区役所前 정류장 1분

3 정원 산책이 기다려지는 미술관

미기시 코타로 미술관

三岸好太郎美術館

홋카이도 출신의 서양화가 미기시 코타로의 작품을 전시한 미술관이다. 31세에 요절한 작가의 유족이 220여 점의 작품을 홋카이도에 기증하면서 열린 공간. 나비와 조개 등 자연을 모티브로 한 회화와 조각 작품을 만날 수 있으며, 미술관을 둘러싼 정원이 예쁘기로 유명하다. 홋카이도 지사공관과 산책 코스로 이어져 있어 총총 뛰어다니는 다람쥐를 보며 이른 아침이나 해가 질 무렵 조용히 걷기 좋다. MAP ❷

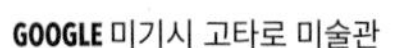

GOOGLE 미기시 고타로 미술관
PRICE 510엔(65세 이상 무료), 고등·대학생 250엔/홋카이도립 근대미술관 공통권 830엔, 고등·대학생 410엔/특별전 요금 별도
OPEN 09:30~17:00/월(공휴일은 그다음 날, 예술 주간(11월 1~7일)은 제외)·12월 29일~1월 3일 휴무
WEB artmuseum.pref.hokkaido.lg.jp/mkb
WALK 지하철 도자이선 니시주핫초메역西18丁目 4번 출구 7분

삿포로 시크릿 가든

홋카이도 지사공관

北海道知事公館(旧三井クラブ)

쭉 뻗은 오도리 공원의 특징이 개방감이라면, 지사공관을 둘러싼 정원과 잔디밭은 시크릿 가든 같은 매력이 있다. 내부 견학은 공무 등의 사정에 따라 때때로 제약이 따르지만, 정원은 개방 시간에 한해 자유롭게 드나들 수 있다. 너른 잔디밭의 풍경이 아름다워 각종 TV 프로그램의 로케이션 장소로 자주 얼굴을 비추는 곳. 목가적인 분위기의 공관 건물은 1999년 일본의 등록유형문화재로 지정되었다. MAP ❷

GOOGLE 홋카이도지사 공관
OPEN 09:00~17:00, 토·일·공휴일·연말연시(12월 29일~1월 3일) 휴관/정원 4월 말~11월 08:45~17:30(10월 ~17:00, 11월 ~16:00)
WEB www.pref.hokkaido.lg.jp/ss/tsh/koukan/72978.html
WALK 미기시 코타로 미술관 정원에서 이어진다.

홋카이도 예술의 자부심

홋카이도립 근대미술관

北海道立近代美術館

1977년 개관한 홋카이도 대표 미술관 중 하나. 홋카이도 작가들의 작품과 에콜드 파리(파리 파派, 모딜리아니·샤갈·수틴·후지타 등 제1차 세계대전경부터 제2차 세계대전 후까지 파리에서 활약한 외국인 예술가 집단) 작가들의 작품을 수집·전시하고 있다. 유리공예 컬렉션으로 특히 유명하며, 시즌마다 진행하는 특별전에는 세계적인 작가들의 작품이 들어와 늘 관심을 모은다. MAP ❷

GOOGLE 홋카이도립 근대미술관
PRICE 510엔(65세 이상 무료), 고등·대학생 250엔(토요일 고등학생 무료)/특별전 요금 별도
OPEN 09:30~17:00(16:30 최종 입장)/월(공휴일은 그다음 날, 11월 6일은 제외), 전시 교체 기간(홈페이지 참고) 휴무
WEB artmuseum.pref.hokkaido.lg.jp/knb/korean
WALK 지하철 도자이선 니시주핫초메역西18丁目 4번 출구 5분

지역과 상생하는 롱라이프 디자인

디앤디파트먼트 프로젝트 삿포로 by 3KG

D&DEPARTMENT PROJECT SAPPORO by 3KG

'롱라이프 디자인'을 제안하는 일본의 유명 디자인 그룹 디앤디파트먼트와 삿포로 지역 내 디자인 회사 3KG가 합작 운영하는 디자인 스토어. 각종 잡화를 다루는 1층과 가구 및 인테리어 소품을 구경할 수 있는 2층으로 구성됐다. 홋카이도에서 만든 디자인 상품은 물론, 일본 각지의 지역 산업과 전통 공예를 소개하는 <매거진 d>를 매장에서 펼쳐볼 수 있다. 오래된 건물의 차분한 분위기와 모던한 디자인의 상품을 진열한 공간 자체만으로도 충분히 매력적이다. MAP ❷

GOOGLE d&d sapporo 3kg
OPEN 11:00~19:00/일·월(공휴일은 다음 날) 휴무
WEB www.d-department.com/ext/shop/hokkaido.html
WALK 지하철 도자이선 니시주핫초메역西18丁目 4번 출구 2분

오래된 아파트에 입주한 작은 상점들

스페이스 1-15

SPACE 1-15

낡은 아파트 2~5·7~8층에 입점한 카페, 잡화·의류숍, 공방 등 20여 개의 상점이 주말에만 영업하는 독특한 명소다. 일반 아파트(일본의 맨션)이기 때문에 독특하게도 현관에서 인터폰을 눌러야만 안으로 들어갈 수 있는 구조다. 들어가고 나오는 사람이 많아 그 틈에 들어가는 것이 일반적인데, 인기척이 없다면 401호 카페 키친 토로이카(TOROIKA, 목~일 12:00~20:00) 버튼을 누르고 'Hello~' 하고 말해보자. 이곳에서 식사를 하거나 커피 한 잔 마시고 관내를 구경할 것을 추천한다. 가게 문을 열어 둔 곳 위주로 구경하면 된다. MAP ❷

GOOGLE 스페이스 1-15
OPEN 상점마다 다름
WEB www.space1-15.com
WALK 지하철 도자이선 니시주핫초메역西18丁目 5번 출구 3분

#Walk

느긋하게, 조용하게, **마루야마**

삿포로 사람들은 어떤 집에서 사는지, 어떤 길을 걷는지, 어떤 풍경을 보는지 궁금하다면 마루야마円山를 추천한다. 오도리 공원 서쪽 끝에서 약 2km 떨어진 지하철 마루야마코엔역을 중심으로, 오전에는 관광지 투어, 오후에는 카페 투어로 테마를 나눠 여행하면 더없이 좋다.

* 이 책에서 '마루야마'로 통칭한 지역은 상당히 넓다. 대중교통과 도보 이동을 적절히 섞어 여행하자.

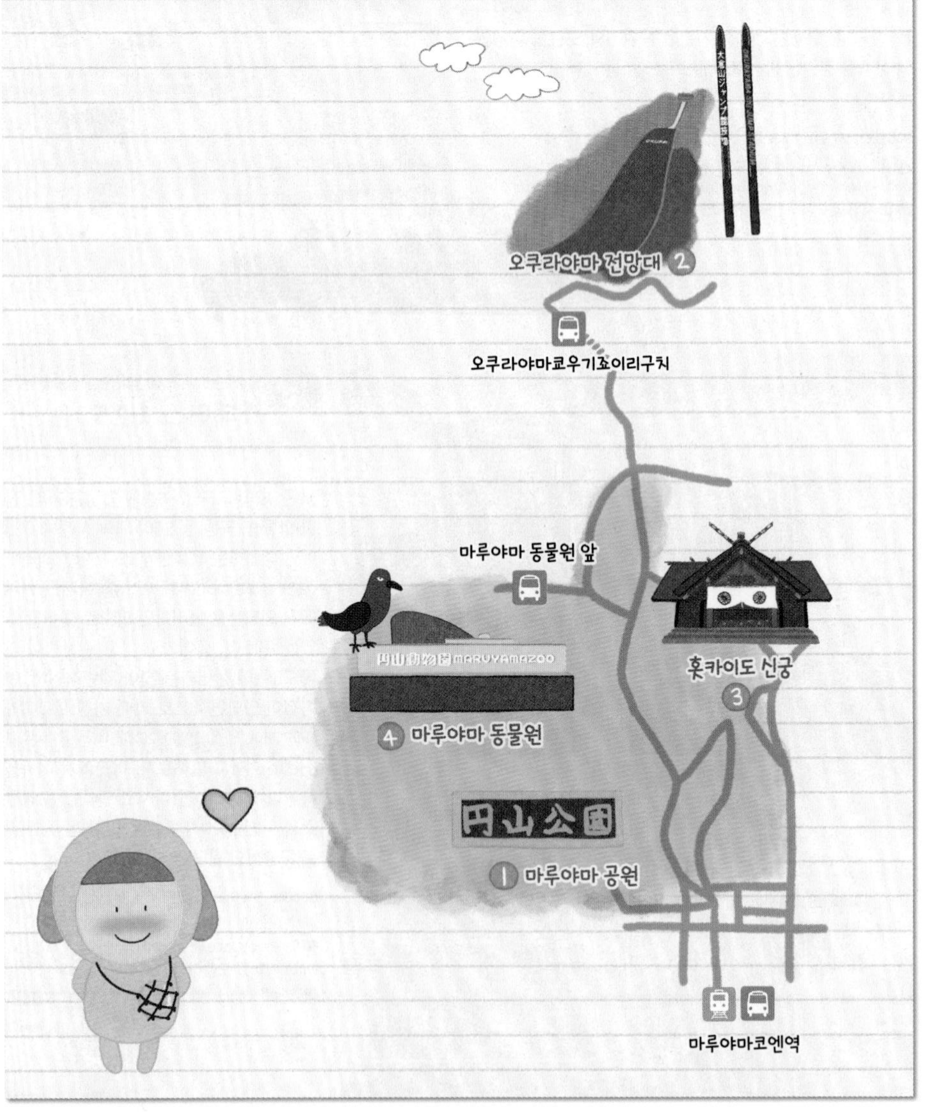

1 숨이 탁 트이는 피톤치드의 숲

마루야마 공원

円山公園

봄에는 벚꽃, 여름에는 울창한 나무가 만드는 그늘, 가을에는 단풍, 겨울에는 소복이 쌓이는 눈으로 삿포로 시민들에게 사랑받는 명소다. 규모가 어마어마한 이 공원의 하이라이트는 천연기념물로 지정된 마루야마 원시림. 높게 자란 울창한 나무들이 피톤치드를 내뿜는다. 나무데크로 정비된 산책길을 천천히 걸으면 걸음걸음 마주치는 다람쥐와 들새, 들풀과 예쁜 꽃들이 한 아름 웃음을 준다. 벚꽃이 피는 5월 초와 홋카이도 신궁 축제(삿포로 마츠리札幌まつり) 기간인 6월 중순이 가장 북적임을 기억해두자. MAP ❷

GOOGLE 마루야마 공원
WEB maruyamapark.jp
WALK 지하철 도자이선 마루야마코엔역円山公園 3번 출구 4분

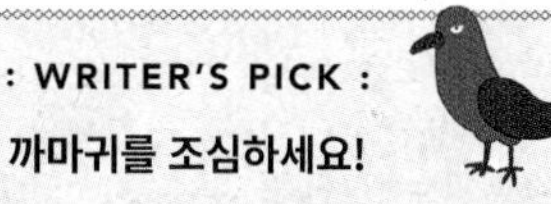

: WRITER'S PICK :

까마귀를 조심하세요!

마루야마 공원 곳곳에는 '까마귀를 조심하라'라는 안내판이 있다. 일본은 까마귀가 정말 많은데, 홋카이도 까마귀는 더 건강하고 과격한 느낌이다. 실제로 마루야마 동물원을 방문한 뒤 드라이브 길을 따라 공원으로 내려오던 중 까마귀의 공격을 당했다. 손에 들고 있던 우유팩이 문제였던 듯. 휴대한 음식물이나 비닐봉지는 한적한 길에서 까마귀의 타깃이 될 수 있다. 어린이를 동반했다면 반드시 손을 잡고 모자를 꼭 씌우도록 하자.

아찔한 스키점프대 위에서!

오쿠라야마 전망대

大倉山ジャンプ競技場

1972년 동계올림픽부터 사용한 스키점프대를 경기가 없는 날 일반에 전망대로 공개하고 있다. 해발 307m에서 보는 전망은 삿포로 여름 최고의 절경 중 하나. 리프트를 타면 점프대를 지나 여행자에게는 전망 라운지이자, 선수들에게는 출발점인 스타트 하우스에 도착한다. 상상보다 급격한 경사에 놀라는 사람이 많지만, 전망 라운지 카페에서 파는 소프트아이스크림 한입에 마음을 가라앉히고 느긋하게 전망을 즐길 것을 추천한다. 전망대로 올라오기 전 리프트 매표소 맞은편에는 삿포로 올림픽 박물관도 있다. MAP ❶

GOOGLE 오쿠라야마 점프 경기장
PRICE 리프트 왕복 1000엔, 초등학생 이하 500엔
OPEN 전망대 리프트 08:30~18:30(7~9월 ~20:30, 11월~4월 말 09:00~17:00), 4월 중순경 등 리프트 정비 기간 운휴(홈페이지 확인)/삿포로 올림픽 박물관 09:00~18:00(11월~4월 말 09:30~17:00)
WEB okurayama-jump.jp
BUS 지하철 도자이선 마루야마코엔역円山公園 2번 출구와 연결되는 마루야마 버스터미널 4번 승차장에서 JR 홋카이도 버스 오쿠라야마선大倉山線 쿠라마루호くらまる号(매시 15분에 출발, 240엔, 지하철+버스 이용 시 환승 할인됨)를 타고 약 15분 뒤 오쿠라야마점프쿄우기죠大倉山ジャンプ競技場 하차/7~9월엔 마루야마 버스터미널 3번 승차장에서 야간 셔틀버스 오쿠라야마 야경호大倉山夜景号가 무료 운행한다.

3

새해엔 북적북적, 홋카이도 대표 신사

홋카이도 신궁

北海道神宮

새해 첫날이면 약 80만 명의 참배객이 북적대는 홋카이도 최고 권위의 신사다. 1869년 본토에서 이주해 온 개척민이 의지할 곳을 만들고자 세워져, 홋카이도 개척에 기여한 3인을 신으로 모시기 시작했다. 이후 1964년에 메이지 왕까지 추가하며 현재는 4신을 모시고 있다. 흰 눈을 연상시키는 깨끗하고 예쁜 건물이 겨울과 찰떡궁합인 듯싶지만, 원시림에 둘러싸여 벚꽃과 매화가 아름답게 피어나는 봄날에는 인기가 대단한 꽃놀이 명소이기도 하다. 6월 14~16일의 홋카이도 신궁 축제를 시작하는 장소로, 이곳에서 4신을 태운 가마를 들고 삿포로 시내를 행진한다. MAP ❶

GOOGLE 홋카이도 신궁
OPEN 06:00~17:00(11~3월 07:00~16:00, 1월 1일 00:00~19:00, 1월 2~7일 06:30~, 행사 기간에 따라 다를 수 있음)
WEB www.hokkaidojingu.or.jp
WALK 지하철 도자이선 마루야마코엔역円山公園 3번 출구 15분

작지만 개념 찬 동물원

마루야마 동물원

円山動物園

산책 코스로도 좋고 어린이 동물원도 갖추고 있어 가족 단위 여행자라면 가볼 만한 곳이다. 1951년 개원 이래 170여 종의 동물이 살고 있으며, 멸종 위기에 처한 동물들의 생활과 번식을 돕는다는 목표가 있는 동물원이다. 실제로 북극곰, 오랑우탄 등의 번식 프로젝트를 진행하고 독수리를 비롯한 홋카이도 야생 동물들을 다시 자연의 품으로 돌려보내는 기술을 연구하고 있다. '홋카이도 동물원' 하면 당연히 아사히야마 동물원(392p)이 1순위지만, 여의치 않을 땐 북극곰과 에조불곰(홋카이도곰)을 만나고 작은 동물들은 만져볼 수도 있는 이 알찬 동물원도 괜찮다. 동선도 간단하고 실내 장소도 넉넉해 비 오는 날도 크게 불편하지 않다. 기념품숍에서는 동물 인형을 비롯해 각종 액세서리와 쿠키 등 다양한 기념품을 판매한다. 특히 북극곰의 이미지를 형상화한 패키지가 유명하며, 이는 마루야마 우유와 삿포로 라멘 등에도 등장한다. MAP ❶

GOOGLE 마루야마 동물원
PRICE 800엔, 고등학생 400엔, 중학생 이하 무료
OPEN 09:30~16:30(11~2월 ~16:00)/둘째·넷째 수(8월은 첫째·넷째 수), 4·11월 둘째 월~금, 12월 29~31일 휴무
WEB www.city.sapporo.jp/zoo/
WALK 마루야마 공원 입구 15~20분/지하철 도자이선 마루야마코엔역円山公園 2번 출구와 연결되는 마루야마 버스터미널 4번 승차장에서 JR 홋카이도 버스 동물원선 円15번, 循環円15, 円16번을 타고 약 5분 뒤 마루야마도부츠엔니시몬円山動物園西門 하차. 또는 쿠라마루호くらまる号를 타고 약 5분 뒤 마루야마도부츠엔세이몬円山動物園正門 하차(210엔)

마루야마 동물원 꼼꼼히 보기!

지하철 마루야마코엔역에서 마루야마 공원까지는 도보 약 5분. 마루야마 공원 초입에서 지루할 틈 없이 걷다 보면 15분 만에 동물원에 도착한다. 현재 동물원에서 가장 주목할 만한 포인트는 북극곰. 자연 번식이 어렵기로 소문난 북극곰이지만, 아빠 곰 디나리デナリ와 엄마 곰 라라ララ는 2003년 이후 8마리의 새끼 북극곰을 탄생시켰다. 이들 중 2014년에 태어난 암컷 리라リラ가 세계의 곰관에서 사랑을 독차지하는 중!

북극곰관 ホッキョクグマ館

폭설이 오는 겨울 추위에는 강하지만, 여름에는 한없이 약한 북극곰을 만날 수 있다. 멸종위기 동물이고 번식이 어려워, 한 마리 한 마리가 소중한 생명인 북극곰. 마루야마 동물원에서는 2년 간격으로 꾸준히 새끼가 태어나 북극곰과 인연이 깊다. 8마리의 새끼를 낳아 훌륭하게 키운 라라가 2014년 낳은 리라는 쾌활한 성격에 장난기가 많다. 수영장을 향해 뛰어들어 첨벙첨벙 물놀이하고 관람객을 향해 물을 튀겨주기도 해서 주변에 항상 인파가 몰린다.

에조불곰관 エゾヒグマ館

홋카이도에서 사는 거대한 갈색곰인 에조불곰은 동물원 깊숙한 곳에 자리하고 있다. 곰이 쾌적하게 지낼 수 있도록 동굴, 물웅덩이, 경사가 있는 언덕 등을 배치한 것이 공간의 특징. 관람객과 가장 가까이서 만날 수 있는 아크릴 창을 두었는데, 곰이 종종 이 아크릴 창으로 와서 사람들을 구경하기도 한다. 눈앞까지 나타나 씩씩 거친 숨을 내쉬는 곰을 보는 것은 상상 이상으로 박진감이 넘친다.

어린이 동물원 こども動物園

작은 조랑말이나 양은 울타리 없이 바로 만날 수 있고 유리나 보호 장벽이 쳐진 동물들도 가까이 볼 수 있게끔 공간이 디자인돼 있다. 겁이 많지 않은 어린이라면 조심스레 다가가 덥수룩하고 지저분한 양의 털끝을 살짝 만져보고 유리 너머로 작은 원숭이와 눈이 마주치는 경험을 할 수 있을 것이다. 입장 전·후에는 입구에 마련된 개수대에서 손을 깨끗하게 씻도록 하자.

기린관 キリン館

기린이 머물 수 있도록 천장을 높게 설계한 건물 2층에 올라 기린과 눈을 마주쳐보자. 한쪽 면을 유리로 처리한 1층에서는 기린의 긴 다리와 엉덩이를 집중적으로 관찰할 수 있는 시간. 기린 이외에도 타조, 미어캣 등의 동물들이 살고 있고 2층에는 넓은 휴게공간과 수유실도 갖췄다.

#Walk

우리 동네 삼고 싶은
마루야마 스위츠 & 구루메 순례

도시마다 '살고 싶은 동네'라 불리는 지역들이 있다. 삿포로에서는 마루야마가 그런 동네.
아담하게 볼록 솟아 있는 산 아래, 드넓은 마루야마 공원과 단정한 주택가가 평화롭다.
느긋하게 동네를 걷다가 곳곳에 숨어 있는 맛집과 카페를 만나면 보물이라도 찾은 것처럼 즐거운 기분.
여행자의 동선을 고려한 아래 리스트 외에도, 우연히 눈에 띄는 가게를 발견했다면 일단 들어가 봐도 좋다.
실제로 마루야마에는 삿포로 맛집 랭킹 1, 2위를 다투는 스위츠숍이 많으니까!

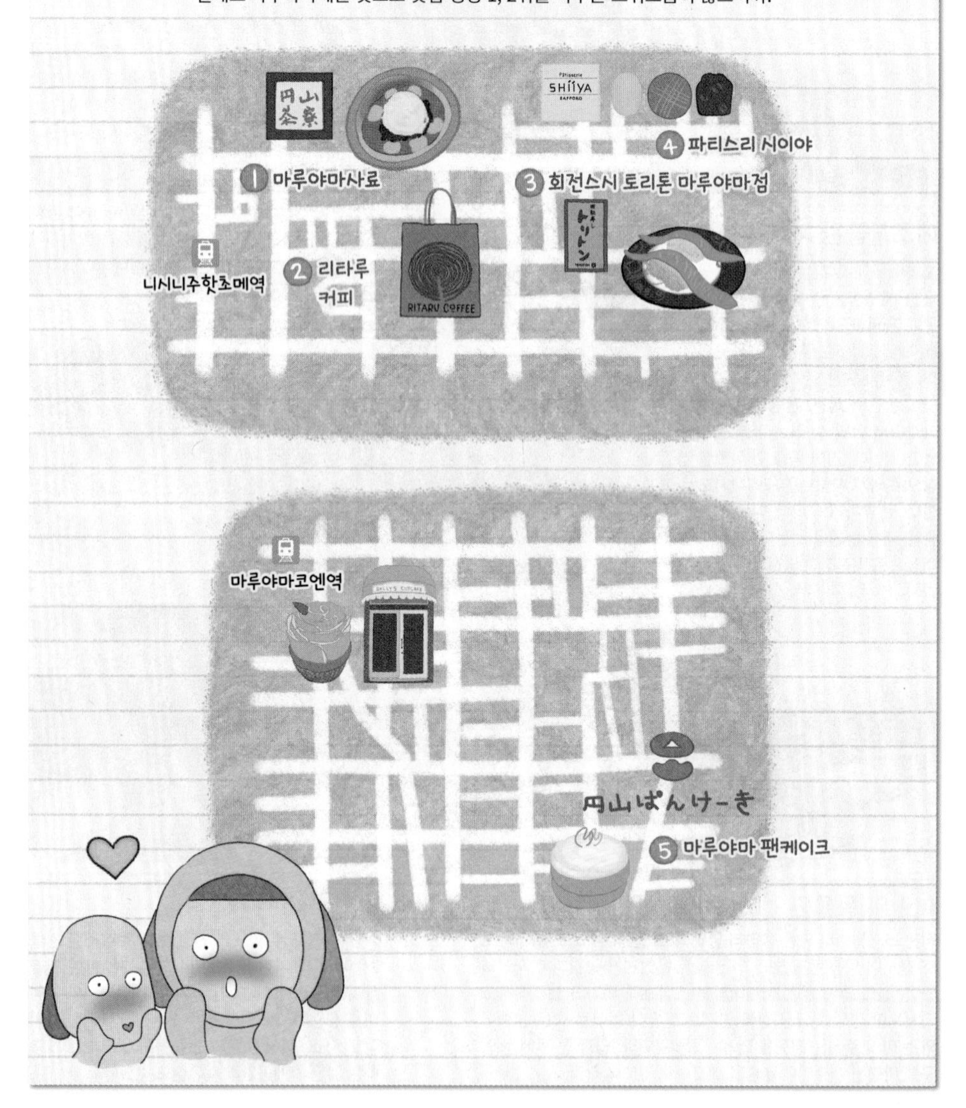

할머니 댁에 온 듯 마음 푸근한 찻집

1 마루야마사료

円山茶寮

당장 내일이라도 가게를 허물고 새 건물을 지어도 이상하지 않을 오래된 민가에 아늑한 찻집이 있다. 조금 무뚝뚝한 할아버지, 주방에 계셔서 자주 뵙진 못하지만 상냥한 할머니, 그리고 찻집을 지키는 고양이가 주인이다. 인기 메뉴인 딸기 단팥죽いちごぜんざい을 비롯해 말차 단팥죽抹茶ぜんざい 등 팥이 들어간 다른 메뉴의 맛도 좋다. 단골이 워낙 탄탄해서인지 외국인 손님을 위한 배려는 조금 부족하지만, 팥 덕후나 낡고 차분한 분위기가 좋은 사람이라면 가볼 만하다. MAP 2

GOOGLE 마루야마사료
PRICE 딸기 단팥죽 1120엔, 말차 단팥죽 1280엔
OPEN 11:00~22:00/목 휴무
WALK 지하철 도자이선 니시니주핫초메역西28丁 1번 출구 4분

오롯이 커피를 위한 진지한 시간

2 리타루 커피

RITARU COFFEE

동네와 잘 어울리는 리타루 커피는 친절하고 세련된 다방 느낌이 난다. 직접 로스팅하고 단골손님도 많은 만큼 커피 맛은 기대해도 좋다. 진하고 풍미 좋은 리타루 블렌드가 특히 인기. 물을 적게 넣고 커피 특유의 쓴맛과 신맛을 잘 살렸다. 로고로 사용하는 나무의 나이테 모양을 본뜬 크레이프 롤케이크가 이 집의 시그니처 디저트다. MAP 2

GOOGLE 리타루 커피
PRICE 커피 650엔~(테이크아웃 500엔~), 리타루 롤케이크 590엔(음료 세트 1090엔)
OPEN 08:30~20:30
WEB www.ritaru.com
WALK 지하철 도자이선 니시주핫초메역西18丁目 1번 출구 6분

3 이렇게 맛있는데 저렴하기까지!

회전스시 토리톤 마루야마점
回転寿し トリトン 円山店

삿포로 중심부에선 조금 멀지만, 그 유명세만큼은 JR 역세권이 부럽지 않은 곳이다. 신선하고 맛있는 초밥을 저렴한 가격에 내놓는다는 점이 최대 무기. 항상 웨이팅이 있지만, 매장이 워낙 넓어 회전율은 빠른 편이다. 카운터석과 테이블석으로 나뉘고 테이블석에서는 한글이 지원되는 터치 패드로 주문할 수 있어서 편리하다. MAP ❷

GOOGLE 토리톤스시 마루야마점
PRICE 한 접시 143~583엔
OPEN 11:00~22:00(L.O.21:30)
WEB toriton-kita1.jp
WALK 지하철 도자이선
니시주핫초메역西18丁目
1번 출구 8분

타베로그 1위에 빛나는 인기 베이커리

파티스리 시이야
Pâtisserie SHiiYA

일본 맛집 리뷰 사이트 타베로그에서 이 일대 케이크집 중 랭킹 1위를 놓치지 않는다. 평일에도 조금만 늦게 가면 빈손으로 돌아가야 할 만큼 손님이 끊이질 않는 곳. 케이크 종류는 뭘 선택해도 실패 확률이 적으니 기호에 따라 골라보자. 다쿠아즈나 피낭시에, 쿠키 등 구움 과자의 맛도 훌륭하다. 작지만 잠시 먹고 갈 수 있는 살롱 공간도 갖고 있어서 디저트와 함께 행복한 시간을 보낼 수 있다. MAP ❷

GOOGLE 파티세리 시이야
PRICE 케이크 400~600엔대, 구움 과자 200~700엔대
OPEN 11:00~19:00/수·목 휴무
WALK 지하철 도자이선
니시주핫초메역西18丁目
1번 출구 12분

폭신하고 부드러운 팬케이크의 유혹

마루야마 팬케이크
円山ぱんけーき

일본식 팬케이크, 삿포로에서는 여기다. 대도시의 내로라하는 팬케이크집을 두루 섭렵한 미식가들도 일부러 찾아올 정도로 인정받는 곳. 제철 과일을 사용해 산뜻하고 달콤하게 즐기는 디저트 팬케이크와 든든한 식사 대용 팬케이크가 있다. 기호에 따라, 배고픈 정도에 따라 사진을 보고 메뉴를 고르는 것이 팁! 어떤 팬케이크를 시켜도 그 폭신한 부드러움은 감출 수 없다. 시즌마다 새로운 팬케이크를 부지런히 선보인다. MAP ❷

GOOGLE 마루야마 팬케이크
PRICE 팬케이크 & 음료 세트 1800엔
OPEN 11:00~18:30/수 휴무
WALK 지하철 도자이선 마루야마코엔역円山公園
6번 출구 12분

다른 눈높이에서 보는 삿포로의 반전 매력

고층 빌딩이 많지 않은 삿포로는 도심에 옹기종기 건물이 서 있고 그 주변을 크고 부드럽게 산등성이들이 감싸고 있다. 자연과 문명이 보기 좋게 어우러진 이곳을 내 눈높이가 아닌 전망대에서 감상하는 것은 또 다른 즐거움. 삿포로 중심부의 T38 JR 타워 전망대와 삿포로 TV 타워, 마루야마의 오쿠라야마 전망대 외에도 외곽으로 조금 벗어나 가볼 만한 전망대 4곳을 소개한다.

홋카이도 대학의 전신인 삿포로 농업학교의 초대 교감, 클라크 박사의 동상. 클라크 박사는 삿포로에서 학생들을 지도한 8개월 동안 홋카이도 개척사의 기틀을 다진 인물로 평가된다. 1976년 클라크 박사 방문 100주년, 미국 건국 200주년을 기념해 이 동상이 세워졌다.

거대한 목초지를 바라보는 도심 속 시골 풍경

삿포로 히츠지가오카 전망대

さっぽろ羊ヶ丘展望台

목가적인 분위기가 가득. 삿포로 관광 명소로 이미 유명하지만, 기대를 많이 하고 가면 실망할 수 있으니 주의할 것. 삿포로 도심에서 지하철과 버스를 타고 1시간에 걸쳐 가면 허허벌판에 손을 뻗고 서 있는 클라크 박사 동상을 만날 수 있다. 일본에서는 '소년이여, 큰 뜻을 품어라'로 해석되는 명언 'Boys be ambitious'의 주인공. 일본인 관광객들이 이곳에 와서 가장 먼저 하는 일은 클라크 박사와 기념사진을 찍는 일인데, 그게 얼마나 중요한지 사진 찍는 것을 돕는 직원들도 여럿 상주하고 있다. 날씨만 좋다면 드넓은 목초지를 바라보는 즐거움이 있고, 여름과 가을에는 양들이 풀을 뜯는 풍경도 구경할 수 있다. MAP ❶

GOOGLE 삿포로 히츠지가오카 전망대
OPEN 09:00~18:00(10~5월 ~17:00)
PRICE 1000엔, 초등·중학생 500엔
WEB www.hitsujigaoka.jp
BUS 지하철 도호선 종점 후쿠즈미역福住과 연결된 후쿠즈미 버스터미널 4번 승차장에서 84번 버스(약 30분 간격 운행, 240엔)를 타고 약 10분 뒤 종점에서 하차

흥 나는 엔터테인먼트가 가득!

삿포로 돔

札幌ドーム

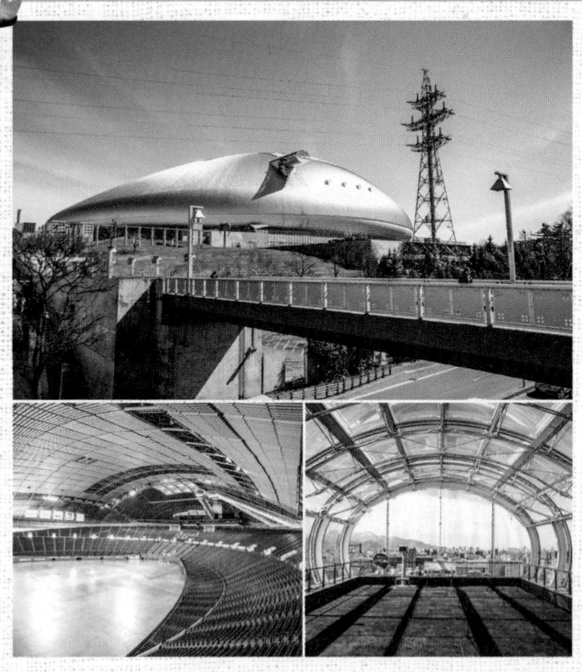

2023년 닛폰햄 파이터즈가 홋카이도 볼파크 에프 빌리지로 떠난 뒤 콘사돌레 삿포로가 홈구장으로 사용하고 있는 일본 5대 돔 구장. 애칭 '히로바広場(광장)'로 통하는 삿포로 엔터테인먼트의 명소로, 공연장으로 쓰이는 날에는 4만 석 이상의 관객석을 채운 아티스트의 어깨에 유난히 힘이 들어간다. 여행자에게 하이라이트는 삿포로 돔 전망대다. 53m 높이에 서면 날씨 좋은 날 멀리 모이와산과 마루야마까지도 내다보인다. MAP ❶

GOOGLE 삿포로 돔
PRICE 전망대 입장권 570엔, 초등·중학생 370엔/돔 투어 1800엔, 초등·중학생 1000엔, 4세~취학 전 700엔
OPEN 전망대·키즈 파크 10:00~17:00/이벤트가 있는 날은 제외(홈페이지 참고), 돔 투어 일정은 홈페이지에 공지(약 50분 소요)
WEB www.sapporo-dome.co.jp
WALK 지하철 도호선 후쿠즈미역福住 3번 출구 10분

모이와야마의 마스코트, 모리스もーりす

덕을 쌓아야 볼 수 있는 로맨틱 밤 풍경

삿포로 모이와야마 전망대

札幌もいわ山 展望台

해발 531m 모이와산의 정상. 보석 같은 삿포로 야경과 만날 수 있는 곳이다. 하코다테야마 전망대(363p)와 함께 이곳의 진짜 야경은 덕을 많이 쌓아야 볼 수 있다는 우스갯소리가 있기도 하다. 삿포로가 '일본의 신 3대 야경(2015년)' 중 하나로 꼽힌 이후, 이곳 이미지는 줄곧 삿포로의 야경을 대표하고 있다. 하지만 산 아래가 맑아도 정상에 안개가 끼거나 구름이 내려앉으면 홍보 사진 같은 야경은 볼 수 없다. 따라서 이날은 구름의 정도를 낮부터 유심히 살펴야 한다. 여행자는 주로 로프웨이와 미니 케이블카를 타고 오르지만, 현지인들은 낮 동안 산책과 등산 코스로 애용한다. MAP ❶

1

2

1 전망대 중앙의 연인의 성지와 영원한 사랑을 기원하는 종
2 모이와야마 로프웨이로 가는 셔틀버스

GOOGLE 모이와야마 전망대(출발: 모이와산 로프웨이 산로쿠역)
PRICE 로프웨이+미니 케이블카 왕복권 2100엔, 초등학생 이하 1050엔
OPEN 로프웨이 10:30~22:00(12~3월 11:00~, 상행 최종 21:30), 미니 케이블카 10:30~21:50(12~3월 11:00~, 상행 최종 21:40), 8월 일부 토·일·공휴일 및 5월 연휴 기간에 약 30분 연장 운영, 1월 1일은 단축 운영(홈페이지 참고)/12월 31일, 11월에 2주간 정비 시 휴무
WEB mt-moiwa.jp
BUS 삿포로 전차 로프웨이이리구치ロープウェイ入口 정류장 대각선 방향의 셔틀버스 정류장에서 무료 셔틀버스를 타고(약 5분 소요, 평일 17:00~21:15, 토·일·공휴일 10:45~21:15, 15분 간격) 모이와산로쿠 로프웨이역もいわ山麓駅 하차. 바로 앞 건물에 전망대로 올라가는 로프웨이 매표소가 있다.

어딜 찍어도 인생샷이네

모에레누마 공원

モエレ沼公園

삿포로 시내 동쪽, 예술과 자연이 융합된 아름다운 공원. 공원 곳곳에서 유리 피라미드를 대표로 한 9개의 독특한 예술품을 감상할 수 있는 곳으로도 유명한데, 이는 현대 조각계의 거장 이사무 노구치가 '공원 전체를 하나의 조각품으로 만들자'는 취지로 옛 쓰레기 처리장 터에 만든 것들이다. 높이 62.4m의 완만한 모에레산 정상에 오르면 삿포로의 경치를 두 눈에 담을 수 있고, 겨울엔 스키 장비를 대여해 스키도 즐길 수 있다. 매일 펼쳐지는 초대형 분수 쇼(겨울철 제외)와 더불어 아이들을 위한 재미난 놀이기구까지 갖춰 현지인들에겐 최고의 나들이 장소로 손꼽힌다.

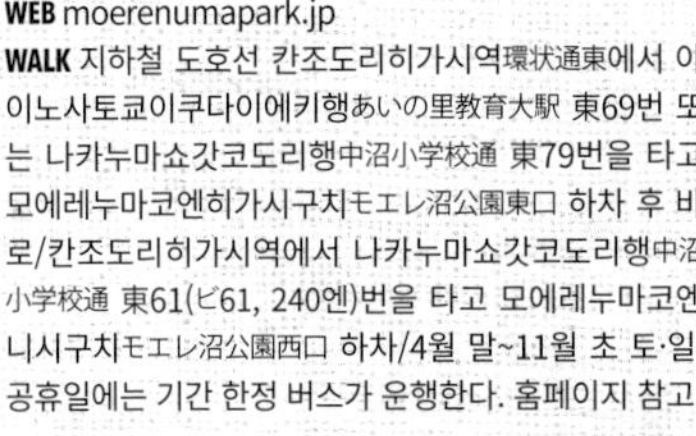

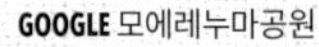

GOOGLE 모에레누마공원
PRICE 무료
OPEN 07:00~22:00(서쪽 출입구는 겨울철 폐쇄)/분수 쇼 4월 말~10월 말 15:00, 16:00(토·일·공휴일 10:30, 18:30 추가) 15분간/유리 피라미드 09:00~17:00(월 휴무)
WEB moerenumapark.jp
WALK 지하철 도호선 칸조도리히가시역環状通東에서 아이노사토쿄이쿠다이에키행あいの里教育大駅 東69번 또는 나카누마쇼갓코도리행中沼小学校通 東79번을 타고 모에레누마코엔히가시구치モエレ沼公園東口 하차 후 바로/칸조도리히가시역에서 나카누마쇼갓코도리행中沼小学校通 東61(ビ61, 240엔)번을 타고 모에레누마코엔니시구치モエレ沼公園西口 하차/4월 말~11월 초 토·일·공휴일에는 기간 한정 버스가 운행한다. 홈페이지 참고

#Train

조금 더 멀리
가족끼리, 친구끼리 테마 여행

삿포로는 평범한 기본 코스대로만 움직이기에 아쉬움이 많은 여행지다. N번째 여행자라도 함께 온 사람에 따라 보고 느끼는 것이 달라지는 도시. 다음의 여행지를 조합해 다이내믹한 나만의 여행 일정을 완성해보자.

동화 속 과자의 나라
시로이 코이비토 공원
白い恋人パーク

엄청난 임팩트가 있는 건 아니지만, 깨알 같은 디테일과 아기자기함으로 특유의 즐거움을 전하는 과자 테마파크다. <찰리와 초콜릿 공장>이 떠오르는 외관에 다가서면 부드럽게 풍기는 과자 냄새가 재미있는 상상을 더하는 곳. 낙농 왕국 홋카이도의 명과 이시야 제과의 공장을 견학하고, 로즈 가든과 전시 공간을 누비며 아이들에게 향긋한 추억을 선물해보자.

MAP ❶

GOOGLE 시로이 코이비토 파크
PRICE 입장 무료/시로이 코이비토 공장 800엔, 중학생 이하 400엔, 3세 이하 무료
OPEN 09:00~18:00(입장 마감 17:00)
WEB www.shiroikoibitopark.jp
WALK 지하철 도자이선 미야노사와역宮の沢(종점) 5번 출구 5분

겨울철 일루미네이션도 볼거리!

인기 만점 포인트!

걸리버 타운
ガリバータウン

정말 동화책에서 보던 분위기 그대로 작은 집이 공원 곳곳에 놓여 있다. 억울하게도 몸집이 큰 어른들은 들어갈 수 없다는 사실. 어른이 들어가지 못하는 공간은 아이들에게 은근 짜릿함을 주는 것 같다. 꺄르르 웃으며 걸리버 하우스를 들락날락하는 아이들을 구경하는 재미만으로도 충분하다. 유료 구역.

로즈 가든
ローズガーデン

공원 한쪽에는 시로이 코이비토를 상징하는 커다란 꼭두각시 시계탑이 있다. 매시 정각만 되면 시계탑에서 불곰, 두루미, 물개, 황소와 토끼 등이 빼꼼히 나와 음악 연주를 한다. 중앙의 로즈 가든에서도 마찬가지. 비눗방울이 이곳저곳에서 나오고 흥겨운 음악이 흐르면 놀이공원의 거대한 퍼레이드도 부럽지 않다.

초코토피아 팩토리
チョコトピアファクトリー

주변이 노릇하게 구워진 두 개의 하얀 과자 사이에 초콜릿이 샌드된 시로이 코이비토는 1976년 출시 이후 줄곧 사랑받아 온 홋카이도 대표 과자다. 이곳에선 공장을 직접 견학하며 시로이 코이비토가 만들어지는 과정을 구경할 수 있다. 일본어로만 소개하지만, 언어의 장벽이 있어도 즐겁게 돌아볼 수 있다. 유료 구역.

초코토피아 하우스
チョコトピアハウス

'초콜릿의 4대 혁명'을 주제로 한 영상을 관람할 수 있다. 겨울(12~3월)에는 전시실이 화려한 일루미네이션 공간으로 꾸며진다. 유료 구역.

튜더 하우스
チュダーハウス

15~16세기 영국 튜더 왕조 시대 건축물을 재현한 건물. 이시야 제과 뮤지엄을 비롯해 카페와 레스토랑, 베이커리, 기념품점이 입점해 있다.

② 달콤함으로 기억되는 공간
로이스 카카오 & 초콜릿 타운
ROYCE' CACAO & CHOCOLATE TOWN

아이부터 어른까지 초콜릿을 좋아한다면 누구나 군침을 흘릴 만한 곳! 바로 일본 여행 기념품의 대명사 로이스 초콜릿이 자사 공장 옆에 2023년 오픈한 3층 규모의 견학·체험 시설이다. 1층 입구에서 엘리베이터를 타고 3층으로 올라가 차례차례 내려오며 관람하는 순서. 카카오가 초콜릿으로 만들어지기까지의 과정을 살펴보고 달콤한 초콜릿 쇼핑도 즐겨보자. 홈페이지를 통한 사전 예약제로 운영한다. 삿포로역에서 북동쪽으로 약 17km 떨어진 이시카리시石狩市에 있다.

GOOGLE royce cacao town
MAPCODE 514 052 481*83(주차장)
PRICE 1200엔, 4세~중학생 500엔, 3세 이하 무료
OPEN 10:00~17:00(1층 숍 09:00~18:00)
WEB www.royce.com/cct/
WALK JR 삿포로역에서 홋카이도 학원도시선学園都市線(삿쇼선札沼線)을 타고 JR 로이즈타운역ロイズタウン 하차(540엔, 약 30분 소요, 20~40분 간격 운행) 후 도보 7분 또는 무료 셔틀버스(15분~1시간 간격) 이용

+MORE+

역 주변이 온통 해바라기밭!

JR 로이즈타운역은 야외 승강장인데다 주변이 온통 노랗게 물결치는 해바라기밭이라 탄성이 절로 나오는 포토 포인트다. 홋카이도의 해바라기는 7월 중순경부터 피기 시작해 8월에 절정에 달하며, 늦게는 9~10월까지 볼 수 있다.

로이스 타운 관람 풀코스

Point 1 카카오팜존 & 공장체험존 3층

콜롬비아에 있는 로이스 카카오 농원 모습을 전시한 공간. 카카오 재배와 수확, 출고까지의 과정을 다양한 전시물과 멀티비전 영상으로 살펴보고 퀴즈도 풀어본다. 공장체험존에서는 카카오 원두가 초콜릿의 주원료인 카카오매스로 만들어지는 제조 공정 전반을 둘러볼 수 있다.

Point 2 로이스 컬렉션 스트리트 & 로이스 뮤지엄 2층

2층에는 전 세계 로이스 초콜릿의 패키지 디자인과 역사를 살펴볼 수 있는 로이스 컬렉션 스트리트, 앤티크한 공예품이 전시된 로이스 뮤지엄이 있다. 로이스 인기 상품의 제조 공정을 게임과 퀴즈 등의 체험을 통해 즐길 수 있는 플레이 구역 한쪽에는 초콜릿을 뽑아먹을 수 있는 캡슐토이가 설치돼 있으니 잊지 말고 이용해보자.

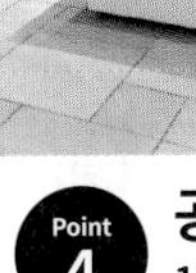

Point 3 초콜릿 워크숍 2층

23cm×12cm의 빅사이즈 판초콜릿을 쉽게 만들어볼 수 있는 곳. 원하는 초콜릿 종류를 골라서 직원에게 건넨 후 완성된 초콜릿 몰드에 너트와 건과일 등 취향껏 토핑을 넣어 만든다. 약 30분간 진행하고 체험료는 1인 1500엔. 견학 과정 중에 만나게 되는 워크숍 입구의 자동발매기에서 티켓을 구매해 직원에게 건네므로 예약은 따로 필요 없다.

Point 4 공장 직영숍 & 무료 견학 구역 1층

200종 이상의 초콜릿과 과자, 공장 한정 초콜릿과 오리지널 굿즈들이 진열된 공장 직영숍은 초콜릿 마니아들을 설레게 한다. 소프트아이스크림과 피자도 별미! 달콤한 간식을 맛보고 거대한 카카오 오브제를 배경으로 기념 촬영도 해보자. 1층 안쪽에는 공장의 초콜릿 제조 공정 일부를 유리창 너머로 들여다볼 수 있는 무료 견학 구역이 있다.

3 야구장을 품은 종합 엔터테인먼트 공간

홋카이도 볼파크 에프 빌리지

Hokkaido Ballpark F Village

요즘 삿포로 현지인의 주말을 바쁘게 만드는 곳이 있다. 바로 2023년 삿포로 근교에 넓이 32만m²의 부지에 세워진, 수용 인원 3만5000명 규모의 미국식 야구 복합단지다. 지난 18년간 삿포로 돔을 홈구장으로 쓰던 프로야구팀 닛폰햄 파이터즈가 옮겨온 이곳은 개폐식 지붕을 갖춘 천연 잔디구장으로, 최신식 야구장답게 개방형 콩코스 형태로 지어 내야석 관중들이 식음료점·화장실을 오가는 중에도 경기를 관람할 수 있다. 야구장 에스콘 필드ES CON Field 주변으로 호텔, 사우나, 쇼핑, 식당 등의 상업시설을 비롯해 야외 어드벤처 파크, 초대형 키즈파크, 미니 야구장, 스크린 골프장, 승마장 등 다양한 실내외 액티비티 시설을 갖춰 테마파크를 방불케 한다. 삿포로와 신치토세공항 중간에 위치해 입국 또는 출국하는 날 들르기에도 좋다. 셔틀버스 정류장 근처에 코인로커가 있다(493mm×335mm×252mm 이하만 가능, 500엔).

GOOGLE f 빌리지
MAPCODE 230 546 668*32(주차장) **TEL** 0570-005-586
PRICE 옆 페이지 표 참고
OPEN 09:30~21:00(경기 진행일과 상점에 따라 다름, 홈페이지 확인)
WEB www.hkdballpark.com
WALK JR 삿포로역에서 신치토세공항행 쾌속 에어포트(자유석 580엔, 지정석 1420엔, 16~17분 소요) 또는 기타히로시마행 치토세선·하코다테 본선 각역정차(580엔, 22~23분 소요)를 타고 JR 기타히로시마역北広島 하차 후 유료 셔틀버스 5분 또는 도보 20분/JR 신치토세공항역에서 쾌속 에어포트를 타고 약 20분 소요(자유석 600엔, 지정석 1440엔) 또는 국내선 터미널 23번, 7번 승차장에서 셔틀버스를 타고 약 55분(1000엔)

: WRITER'S PICK :

유료 셔틀버스 이용 방법

JR 홋카이도는 2027년까지 에프 빌리지 앞에 역을 세울 예정이지만, 현재 가장 가까운 역은 기타히로시마역이다. 역에서 홋카이도 볼파크 에프 빌리지까지는 유료 셔틀버스를 운행하며, 신치토세공항에서도 이용할 수 있다. 기타히로시마역 출발 시 요금 230엔(초등학생 이하 120엔), 약 30분 간격 운행, 약 5분 소요. 현금 또는 IC카드, 컨택리스 카드(VISA)로 결제할 수 있다.

셔틀버스 승차장 위치 및 운행 시간표

*자동 한국어 번역을 설정하거나 '時刻表を確認(시각표를 확인)'을 클릭한다.

➡ **홋카이도 볼파크 에프 빌리지 요금**

시설/액티비티	성인 요금	어린이 요금	비고
프리미엄 투어	평일 3500엔, 토·일·공휴일 4500엔	1000엔(4세~초등학생)	덕아웃, 그라운드, 인터뷰 포인트, 팀 로커룸, 팀 미팅룸, 불펜 포함
베이식 투어	평일 1800엔, 토·일·공휴일 2300엔	1000엔(4세~초등학생)	덕아웃, 그라운드, 인터뷰 포인트, 다이아몬드 클럽 객석 포함
사우나 & 온천	2500엔	1250엔(4세~초등학생)	수건 포함. 수영복 대여 1000엔, 판초 대여 1000엔
타워11 미술관	1500엔	500엔(4세~초등학생)	
키즈 테마파크	900엔	1800엔(초등학생 이하)	1일 패스 기준 요금
스카이 어드벤처	3850엔	2750엔(4세~초등학생)	통합권 성인 4400엔, 어린이 3300엔
스윙 맥스	1000엔	1000엔(4세~초등학생)	
양조장 투어	2310엔	-	
자전거 대여	3300엔~	1100엔~(초등학생 이하)	2시간 기준
구보타 아그리 프론트 시설 견학	100엔	100엔(초등학생 이하)	
콩코스	무료	무료	

먹고 즐기는 신개념 야구장

에스콘 필드 홋카이도

ES CON FIELD HOKKAIDO

'지금껏 한 번도 본 적 없는 야구장'이라는 캐치프레이즈를 내걸고 탄생한 에스콘 필드 홋카이도는 약 3만5000명까지 수용 가능한 천연 잔디 구장이다. 개폐식 지붕 구조이고 86mX16m의 세계 최대 규모의 대형 비전 2대가 설치돼 있다. 야구장 전체를 조망하며 산책할 수 있는 3층 콩코스는 경기가 없는 날이면 무료로 개방하며, 공식 홈페이지에서 예약 시 경기장 투어도 가능하다. 경기장 안에는 세계 최초의 야구장 내 수제 맥주 양조장 소라토시바そらとしば를 비롯해 초밥, 라멘, 타코야키, 교자, 이자카야, 쿠키 등 맛집 10곳이 입점한 식당가 나나츠보시 요코초七つ星横丁가 있다.

F 빌리지의 랜드마크

타워 일레븐

TOWER 11

에스콘 필드의 3루 방향 외야석 뒤(위 사진에서 오른쪽 건물)에 있는 5층 건물 'TOWER11'은 에프 빌리지의 상징으로, '세계 최초, 아시아 최초'인 것들이 가득 모여있다. 건물 이름은 미국 메이저리그에서 활약 중인 다르빗슈 유와 오타니 쇼헤이가 닛폰햄 파이터즈에서 뛸 당시의 등번호 11에서 따온 것. 아시아 최초로 객실에서 경기를 직관할 수 있는 야구 콘셉트의 호텔과 세계 최초로 야구 경기를 보며 즐기는 온천 & 사우나, 최첨단 승마 시뮬레이터를 사용한 일본 최초의 스튜디오형 승마장, 스크린 골프장, 푸드홀 등을 갖췄다. 경기가 없는 날도 상시 이용할 수 있다.

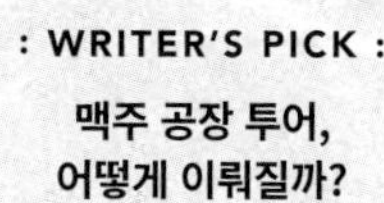

삿포로 맥주 홋카이도 공장

サッポロビール㈱ 北海道工場

신치토세공항 근처 에니와시에 있는 공장. 삿포로 시내에 있는 맥주 박물관과는 다른 시설이다. 투어는 예약 필수. 방문 3일 전까지 공식 홈페이지에서 예약 가능하고 빈자리가 있다면 당일 전화 예약도 가능하다. 투어는 1시간 정도 일본어로만 진행하고 공장 내부 견학보다 삿포로 맥주 역사와 브랜드 소개에 중점을 둔다. 삿포로 맥주를 맛있게 따르는 법, 마시는 법 등의 팁을 알려준다.

GOOGLE 삿포로 맥주 홋카이도 공장
MAPCODE 230 102 114*84(주차장)
PRICE 투어(삿포로 클래식 2잔 포함) 1000엔, 중학생~18세 500엔
OPEN 투어 10:30, 11:00, 13:30, 14:00, 15:00(투어 10분 전 접수 마감)/월·화(공휴일은 그다음 평일)·연말연시·부정기 휴무
WEB sapporobeer.jp/brewery/hokkaido/
WALK JR 신치토세공항역(자유석 360엔, 약 13분 소요) 또는 JR 삿포로역(자유석 860엔, 약 30분 소요)에서 쾌속 에어포트를 타고 삿포로비루테이역サッポロビール庭園 하차 후 도보 10분

: WRITER'S PICK :

맥주 공장 투어, 어떻게 이뤄질까?

삿포로 근교에는 홋카이도의 대표 맥주 삿포로 맥주를 비롯해 아사히 맥주, 기린 맥주 등 일본의 대표 맥주 공장이 있고 공장마다 가이드 투어 프로그램을 운영한다. 대체로 각 브랜드의 역사와 맥주 생산 과정 등을 설명한 뒤 시음하는 순서로 진행한다. 일부 공장은 징기스칸도 맛볼 수 있는 레스토랑을 갖춰서 애주가들을 들뜨게 한다. 술을 못 마시는 사람이라면 다른 음료들을 준비하고 있으니 걱정은 붙들어 매시라.

5 기린 맥주 홋카이도 치토세 공장

キリンビール 北海道千歳工場

요코하마에 본사를 둔 기린 맥주의 홋카이도 공장. 신치토세공항과 가까워 공항에서 렌터카 수령 후 들르기 좋다(물론 운전자는 맥주 시음 불가). 투어는 유료이고 홋카이도 공장의 주력 상품인 이치방시보리一番搾り 소개에 중점을 두고 진행한다. 방문 3일 전까지 공식 홈페이지에서 예약 가능하고 빈자리가 있다면 당일 전화 예약도 가능. 가이드는 일본어로만 진행하고 1시간 30분 정도 소요된다. 투어 후에는 이치방시보리를 가장 맛있게 마시는 법을 알려주는 시음 시간이 있다.

GOOGLE 기린 맥주 치토세 공장
MAPCODE 230 044 171*14(주차장)
PRICE 500엔
OPEN 투어 10:00, 11:00, 13:30, 14:30/월·화 휴무
WEB www.kirin.co.jp/experience/factory/chitose/
WALK JR 신치토세공항역(자유석 330엔, 약 10분 소요) 또는 JR 삿포로역(자유석 920엔, 약 32분 소요)에서 쾌속 에어포트를 타고 오사츠역長都 하차 후 도보 10분

#Walk

조용한 반나절

신삿포로역 주변 온천과 박물관 산책

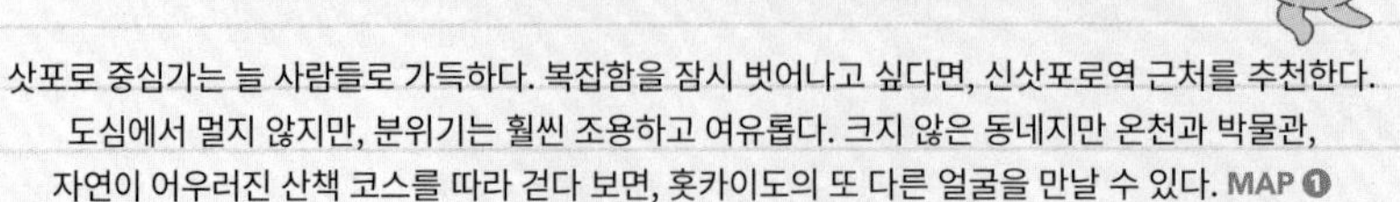

삿포로 중심가는 늘 사람들로 가득하다. 복잡함을 잠시 벗어나고 싶다면, 신삿포로역 근처를 추천한다. 도심에서 멀지 않지만, 분위기는 훨씬 조용하고 여유롭다. 크지 않은 동네지만 온천과 박물관, 자연이 어우러진 산책 코스를 따라 걷다 보면, 홋카이도의 또 다른 얼굴을 만날 수 있다. MAP ❶

삿포로 도심 끝, 로컬의 세계로 이어지는 문

신삿포로역

新札幌駅

'신新'이라는 이름과 달리, 역의 분위기는 오히려 클래식하다. JR과 지하철이 함께 있어 삿포로역에서 10~15분이면 닿을 만큼 가까우며, 버스터미널도 함께 자리해 환승이 편리하다. 10번 승차장에서 출발하는 新22번 버스를 이용하면 주변 박물관과 온천으로 이어지는 소박한 여행을 시작할 수 있다.

GOOGLE 신 삿포로역
MAPCODE 9 447 399*26(주차장)

전시가 아닌 실물, 시대를 옮겨 놓은 박물관

북해도 개척촌(홋카이도 개척촌)

野外博物館 北海道開拓の村

축구장 약 80개 규모의 엄청난 넓이를 자랑하는 야외 박물관. 옛 건축물을 모아둔 민속촌 느낌의 건축물 박물관이라고 생각하면 쉽다. 19세기 후반 메이지 시대(1868~1912)부터 쇼와 시대(1926~1989)에 걸쳐 홋카이도를 개척하던 시대를 '개척 시대'라 부르는데, 이 시기 홋카이도의 건축물들을 여기저기서 이전해 복원했다. 기록과 복원에 일가견이 있는 나라임은 틀림없는 것이, 시가지, 농촌, 어촌, 산촌으로 구역을 나누어 상점·여관·약국·병원 등 각 지역의 생활 방식에 따른 다양한 건축물을 하나하나 잘 보존해 살펴보는 재미가 있다.
입구 근처의 개척촌 식당에는 에조사슴 징기스칸이나 이모모치(감자떡) 등 홋카이도에서만 먹어볼 수 있는 메뉴가 있다. 청어를 올린 청어 소바 にしんそば는 청어잡이로 유명했던 홋카이도의 대표적인 향토 요리다. 예상외로 비리지 않은 청어와 달달한 국물 맛을 즐겨보자.

GOOGLE 북해도 개척촌
MAPCODE 9 479 414*22(주차장)
PRICE 1000엔/북해도 박물관 공통권 1400엔, 고등·대학생 1000엔/중학생 이하·65세 이상 무료
OPEN 09:00~17:00(10월~4월 ~16:30)/월(공휴일은 그 다음 날)·12월29일~1월3일 휴무
WEB www.kaitaku.or.jp
BUS 신삿포로역에서 新22번 버스(240엔)를 타고 약 20분 뒤 종점 개척촌開拓の村 하차

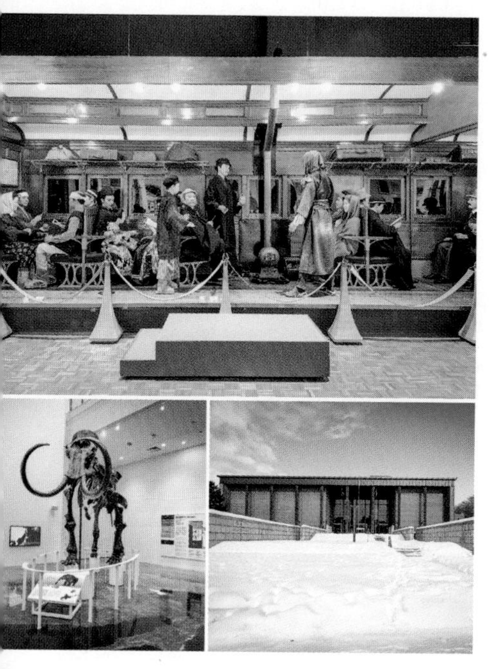

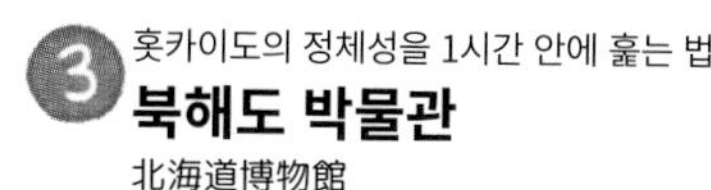

호카이도의 정체성을 1시간 안에 훑는 법

북해도 박물관

北海道博物館

홋카이도 개척 100주년을 기념해 1968년에 조성된 노포로 삼림공원野幌森林公園에 자리한 2층 규모의 중형 박물관으로 홋카이도의 자연, 역사, 문화를 비교적 빠르게 둘러볼 수 있다. 동북아시아 속 홋카이도의 위치, 자연과 사람의 관계, 아이누 문화, 근대 개척사 등 5가지 주제로 전시가 구성된다.

입구에 들어서면 매머드와 나우만 코끼리의 골격이 압도적인 존재감을 뽐낸다. 거대한 고생물이 실제 홋카이도에 살았다는 사실만으로도 흥미롭다. 이후 전시는 다소 차분하지만, 공간 자체가 탁 트여 있고 부드러운 주변 구릉지의 경관도 아름답다. 맑은 날엔 옥상 전망대를 개방하기도 한다.

GOOGLE 북해도박물관
MAPCODE 139 150 841*84(주차장)
PRICE 800엔, 고등·대학생 300엔/북해도 개척촌 공통권 1400엔, 고등·대학생 1000엔/중학생 이하·65세 이상 무료
OPEN 09:30~17:00(10월~4월 09:30~16:30)/월(공휴일은 그 다음 날)·12월 29일~1월3일 휴무
WEB www.hm.pref.hokkaido.lg.jp/kr/
BUS 북해도 개척촌에서 도보 15분/신삿포로역에서 新22번 버스(240엔)를 타고 약 15분 뒤 북해도 박물관 정류장 하차

삿포로 도심 옆, 진짜 일상 속 온천 체험

산림공원온천 키요라

森林公園温泉きよら

현지 주민들이 애용하는 동네 목욕탕이지만, 홋카이도 유산으로 지정된 모르 온천モール温泉을 보유한 특별한 공간이다. 모르 온천은 식물성 유기물이 풍부한 온천수로, 피부 보습 효과가 뛰어나며 어두운 갈색빛을 띠는 것이 특징이다. 독일 등지에서도 유명한 온천수다.

가격도 저렴하고 일본의 일상적인 목욕 문화에 관심이 있는 여행자에게 추천할 만하다. 티켓을 입구 자판기에서 사서 직원에게 건넨 뒤 입장한다. 수건은 비치되어 있지 않으며 현장에서 구매 혹은 대여 가능하다. 문신이 있는 경우 입장이 제한된다. 소박하지만 청결하고, 지역 분위기를 고스란히 느낄 수 있는 공간이다.

GOOGLE 산림공원온천 키요라
MAPCODE 9 478 860*60(주차장)
PRICE 대중탕 500엔, 6~12세 150엔, 6세 미만 80엔/가족탕 1400~3900엔
OPEN 대중탕 11:00~24:00/가족탕 14:00~다음 날 01:00(토·일·공휴일 12:00~)/연중무휴
WEB www.onsen-kiyora.com
BUS 신삿포로역에서 新22번 버스(240엔)를 타고 약 5분 뒤 아츠베츠히가시 욘초욘초메厚別東 4条 4丁目 하차 후 도보 3분

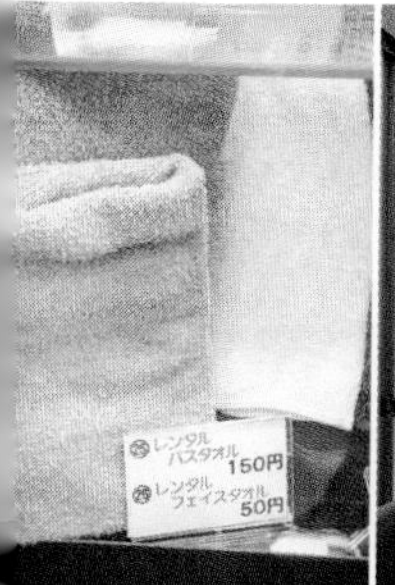

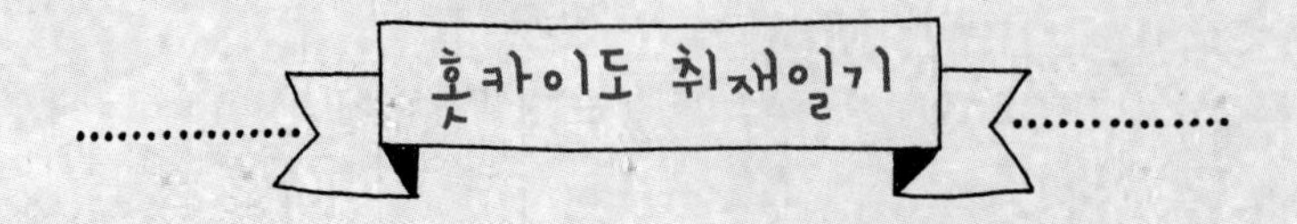

홋카이도에서
제일 무서운 까마귀

홋카이도의 까마귀는 더 무섭다.
웅장한 자연을 무대 삼아서 그런가…
까마귀 사건을 겪은 후 얼마 동안은 트라우마에 시달렸다.

길거리를 다니면서 절대 음식을 먹지 않는다.
음료수도 사 먹지 않는다.
도심을 벗어나 한가로운 길을 걸을 때는 더더 주의한다
(홋카이도에는 한가로운 길이 대부분이라…).
절대 음식물 쓰레기를 길가에 버리거나
음식물 관련 무언가를 손에 들고 다니지도 않는다.
간식을 샀으면 가방에 넣고 비닐봉지를 들고 다니지도 않는다.

일본 거리가 깨끗한 이유에는 까마귀가 아주 '쬐끔'이라도
한몫하고 있는 건 아닐까?

아무튼 공포는 참으로 대단해!

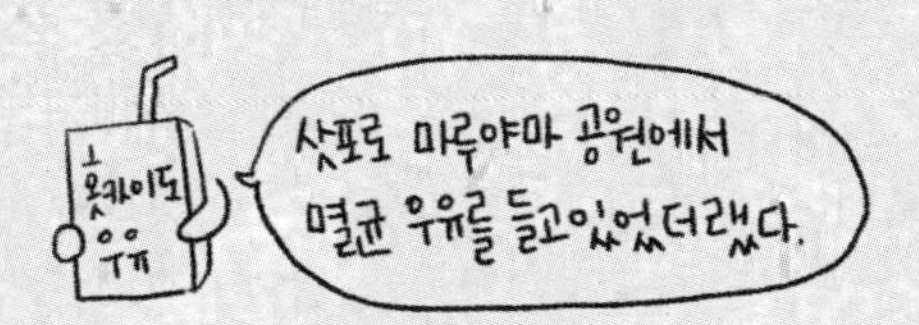

까악 까악 = 공격이다!

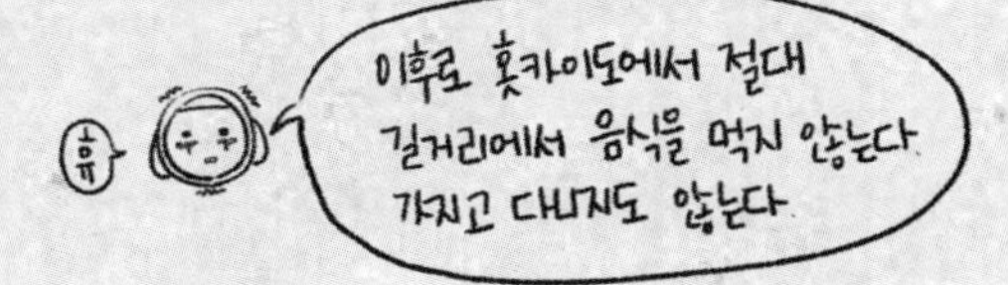

정말이지 까마귀는 무서워!

삿포로에서 가장 가까운 온천 마을

조잔케이 온천

定山渓温泉

노보리베츠(309p)나 아칸호(461p) 등 온천으로 유명한 지역까지 여행 코스에 넣으면 좋으련만, 홋카이도는 그렇게 호락호락하지 않다. '북쪽의 대지'라는 별명이 붙을 만큼 땅덩이가 커서 이동하는 데 시간을 다 써버릴 가능성이 큰 것. 사악한 교통비에 아예 엄두가 나지 않는 경우도 있다. 삿포로가 여행의 중심이라면 삿포로 근교의 조잔케이 온천을 추천한다.

당일치기라면 무조건 챙기자

온천 당일치기 패키지

Onsen One-Day Trip Package Ticket

삿포로에서 당일치기로 다녀올 수 있는 조잔케이 지역 온천 중 1곳의 입욕권과 당일 조테츠 버스じょうてつバス 1일권을 묶었다. 조잔케이까지 왕복 요금만 일반 노선버스는 1720엔, 캇파라이너호는 2800엔이고, 한 군데 온천만 이용하더라도 1000엔 정도는 더 써야 하므로 무조건 이익이다. 구매는 JR 삿포로역 1층 북쪽 출구 쪽에 마련된 홋카이도 삿포로 관광안내소(143p, 08:30~19:45)나 삿포로 TV 타워 1층의 삿포로 투어리스트 인포메이션 센터(09:30~18:30) 등에서 당일도 가능. 조테츠 버스 홈페이지(한국어 지원)에서 구매하면 탑승 시각을 지정할 수 있고 결제 완료 후 이메일로 전송된 승차권을 프린트해 가져가기만 하면 되므로 편리하다.
버스는 조테츠 버스가 운행하는 캇파라이너호와 쾌속 7J·7H·8J번을 이용할 수 있는데, 캇파라이너호는 예약 필수다(자리가 남은 경우 예약 없이 탑승 가능). 사용 가능한 온천 리스트는 티켓에 적혀 있으니 운영 시간을 참고해 선택하면 된다. 시간표 및 버스 이용 방법, 정류장 위치에 관한 자세한 내용은 조테츠 버스 홈페이지의 한국어 PDF에서 확인하자.

TEL 0120-37-2615
PRICE 조잔케이 플랜 3500엔, 초등학생 1800엔/ 코가네유 플랜 2600엔, 초등학생 1300엔/5세 이하 무료/코가네유 플랜은 인터넷으로만 구매가능
*조잔케이 플랜 온천: 누쿠모리노야도 후루카와ぬくもりの宿ふる川, 만세이카쿠 호텔 밀리오네万世閣ホテルミリオーネ, 유노하나 조잔케이덴湯の花 定山渓殿, 야와라기노사토 호헤이쿄 온천休息の郷豊平峡温泉
*코가네유 플랜 온천: 유모토코가네유湯元小金湯, 유모토 슌노오야도 마쓰노유湯元 旬の御宿松の湯
WEB 조테츠 버스: www.jotetsu.co.jp/bus/global/
온천 당일치기 패키지 및 캇파라이너 예약 한국어 사이트: jotetsu-reservation.com/kr

■ 삿포로역 앞 조테츠 버스 임시 매표소
WHERE 삿포로역 남쪽 출구 앞 광장 택시 승차장 옆
OPEN 07:30~18:00

온천까지 다이렉트로 잇는 버스

캇파라이너호 かっぱライナー号

삿포로에서 출발해 코가네유-조잔케이-호헤이쿄 온천 순으로 정차하는 온천 맞춤형 직통버스다. 직통도 직통이지만, 넓고 편안한 좌석이 인기 요인. 당일 자리만 있다면 예약 없이 탈 수 있지만, 원하는 시간대의 버스를 예약하는 것이 좋다(출발 1달 전부터 전날 17:00까지 가능). 삿포로역 앞에서 출발한 버스는 오도리 공원, 스스키노 등에 정차한 후 코가네유, 시라이토 폭포, 조잔케이 내 7개 정류장(승객이 예약한 곳에만 정차)을 지나 호헤이쿄 온천까지 간다. 정체가 없다면 조잔케이까지 약 1시간, 호헤이쿄까지 약 1시간 10분 소요된다. 하루 6회(09:30, 10:30, 12:00, 14:00, 15:00, 16:30) 운행.

PRICE 삿포로~조잔케이·호헤이쿄 편도 1400엔, 어린이 700엔/IC카드 사용 가능

일반 노선버스

쾌속 7J·7H·8J번 快速7 & 快速8

캇파라이너호 시간이 맞지 않을 때는 쾌속을 이용하는 것도 좋은 방법이다. 07:00~21:00에 30분~1시간 간격으로 운행하며, 캇파라이너호보다 10~20분 더 소요된다. 7J·8J번은 조잔케이까지, 7H번은 조잔케이를 거쳐 호헤이쿄까지 간다. 반대로 조잔케이에서 삿포로로 갈 땐 7·8번을 이용한다. 요금은 후불제로, 버스 뒷문으로 타 정리권 기계에서 정리권(번호표)을 뽑고 앞문으로 내리면서 요금과 정리권을 낸다. 잔돈이 부족한 경우 운전석 옆 요금 투입구 아래 쪽에 있는 동전 교환기에서 미리 바꿀 수 있다(지폐는 1000엔권만 교환 가능).

PRICE 삿포로~조잔케이 편도 790엔(어린이 400엔), 삿포로~호헤이쿄 편도 860엔(어린이 430엔)/IC카드 사용 가능

■ 조잔케이행 캇파라이너호·쾌속 정류장 위치
삿포로역 앞(도큐 백화점 동쪽, Google: 3983+MH 삿포로, 캇파라이너는 27번, 노선 버스는 26번 정류장 이용)→뉴 오타니 인 호텔 앞(Google: 3973+QQ 삿포로)→삿포로 TV 타워 앞(Google: 3964+94 삿포로)→코코노 스스키노 앞(Google: 3943+52 삿포로)

#Bus+Walk

야무지게 당일치기!
조잔케이 온천 마을

1866년 수행 승려 미이즈미 조잔이 온천지를 발견하며 이 마을의 온천 역사가 시작됐다. 삿포로 중심에서 차 타고 1시간이면 도착하는 가까운 거리에, 수질 좋은 온천과 도심에서의 스트레스를 한 방에 날려주는 고즈넉한 풍경을 지닌 마을. 곳곳에 있는 공원과 무료 족욕탕이 온천 마을의 정취를 더하고, 간식거리를 파는 기념품 상점도 잘 가꿔져 있어 삿포로에서 당일치기 온천 여행지로 가볼 만하다.

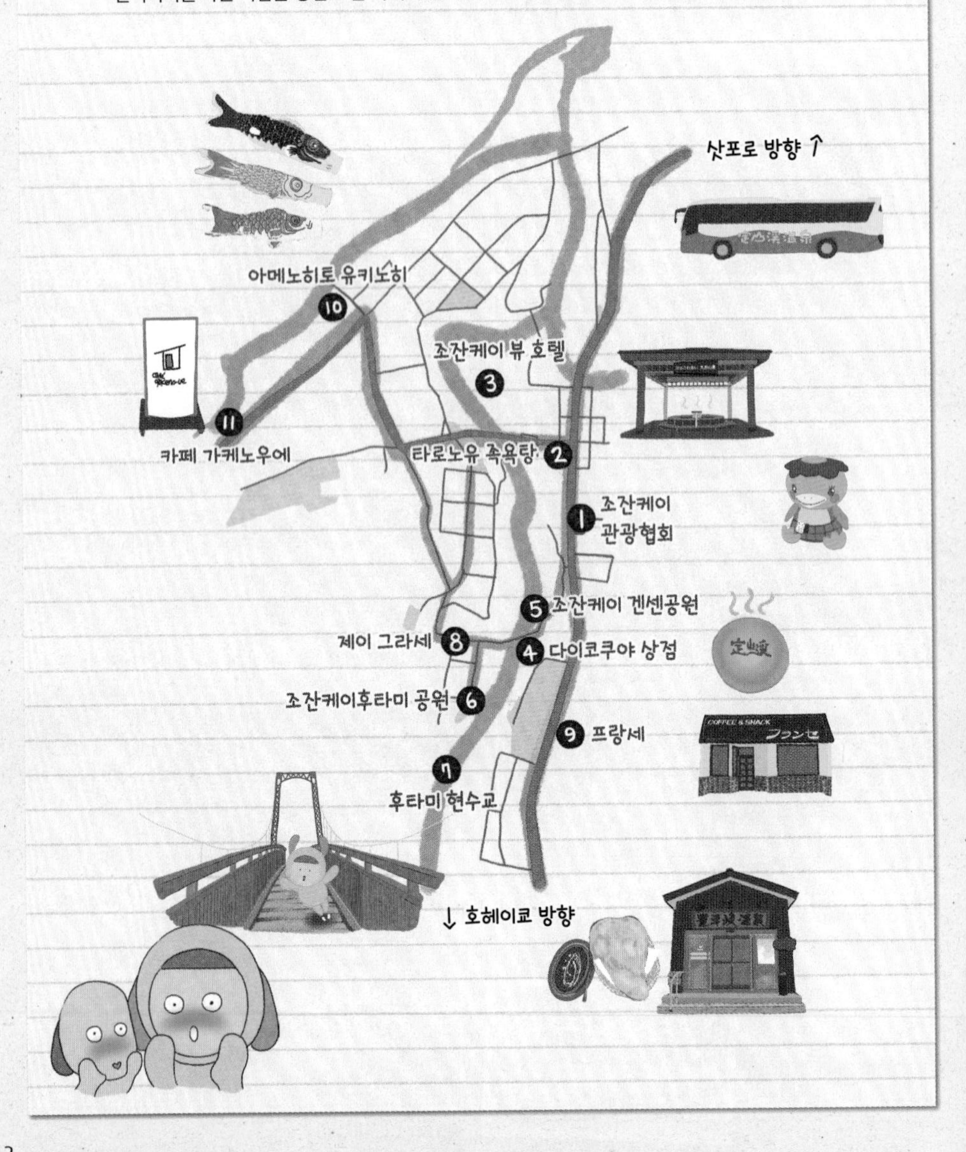

온천 마을 여행을 위한 워밍업

조잔케이 관광협회

定山渓観光協会

직원이 상주하고 있는 관광안내소로 본격적인 여행에 앞서 들르기 좋다. 조잔케이의 숙박 및 입욕 시설과 맛집 등을 안내하고 마을 지도와 팸플릿은 물론 구비하고 있으며, 바로 옆에서 조잔케이 온천 뮤지엄을 운영한다. 무료입장이니 온천을 더 깊이 알고 싶은 사람은 관람해도 좋을 듯. MAP ❻

GOOGLE 조잔케이 관광협회
MAPCODE 708 755 584*76(주차장)
TEL 011-598-2012
OPEN 09:00~17:00/ 연말연시 휴관
WEB jozankei.jp
WALK 조잔케이진자마에定山渓神社前 버스 정류장 1분

: WRITER'S PICK :

온천욕을 위한 준비물은?

조잔케이 내 온천 시설에는 샴푸, 린스, 바디워시가 상당수 갖춰져 있다. 다만 꼭 챙겨가야 할 것은 타올. 일본 온천 시설에서 타올을 공짜로 빌려주는 일은 거의 없고, 입장권을 제시할 때 유료(100~300엔)로 대여해주는 식이다. 더불어 칫솔, 치약, 사용하는 로션이나 크림 등을 챙겨가면 좋다.

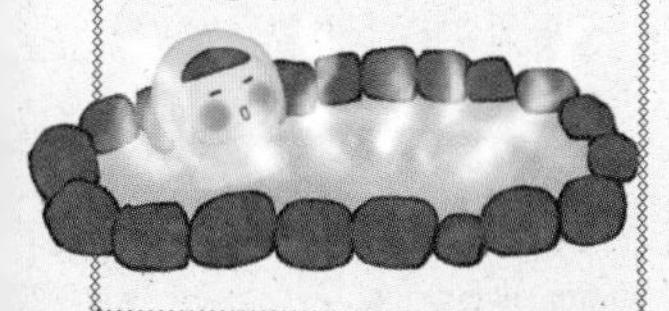

기분 좋은 무료 족욕탕

타로노유 족욕탕

足のふれあい太郎の湯

대로변에 있어 누구나 이용할 수 있는 무료 족욕탕이다. 조잔케이 관광협회에서 1분. 친구나 가족이 함께 가벼운 마음으로 발 담그기 좋은 곳으로, 가까운 곳에 조잔케이히가시니초메定山渓温泉東2丁目 버스 정류장이 있다. MAP ❻

GOOGLE 아시노후레아이 타이요노유
OPEN 07:00~20:00
WALK 조잔케이 관광협회 건너편

호텔·리조트 시설에서

온천 타임!

오전 중 도착해 당일 입욕 가능한 시설에서 온천욕부터 즐기길 권한다. 56개의 원천에서 60~80°C의 온천수가 1분당 8600ℓ씩 샘솟는 조잔케이 온천은 나트륨 염화물을 함유해 염분의 영향으로 피부가 건조해지는 것을 막고 몸을 따뜻하게 유지시켜 준다. 또한 빈혈, 냉증, 신경통, 근육통, 오십견, 화상, 부인병 등에도 효과가 있다고 알려졌다. 가장 추천하는 시설은 조잔케이 뷰 호텔Jozankei View Hotel의 온천이다. 대욕장이 크고 수영장과 옥상의 노천탕까지 갖추고 있어 우리나라 여행자들 사이에서 가장 유명하다.

삿포로 지하철 오도리역 근처에서 오후 2시쯤 조잔케이 뷰 호텔의 무료 셔틀버스도 운행해요. 단, 전화(011-222-5222) 예약이 필수. 숙박객 맞춤 일정이라 당일치기 여행자에게는 적합하지 않아요~

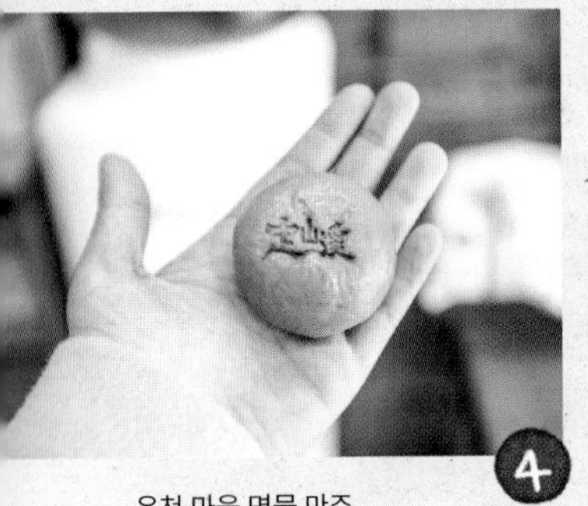

온천 마을 명물 만주

다이코쿠야 상점

定山渓大黒屋商店

1931년 창업 이후 꾸준히 만들어 온 달콤한 온천 만주. 달달한 팥소를 촉촉한 빵이 감싸고 있다. 아주 특별한 맛은 아니지만, 옛날 느낌이 가득한 소박한 레트로 간식이다. 현지인들에게 특히 인기가 많은데, 우리나라 천안의 호두과자처럼 조잔케이에 오면 꼭 사가는 명물 기념품이다. 이른 아침 문을 열고, 폐점 시간 전에 품절되는 날도 있다. **MAP ❻**

GOOGLE 조잔케이 다이코쿠야
MAPCODE 708 755 420*55(주차장)
TEL 011-598-2043
PRICE 온천 만주 1개 90엔, 9개들이 박스 850엔
OPEN 08:00~17:00/수 휴무
WEB jozankei.jp/store/daikokuya
WALK 조잔케이 관광협회 5분

보글보글 온천 달걀을 삶아보자

조잔케이 겐센공원

定山源泉公園

마을 중앙의 작은 공원이다. 온천을 즐기고 나와 노곤한 몸으로 천천히 둘러보기 좋다. 여러 명이 앉아서 즐길 수 있는 족욕탕이 있고, 조잔케이 온천을 발견한 승려 미이즈미 조잔의 동상이 있다. 80°C 이상의 온천물에 15분가량 달걀을 삶아 먹을 수 있는 작은 공간, 온타마노유おんたまの湯도 마련돼 있다. 달걀은 다리 건너편에 있는 기념품점에서 살 수 있다(3개 150엔). **MAP ❻**

GOOGLE 조잔케이 원천 공원
OPEN 07:00~20:00
WALK 다이코쿠야 상점 건너편

캇파 대왕을 만나러 가볼까

조잔케이후타미 공원

定山渓二見公園

온천가를 조용히 흐르는 토요히라강豊平川을 따라 산책하기 좋은 공원. 조잔케이 곳곳에서 볼 수 있는 20개 이상의 캇파 조각상 중 가장 큰 캇파 대왕 동상이 있어서 포토 포인트로 인기가 높다. 6~10월이면 공원 입구부터 강 상류에 있는 주홍빛 후타미 현수교까지 무료 일루미네이션 행사가 펼쳐진다(온천 숙박객만 관람 가능). 공원 입구에서 후타미 현수교까지는 약 230m이고, 중간에 돌계단이 있는 등 단차가 좀 있는 편이다. 단풍 명소로도 알려졌다. **MAP ❻**

GOOGLE 조잔케이후타미 공원
MAPCODE 708 754 470*67(주차장)
OPEN 24시간/일루미네이션 6~10월 19:00~21:00(9·10월 18:00~)/ 상세 일정은 매년 조금씩 다름
WALK 조잔케이 겐센공원 5분/조잔케이 관광협회 10분

조잔케이의 상징, 후타미 공원의 캇파 대왕かっぱ大王. 어설픈 모습에 오히려 정이 간다.

조잔케이의 자랑

후타미 현수교

二見吊橋

붉은색 현수교로 조잔케이의 명소다. 벚꽃이 피는 봄이나 단풍 지는 가을에는 소소한 풍경이 더해져 더욱 아름답다. 조잔케이 겐센공원에서 토요히라강豊平川을 따라 걷다가 후타미 공원을 지나 이곳까지 천천히 산책하는 코스를 추천한다. 조용히 강 소리를 들으며 걸을 수 있는 산책길로, 겨울이나 애매한 계절에는 다소 황량할 수 있다. 6~10월 일루미네이션 행사 때면 다리 위에 오색찬란한 빛이 물결치는 화려한 아트 스페이스로 변신한다.
MAP ❻

GOOGLE 후타미쓰리교
WALK 조잔케이후타미 공원 3분/조잔케이 관광협회 13분

+MORE+

버스로 돌아보는 조잔케이 주변 단풍 명소

조잔케이 관광협회에서는 호헤이쿄댐 라이너(249p)를 비롯해 조잔케이 주변 단풍 명소를 왕복하는 관광버스들이 출발한다. 모두 조잔케이 관광협회에서 당일 선착순으로 신청한다. 자세한 정보는 홈페이지(jozankei.jp/godaikoyo/) 참고.

❶ 단풍 캇파 버스 紅葉かっぱバス

귀여운 캇파 캐릭터가 그려진 45인승 버스를 타고 삿포로호, 핫켄산八剣山 등 조잔케이 지역의 단풍 포인트를 현지 자원봉사자가 안내한다. 10월 초부터 약 3주간 1일 4회 출발, 약 1시간 소요.

PRICE 700엔(어린이 할인 없음)

❷ 단풍 곤돌라 라이너 紅葉ゴンドラライナー

9월 중순부터 10월 중순까지 삿포로 국제 스키장을 왕복하는 관광버스. 겨울엔 스키장용으로 이용하는 8인승 단풍 곤돌라에 올라타면 정상에서 멋진 단풍과 이시카와만石狩湾을 감상할 수 있다. 1일 3회 출발, 약 2시간 15분 소요.

PRICE 버스 1280엔(6~11세 640엔), 곤돌라 1500엔(6~11세 800엔), 버스+곤돌라 2700엔(6~11세 1400엔)/모두 왕복권만 있음

8 아늑한 공간, 바삭한 애플파이
제이 그라세
J·glacee

벽난로가 있는 아늑한 공간에서 신발을 벗고 편하게 쉬어갈 수 있는 카페. 홋카이도 농가에서 재배한 사과와 제철 과일을 이용한 디저트를 선보인다. 인기 메뉴는 달지 않고 과육이 살아있는 바삭한 애플파이와 홋카이도 우유로 만든 소프트아이스크림. 조잔케이 겐센공원 주변에서 흔치 않은 카페이기 때문에 관광객이 몰리면 웨이팅이 길어질 수도 있으니 묵고 있는 호텔이 가깝거나 야외에서 즐겨도 된다면 테이크아웃하는 것도 좋은 방법이다. **MAP ❻**

GOOGLE 제이그라세 조잔케이
MAPCODE 708 754 563*37(가게 뒤편 주차장) **TEL** 011-598-2323
PRICE 애플파이 700엔(테이크아웃 440엔), 소프트아이스크림 630엔(테이크아웃 420엔)
OPEN 09:30~17:00/화 휴무
WEB jglacee.jp
WALK 조잔케이 겐센공원·조잔케이후타미 공원 각각 3분

9 무심해도 돈카츠만 맛있다면!
프랑세
Francais

접객이 무심한 것이 특징인가 보다. 외국인 여행자를 반기는 분위기는 아니었으나 요즘 보기 드문 다방 느낌에 사이폰으로 추출하는 정통 커피가 맛있다. 식사류로는 돈카츠가 유명하니 빵 사이에 돈카츠를 끼운 카츠샌드カツサンド나 카레 위에 돈카츠를 얹은 카츠 카레カツカレー에 주목해보자. 식사를 하면 블렌드 커피ブランドコーヒー를 300엔으로 할인해준다. **MAP ❻**

GOOGLE 조잔케이 프랑세
MAPCODE 708 754 234*73
PRICE 카츠샌드 900엔, 카츠 카레 1100엔, 블렌드 커피 500엔
OPEN 10:00~17:00/일 휴무
WALK 조잔케이 관광협회 8분

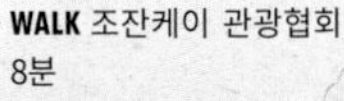

10 감성 충만한 '날씨의 카페'
아메노히토 유키노히
雨ノ日と雪ノ日

조잔케이 온천가에서 살짝 떨어진 곳에 있는 카페 겸 레스토랑. 싱그러운 여름은 물론 눈 쌓인 겨울에도 운치 있는 곳으로, '비 오는 날과 눈 오는 날'이라는 뜻의 가게 이름이 감성을 자극한다. 비나 눈이 오는 날 젤라토를 주문하면 맛 1개를, 피자를 주문하면 치즈를 무료 추가할 수 있다. 추천 메뉴는 신선한 야채를 듬뿍 얹은 아메유키노 제이타쿠 샐러드 피자雨雪の贅沢サラダピザ. 입구에 설치된 자판기(일본어)에서 주문한 뒤 카운터에 티켓을 전달하는 방식. 바로 앞에 비교적 넓은 주차장이 있어서 드라이브 도중 들르기 좋다. **MAP ❻**

GOOGLE 아메노히토 유키노히
MAPCODE 708 785 430*01
TEL 011-596-9131
PRICE 젤라토 더블 550엔, 트리플 650엔, 아메유키노 제이타쿠 샐러드 피자 2530엔, 마르게리타 1485엔
OPEN 10:00~18:00/목 휴무
WEB amenohito.com/yuki/
WALK 조잔케이 관광협회 15분

11

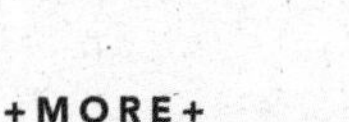

절벽 위에 아슬아슬 작은 카페

카페 가케노우에

cafe gakeno-ue

'절벽 위의 카페'라는 이름처럼 절벽 위의 독특한 전망을 자랑하는 카페다. SNS에 소문이 난 이후 10석 남짓의 작은 카페가 북적북적한 날도 잦다. 절벽 아래로 울긋불긋 단풍이 펼쳐지거나, 새하얀 눈으로 뒤덮는 계절에는 특히 더 아름다운 전망을 자랑한다. 운이 좋으면 사슴이나 다람쥐 등의 야생동물을 발견할 수도 있다. 하지만 전망이 좋은 전면 유리 쪽 테이블은 1개뿐이라 그 아름다움을 오롯이 구경하는 게 쉽지는 않다. 커피를 비롯한 음료와 시즌마다 달라지는 케이크의 맛은 무난한 편이다. 이 가게의 가장 맛있는 메뉴는 전망과 분위기인 셈! **MAP ❻**

GOOGLE 가케노우에
MAPCODE 708 784 413*32(주차장)
PRICE 커피 600엔~, 케이크 620엔, 음료 & 케이크 세트 1200엔
OPEN 10:00~17:00/월 휴무
WALK 아메노히토 유키노히 6분

: WRITER'S PICK :

조잔케이 온천에 내려오는 캇파 전설

캇파河童(강이나 호수에 산다고 전해지는 일본의 요괴. 온몸이 초록색이고 머리에 접시를 얹고 있다)가 조잔케이 온천의 상징이 된 이유는 메이지 시대 때부터 내려온 전설 때문이다. 어느 날 토요히라강에서 낚시를 하던 청년이 갑자기 강물로 끌려 들어가 버렸다. 사람들이 서둘러 그를 구하려 했지만, 물이 너무 깊어서 구조에 실패하고 말았다. 청년이 물에 빠져 죽은 지 1년이 된 날 밤, 청년은 아버지의 꿈속에 나타나 "저는 지금 아내와 아이들과 함께 행복하게 살고 있어요"라고 말했다. 그 후 사람들은 강에 살던 캇파가 동네에서 가장 미남이었던 그에게 반해 데려가 버린 것이라고 믿었다. 그 후 강에서 조난당하는 사람은 아무도 없었다고 한다. 후타미 현수교에 오르면 청년이 물에 빠진 곳이라고 전해지는 캇파 못かっぱ淵을 내려다볼 수 있다.

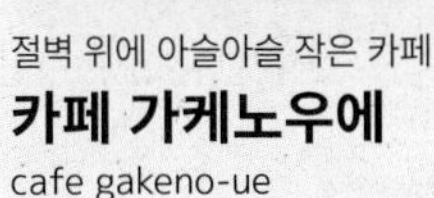

+MORE+

호헤이쿄 온천豊平峡温泉은 어때?

캇파라이너호의 종점 호헤이쿄는 조잔케이에서 10분을 더 들어간다. 낡고 오래된 단독 시설로 전체적으로 별 볼일 없다 느껴질 수 있지만, 산등성이를 바라보며 즐기는 노천 온천 하나는 정말 좋다. 독특하게도 이곳은 '카레 식당'이라고도 알려져 있다. 사장님이 이전에 운영하던 카레 가게(온센 식당)가 시설 안으로 들어와 온천도 하고 카레도 즐길 수 있는 일석이조의 공간이 된 것. 단, 노천 온천이라 벌레는 주의해야 한다.

GOOGLE 호헤이쿄 온천
MAPCODE 708 694 574*60(주차장)
TEL 011-598-2410
PRICE 입욕비 1300엔, 어린이 600엔
OPEN 10:00~22:30
WEB www.hoheikyo.co.jp
BUS 조잔케이진자마에定山渓神社前 버스 정류장에서 조테츠 버스 쾌속 7H번을 타고 종점에서 하차(150엔)

SPECIAL PAGE

단풍 나들이의 절정 호헤이쿄댐

홋카이도에서 단풍을 이야기할 때 빠지지 않는 호헤이쿄댐. 매년 10월이면 이른 아침부터 관광객이 몰려드는 인기 명소이니 체크해두자. 무료 미니 케이블카를 타고 전망대에 오르는 잔재미도 누릴 수 있다.

GOOGLE 호헤이쿄댐/
주차장: hoheikyo parking lot
MAPCODE 708 634 261*86(주차장)
WEB www.houheikyou.jp

자연 속을 걷는다

호헤이쿄댐

豊平峡ダム

1972년 지어진 호헤이쿄댐은 호헤이쿄강豊平川의 상류, 호헤이쿄 온천에서 남쪽으로 약 3km 지점에 자리한다. 호헤이쿄강의 수위도 조절하고, 수력발전도 하고, 식수로도 사용하는 등 다용도로 활용되고 있는데, 댐을 둘러싼 자연이 장관이어서 일본 임야청에서 선정한 '수원의 숲 100선', '댐 호수 100선'에 꼽힌다. 전체 길이 305m, 높이 102.5m(빌딩 34층 정도)의 아치형 콘크리트 댐은 댐 위를 걸어서 왕복하는 데만도 시간이 꽤 걸리고 전망대, 미니 케이블카, 댐 자료실 등 소소한 볼거리와 즐길 거리가 있으니 시간을 넉넉히 두고 다녀오는 것이 좋다. 시츠코토야 국립공원支笏洞爺国立公園에 속해 있다.

: WRITER'S PICK :

호헤이쿄댐 관광 방류 豊平峡ダム観光放流

매년 6~10월 10:00~16:00에는 호헤이쿄댐의 물을 관광 목적으로 방류한다. 요일과 시간대에 따라 방류량이 다르니 시간표를 확인하고 출발하자.

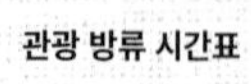

관광 방류 시간표

호헤이쿄댐 위에서 본 방류 모습

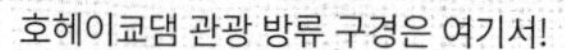

호헤이쿄댐 관광 방류 구경은 여기서!

호헤이쿄 전망대

豊平峡展望台

호헤이쿄댐 일대가 한눈에 내려다보이는 전망대다. 댐 위에서 보는 전망과 큰 차이는 없지만, 무료로 운행하는 미니 케이블카를 타고 오르면서 주변을 둘러보는 재미가 상당하다. 단, 관광객이 몰리면 오래 기다려야 하므로 전망대 관람 후엔 걸어서 내려오는 방법을 추천(도보 5분). 호헤이쿄 전망대에서 걸어서 10분 정도 올라가면 좀 더 다른 각도에서 댐을 조망할 수 있는 계곡 전망대渓谷展望台가 있다.

GOOGLE W584+29 삿포로(케이블카 하부역)
PRICE 무료
OPEN 미니 케이블카 09:00~16:20(수시 운행)

+MORE+

호헤이쿄댐 자료실

豊平峡ダム資料室

댐에서 도보 약 6분 거리에 있는 댐 자료실. 호헤이쿄댐과 주변 자연환경을 소개하는 전시물, 주변에 서식하는 곤충들의 표본 등을 볼 수 있고 댐 상류 전망도 즐길 수 있다. 1인당 1장씩 댐 카드를 무료 배포한다. 화장실이 없으니 주의.

GOOGLE 호헤이쿄댐 자료실
PRICE 무료
OPEN 09:00~16:30/토·일·공휴일 휴무

: WRITER'S PICK :

호헤이쿄댐으로 가는 방법

호헤이쿄댐까지는 대중교통편이 없어서 자동차로만 갈 수 있다. 댐 주변은 상수원보호를 위해 일반 차량·오토바이·자전거 통행이 금지돼 있으므로 댐에서 북쪽으로 약 2km 떨어진 호헤이쿄 주차장豊平峡駐車場(무료)에 차를 세우고 전기 셔틀버스로 갈아 타고 가야 한다. 조잔케이 온천에서 주차장까지 거리는 약 6km, 호헤이쿄 온천에서는 약 3km다. 주차장에서 댐까지는 2개의 터널을 지나야 하고 약간 오르막길이라 쉽지 않지만, 셔틀버스 이용객이 많은 날은 경치를 감상하며 걸어가는 것도 좋다. 약 30분 소요.

■ 전기 셔틀버스

약 20석의 좌석이 마주 보게 배치돼 있고 날씨가 좋은 날은 비닐로 된 창문을 말아 올려서 마치 놀이공원의 관광버스를 탄 듯한 기분이 든다. 구단 폭포九段の滝 부근에 다다르면 서행하며 폭포와 주변 경치를 감상할 시간도 준다. 티켓은 정류장에서 구매.

OPEN 5월~11월 초 09:00~16:30
(상행 막차 16:00)/매년 조금씩 다름
PRICE 왕복 1000엔, 편도 600엔(6~11세 반값, 65세 이상은 왕복 900엔)

전기 셔틀버스

■ 호헤이쿄댐 라이너 豊平峡ダムライナー

단풍철인 10월에는 조잔케이 관광협회 앞에서 호헤이쿄 주차장까지 65인승 셔틀버스를 운행한다. 당일 관광안내소 창구에서 선착순 신청한다. 1일 3회 출발, 약 2시간 15분 소요. 자세한 시간표는 홈페이지 참고.

PRICE 왕복권 800엔(어린이 할인 없음)/전기 셔틀버스 요금 별도(개별 구매)
WEB jozankei.jp/godaikoyo/

SPECIAL PAGE

요즘 홋카이도, 왜 갑자기 이 시점에 아이누?

요즘 신치토세공항이나 삿포로 시내 곳곳에서 아이누 관련 콘텐츠를 자주 접하게 된다. 애니메이션, 박물관, 거리 설치물까지. 아이누는 이제 홋카이도 관광의 주요 테마 중 하나다.
아이누는 홋카이도, 사할린, 쿠릴열도 등에 걸쳐 살아온 북방계 선주민이다. 일본 본토인과는 생김새, 생활양식, 언어까지 완전히 달랐다. 그러나 1869년 메이지유신 이후 일본 정부의 강제 동화 정책으로 고유의 문화와 언어를 잃게 된다. 2008년, 일본은 아이누를 '선주민'으로 공식 인정했고, 2019년에는 관련 법률도 제정되었다. 최근에는 아이누 문화 보존과 홍보가 눈에 띄게 늘었는데, 이는 러시아와의 쿠릴열도 영토 분쟁도 한몫했다. 러시아가 아이누를 자국 민족이라 주장하며 그들이 살던 홋카이도를 러시아 영토라고 주장하자, 일본도 홋카이도 영유권을 주장하기 위해 아이누 지원에 나선 것이다.
2020년 시라오이白老에 문을 연 우포포이 국립아이누박물관ウポポイ 民族共生象徴空間은 이런 흐름의 중심이다. 다만 삿포로에서 거리가 있어 일부러 가기엔 애매하므로 대신 조잔케이 온천 가는 길에 있고 1시간이면 둘러볼 수 있는 삿포로시 아이누교류센터를 추천한다. 아칸호 아이누코탄도 책에서 함께 소개하고 있다(462p).

온천 사이에 숨어 있는 작지만 진지한 공간

삿포로시 아이누교류센터(삿포로 피리카코탄)

札幌市アイヌ文化交流センター(サッポロピリカコタン)

아이누의 역사, 생활, 문화를 소개하는 공간으로, 실내에는 전통 의복, 도구 등 약 300점의 유물을 전시한다. 야외 공간에서는 집이나 나무배, 아기곰을 가두는 시설 등을 볼 수 있다. 규모는 크지 않지만 핵심을 잘 담아내고 있어, 짧은 시간 안에 아이누 문화를 접할 수 있다. 교류센터 맞은편에는 현지에서 인기 있는 코가네유小金湯 온천이 자리하고 있고, 차로 10분 거리엔 조잔케이定山渓 온천도 있어 이동 동선상 함께 둘러보기에 좋다. '피리카코탄'은 아이누어로 '아름다운 마을'을 뜻한다.

GOOGLE 삿포로시 아이누교류센터
MAPCODE 708 761 894*15(주차장)
PRICE 200엔, 고등학생 100엔/중학생 이하·65세 이상 무료
OPEN 09:00~17:00/월 휴무
WEB www.city.sapporo.jp/shimin/pirka-kotan
CAR 삿포로 시내에서 40분
WALK 코가네유 버스 정류장에서 5분(삿포로~코가네유 교통은 241p참고)

To do List.

3시간으론 부족해!

신치토세공항

新千歳空港

#Train+Walk

어쩌면 관광지보다 재미있는 신치토세공항

저비용항공 노선이 속속 취항하면서 우리에게 더욱 친숙해진 신치토세공항. 홋카이도 대표 맛집이 대거 입점해, 한편으론 '맛있는 공항'으로 유명하다. 먹거리만 풍성한 게 아니다. 어린이와 어른이를 모두 두근거리게 할 각종 캐릭터 파크부터, 부쳐버린 수하물만큼 큰 짐이 되어버릴 기념품 과자 쇼핑, 느긋하게 휴식을 취할 온천 시설까지. 단순히 비행기를 타는 공간을 넘어 하나의 관광지가 되었다. 그러니 공항으로 향할 땐 부디 시간을 넉넉히 잡고 느긋한 마음으로 출발하길 바란다.

WEB www.new-chitose-airport.jp/ko/

공항에 펼쳐진 사파리 월드

슈타이프 디스커버리 워크

Steiff DISCOVERY WALK

국제선 도착편이 신치토세공항에 닿으면 여행자는 입국장을 지나 인형 골목에 들어선다. 독일 슈타이프 테디베어 사의 다양한 인형들이 양쪽 벽면에 가득! 평소에는 보기 힘든 대형 코끼리·곰 인형 등도 볼거리다. 잠깐 시간을 내어 사진 찍고 구경하는 것이 전혀 아깝지 않은 공간이다.

WALK 2층 국제선-국내선 연결통로

초콜릿이 있어서 행복해!

로이스 초콜릿 월드

Royce' Chocolate World

일본 여행 기념품에 빠지지 않는 단골 손님. 생초콜릿 브랜드 로이스 공장이 공항 안으로 들어왔다. 서늘한 분위기와 달콤한 냄새가 함께 전해지는 유리 벽 너머로 직접 초콜릿을 만드는 직원들과 쉴 새 없이 움직이는 기계의 모습을 구경할 수 있다. 그 옆의 작은 박물관에는 카카오가 초콜릿으로 만들어지는 과정, 오래된 로이스 초콜릿 패키지 등 다양한 전시물이 있고, 상점과 베이커리에선 초콜릿 범벅의 맛있는 스위츠도 구매할 수 있다.

OPEN 08:00~20:00
WALK 3층 국제선-국내선 연결통로(스마일 로드)

: WRITER'S PICK :

프로공항러만의 꿀팁!

식당과 상점은 국제선보다 국내선 터미널에 더 많다. 심지어 같은 상품도 터미널마다, 상점마다 가격이 다른 경우가 있으니 알뜰한 쇼핑을 위해선 여유 있는 시간이 필요하다. 한 번 보딩 패스를 받고 국제선 출국장을 빠져나가면 국내선 터미널로의 통행이 제한된다는 점도 기억하자. 대부분의 식당과 상점은 10:00에 오픈하며, 쇼핑은 2층 국내선 구역, 식사는 3층 국내선 구역, 즐길 거리는 3층 국내선-국제선 연결통로(스마일 로드)에서 즐기길 추천한다. 국내선과 국제선 사이의 거리는 약 300m로 천천히 걸어도 5분 안에 도착한다.

가슴이 쿵쿵, 신나는 어린이 명소

도라에몽 와쿠와쿠 스카이 파크

ドラえもん わくわくスカイパーク

도라에몽이 주인공인 작은 테마파크다. 키즈 프리존에서는 비행기에서의 꿀잠을 위해 아이들을 잠시 놀려두기에 좋고, 도라에몽 만화책이 있는 도서관에서는 어른이도 한국어 만화책에 빠질 수 있다. 도라에몽처럼 파란 아이스크림과 도라에몽이 좋아하는 도라야키(붕어빵)를 파는 카페, 도라에몽과 타임머신을 타고 기념촬영을 할 수 있는 어뮤즈먼트존, 오리지널 굿즈를 파는 기념품숍까지. 설명을 읽고 마음이 '와쿠와쿠(두근두근)'하다면 당장 가보자!

PRICE 일부 유료 구역 800엔, 중·고등학생 500엔, 3세 이상~초등학생 400엔, 3세 미만 무료
OPEN 10:00~18:00(어뮤즈먼트존 ~17:00)
WALK 3층 국제선-국내선 연결통로(스마일 로드)

키티 승무원을 따라 기념사진 찰칵!

헬로키티 해피 플라이트

ハローキティ ハッピーフライト

승무원 유니폼을 야무지게 차려입은 헬로키티와 다양한 산리오 캐릭터를 만날 수 있는 곳이다. 포토존이 많아 아이들에게 특히 인기. 유료 구역에는 헬로 극장, 유럽 광장, 별들의 길, 아메리카 필드, 아시안 스트리트 등 세계 일주 포인트가 있고, 여정을 마치면 카페와 기념품숍을 만날 수 있다. 무료로 이용 가능한 매트 놀이시설도 있으니 어린이 키티 팬들에겐 그야말로 천국이다.

PRICE 일부 유료 구역 중고생 이상 800엔, 초등학생 이하 400엔, 3세 미만 무료
OPEN 10:00~18:00
WALK 3층 국제선-국내선 연결통로(스마일 로드)

시원하게 펼쳐진 활주로를 바라보며

전망 데크

展望デッキ

너무 크지도, 그렇다고 아주 작지도 않은 신치토세공항은 비행기가 오르내리는 모습을 구경하기에 적당한 규모다. 국내선 3층의 구루메 월드를 지나면 전망 데크로 올라가는 입구가 있는데, 날씨가 좋을 땐 한 번 나가보자. 시원하게 펼쳐진 활주로가 여행의 마지막 순간까지 깊이 각인시켜 줄 것이다. 약간의 계단을 오르내려야 하므로 유모차나 휠체어 이용자는 추천하지 않는다.

PRICE 입장 무료/망원경 1회(약 2분) 100엔
OPEN 08:00~20:00/12~3월·악천 시 휴무
WALK 국내선 3층 식당가 입구에서 진입

1박도 거뜬한

신치토세공항 온천

新千歳空港温泉

일본 공항 중에는 간혹 온천 시설을 갖춘 곳이 있다. 그중에서도 신치토세공항은 공항 최초로 천연 온천 시설을 도입한 곳. 염분을 포함한 온천수이며 pH8의 약알칼리성이다. 남은 비행 시각이 애매하거나 장시간 공항에 머물러야 할 때, 혹은 여행 중 온천을 가지 못했을 때 추천. 숙박도 가능하다(심야에는 추가 요금 부과).

PRICE 입욕비·유카타·타올·기타 시설 이용 포함 할인 세트 2600엔, 초등학생 1300엔/심야 추가 요금(01:00 이후 입장, 조식 포함) 2000엔, 초등학생 1000엔/숙박 1인 9000엔~
OPEN 10:00~다음 날 09:00 **WALK** 국내선 4층

맛있는 냄새가 솔솔~

신치토세공항 맛집

시내에서 아쉽게 놓친 맛집을 사수하기 위해 또 한 번의 긴 웨이팅 행렬이 이어지는 곳. 홋카이도 유명 맛집이 풍성한 신치토세공항에서 반드시 들러야 할 곳은 아무래도 라멘 골목이다. 식사 후에는 소프트아이스크림으로 마무리! 홋카이도 우유로 만든 소프트아이스크림은 어디나 맛있지만, 특히 요츠바よつ葉(White Cosy)가 보인다면 무조건 입장하자. 새콤달콤한 셔벗 느낌이 좋다면 밀키시모ミルキッシモ도 좋다.

줄 서는 라멘 맛집 다 모였다!

홋카이도 라멘 골목

北海道ラーメン道場

국내선 3층에는 홋카이도 라멘을 테마로 한 홋카이도 라멘 골목이 있다. 하코다테 아지사이函館麺厨房 あじさい(369p), 아사히카와 바이코우켄旭川ラーメン梅光軒(391p) 등 내로라하는 지역 유명 맛집이 밀집한 것. 공항 지점인 만큼 한국어와 영어 메뉴판을 충실히 갖췄고 공항 한정 메뉴도 있다. 고소한 새우 국물 냄새가 길목부터 유혹하는 에비소바 이치겐えびそば一幻(187p)과 스스키노의 미소 라멘 전문점 라멘 소라는 긴 줄을 감당 못해 포기해야 하는 수가 있으니 서둘러 방문해야 한다.

OPEN 10:00~21:00(가게마다 다름)
WALK 국내선 3층

라멘집인지, 고깃집인지!

라멘 소라

ラーメン 空

'라멘이 없으면, 인생도 없다No Ramen, No Life'는 당찬 구호로 스스키노(다누키코지 상점가)에서 문을 연 라멘집이다. 대표 메뉴는 삿포로 미소 라멘 스타일에 충실한 미소 라멘味噌らーめん. 한국인의 입맛엔 좀 더 매콤한 맛의 카라미소 라멘辛味噌らーめん이 잘 맞고, 홋카이도산 군옥수수에 버터를 넣은 야키토우키비 라멘焼きとうきびらーめん도 인기 메뉴다. 고기를 원 없이 먹고 싶다면 작은 크기의 차슈 덮밥チャーシュー丼까지 사이드 메뉴로 시켜 칼로리 폭발의 시간을 가져보자. 장조림처럼 짭짤하게 조리한 돼지고기와 흰 쌀밥은 누구라도 반할 맛이다.

PRICE 미소 라멘 1100엔, 카라미소 라멘 1300엔, 야키토우키비 라멘 1530엔, 차슈 덮밥 500엔
OPEN 09:00~20:00
WALK 국내선 3층 홋카이도 라멘 골목 내

끝까지 해산물의 늪에 빠져볼까?

돈부리차야
どんぶり茶屋

삿포로 니조 시장에 본점을 둔 카이센동(해산물 덮밥) 전문점이다. 시장에 본점을 둔 오래된 가게인 만큼 재료의 신선함과 메뉴의 다양함을 모두 갖추고 있다. 특히 홋카이도 해산물을 듬뿍 사용한 메뉴에는 홋카이도 지도 표시와 함께 추천 스티커가 붙어있기도 하니 메뉴 고를 때 참고하자. 밥양과 해산물 토핑까지 맘대로 골라보는 해산물 덮밥 오코노미 카이센동お好み海鮮丼도 있고, 징기스칸, 스테이크, 치킨 등 해산물 대신 육류를 올린 덮밥 종류도 다채롭다.

PRICE 해산물 덮밥 1580엔~, 오코노미 카이센동 밥 200~350엔 & 해산물 토핑 130~680엔
OPEN 10:30~20:30(L.O.20:00)
WALK 국내선 3층

일본 총리도 다녀갔다는 수프카레 체인

수프카레 라비
Soup Curry Lavi

삿포로의 유명 수프카레 가게 지점이다. 본점이나 삿포로 시내 지점들보다 오히려 공항점의 접근성이 좋아서 역시나 웨이팅이 길게 이어지는 곳이다. 일본 총리를 비롯한 유명인들이 다녀가기도 했다고. 닭고기, 돼지고기, 해산물 등의 메인 재료와 함께 수프는 오리지널, 새우, 코코넛 중에서 고를 수 있다. 어떤 수프카레를 시키든 토마토의 산미와 계피의 풍미, 엄선한 향신료의 향이 수프의 깊은 맛을 만든다. 수프 스타일은 기본 맛인 오리지널 수프, 고소한 맛의 새우 수프, 부드러운 맛의 코코넛 수프 3종류가 있고 맵기는 0~50 단계가 있다. 밥은 소(150g)·중(200g)·대(330g) 모두 무료.

PRICE 치킨 to 야채 카레 1680엔, 징기스칸 소시지 to 야채 카레 1860엔 (맵기와 수프 종류, 토핑에 따라 요금 추가)
OPEN 10:30~20:30
WALK 국내선 3층

: WRITER'S PICK :

에키벤보단 소라벤空弁!

혹시 일본 국내선 비행기를 이용한다면 소라벤에 도전해보자. 일본의 열차 도시락 에키벤을 좋아하는 여행자라면 분명 사랑할 것이다. '하늘에서 먹는 도시락' 소라벤은 에키벤처럼 각 지역의 특징을 담아 개성 넘치는 도시락을 만든다. 신치토세공항의 주인공은 단연 해산물. 게, 성게, 연어알이 호화롭게 올라간 카이센동(해산물 덮밥)과 다시마나 연어가 들어간 오니기리(주먹밥)다. 단, 국제선을 이용할 땐 기내 반입이 금지될 수 있으니 유의!

갖고 가고 싶은 홋카이도의 맛

공항 기념품

공항에서는 홋카이도 전역을 여행하지 않아도 각 지역의 명물을 구매할 수 있다는 특전이 있다. 특히 기념품으로 나눠 먹기에 좋은 케이크와 빵, 과자류가 넘쳐나는 것. 단, 가공식품은 수하물로 붙여야 하는 등 제품의 특징에 따라 국제선 반입 규정이 다르니 구매 시 국제선(International Flight) 반입 허용 여부를 문의하자. 과자나 초콜릿은 기내에 반입할 수 있다.

마지막 치즈의 달콤함은 너와 함께

키노토야

KINOTOYA

지금 당장 신치토세공항에 간다면 가장 먼저 먹고 싶은 것이 바로 이곳의 갓 구운 치즈 타르트다. 공항 지점은 특히 기념품 구매객까지 몰리는 바람에 긴 줄을 포기하고 번번이 돌아선 경험이 많을 정도. 기왕 줄을 선 김에 커다란 오븐에서 막 구워낸 따끈한 치즈 타르트를 상자째 쟁여 가는 것도 좋겠다. '신치토세공항 소프트아이스크림 총선거'에서 4년 연속 1위를 획득한 극상 우유 소프트아이스크림極上牛乳ソフト, 한층 한층 정성 들여 구워내 촉촉하고 부드러운 바움쿠헨, 키노토야의 롱셀러 메뉴인 삿포로 농학교의 밀크 쿠키도 놓치면 후회.

PRICE 치즈 타르트 250엔, 극상 우유 소프트아이스크림 450엔, 바움쿠헨 1600엔, 밀크 쿠키 3개입 180엔
OPEN 09:00~20:00
WALK 국내선 2층

새콤달콤 애플파이와 버터샌드 사냥

키노토야 팩토리

KINOTOYA 新千歳空港ファクトリー店

키토노야의 신치토세공항 2호점. 매장에서 갓 구운 것만 고집하는 공장 병설형 매장이다. 키노토야의 베스트셀러인 치즈 타르트와 소프트아이스크림은 물론, 애플파이 브랜드인 키노토야 링고KINOTOYA RINGO와 버터 쿠키 브랜드인 삿포로 농학교 등 키노토야의 서브 브랜드들을 취급한다. 팩토리점 한정 메뉴는 새콤달콤한 애플파이, 토카치산 팥과 홋카이도산 버터크림을 넣은 버터샌드 쿠키, 얇게 구운 쿠키 3장을 쌓은 다음 절반을 밀크초콜릿으로 코팅해 보기에도 좋고 맛도 좋은 개척의 시開拓の詩다.

PRICE 애플파이 480엔, 버터샌드 쿠키 216엔, 개척의 시 5개입 1080엔
OPEN 09:00~20:00
WALK 국내선 2층

이 부드러움 가져가고파!

스내이플스

SNAFFLE'S

이번엔 하코다테에서 왔다. 반숙 오믈렛처럼 부드럽게 구운 수플레 타입 치즈 오믈렛チーズオムレット이 대표 상품. 냉동 없이 매일 매일 구운 제품만 판매하는 것으로 유명하다. 보냉백으로 포장하면 4~5시간 정도는 견뎌주니 출국장에 들어서기 직전 구매하는 것이 포인트!

PRICE 치즈 오믈렛 8개 1728엔
OPEN 08:00~20:00
WALK 국내선 2층

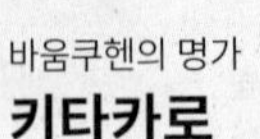

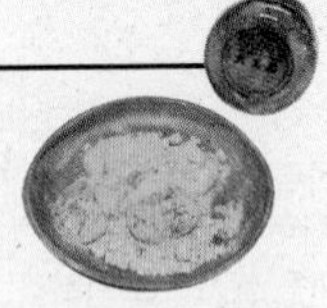

바움쿠헨의 명가

키타카로

北菓楼

일본 방송 프로그램에도 종종 등장하는 인기 디저트 전문점으로, 바움쿠헨 요정의 숲バウムクーヘン妖精の森이 유명하다. 삿포로 시내 매장에서도 팔지만, 부피가 좀 있는 편이라 공항에서 사는 게 좋다. 어르신들이 좋아할 만한 센베 과자인 홋카이도 개척 오카키 北海道開拓おかき, 선물용으로 좋은 다양한 구움 과자도 있다. 각종 슈크림도 인기 만점! 시식도 풍성하다.

OPEN 08:00~20:00
PRICE 홋카이도 요정의 숲 1458엔~, 홋카이도 개척 오카키 1593엔(3봉 들이), 슈크림 183엔~
WALK 국내선 2층

살살 녹는다는 말은 이럴 때

르타오

LeTAO

오타루의 명물 르타오도 당연히 신치토세공항에 지점이 있다. 오타루의 다른 지점들처럼 초콜릿과 치즈케이크 등 섹션이 나눠져 있고 상점뿐 아니라 카페도 갖췄다. 베이크드 치즈 케이크 위에 마스카르포네 치즈 무스를 얹은 더블 프로마주가 최고 인기 품목. 출국 전 구매한다면 보냉백 포장을 잊지 말자.

OPEN 08:00~20:00(카페 09:00~)
PRICE 더블 프로마주 2160엔
WALK 국내선 2층

수수한 재료에 귀여움을 끼얹다

시레토코 스카이 스위츠

siretoco sky sweets

사람보다 소가 더 많다는 시레토코 남쪽 나카시베츠中標津에서 온 디저트 가게다. 작은 마을의 달콤한 공장에서 직접 양봉한 꿀에 홋카이도산 재료를 섞어 캐러멜과 아이스크림, 도넛을 만들어낸다. 특히 몽글몽글 귀여운 도넛은 모양도 예뻐 선물용으로 사기 좋다.

OPEN 08:00~20:00
PRICE 시레토코 도넛 320엔~
WALK 국내선 2층

공항 한정판 카스텔라를 득템!

홋카이도 밀크 카스텔라

北海道牛乳カステラ

커다란 목재 오븐에서 익힌 촉촉하고 고급스러운 카스텔라로 알려진 곳이다. 도쿄에서 핫한 베이커리 브랜드 몽상클레르Mont St. Clair의 천재 파티셰 츠지구치 히로노부가 홋카이도에 처음 문을 연 가게다. 특히 이곳 공항에서만 살 수 있는 홋카이도 우유 카스텔라北海道牛乳カステラ는 놓칠 수 없는 아이템. 가게 옆 살롱에서는 푸딩과 소프트 아이스크림을 먹으며 쉬어갈 수 있다.

OPEN 09:00~19:30(살롱 10:00~19:00)
PRICE 홋카이도 우유 카스텔라 3조각 945엔·6조각 1890엔, 소프트아이스크림 450엔, 푸딩 480엔
WALK 3층 국제선-국내선 연결통로(스마일로드)

감자로 만든 따끈따끈한 스낵도 먹고 가세요~

가루비 플러스

Calbee PLUS カルビープラス 新千歳空港店

마성의 감자 스틱 자가리코로 유명한 제과 회사 가루비에서 운영하는 매장. 쟈가리코 모양으로 즉석에서 튀겨주는 뜨거운 감자튀김 포테리코 사라다는 신치토세공항 필수 먹거리 중 하나다. 홋카이도산 감자 특유의 식감과 풍미를 지닌 포테리코 사라다는 겉은 바삭하고 속은 포슬! 공항 한정판 감자칩과 인기 맥주도 함께 즐길 수 있다.

OPEN 08:00~20:00
PRICE 포테리코 사라다 340엔, 공항 한정판 감자칩(아스파라거스 & 베이컨 맛) 340엔
WALK 국내선 2층

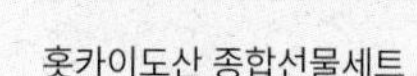

홋카이도산 종합선물세트

스카이숍 오가사와라

スカイショップ小笠原

신치토세공항을 어슬렁거리면 많은 사람이 오렌지색 봉지를 들고 있는 모습을 볼 수 있다. 바로 키타카로의 모기업인 호리HORI가 홋카이도 고급 멜론인 유바리 멜론으로 만든 젤리 봉지다. 호리의 감자나 옥수수 스낵도 인기 품목. 단독매장은 없지만, 롯카테이를 비롯해 다양한 기념품을 갖춘 스카이숍 오가사와라에서 만날 수 있다. 롯카테이의 기념품도 두어 개만 추천하라면, 가장 유명한 마루세이 버터샌드와 마루세이 버터 케이크를 빼놓을 수 없고, 바삭한 파이 안에 커스터드 크림이 듬뿍 든 사쿠사쿠 파이サクサクパイ도 현지인의 공항 간식으로 인기가 매우 높다. 게다가 달콤하고 부드러운 롯카테이 과자와 잘 어울리는 쇼핑백의 조합은 거부할 수 없는 매력이 있다.

OPEN 07:00~20:30
PRICE 호리 멜론 젤리 12개입 648엔, 마루세이 버터샌드 10개 세트 1550엔, 마루세이 버터 케이크 5개 세트 800엔, 사쿠사쿠 파이 1개 240엔
WALK 국내선 2층

사쿠사쿠 파이, 바삭할 때 바로 먹어야 크림이 파이에 축축하게 스며들지 않고 맛있다.

마루세이 버터 케이크
마루세이 버터샌드

: WRITER'S PICK :

도전! 집에서 홋카이도의 맛 그대로?

집에서도 생각날 것 같은 라멘과 수프카레, 공항에서 한 아름 챙겨가자. 공항 내 기념품숍에는 오미야게御土産(선물)용으로 포장한 인스턴트 라멘과 레토르트 형식의 수프카레가 많다. 가격도 우리 돈 1만원 이하라 기념품으로도 좋은데, 액체류여서 위탁 수하물로 부치는 것을 잊지 말자(단, 육류 성분이 포함된 카레는 국내 반입 금지).

MY SHOPPING LIST.

1.
2.
3.
4.
5.
6.
7.
8.
9.
10.
11.
12.
13.
14.
15.

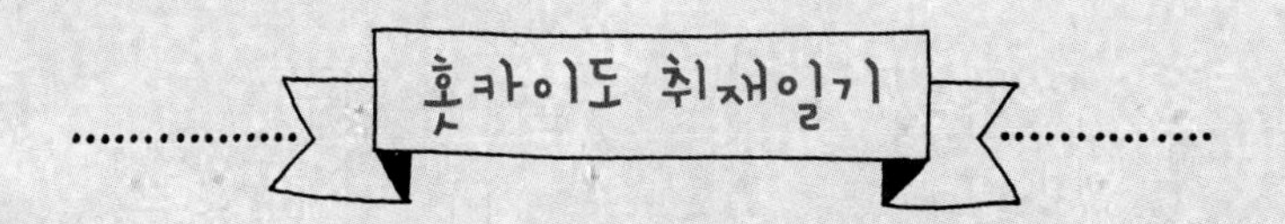

거리에 왜 휴지통이 없는 거야?

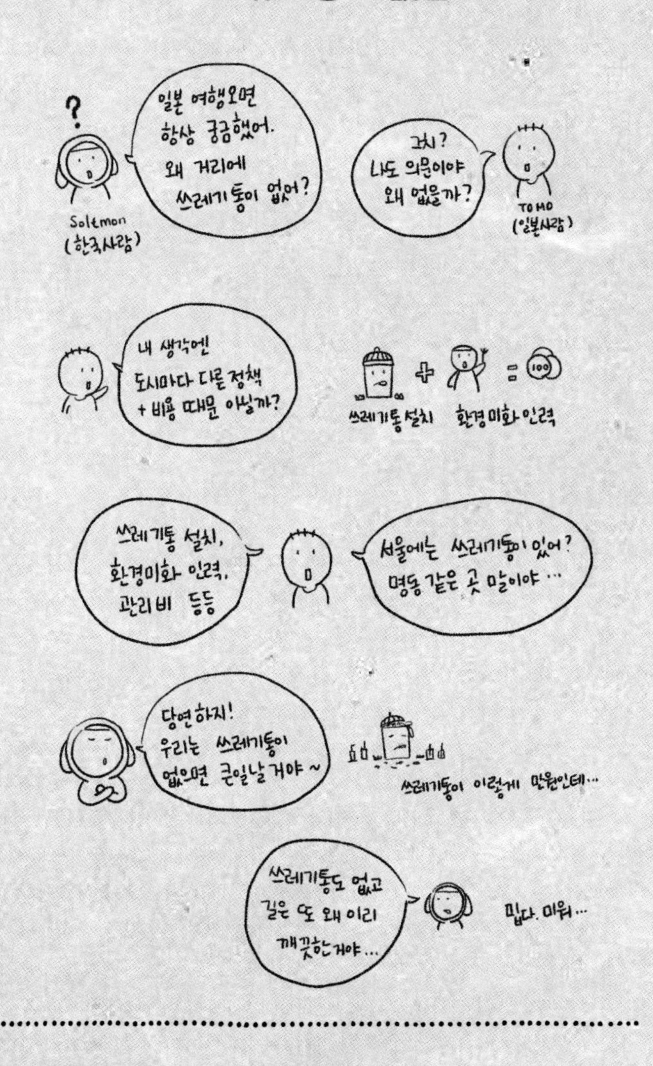

SPECIAL PAGE

겨울 스포츠 왕국 즐기기 스키&스노보드

홋카이도의 겨울은 시베리아에서 불어온 차가운 북서풍이 동해를 지나면서 수분을 머금었다가 내륙을 지나 많은 눈을 내린다. 설질이 보송보송하고 가벼워서 파우더 스노Powder Snow라고 불리는 이 눈은 속도를 내기 쉽고 부상 위험도 적어서 스키를 즐기기에 최적의 조건. 이 때문에 홋카이도의 스키장들은 전 세계 스키어들이 찾아오는 겨울 스포츠 명소다.

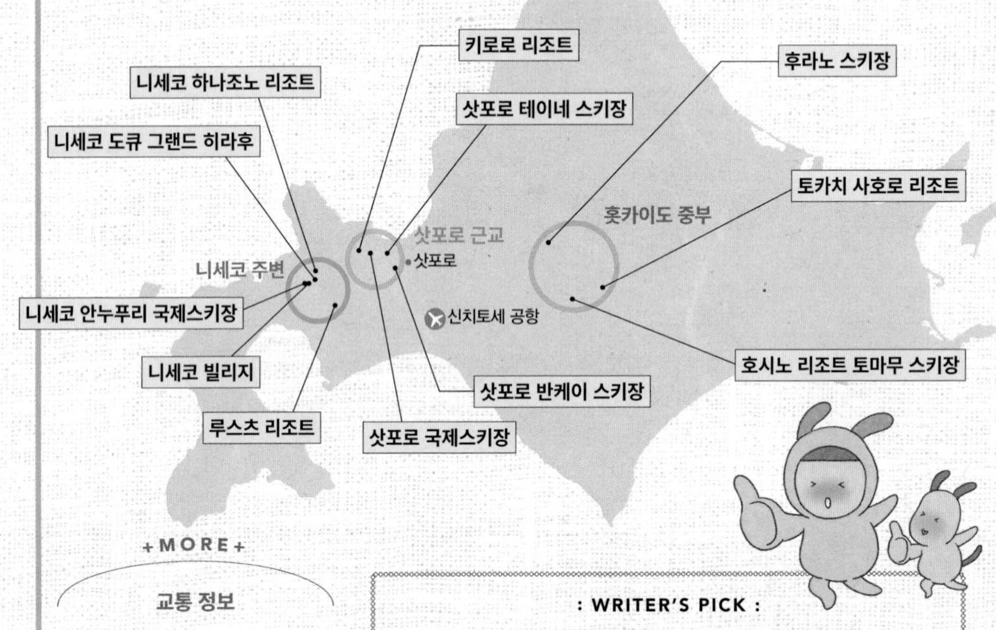

+MORE+

교통 정보

◆ 주오 버스
WEB chuo-bus.co.jp

◆ 고속유바리호 버스
WEB yutetsu.co.jp

◆ HRL(홋카이도 리조트 라이너)
WEB access-n.jp/resortliner_eng/

◆ 니세코 올마운틴 리프트 패스
WEB niseko.ne.jp/en/lift

: WRITER'S PICK :

해외 여행자를 위한 뛰어난 접근성과 편리성

삿포로와 니세코, 후라노, 토마무 주변 스키장은 접근성이 뛰어나고 삿포로에서 먼 스키장들은 숙박 및 여가 시설을 갖춘 리조트로 운영해서 어느 곳을 가더라도 편리하게 이용할 수 있다. 대부분 스키장이 눈썰매, 스노모빌, 스노슈잉, 놀이방, 온천 등 가족 여행객이 즐기기 좋은 액티비티와 편의시설을 갖췄으며, 스노보드용 코스를 30~50% 운영한다. 신치토세공항과 삿포로 등지에서 스키장을 오가는 시즌 버스를 타면 렌터카 없이도 다녀올 수 있다. 일본뿐 아니라 해외 스키어들까지 몰리기 때문에 시즌 버스는 국내 여행사나 각 리조트의 공식 홈페이지를 통해 예약하는 게 안전하다.

삿포로 근교

1 삿포로 테이네 스키장
札幌手稲スキー場

삿포로 시내에서 약 25km 거리에 있는 스키장. 1972년 삿포로 동계올림픽 경기장으로 지어져 산 정상에서 기슭까지 이어지는 길이 5700m의 롱 코스, 최대 38°의 급경사 코스 등 코스 종류가 다채롭다. 키즈 파크와 당일치기 온천도 운영. 주말과 공휴일엔 야간 개장을 한다. 단, 시내와 가까운 만큼 이용객이 많아서 혼잡하고 설질이 다소 무겁다. 삿포로 호텔에서 셔틀버스로 약 1시간~1시간 40분 소요.

WEB sapporo-teine.com

코스 수 15 **낙차**(m) 1020~340
리프트 8라인 **곤돌라** 1라인

2 삿포로 반케이 스키장
札幌ばんけいスキー場

삿포로 시내에서 가장 가까운 스키장. 차로 20분 거리에 대중교통도 편리해서 당일치기 이용객이 많다. 튜빙 코스 같은 가족 친화형 코스와 부대시설을 잘 갖췄고 야간 개장 때 산 정상에서 바라보는 삿포로 시내 야경이 아름답다. 상급 코스와 주차 시설이 부족한 게 단점. 삿포로 지하철 마루야마코엔역에서 노선버스로 약 20분, 셔틀버스 대신 택시+리프트 패키지를 운영한다.

WEB bankei.co.jp

코스 수 7 **낙차**(m) 480~200
리프트 6라인 **곤돌라** 없음

3 키로로 리조트
キロロリゾート

고도가 높고 온도가 낮아서 세계 최고급 파우더 스노를 즐길 수 있다. 산 정상에 자리한 전망 좋은 코스, 완만한 롱 코스 등 22개의 코스가 있고 천연 온천, 클럽 메드, 골프장 등을 갖췄다. 일본 대표급 강사진의 스키 레슨도 가능. 리조트 내에 식료품점이나 편의점은 없다. 삿포로역에서 HRL 버스(홋카이도 리조트 라이너)로 약 1시간 30분 소요.

WEB kiroro.co.jp

코스 수 22 **낙차**(m) 1180~570
리프트 8라인 **곤돌라** 1라인

4 삿포로 국제스키장
札幌国際スキー場

해발 1100m의 고원에 자리해 정상에서 내려다보는 오타루의 바다와 석양이 아름답고 조잔케이 온천과도 가깝다. 동해에 면해 수분을 많이 포함한 설질이 뛰어나며, 삿포로 시내에서 노선버스가 오갈 정도로 대중적인 스키장이다. 대여 장비가 넉넉해 맨몸으로 가도 문제없는 곳. 단, 접근성이 좋은 만큼 주말과 공휴일엔 주차장이 혼잡하고 리프트 대기 시간이 길다. 삿포로역에서 셔틀버스로 약 1시간 30분 소요.

WEB sapporo-kokusai.jp

코스 수 7 **낙차**(m) 1100~630
리프트 3라인 **곤돌라** 1라인

니세코 주변

1 니세코 도큐 그랜드 히라후
ニセコ東急 グラン·ヒラフ

니세코 안누푸리산 동쪽, 독립된 4개의 스키장이 정상에서 연결되는 니세코 유나이티드의 스키장 중 가장 규모가 크다. 설질이 좋고 다양한 코스와 숙박·부대시설을 갖춰 외국인도 즐겨 찾으며, 주변에 온천도 여럿 있다. 2024~2025년 겨울 시즌부터는 10인승 신형 곤돌라가 도입되었다. 신치토세공항과 삿포로 시내에서 주오 버스와 HRL 버스로 약 3시간 소요.

WEB grand-hirafu.jp/winter

코스 수 22 **낙차**(m) 1200~260
리프트 12라인 **곤돌라** 1라인

2 니세코 빌리지
ニセコビレッジ

요테이산羊蹄山이 바라보이는 광활한 부지에 힐튼·리츠칼튼 호텔 등 고급 숙박시설을 갖춘 리조트. 안누푸리 국제스키장과 직결되고 골프, 산악자전거, 하이킹, 말 썰매, 스노슈잉 등의 액티비티를 즐길 수 있다. 코스 난이도는 대체로 낮은 편. 규모에 비해 리프트 수가 적은 게 단점이다. 신치토세공항과 삿포로 시내에서 주오 버스와 HRL 버스로 3시간~3시간 30분 소요.

WEB niseko-village.com

코스 수 27 **낙차**(m) 1170~280
리프트 6라인 **곤돌라** 3라인

3 니세코 안누푸리 국제스키장
ニセコアンヌプリ国際スキー場

니세코 안누푸리산 남쪽 자락, 해발 1308m 정상에 자리해 곤돌라에서 바라보는 전망이 압권이다. 폭이 넓고 완만한 코스가 많고 스노모빌, 스노래프팅 등 액티비티도 다양해 초보자나 가족 여행객이 이용하기 좋으며, 상급자용 오프 피스트 코스도 있다. 다른 스키장보다 규모는 작은 편. 신치토세공항과 삿포로 시내에서 주오 버스와 HRL 버스로 3시간~3시간 30분 소요.

WEB annupuri.info/winter

코스 수 13 **낙차**(m) 1070~230
리프트 5라인 **곤돌라** 1라인

4 니세코 하나조노 리조트
ニセコHANAZONOリゾート

니세코 안누푸리산 북동쪽 자락, 눈이 잘 녹지 않고 강설량이 풍부한 곳에 자리한다. 신형 곤돌라와 리프트를 갖췄고 산 정상의 전망이 탁월하다. 겨울엔 스노모빌, 스노슈잉, 스노래프팅을 즐기고 봄·여름엔 수상 스포츠나 사이클링도 가능. 스노보드 코스 비율이 높아 보더들이 선호한다. 겨울 시즌 신치토세공항에서 공항 셔틀버스 운행. 삿포로 시내에서 열차와 택시를 갈아타고 약 2시간 30분 소요.

WEB hanazononiseko.com

코스 수 8 **낙차**(m) 1300~300
리프트 3라인 **곤돌라** 없음

5 루스츠 리조트
ルスツリゾート

홋카이도의 대자연을 만끽하며 사계절 액티비티를 즐길 수 있는 리조트. 드넓은 부지에 일본에서 가장 많은 37개 코스를 조성했으며, 3개 산 정상에서 하강 활주할 수 있다. 롤러코스터를 포함한 30여 개의 놀이시설, 골프 코스, 천연 온천, 수영장, 가족용 액티비티, 다양한 가격대의 숙박시설을 갖췄다. 삿포로역에서 무료 셔틀버스(루스츠-고)로 약 2시간 소요.

WEB rusutsu.com

코스 수 37 **낙차**(m) 1000~400
리프트 1라인 **곤돌라** 4라인

+MORE+

하나의 산, 4개의 리조트 니세코 유나이티드 셔틀버스

니세코 하나조노 리조트, 도큐 그랜드 히라후, 니세코 빌리지, 니세코 안누푸리 국제스키장 등 니세코산을 북동쪽에서 남쪽으로 빙 돌아가면서 조성된 4개의 스키 리조트를 통칭해 '니세코 유나이티드'라고 부른다. 공동 배차하는 셔틀버스를 타면 시내에 다녀올 수 있다. 올마운틴 리프트 패스 소지자 무료. 그 외에는 승하차 정류장에 따라 160~780엔.

홋카이도 중부

1 후라노 스키장
富良野スキー場

후라노시 서쪽에 자리한 넓은 스키장. 고속 로프웨이를 타고 정상까지 단번에 올라가는데, 후라노 분지와 토카치다케 연봉이 파노라마로 펼쳐지는 풍경이 매우 아름답다. 설질이 좋기로 유명하며, 너도밤나무 숲을 지나는 코스는 상급자들에게 인기가 높다. 라벤더 버스를 타면 저녁때 시내로 나갈 수 있다. 신치토세공항에서 HRL 버스로 약 2시간 15분 소요.

WEB princehotels.com/ko/ski/

코스 수 28 **낙차**(m) 1070~230
리프트 7라인 **곤돌라** 2라인

2 호시노 리조트 토마무 스키장
星野リゾートトマムスキー場

웅장한 대자연에 둘러싸인 대형 리조트. 내륙에 자리해 기온이 낮고 설질이 안정적이다. 토마무산과 그 동쪽의 탑 마운틴 경사면을 따라 만든 29개의 다양한 코스는 총 거리 42km에 이른다. 호텔, 레스토랑, 온천, 수영장, 아이스빌리지, 무빙 테라스 등이 있어 관광 삼아 방문하기에도 좋다. 자세한 내용은 418p 참고. 신치토세공항에서 HRL 버스로 약 2시간 소요.

WEB snowtomamu.jp

코스 수 29 **낙차**(m) 1170~600
리프트 5라인 **곤돌라** 1라인

3 토카치 사호로 리조트
十勝サホロリゾート

토카치 평야를 내려다보면서 활강하는 즐거움이 남다른 스키장. 앞서 소개한 곳들보다 비압설(평탄화하지 않은 자연 그대로의 눈) 슬로프가 70%인 스키장으로, 초·중급보다 상급 코스가 많은 편이다. 여름에는 하이킹과 캠핑 등 야외 액티비티를 즐길 수 있고 인기가 많아서 주말과 공휴일엔 혼잡하다. 신치토세공항에서 셔틀버스로 약 3시간 15분 소요(10일 전 전화 예약 필수).

WEB sahoro.co.jp
TEL 0156-64-5151(버스)

코스 수 21 **낙차**(m) 1030~420
리프트 5라인 **곤돌라** 1라인

小樽天狗山神
小樽天狗山神

OTARU
小樽
IN HOKKAIDŌ

오타루 小樽

은은하게 빛나는 가스등, 잔잔하게 흐르는 운하, 아름다운 오르골 멜로디, 달콤한 르타오 케이크의 맛과 향. 이 모든 게 모인 오타루는 오감을 자극하는 도시다.
오랜 시간이 흘렀지만, 아직도 많은 이를 설레게 하는 영화 〈러브레터〉의 촬영지이자, 제목만으로도 내공이 느껴지는 만화 〈미스터 초밥왕〉의 배경지.

위치 & 풍경

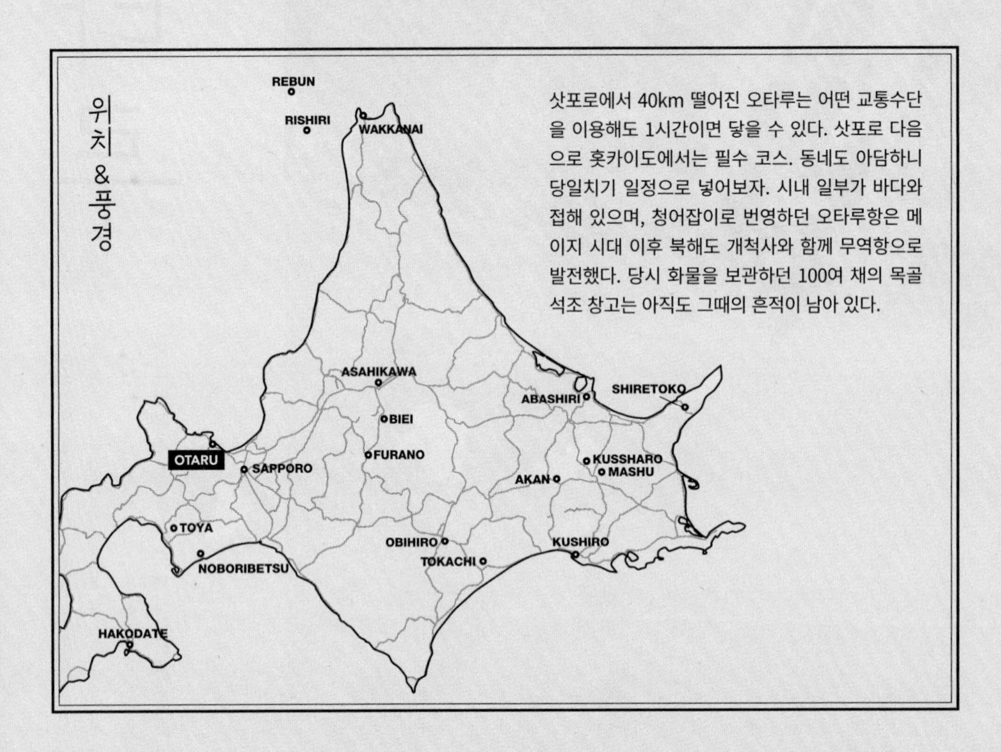

삿포로에서 40km 떨어진 오타루는 어떤 교통수단을 이용해도 1시간이면 닿을 수 있다. 삿포로 다음으로 홋카이도에서는 필수 코스. 동네도 아담하니 당일치기 일정으로 넣어보자. 시내 일부가 바다와 접해 있으며, 청어잡이로 번영하던 오타루항은 메이지 시대 이후 북해도 개척사와 함께 무역항으로 발전했다. 당시 화물을 보관하던 100여 채의 목골 석조 창고는 아직도 그때의 흔적이 남아 있다.

베스트 여행 시기

벚꽃 시즌인 5월, 본격적인 여름이 오기 전인 6월, 선선한 바람이 불어오는 8월이 가장 좋다. 하지만 오밀조밀 관광지가 모여있어 사계절 언제 와도 여행하기 괜찮다. 여름이 서늘하긴 하지만, 땡볕에 노출될 수 있으니 자외선에 주의. 언덕이 많아 10월부터 첫눈이 내리는 겨울철에는 방한과 미끄러지지 않는 신발 등을 준비해야 한다. 눈이 많이 오는 편으로 2월까지도 함박눈을 경험할 수 있다.

여행이 필요한 사람들

- ☑ 오르골 소리에 감성 충전되는 소년·소녀
- ☑ 달콤한 디저트와 맛있는 스시로 미각의 황홀경이 필요한 사람

삿포로 → 오타루 가는 법

삿포로에서 출발하면 오른쪽에 이시카리 해안선이 펼쳐진다. JR로는 해안선을 무척 가까이서 즐길 수 있고, 버스를 타면 멀리 마을 풍경 너머로 바다를 바라볼 수 있다. 오타루로 갈 때는 오른쪽, 삿포로로 돌아올 때는 왼쪽 좌석을 사수하자.

JR 쾌속 에어포트 JR快速エアポート

오타루로 가는 가장 일반적인 방법. 삿포로역에서 미나미오타루역을 거쳐 종점인 오타루역까지 직행편이 하루 21편, 20~30분 간격으로 운행한다. 35~40분 소요, 09:10~22:53. 하코다테 본선 일반 열차는 약 45~50분 소요되며, 요금은 같다. 06:09~23:50. 신치토세공항에서 출발할 경우 쾌속 에어포트로 약 1시간 15분 소요, 08:30~18:54(직행 기준, 이외 시간에는 삿포로역에서 환승).

PRICE 삿포로~오타루 편도 800엔(지정석 이용 시 840엔 추가),
신치토세공항~오타루 2040엔(지정석 이용 시 840엔 추가)
WEB www.eki-net.com I www.jrhokkaido.co.jp/global/korean/

버스 Bus

삿포로에서 홋카이도 주오 버스北海道中央バス와 JR 홋카이도 버스가 공동 배차하는 고속 오타루호 Otaru Express가 오타루역 앞까지 간다. 삿포로 시계탑 앞, 마루야마 등을 거쳐 가는 마루야마円山 경유편은 10~20분 간격, 홋카이도 대학 정문 앞 등을 거쳐 가는 호쿠다이北大 경유편은 10분~1시간 간격으로 운행한다. 도로 사정과 출발 정류장에 따라 다르지만, 약 1시간 소요된다. 구글맵에서 경로 검색 시 '옵션'을 '버스'로 설정하면 버스 출발 시각과 정류장 위치를 알 수 있다.

PRICE 편도 730엔, 왕복 1360엔/JR 홋카이도 레일패스 소지자는 JR 홋카이도 버스가 운영하는 버스에 한해 무료 승차 가능
WEB www.chuo-bus.co.jp/highway/(왼쪽 메뉴의 비예약제노선非予約制路線에서 고속오타루호高速おたる号(小樽) 선택)

■ 마루야마 경유편 노선

삿포로에키마에札幌駅前 1번 정류장(홋카이도청 구본청사 앞, Google: 387X+HV 삿포로) →
삿포로 시계탑 앞時計台前(Google: 3963+WP 삿포로) →
키타1니시4초메北1条西4丁目(Google: 3962+P8 삿포로) →
키타1니시7초메北1条西7丁目(Google: 386W+FF 삿포로) →
키타1니시12초메北1条西12丁目(Google: 385P+XQQ 삿포로) →
홋카이도립 근대미술관(Google: 385J+J8W 삿포로) →
마루야마 다이이치토리이円山第一鳥居(Google: 3859+MR 삿포로) →
... →
오타루역 앞小樽駅前

오타루 시내 교통

사카이마치 거리를 중심으로 관광지가 모여있어 텐구야마 전망대를 제외하면 모두 걸어서 다닐 만한 거리다. 오타루 시내에는 주차장을 갖춘 상점이 거의 없으며, 유료 주차장은 곳곳에 많으나 주말·성수기에는 만차일 때가 많다.

여행 팁

보통 삿포로에서 당일 6~8시간 정도 다녀오지만, 여유가 있다면 숙박을 추천한다. 서둘러 돌아서기엔 오타루의 밤이 무척 낭만적이다. 전망대에 올라 항구가 보이는 전경을 감상하고, 가스등이 들어오는 밤에 운하를 산책해본다면 오타루가 더 오래 기억에 남을 것이다.

오타루 시내 중심
이세즈시
伊勢鮨
유즈코우보우
Yuzu koubou
운하 크루즈 탑승장
運河クルーズ
호텔 노르드 오타루
Hotel Nord Otaru
오타루 창고 넘버 원
小樽倉庫 No.1
호텔 소니아 오타루
Hotel Sonia Otaru
오타루 운하
小樽運河
아지도코로 타케다
市場食堂 味処たけだ
산카쿠 시장
三角市場
도미 인 프리미엄 오타루
Dormy Inn Premium Otaru
토카이야
渡海家
中央通
OMO5 오타루 by 호시노 리조트
OMO5小樽 by 星野リゾート
구국철 테미야선
旧国鉄手宮線
스테인드글라스 미술관
ステンドグラス美術館
주오도리
나루토야 오타루역점
なると屋 小樽駅店
센트럴타운 미야코도리
セントラルタウン都通
아이스크림 파라 미소노
アイスクリームパーラー美園
아사쿠사교
浅草橋
서양미술관
西洋美術館
구 미츠이 은행 오타루 지점
旧三井銀行小樽支店
오타루역
小樽
니토리 미술관
似鳥美術館
데누키코지
出抜小路
오타루역 버스터미널
小樽駅バスターミナル
에키렌터카 홋카이도 오타루 지점
駅レンタカー北海道小樽
이로나이 교차로
色内交差点
오타루 운하 터미널
小樽運河ターミナル
오타루 바인
小樽バイン
쿠와타야 오타루 본점
桑田屋 小樽本店
오타루 다이쇼글라스관 본점
小樽大正硝子館 本店
야부한
藪半
시립 오타루 미술관·문학관
市立小樽美術館·文学館
와라쿠
和楽
일본은행 구 오타루점 금융자료관
日本銀行旧小樽支店金融資料館
토요타 렌터카 오타루역 앞 이나호 2초메 지점
トヨタレンタカー小樽駅稲穂2丁目
아마토우 본점
あまとう 本店
오텐트 호텔 오타루
Authent Hotel Otaru
카마에이 공장직영점
かま栄 工場直売店
만지로
万次郎
뉴산코 본점
ニュー三幸 本店
쿠키젠
群来膳
사카이마치도
堺町通り
마사즈시 본점
政寿司 本店
스시야도리
寿司屋通り
스이텐구 신사
水天宮
JR 하코다테 본선
JR函館本線
5
454
17
697

오타루 광역도
오타루 시내 중심
테미야 공원
手宮公園
운하 공원
運河公園
구 일본우선 오타루점
旧日本郵船 小樽支店
프레스 카페
PRESS CAFÉ
JR 하코다테 본선
JR函館本線
구국철 테미야선
旧国鉄手宮線
오타루 운하
小樽運河
오타루역
小樽
오타루역 버스터미널
小樽駅バスターミナル
이로나이 교차로
色内交差点
사카이마치도리
堺町通り
스이텐구 신사
水天宮
메르헨 교차로
メルヘン交差点
미나미오타루역
南小樽
러브레터 눈밭
오타루 텐구산 로프웨이역
小樽天狗山スキー場
텐구야마 전망대
天狗山展望台
0
500m
사카이마치도리
堺町通り
르타오 파토스
LeTAO PATHOS
르타오 초콜릿
LeTAO le chocolat
키타이치글라스 3호관
北一硝子三号館
롯카테이 오타루 운하점
六花亭 小樽運河店
北菓楼小樽本館
키타이치글라스 아웃렛
北一硝子アウトレット
르타오 본점
LeTAO 本店
메르헨 교차로
メルヘン交差点
오르골당 증기시계
蒸気からくり時計
오타루 오르골당 본관
小樽オルゴール堂 本館
미나미오타루역
南小樽
삿포로

#Walk

오타루에 기대하는 모든 것!
JR 미나미오타루역~오타루 운하

‘오타루’ 하면 무조건 생각나는 운하! 운하만 보고 직진하기보다는 달콤한 사카이마치 거리, 든든한 스시야도리를 지나 운하에 종착하는 순서를 우선 추천한다. 그러려면 JR 삿포로역에서 출발해 오타루역이 아닌 미나미오타루역에서 내려야 한다. JR 쾌속 에어포트로 약 35분, 하코다테 본선으로 약 45분 소요.

: WRITER'S PICK :

오타루 노스탤지어, 가스등이 켜지는 시간

매력 포인트가 많은 오타루지만, 그중 가스등은 낭만적인 밤의 오타루 풍경을 만드는 일등 공신이다. 해 질 녘 63개의 가스등이 은은히 불을 밝히는 운하 산책로 주변이 가장 유명하다. 6~8월에는 오후 6~12시, 이외 기간에는 일몰 시각에 맞춰 점등한다. 운하 산책로 말고도 누구나 가스등을 만날 수 있는 의외의 장소가 또 있다. 바로 JR 오타루역. 2012년 역 전체를 리노베이션하며 정면 출입구와 개찰구 위, 승강장 기둥을 가스등으로 장식했다.

운하 방향으로 출발~

JR 미나미오타루역

JR 南小樽

오르골과 달콤한 르타오 케이크가 제일 큰 목적이라면 오타루역 한 정류장 전인 미나미오타루역에서 하차하는 것이 좋다. 역내 낡고 오래된 의자, 계단과 현지인이 종종 선 모습에서 잠시 그들의 일상으로 살짝 들어간 느낌도 든다. 작은 편의점과 코인로커가 있으며, 관광안내소는 없지만 역무원에게 간단히 길 정도는 물어볼 수 있다. 삿포로로 돌아갈 때는 오타루역에서 탑승해야 앉아서 갈 확률이 높다. MAP ❼

GOOGLE 미나미오타루역
MAPCODE 493 661 131*34(주차장)
OPEN 미도리노마도구치みどりの窓口(JR 티켓 카운터) 05:30~23:10

비로소 로맨틱 오타루의 시작

메르헨 교차로

メルヘン交差点

'이 길이 맞나?' 싶을 정도로 한적한 주택가를 따라 걷다 보면 불현듯 나타나는 관광의 시작점이다. 증기시계, 르타오 본점이 보이는 오타루 포토 스폿 중의 하나로, 이제부턴 오르골 소리에 귀 호강하고 달콤한 스위츠 시식에 빠질 일만 남았다. 여유를 가지고 주변을 둘러보며 천천히 산책에 나서보자. MAP ❼

GOOGLE 52R4+7XQ 오타루시
MAPCODE 493 661 520*02
WALK JR 미나미오타루역 7분/JR 오타루역 22분

3

15분마다 들려주는 증기 연주

오르골당 증기시계

蒸気からくり時計

높이 5.5m, 폭 1m, 캐나다 밴쿠버 개스타운의 명물 증기시계와 똑같은 모습을 하고 있다. 1.5t의 청동으로 만들어져 15분마다 폴폴 연기를 내보내며 5음계 멜로디를 연주한다. 때를 놓쳤어도 잠시만 기다리면 연주를 감상할 수 있으니 너도나도 카메라를 들고 북적이는 틈에서 막간 포토 타임을 가져보자. 어중간하게 서 있다 보면 다른 사람의 사진에 엑스트라로 출연할지 모른다. MAP ❼

GOOGLE 오타루 증기 시계
MAPCODE 493 661 520*47
WALK 메르헨 교차로 앞

4

오타루의 진가가 드러나는 길

사카이마치 거리(사카이마치도리)

堺町通り

운하 다음으로 오타루에서 유명한 길이다. 오르골 상점과 달콤한 디저트숍들이 모여있는 곳. 시작점인 메르헨 교차로부터 오타루 운하까지는 약 1.5km로 빨리 걸으면 15분 만에 갈 수 있지만, 거리 곳곳에 발길을 붙잡는 매력이 많아 운하 도착 예상 시간은 무한정 늘어날 수밖에 없다. MAP ❼

WALK 메르헨 교차로에서 운하까지 이어진 길

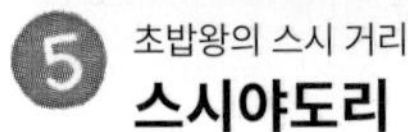

5 스시야도리

초밥왕의 스시 거리

寿司屋通り

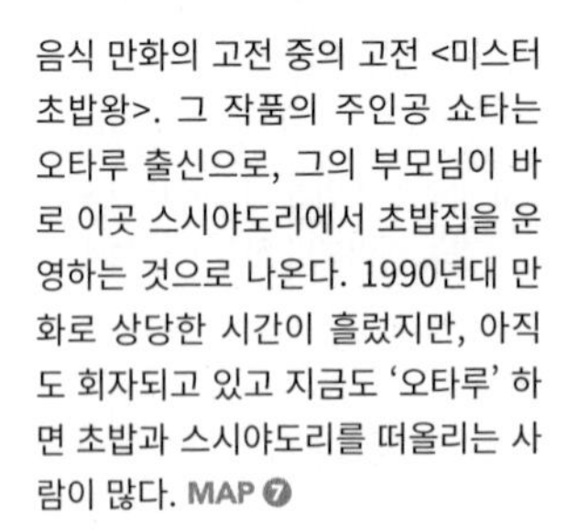

음식 만화의 고전 중의 고전 <미스터 초밥왕>. 그 작품의 주인공 쇼타는 오타루 출신으로, 그의 부모님이 바로 이곳 스시야도리에서 초밥집을 운영하는 것으로 나온다. 1990년대 만화로 상당한 시간이 흘렀지만, 아직도 회자되고 있고 지금도 '오타루' 하면 초밥과 스시야도리를 떠올리는 사람이 많다. MAP ❼

GOOGLE 오타루 마사즈시 본점
MAPCODE 493 690 013*46(주차장)
WALK 메르헨 교차로 12분/JR 오타루역 10분

6 이로나이 교차로

오타루 북쪽 월스트리트

色内交差点

1868~1912년 지어진 르네상스 양식의 석조 건축물이 많이 남아있는 오타루의 명소 중 하나다. 홋카이도 건축사에서 중요한 장소임은 물론, 영화 <러브레터>의 두 주인공이 자전거를 타고 스치는 장소로도 유명하다. 보이는 건물 대부분이 은행, 증권사 등 금융기관에서 사용하던 곳으로, '북쪽의 월스트리트北のウォール街'라는 별명도 여기서 비롯됐다. MAP ❼

GOOGLE 52W2+RP5 오타루시
MAPCODE 493 690 320*88
WALK 사카이마치 거리와 스시야도리 만나는 지점 4분/JR 오타루역 11분

오타루 바인

7 일본은행 구 오타루점 금융자료관

10억원은 얼마나 무거울까?

日本銀行旧小樽支店金融資料館

혹시 매주 로또 당첨의 꿈을 꾼다면 이곳에서 1억엔의 실물을 들어보는 건 어떨까. 1912년 완공 이래 일본은행 오타루 지점으로 운영하다가 현재는 금융자료관이 된 건물이다. 추천 관람 포인트는 3개. 하나는 지폐 갤러리에서 당대 일본에서 가장 영향력 있는 얼굴을 확인해보는 것이고, 다른 하나는 한신·아와지 대지진, 동일본 대지진 관련 다큐멘터리를 감상하는 것이다. 대망의 하이라이트는 아크릴 박스 구멍에 손을 넣어 1억엔 뭉치를 직접 들어보는 것. 생각보다 무겁지 않다. 자료관 관람 후에는 대각선 건너편에 자리한 와인숍 오타루 바인小樽バイン도 들러보자. 1912년 건축 당시 모습을 그대로 보존한 건물도 멋지고 오타루산 와인을 시음해볼 수 있다. MAP ❼

GOOGLE 구 일본은행 오타루점 I 오타루 바인: otaru bine
MAPCODE 493 690 225*82(일반인은 주차장 이용 불가)
PRICE 무료
OPEN 09:30~17:00(12~3월 10:00~)/수요일·12월 29일~1월 5일·전시 교체 시 휴무/오타루 바인 11:00~22:00
WEB www3.boj.or.jp/otaru-m/
WALK 이로나이 교차로 2분

8 오타루의 전성기를 담아낸

시립 오타루 미술관·문학관

市立小樽美術館·文学館

오타루가 가장 번성했던 1800년대 후반부터 1900년대 초까지의 미술과 문학을 한자리에서 만나볼 수 있는 곳. 향수를 부르는 오래된 분위기의 건물에 시립 미술관과 문학관이 사이좋게 자리 잡고 있어서 문화 감성을 충전하기 좋고 궂은 날에 찾아가면 매력이 배가된다. 문학관은 한국어 안내 자료도 있어서 한층 쉽게 관람할 수 있다. 내부 사진 촬영 금지. MAP 7

GOOGLE 시립 오타루 미술관
MAPCODE 493 690 283*00(주차장)
TEL 0134-34-0035
PRICE 미술관 300엔(고등학생 150엔)/문학관 300엔(고등학생 150엔)/미술관+문학관 공통 관람권 500엔(고등학생 250엔)
OPEN 09:30~17:00(폐장 30분 전까지 입장)/월·연말연시 휴무
WEB otarubungakusha.com/yakata
WALK 일본은행 구 오타루점 금융자료관 건너편

: WRITER'S PICK :

도시의 역사를 살려 관광도시로 재탄생한 오타루

오타루는 일본의 메이지 시대(1868~1912) 중기 이후 홋카이도 경제 중심지로 번성했다. 청어잡이가 발달하면서 홋카이도 개척사에서 중요한 역할을 하는 항구 도시가 됐기 때문이다. 새로운 일자리를 찾아 일본 각지에서 몰려온 사람들은 오타루 항구에 정착하거나 오타루에서 더 먼 미개척지로 나가기도 하면서 저마다의 문화를 바탕으로 새로운 공동체를 이루고 살아갔고, 오타루는 예술과 문화가 꽃 피우는 시기를 맞이했다.
1920년대 석탄산업으로 황금기를 맞은 오타루는 삿포로와 맞먹는 인구를 보유했지만, 물류 거점 기능을 상실하면서 인구 10만여 명에 불과한 소도시로 전락했다. 이후 쓸모 없어진 운하를 매립하려던 계획을 바꿔 운하를 따라 산책로를 조성하고 방치된 운하 주변의 창고를 공예품점과 식당으로 활용하면서 한해 약 800만 명의 관광객이 찾는 관광 명소로 탈바꿈했다.

9 짐을 나르던 길이 먹자골목으로!

데누키코지

出抜小路

오타루의 옛 음식 거리를 재현한 공간이다. 징기스칸, 카이센동, 라멘, 아이스크림 가게 등 메뉴가 다양해 구경하기도, 음식을 골라 먹기도 좋다. 이전에는 짐을 나르던 골목길이었다지만, 요즘에는 손님을 기다리는 인력거꾼이 주변에 있어 인력거를 타고 오타루를 한 바퀴 돌고 싶은 여행자에게도 추천한다(8000엔/2인, 약 30분). 옛 화재 감시 망루를 본떠 만든 망루는 밤에 반짝이는 주변 조명과 함께 이국적인 분위기를 담당한다. MAP 7

GOOGLE 오타루 데누키코지
MAPCODE 493 690 353*03(주차장 없음)
OPEN 10:00~20:00(가게마다 다름)
WEB otaru-denuki.com
WALK 이로나이 교차로 1분/오타루 운하의 아사쿠사교浅草橋 건너편

: WRITER'S PICK :

전시만큼 중요한 4개의 건축물
오타루 예술촌(오타루 아트 베이스)
小樽芸術村 Otaru Art Base

오타루 예술촌은 니토리 미술관과 스테인드글라스 미술관, 서양미술관, 구 미츠이 은행 오타루지점 4개 전시관을 통칭하는 것으로, 홋카이도에서 탄생한 가구 기업 니토리가 사회 환원과 공공사업의 일환으로 운영한다. 도보 1~2분 거리에 오밀조밀 모인 옛 건물들에 20세기 초 무렵에 제작된 일본 및 세계 각국의 예술품을 전시하고 있다. 각각의 건물은 오타루시 지정 역사적 건축물이거나 국가지정중요문화재여서 건축물 안팎을 둘러보는 것도 재미있다. 2016년 여름 오픈한 이래 2019년 일본의 굿 디자인 어워드와 22회 오타루시 도시 경관상을 수상했다. 4관 공통권 구매 시 니토리 미술관 옆 오타루 예술촌 주차장을 무료로 이용할 수 있다(16대 수용 가능).

MAPCODE 493 690 349*04(4관 공용 주차장)
TEL 0134-31-1033(니토리 미술관)
PRICE 4관 공통권 2900엔, 대학생 2000엔, 고등학생 1500엔, 중학생 1000엔, 초등학생 500엔(학생은 학생증 제시 필요)
OPEN 09:30~17:00(11~4월 10:00~16:00)(폐장 30분 전까지 입장)/5~10월 넷째 수요일, 11~4월 매주 수요일, 연말연시 휴무(공휴일일 경우 그다음 날 휴무)
WEB www.nitorihd.co.jp/otaru-art-base/

미니멀 라이프에 발맞춘 일본의 이케아, 니토리

일본 전역에서 쉽게 만나볼 수 있는 가구 브랜드 니토리는 1967년 가구 전문점으로 시작해 자잘한 생활용품까지 취급하며 성장해 왔다. 일본인의 라이프스타일을 적극 반영해 작은 집에 어울리는 가구와 1인용 가전제품 등 실용적인 제품들이 많고 가격 대비 퀄리티도 높은 편. 일본 대학생들이 취업을 희망하는 기업 상위권에 이름을 올리는 곳이기도 하다. 오타루에는 쇼핑몰 윙 베이 오타루Wing Bay Otaru에 매장이 있다.

1920년대 지은 은행 건물을 개조한 미술관

니토리 미술관

似鳥美術館

오타루가 금융 도시로 번창했던 시절, 은행 건물이 많아서 '북쪽의 월스트리트'라고 불렸던 지역에 자리 잡고 있다. 총 4층 구조의 미술관 안에는 스테인드글라스부터 서양화, 일본화까지 다양한 장르의 컬렉션이 있다. 1층의 스테인드글라스는 '빛의 예술가'로 불리는 루이스 티파니(주얼리 브랜드 티파니를 창립한 찰스 티파니의 아들)가 1900년대 초에 제작한 작품이다. MAP 7

GOOGLE 니토리 미술관
PRICE 1200엔, 대학생 1000엔, 고등학생 700엔, 중학생 500엔, 초등학생 300엔
WALK 이로나이 교차로 바로/오타루 운하의 아사쿠사교浅草橋 3분/JR 오타루역 13분

11

실제 유럽 교회의 창을 장식했던

스테인드글라스 미술관

ステンドグラス美術館

창고와 사무소로 쓰였던 옛 건물을 개조한 전시관. 외벽은 돌이지만, 안쪽의 골조는 나무로 된 독특한 목골 석조 건축물이다. 오래전 화재가 많았던 오타루에서는 창고를 지을 때 이 방식을 자주 사용했다고. 내부에서는 19세기 후반부터 20세기 초반까지 영국에서 제작된 스테인드글라스를 볼 수 있는데, 모두 실제로 영국 교회의 창을 장식하고 있던 것들이다. MAP 7

GOOGLE 스테인드글라스 미술관
PRICE 1200엔, 대학생 1000엔, 고등학생 700엔, 중학생 500엔, 초등학생 300엔
WALK 니토리 미술관 3분/오타루 운하의 아사쿠사교浅草橋 2분

오타루의 화려한 시절 은행

구 미츠이 은행 오타루 지점

旧三井銀行小樽支店

1927년 건축한 은행 건물이다. 1923년 발생했던 관동대지진 이후 당시로서는 최첨단이었던 내진 구조로 만들어졌으며, 2002년까지 은행으로 사용됐다. 금고나 금고의 회랑, 회의실부터 조명이나 자잘한 소품까지 옛 모습 그대로 보존한 내부를 둘러보다 보면 시간 여행을 하는 듯한 기분이 든다. MAP ❼

GOOGLE former mitsui bank otaru
PRICE 500엔, 대학생 400엔, 고등학생 300엔, 초등·중학생 200엔
WALK 니토리 미술관 1분

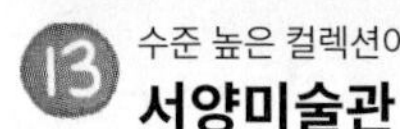

수준 높은 컬렉션이 눈에 띄네

서양미술관

西洋美術館

1925년 지은 창고 건물을 개조한 미술관. 목골 석조 건축물 중에서도 규모가 큰 편인 내부에 반짝이는 유리공예나 스테인드글라스를 비롯해 광범위한 서양 미술품들을 전시한다. 이곳의 하이라이트는 아르누보 양식의 다양한 가구들. 파리의 장식미술관이나 오르세 미술관의 가구나 오브제가 떠오를 정도로 화려함을 뽐낸다. MAP ❼

GOOGLE 오타루 서양미술관
PRICE 1200엔, 대학생 1000엔, 고등학생 700엔, 중학생 500엔, 초등학생 300엔
WALK 니토리 미술관 3분/오타루 운하의 아사쿠사교浅草橋 건너 바로

사진 그대로의 낭만

오타루 운하

小樽運河

오타루 여행의 하이라이트, 눈이나 비가 올 때 더 낭만적인 오타루 운하다. 1923년 해안을 매립해 40m 폭으로 완성한 항만 시설로 막상 보면 조금 좁게 느껴질 수 있지만, 배와 창고를 연결해 물자를 내리고 운반하는 용도로는 탁월했다. 북운하라고 불리는 북쪽이 옛 모습 그대로 남아 있어 가스등과 창고 건물을 배경 삼아 낮과 밤 모두 산책하며 사진 찍기 좋다. MAP ❼

GOOGLE 오타루 운하
MAPCODE 493 690 625*37(근처 유료 주차장)
WALK JR 미나미오타루역 19분/JR 오타루역 12분

오타루 운하 200배 즐기기!

영화 <러브레터>가 공개된 지 30년이 다 됐지만, 오타루는 여전히 영화의 감동을 느끼기 위해 찾는 이들이 많다. 세월은 흘렀지만, 묵묵히 자리를 지켜온 오타루 운하와 그 위를 유유히 떠다니는 크루즈, 운치를 더하는 카페와 공원, 크고 작은 상점들까지. 영화를 보지 않았더라도 잠시 이 여유로운 풍경을 즐겨본다면 오타루에 쉽게 마음을 내줄 것이다.

배를 타고 즐기자!

운하 크루즈

運河クルーズ

오타루 운하를 보고 있노라면 가이드와 함께 작은 배를 타고 유유자적 오타루 운하를 둘러보는 사람들이 보인다. 일명 운하 크루즈. 약 40분간 설명을 들으며 뱃길을 유유히 떠다닐 수 있다. 크루즈는 매시 정각과 30분에 출발하며, 주오교(주오바시)中央橋 아래 선착장에서 탈 수 있다. MAP ⑦

GOOGLE 오타루운하크루즈
MAPCODE 493 690 625*37
(관광주차장. 1시간 할인)
PRICE 1800엔, 어린이 500엔/
일몰 후 성인 200엔 추가
OPEN 09:00~20:00(시즌·요일마다 다름)
WEB otaru.cc
WALK JR 미나미오타루역 21분/JR 오타루역 9분/스테인드글라스 미술관 5분

슈렉과 동키가 있을 것 같은 맥주창고

오타루 창고 넘버 원

小樽倉庫 No.1

오타루 운하의 창고 중 한 곳으로, 공간이 넓고 천장이 높아 양조장 느낌도, 독일 비어하우스 느낌도 난다. 오타루 지역 맥주와 홋카이도산 식재료를 사용해 만든 안주 리스트를 갖춘 곳. 기본 맥주인 레귤러 맥주レギュラービール 종류 중 가장 인기 있는 맥주는 산뜻함이 매력적인 필스너이고, 캐러멜 맛이 나는 던켈과 바나나 향이 나는 바이스도 맛볼 수 있다. 손님이 많아지면 북적북적 흥이 올라 마치 슈렉과 동키가 구석에서 술을 마시고 있지 않을까 자꾸만 두리번거리게 된다. 단체 손님이 많지만, 나 홀로 여행자도 부담 없이 들를 수 있는 분위기다.
양조장 견학을 신청하면 맥주 제조 과정을 둘러보고 맥주와 소시지 & 프레첼 플레이트를 맛볼 수 있다. 소요 시간은 1시간 30분, 1일 2회(11:00, 15:00) 유료 진행, 2인 인상 신청해야 하고 일주일 전까지 전화 예약(0134-61-2280) 필수. MAP ⑦

GOOGLE 맥주양조장 오타루 창고
MAPCODE 493 690 562*60
PRICE 레귤러 맥주(S) 580엔, 수제 소시지 플레이트 1078엔/목·토요일 3시간 한정 맥주 뷔페 2500엔/양조장 견학 2200엔 (초등학생은 반값, 미취학 아동은 플레이트 제공 없음)
OPEN 11:00~22:00(L.O.21:00)
WEB www.otarubeer.com
WALK 운하 크루즈 탑승장 2분

운하 옆 나만의 한적한 카페

프레스 카페

PRESS CAFE

관광객으로 붐비는 운하 주변에서 조금만 걸어 나와도 이렇게 한적할 수가 없다. 1895년부터 건축을 시작해 1926년에 증축까지 마친 독특한 모양의 창고 안에 멋스러운 카페 프레스가 있다. 커피 한 잔으로 여행의 피로를 풀면서 카페에 전시된 올드카를 구경해보자. 파스타와 커리 등 식사 메뉴도 평이 좋다. MAP ❽

GOOGLE 오타루 프레스 카페
MAPCODE 493 720 278*78(주차장)
PRICE 커피 500엔~, 팬케이크 세트 1000엔~, 파스타 1100엔~, 커리 1200엔~
OPEN 11:30~21:30/목·금 휴무
WEB www.presscafe.biz
WALK 운하 크루즈 탑승장 9분

잠시 쉼

운하 공원

運河公園

오타루항 개항 100주년 기념으로 세운 공원이다. 중앙에는 커다란 분수가 있고, 그네 모양의 흔들의자와 벤치에서는 잠시 쉬어가기에 좋다. 오타루항을 만들 때 공헌한 사람들의 동상과 일본 동요 '빨간구두' 속 주인공 가족의 동상도 구경할 수 있다. 넓은 공터라 종종 오타루의 젊은 스케이트 보더들의 연습장이 되기도 한다. MAP ❽

GOOGLE unga park otaru
MAPCODE 493 720 520*05
WALK 프레스 카페 4분

영화 <러브레터> 속 도서관

구 일본우선 오타루점

旧日本郵船 小樽支店

운하 공원 옆 중후한 분위기의 건물은 영화 <러브레터>의 주인공이 근무하던 도서관이다. 원래는 현재 일본의 대표 해운회사인 NYK가 1906년에 건축해 사용하던 건물이다. 별다른 볼거리는 없지만, 그 존재만으로도 설레는 곳. MAP ❽

GOOGLE 일본우선 오타루점
MAPCODE 493 720 517*02
PRICE 300엔, 고등학생 150엔/중학생 이하 무료
OPEN 09:30~17:00/화 휴무
WALK 운하 공원 1분

+MORE+

일본의 슬픈 국민 동요 빨간구두 赤い靴

'빨간구두' 동상 아래 버튼을 누르면 해당 동요를 들어볼 수 있다. 일본에서는 꽤 유명한 동요로, 1922년 실화를 바탕으로 쓰였다는 것이 정설이다. 시즈오카에서 미혼모로 아이를 키우던 이와사키 카요는 홋카이도로 이주해 결혼 후 공동농장에서 일했고, 혹독한 현실에 못 견뎌 자신의 딸을 미국인 선교사에게 입양 보내기로 결심한다. 하지만 딸은 선교사 부부를 미처 따라가기 전 결핵에 걸려 사망했고, 이를 알 길이 없던 카요는 딸의 빨간구두를 볼 때마다 '우리 딸, 미국에서 잘 지내고 있겠지'라고 생각한다는 이야기다.

여기는 천국인가요

오타루 오르골

오타루 여행 후에 유독 기억에 남는 오르골 소리. 다른 여행지와 달리 오타루는 청각을 자극하는 특별한 곳이다. 빙글빙글 발레 턴을 보여주는 예쁜 소녀, 반짝이는 보석이 알알이 박힌 귀한 상자, 정성스레 말린 압화가 소담스러운 액자까지. 오타루 사카이마치 거리의 오르골은 귀뿐만 아니라 눈까지 황홀하게 한다.

상점이지만, 여행에는 필수 코스

오타루 오르골당 본관

小樽オルゴール堂 本館

1912년 지은 홋카이도 미곡 회사의 건물을 그대로 사용하고 있다. 천장은 9m 높이로 시원스럽고 목재 골조가 그대로 드러난 실내에는 르네상스 양식의 창문과 곳곳의 디테일이 고풍스러운 분위기를 풍긴다. 오타루시에서 역사적 건축물로 지정해 손잡이나 난간 등 작은 부분 하나까지도 건축 당시 그대로 복원해 두었다. 아름다운 소리에 이끌려 메인홀로 들어가 보면 오타루에서 제작한 유리 오르골을 비롯해 1만5000여 점의 오르골이 진열돼 있다. 일일이 태엽을 감고 들어보다가는 1시간쯤은 훌쩍 지나가 버릴 일. 오르골이 워낙 촘촘하게 놓여 있어 깨지지 않게 주의해야 한다. MAP 7

GOOGLE 오타루 오르골당 본관
MAPCODE 493 661 521*07(주차장 없음)
OPEN 09:00~18:00(7~9월 금·토 및 공휴일 전날 ~19:00)
WEB www.otaru-orgel.co.jp
WALK 메르헨 교차로 앞

파이프 오르간의 위엄

오타루 오르골당 앤티크 뮤지엄

小樽オルゴール堂 ANTIQUE MUSEUM

오르골당의 멋진 실내를 구경했다면 건너편 2호점으로 가보자. 유럽에서 온 듯한 아기자기한 인형들과 인상적인 파이프 오르간을 만날 수 있다. 1908년 제작된 오르간은 영국 요크셔 홀에서 콘월 기계 박물관을 거쳐 오타루로 왔다. 690개의 파이프를 갖췄고 수동 연주와 자동 연주가 모두 가능한 신통한 아이. 이 오르간의 존재만으로도 웅장하고 고고한 분위기가 살아난다. MAP 7

GOOGLE 오타루 오르골당 앤티크 뮤지엄
MAPCODE 493 661 578*80(주차장 없음)
OPEN 09:00~18:00
WALK 메르헨 교차로 1분

너무 반짝반짝 눈이 부셔~

오타루 유리공예

오르골 선율과 함께 오타루를 낭만적으로 만드는 것이 바로 오타루의 유리다. 대표 상점 키타이치글라스는 본관부터 5관까지 있고, 이밖에도 크고 작은 유리공예 상점이 모인 사카이마치 거리는 '공방 거리'라고도 불린다. 어디를 들어가도 눈 호강을 할 수 있지만, 꼭 가볼 만 한 상점 위주로 소개한다. 유리는 쉽게 파손될 염려가 있으니 쇼핑할 때 한국으로 가지고 오는 과정까지 고려해 신중히 결정하자.

가게 분위기가 유독 좋네요~

키타이치글라스 3호관

北一硝子三号館

키타이치글라스라는 브랜드는 오타루 수공예 유리의 역사다. 전기가 보급되기 전인 1901년 석유램프를 만들기 위해 창업해 1910년부터는 어업용 부낭을 제조하며 홋카이도의 어업까지 이끌었다. 사카이마치 거리에는 곳곳에 '키타이치글라스'란 이름의 여러 지점이 있고, 그중 이곳 3호관이 가장 가볼 만하다. 아주 작은 생활 소품부터 부피가 있는 작품까지 물건의 종류가 다양하고 목골석조 창고에서 카페도 함께 운영하고 있다. 바다까지 이어지는 레일이 남아 있는 등 건축 당시 흔적을 볼 수 있으며, 167개 석유램프로 장식한 아날로그적인 카페 분위기가 특히 인상적이다. MAP ❼

GOOGLE 기타이치홀
MAPCODE 493 661 758*77
(2000엔 이상 구매시 주차 2시간 무료)
OPEN 09:00~17:30
WEB www.kitaichiglass.co.jp
WALK 메르헨 교차로 2분

티 나지 않는 B급

키타이치글라스 아웃렛

北一硝子アウトレット

브랜드 품질 기준에 미치지 못하는 제품을 저렴하게 판매하는 아웃렛 매장이다. 1급 제품은 아니더라도 매력적인 상품이 많기 때문에 가격으로 망설였다면 일단 가보는 것을 추천한다.
MAP ❼

GOOGLE 키타이치글라스 아웃렛
MAPCODE 493 661 758*77
(2000엔 이상 구매시 주차 2시간 무료)
OPEN 09:00~18:00(토·일 10:00~17:00)
WALK 메르헨 교차로 1분

유리공예 전성기, 그 시절을 전하고파!

오타루 다이쇼글라스관 본점

小樽大正硝子館 本店

일본 유리공예의 전성기가 다이쇼시대(1912~26년)였기에 그 이름을 땄다. 키타이치글라스처럼 사카이마치 거리에 '다이쇼글라스'라는 이름을 건 지점만 10여 개가 있다. 상점은 저마다 특화된 제품을 팔고 있으니 길을 걷다가 자연스럽게 들러 여러 매장을 둘러봐도 괜찮다. 본점은 오타루에서 제작한 일본식 유리그릇 위주로 판매한다. 옛 석조 건축물의 분위기와 반짝이는 유리 제품을 함께 즐길 수 있다. MAP ❼

GOOGLE 오타루 타이쇼 유리관
MAPCODE 493 690 262*37(주차장) **TEL** 0134-32-5101
OPEN 09:00~19:00
WEB otaruglass.com
WALK 메르헨 교차로 10분

오타루=르타오
르타오의 도시

오타루를 거꾸로 발음하면 '르타오'. 홋카이도 유명 제과 브랜드 르타오가 이곳에서 탄생했다. 오타루 관광의 중심인 사카이마치 거리는 이미 르타오의 다양한 브랜드숍으로 점령당한 지 오래. 여행자에게 있어 오타루의 기억이 유독 달콤하고 낭만적인 건 아마 르타오에서의 풍성한 시식도 한몫했으리라. 저마다 한정 메뉴로 유혹하는 르타오 매장을 하나씩 찾아다니며 미니 스위츠 여행을 떠나보자.

르타오의 다양한 맛, 전망대는 보너스!
르타오 본점
LeTAO 本店

5개의 길이 모이는 메르헨 교차로에서도 유독 눈에 띄는 이국적인 건물이 바로 르타오의 본점이다. 1층은 숍, 2층은 카페, 3층은 무료 전망대로 운영하고 있다. 밖에서 봤을 때 돔 형태의 공간에 전망대가 있으며, 이곳에 오르면 주변에 높은 건물이 없어 메르헨 교차로와 사카이마치 거리, 오타루의 바다까지도 한눈에 감상할 수 있다. 르타오의 시그니처 메뉴는 호주산 크림치즈와 이탈리아산 마스카포네치즈가 환상 궁합인 더블 프로마주지만, 그날그날 추천하는 케이크가 있는 카페에 입장하는 순간 '시그니처'에 대한 강박은 싹 사라진다. MAP ❼

GOOGLE 르타오 본점/주차장: parking koyoen otaru irifunecho
MAPCODE 493 661 486*46(르타오 전용 무료 주차장)
TEL 0120-314-521
PRICE 케이크 세트 1050엔, 본점 한정 계절 스위츠 세트 1550엔
OPEN 09:00~18:00(카페 L.O.17:30)
WEB www.letao.jp/shop/letao/
WALK 메르헨 교차로 1분

딸기 쇼트케이크를 추천받았다. 솜사탕처럼 부드러운 스펀지케이크와 달지 않은 생크림의 조화!

초콜릿 덕후들은 모여라!
르타오 초콜릿
LeTAO le chocolat

부드러운 치즈를 실컷 즐겼다면 이제는 달콤한 초콜릿의 세계로 가보자. 브라운과 회색톤의 외관부터 초콜릿 전문 매장의 포스가 물씬 난다. 이곳에서는 지점 한정 초콜릿 소프트아이스크림이 인기. 와인과 잘 어울린다는 청포도색 초콜릿 나이아가라 시식도 놓치지 말자. MAP ❼

GOOGLE 르타오 쇼콜라
MAPCODE 르타오 본점 참고
PRICE 초콜릿 소프트아이스크림 450엔
OPEN 09:00~18:00(계절에 따라 다름)
WEB www.letao-brand.jp/shop/nouvellems
WALK 메르헨 교차로 3분

풍부한 시식이 제일이지!

르타오 파토스

LeTAO PATHOS

주변 르타오 매장 중에서 가장 큰 곳으로, 그만큼 시식 거리도 풍성하다. 넓은 공간에서 천천히 쇼핑할 수 있기 때문에 기념품 구매객으로 항상 붐비는 곳. 방금 구워낸 치즈케이크, 농후한 맛을 자랑하는 푸딩, 계절 한정 메뉴로 등장하는 디저트 등을 야금야금 맛보다 보면 비싼 만큼 값어치를 하는 르타오의 진가를 알 수 있다. 2층에서는 지점 한정 스위츠와 파스타 등 식사 메뉴도 판매한다. MAP ❼

GOOGLE 르타오 파토스
MAPCODE 르타오 본점 참고
TEL 0120-46-8825
PRICE 푹신하고 말랑한 프로마주 수플레ふわとろフロマージュスフレ 1650엔(음료 세트 1870엔)
OPEN 숍 09:00~18:00, 카페 10:00~18:00(L.O.17:30)
WEB www.letao-brand.jp/shop/pathos
WALK 메르헨 교차로 3분

+MORE+

르타오는 한 곳으로 충분하다면?

홋카이도의 대표 스위츠 브랜드 키타카로와 롯카테이도 사카이마치 거리에 들어섰다. 르타오가 전부는 아니란 말씀! 이 둘은 오래된 석조 건물에 나란히 입점해 있어 함께 구경하면 딱이다. 주차장은 없다.

GOOGLE 키타카로 오타루/롯카테이 오타루 운하점(과자점)
MAPCODE 493 661 640*26
OPEN 10:00~18:00
WALK 메르헨 교차로 2분

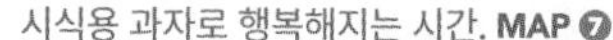

키타카로 오타루 본관 北菓楼 小樽本館
대표 상품은 바움쿠헨이고, 현지인들은 고소하고 짭짤한 쌀과자인 홋카이도 개척 오카키北海道開拓おかき를 많이 사 간다.
시식용 과자로 행복해지는 시간. MAP ❼

롯카테이 오타루 운하점 六花亭 小樽運河店
역시나 롯카테이에서는 마루세이 버터샌드와 마루세이 버터 케이크부터 추천한다. 2층에는 소프트아이스크림을 파는 단출한 갤러리 공간도 있어 달콤하게 잠시 쉬어가기 좋다. MAP ❼

<미스터 초밥왕>의 여운

스시

항만이 가까워 신선한 해산물을 맛볼 수 있는 오타루. 좋은 재료가 많은 만큼 맛있는 스시집도 많다. <미스터 초밥왕> 속 스시야도리와 미슐랭 스타를 받은 스시집들은 오타루를 '스시의 도시'로 빛내는 주역이다. 부담스럽지 않은 가격에서 많은 사람에게 인정을 받은 스시집을 선별했다. 더 알뜰하게 즐기고 싶다면 런치 타임이나 회전초밥집을 공략해보자.

초보도 도전하기 쉬운 곳

마사즈시 본점

政寿司 本店

70년 전 스시야도리에 문을 연 마사즈시는 오타루뿐 아니라 '미각의 도시' 도쿄에도 진출한 유명 스시집이다. 항상 붐비기 때문에 점심은 오픈 전에, 저녁에는 홈페이지에서 예약하고 가는 것이 좋다. 한국어 메뉴판은 물론 세트 메뉴의 스시 종류 하나까지도 친절하게 안내하고 있어 스시 초보도 도전하기 쉬우며, 외국인 관광객에게 응대가 좋다. 운하 주변에 분점(마사즈시 젠안政寿司 ぜん庵)이 있다. MAP ⑦

GOOGLE 오타루 마사즈시 본점
MAPCODE 493 690 014*27(주차장)
TEL 0134-23-0011
PRICE 코스(카운터석 한정) 1만3000엔~, 스시 세트 4200엔~, 해산물 덮밥 2420엔~
OPEN 11:00~15:00(L.O.14:30), 17:00~21:00(L.O.20:30)/수 휴무
WEB www.masazushi.co.jp
WALK 오타루 운하의 아사쿠사교浅草橋 9분/JR 오타루역 10분

눈으로 한 번, 입으로 또 한 번의 감흥!

쿠키젠

群来膳

스시야도리에 늘어선 스시집 중 오타루 주민들이 즐겨 찾는 맛집으로, 미슐랭 별을 받으며 인기가 더 많아졌다. 카운터석 9개와 테이블 2개가 전부인 단출한 곳인지라 전화로 예약하지 않으면 들어가기가 힘들다. 스시 장인이 신선한 재료를 엄선해 스시를 만들고 오타루 유리공방에서 만든 접시에 담아준다. 투명한 유리접시에 담긴 스시가 꼭 예술 작품 같은 곳. 눈으로 먹고 입으로 또 한 번 감흥을 느껴보자. 일본 맛집 평가 사이트 타베로그 오타루 스시 상위권에 항상 꼽히는 현지인 인증 맛집이다. MAP ⑦

GOOGLE 쿠키젠
MAPCODE 493 690 261*60
(주변 유료 주차장)
TEL 0134-27-2888
PRICE 런치 6600엔~, 디너 1만6500엔~
OPEN 11:30~14:30, 18:00~20:30/월·화(셋째 주는 월·화·수)·매월 1회 부정기 휴무
WEB kukizen.jp
WALK 오타루 운하의 아사쿠사교浅草橋 7분/JR 오타루역 12분

현지인들이 줄 서는 가성비 맛집

만지로

万次郎

현지인에게 직접 추천받은 오타루 맛집. 만화 <미스터 초밥왕> 덕분에 맛의 도시로 유명해진 오타루에는 가봐야 할 맛집은 너무도 많지만, 당일치기 중 딱 한 곳만 간다면 여기다. 여행자들이 찾아가기 쉬운 사카이마치 거리에 자리 잡고 있다는 점도 좋고 맛도 훌륭하다. 추천 메뉴는 해산물 덮밥에 따뜻한 된장국을 곁들인 점심 특선 메뉴. 갓 지은 따끈한 쌀밥에 연어, 오징어, 단새우를 올려 먹는다. 따로 제공되는 연어알은 함께 섞어 먹어도 좋고 따로 먹어도 맛있다. 고슬고슬 뿌려낸 달걀 고명도 별미. **MAP ❼**

GOOGLE 오타루 만지로
MAPCODE 493 690 177*51(가게 옆 유료 주차장. 주차비 200엔 지원)
TEL 0134-23-1891
PRICE 점심 특선 해산물 덮밥 1500엔
OPEN 11:00~15:30
WALK 오타루 운하의 아사쿠사교浅草橋 6분/JR 오타루역 15분

실속파를 위한 선택

와라쿠

和楽

미슐랭 별을 받지 않았더라도 오타루에는 저렴하고 맛있게 스시를 즐길 곳이 많다. 특히 예약이 필요 없는 회전초밥집은 부담 없는 선택. 현지인도 즐겨 찾아 종종 웨이팅을 해야 하지만, 매장이 넓어서 자리는 금방 나는 편이다. 요청하면 한국어 메뉴판을 가져다주며, 원하는 스시가 회전 벨트에 없을 땐 직접 주문해도 된다. **MAP ❼**

GOOGLE 와라쿠 오타루점
MAPCODE 493 690 240*83(주차장)
TEL 0134-24-0011
PRICE 1접시 198엔~
OPEN 11:00~22:00(L.O.21:30)
WEB www.waraku1.jp/shop/05/
WALK 오타루 운하의 아사쿠사교浅草橋 4분/JR 미나미오타루역·오타루역 각 15분

+MORE+

지금처럼, 앞으로도 오래오래 이세즈시 伊勢鮨

맛집 랭킹 사이트나 블로그 검색을 하면 많이 나오는 스시집이다. 1967년 오픈한 역사와 2012년 미슐랭 원스타, 2021년 타베로그 오타루 스시 랭킹 1위에 빛나는 수준 높은 맛을 선보여 2개월 전에 전화로 예약해야만 방문할 수 있는 곳이다(초등학생 이상 이용 가능). 스시야도리가 아닌 오타루역에서 7~8분 걸어야 나오는 조용한 주택가에 있는 것도 특징. **MAP ❼**

GOOGLE 이세즈시
MAPCODE 164 719 716*13(주차장)
TEL 0134-23-1425
PRICE 스시 오마카세(초밥 15점+된장국) 8500엔~
OPEN 11:30~15:00, 17:00~21:30/수, 첫째·둘째 화 휴무(공휴일은 영업)
WEB www.isezushi.com
WALK JR 오타루역 6분

: WRITER'S PICK :

오타루 스시집 예약하기

오타루의 유명 스시집은 대부분 전화 예약만 가능한 것이 함정이다. 한 달 전에 예약이 꽉 차는 경우가 많고, 심지어 노쇼가 많다며 외국인 여행자의 예약은 받지 않는 곳도 있다. 가장 편한 방법은 여행사에 도움을 요청하는 것이지만, 자유여행자라면 스스로 예약할 수밖에 없다. 파파고 등의 번역 앱을 이용해 예약에 필요한 날짜와 시간, 인원 수 등을 미리 찾아둔 후 전화를 걸어 번역 앱에 나온 한글 발음 그대로 읽어보자. 이름, 전화번호, 예약번호 등은 영어로 해도 된다. 무료 국제전화 앱 정보는 019p 참고.

먹방 라이브 ON!

길거리 간식

오타루에선 여기저기 파는 길거리 간식 때문에 발길이 자꾸만 멈추게 된다. 유명 프랜차이즈 매장도 좋지만, 현지인이 즐겨 찾는 노포도 잊지 말기. 오타루이기에 맛볼 수 있는 간식! 어떤 게 있을까?

쫄깃한 일본식 어묵 맛보기

카마에이 공장직영점

かま栄 工場直売店

일본에서 해산물을 즐기는 또 다른 방법은 일반 어묵보다 쫄깃한 맛이 특징인 카마보코かまぼこ를 맛보는 것이다. 카마에이 본사는 1905년 오픈한 카마보코 공장이다. 카페까지 있는 이곳에서 최고 인기 메뉴는 팡롤パンロール. 돼지고기, 양파, 후추, 소금 등이 들어간 카마보코를 빵에 감싸 튀겨낸 것으로, 칼로리 폭격은 각오해야 한다. MAP ❼

GOOGLE 카마에이 공장직영점
MAPCODE 493 691 180*74(주차장)
PRICE 팡롤 237엔
OPEN 09:00~18:00(월·토 ~17:00)/일 휴무
WEB www.kamaei.co.jp
WALK 오타루 운하의 아사쿠사교浅草橋 5분/JR 미나미오타루역·오타루역 각 15분

마카롱을 닮은 쿠키

아마토우 본점

あまとう 本店

일본에는 한 지역에서 오랫동안 사랑받아온 과자점이 많다. 서양 과자점 아마토우는 1929년 처음 문을 연 후 센트럴타운 미야코도리(290p)에서 3대째 운영 중. 본점도, 공장도 모두 오타루에 있다. 스위츠 종류가 꽤 다양하지만, 무엇보다 권하고 싶은 건 부드럽게 씹히는 샤브레가 3겹 겹쳐진 마론 코론이다. 맛은 말차, 아몬드, 치즈, 카카오, 얼그레이, 딸기 등 취향에 따라 고를 수 있다. 오타루역 매점에서도 판매한다. MAP ❼

GOOGLE 아마토우 오타루
MAPCODE 493 690 182*61(주차장)
PRICE 마론 코론 1개 270엔
OPEN 10:00~18:30(2층 카페 12:00~17:00)/목(2층 카페 수·목) 휴무
WEB otaru-amato.com
WALK JR 오타루역 6분

주변 건축물처럼 클래식하게

쿠와타야 오타루 본점

桑田屋 小樽本店

오타루의 대표 간식 중 하나인 종 모양을 닮은 만주 '팡주ぱんじゅう'를 파는 가게다. 보통 팥소를 넣지만, 이곳에서는 초콜릿, 커스터드크림, 말차, 치즈 등 선택지가 다양하다. 오타루 운하 터미널小樽運河ターミナル(구 미츠미시 은행 오타루 지점旧三菱銀行小樽支店) 내 1층 쇼핑몰 안에 있다. MAP ❼

GOOGLE 쿠와타야 오타루
MAPCODE 493 690 322*25(주차장)
TEL 0134-34-3840
PRICE 팡주 1개 120엔
OPEN 10:00~18:00(11월 초~4월 말 09:00~17:00)/화 휴무
WEB www.kuwataya.jp
WALK JR 미나미오타루역 17분/JR 오타루역 11분

OTARU

#Walk

운하와 가까워지는 걸음걸음
JR 오타루역~오타루 운하

다른 도시에서 느낄 수 없는 오타루만의 낭만적 정취는 운하의 역할이 크다. 오타루를 처음 여행한다면 아무래도 운하를 제일 궁금해할 테지만, 이 책에서는 꽁꽁 아껴두었던 운하를 보며 걷는 코스를 마지막 하이라이트로 소개한다. 물론 미나미오타루역에서 시작해 주오도리를 거슬러 오르며 오타루역에서 여행을 마쳐도 좋고, 오타루역에서 출발해 한 호흡에 미나미오타루역까지 걸어가도 좋다. 선택은 당신의 몫!

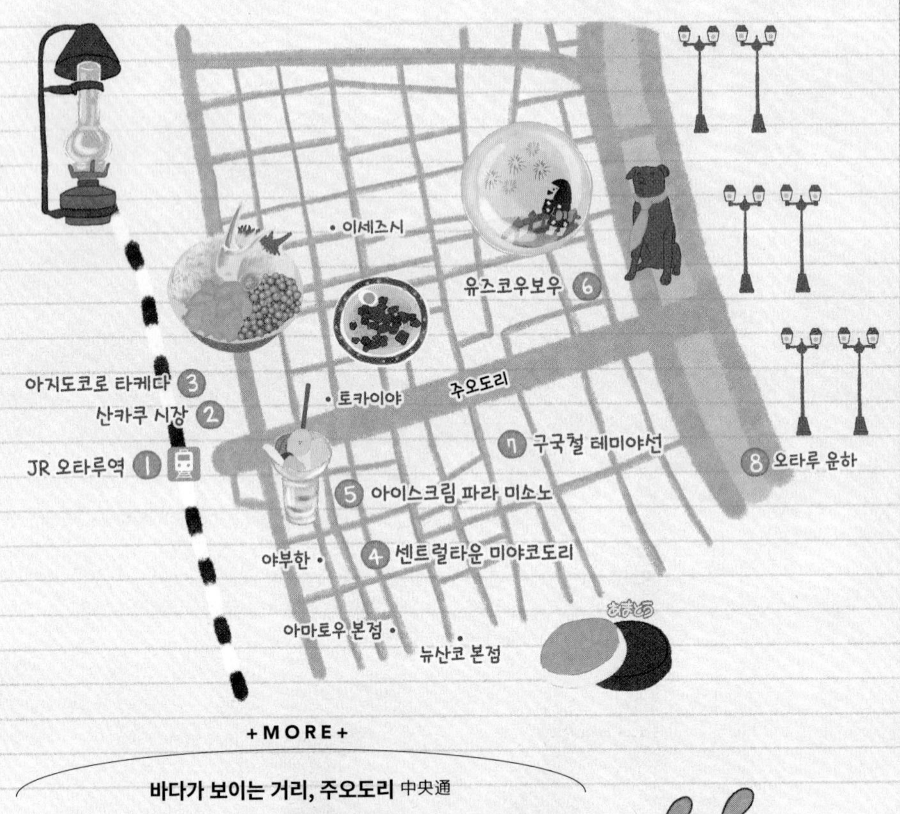

+MORE+

바다가 보이는 거리, 주오도리 中央通

오타루역에서 운하까지 시원하게 뻗은 대로다. 각 횡단보도에 서서 JR 오타루역을 등지면 아주 작게나마 바다 풍경을 볼 수 있다. 점점 크게 다가오는 운하를 보며 걸어갈수록 여행의 설렘도 더 커진다.

① JR 오타루역

운하를 만나러 가기 전 들러볼까

JR 小樽

오타루의 메인 기차역. 역안에는 여행자를 위한 관광안내소와 코인로커가 있다. 오타루역에서 여행을 시작한다면 인기 초밥집 이세즈시(285p), 간식용 명물 닭튀김 나루토의 분점을 놓치지 말자. 마트 구경을 좋아한다면 오타루가 속한 시리베시 지역의 농산물, 해산물, 가공식품을 파는 상점 타르쉐タルシェ도 돌아보자. MAP ⑦

GOOGLE 오타루역
MAPCODE 164 719 442*07(역 앞 유료 주차장)
OPEN 미도리노마도구치みどりの窓口(JR 티켓 카운터) 05:30~22:45

+MORE+

오타루표 영양센터, 나루토야 오타루역점

なると屋 小樽駅店

1965년 창업해 우리에겐 전기구이 통닭으로 익숙한 오타루 버전의 닭 요리를 판매한다. 식사로 영계 반 마리 튀김若鶏の半身揚げ, 밥과 국이 나오는 정식이 인기고, 테이크아웃 주문도 많다. 치맥 종주국인 우리로서는 다소 만족스럽지 않을 수 있으니 숙소에서 맥주와 함께 가벼운 야식으로 즐기길 권한다. MAP ⑦

PRICE 영계 반 마리 튀김 1080엔
OPEN 09:00~18:30

② 산카쿠 시장

오타루역 출발자만 누릴 수 있는 특권

三角市場

JR 오타루역에서 나오자마자 왼쪽에 위치한 산카쿠 시장은 규모가 아담해 부담 없이 들르기 좋다. 점심께까지만 장사를 해 본격적인 여행에 앞서 카이센동(해산물 덮밥)으로 체력을 다지기에 제격. 오밀조밀 모인 맛집 중에서도 아지도코로 타케다(290p), 오타루 키타노 돈부리야 타키나미 쇼우텐小樽 北のどんぶり屋滝波商店 앞은 항상 줄이 길다. MAP ⑦

GOOGLE 오타루 삼각시장
MAPCODE 164 719 500*52(시장 뒤 유료 주차장, 산카쿠 시장에서 식사 시 주차권 발급)
TEL 0134-23-2446
OPEN 아지도코로 다케다 290p 참고,
오타루 키타노 돈부리야 타키나미 쇼우텐 08:00~17:00
WEB otaru-sankaku.com
WALK JR 오타루역 2분

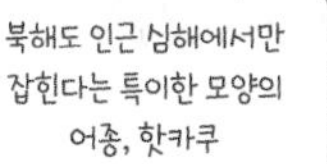

술안주로 좋은 말린 관자.
먹다 보면 아쉬워지니
무조건 양 많은 걸로 사시라.

3 호텔 조식 대신 줄 서는 맛집

아지도코로 타케다

市場食堂 味処たけだ

산가쿠 시장의 인기 맛집. 일본 여행자들이 호텔 대신에 선택하는 아침 식사 장소다. 신선한 성게알을 비롯해 새우, 연어, 참치, 연어알, 게, 관자 등 화려하고 다양한 해산물이 올라간 덮밥을 먹을 수 있다. 먹고 싶은 해산물을 정한 뒤에 메뉴 사진을 보고 고르는 것이 팁이라면 팁. 연어알을 포함하면 간장 없이도 짭짤하게 먹을 수 있다. 타베로그 평점은 3.51(2025년 4월 기준). 바로 옆 오타루 키타노돈부리야 타키나미 쇼우텐小樽 北のどんぶり屋滝波商店도 아지도코로 타케다와 1, 2위를 다투는 해산물 덮밥 맛집이니 둘 중 대기 시간이 더 짧은 곳을 선택하는 것도 요령이다. MAP 7

GOOGLE 아지도코로 타케다
MAPCODE 산카쿠 시장 참고
TEL 0134-22-9652
PRICE 해산물 덮밥 2000~8000엔
OPEN 07:00~16:00
WEB otaru-takeda.com/aji_new.html
WALK 산카쿠 시장 내

: WRITER'S PICK :

타베로그 食べログ

월간 이용자수 9500만 명의 일본 최대 레스토랑 평가 사이트. 일본인 입맛 기준이라 우리와 완벽하게 맞진 않지만, 현지인 맛집을 분별하기에는 이만한 것이 없다. 참고로 타베로그는 5점 만점 중 3.5점 이상이 전체의 3%에 불과할 정도로 평점에 후한 편이 아니어서 3점 이상이면 무난하고, 3.5점 이상이면 실패할 확률이 매우 적은 맛집이라고 할 수 있다.

WEB tabelog.com

4 맛집이 모인 상점가

센트럴타운 미야코도리

セントラルタウン都通

오타루를 지켜온 크고 작은 상점들이 모인 상점가다. 100엔숍, 액세서리·의류 상점, 식당 등 다양한 가게가 있어 천천히 걸으며 구경하기 좋다. MAP 7

GOOGLE miyakodori otaru
MAPCODE 493 690 244*41(가게마다 다름)
WALK JR 오타루역 4분

5 홋카이도 최초의 아이스크림
아이스크림 파라 미소노
アイスクリームパーラー美園

1919년 창업 당시 모습을 그대로 간직한 홋카이도 최초의 아이스크림 가게다. 아이스크림의 종류와 내용물이 담기는 컵, 스푼도 옛날 느낌이 물씬 난다. '복고풍'이라는 표현조차 너무 세련된 게 아닐까 싶을 정도. 인기 메뉴는 생크림과 각종 과일이 어우러진 파르페와 달콤한 푸딩, 그리고 무엇보다 아이스크림이다. MAP ❼

GOOGLE 미소노 아이스크림
MAPCODE 164 719 389*37(건물 뒤 2대 주차 가능)
PRICE 아이스크림 600엔~, 파르페 850엔~
OPEN 11:00~18:00/ 화·수 휴무
WEB www.misono-ice.com
WALK JR 오타루역 5분

작고 반짝이는 것들
유즈코우보우
Yuzu koubou

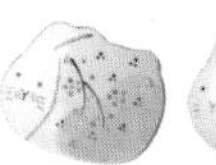

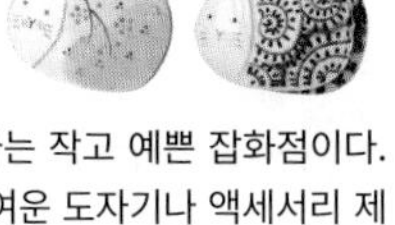

운하 플라자 바로 뒷길에서 만나는 작고 예쁜 잡화점이다. 오타루 유리공예품을 비롯해 귀여운 도자기나 액세서리 제품이 많다. 가게 밖에는 세일 아이템도 진열해 놓았으니 전형적인 기념품이 싫다면 이곳에서 앙증맞은 도기를 구경해 보자. MAP ❼

GOOGLE 유즈 코우보우
MAPCODE 493 690 674*68
TEL 0134-34-1314
OPEN 10:00~17:00/부정기 휴무
WALK JR 오타루역 8분

7 포토 스폿이 된 옛 철길
구국철 테미야선
旧国鉄手宮線

1884년 개통해 홋카이도 최초의 기차 노선으로 수산물과 석탄을 나르던 테미야선은 1985년 아쉽게도 폐선했다. 하지만 폐역 중 하나인 이로나이역色内駅跡地과 옛 철길은 그대로 남아있다. 현재는 오타루의 산책로이자 포토 스폿으로 역할을 달리해 사랑받고 있다. 철길을 따라 1km 남짓 걸으면 100장 정도의 사진쯤은 남길 수 있다. MAP ❼

GOOGLE 구 테미야선 기찻길
WALK JR 오타루역 6분

드디어 도착!
오타루 운하
小樽運河

➡ 277p를 참고하세요.

메이드 인 오타루

별미 면 요리

면을 사랑하는 사람이라면 오타루의 맛있는 면 요리 집으로 가자. 우리 입맛에 잘 맞는 삼겹살 라멘부터 오타루에서만 먹을 수 있는 청어 소바, 오타루의 명물 앙카케 소바까지. 오타루에서 놓치면 섭섭한 'Made in 오타루' 면 요리를 소개한다.

처음 맛보는 청어 소바

야부한

藪半

우리나라 TV 예능 프로그램에도 등장했던 오래된 소바 가게다. 대표 메뉴는 청어 소바にしんそば. 접시에 따로 내주는 청어를 덜어서 소바에 얹어 먹어도 맛있다. 방송에서 비릿한 맛이 전혀 없다길래 진짜일까 반신반의했는데, 실제로 먹어보니 비릿함 없이 짭짤하고 고소했다. 면은 홋카이도산 메밀(지모노코)과 그보다 저렴한 수입산 메밀(나미코) 중 택할 수 있다. 청어 소바 외에도 야채튀김 자루소바나 우동 등 다양한 메뉴가 있다. MAP ❼

GOOGLE 야부한 소바
MAPCODE 164 719 269*03(주변 유료 주차장)
TEL 0134-33-1212(토·일 런치는 당일 예약 불가)
PRICE 청어 소바 1650엔, 야채튀김 자루소바野菜天ざるせいろ 2070엔/지모노코 기준
OPEN 11:00~14:30, 17:00~22:00/화·수 휴무
WEB www.yabuhan.co.jp
WALK JR 오타루역 4분

: WRITER'S PICK :

소바를 맛있게 먹는 법

소바를 먹을 땐 입에 들어갈 만큼 면을 집어서 쯔유에 담갔다가 먹는다. 이때 면을 전부 잠기게 넣지는 말고 끝만 살짝 담그는 것이 포인트다. 면의 길이감을 살려 흡입하듯이 먹은 다음(후루룩 소리를 내도 된다!), 입안에서 3번 정도 씹으며 질감과 향을 즐긴다. 다 먹고 난 뒤에는 맑은 소바유(면을 삶았던 물)를 차처럼 마시면서 식사를 마무리한다. 단, 메밀은 찬 성질의 음식이라 맞지 않는 사람도 있으니 주의할 것.

잘 구운 삼겹살이 라멘 위로

토카이야

渡海家

정말 대중적인 메뉴지만, 누군가에겐 아무리 일본 여행을 해도 친해지기 힘든 요리가 바로 라멘이다. 기름진 국물과 흐느적대는 생면의 기억으로 라멘에 거부감을 가진 사람도 많을 터. 하지만 여기 오타루에는 한국인의 입맛에도 잘 맞는 마늘 차슈 된장 라멘にんにくチャーシュー味噌(일명 삼겹살 라멘)이 있다. 구수한 미소 라멘 위에 고소하게 바싹 구운 돼지고기 조각을 올려주는데, 삼겹살을 좋아한다면 군침이 저절로 돌 것이다. 식당 공간이 협소해 대기 시간이 긴 편이다. MAP ❼

GOOGLE 라멘 토카이야
MAPCODE 164 719 506*80(주변 유료 주차장)
TEL 0134-24-6255
PRICE 마늘 차슈 된장 라멘 1250엔
OPEN 12:00~매진 시까지(14:00~14:30경), 17:00~매진 시까지(19:30경)/화 휴무
WALK JR 오타루역 3분

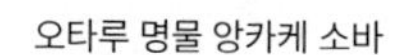

오타루 명물 앙카케 소바

뉴산코 본점

ニュー三幸 本店

'앙카케餡掛け'란 갈분을 넣어 만든 양념장을 탕수육 소스처럼 올려 걸쭉하게 먹는 요리다. 바다와 면한 오타루에는 해산물을 넣은 야키소바도 명물로 통하는데, 뉴산코에서는 야키소바에 바로 이 앙카케가 얹어 나온다. 이름하여 오타루 앙카케 야키소바小樽あんかけ焼そば. 오징어 등 해산물과 버섯 등의 채소가 적절히 어우러진 짭짤한 소스는 맥주를 절로 부르는 맛이다. MAP ❼

GOOGLE 뉴산코 본점
MAPCODE 493 690 160*68(주차장)
TEL 0134-33-3500
PRICE 오타루 앙카케 야키소바 1353엔
OPEN 11:30~21:00(L.O.20:30)
WEB hokkaido-sapporolion.jp/shop/newsanko.html
WALK JR 오타루역 10분

SPECIAL PAGE

이런 오타루는 어때?

오타루는 바다와 접한 한 면 외에 나머지 면 모두 산으로 둘러싸여 있어 유독 언덕이 많다. 여행자가 주로 다니는 사카이마치 거리에서 조금만 벗어나도 크고 작은 언덕길에 숨이 차기도 한다. 하지만 어찌 단점만 있을까. 언덕 위에 오르면 멋진 전망이 기다리고 있는 것을! 오타루에서만 즐길 수 있는 언덕 위 소소한 풍경 명소를 소개한다.

바다가 보이는 숨은 전망 명소

스이텐구 신사

水天宮

취재를 위해 일주일 이상 머물렀던 오타루의 평범한 가정집은 스이텐구 신사 근처의 언덕 위에 있었다. 올라갈 때는 '아이고' 소리가 절로 났지만, 숙소에서 누리는 전망을 보면 모두 위안이 됐다. 스이텐구 신사는 사카이마치 거리에서 약간만 벗어났는데도 오타루항과 바다 조망을 갖춰 시민들에게 사랑받는 명소다. 1919년 지어져 오타루시에서 지정한 '역사적인 건조물'로, 고요한 정적 속에서 넓게 펼쳐진 오타루 시내와 바다를 감상할 수 있다. 단, 여름에는 나뭇잎이 우거져 전망이 가려지는 데다 높은 지형이라 계단이 꽤 많으니 무릎이 불편하다면 패스하자. MAP ❼

GOOGLE otaru suitengu shrine
MAPCODE 493 660 778*60
WALK JR 오타루역 20분/JR 미나미오타루역 15분/
메르헨 교차로 8분

벚꽃과 함께 즐기는 오타루 전망

테미야 공원

手宮公園

역시 오타루 현지인들이 애정하는 전망 명소이자 벚꽃 명소이기도 하다. 산과 바다로 어우러진 아름다운 오타루항을 한눈에 펼쳐볼 수 있는 보물 같은 공원. 운하를 따라 산책하다가 운하 공원까지 둘러봤다면 조금 더 힘을 내 가보자. 산을 오르는 경사진 코스에 다소 힘은 들지만, 전망은 역시나 고생할 보람이 있다. 생각보다 큰 규모의 공원으로, 그중에서도 테미야 녹화식물원의 앞쪽이 훌륭한 뷰 포인트다. 잘 꾸며둔 산책 코스와 작은 전망대, 넉넉한 벤치는 물론 입장료까지 무료라 더없이 사랑스럽다. MAP ❽

GOOGLE 테미야 공원
MAPCODE 493 750 327*64(경기장 주차장)
WALK 오타루 운하 북쪽 끝(운하 공원) 10분

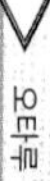

잘 지내시나요? 저는 잘 지내요!

텐구야마 전망대

天狗山展望台

영화 <러브레터>의 하이라이트, 주인공이 "오겡키데스카~ 와타시와 겡키데~스!"를 외치던 바로 그 장소다. 따라서 이곳만큼은 반드시 눈이 가득한 겨울에 방문해 영화의 감성까지 느끼고 가길 권한다. 영화로 유명해졌지만, 날씨가 좋으면 멀리 샤코탄반도까지 내다보이는 새파란 바다 전망은 예전부터 훌륭했다. MAP 8

GOOGLE 텐구산 전망대
MAPCODE 164 657 072*57(로프웨이 입구 주차장)
PRICE 전망대 무료(중학생 이상)/로프웨이 왕복 1800엔, 어린이 900엔
OPEN 로프웨이 2025년 4월 12일~11월 3일 09:00~20:48(하행 09:00~21:00)
WEB tenguyama.ckk.chuo-bus.co.jp/smr-ropeway/

+MORE+

오타루역에서 텐구야마 전망대까지 쉽게 가는 법!
(feat. 버스+로프웨이 세트권)

오타루의 다른 관광지는 모두 걸어서 둘러볼 수 있지만, 텐구야마만큼은 버스를 이용해야 한다. JR 오타루역 앞 주오 버스 오타루 터미널 매표소(평일 07:30~18:00, 토·일·공휴일 09:00~17:00)에서 오타루 시내 노선버스 1일 승차권과 로프웨이 왕복 승차권을 합친 오타루 텐구야마 버스 세트권小樽天狗山バスセット券을 구매해 헤매지 말고 쉽게 다녀오자. 주오 버스터미널 4번 승차장에서 20~30분 간격으로 운행하는 텐구야마행天狗 9번 버스(텐구야마로프웨이선)를 타면 오타루 시내를 거쳐 약 20분 뒤 로프웨이를 타는 입구(종점)에 도착한다. 이후 로프웨이 탑승장으로 이동해 로프웨이를 탄다.

GOOGLE 오타루 텐구산 로프웨이
PRICE 세트권(오타루 발·착) 2250엔, 어린이 1120엔/9번 버스 편도 240엔
WEB www.chuo-bus.co.jp/main/setticket/

눈 비비고 다시 봐도 온통 파랑

요이치 & 샤코탄

余市 & 積丹

여유가 있다면 렌터카를 이용해 위스키 증류소로 유명한 요이치와 '샤코탄 블루'가 빛나는 샤코탄반도까지 다녀오자. 오타루에서 당일치기 여행으로 손색없는 곳. 가기 전엔 모르지만, 갔다 오면 잊을 수 없는 파란 바다와 하늘, 거센 바람의 대자연을 만끽할 수 있다.

해안도로를 달리는 특권!

렌터카

RENT-A-CAR

3~4인이라면 렌터카 이용이 합리적이다. 시간, 교통비 절약은 물론 샤코탄으로 향하는 드라이브 코스가 상당히 아름답기 때문. 렌터카 회사는 삿포로 시내에 더 많지만, 삿포로에서 오타루까지만 해도 1시간 정도 걸리고, 삿포로 시내가 다소 막히는 경우가 있어 렌터카는 오타루에서 하루만 빌릴 것을 추천한다. 오타루역에 붙어있는 에키렌터카 오타루 영업소Ekiren Rent a Car, 토요타 렌터카 오타루역 이나호 2초메 지점トヨタレンタカー 小樽駅稲穂2丁目店이 역과 가까워 인수·반납에 용이하다. 요이치, 샤코탄은 오타루에서 차로 1~2시간 거리다.

뚜벅이 여행자도 쉬워요!

정기관광버스

定期観光バス

렌터카 여행이 힘든 뚜벅이라면 알찬 정기관광버스를 이용하자. 계절에 맞춰 코스로 운행하는 투어 버스로, 일본어 가이드만 있다는 점이 아쉬우나 주요 명소를 편하게 이동할 수 있는 것만으로도 매력적이다. 버스는 삿포로역이 기·종점으로, 삿포로에서 탔더라도 오타루에서 하차할 수 있다. 대개 5월 초부터 9월 말·10월 초까지 매일 오전 9시경 출발해 오후 5~6시쯤 오타루역, 6~7시쯤 삿포로역에 도착한다. 요금은 하차 지점에 관계없이 동일하며, 버스 회사 사정에 따라 코스, 시간, 요금 등이 바뀔 수 있으니 홈페이지를 참고하자.

WEB teikan.chuo-bus.co.jp/ko/

#Drive

위스키 풍미를 느끼며 **티 없이 파란 저 바다로!**

위스키에 빠져 머나먼 스코틀랜드로 찾아간 사람. 우여곡절 끝에 위스키 제조 방법을 배우곤 사랑하는 여인과 함께 돌아와 정착한 곳이 요이치다. 이야기 속 주인공은 니카위스키의 창업자 타케츠루 마사타카. 그의 열정과 러브 스토리는 별 것 없는 요이치를 특별하게 만들었다. 요이치 곁에는 '샤코탄 블루'란 고유의 바다 색 이름까지 가진 청아한 샤코탄 마을이 있다. 두 지역 모두 오타루에서 당일치기 렌터카 여행으로 다녀오기 좋으며, 샤코탄으로 갈 때는 특히 왼쪽에, 돌아올 때는 오른쪽에 시원한 바다가 펼쳐진다.

: WRITER'S PICK :

가이드 투어 & 위스키 시음 시 참고!

니카위스키 홋카이도 공장 요이치 증류소 견학은 가이드 투어와 자유 견학으로 나뉜다. 가이드 투어는 아쉽게도 일본어로만 진행하므로 자유 견학을 신청하고 현장에서 홈페이지(tour.nikka.com)에 접속해 한국어 설명을 참고하는 것이 좋다. 견학은 무료이며, 10명 이하는 인터넷으로, 그 이상은 전화나 팩스로 예약해야 한다. 운전자 및 미성년자의 음주를 막기 위해 시음은 당일 신청 받는다. 견학에 앞서 증류소 정문에 배치된 시음 신청서를 작성해야 견학 마지막 코스에서 무료 시음을 할 수 있다. 싱글 몰트 요이치シングルモルト余市, 슈퍼 니카スーパーニッカ, 애플 와인アップルワイン을 종류별로 1잔을 마시며 투어를 마친다.

여기가 없어서 못 판다는 그 위스키를 만드는 곳이라오

니카위스키 홋카이도 공장 요이치 증류소

ニッカウヰスキー北海道工場余市蒸留

아시아를 넘어 세계에서 이름을 알린 일본 위스키의 중심에는 니카위스키가 있다. 히로시마 양조장의 아들 타케츠루 마사타카가 스코틀랜드 하일랜드에서 위스키 제조법을 익힌 뒤 그곳과 비슷한 자연환경을 요이치에서 찾았다. 그렇게 공장은 1934년 세워졌고, 1940년 일본 제1호 위스키가 탄생했다.
스코틀랜드만큼이나 전통 방식을 고수하는 니카위스키는 일본 내수 시장 침체에도 꿋꿋이 버텨왔다. 여기에 2000년대 중반 '하이볼 열풍'이 불면서 판매가 늘기 시작했고, 2014년에는 타케츠루의 실화를 바탕으로 한 드라마 <맛상マッサン>이 큰 인기를 끌며 수요가 급증했다. 2014~2015년에는 니카 타케츠루 17년 퓨어 몰트竹鶴17年ピュアモルト가 2년 연속 월드 위스키 어워드 최고상을 수상, 판매에 날개를 달았지만, 오랜 시간의 숙성 기간이 필요한 위스키 제조 과정의 특성상 없어서 못 판다는 이야기도 나올 정도였다.
증류소를 견학하면 석탄을 이용한 전통 위스키 증류 시설부터 현재의 니카위스키 공정과 역사를 둘러볼 수 있다. 빠질 수 없는 시음 코스도 물론 준비돼 있다. **MAP ❾**

GOOGLE 니카 위스키 요이치 증류소
MAPCODE 164 635 785*32(주차장) **TEL** 0135-23-3131
OPEN 자유 견학 09:00~17:00, 가이드 투어 09:00~12:00, 13:00~15:00(30분 간격, 투어 50분+시음·쇼핑 자유시간)/연말연시·부정기 휴무
WEB www.nikka.com/distilleries/yoichi/
CAR JR 오타루역 21km
WALK JR 요이치역 8분

1 위스키관ウイスキー館. 위스키의 역사와 세계의 증류소를 소개한다.
2 니카관ニッカ館. 브랜드 자료와 함께 창업자 부부의 물품을 전시하고 있다.

우주와 사과의 콤비네이션

스페이스 애플 요이치

道の駅 スペースアップルよいち

니카위스키 증류소에서 도보 5분이면 우주와 사과가 만나는 독특한 휴게소에 도착한다. 요이치의 특산품은 사과. 더불어 이 지역에선 일본 최초의 우주인 모리 마모루가 탄생했기에 우주의 신비와 사과를 함께 경험할 수 있다. 우주 식량을 비롯해 다양한 우주 관련 기념품을 구경할 수 있는 기념품 상점을 가장 추천한다. 일종의 착각 효과를 내는 공간인 스텝 트레이너ステップトレーナー도 소소한 즐거움이 있고, 우주·우주선 기념관 스페이스 도무余市宇宙記念館スペース童夢도 들러볼 만하다. **MAP ❾**

GOOGLE 스페이스 애플 요이치 미치노에키
MAPCODE 164 665 334*33(주차장) **TEL** 0135-21-2200
OPEN 기념관 09:00~17:00/월(공휴일은 그다음 날)·12월~4월 중순 휴관, 기념품 상점 09:00~17:00(12월~4 월 중순 ~16:30)/월·연말연시 휴관
WEB www.hokkaido-michinoeki.jp/michinoeki/1699/
CAR 니카위스키 홋카이도 공장 요이치 증류소 정문 5분

매일같이 이 풍경을 보는 갈매기가 마냥 부럽다!

시마무이 해안

島武意海岸

‘일본의 아름다운 해변 100선’에 선정된 곳으로, 샤코탄 블루를 감상하기 좋은 포인트다. 웅장한 절벽 아래 기이하게 생긴 바위가 이어지고, 그 위로는 갈매기가 끊임없이 날아다닌다. 겨울에는 바다표범이 들렀다 가는 곳. 30m 길이의 어두운 터널을 통과해 해변으로 나가는 순간, 눈 앞에 펼쳐지는 푸른 바다가 장관이다. **MAP ❾**

GOOGLE 샤코탄미사키 주차장
MAPCODE 932 747 203*26
CAR 스페이스 애플 요이치 41km

베테랑 어부가 잡아 온 제철 성게 맛보기

린코소

鱗晃荘

시마무이 해안 근처에서 어부가 운영하는 B&B 숙소에 딸린 식당이다. 신선한 해산물이 가득 올라오는 조식과 석식을 목적으로 이 숙소를 일부러 찾는 사람도 있다고. 6월 중순~8월 경 점심시간에는 비투숙객도 식당을 이용할 수 있으며, 가게 주인이 샤코탄반도 앞바다에서 직접 잡아 온 신선한 제철 성게로 만든 성게 덮밥 うに丼을 맛볼 수 있다. 투숙객에게는 홋카이도를 만끽할 수 있는 코스 요리가 제공된다. **MAP ❾**

GOOGLE rinkoso
MAPCODE 932 717 732*54(주차장)
TEL 0135-45-6030
PRICE 성게 덮밥 4300엔~(시가에 따라 다름)
OPEN 6~8월경 11:00~13:00경(성게 어획 상황에 따라 매일 다르므로 홈페이지에서 확인)
WEB rinkousou.net
CAR 시마무이 해안 800m

수식어 찾기도 어려운 대자연과의 황홀한 만남

카무이곶

神威岬

샤코탄반도에서 가장 사랑받는 명소. 파란 하늘과 파란 바다를 만나는 땅의 끝이다. 바다로 향하는 산책로를 따라 30분~1시간 정도는 거세게 불어오는 바람과 맞서야 하지만, 땅끝에 다다르면 감탄사가 나오는 대자연과 만나게 된다. 돌아오는 길에 산책로 입구에서 먹는 달콤한 샤코탄 블루 아이스크림도 꿀맛. 단, 바람이 심할 때는 산책로 출입이 금지되기도 한다. MAP ❾

GOOGLE 가무이곶
MAPCODE 932 583 037*20(주차장)
CAR 시마무이 해안 15km

출렁대는 배를 타고 직접 만나는 바다

수중전망선 뉴샤코탄호

水中展望船ニューしゃこたん号

샤코탄 블루를 가장 가까이서 볼 수 있는 방법이다. 배 아래 바닷속을 감상할 수 있는 뉴샤코탄호에 탑승하면 투명한 유리 너머로 삐죽삐죽 가시가 올라온 성게를 구경할 수 있다(단, 유리가 그다지 깨끗하지 않아 잘 보이지는 않는다). 수중은 실망스럽더라도 바다 전망 하나로도 충분히 가치가 있는 선택. 독특한 돌들과 역동적인 해안선, 새파란 바다를 즐기는 데 시간 가는 줄 모른다. 갈매기에게 식빵을 던져 주는 마지막 코스는 어른 아이 할 것 없이 신나는 시간이다. MAP ❾

GOOGLE 7JX3+H9 샤코탄조
MAPCODE 775 777 534*70(주차장)
TEL 0135-44-2455
PRICE 2500엔, 5세~초등학생 1300엔
OPEN 4월 중순~10월 말 08:30~16:30/50~60분 간격, 약 40분 승선/악천후 시 결항
WEB www.shakotan-glassboat.com
CAR 카무이곶에서 니카위스키 홋카이도 공장 요이치 증류소 방향으로 25.8km

시코츠 호

支笏湖

한없이 시리도록 푸른 블루

'홋카이도의 보석'이라고 불리는 시코츠호는 겨울에도 얼지 않는 부동호 중 일본 최북단에 자리한 칼데라 호수(화산 분출로 생긴 분화구에 형성된 호수)다.
태양 빛이 반짝이는 호수면은 여름에는 '시코츠호 블루'란 색명이 붙을 정도로 매력적인 파란색을 띠고 혼슈 동북부 아키타현의 타자와호에 이어 일본에서 두 번째로 수심이 깊은 호수(최대 수심 약 360m)이자 청정 수질 1위로 손꼽힌다.
숲과 호수가 어우러진 아름다운 풍광을 감상하고 호숫가 온천 마을의 전통 료칸에서 하룻밤 머물며 몸과 마음을 힐링해보자.

버킷리스트에 넣어야 할 드라이브 코스

렌터카

RENT-A-CAR

대중교통으로 다녀오기 힘든 시코츠호는 렌터카 여행자의 특권이다. 삿포로, 도야호, 노보리베츠 온천, 신치토세공항의 중심에 있어서 삿포로~시코츠호~도야호~노보리베츠 온천~신치토세공항을 잇는 1박 2일 드라이브 코스의 경유지로 삼기에 제격이다.
삿포로에서 시코츠호의 중심인 시코츠호 온천支笏湖温泉 마을까지는 453번 국도로 약 1시간 20분 걸린다. 신치토세공항에서는 16번 국도를 경유해 약 40분. 낙엽송 숲속을 달리는 완만한 오르막길인 스카이로드를 지나기 때문에 경치가 좋다. 시코츠호에서 도야호까지는 지름길인 453번 국도 대신 평탄한 고원지대를 달리는 276번 국도를 추천한다. 도야호 서쪽 전망대인 사이로 전망대(322p)까지 약 1시간 30분 소요.
시코츠호 온천 마을은 차량 진입이 금지돼 있어 마을 입구 유료 주차장에 차를 세우고 둘러봐야 한다. 총 5개 구역으로 이루어진 주차장은 마을 규모에 비해 꽤 넓지만, 주말과 공휴일에는 빈 자리를 찾기 힘들 정도로 차량으로 북적인다.

GOOGLE lake shikotsu paid parking lot
MAPCODE 867 063 569*74(유료 주차장)
PRICE 주차료 1일 500엔

귀국 전 1박 할 예정이라면 추천

버스

バス

신치토세공항에서 홋카이도 주오 버스 空4번이 하루 4~6회 왕복 운행한다. 국내선 터미널 앞 28번 승차장에서 출발한 버스는 국제선 터미널 앞 66번 승차장을 거쳐 시코츠호 온천 마을 입구까지 간다. 약 1시간 소요. 공항 첫차 출발 시각이 08:29(국제선 터미널 기준), 시코츠호 막차 출발 시각이 17:45라 부지런히 움직이면 당일치기도 가능하지만, 1박하면서 느긋이 산책도 하고 호수 액티비티도 즐겨보길 권한다. 삿포로에서 출발할 경우 중간 경유지인 JR 미나미치토세역南千歳 앞 버스터미널(첫차 08:32)에서 탑승하는 것이 좋다.

PRICE 편도 1260엔
WEB www.chuo-bus.co.jp/city_route/course/chitose/
*'時刻表' 클릭 후 시코츠코선(支笏湖線, 空4) 확인

홋카이도 주오 버스 空4번 시간표

#Drive+Walk

홋카이도 힐링 여행의 정점
시코츠호 온천 마을

때묻지 않은 자연이 주는 가슴 벅찬 감동을 느낄 수 있는 시코츠호는 홋카이도 현지인들이 즐겨 찾는 휴양지다. 최대 지름 약 13km, 둘레 약 40km에 달하는 드넓은 호수에서 자전거, 카약, 승마, 낚시, 스노클링, 유람선, 페달보트, 카누 등 액티비티를 신나게 즐기거나, 아기자기하고 정겨운 분위기의 온천 마을을 어슬렁어슬렁 거닐어보자. 시코츠호 온천 마을은 규모가 매우 작아서 한 바퀴 도는데 1시간이 채 걸리지 않는다. 매년 1월 말~2월 중순에는 시코츠 호수 물을 스프링클러로 분사해 얼린 각종 얼음 오브제를 볼 수 있는 치토세·시코츠코 효토(빙도) 축제千歳·支笏湖 氷濤まつり가 열린다.

치토세·시코츠코 효토(빙도) 축제

① 시코츠호 온천 마을의 중심

시코츠호 관광안내소

支笏湖ビジターセンター

관광 정보나 숙소를 안내하는 일반적인 관광안내소보다는 시코츠호의 하이라이트를 멋지게 보여주는 갤러리에 가깝다. 센터에 들어서면 시코츠호 주변에 서식하는 동물의 박제나 모형이 눈길을 사로잡고, 시코츠호의 심볼이라 할 수 있는 홍연어가 커다란 수조에서 방문객을 맞이한다. 호수 안팎의 생물뿐 아니라 시코츠호가 형성되기까지의 지질 운동 과정을 보여주는 다양한 사진과 영상을 차례대로 감상한 뒤 야외로 난 유리문으로 나가면 시코츠호가 눈앞에 펼쳐진다.

GOOGLE 시코츠호수 관광안내소
MAPCODE 867 063 569*74(유료 주차장)
TEL 0123-25-2453
OPEN 09:00~17:30
WEB shikotsukovc.sakura.ne.jp
WALK 주차장 입구에서 1분

② 일본 청정 수질 1위 호수 속 탐험

시코츠호 관광선

支笏湖観光船

칼데라 호수인 시코츠호는 수심이 급격히 깊어지는 특징 때문에 물 색깔이 코발트블루에서 단번에 에메랄드그린으로 변한다. 시코츠호의 수중 유람선은 배 하부에 투명창을 설치해 맑고 푸른 물속에 셀 수 없이 많은 물고기 떼가 헤엄치는 원시 그대로의 모습을 환상적으로 보여준다. 호수의 낭만이 배 안까지 가득 차오르는 느낌! 미네랄과 유기물의 함량이 낮아 물빛이 투명한 덕분에 마그마가 급속히 굳으며 형성된 수중 주상절리 지형과 모래무늬(사문)도 맘껏 감상할 수 있다. 최대 수용인원은 50명. 유람선 말고 4월 중순~11월 초 호숫가에 대기 중인 2~4인승 백조 보트(페달보트)를 타도 호수의 낭만을 쉽게 즐길 수 있다.

GOOGLE shikotsu lake sightseeing boat
OPEN 4월 중순~11월 초 09:00~17:00/시즌마다 다름
PRICE 수중 유람선 2000엔, 초등학생 1000엔/백조 보트 30분 2000엔
WEB shikotsu-ship.co.jp
WALK 관광안내소 4분

산과 물의 신을 모신 파워 스폿

시코츠호 신사

支笏湖神社

옛날옛적 광부와 선원들이 호수의 신과 산의 신을 모시려고 세운 신사. 시코츠호 건너편 비후에美笛 지역에 금광이 있던 시절, 광산에서 캐낸 금을 배에 실어 치토세 지역에 내다 팔며 안전을 기원했던 곳이다. 외진 곳에 세운 신사여서 그런지 세워진 시점에 관한 자료는 남아있지 않다. 광산이 문을 닫자 다른 곳으로 옮겼다가 1979년 현재의 위치에 자리 잡았다. 규모는 매우 작지만, 도리이 너머로 바라보는 시코츠호가 한층 신비롭게 보이는 포토 포인트다. 야마센 철교를 건너기 직전 왼쪽에 있다.

GOOGLE 시코츠호수 신사
WALK 관광안내소 2분

호수와 어우러진 한 폭의 풍경화

야마센 철교

山線鉄橋

시코츠호에서 흘러나오는 치토세강 시작점에 놓인 새빨간 다리. 홋카이도에서 가장 오래된 철교다. 1882년 수력발전소 건설에 필요한 자재를 운반하려고 만든 것으로, 영국인 철도 건축 기술자가 설계해 1908년 개통했다. 현재는 운치 있는 관광 스폿으로 사랑받는 보행자 전용 다리다. 2007년 일본 근대산업유산으로 지정됐다.

GOOGLE 야마센 철교
WALK 시코츠호 신사 1분

느긋하게 바라보는 시코츠호 블루

시코츠호 전망대

支笏湖展望台

시코츠호를 근사하게 조망할 수 있는 숨겨진 명소. 야마센 철교를 건너 왼쪽 가파른 산기슭의 계단을 오르면 푹신한 잔디와 나뭇잎이 깔린 산책로에 벤치가 설치돼 있고 아름드리나무가 우거진 평화롭고 드넓은 평지가 나타나 마치 다른 세상으로 순간 이동한 기분이 든다. 포로피나이 전망대만큼 대단한 풍경이라고는 할 수 없지만, 뚜벅이 여행자들에게 추천하고 싶은 전망 포인트. 근처에는 당일치기 온천이 가능한 큐카무라 시코츠코休暇村支笏湖 호텔 & 온센도 있다. 마을로 돌아갈 때 치토세강 쪽으로 내려가 다리(코한교湖畔橋)를 건너면 바로 시코츠호 온천 마을에 닿는다.

GOOGLE 시코츠호수 전망대
WALK 야마센 철교 5분

6 호카이도 간식은 뭐든 다 있네

헤키스이

碧水

관광안내소 건너편, 식당과 카페가 모여 있는 상업지구에서 가장 인기가 높은 식당이다. 다양한 길거리 간식과 식사 메뉴, 무난한 맛, 제법 빠르고 정확한 서비스 덕분에 온종일 긴 줄이 이어진다. 단짠과 고소함은 물론 쫀득한 식감까지 잡은 감자떡과 치즈감자떡, 촉촉하고 쫄깃한 오징어구이, 홋카이도 명물인 구운 옥수수, 소프트아이스크림이 인기. 메뉴판에 한국어도 쓰여 있다. 실내가 꽤 넓어서 먹고 가기에도 좋다.

GOOGLE 헤키스이
PRICE 감자떡 350엔, 치즈감자떡 400엔, 오징어구이 1300엔, 구운 옥수수 500엔, 소프트아이스크림 450엔~
OPEN 10:30~17:00/시즌마다 다름
WALK 관광안내소 정문 1분

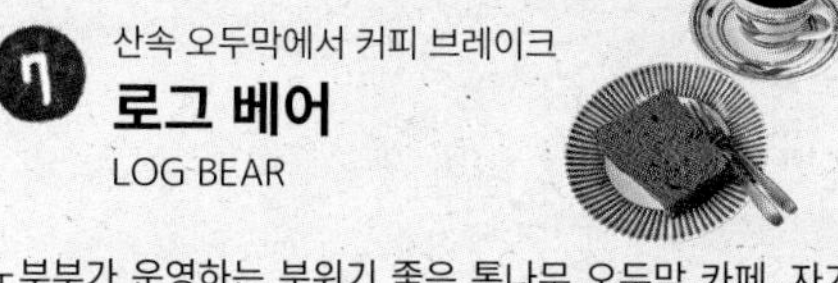

산속 오두막에서 커피 브레이크

로그 베어

LOG BEAR

노부부가 운영하는 분위기 좋은 통나무 오두막 카페. 자가로스팅한 커피에 200엔을 추가하면 쫀득한 브라우니 식감의 초콜릿케이크가 함께 나온다. 점심에는 카레라이스, 샌드위치, 토스트 등 간단한 식사 메뉴도 있고, 정오까지 토스트나 햄 또는 베이컨 앤 에그 같은 모닝 메뉴도 판매한다. 장작 난로를 피우고 조용한 음악이 흐르는 겨울철에 방문하면 더욱 운치 있다.

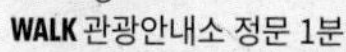

GOOGLE log bear
OPEN 09:00~17:00
WEB logbear.moto-nari.com
WALK 관광안내소 정문 1분

+MORE+

절경의 호반 드라이브 코스 시코츠호 포로피나이 전망대

支笏湖ポロピナイ展望台

시코츠호를 가장 아름답게 감상할 수 있는 절경 스폿. 삿포로에서 453번 국도를 타고 너도밤나무숲을 뚫고 내려오면 시코츠호에 닿기 직전 만나게 된다. 이곳의 하이라이트는 전망대에서 시코츠호 온천 마을까지 난 호반 도로! 홋카이도 시닉 바이웨이(100p)의 절경 도로에 첫 번째로 이름을 올릴 정도로 환상적인 풍경을 자랑하는 드라이브 코스로, 렌터카 여행자라면 꼭 가봐야 한다. 전망대에서 시코츠호의 전경을 감상한 후 호수를 따라 상쾌한 드라이브를 즐겨보자.

GOOGLE poropinai observatory
MAPCODE 708 204 227*34(주차장)
CAR 시코츠호 온천 마을 입구 10분

NOBORIBETSU
登別 & 洞爺
& TOYA

노보리베츠 & 도야

登別 & 洞爺

해마다 공개되는 일본의 인기 온천 랭킹에서 노보리베츠는 항상 상위권을 놓지 않는다. 한 가지만 잘하는 모범생이 아니라, 무려 9가지 수질이 퐁퐁 피어오르는 보기 드문 엄친아. 거기에 지옥 계곡 산책이 그 매력을 더한다. 도야는 실제로 보면 면적보다 유독 광활하게 느껴진다. 마치 잔잔한 바다와 같은 모습. 조용하고 평화로운 특유의 분위기로 영화와 애니메이션에 자주 등장한다.

위치 & 풍경

삿포로에서 111km. 9가지 성분의 온천수가 솟아나는 노보리베츠의 별명은 '온천 백화점'이다. 이는 온천 왕국 일본에서도 보기 드문 특징. 여행에 앞서 각 성분에 관한 정보(321p)를 읽고 간다면 더욱더 알차게 온천을 여행할 수 있다.

약 10만 년 전에 생긴 칼데라 호수인 도야호(토야코)는 면적 약 70.7km², 둘레 50km, 수심 117m로 실제로도 넓고 깊다. 호수를 비롯해 일대가 천연기념물로 지정됐으며, 근처의 활화산인 우스산이 일본 최초의 지오파크Geopark(지질공원)이자 국립공원으로 등록돼 인기몰이를 하고 있다.

노보리베츠 온천 마을과 도야호 온천 마을 사이는 약 56km다. 기차나 버스를 타면 1시간~1시간 20분 정도.

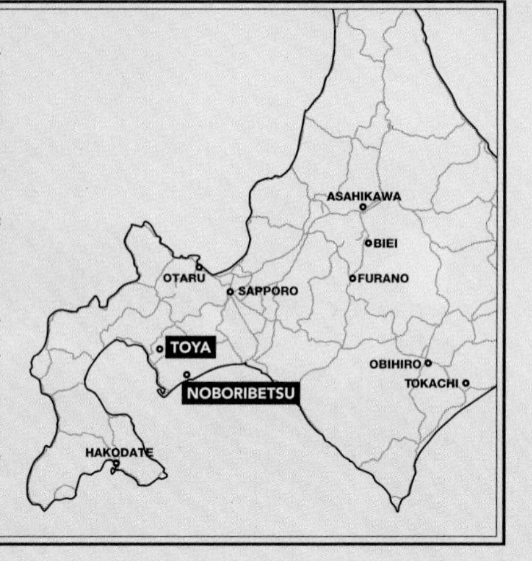

베스트 여행 시기

온천과 휴식을 위해 가는 노보리베츠, 도야 주변은 1년 내내 즐기기 좋다. 봄에는 봄꽃, 여름에는 초록빛 삼림, 가을에는 단풍, 겨울에는 설경이 사계절 내내 아름다운 풍경을 보여준다. 홋카이도의 겨울은 혹독하기로 유명하지만, 도야호만큼은 추운 겨우내 얼지 않고 잔잔한 물결이 흐른다.

여행이 필요한 사람들

- ☑ 느긋하게 온천 여행을 즐기고 싶은 사람
- ☑ 평화로운 호반 풍경을 감상하며 휴식하고 싶은 사람

삿포로 → 노보리베츠 & 도야 가는 법

노보리베츠와 도야는 여러 료칸이 들어선 온천 마을로 유명하다. 각 료칸에서는 삿포로 시내나 신치토세공항, JR 도야역으로 송영버스를 보내 이곳까지 편하게 데려다준다. 이 경우 체크인이 시작되는 오후 2~3시쯤 숙소에 도착하고 다음 날 아침 삿포로로 돌아 가는 스케줄이다. 송영버스 요금은 거의 무료거나, 유료라도 1000엔 내외이므로 이 편을 최우선으로 고려해보는 것이 좋다. 숙소에 따라 이를 제공하지 않는 곳도 있고, 제공하더라도 여러 호텔에서 공동 운행하기 때문에 반드시 사전에 숙소를 통한 예약이 필요하다. 이밖에도 기차와 버스를 이용할 수 있으나, 선택권은 많지 않으니 2인 이상이라면 렌터카를 추천한다.

JR

JR 삿포로역에서 무로란행室蘭 특급 스즈란特急すずらん을 타면 JR 노보리베츠역까지, 하코타테행函館 특급 호쿠토特急北斗를 타면 노보리베츠역을 거쳐 JR 도야역까지 간다. 특급 스즈란은 하루 6회 운행하며, 노보리베츠까지는 약 1시간 15분 소요된다. 하루 10회 운행하는 특급 호쿠토는 노보리베츠까지 약 1시간 10분, 도야까지 약 2시간 소요된다. 특급 스즈란과 특급 호쿠토는 전석 지정제로 운영되므로 좌석 예약이 필수다. 하코다테에서 출발할 경우 특급 호쿠토를 타면 JR 도야역까지 약 2시간, JR 노보리베츠역까지 약 2시간 35분 소요된다. 노보리베츠역·도야역에서 각 온천 마을까지는 버스를 타고 이동한다.

PRICE 삿포로~노보리베츠 특급 스즈란·호쿠토 편도 4890엔/삿포로~도야 특급 호쿠토 편도 6690엔/하코다테~노보리베츠 특급 호쿠토 편도 7790엔/하코다테~도야 특급 호쿠토 편도 6250엔
WEB www.jrhokkaido.co.jp/global/korean/

*도야역은 구시로 근처의 도야역遠矢과 구분하기 위해 근처의 무로란室蘭을 병기하여 '도야(무로란)' 또는 'Toya(Muroran)'라고 표기한다.

고속버스

도난 버스道南バス가 삿포로와 노보리베츠 온천·도야호 온천, 신치토세공항과 노보리베츠 온천을 연결한다. 완전 예약제 노선이므로 출발 2시간 전까지 전화 또는 인터넷을 통해 사전 예약 필수. 삿포로에서 노보리베츠 온천 버스터미널까지 고속 온센호로 약 1시간 45분, 도야호 온천 버스터미널까지 삿포로 도야코선으로 약 2시간 45분, 신치토세공항에서 노보리베츠 온천 버스터미널까지 고속 노보리베츠 온센 에어포트호로 1시간 10~30분 소요된다.

WEB 도난 버스: www.donanbus.co.jp/kr/(한국어)
노보리베츠 온천 예약: travel.willer.co.jp/bus_search/(일본어)
도야호 온천 예약: japanbuslines.com/ko/(한국어, 하차지에서 도야코온센 선택)

■ 고속 온센호(하루 1회)

ROUTE 삿포로에키마에札幌駅前 7번 정류장(Google: 3972+V8 삿포로)→삿포로에키마에札幌駅前 30번 정류장(Google: 3983+XV 삿포로)→…→노보리베츠온센(버스터미널)→…→아시유 이리구치(오유누마강 천연 족욕탕 입구)

PRICE 편도 2500엔

고속 온센호 시간표

■ 삿포로 도야코선(하루 4회)

ROUTE 삿포로에키마에札幌駅前 7번 정류장(Google: 3972+V8 삿포로)→미나미이치조南1条 정류장(Google: 3954+V7 삿포로)→스스키노 정류장(Google: 3943+528 삿포로)→조잔케이 온천(Google: X599+4JJ 삿포로, X576+7WM 삿포로)→도야코온센(버스터미널)

PRICE 편도 3700엔

삿포로 도야코선 시간표

■ 고속 노보리베츠온센 에어포트호(하루 3회)

ROUTE 국제선 터미널 86번 승차장→…→노보리베츠온센(버스터미널)→…→아시유 이리구치(오유누마강 천연 족욕탕 입구)

PRICE 편도 1800엔

노보리베츠온센 에어포트호 시간표

노보리베츠역

노보리베츠 온천 버스터미널

노보리베츠 & 도야 시내 교통

노보리베츠 온천 마을은 도보로 충분히 둘러볼 수 있다. 도야호 온천 마을 역시 마을 안에서는 도보 산책이 가능하며, 호수를 둘러싼 명소로 나갈 때는 렌터카 여행을 추천한다. 렌터카는 도야역 부근이나 신치토세공항에서 인수하면 된다.

JR 노보리베츠역 앞 노보리베츠에키마에登別駅前 정류장에서 노보리베츠 온천(버스터미널)까지 도난 버스 NA NC번(노보리베츠온센·노보리베츠에키마에선)이 운행한다. 약 20분 소요, 10~50분 간격 운행. 택시 이용 시 요금은 2000엔~.

JR 도야역에서 도야호 온천 마을까지는 히가시마치東町행 또는 도야호 온천행 도난 버스를 이용한다. 1시간에 1~2대 운행, 약 20분 소요.

PRICE JR 노보리베츠역~노보리베츠 온천 편도 450엔, JR 도야역~도야호 온천 편도 400엔
WEB www.donanbus.co.jp/kr/(도난 버스)

도난 버스 NA NC번 시간표

도난 버스

여행 팁

온천 왕국 일본에서도 인기 온천으로 꼽히는 노보리베츠와 평화로운 도야에서는 료칸에 머물며 여유롭게 즐기는 것을 추천한다. 료칸을 고를 때는 위치보다 온천과 식사에 중점을 두자. 부모님 또는 아이와 함께라면 주변 여행지로 렌터카를 타고 나서도 좋다.

❖ 노보리베츠 다테지다이무라 登別伊達時代村

에도 시대를 재현한 민속촌. 옛 상점 거리, 무사와 닌자의 저택, 다채로운 공연 등을 살펴볼 수 있다.

GOOGLE 노보리베쓰 다테지다이무라
MAPCODE 603 169 354*75(유료 주차장)
TEL 0143-83-3311
PRICE 3300엔, 초등학생 1700엔, 4세~취학 전 600엔, 주차비 500엔
OPEN 09:00~17:00(11~3월 ~16:00)
WEB edo-trip.jp
BUS JR 노보리베츠역에서 노보리베츠 온천 방면 버스를 타고 산아이뵤인마에三愛病院前 하차 후 도보 10분. 노보리베츠 다테지다이무라 앞에 정차하는 버스인지 반드시 확인 후 탑승한다. 노보리베츠 온천에서 갈 경우 JR 노보리베츠역 방면 버스를 이용한다.

❖ 노보리베츠 베어 파크 Noboribetsu Bear Park

100여 마리의 곰을 사육하는 곰 목장. 홋카이도 원주민이 신으로 숭배한 곰을 안전한 위치에서 관찰할 수 있다.

GOOGLE 노보리베츠 곰 목장
MAPCODE 603 257 713*47(전용 주차장. 주차비 500엔)
TEL 0143-84-2225
PRICE 3000엔, 4세~초등학생 1500엔(로프웨이 포함)
OPEN 09:30~16:30/시즌마다 다름/로프웨이 수리 기간 중 휴무
WEB bearpark.jp
WALK 노보리베츠 온천 버스터미널 7분

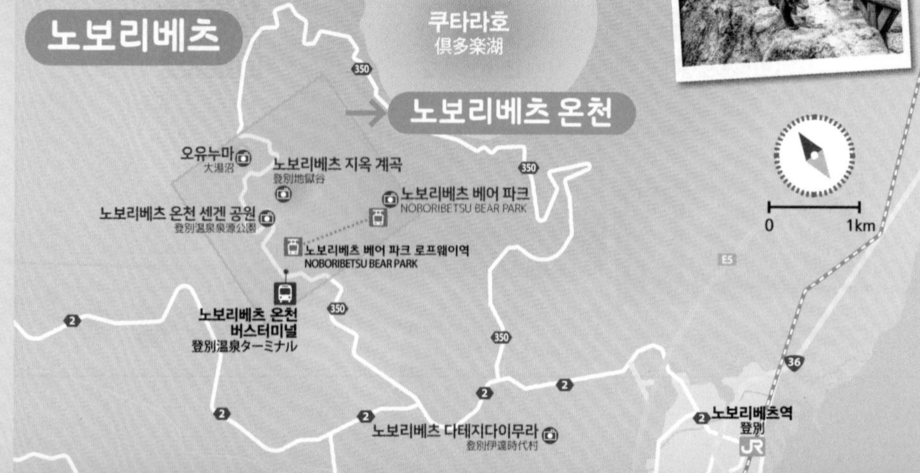

도야
사이로 전망대
サイロ展望台
레이크 힐 팜
Lake Hill Farm
도야호
洞爺湖
나카섬
中島
글라 글라
gla_gla
더 윈저 호텔 도야
The Windsor Hotel Toya
불랑제리 윈저
Boulangerie Windsor
온천 100주년 기념비
開湯100年記念モニュメント
와카사이모 본점
わかさいも本店
도야코기선 탑승장
洞爺湖汽船
규스케
牛助
더 레이크 뷰 도야 노노카제 리조트
The Lake View Toya Nonokaze Resort
콘피라 화구 재해유구산책로
金比羅火口災害遺構散策路
도야(호스텔)
The Toya
비지터센터
ビジターセンター
도야호 온천 관광종합안내소
洞爺湖温泉観光総合案内所
도야호 온천 버스터미널
洞爺湖温泉バスターミナル
도야역
洞爺
우스산 도야호 전망대
有珠山洞爺湖展望台
쇼와신산
昭和新山
미마츠마사오 기념관
三松正夫記念館
우스산초 로프웨이역
有珠山頂
우스산
有珠山
쇼와신산 로프웨이역
昭和新山
우스산 로프웨이
우스산 지오파크
有珠山ジオパーク
우스산 화산 전망대
有珠山火口原展望台
쇼와신산 곰 목장
昭和新山熊牧場
0
1km

#Walk

어슬렁어슬렁 느긋하게
지옥 계곡 산책

하늘로 솟아나는 수증기, 코를 찌르는 야릇한 유황 냄새. 노보리베츠 지옥 계곡의 첫인상은 강렬했다. 골짜기에 자리한 옛 분화구의 흔적에선 아직도 뜨거운 온천수가 솟아나, 가만히 그 풍경을 보고 있으면 '지옥'이라는 이름이 십분 이해된다. 분화구 주변에 잘 조성된 나무데크를 따라 1~2시간 정도 가벼운 산책 겸 '온천 백화점' 노보리베츠의 진가를 탐험해보자. 지옥 계곡 아래 마을에선 유카타를 입고 산책하는 사람들과 도깨비 유키진湯鬼神의 모습을 찾을 수 있다.

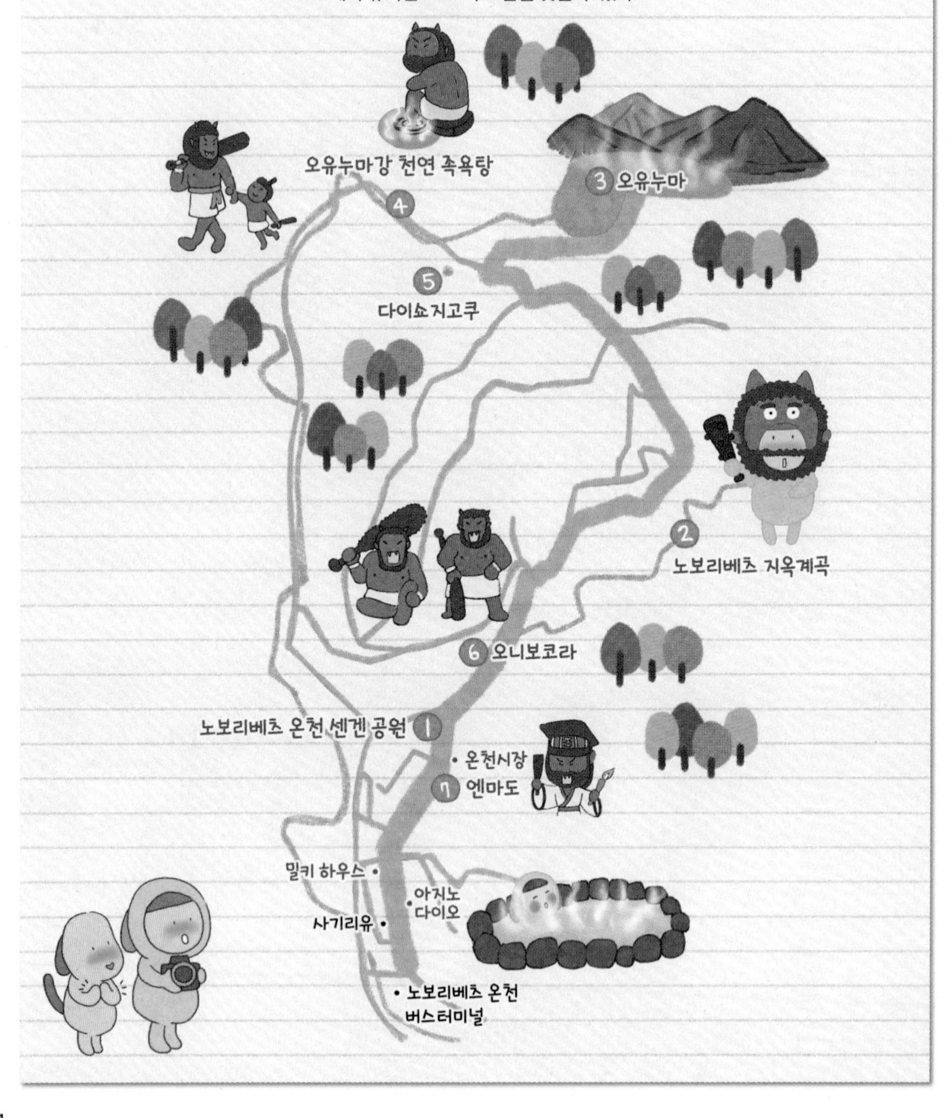

김이 뿜뿜! 온천수의 괴성이 들리는
노보리베츠 온천 센겐 공원
登別温泉泉源公園

지옥 계곡에서부터 흘러온 온천수를 내뿜는 공원이다. 수증기와 함께 박력 있는 소리로 분출하는 간헐천을 볼 수 있어 인기다. 간헐천은 약 3시간마다 50분씩 분출한다. 공원을 둘러싼 9가지 색의 도깨비방망이도 눈에 띈다. 금색은 소원성취, 흰색은 가족 행복, 빨간색은 자손 번창, 노란색은 좋은 인연, 파란색은 무병장수, 갈색은 학업 성취, 보라색은 출세, 녹색은 금전운, 검은색은 사업 번창 등을 의미한다. MAP ⑩

GOOGLE 노보리베쓰 센겐 공원
MAPCODE 603 287 205*80(유료 주차장)
WEB www.noboribetsu-spa.jp
WALK 노보리베츠 온천 버스터미널 6분
CAR JR 노보리베츠역 13km

지옥 온천 중에서도 유독 웅장해!
노보리베츠 지옥 계곡
登別地獄谷

'지옥'이라는 이름을 가진 온천이 일본 전역에 몇 군데있다. 거듭된 화산 폭발로 화구의 자취가 남아 수많은 용출구와 통풍구에서 거품을 내며 끓어오르는 온천의 모습이 마치 귀신이 사는 지옥 같다고 하여 붙여진 별명이다. 노보리베츠의 지옥 계곡 산책로는 그중에서도 웅장함으로 손에 꼽힌다. 계곡의 직경 450m, 면적 11ha. 1분에 3000L 이상 종류가 다른 온천수가 용출하고, 나무데크가 설치된 산책로 안쪽 텟센 연못鉄泉池에서 그 하이라이트를 볼 수 있다. 매일 해 질 무렵부터 21:30까지 야간 라이트 업을 하지만, 지옥 계곡을 제대로 감상하려면 오후 일몰 전에 방문하자. 눈이 많이 오는 겨울에는 미끄러운 바닥 주의! MAP ⑩

GOOGLE 지옥계곡/주차장: 노보리베쓰 지고쿠다니 주차장
MAPCODE 603 287 205*80(유료 주차장)
TEL 0143-84-3311
WALK 노보리베츠 온천 버스터미널 10분(산책로 입구)

유황 냄새 킁킁~ 거대한 늪 구경
오유누마
大湯沼

지옥 계곡에서 산책로를 따라 더 올라가면 둘레 1km 둥근 타원형의 늪이 나온다. 히요리산日和山의 분화 후 생긴 화구의 흔적으로, 지금도 늪 바닥에서 130°C의 유황천이 계속 분출하고 있다. 회색빛을 띠는 물의 표면 온도는 무려 40~50°C. 노릿한 냄새가 나는 유황 온천으로, 과거에는 바닥에 퇴적된 유황을 채취하기도 했다. 오유누마 전망대大湯沼展望台에 서면 늪의 전체적인 모습을 바라볼 수 있다. MAP ⑩

GOOGLE 오유누마
MAPCODE 603 318 007*55(유료 주차장)
TEL 0136-57-5111
WALK 노보리베츠 지옥 계곡 15분(오유누마 전망대)

새소리를 들으며 족욕으로 쉬어갑시다~

4 오유누마강 천연 족욕탕

大湯沼川天然足湯

오유누마에서 흘러나온 온천수가 강이 되어 흐른다. 강에서는 수증기가 폴폴 올라오고, 양쪽 수목의 나뭇잎 사이로 햇살이 비추는 신비로운 풍경을 바라 보며 산책하기 좋은 코스다. 이 코스의 하이라이트는 천연 족욕탕. 삼삼오오 모인 틈에 자리를 잡고 독특한 회색빛 온천수에 발을 담가보자. 바닥에서는 부드러운 모래가 느껴진다. 나무가 뿜는 마이너스 이온을 쐬며 족욕하는 기분은 참으로 특별하다. MAP ⑩

GOOGLE 오유누마강 천연족탕
MAPCODE 603 287 856*46(무료 주차장)
WALK 오유누마 전망대 10분

검은색 맞나 확인해보자!

5 다이쇼지고쿠

大正地獄

오유누마강 천연 족욕탕 근처인 이곳은 20세기 초에 작은 화산이 폭발한 뒤 생긴 약 10m 둘레의 온천 늪이다. 온천 색이 회색, 녹색, 청색, 황색 등 7가지로 변하기로 유명하며, 검은 색은 거의 볼 수가 없어 봤다면 정말 운이 좋은 사람으로 통한다. 불규칙한 온천의 양 때문에 보통은 진입 금지 상태다. 2007년에는 무려 2~3m 높이까지 분출한 적도 있다고(2007년부터 화산 활동이 활발해져 폐쇄 중). MAP ⑩

GOOGLE taisho jigoku
WALK 오유누마강 천연 족욕탕 5분

도깨비와 기념사진을!

6 오니보코라

鬼祠

에도 시대부터 전해오는 염불귀상念仏鬼像을 모신 사당이다. 사당 양옆에는 3.5m 높이의 붉은 색 도깨비 입상과 2.2m 높이의 청색 도깨비 좌상이 포스를 드러내고 있어 기념사진 촬영지로 인기가 많다. MAP ⑩

GOOGLE F4WV+5R 노보리베쓰
MAPCODE 603 287 205*80(유료 주차장)
WALK 노보리베츠 온천 버스 터미널 3분

마을을 지키는 염라대왕

7 엔마도

閻魔堂

1993년 노보리베츠 지옥 축제 30주년을 기념해 만든 염라대왕상이다. 정해진 시간(5~10월 10:00, 13:00, 15:00, 17:00, 20:00, 21:00)마다 표정을 바꾸며 으스스한 목소리로 호통을 치는 염라대왕의 공연이 작은 볼거리. 염라대왕은 악인에게 지옥의 심판을 내리지만, 죄 없는 사람에겐 자비의 모습을 보여주는 존재로 알려져 있다. MAP ⑩

GOOGLE 염라당
MAPCODE 603 287 205*80 (유료 주차장)
WALK 노보리베츠 온천 버스터미널 5분

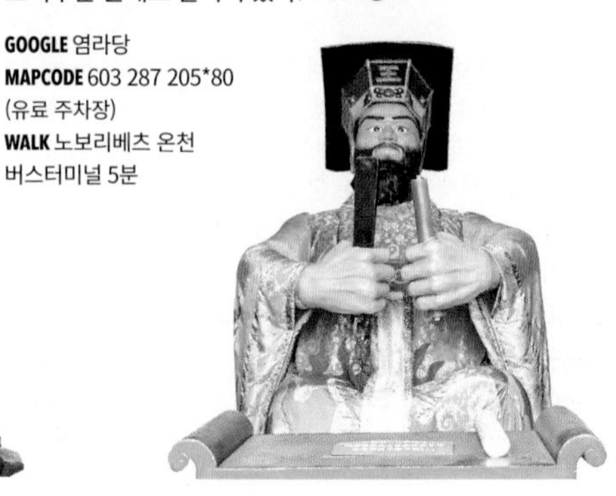

노보리베츠 온천 마을의

소소한 먹거리들

료칸의 카이세키 요리나 호텔의 조식·석식도 남부러울 것 없겠지만, 점심 한 끼 정도는 현지의 작고 오래된 식당에서 라멘 한 그릇 호로록 해보자. 진한 홋카이도 우유로 만든 아이스크림은 겨울에 먹어도 꿀맛! 노보리베츠의 메인 스트리트인 고쿠라쿠 거리 상점가極楽通り商店街(Noboribetsu Paradise Shopping Street)를 따라 상점과 식당, 편의점, 관광안내소 등이 들어서 있다. 단, 관광지임에도 식당이 많지 않은 편이어서 운이 나쁘면 휴무일에 걸릴 수도 있다.

지옥에서 온 매운 라멘

아지노다이오

味の大王

맵기를 조절할 수 있는 지옥 라멘地獄ラーメン이 명물인 라멘집이다. 아침부터 뜨거운 온천물에 몸을 담갔다면 배고픈 점심에는 뜨끈한 라멘 한 그릇으로 속을 달래보자. 기본 매운맛 0초메丁目에서 매운 정도가 올라간다. 최고 기록은 62초메라고. 교자餃子 한 접시와 함께라면 든든하게 한 끼 해결! MAP ⑩

GOOGLE 맛의대왕(아지노다이오)
MAPCODE 603 257 739*87(주차장 없음)
PRICE 지고쿠 라멘 0초메 1000엔~(1초메당 50엔씩 추가), 교자 5개 550엔
OPEN 11:30~15:00/부정기 휴무
WALK 노보리베츠 온천 버스터미널 2분

라멘이 싫다면 밥집으로~

온천 시장(온센 이치바)

温泉市場

노보리베츠항과 그 주변에서 잡힌 신선한 해산물 메뉴를 선보이는 식당 겸 상점. 수조에서 바로 꺼낸 새우, 활어, 오징어, 게 등을 회나 튀김 등으로 즐길 수 있다. 점심 메뉴로는 해산물 덮밥인 주쇼쿠 마에하마동10色前浜丼이 인기. 고구마 소주와 쌀 소주 등 전통주도 잘 갖췄고 토카치산 저지소에서 짠 고급 우유로 만든 소프트아이스크림도 일품이다. MAP ⑩

GOOGLE 온센 이치바
MAPCODE 603 287 021*54(주차장 없음)
PRICE 주쇼쿠 마에하마동 2980엔, 소프트아이스크림 300엔~500엔
OPEN 11:30~20:30(식사 11:30~)
WEB www.onsenichiba.com
WALK 노보리베츠 온천 버스터미널 6분

소프트아이스크림 하나 먹고 가시죠?

밀키 하우스

ミルキーハウス

달콤한 노보리베츠 푸딩과 진한 홋카이도산 우유로 만든 소프트아이스크림 전문점. 잠시 쉬어갈 수 있도록 자리도 넉넉히 마련해 놓았고, 느긋한 분위기는 오래된 시골 가게 느낌이다. 뜨거운 라멘을 먹은 뒤 후식으로 혹은 온천에 몸을 담근 후 산책하며 시원함과 달콤함을 동시에 누려보자. MAP ⑩

GOOGLE F4VV+55 노보리베쓰
MAPCODE 603 257 767*45(주차장 없음)
PRICE 소프트아이스크림 500엔, 푸딩 450엔
OPEN 09:00~17:00/부정기 휴무
WALK 노보리베츠 온천 버스 터미널 4분

: WRITER'S PICK :

도깨비가 가득한 상점들

온천 마을 거리에는 기념품 가게가 많다. 주로 도깨비를 모티브로 한 상품들로 구슬, 가면 등도 선물하기 좋지만, 라멘이나 스위츠 등 홋카이도산 재료로 만든 먹거리야말로 취향을 타지 않을 기념품이다.

❶ 엔마 라멘
閻魔ラーメン

홋카이도산 밀로 만든 매끄럽고 쫄깃쫄깃한 면과 빨간 국물을 내는 수프가 들어있는 인스턴트 라멘.

❷ 토로리 푸딩
とろ~りプリン

캐러멜의 단맛과 노보리베츠 우유의 부드러움이 잘 어우러진 달콤한 푸딩.

❸ 노보리베츠 맥주

노보리베츠 물을 사용해 만든 맥아 100% 생맥주. 파란 도깨비 필스너는 홉의 맛을 살린 상쾌하고 연한 맥주고, 빨간 도깨비 에일은 은은한 단맛과 프루티한 향이 나는 맥주다.

+MORE+

당일치기 온천욕은 이곳에서! 사기리유さぎり湯

노보리베츠를 당일치기로 왔다면 온천 코스로 이곳을 추천한다. 고급 료칸이나 호텔의 화려한 대욕장과 비교하면 수수한 분위기지만, 저렴한 입욕료에 같은 온천수를 누릴 수 있다는 점이 매력적이다. 주민들이 자주 찾는 곳으로, 침전물이 있는 신기한 노보리베츠의 온천수를 체험해볼 기회. 다만 노천탕이 없다는 점이 가장 아쉽다. 수건은 빌려야 하니 미리 챙겨서 갈 것. **MAP ⑩**

GOOGLE sagiriyu noboribetsu
MAPCODE 603 257 709*17(주차장)
TEL 0143-84-2050
PRICE 500엔, 어린이 180엔, 수건 200엔
OPEN 09:00~21:00(유료 휴게실 ~20:00)
WEB sagiriyu-noboribetsu.com
WALK 노보리베츠 온천 버스터미널 1분

궁금해? 궁금해! 일본 온천

일본 온천에 관해 궁금한 이모저모를 모아 보았다.

온천은 대체 뭘까?

온천은 화산 활동(화산성 온천)이나 지열에 의해 데워진(비화산성 온천) 지하수를 의미한다. 특히 마그마에 의해 데워진 화산성 온천에는 마그마의 가스 성분, 땅의 성분 등이 포함돼 다양한 수질의 온천수가 만들어진다.

온천을 하면 왜 기분이 좋아질까?

따끈한 온천에 들어가 몸이 따뜻해지면 혈액순환을 촉진, 신진대사가 높아진다. 더불어 피로 회복, 긴장된 근육 이완, 부기 빼기 등의 효과도 있다. 온천 마을은 대체로 자연과 벗 삼은 풍경 좋은 곳에 있어 심리적으로 만족감을 얻는 것도 기분 좋은 이유 중 하나다.

온천 매너, 어떤 게 있을까?

함께 사용하는 온천을 이용할 땐 지켜야 할 온천 매너가 있다. 간단하고 어렵지 않으니 읽어두었다가 실천해보자.

❶ 온천탕에 들어가기 전 비누로 몸을 씻는다.

❷ 탕에 수건을 담그는 일은 피한다.

❸ 욕실 내에서는 뛰거나 장난치지 않는다.

❹ 욕실, 통로 등에서 눕지 않는다.

❺ 온천욕 후에는 반드시 수건으로 물기를 닦고 탈의실로 나온다.

소중한 내 피부,
이런 점은 주의!

온천 성분 중에는 클렌징 효과가 큰 수질 성분도 있다.
몸을 너무 세게 문지르지 말고 손으로 부드럽게 닦아주자.
입욕 후 건조해지기 전 미리 크림 등 케어 제품을 활용해 보습에 신경 쓰는 것도 중요하다.

'반복 입욕'이 뭘까?

반복 입욕은 며칠간 몇 번에 걸쳐 온천을 이용하는 입욕 방법이다. 예로부터 치료 요법으로 쓰기도 했는데 피로 회복, 요통 완화, 피부 미용에 좋은 효과를 보였다고 한다. 1회 입욕 시 15분 내외로 무리하지 않고, 음주 후에는 입욕하지 않는다. 식사 후라면 30분~1시간이 지난 후에 입욕하는 것을 추천한다.

1박 2일 료칸 이용 시
반복 입욕을 위한 참고용 스케줄
(노보리베츠 기준)

DAY 1		
	15:00	료칸 체크인
	15:30	차와 다과로 간식
	16:00	저녁 온천 입욕
	18:00	저녁 식사(제철 식재료로 만든 카이세키 요리)
	20:00	온천 마을 산책

DAY 2		
	06:00	기상 후 아침 온천 입욕
	08:00	아침 식사
	09:00	료칸 체크아웃
	09:30	지옥 계곡 산책, 족욕탕

유카타를 입어볼까?

온천 마을에서는 료칸이나 호텔에서 제공하는 유카타를 입고 느긋하게 산책하는 특권을 누릴 수 있다.
유카타는 기모노보다 비교적 자유롭고 편하게 입을 수 있어 부담이 없지만,
가운처럼 걸치거나 바닥에 끌리게 입는 것은 매너에 어긋난다. 다음 유카타 입는 법을 참고하자.

속옷을 입은 상태에서 유카타에 양팔을 끼워 넣는다. 옷자락은 오른쪽에 가도록 입는 것이 일반적이나, 남자는 왼쪽에 두기도 한다.

옷자락을 단단히 잡고 아랫단은 발목 높이에 오도록 맞춘다. 오비(끈)를 허리 부근에서 두 번 정도 돌려 감는다.

여자는 오비의 매듭을 앞이나 뒤로, 남자는 매듭을 앞으로 두고 묶는다.

일본의 사무라이들은 대부분 오른손으로
칼을 잡기 위해 칼을 왼쪽에 찼대요.
이때 칼을 꺼내며 옷자락이 풀어지지 않도록
남성들은 옷자락 방향을 오른쪽으로
두게 되었다는 이야기가 있어요~

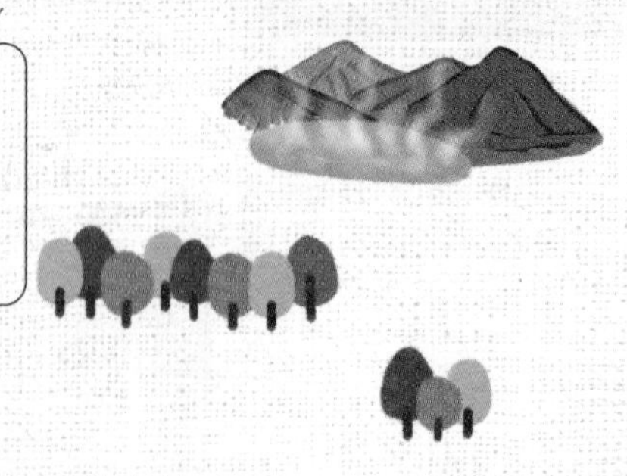

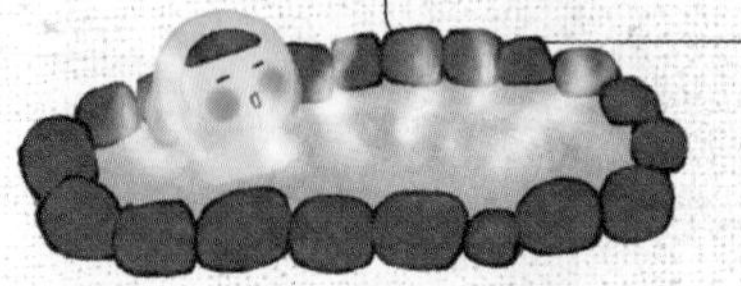

+MORE+

노보리베츠 온천의 9가지 수질 성분

하루 1만t의 온천 용출량을 자랑하는 노보리베츠에는 무려 아홉 가지의 온천 성분이 있다.
하나의 온천지에서 이렇게 다양한 온천을 경험할 수 있는 건 세계적으로도 드문 일.
'온천 백화점'을 구성하는 종류와 효능은 다음과 같다.

종류	효능
유황천	노보리베츠 온천에서 가장 일반적인 온천 성분. 노폐물을 배출하는 디톡스 효과, 기미 등의 원인이 되는 멜라닌 배출 효과가 있다.
명반천	살균력이 뛰어나 피부를 청결하게 해주는 성분이지만, 피부 자극도 강하기 때문에 입욕 중에는 살을 문지르지 않는다. 피부를 조여주는 효과로 피부 처짐이나 주름 방지도 기대할 수 있다.
식염천	탕을 나온 후에도 한동안 몸의 보온 효과가 있는 온천이다. 혈액순환을 촉진하기 때문에 다이어트나 냉증, 신경통, 요통에 효과가 있다.
철천	천연 철분이 피부에 직접 흡수돼 만성 습진 등에 좋으며, 빈혈 등 철분이 부족한 여성에게 효과가 있다. 물이 공기에 닿으면 적갈색이 되고 수건이 붉게 변한다.
산성철천	수소 이온 농도(pH)가 3 이하로 살균력이 강해 습진 등에 효과가 있지만, 피부에 자극을 줘 피부가 약한 사람은 입욕 후 물로 씻어내는 것이 좋다.
망초천	체내 콜라겐 생성, 항산화 작용의 활성화 등 안티에이징 온천탕이다. 고혈압, 동맥경화에 좋다.
녹반천	구리, 망간 등의 광물이 함유돼 있어 몸을 따뜻하게 하고 빈혈 예방 등의 효과가 있다.
중조천	비누처럼 때를 씻어내는 성질이 있어 피지나 분비물을 없애 각질을 부드럽게 한다. 피부 미용에 좋아 '미인탕'이라고 불린다.
라듐천	일명 방사능천. 신경통, 류머티즘, 갱년기 장애 등에 좋다고 알려져 있다.

#Drive

<해피 해피 브레드>처럼
도야 해피 스폿을 찾아서!

아름다운 도야를 배경에 둔 작품들이 많다. 그중 영화 <해피 해피 브레드> 속 여유와 한가로움은
'나도 저런 곳에서 살고 싶다'는 생각이 절로 들게 한다. 배경이 되는 도야호는 아름답고,
잘 구워진 빵과 반짝이는 유리 소품은 영화만큼이나 현실에서도 곱다.
그럼 이제 베이스캠프를 도야호 온천 마을(326p)에 두고 렌터카를 이용해 당일치기 드라이브에 나서보자.

도야호를 파노라마로 담아가자!

사이로 전망대

サイロ展望台

도야호의 서쪽 전망대로 휴게소와 함께 있다. 유독 넓어 보이는 도야호의 전망을 파노라마로 즐기는 명소. 날씨가 좋다면 중앙의 나카섬(나카지마)中島과 오른쪽의 온천 마을, 쇼와신산까지도 볼 수 있다. 패키지 여행의 단골 코스로, 단체 손님이 방문할 때는 1층의 매점과 2층의 전망대가 무척 붐빈다. 그럴 땐 잠시 기다리면 금방 빠진다. 4~10월엔 도야호 스카이 크루징(헬리콥터 투어), 1~3월엔 스노모빌과 스노래프팅을 즐길 수 있다. MAP ⑫

GOOGLE 토야코 사이로 전망대
MAPCODE 321 726 698*43(주차장)
OPEN 매점 08:30~18:00(11~4월 ~17:00)
PRICE 전망대 무료/스카이 크루징 3분 1인당 5000엔~, 6분 1인당 1만엔
WEB www.toyako.biz
CAR JR 도야역 12.5km/도야호 온천 관광종합안내소 10.2km

너른 잔디밭의 아이스크림 집

레이크 힐 팜

Lake Hill Farm

사이로 전망대와 가까운 유명 아이스크림 가게. 목장에서 기르는 90여 마리의 소에서 직접 짠 우유로 만든 20가지 맛 젤라토가 명물이다. 너른 잔디밭에 나무로 지은 카페와 레스토랑이 마치 동화 속 한 장면 같아서 도야호 주변 포토 스폿으로 인기를 끈다. MAP ⑫

GOOGLE 레이크힐 팜
MAPCODE 321 694 534*67(주차장)
TEL 0142-83-3376
PRICE 1가지 맛 380엔, 2가지 맛 480엔
OPEN 카페 09:00~18:00(10월~4월 말 ~17:00)
WEB www.lake-hill.com
CAR 사이로 전망대 1.6km

3 영화도 탐낸 반짝반짝 유리잔

글라 글라

gla_gla

밖에서 보면 나무집으로 동화 속에 나올 것 같은 모습. 안에는 와인잔, 꽃병, 조명, 그릇 등 영롱한 유리 작품이 가득해 갤러리 같기도 하다. 이곳에서 만든 독특한 유리잔이 영화 <해피 해피 브레드>에도 등장했다. 유리 제품이나 영화 촬영지에 대해 궁금한 점이 있다면 직원에게 물어보자. 친절하고 상냥하게 알려준다. MAP ⑫

GOOGLE gla_gla
MAPCODE 321 634 825*62(주차장)
TEL 0142-75-3262
OPEN 사전 예약제
WEB glagla.jp
E-MAIL glagladesk@gmail.com (예약 문의)
CAR 사이로 전망대 5.3km

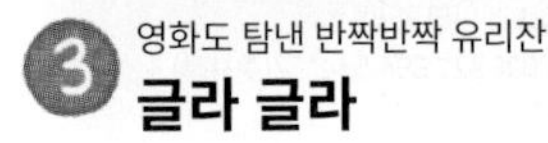

4 빵·전망·하프, 그 우아한 삼박자!

블랑제리 윈저

Boulangerie Windsor

산 정상에 위치해 호수를 내려 보는 전망이 훌륭한 베이커리다. 유명 호텔인 윈저 소속으로, 매일 구워내는 빵이 앙증맞은 모양과 신선한 맛으로 호평받는다. 로비에서 하프 연주자의 라이브 연주까지 감상할 수 있는 곳. 호텔에 묵지 않아도 잠시나마 고소한 빵과 함께 작은 사치의 시간을 누릴 수 있다. MAP ⑫

GOOGLE 더 윈저 호텔 도야 리조트
MAPCODE 321 631 103*71(주차장)
TEL 0142-73-1111
OPEN 08:00~16:00
WEB www.windsor-hotels.co.jp/en/
CAR 사이로 전망대 7km

갑자기 땅이 솟더니 산이 되었다

쇼와신산

昭和新山

연기를 내뿜는 쇼와신산. 근처만 가도 100°C가 넘는 고온이 느껴지고 표면 온도는 무려 300°C나 된다. 쇼와시대인 1943~45년에 새로 형성된 화산이라 '쇼와신산'이라 부른다. 평온하던 보리밭이 갑작스러운 화산 활동 때문에 솟아난 거라, 발견 당시에는 '이게 무슨 불길한 일인가?' 싶어 화산 생성 이야기를 꺼렸다고. 등산은 할 수 없지만, 주차장 근처에서 연기를 뿜어내는 산을 배경으로 기념 촬영은 할 수 있다. 근처의 미마츠마사오 기념관三松正夫記念館의 자료를 참고해보자. **MAP ⑫**

GOOGLE 우스산 로프웨이
MAPCODE 321 433 614*22(전용 유료 주차장)
TEL 0142-75-2290
PRICE 미마츠마사오 기념관 300엔, 초등·중학생 250엔
OPEN 미마츠마사오 기념관 08:00~17:00 (11~3월 09:00~16:00)/부정기 휴무
CAR JR 도야역 13km/사이로 전망대 16.7km/도야호 온천 관광종합안내소 6.6km
BUS 도야호 온천 버스터미널에서 쇼와신산행昭和新山 도난 버스를 타고 약 15분 뒤 종점 하차(8~12월 하루 4회 운행, 편도 400엔)

+MORE+

활화산, 오늘도 연기를 내뿜는 중!
우스산 지오파크 有珠山ジオパーク

김이 나는 활화산이 관광 명소라니. 우스산은 1663년부터 9번 이상 분화한 도야호의 남쪽 활화산이다. 쇼와신산 정류장에서 로프웨이를 타고 전망대에 오르면 주변 산과 함께 도야호가 눈에 놓이고, 연기를 내뿜는 화구도 바로 코앞에서 확인할 수 있다. 화산에 대한 정보를 얻고 분화 체험 등을 할 수 있으나, 유네스코 세계 지오파크에 등재돼 있어 공개된 산책로를 통해서만 통행이 가능하다. **MAP ⑫**

GOOGLE 우스산 로프웨이
MAPCODE 321 433 614*22(유료 주차장)
TEL 0142-75-2401
PRICE 로프웨이 왕복 2000엔, 초등학생 1000엔
OPEN 로프웨이 08:15~17:45(시즌마다 다름/15분 간격)
WEB usuzan.hokkaido.jp/ko/
CAR JR 도야역 13km

쇼와신산 곰 목장 昭和新山熊牧場

도야호 주변 곰 목장. 곰이 좋아하는 사과나 과자를 사서 먹이 주기 체험을 할 수 있다. **MAP ⑫**

GOOGLE 쇼와신잔 곰목장
MAPCODE 321 433 327*20(유료 주차장)
TEL 0142-75-2290
PRICE 1000엔, 6세~초등학생 500엔
OPEN 08:00~17:00(1~3월·11~12월 08:30~16:30, 4월 08:30~)/연말연시 휴무
WEB kumakuma.co.jp
CAR JR 도야역 13km

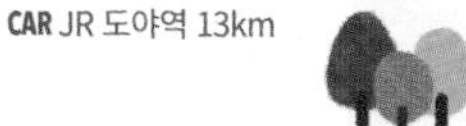

#Walk

도야 여행의 베이스캠프
도야호 온천 마을

도야호 온천 마을은 호텔, 료칸 등의 숙소가 많아 여행의 베이스캠프로 삼기 좋다. 코발트색의 도야호를 바라보며 서 있는 숙소와 화산 폭발의 흔적이 고스란히 남아 있는 산책로 등 휴식과 배움이 공존하는 독특한 마을이다.

여행 출발 전 들려보세요~

도야호 온천 관광종합안내소

洞爺湖温泉観光総合案内所

도야 일대 지역 관광 자료와 함께 호수와 화산 활동에 관한 정보, 주변에서 발견할 수 있는 동식물에 대한 설명 등이 전시돼 있다. 2008년 도야에서 열린 G8 정상회담 기념관도 곁에 있어 함께 둘러볼 수 있다. 1층에는 도야호 온천 버스터미널과 택시 정류장이 있다. MAP ⑫

GOOGLE 도야코 온센 버스 터미널
MAPCODE 321 518 351*04(주차장)
TEL 0142-75-2446
OPEN 09:00~17:00
WEB www.laketoya.com
CAR JR 도야역 6.4km/사이로 전망대 10.2km

: WRITER'S PICK :

마을 곳곳, 손탕과 족욕탕을 즐겨요!

투명한 황갈색 도야호 온천은 냉증과 베인 상처 등에 효과가 있다. 온천 마을 곳곳에 위치한 13개의 손탕과 4개의 족욕탕에는 행복, 장수, 인연, 순산 기원 등 테마가 있어 찾아다니는 재미도 있는 곳. 자판기에서 200엔에 타올을 구매할 수 있지만, 없는 곳도 있으니 작은 손수건을 챙겨가는 것이 좋다.

사진기를 들지 않을 수 없지!

온천 100주년 기념비

開湯100年記念モニュメント

도야호 온천 개탕 100주년을 기념해 만든 우표 모양의 촬영 포인트다. 시원하게 펼쳐진 도야호를 배경으로 기념사진을 찍을 수 있는 포토존. 날이 좋으면 호수 중간의 나카섬과 높이 솟은 요테이산羊蹄山까지 모두 담을 수 있다. MAP ⑫

GOOGLE 도야코 온천 개장 100주년 기념물
MAPCODE 321 518 589*45
WALK 도야호 온천 관광종합안내소 8분

3 화산 분화로 인한 피해 현장이 그대로

콘피라 화구 재해유구산책로

金比羅火口災害遺構散策路

2000년 우스산 니시야마 화구가 분화하면서 융기한 70m 높이의 터를 산책로로 정비했다. 당시 피해를 입은 건물과 토석류로 떠내려간 다리, 각종 분화로 인한 피해의 현장이 고스란히 남아있다. 주민들은 공개를 꺼렸지만, 분화 후 흔적을 유적으로 보전하면서 화산 폭발의 에너지를 전하기 위해 조성했다고. 산책에는 1~2시간 정도 소요되며, 겨울에는 출입할 수 없다. MAP ⑫

GOOGLE 콘피라 화구 재해유구산책로
MAPCODE 321 518 337*07(비지터센터 주차장)
OPEN 4월 말~11월 초
WEB cmssv.town.toyako.hokkaido.jp/tourism/footpath/ftp002/
WALK 도야호 온천 관광종합안내소 8분

+MORE+

화산 활동에 관한 깊은 정보는?

비지터센터 ビジターセンター

관광안내소에서 도보 4분 거리에 도야호 주변 화산 활동에 관한 자료를 전시한 화산과학관이다. 우스산 일대는 일본 최초의 지질 공원으로, 과학을 좋아하는 어린이와 함께라면 들러볼 만하다.

MAP ⑫

GOOGLE toyako visitor center
MAPCODE 321 518 337*07(주차장)
TEL 0142-75-2555
OPEN 09:00~17:00/12월 31일~1월 3일 휴무
WEB toyako-vc.jp
WALK 도야호 온천 관광종합안내소 4분

4 기념품은 여기서!

와카사이모 본점

わかさいも 本舗 洞爺湖本店

도야호 온천 마을에서 기념품을 사기 좋은 곳으로 다양한 과자, 요거트, 푸딩, 홋카이도 술, 열쇠고리, 자석 등을 판매한다. 대표 상품은 호수 부근에서 수확한 콩을 넣어 만든 와카사이모わかさいも. 안은 달짝지근하지만, 간장을 살짝 발라 굽는 겉면이 단짠단짠을 맛보여준다. 시식도 풍성한 편이니 산책길에 꼭 한 번 들려보자. 널찍한 통유리창 너머로는 도야호의 전경이 바라보인다. 2층에는 카페와 레스토랑이 있다. MAP ⑫

GOOGLE 와카사이모 본점
MAPCODE 321 518 488*80(주차장)
TEL 0142-75-4111
PRICE 와카사이모 6개 860엔
OPEN 09:00~18:00(식당 11:00~19:00)
WEB www.wakasaimo.com
WALK 도야호 온천 관광종합안내소 3분

5 온천하다가 급격히 허기질 때

규스케

牛助

징기스칸과 홋카이도산 야키니쿠(소고기 구이)로 유명한 규스케. 온천 후 허기짐을 고기로 든든하게 달랠 수 있는 곳이다. 고기와 함께 라멘도 주메뉴로 수수한 외관과 이자카야 같은 실내에서 편하게 식사할 수 있다. 고소하게 구운 고기를 안주 삼아 차가운 생맥주 한 잔 들이켜면 세상 평화로운 기분이다. MAP ⑫

GOOGLE 규스케 토야코
MAPCODE 321 518 451*40(주차장)
TEL 0142-75-2687
PRICE 징기스칸 대(2~3인분) 2800엔
OPEN 11:00~14:00, 16:30~21:30/화 휴무
WEB www5.plala.or.jp/gyusuke/
WALK 도야호 온천 관광종합안내소 4분

6 호수에서 보는 호수의 모습
도야코기선
洞爺湖汽船

도야호를 유유히 떠가는 유람선이다. 중세의 성을 이미지화한 쌍동선으로 이름도 우아한 '에스포아르(희망)'. 중앙에 떠 있는 나카섬을 한 바퀴 돌고 오는데, 날씨만 좋으면 선상에서 요테이산, 쇼와신산, 우스산 등의 웅장한 산의 경치를 감상할 수 있다. 여름밤 불꽃놀이 기간에는 매일 저녁 불꽃놀이 감상선을 운항한다. 4월 말~10월에는 호수 한가운데 형성된 나카섬中島에 내려 둘러본 뒤 30분 후에 배를 타고 돌아갈 수 있다. MAP ⑫

GOOGLE 도야코기선
MAPCODE 321 518 494*34(Toyakokisen Senyo Parking Lot, 승객 전용 무료 주차장)
TEL 0142-75-2137
PRICE 1600엔, 초등학생 800엔
OPEN 4월 말~10월 08:30~16:30, 30분 간격, 50분 소요(나카섬 하선은 1시간 20분 소요)/ 11월~4월 중순 09:00~16:00, 1시간 간격, 45분 소요(나카섬 하선 불가)
WEB www.toyakokisen.com
WALK 도야호 온천 관광종합안내소 7분

+MORE+

도야호의 여름은 매일매일 축제!
도야호 롱런 불꽃축제 洞爺湖ロングラン花火大会

도야호에서는 4월 말부터 10월 말까지, 매일 밤 8시 45분부터 20분간 약 450발의 불꽃을 쏘는 불꽃놀이를 한다. 호수 위에서 불꽃을 쏘기 때문에, 호숫가에 있는 료칸과 호텔이라면 어디서든 불꽃놀이를 구경할 수 있다. 이렇게 일 년의 반 이상 매일 불꽃놀이를 하는 곳은 관광지 중에서도 드문 경우. 7개월 동안만큼은 언제 가도 한여름 밤의 낭만을 즐길 수 있다. 축제 기간 중에는 도야코기선이 20:35에 불꽃놀이 감상선을 띄운다(1700엔, 어린이 850엔).

サイロ展望台

하코다테 函館

일본 본섬인 혼슈와 홋카이도를 이어주는 교통의 요지。 지금은 삿포로에 밀려났지만、 1940년대 이전만 해도 홋카이도에서 인구가 가장 많은 도시였다。 오래된 건물의 클래식함에 거리에서 전해오는 특유의 낭만이 있고、 이를 지켜내려는 도시의 노력이 아니 사랑스러울 수 없는 곳。 보석상자를 열어놓은 듯한 야경은 우리가 서둘러 돌아올 수 없는 이유다。

위치 & 풍경

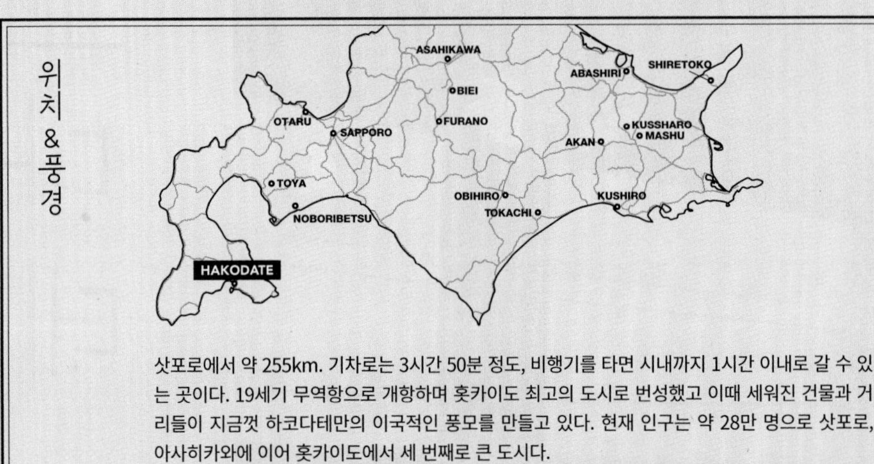

삿포로에서 약 255km. 기차로는 3시간 50분 정도, 비행기를 타면 시내까지 1시간 이내로 갈 수 있는 곳이다. 19세기 무역항으로 개항하며 홋카이도 최고의 도시로 번성했고 이때 세워진 건물과 거리들이 지금껏 하코다테만의 이국적인 풍모를 만들고 있다. 현재 인구는 약 28만 명으로 삿포로, 아사히카와에 이어 홋카이도에서 세 번째로 큰 도시다.

지형은 넓게 펼쳐진 하코다테산을 등받이 삼아 홋카이도 전체를 지긋이 바라보는 모습이다. 산이 있어 언덕도 많지만, 그런 언덕이 있어 명품 야경도 따라온다. 도시 자체는 붐비지 않고 적당히 여유로우며 서민적인 모습. 도시와 시골이 적절히 섞여 있어 홋카이도에서 한 달 살기를 계획한다면 하코다테가 제격이다. 당일치기 여행도 불가능하진 않지만, 적어도 2~3일 이상 머물며 이곳의 시간대로 천천히 지내보면 좋겠다.

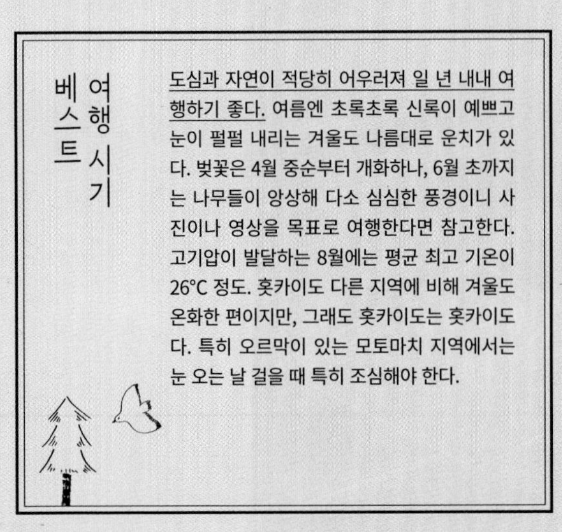

베스트 여행 시기

도심과 자연이 적당히 어우러져 일 년 내내 여행하기 좋다. 여름엔 초록초록 신록이 예쁘고 눈이 펄펄 내리는 겨울도 나름대로 운치가 있다. 벚꽃은 4월 중순부터 개화하나, 6월 초까지는 나무들이 앙상해 다소 심심한 풍경이니 사진이나 영상을 목표로 여행한다면 참고한다. 고기압이 발달하는 8월에는 평균 최고 기온이 26°C 정도. 홋카이도 다른 지역에 비해 겨울도 온화한 편이지만, 그래도 홋카이도는 홋카이도다. 특히 오르막이 있는 모토마치 지역에서는 눈 오는 날 걸을 때 특히 조심해야 한다.

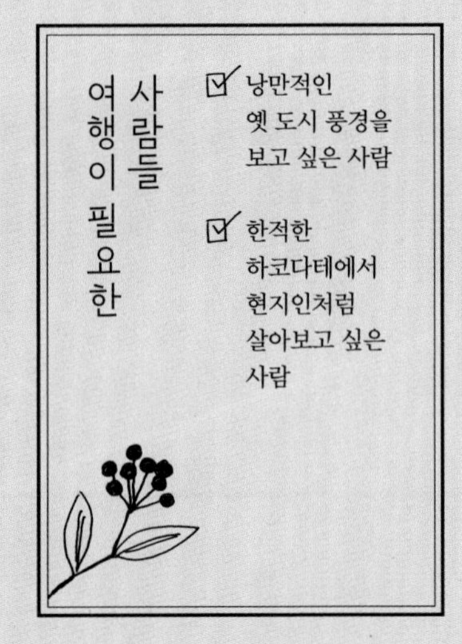

여행이 필요한 사람들

- ☑ 낭만적인 옛 도시 풍경을 보고 싶은 사람
- ☑ 한적한 하코다테에서 현지인처럼 살아보고 싶은 사람

삿포로 → 하코다테 가는 법

신치토세공항으로 입국한 여행자는 공항 근처 JR 미나미치토세역南千歳(신치토세공항역에서 삿포로·오타루행 JR 쾌속 에어포트로 1정거장, 약 3분 소요)이나 JR 삿포로역에서 기차로 움직이고, 공항에서 바로 국내선 항공편을 이용해도 좋다. JR 하코다테역은 시내 중심에 있고, 하코다테공항에서 시내 중심까지는 하코다테 버스 96번(300엔)를 타고 30분 정도 걸린다.

JR 특급 호쿠토 JR特急北斗

삿포로역에서 출발해 미나미치토세역, 노보리베츠역, 도야역 등을 거쳐 오누마코엔역, 고료카쿠역, 하코다테역까지 간다. 기차는 하루 11회 운행하며, 소요 시간은 3시간 45분~4시간. 대략 06:00~19:00에 운행하나 첫차와 막차 시각은 현지 사정에 따라 달라진다. 전석 지정석 열차이므로 좌석 예약 필수!

PRICE 편도 지정석 9770엔
WEB www.jrhokkaido.co.jp/global/korean/

JR 특급 호쿠토

: WRITER'S PICK :

홋카이도 주오 버스 北海道中央バス
Hokkaido Chuo Bus

삿포로와 오타루를 거점으로 하는 홋카이도 최대 규모의 버스 회사. 고속버스는 요금을 극성수기(S 운임), 성수기(A 운임), 주말(B 운임), 평일(C 운임) 4가지로 차등 적용하며, 출발 21일 전(C 운임) 또는 30일 전(S·A·B 운임)까지 예매하면 약 10% 깎아주는 '조기 할인早割' 요금제를 실시한다. 승차권은 삿포로에키마에 안내소와 주오 버스 삿포로 터미널 예약 센터, 고속버스 예약 웹사이트에서 예매할 수 있다. 삿포로에서 출발하는 고속버스는 홋카이도청 구본청사 앞 삿포로에키마에札幌駅前 정류장에서 출발해 주오 버스 삿포로 터미널札幌ターミナル을 거쳐 홋카이도 각지로 향한다.

WEB www.chuo-bus.co.jp/highway/

■ 삿포로에키마에 안내소札幌駅前案内所

GOOGLE 387X+QV 삿포로 **OPEN** 07:30~19:00
WALK 홋카이도청 구본청사 앞 일본생명 삿포로 빌딩日本生命札幌ビル 1층/JR 삿포로역 남쪽 출구 7분

■ 주오 버스 삿포로 터미널 예약 센터
札幌ターミナル予約センター

GOOGLE sapporo chuo bus terminal
OPEN 07:30~18:00
WALK 삿포로 TV 타워 2분

주오 버스 삿포로 터미널

고속버스

삿포로에서 하코다테까지 고속버스로는 5시간 30분 정도 소요된다. 젊은 여행자라면 야간버스를 이용해 숙박비도 아끼고 시간도 절약할 수 있는 좋은 찬스. 그러나 5시간 이상 버스를 타는 것은 때로는 고문에 가깝다. 비용과 시간, 무엇보다 체력을 함께 고민해 적절하게 선택하자.

홋카이도 주오 버스·도난 버스·호쿠도 교통·하코다테 버스가 공동 배차하는 고속 하코다테호가 삿포로에서 하루 4회 전석 예약제로 운행한다. 홋카이도 버스가 운행하는 하코다테 특급 뉴스타호는 하루 6회(야간버스 1회 포함) 운행하며, 인터넷을 통해 사전 예매 시 할인된다. 전석 예약제지만, 자리가 남은 경우 차내에서 티켓을 구매할 수 있다.

WEB 홋카이도 주오 버스 www.chuo-bus.co.jp/highway/
홋카이도 버스 www.hokkaidoubus-newstar.jp
고속버스닷컴 www.kosokubus.com/kr/(한국어)

■ 고속 하코다테호 高速はこだて号

ROUTE 삿포로에키마에札幌駅前 4번 정류장(Google: 387X+WR 삿포로)→주오 버스 삿포로 터미널 3번 승차장→…→하코다테역 앞→유노카와 온천
PRICE 4320~5360엔(조기 할인 3820~4860엔)

고속 하코다테호 시간표

■ 특급 뉴스타호 特急ニュースター号

ROUTE 시덴스스키노마에市電すすきの前 정류장(Google: 3942+7WC 삿포로)→오도리버스센터마에大通バスセンター前 정류장(오도리 버스 센터 북쪽, Google: 3965+84 삿포로)→삿포로에키마에札幌駅前 33번 정류장(Google: 3982+MR3 삿포로)→…→하코다테역 앞→고료가쿠 공원→유노카와 온천
PRICE 인터넷 할인 5000엔(중·고등·대학생 4500엔), 차내 지급 4800엔(중·고등·대학생 4300엔)

특급 뉴스타호 시간표

하코다테 시내 교통

하코다테 전차(시덴) 函館市電

1913년에 개통한 하코다테의 정말 오래된 대중교통 수단. 베이 에어리어, 고료카쿠, 모토마치, 유노카와 온천 모두 전차만으로 충분히 이동할 수 있다. 생각보다 많은 사람이 이용하는 교통수단으로, 출퇴근 시간만큼은 피하는 게 상책이다. 노선은 2번과 5번 2개로, 유노카와湯の川-주지가이十字街 구간을 공동 운행하고, 이후 각 3개의 정류장에 별도 정차해 각각의 종점까지 간다. 하루에 3번 이상 탑승할 계획이라면 1일 승차권 또는 24시간 승차권을 구매하는 것이 경제적이다. 전차는 6~15분 간격으로 운행하며, 때로는 여행자를 위한 앤틱 전차를 특별 운행하기도 한다.

PRICE 거리에 따라 210~260엔, 어린이 110~130엔(2000엔 이상 고액권 사용 불가)/IC카드 사용 가능
WEB www.city.hakodate.hokkaido.jp/tram/

: WRITER'S PICK :

하코다테 전차·버스 타는 법

요금을 현금으로 낼 경우 뒷문으로 승차하면서 정리권(번호표)을 뽑는다. 하차 시 앞쪽 모니터에서 내가 뽑은 정리권의 숫자와 일치하는 번호를 찾고 표시된 금액에 해당하는 요금을 준비한다. 잔돈은 운전석 옆 요금 투입구 아래 쪽에 있는 동전 교환기에서 미리 바꿀 수 있다. 내릴 때 요금 투입구에 요금과 정리권을 함께 넣고 앞문으로 하차한다. IC카드 이용 시 탈 때 내릴 때 전용 단말기에 한 번씩 터치하면 된다.

전차의 경우 주지가이에서 환승한다면, 하차 시 운전기사에게 목적지를 말하고 정리권과 목적지까지의 요금을 요금 투입구에 넣은 후 '노리카에켄乗換券(환승권)'을 받는다. 갈아탄 후에는 정리권을 뽑고 내릴 때 정리권과 환승권을 요금 투입구에 넣는다. IC카드는 타고 내릴 때 각각 전용 단말기에 카드를 대면 자동으로 할인된다. 유효 환승 시간은 60분이다.

전차와 버스 간 갈아탈 때에는 하코다테에서 발행하는 IC카드인 이카스 니모나ICASnimoca와 규슈 북부 지역에서 발행하는 니모카nimoca를 사용할 때에만 환승 할인이 적용된다.

여행 팁

❶ 전차(시덴) 전용 1일 승차권

운전기사에게 현금으로 구매하며, 승차권을 개시한 당일에만 유효하다. 스크래치식 승차권이므로 이용일에 해당하는 '년/월/일'을 긁어 지운 후 내릴 때 운전기사에게 승차권을 보여준다.

PRICE 1일권 600엔, 어린이 300엔

❷ 전차(시덴) 전용 24시간 승차권

하코다테에서 1박할 예정이라면 추천. DohNa!! 웹사이트(한국어·영어 지원)에서 회원가입(이메일 주소, 비빌번호 필요) 후 신용카드로 구매하며, 이용일에 승차권을 개시하고 내릴 때 스마트폰 화면에 띄워 운전기사에게 보여준다(캡처 불가).

PRICE 900엔, 어린이 450엔
WEB cstm.dohna.jp

❸ 전차(시덴)·버스 1·2일 승차권

전차 전 구간과 하코다테 버스 지정 구간을 무제한 승차할 수 있다. 하코다테공항, 하코다테산, 천사의 성모 트라피스틴 수도원을 방문할 예정이라면 추천한다. DohNa!! 웹사이트에서 구매하며, 구매 및 사용 방법은 전차 전용 24시간 승차권과 같다.

PRICE 1일권 1400엔, 어린이 700엔/2일권 2400엔, 어린이 1200엔

❹ 하코다테의 숙소 사정

생각보다 숙소가 많지 않다. 호텔은 미리미리 찾아볼 것을 추천한다. 이동이 편리하고 가성비 좋은 비즈니스호텔은 하코다테역 주변에, 고급 호텔은 베이 에어리어와 모토마치 주변에 있다.

하코다테 광역도
JR 하코다테 본선
JR函館本線
하코다테 츠타야 서점
函館 蔦屋書店
七重浜
도난이사리비 철도
道南いさりび鉄道
五稜郭
롯카테이 고료카쿠점
六花亭 五稜郭店
고료카쿠 공원
五稜郭公園
아지사이 본점
あじさい本店
고료카쿠 타워
五稜郭タワー
하코다테시 호쿠요 뮤지엄
函館市北洋資料館
쉐어 스타 하코다테
シエスタ ハコダテ
고료가쿠코엔마에
五稜郭公園前
杉並町
柏木町
深堀町
中央病院前
千代台
競馬場前
駒場車庫前
函館アリーナ前
(市民会館前)
유노카와
湯の川
유노카와온센
湯の川温泉
유노카와 온천
湯の川温泉
하코다테공항
函館空港
堀川町
昭和橋
千歳町
新川町
松風町
하코다테역 앞 버스터미널
函館駅前ターミナル
하코다테역
函館
하코다테 에키마에
函館駅前
函館どつく前
하코다테 전차 5계통
大町
베이 에어리어
ベイエリア
市役所前
모토마치
元町
末広町
魚市場通
하코다테 전차 2・5계통
주지가이
十字街
하코다테 로프웨이역
函館山ロープウェイ
하코다테야마
函館山
宝来町
하코다테야마 전망대
函館山展望台
하코다테야마 로프웨이
函館山ロープウェイ
하코다테 전차 2계통
青柳町
谷地頭
하코다테 시내 중심
유노카와 온천
0
1km

하코다테 시내 중심

하코다테도크마에
函館どつく前

하코다테 전차
5계통

로맨티코 로맨티카
ROMANTiCO ROMANTiCA

오마치
大町

모스트리
MOSSTREES

카페테리아 모리에
カフェテリア モーリエ

외국인 묘지
外国人墓地

안젤리크 보야쥬
アンジェリック·ヴォヤージュ

모토이자카
基坂

스에히로초
末広町

티숍 유히
ティーショップ 夕日

빅토리안 로즈
Victorian Rose

구 영국영사관
旧イギリス領事館

하치만자
八幡

모토마치 공원
元町公園

구 하코다테 공회당
旧函館区公会堂

모토마치
元町

일본 기독교
하코다테 교
日本基督教団函館

키쿠 이즈미
菊泉

가톨릭 하코다테 모토마치
カトリック 函館 元町

하코다테 성 요한 교회
函館聖ヨハネ教会

하코다테 하리스토스 정교회
函館ハリストス正教会

갤러리 무라오
GALLERY MURAC

675

하코다테야마 로프웨이
函館山ロープウェイ

하코다테야마 전망대
函館山展望台

하코다테야마
동산 버스

하코다테야마 후레아이 센터
函館山ふれあいセンター

하코다테야마
函館山

0 100m

HAKODATE
하코다테
하코다테역
函館
JR
北口
中央口
西口
시키사이칸 JR 하코다테점
北海道四季彩館 JR函館店
하코비바
ハコビバ
쁘띠 멜뷰 하코다테에키마에
Petite Merveille Hakodate Eki-mae
온지키 니와모토 하코다테역전점
おんじき庭本 函館駅前店
하코다테역 앞 버스터미널
函館駅前ターミナル
돈부리 요코초
どんぶり横丁
프리미어 호텔 캐빈 프레지던트 하코다테
Premier Hotel Cabin President Hakodate
마루하쇼텐
波商店
하코다테 아침시장
函館朝市
마코토 야스베 쇼쿠도
馬子とやすべ食堂
아지도코로 키쿠요 식당
味処きくよ食堂 朝市本店
아지노1번
函館朝市 味の一番
우니 무라카미 하코다테 본점
うにむらかみ 函館本店
차무
茶夢
잇카테이 타비지
一花亭たびじ
아사이치쇼쿠도 하코다테 붓카케
朝市食堂 函館ぶっかけ
하코다테 에키마에
函館駅前
다이몬요코초
大門横丁
시야쿠쇼마에
市役所前
베이 에어리어
ベイエリア
하코다테 비어
HAKODATE BEER
라 비스타 하코다테 베이
La Vista Hakodate Bay
스타벅스 하코다테 베이사이드점
베이 하코다테
BAYはこだて
하코다테 오르골당
函館オルゴール堂
스내이플스
SNAFFLE'S
하코다테 해물시장
はこだて海鮮市場
이카이카테이
いかいか亭
카네모리요부츠칸
金森洋物館
카네모리 홀
金森ホール
하코다테 히스토리 플라자
函館ヒストリープラザ
하코다테 메이지칸
はこだて明治館
우오이치바도리
魚市場通
하세가와 스토어
ハセガワストア ベイエリア店
럭키 피에로 베이 에어리어 본점
Lucky Pierrot ベイエリア本店
카네모리 아카렌가 창고군
金森赤レンガ倉庫
캘리포니아 베이비 CALIFORNIA BABY
빵공방 모토마치 본빵
パン工房 元町ぼん・ぱん
하코다테 전차 2·5계통
다이산자카
大三坂
리틀핏
二十間坂 Little feet
주지가이
十字街
하코다테 코게이샤
はこだて工芸舎
하코다테 칼 레이몬
函館 Carl Raymon
OZIO 本店
호타루
ホタル
니줏켄자카
二十間坂
하코다테 로프웨이역
函館山ロープウェイ
675
5
278
호라이초
宝来町
하코다테 전차 2계통
라미네르
LAMINAIRE
아오야기초
青柳町
0
100m

#Walk

붉은 벽돌이 수놓은 항구의 낭만

JR 하코다테역~베이 에어리어

지금은 오래된 레트로 감성이 뒤덮어 버렸지만, 19세기만 해도 하코다테는 무역항으로 번성해 제법 활력 넘치는 도시였다. 수많은 사람이 오고 간 항구에는 그 에너지가 엄청났을 터. 그 시절 맹활약했던 붉은 벽돌 창고가 한적하게 여행자를 반기는 베이 에어리어ベイエリア에서 하코다테 여행을 시작해보자.

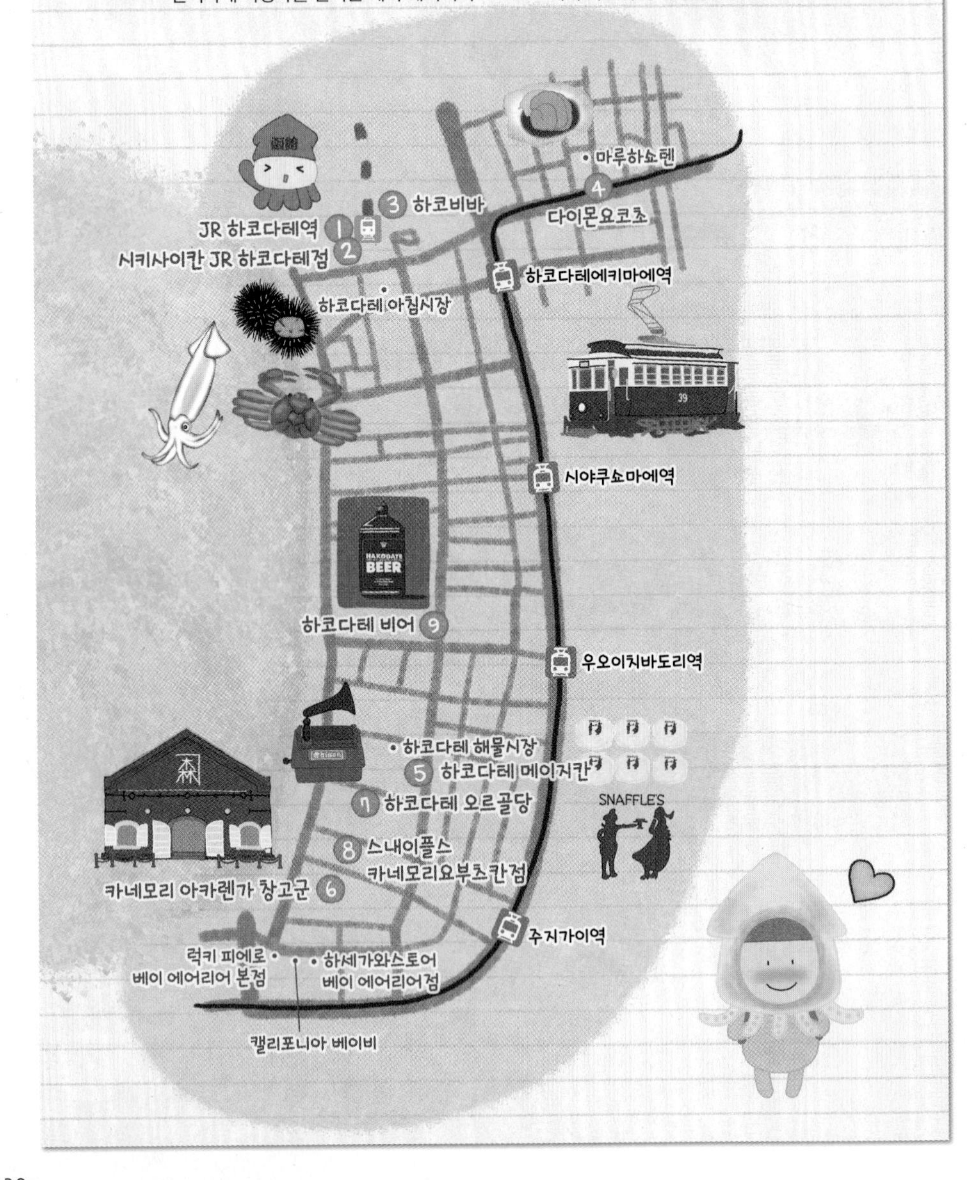

1

하코다테 여행의 시작

JR 하코다테역

JR 函館

기차나 버스를 타고 하코다테에 도착했다면 이곳에서 여행을 시작한다. 1층 관광안내소에서 앤틱 전차, 버스 투어 등의 출발 시간과 예약 등을 먼저 문의한 뒤 출발하자. 코인로커와 식당이 있고 중앙 출구로 나오면 바로 앞에 버스터미널이 있다. MAP ⑭

GOOGLE 하코다테역
MAPCODE 86 072 439*71(유료 주차장, 30분간 무료)
TEL 011-222-7111
OPEN 미도리노마도구치みどりの窓口(JR 티켓 카운터) 05:30~22:00
WEB www.jrhokkaido.co.jp/network/station/station.html#104

2

놓칠 수 없는 하코다테역 안 쇼핑 메카

시키사이칸 JR 하코다테점

北海道四季彩館 JR函館店

하코다테 여행에서 사기 좋은 기념품은 모두 모인 가게. 특히 선물용 과자가 많고 일본 전국구로 유명한 삿포로 농대 쿠키나 롯카테이, 로이스 등의 브랜드 제품들도 있다. 삿포로나 신치토세 공항에서도 살 수 있긴 하지만, 디스플레이가 잘 돼 있고 크게 붐비지 않아서 쾌적하게 쇼핑할 수 있는 것이 장점이다. 세금 제외 5000엔 이상 사면 면세 혜택이 있으니 공항 가기 전에 미리 여기서 쇼핑하는 것도 좋은 방법. 여권 제시 필수. MAP ⑭

GOOGLE 시키사이칸 JR 하코다테점
MAPCODE 86 072 439*71(유료 주차장, 30분간 무료)
OPEN 07:00~20:00
WALK JR 하코다테역 안 1층. 서쪽 출구 근처

3

하코다테역 만남의 광장

하코비바

ハコビバ

하코다테역 바로 옆에 2019년 오픈한 쇼핑몰. 아침시장이 문을 닫아 특별한 볼거리나 먹거리가 없는 오후 3시 이후에 방문하기 제격이다. ㄷ자 구조로 된 3개 구역인 스테이션 사이드, 게이트 사이드, 스퀘어 사이드 중 가장 주목할 곳은 스퀘어 사이드. 실내에는 하코다테역 앞 골목길을 콘셉트로 한 식사 & 쇼핑 거리 하코다테 에키마에 요코초函館駅前横丁가 있고 야외에는 휴식 공간이 마련돼 있다. 스테이션 사이드에는 훌륭한 위치뿐 아니라 천연 온천까지 갖춰 여행자들의 만족도가 높은 리젠트 스테이 하코다테 호텔과 로손 편의점(1층)이 있고, 게이트 사이드에는 식당과 카페가 있다. 정면에 세워진 높이 6.5m, 폭 5.5m의 커다란 대문은 하코다테역의 새로운 랜드마크다. MAP ⑭

GOOGLE 하코비바
MAPCODE 86 072 654*55(D-Parking, 매장 1곳 1000엔 이상 결제 시 1시간 무료)
OPEN 10:00~23:00
WEB hakoviva.com
WALK 하코다테역 바로 옆. 중앙 출구로 나오면 바로 왼쪽에 보인다.

+MORE+

하코다테역 주변에서 시간 보내기 좋은 곳

❖ 쁘띠 멜뷰 하코다테에키마에
Petite Merveille Hakodate Eki-mae

하코다테역에서 열차를 기다리거나 잠깐 시간이 남을 때 들르기 좋은 카페. 밝고 환한 창가 좌석에 앉아서 한입에 쏙 들어가는 미니 치즈 수플레 케이크 하코다테 멜치즈メルチーズ를 맛보자. 홋카이도산 버터와 새콤달콤한 딸기가 만난 딸기 버터샌드いちごのバターサンド도 추천. 하코다테에만 4개의 매장이 있다. **MAP ⑭**

GOOGLE 쁘띠멜뷰 하코다테에키마에
PRICE 멜치즈 220엔, 멜치즈 & 음료 세트 600엔, 딸기 버터샌드 200엔
OPEN 08:30~18:00
WEB www.petite-merveille.jp
WALK 하코비바 게이트 사이드 1층

❖ 온지키 니와모토 하코다테역전점
おんじき庭本 函館駅前店

뜨끈한 국물 요리가 당길 때 추천하는 라멘집. 소금으로 간을 한 시오(소금) 라멘塩らーめん이 주력 메뉴다. 담백하고 맑은 육수와 살짝 꼬들꼬들한 면, 숙주, 파, 죽순, 차슈가 조화를 이루어 기름지지 않고 맛있다. 군만두는 라멘과 함께 주문 시 50엔 할인. 한국어 메뉴판 있음. **MAP ⑭**

GOOGLE 온지키 니와모토 하코다테역전점
PRICE 시오 라멘 920엔, 군만두 5개 460엔
OPEN 11:00~22:00
WEB onjiki.co.jp
WALK 하코비바 게이트 사이드 1층

어스름할 때 매력을 더하는 맛집 골목

4 다이몬요코초
大門横丁

개성 넘치는 26개 식당이 좁은 골목길에 옹기종기 모인 포장마차 거리다. 닭꼬치 구이, 징기스칸, 라멘 등 가게마다 메뉴가 달라 골라 가는 맛도 있다. 낮에는 조금 심심한 모습이지만, 밤이 오면 하나둘 등불을 켜며 흥 나는 분위기로 변신! 카운터석이 전부인 작은 가게가 많고 대부분 오후 5시 이후부터 영업한다. 홋카이도 전체에서 이름을 떨치는 만큼, 밤까지 머문다면 꼭 찾아가 보자. **MAP ⑭**

GOOGLE 다이몬 요코초
MAPCODE 86 073 331*03
TEL 0138-24-0033
OPEN 17:00~가게마다 다름
WEB www.hakodate-yatai.com
WALK JR 하코다테역 중앙 출구 5분

5 하코다테 메이지칸

삐걱삐걱 마루 소리를 들으며 기념품을 골라보자

はこだて明治館

100년 전 우체국이던 오래된 건물이다. 외관이 멋스러워서 포토 스폿으로 인기가 많다. 안에는 오르골 전문점과 테디베어 전시관, 지브리 굿즈숍, 기모노 대여숍, 각종 기념품숍이 모여 있으며, 벤치도 넉넉해 잠시 쉬었다 가기도 좋다. MAP ⑭

GOOGLE 하코다테 메이지칸
MAPCODE 86 041 652*50(유료 주차장, 1000엔 이상 이용 시 1시간 무료)
TEL 0138-27-7070
OPEN 09:30~18:00/수·매월 둘째 목 휴무
WEB www.hakodate-factory.com/meijikan/
WALK 하코다테 전차 주지가이十字街 정류장 3분/JR 하코다테역 서쪽 출구 13분

6 카네모리 아카렌가 창고군

베이 에어리어의 얼굴

金森赤レンガ倉庫

본격적인 베이 에어리어 산책에 나서보자. 일본 개항 시기인 19세기 후반에 해산물이나 기타 물자를 보관하기 위해 붉은 벽돌을 쌓아 만든 창고 단지다. 세월 속에 일부 소실된 부분도 있지만, 1909년 재건 과정을 거쳐 50여 개의 상점과 레스토랑이 여행자를 맞이한다. 카네모리요부츠칸金森洋物館에는 특히 상점이 많고, 베이 하코다테BAYはこだて에는 카페가, 하코다테 히스토리 플라자函館ヒストリープラザ에는 지역 명물 상점과 호프집이 입점해 있다. 항구를 곁에 둔 만큼 시원한 바다 풍경은 물론, 밤에 반짝이는 조명이 낭만을 고조시킨다. MAP ⑭

GOOGLE 카네모리 아카렌가 창고
MAPCODE 86 041 709*28(유료 주차장, 1000엔 이상 이용 시 2시간 무료)
TEL 0138-23-0350
OPEN 09:30~19:00(시즌 및 상점마다 다름)
WEB hakodate-kanemori.com
WALK 하코다테 메이지칸 1분/하코다테 전차 주지가이十字街 정류장 3분

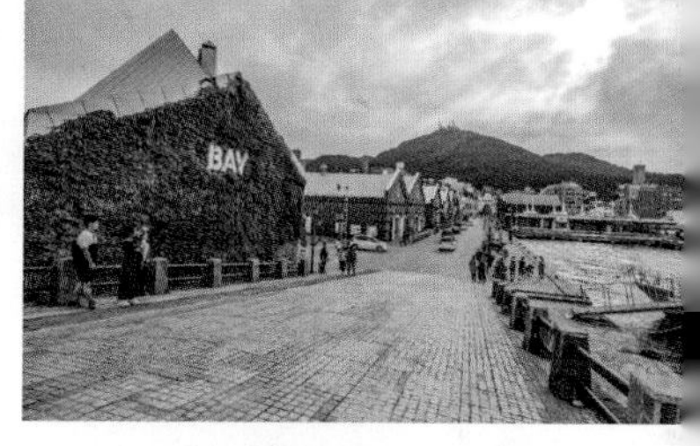

7 천국의 소리 오르골당 여기도 있어요!

하코다테 오르골당

函館オルゴール堂

오타루 오르골당(280p)의 하코다테 지점이다. 예쁜 상자가 가게 안을 가득 채우고, 그 상자를 열면 아름다운 오르골 음악이 여행의 피로를 씻어주는 듯하다. 고양이, 토끼, 올빼미 모양의 귀여운 오르골부터 아기 천사 등 유리 제품까지 구색도 다양한 편. 마음에 드는 유리와 소품을 골라 나만의 오르골을 만드는 오르골 만들기 체험도 추천한다. 체험은 1시간 정도, DIY 소품만 따로 사 갈 수도 있다. **MAP ⑭**

GOOGLE QP89+Q4 하코다테
OPEN 10:00~19:00
WEB www.otaru-orgel.co.jp
WALK 카네모리 아카렌가 창고군 베이 하코다테 B-14호

디저트 배는 따로 있는 거 맞죠?

스내이플스 카네모리요부츠칸점

SNAFFLE'S 金森洋物館店

'하코다테 치즈케이크'로 불리는 지역대표급 스위츠다. 1998년 오픈 이래 스테디셀러를 놓지 않는 치즈 오믈렛チーズオムレット은 수플레 타입의 부드럽고 촉촉한 식감이 단연 돋보인다. 홋카이도 식재료만을 사용하고 케이크를 냉동하지 않는 것이 이 집만의 철칙. 하코다테에 왔던 승무원들이 기념품 삼아 사 가기 시작하면서 입소문을 탔다. 공항과 주요 기념품숍에서도 만날 수 있다. **MAP ⑭**

GOOGLE 스너플스 카나모리
PRICE 치즈 오믈렛 4개 864엔
OPEN 09:30~19:00
WEB www.snaffles.jp
WALK 카네모리 아카렌가 창고군 카네모리요부츠칸 K-02호

맥주 마니아라면 그냥 갈 수 없잖아

하코다테 비어

HAKODATE BEER

9

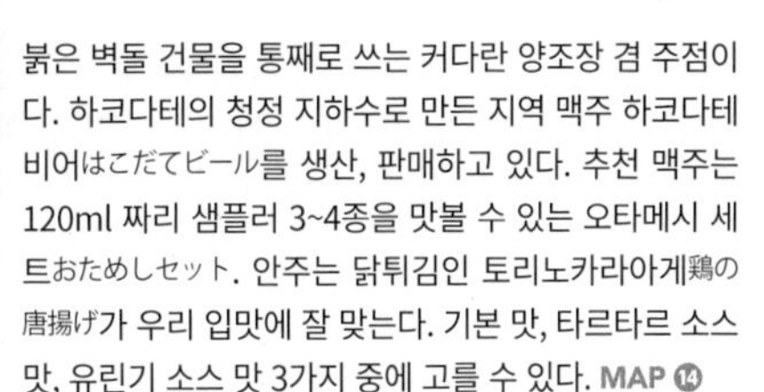

붉은 벽돌 건물을 통째로 쓰는 커다란 양조장 겸 주점이다. 하코다테의 청정 지하수로 만든 지역 맥주 하코다테 비어はこだてビール를 생산, 판매하고 있다. 추천 맥주는 120ml 짜리 샘플러 3~4종을 맛볼 수 있는 오타메시 세트おためしセット. 안주는 닭튀김인 토리노카라아게鶏の唐揚げ가 우리 입맛에 잘 맞는다. 기본 맛, 타르타르 소스 맛, 유린기 소스 맛 3가지 중에 고를 수 있다. MAP ⑭

GOOGLE QP9C+7H 하코다테
MAPCODE 86 041 656*30(1000엔 이상 이용 시 1시간 무료)
PRICE 오타메시 세트 3종 1320엔, 4종 1760엔, 토리노카라아게 990엔
OPEN 11:00~15:00, 17:00~22:00(L.O.21:20)/수 휴무
WEB www.hakodate-factory.com/beer/
WALK 하코다테역 서쪽 출구 10분

+MORE+

하코다테 하면 오징어

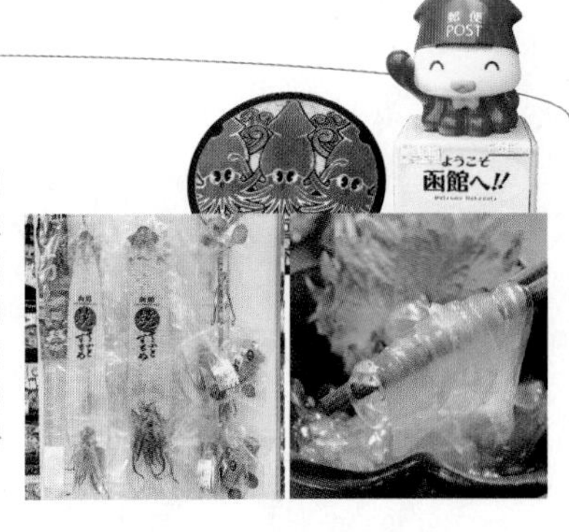

하코다테 시내를 걷다 보면 유난히 오징어를 모티브로 한 그림들이 눈에 띈다. 오징어의 수확량이 많은 하코다테는 일명 '오징어의 도시'라고. 가장 유명한 요리는 얇게 썬 오징어 회를 면처럼 후루룩 먹는 이카 소멘(오징어 소면). 그밖에도 이카야키(구운 오징어)와 이카메시(오징어 순대)가 먹어볼 만하다. 말린 오징어부터 구운 오징어까지 유통하기 좋게 가공한 오징어 먹거리도 많은데, 짭짤하고 고소해서 간식으로도 좋고 술안주로도 제격. 일정 후에 편의점 맥주와 함께 까먹으면 일품이다.

하코다테 스타일 유제품

유제품이 유명한 홋카이도인 만큼 하코다테에서도 치즈를 비롯한 다양한 유제품을 먹어보는 것도 필수다. 특히 비행기에 가지고 탈 수 없는 다양한 치즈와 육가공품들은 현지에서 사서 바로 먹어보는 것이 남는 것. 미식가라면 스모크 치즈 오징어, 명란 크림치즈 등에도 도전해보자.

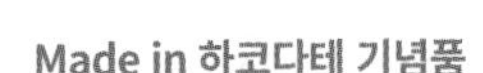

Made in 하코다테 기념품

하코다테에서 시작된 브랜드에서 만드는 기념품도 다양하다. 도심에서 조금 떨어진 트라피스틴 수도원(373p)에서 수도원 이름을 붙여 만들어내는 담백한 쿠키, 하코다테 시오 라멘의 대표 격인 아지사이あじさい의 인스턴트 라멘도 현지인에게는 인기 있는 하코다테 여행 선물이다. 하코다테산 유제품이나 하코다테를 상징하는 벽돌 창고를 모티브로 만든 쿠키나 샌드도 추천. 하코다테의 유명 레스토랑 고토켄五島軒에서 내놓은 레토르트 카레와 쿠키 역시 퀄리티가 높다.

하코다테의 활기를 책임지는

시장!

사람 사는 에너지가 느껴지는 시장은 여행자가 보고 싶은 '체험 삶의 현장'이다. 삿포로와 구시로에도 유명 시장이 있지만, 홋카이도에서 제법 시장다운 시장이라 하면 하코다테 아침시장이라는 생각. JR 하코다테역 바로 옆이란 환상적 위치에, 규모도 꽤 커 맛집도 많다. 최대 매력은 여행자만큼이나 현지인이 즐겨 찾는다는 점. 사는 사람, 파는 사람, 여행자와 현지인 모두 모여 뿜어내는 하코다테의 활기를 느끼러 가자.

부지런한 여행자와 찰떡궁합

하코다테 아침시장

函館朝市

JR 하코다테역에서 길만 건너면 바로 하코다테 아침시장이다. 삿포로 니조 시장(202p), 구시로 와쇼 시장(449p)과 함께 홋카이도 3대 시장으로 통하는 곳. 기차나 버스를 타고 이른 시각 하코다테에 도착했다면 이곳에서 든든히 배를 채우고 여행을 시작할 수 있다. 특히 카이센동(해산물 덮밥) 가게 10여 곳이 모인 돈부리 요코초どんぶり横丁가 신세계. 저마다 주력 메뉴가 있지만, 이에 관계없이 좋아하는 재료를 중심으로 메뉴를 고르자. 하코다테 인근에서 낚아 올린 신선한 재료만 사용하며, 삿포로 유명 맛집보다 저렴한 가격이 장점이다. MAP ⑭

GOOGLE 하코다테 아침시장 **TEL** 0138-22-7981
MAPCODE 86 072 406*23/86 072 309*60(유료 주차장. 아침시장 가맹점 1점포 2200엔 이상 이용 시 1시간 무료)
OPEN 05:00~14:00(1~4월 06:00~)/가게마다 다름
WEB www.hakodate-asaichi.com I donburiyokocho.com
WALK JR 하코다테역 서쪽 출구 2분

돈부리 요코초 중앙 게이트. 하코다테역 서쪽 출구로 나오면 주차장 너머 제일 앞에 있는 건물이다.

하코다테 아침시장의 인기 길거리 간식, 카니만차야(株)カネニ藤田水産의 대게 호빵(1개 450엔)

하코다테 아침시장

유쾌한 분위기를 만드는 마스터 할배

차무

茶夢

경쾌한 마스터와 상냥한 직원이 맞이하는 돈부리 요코초 내 작은 식당. 식사 시간이면 이 작은 가게에 사람이 꽉 들어찬다. 추천 메뉴는 성게, 연어알, 가리비가 들어간 하코다테동 函館丼. 좋아하는 재료만 미리 귀띔해주면 어떤 메뉴를 시켜도 적절하게 각색해 제조해준다. 일본 식당에서는 보기 드물게 밑반찬을 내주는데, 싱싱한 해산물 요리를 위주로 한 모든 반찬이 다 맛있어서 감동. 돈부리 요코초 안에 있다.

GOOGLE chamu seafood restaurant
PRICE 하코다테동 2100엔
OPEN 07:00~15:00/부정기 휴무

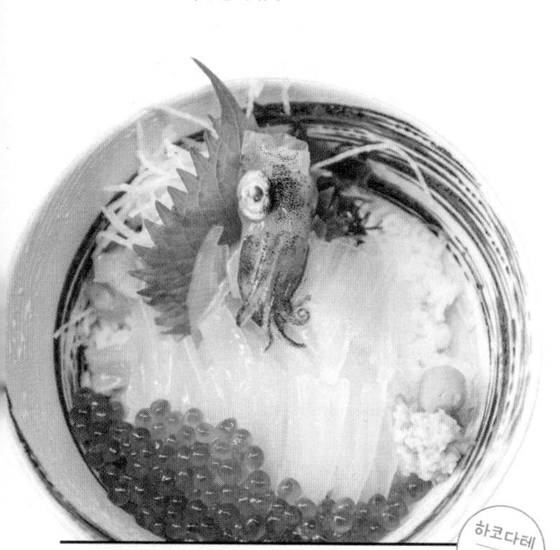

하코다테 아침시장

긴 다리, 짧은 다리는 복불복!

잇카테이 타비지

一花亭たびじ

돈부리 요코초에서 활오징어가 춤추는 덮밥 카츠이카 오도리동活いか踊り丼으로 유명한 집이다. 신선한 오징어 하나를 통째로 넣어 만든 비주얼이 참으로 독특하다. 그날그날 신선한 오징어를 사용하며, 다리가 길고 커다란 오징어를 받았다면 간장을 살짝 뿌려보자. 자극받은 오징어의 다리가 부르르 떨리는 모습을 볼 수 있다(인간은 잔인해!). 다리가 짧은 녀석이 걸리면 안타깝게도 춤을 추지 않는다. 돈부리 요코초 중앙 게이트 바로 왼쪽에 있다.

GOOGLE 잇카테이 타비지
PRICE 카츠이카 오도리동 1890엔~(시가에 따라 다름)
OPEN 06:30~13:30
WEB donburiyokocho.com

하코다테 아침시장

성게를 찾아왔다면 바로 여기라오!

우니 무라카미 하코다테 본점

うにむらかみ 函館本店

낮에는 사르르 녹는 자연산 우니동(성게덮밥)無添加生うに丼으로 식사를, 밤에는 느긋하게 앉아 술과 함께 각종 성게 요리를 즐길 수 있다. 매일 사 온 신선한 성게로 우니동을 만들고, 함께 나오는 된장국이 그 퀄리티를 뒷받침해준다. 성게 철에 방문하면 무라사키 우니(보라 성게)와 바훈우니(말똥성게)를 모두 맛볼 수 있는 집으로, 진지하게 성게를 영접하고 싶을 때 들러보자. JR 하코다테역 서쪽 출구로 나와 큰길로 직진, 로손 앞 골목으로 우회전하면 시장 끝 왼쪽에 위치. 도보 3분 거리에 지점(하코다테역점)이 있다.

GOOGLE 우니 무라카미 하코다테 본점
PRICE 자연산 우니동 기본 7920엔, 스몰 4950엔)/시가에 따라 다름
OPEN 08:30~15:00(L.O.14:30)/수 휴무
WEB www.uni-murakami.com/hakodate/

아침시장에서 남쪽으로 길 건너편에 있다.

하코다테 아침시장

따스한 자리, 기분 좋은 미소

아사이치쇼쿠도 하코다테 붓카케

朝市食堂 函館ぶっかけ

돈부리 요코초 내 해산물 덮밥집. 햇살이 내리쬐는 깔끔하고 아늑한 분위기에 아주머니들의 온화한 미소까지 더해져 호감도가 상승한다. 메뉴판에는 친절하게 사진이 첨부돼 있으니 원하는 해산물 위주로 골라보자. 대표 메뉴는 성게알, 오징어, 새우, 관자, 연어알 등을 호화롭게 올린 다이묘모리大名盛. 밑반찬으로 오징어젓갈을 주는 게 특색 있다. 돈부리 요코초 옆문 바로 왼쪽, 아침시장 오오도리에 있다.

GOOGLE 하코다테 붓카케
PRICE 다이묘모리 2980엔, 대게 덮밥かにぶっかけ 2200엔
OPEN 07:30~13:00
WEB www.yayoisuisan.com/bukake/index.html

하코다테 아침시장

위치가 다 했다!

마코토 야스베 쇼쿠도

馬子とやすべ食堂

돈부리 요코초 중앙 게이트로 들어가면 정면에 자리 잡고 있어서 눈도장을 확실하게 찍는 해산물 덮밥집. 메뉴는 덮밥에 들어가는 해산물 가짓수에 따라 1~4종 이상으로 나뉘는데, 기왕이면 욕심을 내서 5가지 해산물을 넣은 5색 덮밥 아사이치고시키동朝市五色丼을 먹어보자. 5색 덮밥은 관자가 든 것과 대게가 든 것 중에서 고른다.

GOOGLE mako and yasube seafood restaurant
PRICE 아사이치고시키동 2100엔, 1종 1100엔~, 2종 1450엔~, 3종 1900엔~, 4종 이상 3300엔
OPEN 07:00~13:00/수 휴무
WEB www.mako-yasube.com

하코다테 아침시장

공항에도 입점한 명물 식당

아지도코로 키쿠요 식당

味処きくよ食堂 朝市本店

1957년 창업한 이래 하코다테 아침시장에서 꾸준한 인기를 이어온 식당. 신치토세공항에도 분점이 있다. 외국인 여행자가 많이 찾는 만큼 영어 메뉴와 사진 소개가 잘 돼있고 직원들의 응대도 빨라서 편하게 주문할 수 있다. 이 집의 대표 메뉴는 원조 하코다테 토모에동元祖函館巴丼. 관자, 성게알, 연어알 3종을 먹음직스럽게 올린 토모에동은 30여 년 전 등장한 하코다테 최초의 해산물 덮밥이라고 알려졌다. JR 하코다테역 서쪽 출구로 나오면 정면에 보이는 돈부리 요코초 오른쪽, 아침시장 나카도리에 있다.

GOOGLE 키쿠요식당
PRICE 원조 하코다테 토모에동 2728엔, 대게 덮밥 2178엔, 성게알·새우 덮밥 3168엔
OPEN 06:00~14:00(12~4월 ~13:00)
WEB hakodate-kikuyo.com

하코다테 아침시장

노포의 매력
아지노1번
函館朝市 味の一番

노부부가 운영하는 가정식 식당. 입구에서 보는 것과 다르게 내부 규모가 제법 크다. 해산물 덮밥 이외에도 라멘이나 생선구이 정식 등 다른 메뉴들도 많아서 몇 번이고 다시 와보고 싶은 곳. 영어 메뉴가 있고 사진과 그림으로도 설명이 잘돼 있어서 주문도 수월하다. 추천 메뉴는 성게알, 연어알, 오징어, 대게, 관자 중 3가지를 골라 먹는 3색 덮밥三色丼으로, 미니 사이즈도 있다. 돈부리 요코초 오른쪽, 아침시장 나카도리에 위치.

GOOGLE 아지노 1 번 **OPEN** 07:00~14:30
PRICE 3색 덮밥 2900엔(미니 사이즈 2200엔), 생선구이 정식 1450엔

'Made in 홋카이도'에 관한 모든 것!
하코다테 해물시장
はこだて海鮮市場

영어 이름은 '하코다테 팩토리'. 신선한 활어를 비롯해 홋카이도 각지에서 온 농산물, 유제품, 소시지, 카레, 라멘 등 2000종의 상품을 판매하는 대규모 상점이다. 워낙 종류가 방대하여 뭐라도 하나 사야 건진 것 같은 기분을 주는데, 그동안 여행하며 맛이 궁금했던 가공식품이나 주전부리 등을 시도해보면 좋겠다. 하코다테 메이지칸 뒤편에 있어 함께 묶어 방문하기 좋은 위치. MAP ⑭

GOOGLE hakodate factory main shop
MAPCODE 86 041 656*30(1000엔 이상 이용 시 1시간 무료)
TEL 0138-22-5656
OPEN 09:00~다음 날 04:00(가게마다 다름)
WEB www.hakodate-factory.com/market/
WALK 하코다테 전차 주지가이十字街 정류장 3분

하코다테 해물시장

회로 먹고 구워도 먹는 오징어 단품 요리
하코다테 마루카츠 수산 이카이카테이
函館 まるかつ水産 いかいか亭

해물시장 정문 옆 코너에 자리한 식당이다. 해산물 덮밥이나 튀김, 초밥 등의 식사 메뉴가 있고, 저녁에는 술 한잔과 곁들일 다양한 해산물 안주를 판매한다. 오징어로 유명한 하코다테에서 가게 이름이 '오징어오징어'이기까지 한 만큼, 오징어 철(6월~가을경)에 여행한다면 빼먹지 말자. 신선한 활오징어를 얇게 썰어낸 오징어회 카츠이카 사시미活イカ刺身를 비롯한 각종 오징어 요리를 추천. 영어가 지원되는 키오스크 주문 방식이라 편리하다.

GOOGLE ikaikatei
PRICE 오징어회 1000엔(계절 한정), 해산물 덮밥 2200엔~, 모둠회 정식 2200엔
OPEN 11:00~16:00/부정기 휴무
WEB www.hakodate-factory.com/ikaika/

하코다테 사람들이 애정하는

B급 구루메 & 이자카야

시간이 멈춘 것 같은 하코다테에서는 B급 구루메마저 레트로한 감성이 넘친다. 저렴한 가격, 부담 없는 메뉴, 동네에서 오랫동안 사랑받아 온 추억의 맛이 B급 구루메의 자격 요건. 나름 엄격한 기준을 거쳐 현지인에게 추천받은 정겨운 맛집들을 소개한다. 메뉴뿐 아니라 가게 전체의 인상도 독특하니 꼭 하나쯤은 코스에 넣어보기를!

맥도날드 비켜~ 하코다테 햄버거는 여기!

럭키 피에로
베이 에어리어 본점

Lucky Pierrot ベイエリア本店

하코다테에서 햄버거를 먹겠다면 여기다. 현지인들에게 '랍피ラッピ'라 불리는 이곳은 하코다테에만 있는 햄버거 체인점. 지점 수는 무려 17개! 여름 홋카이도를 여행한 모터사이클 라이더들에게 '가성비 만점'으로 소문 나면서 인기를 얻기 시작했다. 시그니처 메뉴는 차이니즈 치킨버거チャイニーズチキンバーガー. 두툼하게 튀긴 치킨에 매콤달콤한 소스와 마요네즈를 뿌리고 양상추를 얹었다. 바삭한 치킨 조각을 넣은 차이니즈 치킨 카레(880엔)도 인기다. MAP ⑭

GOOGLE 럭키삐에로 베이에어리어
TEL 0138-26-2099
PRICE 차이니즈 치킨 버거 495엔(감자튀김 & 음료 세트 1001엔)
OPEN 10:00~21:00(L.O.20:30)
WEB luckypierrot.jp
WALK 카네모리 아카렌가 창고군 카네모리 홀 1분

소박한 한 끼에 쌓인 40년 정

캘리포니아 베이비
CALIFORNIA BABY

건물의 나이에서도, 식당의 업력에서도 예사롭지 않은 포스를 풍긴다. 1917년 지어진 건물은 본래 우체국으로 사용하다가 40여 년 전부터 캘리포니아 베이비 식당으로 거듭났다. 현지인에게 애칭은 '하코다테 카리베비函館カリベビ', 가장 자신 있게 추천하는 메뉴는 시스코라이스シスコライス다. 버터로 볶은 밥 위에 미트소스를 얹고 잘 구운 소시지를 함께 올려준다. 간판이며 인테리어며 옛 미국 서부 느낌이 물씬 나는 건물은 TV와 영화 촬영지로도 종종 등장했다.
MAP ⑭

GOOGLE 하코다테 캘리포니아 베이비
TEL 0138-22-0643
PRICE 시스코라이스 1180엔
OPEN 11:00~20:00/목 휴무
WALK 카네모리 아카렌가 창고군 카네모리 홀 1분

야식으로 이만한 게 없다우

하세가와 스토어 베이 에어리어점

ハセガワストア ベイエリア店

즉석에서 구워주는 삼겹살 꼬치구이로 유명한 편의점. 보통 일본에서 '야키토리'는 닭을 구운 꼬치구이지만, 여기서는 돼지고기다. 예부터 홋카이도 남쪽에선 닭보다 흔한 돼지고기 꼬치에 '야키토리'라 이름 붙였다는 것. 하코다테로 이사 온 사람에게 현지인이 꼭 먹어보라고 추천한 음식이다. 밥 위에 삼겹살과 대파를 끼운 꼬치구이를 얹어 도시락으로 파는 야키토리 벤토やきとり弁当가 대표 메뉴로, 베이 에어리어에서 불꽃놀이가 열리거나 하코다테에 야외 축제가 있는 날이면 가게가 마비될 만큼 인기가 좋다. MAP ⑭

GOOGLE hasegawa store bay area shop
TEL 0138-24-0024
PRICE 야키토리 벤토 소 570엔·중 690엔·대 800엔
OPEN 07:00~22:00
WEB www.hasesuto.co.jp
WALK 카네모리 아카렌가 창고군 카네모리 홀1분

다이몬요코초 옆에서 느긋하게~

마루하쇼텐

マルハ商店 函館駅前店

홋카이도 해산물과 채소가 어우러진 안주에, 홋카이도 민속주를 판매하는 이자카야다. 모든 테이블에 조개나 생선을 직접 구워 먹을 수 있는 화로를 갖춘 것이 특징. 가리비 버터구이帆立磯バター焼き, 임연수어구이ホッケ開き, 오징어구이いかポッポ焼き, 현지산 굴知内の牡蠣, 곱창전골九州博多風 元祖もつ鍋, 5가지 모둠회刺身五種盛 등 안주 삼기 좋은 메뉴의 라인업이 빵빵하다. 다이몬요코초 내 주점보다 시간과 공간을 넉넉하게 쓸 수 있는 것도 장점이다. 구글맵에서 예약할 수 있다. MAP ⑭

GOOGLE 마루하쇼텐
TEL 0138-27-7272
PRICE 가리비 버터구이 550엔, 임연수어구이 1320엔, 오징어구이 748엔, 굴 330엔~, 곱창전골 2인분 2200엔, 5가지 모둠회 1580엔
OPEN 17:00~다음 날 01:00/부정기 휴무
WEB maruhashouten-hakodate.gorp.jp
WALK JR 하코다테역 중앙 출구 5분(다이몬요코초 내)

#Walk

낮과 밤에 오르니 아름다움이 두 배!
모토마치 언덕길

하코다테를 상징하는 이미지 대부분은 모토마치元町에서 만들어진다. 부드럽게 올라간 하코다테산을 등지고 길마다 총총히 이국적인 건물과 바다가 보이는 풍경들. 모토마치는 반드시 낮과 밤, 하루에 두 번 이상 오르길 추천한다. 파스텔톤의 낮과 반짝이는 밤의 그림은 어느 것 하나 놓치기 아까우니까.

베이 에어리어와 곧장 이어지는 길
니줏켄자카
二十間坂

하치만자카와 더불어 아름답기로 유명하지만, 바다가 보이지 않아 인기는 덜하다. 베이 에어리어와 이어지는 길로, 아래로 쭉 따라 내려가면 JR 하코다테역까지 닿는다. 베이 에어리어로 가는 길목에 있는 일본에서 가장 오래된 콘크리트 전신주는 레트로 마니아들 사이에서 나름 인기 스폿. 지금의 둥근 전신주와 달리 위로 올라갈수록 점점 좁아지는 사각 형태다. 도시에 워낙 옛 풍경이 많아서 그런지 주민들에게는 별 것 아닌 느낌. 일부러 찾아갈 만한 곳은 아니고 근처 카페에 들를 때 걸어보기 좋다. MAP ⑭

GOOGLE QP78+J8 하코다테(언덕길 초입에 있는 건물)
WALK 하코다테 전차 주지가이十字街 정류장 3분

2 모토마치 교회들은 이 길을 기준으로!
다이산자카
大三坂

일본 국토교통성이 선정한 '일본의 길 100선'에 이름을 올린 언덕이다. 하코다테 하리스토스 정교회, 하코다테 성요한 교회, 가톨릭 하코다테 모토마치 교회가 이 길에 있고 특히 가을 풍경이 아름답기로 유명하다. 길 끝에 이어지는 차차노보리チャチャ登り 언덕은 '할아버지(차차) 언덕'이라는 뜻. 누구라도 허리를 구부려야 오를 수 있을 만큼 경사가 가팔라서 지어진 이름이다. MAP ⑭

GOOGLE 하코다테 다이산길
WALK 하코다테 전차 주지가이十字街 정류장 4분

: WRITER'S PICK :

하코다테의 상징 = 오르막길

하코다테산으로 이어진 오르막길들은 하나같이 가쁜 숨을 몰아쉴 만한 가치 있는 풍경을 선사한다. 주변 명소와 함께 둘러볼 것을 권하며, 곁으로 이어지는 작은 골목들도 매력이 넘치니 느긋한 마음으로 산책해보자. 렌터카 이용 시 하코다테야마 로프웨이 탑승장 앞 유료 주차장(364p)에 차를 세우고 걸어다니는 방법을 추천한다.

3 날씨만 좋다면 막 찍어도 사진작가

하치만자카

八幡坂

그 명성이 어떤고 하니, 여행자라면 누구나 반드시 사진을 찍고 가는 장소이고, 영화나 드라마 스태프들은 단골 배경지 점찍어둔 지 오래다. 포석이 깔린 언덕길을 오르다가 불현듯 뒤를 돌면 펼쳐지는 바다 풍경. 바다를 향해 곧게 뻗은 길 끝에는 항구가 보이고, 기념관이 된 연락선 세이칸호가 멋지게 서 피사체가 되어 준다. 밤에도 예쁘지만, 날씨 좋은 낮에는 무조건 달려가 파란 하늘과 파란 바다가 만나는 모습을 담아보자. MAP ⑭

GOOGLE 하치만자카
WALK 하코다테 전차 스에히로초末広町 정류장 1분

4 하코다테 언덕길의 대표 선수

모토이자카

基坂

마치 유럽의 어느 길 같이 바닥의 작은 돌들이 하코다테 언덕의 대표 이미지가 되어 준다. 특히 아래서 올려다보면 모토마치 공원, 하코다테 구 공회당이 한 화면에 담겨 이곳 뷰로 관광 엽서나 포스터가 만들어지기도 한다. 다만, 홍보용 이미지를 먼저 보고 실물을 본다면 다소 실망할 수 있다. 길은 모토마치 공원 바로 아래서 시작된다. 공원을 등지면 앞으로는 푸른 바다가, 뒤로는 하코다테 구 공회당이, 옆으로는 구 영국영사관이 놓인다. MAP ⑭

GOOGLE motoisaka
WALK 하코다테 전차 스에히로초末広町 정류장 1분

#Walk

매일매일 하코다테 하이라이트
모토마치 공원 & 건축물

우리나라 사람들은 일본 여행지 하면 주로 오사카나 도쿄를 제일 먼저 떠올린다. 그렇다면 현지인이 가고 싶어 하는 곳은 어디일까? 일본의 한 기관에서 조사한 '47도도부현 매력도 랭킹'을 살펴보면 매년 1, 2위를 다투는 곳이 교토와 하코다테다. 벚꽃이 흩날리는 봄부터 소복이 눈이 쌓이는 겨울까지 모토마치는 일 년 내내, 매일매일 하코다테의 하이라이트다.

민트색 양파 모양의 지붕이 보인다면

하코다테 하리스토스 정교회

函館ハリストス正教会

양파 모양의 반원형 지붕이 눈에 띄는 일본 최초의 러시아 정교회 성당이다. 1859년 러시아 영사 고시케뷔치가 세운 옛 러시아영사관의 부속 성당으로, 1907년 하코다테 대화재로 소실된 것을 1916년 재건했다. 내부의 아름다운 성상은 러시아 상트페테르부르크에서 가져온 것. 1861년에는 일본에 최초로 그리스 정교를 선교하기도 했다. 1996년 환경청 주관 '일본의 소리 풍경 100선'에 선정된 아름다운 종소리에도 귀 기울여 보자. MAP ⑭

GOOGLE 하코다테 하리스토스 성당
TEL 0138-23-7387
WALK 다이산자카가 끝나는 지점에서 계단을 통해 올라간다.

정방형의 독특한 건축 양식

2 하코다테 성 요한 교회

函館聖ヨハネ教会

홋카이도 최초의 영국 개신교 성공회 교회다. 다른 교회들과 마찬가지로 화재로 몇 차례 소실된 것을 1979년 마지막으로 복원했다. 위에서 봤을 때 정사각형의 십자형 갈색 지붕이 특징. 실내에 있는 파이프 오르간과 스테인드글라스도 유명하다. 매주 예배가 있고 종종 콘서트홀로 변신하기도 한다. MAP ⑭

GOOGLE 하코다테 성 요한 교회
TEL 0138-21-3323
WALK 하코다테 하리스토스 정교회 바로 동쪽

닭 모양 풍향계를 찾자

3 가톨릭 하코다테 모토마치 교회

カトリック 函館 元町教会

평소에는 관광 명소, 주일에는 어김없이 미사를 진행하는 가톨릭 교회다. 1859년 프랑스 선교사가 외국인을 위해 미사를 처음 드린 이후 1867년 임시 성당을 거쳐 1877년 비로소 건립했다. 지금 성당은 두 번의 화재를 겪고 난 뒤 1924년에 재건한 것이다. 대종루 지붕 끝에 달린 닭 모양 풍향계가 시그니처로, 성경에서 닭 우는 소리와 관련한 베드로 일화에서 비롯됐다. 내부에는 교황 베네딕트 15세가 보낸 제단과 그리스도의 탄생에서 재판에 이르는 과정을 담은 성화가 유명하다. MAP ⑭

GOOGLE 모토마치 성당
TEL 0138-22-6877
WALK 다이산자카가 끝나기 직전 오른쪽(언덕 방향 기준)

: WRITER'S PICK :

모토마치 풍경의 1등 공신은 교회!

하코다테를 더욱 이국적으로 만드는 교회들은 각각 다른 생김새로 시각적인 즐거움을 준다. 서로 멀지 않은 곳에 있어 한꺼번에 둘러보기도 좋다. 각 교회는 저녁 약 10시까지 조명을 비춰 낮과 다른 풍경을 선사한다.

4

항구가 내려다보이는 공원

모토마치 공원

元町公園

GOOGLE 모토마치 공원
TEL 0138-27-3333
WALK 모토이자카 언덕 끝

모토이자카를 따라 올라가면 하코다테항 조망이 아름다운 모토마치 공원과 만난다. 중앙의 에메랄드색 건물은 옛 홋카이도청 하코다테 지청 청사 건물. 지금은 하코다테시 사진역사관으로, 모토마치 관광안내소가 들어섰다. 붉은색 벽돌 건물은 서적 창고이며, 곳곳에 하코다테 발전에 기여한 사람들의 동상이 있다. 여름에는 계단을 무대로 꾸며 각종 이벤트를 열기도 한다. **MAP ⑭**

+MORE+

하코다테에 뿌리내린 독일식 소시지
하코다테 칼 레이몬 函館 Carl Raymon

독일인 칼 레이몬 할아버지가 처음 만든 독일 전통 방식의 소시지, 오늘날 하코다테 소시지의 시초다. 1층에서는 소포장한 소시지와 핫도그, 음료 등을 팔고, 2층에서는 칼 레이몬의 역사를 둘러볼 수 있다. 기왕이면 뽀득뽀득한 질감이 독특한 모토마치 한정 생소시지를 맛보고 가자. **MAP ⑭**

GOOGLE raymon house motomachi
TEL 0138-22-4596
PRICE 모토마치 한정 생소시지 400엔, 핫도그 380엔~
OPEN 09:00~18:00
WEB www.raymon.co.jp
WALK 다이산자카 중간쯤 왼쪽(언덕 방향 기준)

5

파스텔 블루와 금빛 테두리의 조화

구 하코다테구 공회당

旧函館区公会堂

모토마치 공원 위의 유럽식 건축물이다. 금색 테두리와 파스텔 블루 색 외벽이 어느 방향에서 봐도 독특하다. 1911년 일왕세자 가족 방문 기간에 맞춰 100억여 원의 거금을 들여 완성한 시민 공동 공간으로, 당시 왕실 가족이 머문 화려한 침실 등을 둘러볼 수 있다. 특히 2층 발코니에서 바라보는 황홀한 바다 전망이 유명하다. 발코니에서 풍성한 서양식 드레스를 빌려 입고 사진을 찍는 일본인 여행자들을 구경하는 것도 재미다. MAP ⑭

GOOGLE 하코다테 공회당
TEL 0138-22-1001
PRICE 300엔, 학생·어린이 150엔
OPEN 09:00~18:00(토~월 ~19:00, 11~3월 ~17:00)/12월 31일~1월 3일 휴무
WEB hakodate-kokaido.jp
WALK 모토마치 공원 바로 남쪽

공원 아래 아담한 기념관

구 영국영사관

旧イギリス領事館

흰 벽과 푸른 창틀의 조화가 낡은 듯 멋스러운데, 알고 보면 사실 수차례 화재를 견뎌낸 기구한 건물이다. 하코다테가 개항한 뒤 1859~1934년에 영국영사관으로 사용, 1979년에 하코다테시 유형문화재로 지정돼 1992년 복원 후 일반에 공개하고 있다. 영사관 당시의 모습을 재현한 영사 집무실, 개항 역사실, 개항 기념홀 등을 관람할 수 있다. MAP ⑭

GOOGLE 하코다테시 구 영국 영사관
TEL 0138-27-8159
PRICE 300엔, 학생·어린이 150엔
OPEN 09:00~19:00(11~3월 ~17:00)
WEB www.fbcoh.net/ko
WALK 모토이자카를 따라 언덕을 올라 모토마치 공원이 나오기 직전 왼쪽

우아하게 영국식 티타임

빅토리안 로즈

Victorian Rose

구 영국영사관 건물의 1층 티룸이다. 전시실에 유료로 입장하지 않아도 티룸은 자유롭게 이용할 수 있다. 영국에서 물 건너온 고가구와 소품으로 공간을 멋스럽게 꾸며놓았다. 옛 영국 귀족처럼 우아하게 앉아 따뜻한 홍차와 케이크를 음미해보자. 한쪽에는 영국 잡화숍 퀸즈 메모리クィーンズメモリー가 있고, 창밖에는 아름다운 장미 정원이 펼쳐진다. MAP ⑭

PRICE 홍차 680엔, 빅토리안 케이크 1조각 480엔, 애프터눈 티 세트 5600엔(2인)

8 해 질 녘 풍경이 그림 같은 곳

외국인 묘지

外国人墓地

국제무역항으로 활기가 돌 당시 하코다테에 살던 많은 외국인이 바다가 보이는 풍경 한켠에 영원히 잠들어 있다. 국가는 물론 종교에 따라 구역을 나눠놓은 것이 특징. 모토마치에서 15~20분간 산책하기 좋은 위치에다가, 날씨 좋은 날 일몰 또한 아름다워 일부러 찾는 사람이 의외로 많다. MAP ⑭

GOOGLE 하코다테 외국인묘지
MAPCODE 86 039 751*43
TEL 0138-21-3396
WALK 하코다테 전차 하코다테도크마에函館どつく前(종점) 정류장 15분

函館どつく前
39
箱館ハイカラ號

현지인이 아끼는 모토마치의

작은 가게

오래된 건물들이 만든 이국적인 풍경과 아름다운 전망으로 여행자의 사랑을 듬뿍 받는 모토마치. 낮에는 언덕길 아래로 펼쳐지는 아름다운 풍경이, 밤에는 보석처럼 반짝이는 하코다테의 야경이 기다리고 있다. 여기에 현지인들이 애정해 마지않는 작은 빵집이 더해져 여행자의 소확행이 완성되는 곳.

장작을 때워 굽는 고소한 빵

톰볼로

tombolo

천연 효모, 밀가루, 소금과 물만으로 반죽한 빵을 장작불에 구워낸다. 무화과와 호두를 넣은 캄파뉴カンパーニュ, 넛츠 빵NUTs パン, 바게트バゲット 등 건강한 빵이 인기다. 가게 안쪽에는 도예 갤러리가 있어 하코다테 지역 아티스트의 작품을 만날 수 있다. 빵집이면서 일종의 갤러리인 셈. 가게 이름 뜻은 '사주(육지와 섬 사이에 퇴적물이 쌓여 만들어진 땅)'로, 홋카이도와 하코다테산이 이 같은 형태로 이어졌다. 목~일요일에만 문을 여니 주의! MAP ⑭

GOOGLE tombolo hakodate motomachi
MAPCODE 86 041 304*86
TEL 0138-27-7780
PRICE 하드계열 빵 1/2개 500~600엔
OPEN 11:00~17:00(완판 시 영업 종료)/월~수 휴무
WEB tombolo.jpn.org
WALK 다이산자카 중간쯤(언덕 방향 기준)

이른 아침 빵 투어를 부르는 곳

빵공방 모토마치 본빵

パン工房 元町ぼん·ぱん

우리 동네에도 있었으면 좋겠다 싶을 정도의 아담하면서도 귀여운 빵집. 작은 빵들은 가격도 저렴해서 더욱 애정이 간다. 소금빵이나 크림빵 등 기본 빵들이 맛있고 하코다테의 유명 레스토랑 고토켄五島幹의 카레를 넣은 고토켄 카레빵도 별미. 오전 7시부터 문을 열기 때문에 인근 주민들도 아침 빵을 사러 자주 오는 곳이다. 호텔 조식이 없다면 아침부터 빵 투어에 나서보자. 니줏켄자카 초입에 있다. MAP ⑭

GOOGLE 빵공방 모토마치 본빵
MAPCODE 86 041 400*74
TEL 0138-22-8008
PRICE 1개 160~300엔대
OPEN 07:00~18:00/일 휴무
WALK 니줏켄자카에 오르기 바로 전

음악과 향기가 있는 카페

리틀핏

二十間坂 Little feet

깔끔하고 전망 좋은 니줏켄자카에 자리한 작은 카페. 마스터가 천천히 내려주는 향 좋은 드립 커피를 비롯해 홍차와 매일 바뀌는 런치 등을 맛보면서 주인이 수집한 1970~80년대 재즈·록 LP 음반을 매킨토시 앰프와 JBL 4425 스피커의 조합으로 감상할 수 있다. 예쁜 모양과 부드러운 식감이 매력적인 수제 푸딩과 애플파이 등 가게에서 직접 만드는 디저트도 수준급. 무엇보다 친절하고 따뜻한 응대에 기분이 좋아지는 곳으로, 토요일 밤에는 위스키와 맥주 등을 즐길 수 있는 바로 운영한다. MAP ⑭

GOOGLE 니줏켄자카 리틀핏
MAPCODE 86 041 339*82(가게 옆 2대 주차 가능)
PRICE 드립 커피 650엔, 푸딩 600엔, 애플파이 600엔, 런치 800엔~
OPEN 11:00~16:00/목·금 휴무
WEB www.instagram.com/20littlefeet
WALK 니줏켄자카 초입 오른쪽(언덕 방향 기준)

받자마자 '순삭'! 쫄깃쫄깃 크레페

안젤리크 보야쥬

アンジェリック·ヴォヤージュ

테이크아웃 전문인 크레페 맛집. 한 번에 3팀씩만 입장할 수 있어서 항상 바깥에 긴 줄이 늘어선다. 홋카이도산 달걀과 밀가루로 반죽하고 제철 과일과 홋카이도산 생크림을 듬뿍 넣어 만드는 크레페는 쫄깃함과 부드러움이 동시에 느껴지는 맛. 받는 즉시 먹는 것이 포인트다. 일본인 관광객들이 잔뜩 사 가는 기념품인 쇼콜라 보야쥬는 홋카이도산 생크림과 고급 가나슈로 만드는 종 모양의 미니 초콜릿 케이크(12개입)로, 냉동 보관해 당일 먹는 것이 원칙이다. 당장 먹을 게 아니라면 이동 시간을 고려해야 해서 보냉제(무료)와 가방(유료)이 필요하다. MAP ⑭

GOOGLE 안젤리크 보야쥬
MAPCODE 86 040 592*55, 86 040 622*70
(1500엔 이상 구입 시 1시간 무료)
TEL 0138-76-7150
PRICE 크레페 700엔~, 쇼콜라 보야쥬 2000엔
OPEN 10:00~19:00
WEB www.angeliquevoyage.com
WALK 모토마치 공원 4분

처음 만나는 하코다테 아티스트

Made in 하코다테

홋카이도 전역에서 판매하는 특산품은 출국할 때 신치토세공항에서 모두 구할 수 있다. 그러면 하코다테에서만 살 수 있는 물건은 뭐가 있을까? 'Made in 하코다테'. 하코다테에서 활동하는 아티스트의 작품을 만나보자.

지역 아티스트의 작품이 한자리에

하코다테 코게이샤

はこだて工芸舎

하코다테에서 활동하는 작가들의 패션·액세서리 작품과 그 밖의 생활용품 등 다양한 아이템이 가득한 갤러리숍이다. 특히 도예 작품의 리스트가 많고 매장에서 직접 도예 체험도 해볼 수 있다. 레트로한 감성 가득한 오래된 건물은 영화 <세상에서 고양이가 사라진다면> 속 영화관으로 등장하기도 했다. MAP ⑭

GOOGLE 하코다테 코게이샤
MAPCODE 86 041 351*62
TEL 0138-22-7706
OPEN 11:00~18:00
WEB www.hakodate-kogeisya.jp
WALK 하코다테 전차 주지가이十字街 정류장 1분

+MORE+

하코다테공항에서 출국한다면 하코토다테 函と館

모토마치에 있진 않지만, 하코다테 기념품을 고른다면 여기만큼 적당한 곳도 없다. 하코다테공항 2층의 세련된 가게. 전통의 일본 잡화 브랜드 나카가와 마사사치 상점과 하코다테공항이 합작해 만든 콘셉트스토어다. 하코다테를 상징하는 오징어, 항구 등을 모티브로 한 빈티지한 디자인에 식품, 액세서리, 소품 등 다루는 영역도 다채롭다. 쇼핑을 마쳤다면 칸칸KANKAN 코너에서 선물 포장을 해보자. 하코다테 명소가 그려진 캔에 구매한 선물을 밀봉해 준다.

GOOGLE 하코토다테
OPEN 08:00~19:30
WALK 하코다테공항 2층

주머니에 넣고 싶은 하코다테

갤러리 무라오카

GALLERY MURAOKA

성 요한 교회 근처에 1990년 오픈한 갤러리숍이다. 오너인 무라오카씨가 나름의 기준으로 선별한 하코다테 출신 작가들의 작품을 선보인다. 또 종종 이곳 출신 작가가 아니더라도 하코다테와 어울리는 작품이 있다면 소개하기도 한다. 무엇보다 놓치지 말아야 할 작품은 하코다테 미니어처. 주요 건축물을 단순히 작게 본뜬 것이 아니라, 설계도대로 정밀하게 구현해냈다. MAP ⑭

GOOGLE muraoka gallery
MAPCODE 86 041 151*26
TEL 0138-27-2961
OPEN 10:00~19:00/수 휴무(공휴일은 그다음 날)
WEB www6.ncv.ne.jp/~gmuraoka
WALK 하코다테 성 요한 교회1분

도쿄에서 온 세련된 가죽 공방

오지오 본점

OZIO 本店

가죽 공방 겸 갤러리숍. 도쿄에서 활동하던 가방 디자이너 나가미네 야스노리가 하코다테로 터를 옮기며 오픈했다. 이탈리아나 일본에서 생산한 가죽으로 다양한 작품 활동을 하며, 펭귄, 기린 등 동물 패턴에서 생생한 포즈와 디테일한 표정이 살아있다. 하코다테 풍경이나 건물을 소재로 한 작품도 만나볼 수 있다. 카네모리 아카렌가 창고군의 카네모리요부츠칸에도 지점이 있다. MAP ⑭

GOOGLE 하코다테 ozio
MAPCODE 86 041 249*12
TEL 0138-23-1773
OPEN 10:00~19:00/부정기 휴무
WEB www.oziodesign.com
WALK 니줏켄자카 중간쯤 신호등 있는 사거리 1분

#Walk

반짝이는 빛의 바다를 굽어보는 하코다테야마

해발 334m의 그리 높지 않은 산이지만, 약 10°의 기울기는 하코다테 시가지와 항구를 바라보기에 더할 나위 없는 각도다. 모래시계처럼 잘록한 도심을 양쪽에서 바다가 감싸 쥔 듯한 독특한 풍경.
낮은 물론이거니와, 밤의 전망은 나폴리, 홍콩과 함께 '세계 3대 야경', 고베의 마야산, 나가사키의 이나사산과 함께 '일본 3대 야경'으로 꼽힐 만큼 탁월하다.

하이라이트? 사실 모 아니면 도!

하코다테야마 전망대

函館山展望台

한적한 하코다테 시내를 둘러보다가 전망대에 오면 깜짝 놀랄 수도 있다. 맑은 날씨를 믿고 올라왔는데 웬걸! 전망대 풍경은 안개가 가득하거나, 운이 좋아 맑다고 해도 아수라장이 따로 없을 만큼 사람이 많기 때문. 미리 열어본 보석상자 같은 야경 사진에 기대감을 고조시키기보단, 일단 마음을 비우고 아래 전망대 이용 팁을 참고해 여행 계획부터 차근히 세우는 것이 현명하다. MAP ⑭

GOOGLE 하코다테산전망대
TEL 0138-23-3105(하코다테 로프웨이)
OPEN 10:00~22:00(10월 16일~4월 24일 ~21:00)/날씨에 따라 다를 수 있음

: WRITER'S PICK :

별명이 보석상자, 일본 제1의 야경 하코다테

하코다테야마에서 본 전망은 2011년 미슐랭 그린가이드 재팬 별 3개, 2011년 11월~2012년 10월 트립어드바이저 리뷰로 본 일본의 야경 1위, 그 밖에 다수의 여행 관련 랭킹에서 현재까지도 꾸준히 상위권을 차지하고 있다.

하코다테야마 전망대 이용 팁

❶ 시내 날씨가 좋아도 산 위에는 안개가 낄 수 있다. 올라가기 전 하코다테야마를 보며 안개가 있는지 한 번 더 체크한다. 모토마치, 베이 에어리어 등 관광지에서 하코다테야마 전망대가 보인다. 특히 여름에는 안개가 잦아 '안개 야경'이라고도 불리지만, 겨울에는 눈과 일루미네이션으로 그 어느 계절보다 반짝이는 야경을 감상할 수 있다.

❷ 야경은 해가 지고 난 뒤 30분 후에 가장 아름답다는 평이 많다. 하지만 예쁜 사진을 찍고 싶다면 해가 지기 전에 올라가 자리를 선점해두는 것이 좋다. 보통 일몰 1시간 전부터 사람들이 자리를 잡고 잘 비켜주지 않는다.

❸ 하코다테 월평균 일몰 시각(평년 기준)

월	1	2	3	4	5	6	7	8	9	10	11	12
시각	16:10	16:50	17:30	18:00	18:30	19:10	19:20	19:00	18:10	17:10	16:30	16:00

하코다테야마 전망대까지 가는 법

❶ 하코다테야마 로프웨이
函館山ロープウェイ

산기슭의 하코다테 로프웨이函館山ロープウェイ 정류장에서 출발해 정상까지 약 3분간 공중산책. 오르는 과정에서부터 하코다테 거리, 츠가루 해협 등 탁 트인 풍경을 내다볼 수 있다. 한 번에 125명까지 탑승 가능.

GOOGLE 하코다테야마 로프웨이
MAPCODE 86 041 065*37(유료 주차장)
TEL 0138-23-3105
PRICE 왕복 1800엔, 초등학생 1200엔/IC카드 사용 가능
주차장 1시간 200엔, 이후 30분당 100엔
OPEN 10:00~22:00(10월~4월 중순 ~21:00)/15분 간격 운행/로프웨이 정기 점검 시 운휴
WEB 334.co.jp
WALK 하코다테 전차 주지가이十字街 정류장 12분/하코다테 성 요한 교회 3분

❷ 하코다테야마 등산 버스(1번)
函館山登山バス

초록빛 싱그러운 산길을 달려 정상까지 가는 버스다. JR 하코다테역 앞 4번 승차장에서 출발해 하코다테 아침시장, 하코다테 국제호텔, 메이지칸, 주지가이, 하코다테 로프웨이 등을 거치므로 베이 에어리어에서 출발할 때 특히 편하다. 로프웨이보다 요금이 저렴한 것도 장점. 올라갈 때는 오른쪽, 내려갈 때는 왼쪽에 앉아야 보다 좋은 경치를 누릴 수 있다. 운행 날짜는 매년 다르며, 보통 4월 중순~9월 말 또는 10월 초까지 운행한다. 약 30분 소요.

SCHEDULE 하코다테역 출발: 13:30~19:30/1일 7~9회 운행(하행 막차 20:30)/여름철은 연장 운행, 시즌에 따라 조금씩 다름
PRICE 편도 700엔, 어린이 350엔/하코다테 버스 1일 승차권, 전차·버스 1·2일 승차권, IC카드, 현금 사용 가능
WEB www.hakobus.co.jp

❸ 하코타테야마 로프웨이 셔틀버스
(2번) 函館山ロープウェイシャトルバス

JR 하코다테역 앞 4번 승차장에서 출발해 하코다테야마 로프웨이 정류장 앞까지 간다. 노선은 등산 버스와 같다.

SCHEDULE 하코다테역 출발: 18:25, 18:55, 19:25, 19:55*/로프웨이 정류장 출발: 18:40, 19:10, 19:40, 20:10*
*막차 운행은 상황에 따라 다르니 당일 막차 시간을 꼭 확인 후 이용한다.
PRICE 편도 280엔, 어린이 140엔

❹ 관광버스 観光バス

JR 하코다테역이나 주요 호텔에서 출발해 가이드가 동승하기도 하고 하코다테 주요 관광지까지 아우르기도 하는 투어 버스다. 코스, 요금, 시간은 프로그램에 따라 다르니 하코다테역 관광안내소나 호텔 프런트에 들러 자신의 일정과 맞는 것을 선택한다. 요금은 2000엔~.

❺ 렌터카

렌터카를 타고 전망대가 있는 정상까지 직접 올라갈 수는 있다. 하지만 11월 중순부터 4월 초·중순까지는 등산로 폐쇄, 4월 초·중순부터 11월까지는 오후에 차량 통행이 금지되므로 야경을 보러 가기에는 무용지물이다. 렌터카 이용자라면 로프웨이 주차장에 차를 세우고 로프웨이를 타는 것이 베스트 초이스.

❻ 도보

하코다테야마 후레아이 센터函館山ふれあいセンター(하코다테 로프웨이 정류장에서 도보 6분)에서 정상까지 완만한 언덕길을 따라 약 4km 길이의 등산로가 잘 정비돼 있다. 상쾌한 산 공기를 마시며 정상까지 빠르면 1시간 안에 주파 가능. 운동화는 필수고, 겨울에는 스노우부츠를 추천한다. 여름에는 방충제도 꼭 뿌리고 가자.

메뉴보단 다른 게 무기!
하코다테의 카페가 특별한 이유

바다 전망이 예쁜 카페

바다로 둘러싸인 하코다테에는 멋진 전망의 카페가 많다. 하늘과 맞닿은 바다 풍경이야 어디서나 아름답겠지만, 하코다테는 수수하고 평온한 느낌. 일몰을 배경으로 조용히 차 한 잔 마시며 몸과 마음을 가라앉혀 보자.

석양을 바라보며 조용히 차 한 잔

티숍 유히

ティーショップ 夕日

개인적인 취향으로 하코다테에서 단 하나의 카페만 추천해보라면 여기다. 1885년에 지은 검역소 건물을 2014년 리뉴얼해 내부도 개화기 당시 서양에서 수입한 물건들로 채웠다. 교토 우지산 말차나 가고시마산 엽차 등을 파는 일본 차 전문점으로, 현지인에겐 석양 명소로 유명하다. 목·금요일은 문을 닫으니 헛걸음하지 않도록 주의하자. MAP ⑭

GOOGLE tea shop yuhi
MAPCODE 86 038 597*80(주차장)
TEL 0138-85-8824
PRICE 말차 1100엔, 엽차 700엔
OPEN 11:00~일몰(여름 ~19:00경)/수·목 휴무
WALK 외국인 묘지 3분

카페 안보다는 카페 밖 전망이 각별해

카페테리아 모리에

カフェテリア モーリエ

외국인 묘지(356p) 근처 바다와 가까운 절벽 위 카페다. 오래된 시골 다방 느낌이라 실내 분위기가 좋은 편은 아니지만, 커다란 창문으로 시원하게 펼쳐지는 바다가 매력적이다. 수량 한정으로 판매하는 시그니처 메뉴는 빵 안에 양파와 감자, 다진 고기를 채워 넣은 러시아 전통요리 피로시키ピロシキ. 조각 케이크나 갓 구운 미니 사이즈 빵, 수제 쿠키도 맛있다. 일본 유명 밴드 글레이GLAY의 뮤직비디오와 영화 촬영지로도 유명하다. MAP ⑭

GOOGLE 카페테리아 모리에 하코다테
MAPCODE 86 038 779*47
TEL 0138-22-4190
PRICE 피로시키 570엔(음료 세트 970엔), 커피·러시안티 550엔~
OPEN 11:00~18:00(L.O.17:30)/월~수·1~2월·부정기 휴무
WALK 외국인 묘지 1분

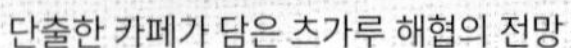

단출한 카페가 담은 츠가루 해협의 전망

라미네르

LAMINAIRE

외국인 묘지 반대편, 모토마치에서 걸어서 10분이면 닿을 수 있다. 주변은 다소 썰렁하지만, 바다를 오롯이 즐기기에좋은 곳이다. 바다와 하늘, 바람과 나, 이렇게 미니멀한 상태로 온전한 시간을 보낼 수 있다. 카페는 아주 심플한 스타일. 일본 아이돌 출신 배우 카메나시 카즈야 주연의 영화 <P와 JK>의 촬영지로도 유명하다. MAP ⑭

GOOGLE laminaire hakodate
MAPCODE 86 012 483*42(주차장)
TEL 0138-27-2277
PRICE 블렌드 커피 600엔, 아이스 커피 600엔, 카페라테 700엔
OPEN 11:00~18:00/목 휴무
WALK 하코다테 전차 호라이초宝来町 정류장 5분

세계에서 가장 아름다운 매장 리스트에 여기도 넣어주오!

스타벅스 하코다테 베이사이드점

Starbucks 函館ベイサイド店

어디서나 볼 수 있는 스타벅스지만, 바다가 보이는 스타벅스는 흔치 않다. 좌석 수도 120석 이상으로 홋카이도 내 스타벅스 매장 중에서도 비교적 큰 규모. 높은 천장과 부담 없는 메뉴가 있어 느긋하게 여유를 즐기기 좋다. 바다 전망도 좋지만, 반대편의 카네모리 아카렌가 창고군(341p)의 풍경도 운치 가득하다. MAP ⑭

GOOGLE 스타벅스 하코다테 베이사이드
MAPCODE 86 041 547*78(계약 주차장 토쇼파킹トーショーパーキング. 매장에서 1500엔 이상 이용 시 1시간 무료)
TEL 0138-21-4522
PRICE 아메리카노 435엔~
OPEN 07:00~22:00
WEB store.starbucks.co.jp
WALK 카네모리 아카렌가 창고군 카네모리 호 바로 앞

오래된 다락방 같은 빈티지 카페

하코다테에는 유독 빈티지한 감성의 카페가 많다. 시간이 느리게 가는 것만 같은 오래된 건물과 인테리어, 여기서는 메뉴보다는 분위기다. 잠시 차분해지고 싶을 때, 공간이 주는 아늑함을 느끼고 싶을 때 찾아가 보자.

친구들과 함께 가고픈 알록달록한 카페

로맨티코 로맨티카

ROMANTiCO ROMANTiCA

현지 여성들이 많이 찾는 캐주얼 카페. 애칭은 '로마로마'다. 관광객 가득한 베이 에어리어에서 조금 벗어나 나름 한갓지다. 파스타パスタ, 오므라이스オムライス 등의 런치 메뉴나 파르페パフェ 등 디저트로 유명하며, 옛 느낌이 나는 건물과 달리 알록달록한 내부 분위기가 인상적이다. 친구들과 편하게 담소를 나누며, 오너와 직원이 손수 작업했다는 인테리어 오브제를 구경하고 가자. MAP ⑭

GOOGLE romantico romantica hakodate
MAPCODE 86 070 252*00(주차장)
TEL 0138-23-6266
PRICE 런치 1400~2200엔(샐러드, 음료, 디저트 포함 여부에 따라 다름), 음료 650엔~
OPEN 11:00~20:00(런치 ~15:00)(L.O.19:00)/화·수 휴무
INSTAGRAM romaroma_japan
WALK 하코다테 전차 오마치大町 정류장 3분

오래된 건물이 주는 오묘한 분위기

모스트리

MOSSTREES

클래식한 분위기가 돋보이는 서양식 레스토랑. 모토마치의 언덕 히가시사카東坂에서 베이 쪽으로 내려오면 보이는 오래된 건물군에 속해 있다. 1910년 지은 빛바랜 모스그린색 건물은 본래 조명 가게였던 곳을 개조한 것. 노란 불빛의 실내조명과 빈티지한 소품, 삐걱대는 나무 바닥 등이 만들어낸 오묘한 분위기에서 파스타나 카레 런치 세트를 비교적 저렴하게 맛볼 수 있다. 맛은 그리 특별하지 않지만, 공간이 주는 특별함 때문에 매력 있는 곳. 옛날 스타일의 화장실도 신기하다. 현금 결제만 가능. MAP ⑭

GOOGLE 모스트리
MAPCODE 86 040 833*08(주차장)
TEL 0138-27-0079
PRICE 런치 세트 1080~1580엔, 음료 450엔~, 파르페 750엔~
OPEN 11:45~14:00, 17:30~23:00(토·일 브레이크타임 없음)/월 휴무
WALK 모토마치 공원 5분/하코다테 전차 오마치大町 정류장 3분

포근포근한 다다미방

키쿠 이즈미

菊泉

하치만자카 근처에 자리한 예스러운 카페다. 1921년 지어진 건물은 하코다테의 전통 건축물로 지정돼 있고 가구와 장식품도 레트로 감성으로 충만한 곳. 아늑한 다다미방에 앉아 달콤한 떡이 든 일본식 단팥죽 젠자이ぜんざい와 따뜻한 녹차를 즐길 수 있으며, 안쪽 테라스석은 언덕 아래로 펼쳐진 하코다테항을 감상하기 좋은 전망 포인트다. 일본 애니메이션 <러브 라이브! 선샤인!!>의 배경지로 등장한 곳으로, 가게 한쪽에는 애니메이션 속 모습 그대로 꾸며진 방도 마련돼 있다. 주차 불가. MAP ⑭

GOOGLE kikuizumi
TEL 0138-22-0306
PRICE 젠자이 & 화과자 세트(음료 포함) 1030엔, 음료 400~650엔
OPEN 10:00~17:00/목 휴무
WALK 하치만자카 언덕 끝 1분

#Walk

5월에는 핑크색 벚꽃 비가 내려요
고료카쿠

'홋카이도 최초의 개항 도시'라는 타이틀에 이어 하코다테가 거머쥔 또 하나의 '최초' 타이틀. 고료카쿠는 일본 최초로 프랑스 건축 방식을 도입해 만든 성곽이다. 17세기 요새를 참고하여 지은 성곽은 특이하게도 별 모양. 그 어여쁜 모양 뒤에는 일본사에서 유명한 하코다테 전쟁의 피비린내가 짙게 배어있기도 하다. 지금은 시민들의 나들이 장소로, 핑크색 벚꽃 비가 내리는 5월이면 그 모습을 보려는 인파들로 공원이 가득 찬다.

일본에서 보기 드문 별 모양 성곽

고료카쿠 공원

五稜郭公園

1854년 미·일 화친 조약을 체결한 도쿠가와 막부가 하코다테항을 개방하는 한편, 뒤로는 방비 강화를 위해 새로운 요새인 고료카쿠를 1864년 완공한다. 7년여의 건축 과정 동안 재정난으로 일부 디자인이 변경됐고 완공 후에도 하코다테 전쟁(1868~1869, 막부와 반란군 사이의 전쟁)의 무대가 되는 등 시련이 많았지만, 오늘날에는 일본에서 유일한 별 모양 성곽을 보기 위해 많은 사람이 나들이 삼아 찾는다. 특히 1600여 그루의 벚나무가 만발하는 봄에는 홋카이도의 대표 벚꽃 명소로 인기. 겨울에는 해자에서 비추는 라이트업이 근사하다. MAP ⑬

GOOGLE 고료카쿠
MAPCODE 86 165 294*10(유료 주차장)
OPEN 05:00~19:00(11~3월 ~18:00)
WEB www.hakodate-jts-kosya.jp/park/goryokaku
WALK 하코다테 전차 고료카쿠코엔마에五稜郭公園前 정류장 10분(230엔)/JR 하코다테역 중앙 출구 앞 4번 승차장에서 하코다테공항행 고료카쿠 타워·트라피스틴 셔틀버스 五稜郭タワー・トラピスチヌシャトルバス를 타고 고료카쿠타워마에五稜郭タワー前 하차 후 바로(280엔, 09:15~14:15 1시간 간격 운행)/전차·하코다테 버스 1·2일 승차권, IC카드 사용 가능

고료카쿠를 한눈에 담는 전망대

고료카쿠 타워

五稜郭タワー

2006년에 완성된 높이 107m의 전망 타워다. 별 모양의 성곽을 한눈에 조망할 수 있어 하코다테 여행의 필수 코스로 통한다. 1층에는 티켓 카운터와 기념품숍, 코인로커, 하코다테 전쟁에서 장렬하게 전사한 토시조 히지카타의 동상이 속한 아트리움 등이 있고, 전망대 1층에는 바닥이 강화 유리로 된 구역이 있어 스릴 있는 공중산책도 해볼 수 있다. 전망대 2층에는 고료가쿠가 처음 건설되었을 때의 모습을 1/250로 복원한 모델이 있다.
MAP ⑬

GOOGLE 고료가쿠 타워
PRICE 1200엔, 중·고등학생 900엔, 초등학생 600엔
OPEN 09:00~18:00(12~2월 라이트업 행사 시 17:00~20:00)
WEB www.goryokaku-tower.co.jp
WALK 고료카쿠 공원 내

③ 의외의 고료카쿠 전망 포인트

롯카테이 고료카쿠점

六花亭 五稜郭店

홋카이도 대표 제과 브랜드 롯카테이의 고료카쿠 지점이다. 매장 한쪽 커다란 통유리 창 너머로 한 폭의 그림 같은 고료카쿠 풍경이 펼쳐진다. 사계절 달라지는 고료카쿠 풍경을 고스란히 전시하는 셈. 롯카테이의 다양한 제품과 만나고 갤러리 같은 카페에서 여유로운 티타임을 즐길 수 있다. MAP ⑬

GOOGLE 롯카테이 고료카쿠점
MAPCODE 86 165 234*46(주차장) **TEL** 0138-31-6666
OPEN 숍 09:30~17:30, 카페 11:00~16:00(L.O.15:30)
WEB www.rokkatei.co.jp
WALK 고료카쿠 타워 정문 3분

④

하코다테 시오 라멘의 진수

아지사이 본점

あじさい 本店

1930년 창업한 하코다테의 명물 라멘집이다. 삿포로에 구수한 미소 라멘이 있다면 하코다테에는 소금으로 맛을 낸 깔끔한 시오 라멘味彩塩拉麵이 있다. 이 집의 시오 라멘은 그 맛의 진수. 다시마, 닭뼈, 돼지 뼈, 멸치 등을 넣고 끓인 국물에 대파, 멘마, 차슈 등을 토핑으로 얹어준다. 교자를 곁들여 더욱 풍성한 맛을 즐겨보자. 하코다테역과 베이 에어리어 근처에는 물론 신치토세공항에도 분점이 있다. 키오스크(한국어 지원)에서 주문한다. MAP ⑬

GOOGLE 아지사이 본점
MAPCODE 86 165 054*12(주차장) **TEL** 0138-51-8373
PRICE 시오라멘 980엔, 프리미엄 시오라멘 1100엔
OPEN 11:00~20:30(L.O.20:25)/넷째 수(공휴일은 다음 날) 휴무
WEB ajisai.tv
WALK 고료카쿠 타워 정문 1분

⑤ 하코다테의 본성은 와일드한 항구 도시!

하코다테시 호쿠요 뮤지엄

函館市北洋資料館

일본의 북쪽 끝, 러시아 사할린과 가까운 홋카이도 어업에 관한 박물관이다. 쿠릴열도와 오호츠크해 등을 향해 출항한 하코다테 어업 역사를 다양한 자료를 통해 전시하고 있다. 지금은 낭만적인 풍경의 하코다테가 실은 활발하고 거친 어부들의 도시였음을 이곳에서 느낄 수 있다. 특히 조타실을 재현한 시뮬레이션 체험 코너가 인기. 험한 파도에 맞서 배를 몰아보는 체험이 어린이들에게는 흥미진진한가 보다. 대단한 박물관은 아니지만, 소소한 즐거움이 있고 고료카쿠에서 가까워 아이를 동반했다면 잠시 들러볼 만하다. MAP ⑬

GOOGLE 하코다테 베이양자료관
MAPCODE 86 136 785*70(유료 주차장, 입장권 소지 시 할인)
TEL 0138-55-3455
PRICE 100엔, 학생·어린이 50엔
OPEN 09:00~19:00(11~3월 ~17:00)/12월 31일~1월 3일 휴관
WEB www.zaidan-hakodate.com/gjh/hokuyo
WALK 고료카쿠 타워 정문 3분

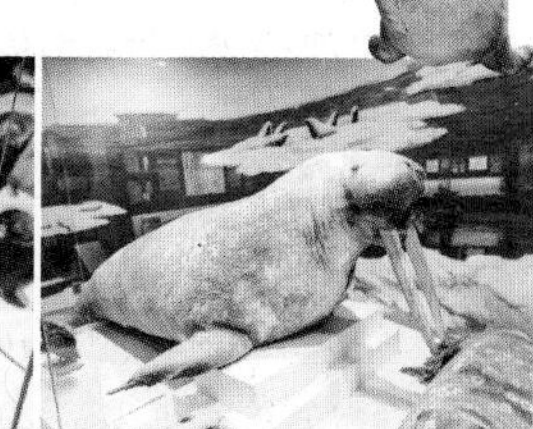

가장 예쁜 무지 매장 손 들어 보세요!

셰어 스타 하코다테

シエスタ ハコダテ

2017년 오픈한 복합상업시설이다. 이곳의 무기는 일본 전역의 무인양품MUJI 매장 가운데 특별히 예쁘기로 소문난 매장이 있다는 것. 삼나무와 관엽 식물 등 자연 친화적인 인테리어로 꾸민 무지 매장이 지역 주민들의 핫플레이스다. 2021년엔 식문화에 힘을 준 전문 매장으로 전면 리뉴얼해 더욱 구경거리가 많아졌다. 홋카이도산 과일과 야채 가게, 제철 재료와 천연 조미료로 만든 도시락과 반찬 가게, 빵집 등이 입점한 지하 1층을 꼭 둘러볼 것. 4층에서는 밴드 그레이GLAY 팬의 성지인 G스퀘어 부조 작품을 감상할 수 있다. MAP ⑬

GOOGLE 셰어 스타 하코다테
MAPCODE 86 135 440*46(유료 주차장, 셰어 스타 매장 이용시 90분 무료)
TEL 0138-31-7011
OPEN 10:00~20:00(상점마다 다름)/1월 1일 휴무
WEB www.sharestar.jp/top
WALK 하코다테 전차 고료카쿠코엔마에五稜郭公園前 정류장 1분/고료카쿠 타워 정문 8분

+MORE+

언제든 가고 싶은 기분 좋은 공간
하코다테 츠타야 서점 函館 蔦屋書店

책이 있는 세련된 공간, 일본 곳곳에서 '서점 같지 않은 서점'으로 인기를 더하는 츠타야 서점이다. 책을 파는 공간을 너머 복합문화공간으로서의 역할을 자처하며 마니아를 불러 모으는 중. 일부러 츠타야를 방문하기 위해 일본을 찾는 우리나라 팬도 많다. 책과 커피, 문구, 의류, 패션, 액세서리를 넘나들며 취향을 파는 츠타야에서 하코다테만의 특징이라면 캠핑용품 매장이 있다는 것. 와일드한 홋카이도에 어울리는 테마 매장을 만나볼 수 있다. 대중교통으로 가기에는 조금 불편한 위치지만, 그렇다고 못 갈 정도는 또 아니다. MAP ⑬

GOOGLE 하코다테 츠타야 서점
MAPCODE 86 283 351*62(주차장)
TEL 0138-47-2600
OPEN 09:00~22:00
WEB www.hakodate-t.com
CAR 하코다테역 7km

#Walk

바다를 바라보며 신선놀음해볼까?
유노카와 온천

유노카와 온천湯の川温泉은 홋카이도 3대 온천으로 꼽히는 오래된 온천 마을이다. 하코다테 시내 중심과 공항의 중간쯤으로, 하코다테 전차를 타고 30분이면 도착하는 접근성이 가장 큰 장점이다. 단, 그만큼 기대했던 일본의 고즈넉한 온천 풍경과는 거리가 있고, 19세기에 개발된 만큼 각종 시설의 노후화도 감안해야 한다. 하지만 바다를 감상하며 즐기는 온천욕만큼은 상당히 매력적. 해 질 녘 바다가 보이는 노천탕은 잊지 못할 시간이 될 것이다.

1 가장 먼저 만나는 무료 족욕탕
유메구리부타이
湯巡り舞台

하코다테 전차를 타고 유노카와온센 정류장에서 내리면 바로 찾을 수 있는 무료 족욕탕이다. 지나가던 시민들, 일부러 찾아온 여행자들이 잠시 앉아서 족욕을 즐기는 모습을 볼 수 있다. 생각보다 물 온도가 뜨거우니 조심할 것. 물기를 닦을 타올은 준비해가자. MAP 15

GOOGLE 유노카와 족욕탕
OPEN 09:00~21:00
WALK 하코다테 전차 유노카와온센 湯の川温泉 정류장 1분

온천의 발상지에서 소원을 빌자

② 유구라 신사

湯倉神社

유노카와 온천의 발상지로 불리는 신사다. 500년 전 유노카와에서 온천을 한 나무꾼이 그 뒤로 병이 깨끗이 나아 감사의 의미로 지은 사당이라고 한다. 현지인들에게는 영험한 힘이 있다고 여겨지며, 특히 신사 앞 작은 토끼상을 매만지며 소원을 빌면 그것이 이루어진다는 전설이 있다. MAP ⑮

GOOGLE 유쿠라 신사
MAPCODE 86 110 519*40(주차장)
WEB www.yukurajinja.or.jp
WALK 하코다테 전차 유노카와湯の川 정류장 2분

과자 박람회 대상에 빛나는 당고

③ 긴게츠

銀月

전국 과자 박람회에서 대상을 수상하며 더 큰 인기를 얻었지만, 사실 유노카와 온천의 오래된 역사만큼이나 예전부터 두각을 나타내온 당고집이다. 팥, 간장, 흑임자 등 다양한 당고 맛을 즐길 수 있고, 계절마다 특별 메뉴를 만들어 지역 주민들이 애정하는 공간이다. MAP ⑮

GOOGLE 긴게츠 하코다테 **MAPCODE** 86 109 267*53(주차장)
TEL 0138-57-6504
PRICE 당고 1개 150엔
OPEN 08:30~17:30/화·수·부정기 휴무
WALK 하코다테 전차 유노카와온센湯の川温泉 정류장 2분

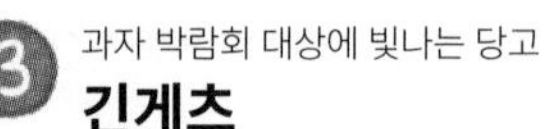

레트로 분위기 뿜뿜

④ 커피룸 키쿠치

COFFEE ROOM きくち

하코다테 현지인들이 아끼는 카페로, 오래된 다방 같은 분위기가 독특하다. 최고 인기 메뉴는 모카 소프트아이스크림モカソフト. 온천으로 노곤노곤해진 몸을 달콤시원하게 달래준다. 에어컨이 가동되는 가게 안에서 느긋하게 파르페パフェ를 즐기는 것도 좋다. MAP ⑮

GOOGLE coffee room kikuchi
MAPCODE 86 110 018*00(주차장)
TEL 0138-59-3495
PRICE 파르페 690엔, 모카 소프트아이스크림 340엔(테이크아웃 300엔)
OPEN 09:30~18:30(아이스크림 테이크아웃 ~19:00)
WALK 하코다테 전차 유노카와湯の川 정류장 8분

아이스 아메리카노는 여기서 마시고 갈게요

⑤ 미스즈 커피 유카와점

MISUZU coffee 湯川店

세계를 여행하다 보면 '한국 사람들은 왜 아이스 아메리카노만 마셔요?'라는 질문을 종종 받는다. 그만큼 우리나라 사람들이 사랑하는 카페 메뉴인 아이스 아메리카노. 익숙한 카페 브랜드가 드문 유노카와 온천 마을에서는 이 집을 추천한다. 하코다테 사람이라면 대부분 알고 있는 브랜드로, 직접 로스팅한 커피 25종을 비롯해 달콤한 롤케이크와 소프트아이스크림 등을 판매한다. 화려한 멋은 없지만, 오리지널 블렌드 커피オリジナルブレンドコーヒー 한 잔에 잠시 쉬어가기 적당한 곳. MAP ⑮

GOOGLE QQJR+HJ 하코다테
MAPCODE 86 110 402*08(잠시 주차 가능)
TEL 0138-57-1820
PRICE 커피 500~600엔, 미스즈 롤케이크 1080엔
OPEN 10:00~18:00
WEB www.misuzucoffee.com
WALK 하코다테 전차 유노카와湯の川 정류장 2분

SPECIAL PAGE

달콤함이 번지는 수녀원 산책
천사의 성모 트라피스틴 수도원
天使の聖母トラピスチヌ修道院

프랑스에서 파견된 8명의 수녀가 1898년 창건한 일본 최초의 수녀원. 입구에 들어서면 프랑스에서 보내온 대천사 성 미카엘 동상이 관람객을 맞이하고, 고딕과 로마네스크 양식이 뒤섞인 붉은 벽돌의 유럽풍 성당 건물이 아름다운 모습을 드러낸다. 정원 곳곳에는 남프랑스의 성모 발현지 루르드의 동굴을 모방해 만든 동굴과 성모 마리아상, 성녀 테레지아 동상, 잔다르크 동상 등이 놓여 있어 신성한 분위기를 풍긴다.
성당 내부는 크리스마스나 부활절 철야제 같은 특별 기간 외에는 비공개지만, 정원과 매점은 일반인도 둘러볼 수 있다. 매점에서는 수녀원에서 제조한 쿠키와 마들렌 등을 판매하는데, 달걀, 버터, 밀가루, 설탕만 넣고 구운 소박한 맛으로 인기가 높다. 매점에 병설된 자료실에서는 수녀원의 생활과 역사를 전시한다.
유노카와 온천에서 동쪽으로 약 3km 떨어져 있으며, 성당 앞에서 하코다테공항까지 셔틀버스로 약 10분 거리라 공항 가기 전에 잠시 들르기에도 좋다. 수도원 내 주차 불가.

GOOGLE 트라피스틴 천사의 성모 수도원
MAPCODE 86 143 237*60(근처 유료 주차장)
TEL 0113-857-2839
PRICE 무료
OPEN 매점 & 자료실 08:30~17:00(3·4·10·11월 ~16:30, 12~2월 09:00~16:00)/12월 29일~1월 3일 휴무
WEB www.ocso-tenshien.jp
BUS JR 하코다테역 중앙 출구 앞 4번 승차장(약 40분, 500엔), 고료가쿠 타워 앞(약 22분, 400엔), 유노카와 신사 앞(약 10분, 300엔)에서 하코다테공항행 고료카쿠 타워·트라피스틴 셔틀버스 5번을 타고 트라피스티누トラピスチヌ 하차/
JR 하코다테역 출발 기준 09:15~14:15 1시간 간격 운행/
전차·하코다테 버스 1·2일 승차권, IC카드 사용 가능

셔틀버스 시간표
(2025년)

하코다테의 주말은 무조건 여기!

오누마 공원

大沼国定公園

현지인이 입을 모아 주말 여행지로 추천하는 곳. 화산 활동으로 생긴 호수가 있는 공원이다.
JR 하코다테역을 기점으로 공원까지의 거리는 약 30km.
렌터카를 타도, 기차를 타도 40~50분 정도밖에 걸리지 않아 하코다테에서 당일치기 여행하기에 좋다.
보통은 산책을 하거나 자전거를 타며 산과 호수에 둘러싸인 공원을 누비고
가족과 좀 더 진한 추억을 만들고 싶을 땐 보트나 유람선, 카누 등 다양한 즐길 거리를 이용한다.

가장 쉬운 선택

JR

JR 하코다테역에서 JR 오누마코엔역大沼公園까지 이동하는 가장 일반적인 방법이다. 종점이 삿포로인 특급 호쿠토特急北斗를 타면 약 30분 만에도 갈 수 있지만, 요금이 3배가량 비싸니 보통열차(각역정차)를 이용하자. JR 하코다테 본선이 40분~2시간 간격으로 운행한다. 약 50분 소요. 삿포로와 하코다테 사이를 오갈 때 잠깐 내려 들렀다 가는 것도 좋은 방법이다.

PRICE 680엔, 어린이 340엔
WEB www.jrhokkaido.co.jp/global/korean/

시간만 맞으면 괜찮은 선택

버스

JR 하코다테역 앞 7번 승차장에서 오누마코엔역 앞까지 가는 버스도 있다. 하코다테 버스 210계통이 1일 3회 운행하며, 소요 시간은 약 1시간 10분. 당일 하코다테역 관광안내소 또는 하코다테 버스 홈페이지를 방문해 버스 시각과 플랫폼을 정확히 확인하고 타자.

PRICE 1300엔, 어린이 650엔
WEB www.hakobus.co.jp

+MORE+

오누마 공원에서 액티비티 즐기기!

다양한 액티비티가 있는 오누마 공원. 가장 인기는 자전거를 빌려 상쾌하게 호수 주변을 달리는 것이다.
유람선, 보트, 카누 체험은 4월 중순~11월 말에 가능하다.

❶ 자전거
날씨가 좋다면 꼭 권한다. 대여소가 JR 오누마코엔역 앞부터 늘어서 있으며, 1·2인승, 아동용 자전거 등 다양하게 갖추고 있다. 천천히 호수를 즐기려면 2시간은 예상하자.

PRICE 1시간 500엔~, 1일 1000엔~
OPEN 09:00~19:00

❷ 유람선
오누마호 근처 비경을 둘러보며 유람선을 탈 수 있다. 30분간 운항하며 가이드가 동승해 오누마 공원 관련 이야기도 들려준다. 공원 입구에 승선장이 보인다. 5~10월 09:00~16:20에 하루 12편이 정기 운항하며, 4·11월은 부정기 운항한다.

PRICE 1460엔, 어린이 730엔
WEB www.onuma-parks.com/cruise

❸ 노 젓는 보트 & 페달 보트
천천히 오누마호를 즐기고 싶다면 노 젓는 보트나 페달 보트를 타는 것도 즐거운 일. 노 젓는 보트는 1시간, 페달 보트는 30분간 이용할 수 있다. 대여소는 유람선 승선장 옆에 있다.

PRICE 노 젓는 보트 2~3명 2000엔/페달 보트 2인승 2000엔/백조보트 4인승 2500엔
WEB www.onuma-parks.com

❹ 카누
호수에서 카누도 탈 수 있다. 가이드가 함께 타는 프로그램도 있어 카누를 처음 타는 사람도 안전하게 탑승할 수 있다. 100% 예약제로 운영한다.

PRICE 2시간 코스 1인 6000엔, 초등학생 4000엔
OPEN 2시간 코스 09:30·13:00·18:00 출발/부정기 휴무
WEB www.exander.net

#Train+Walk

호수와 자전거, 유유자적 힐링의
오누마 공원

하코다테 현지인에게 가볼 만한 곳을 물으면 열이면 열 이 공원을 꼽는다. 특히 하코다테에서 3일 정도의 시간이 있다고 하면 너도나도 다녀오라며 일러주는 곳. 하코다테 시내에서 1시간이면 도착하는 가까운 거리라 그들에게도 주말 데이트 명소다.

1

여행 시작 전 꼭 들러주세요

JR 오누마코엔역 관광안내소

大沼観光案内所

JR 오누마코엔역을 나오면 바로 오른쪽에 있는 건물이다. 여행자를 위한 관광안내소와 지역 대표 명물을 만나는 전시 공간, 지역 특산품을 판매하는 작은 매점이 있다. 화장실을 이용하거나 짐도 맡길 수 있는 곳. 오누마 공원을 본격적으로 여행하기 전 지도를 얻는 것도 추천한다. MAP ⑰

GOOGLE onuma information center
MAPCODE 86 815 356*60(주차장)
TEL 0138-67-2170
OPEN 09:00~17:00
WEB onumakouen.com
www.onuma-guide.com
WALK JR 오누마코엔역 1분

2

상상하던 주말 피크닉 그대로

오누마 공원

大沼国定公園

고마가다케산과 함께 오누마大沼, 코누마小沼, 준사이누마蓴菜沼 3개의 호수가 있는 공원이다. 날씨가 좋다면 어디서 촬영해도 예쁜 사진이 나오는 촬영 명소. 더불어 자전거, 뱃놀이, 낚시, 트레킹 등의 다양한 체험 활동이 가능한 액티비티 명소다. 공원 입구에서 넉넉하게 1시간 정도면 산과 호수, 늪이 어우러진 풍경을 감상하며 걸을 수 있다. MAP ⑰

GOOGLE 오누마국정공원
WEB onumakouen.com
WALK JR 오누마코엔역 5분

오누마 런치, 오누마 소고기!

컨트리 키친 발트

Country Kitchen WALD

오누마 공원이 있는 나나에 지역은 낙농업으로 유명하고, 공원 근처에는 소고기 요리를 내오는 몇 군데 식당이 있다. 그중에서도 이곳은 유럽 가정식 스타일의 고기 요리가 돋보이는 가게다. 아치형 지붕 아래 아늑하고 정겨운 내부 분위기도 매력적. 오누마 소고기와 제철 채소를 이용한 소고기 플레이트牛肉の網焼에서는 정성이 느껴진다. **MAP ⑰**

GOOGLE country kitchen wald
TEL 0138-67-3877
PRICE 소고기 플레이트 150g 1800엔, 음료 400엔~
OPEN 11:00~14:30, 17:00~20:00/화·수·목·12월 초중순 휴무
WEB countrykitchenwald.jimdo.com
WALK JR 오누마코엔역 7분

원조 오누마 당고

누마노야

沼の家

오누마 공원에서 가장 유명한 간식은? 누마노야의 오누마 당고大沼だんご! 1905년 창업 이후 주변에 많은 아류작을 배출했지만, 역시 원조 중의 원조다. 얇은 나무 용기에 떡과 소스를 담아 오누마호를 표현하고 첨가물을 일절 사용하지 않아 소박한 옛맛이 특징이다. 참깨 단팥 맛을 파는 곳은 이곳뿐. 당고 외에도 뼈째로 먹을 수 있는 빙어 조림이 현지인 사이에서 '밥도둑'으로 통한다. **MAP ⑰**

GOOGLE 원조 오누마 당고 누마노야
TEL 0138-67-2104
PRICE 오누마 당고 소 430엔·대 710엔
OPEN 08:30~18:00/완판 시 영업 종료
WEB guruttoonuma.net/spot/numanoya/
WALK JR 오누마코엔역 1분

⑤ 여기는 3색 당고

타니구치카시호

谷口菓子舗

누마노야 당고와 비슷하지만, 3가지 맛을 볼 수 있다. 1943년 화과자 가게로 시작해 첨가물 없이 자연의 맛을 추구한다. 2색 당고도 있지만, 이왕이면 이 가게에서만 맛볼 수 있는 3색 당고를 추천한다. 1칸, 2칸, 3칸 층층이 단팥·간장·참깨 맛 소스가 올라간다. **MAP ⑰**

GOOGLE taniguchi sweet dumpling
TEL 0138-67-2026
PRICE 3색 당고 소 400엔·대 700엔
OPEN 08:30~17:30
WALK JR 오누마코엔역 4분

: WRITER'S PICK :

벌컥벌컥, 야마카와 목장 자연 우유 山川牧場自然牛乳

오누마 공원 일대 상점에는 맛있는 우유로 소문난 야마카와 목장의 우유를 팔고 있다. 지역 특산품으로 유명하니 냉장고에서 바로 꺼낸 시원한 우유를 마셔보자.

물맛 좋은 오누마 지역 맥주, 오누마 크래프트 비어 大沼ビール

브로이하우스 오누마ブロイハウス大沼의 양조장에서 오누마 지역의 천연 알칼리 이온수로 향토 맥주를 만든다. 공원 근처 일부 식당과 바에서 마실 수 있고, 공원 주변의 세븐일레븐과 세이코마트, 하코다테역 등에서도 판매한다. 물 맛이 좋은 오누마인 만큼 지역 맥주의 향과 풍미도 풍요롭다.

ASAHIKAWA &
旭川/美瑛/富良野
BIEI & FURANO

아사히카와 & 비에이 & 후라노

旭川 & 美瑛 & 富良野

파란 하늘을 배경으로 여름엔 보라색 라벤더가 가득、겨울엔 새하얀 설경이 이어지는 눈 호강 명소。후라노와 비에이에서는 누구나 포토그래퍼가 될 수 있다。끝없이 이어지는 너른 들판과 언덕 풍경은、과연 여기가 일본? 아시아? 어디일까?、라는 생각이 들 징도로 광활하다。아사히카와의 최대 무기는 아사히야마 동물원! 망해가는 동물원이 전국구 스타 동물원이 되기까지、이야기도 많은 곳이다。

위치 & 풍경

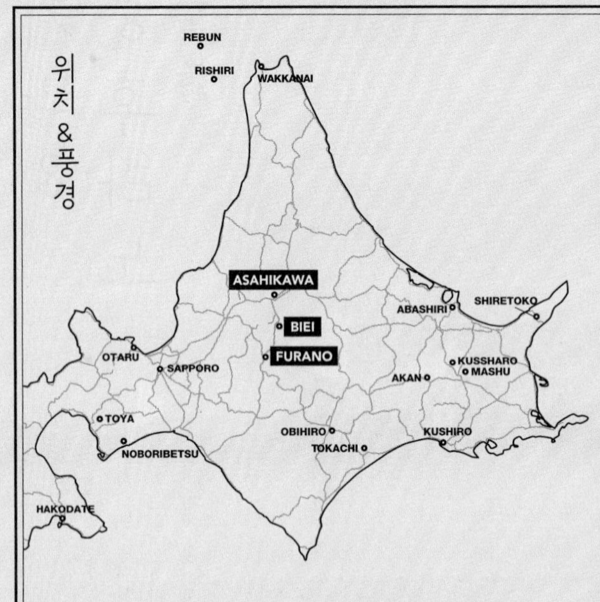

홋카이도의 중심부에 위치한 아사히카와, 후라노, 비에이. 이들은 서로 붙어 있지만, 렌터카냐, 대중교통을 이용하냐에 따라 여행 순서가 달라진다. 렌터카 여행자는 가까운 곳부터 공략하자. 삿포로에서 자동차로 약 120km 떨어진 후라노에서 시작해 비에이, 아사히카와를 여행하는 순이다. 뚜벅이 여행자라면 삿포로에서 약 143km 떨어져 있지만, 교통의 요지인 아사히카와를 먼저 들르고 비에이, 후라노로 넘어간다.

봄부터 가을까지 후라노의 화려한 꽃밭, 크고 작은 비에이의 언덕들, 일본 최고의 인기 동물원으로 꼽히는 아사히야마 동물원이 각 지역의 상징이다. 특히 라벤더가 피는 6~7월의 후라노는 발 디딜 틈 없이 관광객들로 북적인다.

베스트 여행 시기

후라노와 비에이는 보라색 라벤더밭을 감상할 수 있는 여름, 흰 눈이 소복이 쌓인 겨울이 가장 인기다. 이 중 극성수기는 6월 말~7월 중순임을 참고하자. 꼭 두 계절이 아니더라도 5~10월은 날씨가 좋아 여행하기에 쾌적하다. 아사히카와는 분지 지형으로 여름에는 열섬현상이, 겨울에는 유독 많은 눈이 내리기도 하지만, 아사히야마 동물원만큼은 언제든 가보기 좋다.

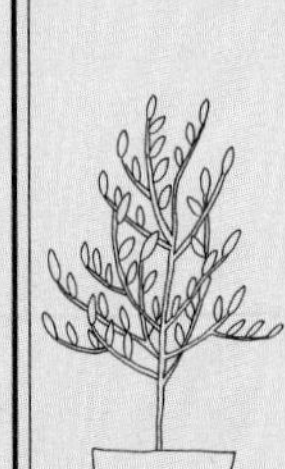

여행이 필요한 사람들

- ☑ 다양한 종류의 인생사진을 남기고 싶은 사람
- ☑ 셀피에 욕심이 많아 예쁜 배경을 찾는 사람
- ☑ 동물을 좋아하며, 사육사의 손글씨가 가득한 동물원을 구경하고 싶은 사람

가는 법 삿포로 → 아사히카와 & 비에이 & 후라노

여름 성수기에 종종 인천~아사히카와를 오가는 전세기가 등장하지만, 정규 노선은 없다. 따라서 신치토세공항으로 입국해 삿포로에서 이동하는 것이 기본 루트. 삿포로에서 아사히카와까지는 곧장 닿는 기차와 버스가 많다. 후라노와 비에이까지는 삿포로에서 기차로 환승이 필요하며, 고속버스를 탄다면 직행편이 없는 비에이는 후라노나 아사히카와에서 움직이는 것이 좋다.

JR

아사히카와

JR 삿포로역~JR 아사히카와역 간에는 특급 카무이特急カムイ, 특급 라일락特急ライラック, 특급 오호츠크特急オホーツク, 특급 소야宗谷 등 여러 기차가 편성된다. 어떤 기차를 타든 소요 시간(1시간 25분)과 요금은 비슷하므로 원하는 시간대만 고려하면 된다. 동물원까지 가는 시내 교통편이 포함된 아사히야마 동물원 액세스 티켓은 384p 참고.

PRICE 편도 자유석 4910엔/지정석 5440엔
WEB www.jrhokkaido.co.jp/global/korean/

아사히카와역

특급 라일락

비에이

삿포로역~비에이역 간 직통편은 없다. JR 아사히카와역이나 JR 후라노역에서 환승하는 것이 가장 좋은 방법. 아사히카와역에서 비에이역까지는 JR 후라노선 기차로 약 35분 소요되며, 시간당 1대 정도 드물게 운행한다. 최단 시간 환승을 고려한 삿포로 첫차 출발 시각은 07:13(삿포로역 출발, 아사히카와역 경유), 막차 21:19(비에이역)이며, 총 소요 시간은 2시간~2시간 30분이다. 후라노역~비에이역 간 기차는 하루 12회 운행하며, 30~45분 소요된다.

PRICE 삿포로역~비에이역 편도 자유석 5790엔/지정석(삿포로~아사히카와 구간) 6320엔, 아사히카와역~비에이역 편도 680엔, 후라노역~비에이역 편도 880엔
WEB www.jrhokkaido.co.jp/global/korean/

비에이역

후라노

삿포로역에서 후라노역으로 갈 때는 JR 다키카와역滝川에서 환승한다. 가장 빠른 방법은 삿포로역에서 다키카와역까지 특급 라일락을 타고 다키카와역에서 후라노역까지 일반 기차를 이용하는 것. 이때 환승을 고려한 첫차와 막차 출발 시각은 각각 06:29(삿포로역), 21:00(후라노역)이며, 총 소요 시간은 2시간~3시간 15분이다. 다키카와역 대신 아사히카와역을 경유할 경우 소요 시간은 비슷하지만, 요금이 2000엔 정도 더 비싸다.

6~8월 극성수기에는 삿포로역~후라노역 직통인 특급 후라노 라벤더 익스프레스特急フラノラベンダーエクスプレス가 다닌다. 소요 시간은 약 2시간. 2025년 6월 7·5일, 6월 14일~8월 11일 매일, 8월 16일~9월 15일의 토·일·공휴일, 9월 20일~23일 매일 왕복 1회(삿포로 07:41→후라노 09:42, 후라노 16:54→삿포로 18:52) 운행.

PRICE 삿포로역~후라노역 편도 자유석 4230엔/지정석(삿포로~다키카와 구간) 4760엔, 특급 후라노 라벤더 익스프레스 편도 지정석 5440엔
WEB www.jrhokkaido.co.jp/global/korean/

다키카와역

후라노역 앞 풍경

■ 후라노·비에이 노롯코 기차 富良野·美瑛ノロッコ号

큰 창 너머로 그림 같은 풍경을 생생하게 즐길 수 있는 여름 한정 관광 기차. 아사히카와~비에이~비바우시美馬牛~카미후라노上富良野~라벤더바타케ラベンダー畑~나카후라노中富良野~후라노 7개 역을 1시간 40분간 천천히 달린다. 그중 여름에만 오픈하는 간이역 JR 라벤더바타케역에 내리면 팜 토미타까지 도보 7분 거리다. 2025년엔 6월 7·8일, 6월 14일~8월 11일 매일, 8월 16일~9월 15일 토·일·공휴일, 9월 20일~23일 매일 운행한다(매년 다름, 홈페이지 참고).

PRICE 비에이~후라노 편도 자유석 800엔(어린이 400엔),
아사히카와~후라노 자유석 1380엔(어린이 690엔)/지정석권 840엔(어린이 420엔)
WEB www.jrhokkaido.co.jp/travel/furanobiei/

2025년 후라노·비에이 노롯코 기차 운행 시간표

	아사히카와	비에이	비바우시	카미후라노	라벤더바타케	나카후라노	후라노
1호	10:00발	10:30 착	10:53 착	11:05 착	11:13 착	11:20 착	11:40 착
		10:42 발	10:53 발	11:06 발	11:15 발	11:22 발	
3호	-	13:08 발	13:19 착	13:32 착	13:43 착	13:49 착	13:59 착
			13:19 발	13:36 발	13:45 발	13:50 발	
5호	-	15:13 발	15:24 착	15:36 착	15:44 착	15:51 착	16:04 착
			15:24 발	15:37 발	15:46 발	15:55 발	

	후라노	나카후라노	라벤더바타케	카미후라노	비바우시	비에이	아사히카와
2호	11:53 발	12:10 착	12:16 착	12:23 착	12:39 착	12:51 착	-
		12:11 발	12:17 발	12:27 발	12:40 발		
4호	14:07 발	14:24 착	14:29 착	14:38 착	14:51 착	15:02 착	-
		14:25 발	14:31 발	14:39 발	14:51 발		
6호	16:14 발	16:32 착	16:42 착	16:51 착	17:07 착	17:19 착	17:46 착
		16:37 발	16:44 발	16:52 발	17:11 발	17:20 발	

고속버스

아사히카와

고속 아사히카와호 시간표

홋카이도 주오 버스·JR 홋카이도 버스·도호쿠 버스가 공동 배차하는 고속 아사히카와호高速あさひかわ号를 타면 여름엔 약 2시간 5분, 겨울엔 약 2시간 25분 소요된다. 홋카이도청 구본청사 앞 삿포로에키마에札幌駅前 2번 정류장(Google: 387X+RR 삿포로)에서 출발한 버스는 삿포로 TV 타워 북쪽의 주오 버스 삿포로 터미널札幌ターミナル 3번 승차장(Google: 3964+WW 삿포로)을 거쳐 종점인 JR 아사히카와역 북쪽 출구 앞에 도착한다. 07:00~21:30에 30~40분 간격 운행(삿포로에키마에 출발 기준). 승차권 예매 방법은 333p 홋카이도 주오 버스 참고, 동물원까지의 시내 교통권이 포함된 왕복 버스 세트권 정보는 384p 참고.
신치토세 공항에서 바로 가는 버스도 있다. 85번 승차장에서 1일 3회 출발하며 약 3시간 소요된다. 요금은 편도 3800엔, 왕복 7000엔.

후라노

고속 후라노호 시간표

홋카이도 주오 버스가 운행하는 고속 후라노호高速ふらの号가 삿포로에키마에札幌駅前 2번 정류장과 주오 버스 삿포로 터미널 4번 승차장에서 하루 7회 운행한다. JR 후라노역 앞에 하차하며, 소요 시간은 약 3시간.

PRICE 삿포로~아사히카와 편도 2500엔/왕복 4700엔,
삿포로~후라노 편도 2700엔/왕복 5100엔
WEB www.chuo-bus.co.jp/highway/
www.kosokubus.com/kr/(한국어 온라인 예약)

시내 교통

아무래도 렌터카 이용이 가장 편하다. 아사히카와를 제외하면 후라노, 비에이는 대중교통으로 닿기 쉽지 않은 곳이 대부분. 따라서 뚜벅이 여행자들은 비에이·후라노 당일치기 버스 투어에 아사히야마 동물원 코스 조합으로 여행하는 경우가 많다.

❶ 렌터카

세 지역을 묶어서 여행한다면 삿포로에서 렌터카를 빌려 바로 후라노로 넘어가도 좋지만, 운전 시간이 만만치 않으니 아사히카와까지 대중교통을 타고 와 아사히카와역 주변에서 렌터카를 인수하는 것이 좋다.

❷ 시내버스

후라노, 비에이는 시내버스로 여행하기는 쉽지 않다. 렌터카나 투어 버스를 이용할 것을 추천한다. 아사히카와의 주요 명소인 아사히야마 동물원과 우에노 팜은 JR 아사히카와역에서 시내버스를 이용해 다녀올 수 있다. 자세한 방법은 각 명소 설명 참고.

❸ 자전거

대중교통이 불편한 후라노, 비에이에서는 자전거나 스쿠터를 타고 여행하기도 한다. 각 역 앞 관광안내소에서 대여소를 안내해준다. 다만 후라노는 매우 광범위하고, 비에이에는 언덕이 많아서 자전거는 생각보다 쉽지 않다. 또한 이 지역에서 흔히 볼 수 있는 커다란 투어 버스는 또 다른 위험 요소. 젊은 청춘이라면 도전해볼 만 하지만, 그다지 추천하지는 않는다.

PRICE 전동 자전거 1시간 600엔

여행팁

렌터카 이용이 아니라면 후라노, 비에이 여행에 고민이 많아진다. 가장 많이 선택받는 것은 버스 투어. 계절에 상관없이 이용할 수 있고 삿포로에 숙소를 두고 당일치기로 다녀올 수 있어 편하다. 이밖에도 4~10월에는 JR 후라노·비에이 프리 티켓, 극성수기에는 아사히카와~후라노~비에이 노롯코 기차를 이용해보는 것도 좋다.

❶ 후라노·비에이 당일치기 버스 투어

삿포로에서 출발하는 버스 투어 상품이다. 계절에 따라 코스가 다르고 다양한 회사에서 운영하므로 후기를 꼼꼼히 따져본 뒤 선택하자. 대체로 여름에는 팜 토미타, 후라노 치즈 공방, 닝구르 테라스를 넣은 코스, 겨울에는 청의 연못, 흰 수염 폭포 등을 둘러보는 코스가 많다. 보통 삿포로에서 오전 7~8시에 출발해 오후 7~8시쯤 돌아온다. 가격대는 7~10만원. 대부분 우리나라에서 예약하고 간다. 인터넷 검색창에 '후라노 비에이 버스 투어'라고 입력해보자. 현지 투어로는 비에이 관광안내소(사계의 정보관)에서 운영하는 2~4시간짜리 투어가 인기 있다.

WEB 비에이 관광안내소 당일 투어: www.biei-hokkaido.jp/ja/cruise/

❷ JR 후라노·비에이 프리 티켓 ふらの・びえいフリーきっぷ

여름(4월 말~10월 초)과 겨울(12월 중순~2월)에 삿포로에서 출발해 아사히카와, 후라노, 비에이를 마음껏 돌아볼 수 있는 패스다. 삿포로~다키카와滝川 또는 삿포로~아사히카와 특급 보통차 자유석 왕복 1회, 다키카와~후라노~비에이~아사히카와~다키카와 구간의 보통차 자유석을 무제한 이용할 수 있다(노롯코 기차 포함). JR 각 역의 매표소(티켓 카운터)에서 구매 가능. 유효기간은 개시 후 4일간이다.

PRICE 7790엔, 어린이 3890엔
WEB www.jrhokkaido.co.jp/travel/furanobiei/ticket/index.html

❸ 아사히야마 동물원 액세스 티켓 旭山動物園アクセスきっぷ

JR 특급 보통차 자유석 왕복 1회+아사히카와역~아사히야마 동물원 시내버스 왕복 티켓 세트권. JR 삿포로역 내 관광안내소나 JR 각 역의 미도리노마도구치みどりの窓口(티켓 카운터)와 지정석 발매기에서 구매할 수 있다. 동물원 입장권은 포함되지 않는다. 다른 역에서 내리면 무효가 되니 주의!

PRICE 6160엔, 어린이 3080엔(유효기간 4일)

❹ 아사히야마 동물원 통합권 旭山動物園往復バスセット券

고속버스 왕복 티켓+아사히카와 시내버스 왕복 티켓+동물원 입장권을 포함한 세트권. 주오 버스 삿포로 터미널 내 예약 센터, 홋카이도청 구본청사 앞 일본생명 삿포로 빌딩日本生命札幌ビル 내 안내소 등에서 구매할 수 있다.

PRICE 5500엔(중학생 4900엔, 어린이 2500엔, 유효기간 3일)

버스 투어

아사히야마 동물원 컨셉으로 장식한 시내버스

아사히카와 & 비에이 & 후라노
아사히카와
旭川
아사히카와역
旭川
아사히카와역 주변
우에노 팜
上野ファーム
사쿠라오카역
桜岡
키타히노데역
北日ノ出
아사히야마 동물원
旭山動物園
近文
新旭川
旭川四条
南永山
東旭川
永山
当麻
神楽岡
緑が丘
西御料
西瑞穂
西神楽
西聖和
千代ヶ岡
北美瑛
비에이
패치워크 로드
パッチワークの路
비에이
美瑛
비에이역
美瑛
파노라마 로드
パノラマロード
비바우시역
美馬牛
칸노 팜
かんのファーム
사계채의 언덕
四季彩の丘
제트코스터의 길
ジェットコースターの路
호비토
歩人
미치노에키 비에이 시로가네 비루케
道の駅びえい「白金ビルケ」
자작나무 가로수길
白樺街道
청의 연못(아오이케)
青い池
흰 수염 폭포
しらひげの滝
시로가네
온천 마을
白金
토카치다케 전망대
十勝岳望岳台
플라워랜드 카미후라노
フラワーランドかみふらの
카미후라노역
上富良野
마루마스
まるます
니시나카역
西中
팜 토미타
ファーム富田
포푸라 팜
ポプラファーム
토미타 멜론하우스
とみたメロンハウス
라벤더바타케역
(여름 한정 운영)
ラベンダー畑
나카후라노역
中富良野
鹿討
캄파나 롯카테이
カンパーナ六花亭
学田
후라노
富良野
후라노 호텔
Furano Hotel
후라노역
富良野
후라노
신후라노 프린스 호텔
New Furano Prince Hotel
0
5km

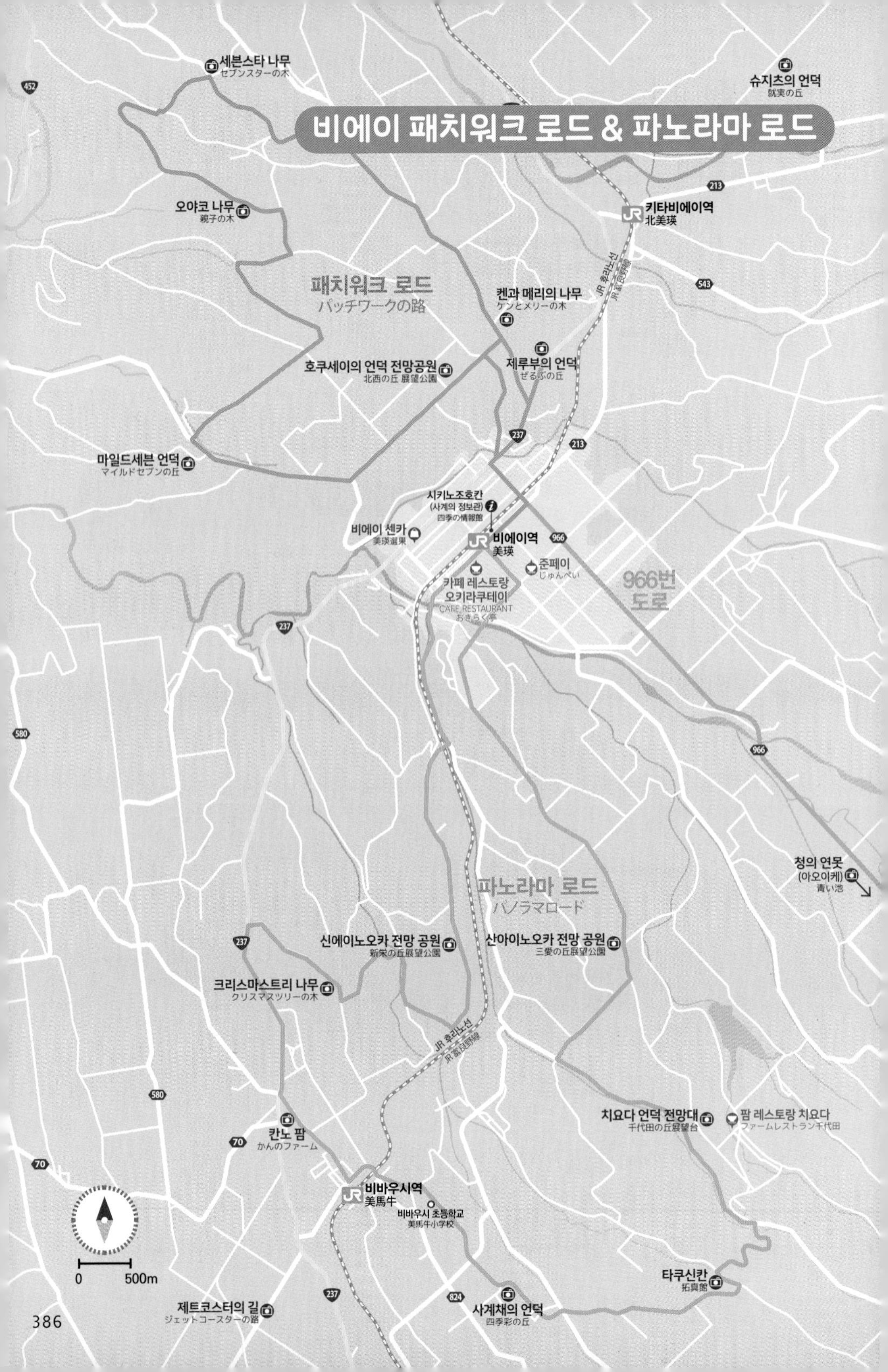

비에이 패치워크 로드 & 파노라마 로드
세븐스타 나무
セブンスターの木
슈지츠의 언덕
就実の丘
오야코 나무
親子の木
키타비에이역
北美瑛
패치워크 로드
パッチワークの路
켄과 메리의 나무
ケンとメリーの木
호쿠세이의 언덕 전망공원
北西の丘 展望公園
제루부의 언덕
ぜるぶの丘
마일드세븐 언덕
マイルドセブンの丘
시키노조호칸
(사계의 정보관)
四季の情報館
비에이 센카
美瑛選果
비에이역
美瑛
준페이
じゅんぺい
카페 레스토랑
오키라쿠테이
CAFE RESTAURANT
おきらく亭
966번
도로
JR 후라노선
JR 富良野線
파노라마 로드
パノラマロード
청의 연못
(아오이케)
青い池
신에이노오카 전망 공원
新栄の丘展望公園
산아이노오카 전망 공원
三愛の丘展望公園
크리스마스트리 나무
クリスマスツリーの木
치요다 언덕 전망대
千代田の丘展望台
팜 레스토랑 치요다
ファームレストラン千代田
칸노 팜
かんのファーム
비바우시역
美馬牛
비바우시 초등학교
美馬牛小学校
타쿠신칸
拓真館
0
500m
제트코스터의 길
ジェットコースターの路
사계채의 언덕
四季彩の丘
452
213
543
237
966
580
70
824

후라노

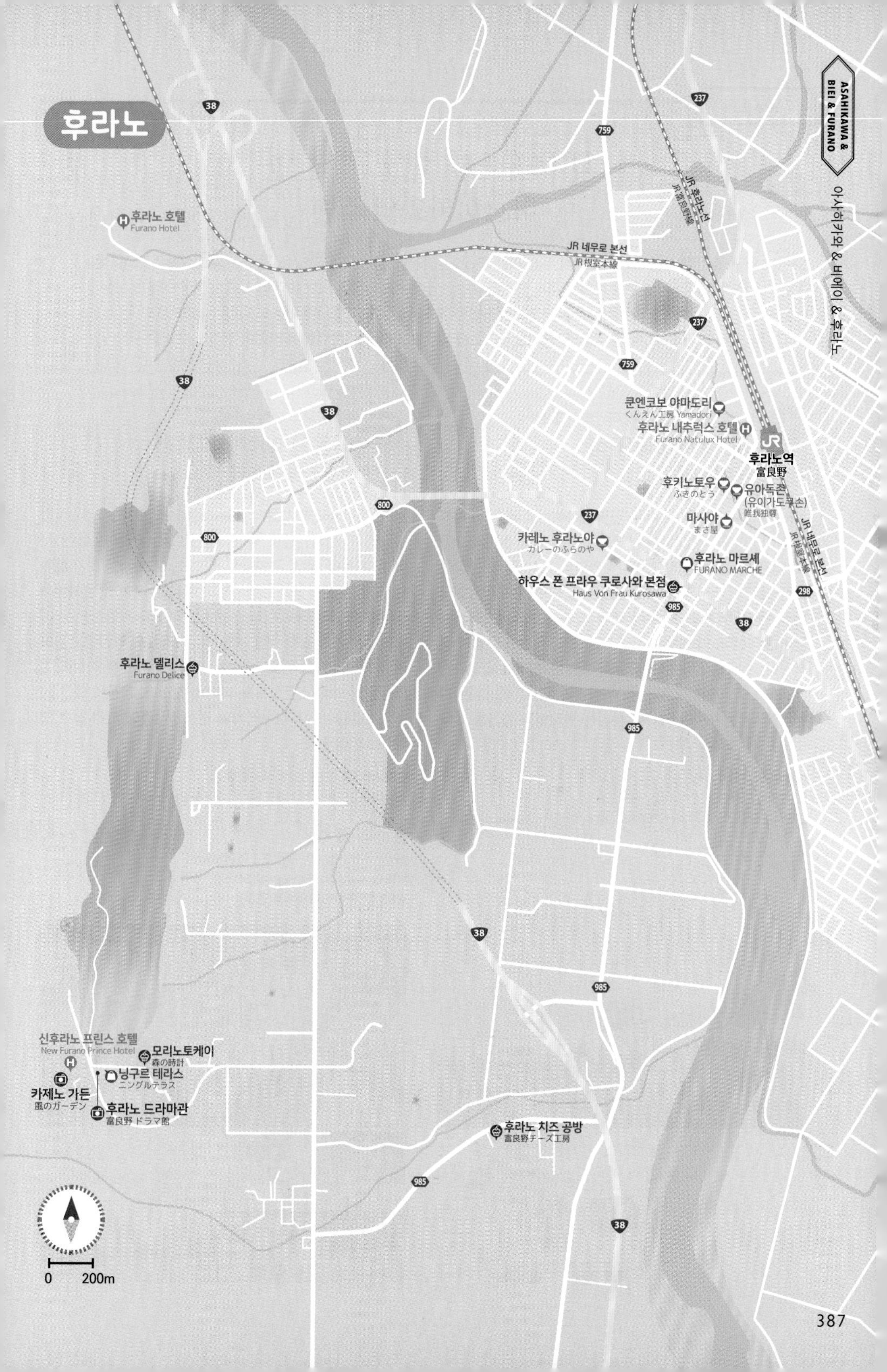
후라노 호텔
Furano Hotel
JR 네무로 본선
JR 根室本線
JR 후라노선
JR 富良野線
쿤엔코보 야마도리
くんえん工房 Yamadori
후라노 내추럭스 호텔
Furano Natulux Hotel
후라노역
富良野
후키노토우
ふきのとう
유아독존
(유이가도쿠손)
唯我独尊
마사야
まさ屋
카레노 후라노야
カレーのふらのや
후라노 마르셰
FURANO MARCHE
하우스 폰 프라우 쿠로사와 본점
Haus Von Frau Kurosawa
후라노 델리스
Furano Delice
신후라노 프린스 호텔
New Furano Prince Hotel
모리노토케이
森の時計
닝구르 테라스
ニングルテラス
카제노 가든
風のガーデン
후라노 드라마관
富良野 ドラマ館
후라노 치즈 공방
富良野チーズ工房
0 200m

#Walk

비에이·후라노의 관문
아사히카와역 주변

인구 32만이 사는 홋카이도에서 두 번째로 큰 도시, 아사히카와. 다이세츠산 국립공원의 고봉들이 병풍처럼 펼쳐져 있어 자연경관이 빼어나며, 홋카이도 정중앙에 위치해 후라노와 비에이 지역의 관문 역할을 하는 사통팔달 교통의 요지다. 크고 작은 130개의 강이 흐르고 750개 이상의 다리가 놓여 있어 '강과 다리의 거리川と橋の街'라고도 불리는 곳. 그 중심인 JR 아사히카와역에서 비에이·후라노 여행을 시작해보자.

홋카이도의 중앙, 아사히카와의 중심!
JR 아사히카와역
JR 旭川

JR이나 고속버스를 타고 온다면 아사히카와의 최초 목적지는 이곳이 될 확률이 높다. 크고 깔끔한 역과 주변의 쇼핑몰, 넓은 도로가 명실상부 아사히카와의 중심. 역 앞 광장을 시작으로 약 1km의 보행자 전용도로인 헤이와도리카이모노코엔平和通買物公園을 따라 백화점, 쇼핑몰, 상점, 레스토랑이 늘어섰다. 역 뒷문으로 나서면 또 다른 반전 모습이 펼쳐진다. 주베츠강忠別川이 유유히 흐르는 키타사이토 가든北彩都ガーデン에는 약 80만 종의 식물과 5만 그루의 나무가 심겨 있다. 한가로이 여가를 즐기는 현지인의 일상을 살짝 엿보고 가자. MAP ⑲

GOOGLE 아사히카와역
MAPCODE 79 343 316*17(유료 주차장)
OPEN 미도리노마도구치みどりの窓口(JR 티켓 카운터) 05:00~22:00

4층 규모의 대형 쇼핑몰
이온몰 아사히카와역점
AEON 旭川駅前店

JR 아사히카와역 서쪽에 있는 대형 쇼핑몰 체인. 주말마다 장보러 온 현지인들로 북적이는 곳으로, 홋카이도에만 40여 개 지점이 있다. 무인양품, 다이소, 로프트, 빌리지 뱅가드 등 인기 생활잡화 브랜드부터 이시야, 로이스, 롯카테이 등 홋카이도의 대표 디저트 브랜드까지 다수 입점했고, 애니메이션·만화 관련 상품 체인 애니메이트와 라신반, 1층의 대형 슈퍼마켓과 푸드코트까지 겸비해 현지인뿐 아니라 여행자들의 쇼핑 스폿으로도 최적의 장소다. 가성비 좋은 비즈니스호텔 JR 인 아사히카와 건물 1~4층에 자리 잡고 있다. MAP ⑲

GOOGLE 이온 아사히카와 에키마에
MAPCODE 79 343 367*05(주차장. 이온몰에서 2000엔 이상 이용 시 2시간 무료)
TEL 0166-21-4100
OPEN 08:00~22:00/매장마다 조금씩 다름
WEB asahikawaekimae-aeonmall.com
WALK JR 아사히카와역과 연결

③ 아사히카와 지역 맥주를 마셔보자

다이세츠 지비루칸

大雪地ビール館

5종 오타메시 세트

아사히카와역과 가까운 문화재 건물에 아사히카와 지역 맥주 전문점이 들어섰다. 쿠라이무蔵囲夢는 1900년대 지어졌던 카미카와 벽돌 창고 21개 동 중 유일하게 남은 건물로, 지금은 갤러리, 이벤트홀 등으로 쓰이고 있다. 중앙에 들어선 다이세츠 지비루칸에서는 다이세츠산의 청정수로 만든 맥주를 팔고 있다. 재팬 비어 그랑프리를 수상한 얕볼 수 없는 집으로, 다이세츠 필스너, 케라 피루카, 필스너 호가, 후라노 오무기 등 맥주 종류를 다양하게 갖췄다. 술에 약한 사람은 수제 맥주 샘플링 메뉴인 5종 오타메시 세트5種のビールお試しセット를 시키면 부담이 적다. 홋카이도 식재료로 만든 안주도 실하다. MAP ⑲

GOOGLE 다이세츠 비어하우스
MAPCODE 79 344 185*02(주차장)
TEL 0166-25-0400
PRICE 5종 오타메시 세트 2000엔, 맥주 1잔(350ml) 660엔, 안주 300~1000엔대
OPEN 11:30~14:00, 17:00~22:00/일 휴무
WEB www.ji-beer.com
WALK JR 아사히카와역 북쪽 출구 7분

<고독한 미식가>의 고로상이 인정한 그곳 ④

지유켄

自由軒

일본 드라마 <고독한 미식가> 홋카이도 출장편에서 주인공 고로상이 들렀던 맛집. 돈카츠나 카레라이스가 전문인 가정식집이다. 메뉴 주문에 앞서 가게 분위기를 살피던 고로상이 '이런 가게가 맛이 없을 리가 없다'고 단언했을 정도로 세월의 흔적과 저력이 묻어나는 곳으로, 메뉴는 고로상이 주문했던 고로 세트五郎セット가 정답. 밥과 함께 게살 크림 고로케カニコロッケ와 임연수어 튀김ホッケフライ이 각각 2개씩 나온다. MAP ⑲

GOOGLE 아사히카와 지유켄
MAPCODE 79 373 147*03
TEL 0166-23-8686
PRICE 고로 세트 1380엔(명물 된장국 추가 650엔), 카츠동 1080엔, 카츠카레 1230엔, 오무라이스 980엔
OPEN 11:30~14:00, 17:00~20:30/일 휴무
CAR JR 아사히카와역 1.2km
WALK JR 아사히카와역 15분

환승만으로는 아쉬워!

아사히카와역 주변 쇼유 라멘 기행

홋카이도 중부 지방의 중심 도시, 아사히카와. 역시나 맛집이 기대된다. 그런데 이 도시는 어찌나 라멘을 사랑하는지, 인구 대비 일본에서 라멘집이 가장 많은 도시로도 알려져 있다. 삿포로 미소 라멘, 하코다테 시오 라멘과 함께 홋카이도 3대 라멘으로 통하는 아사히카와 쇼유 라멘. 가게마다 자신 있는 스타일로 승부를 벌여, 같은 쇼유 라멘이라고 해도 스타일이 천차만별이다.

그릇까지 신경 쓴 섬세함

산토우카 아사히카와 본점

山頭火 旭川本店

마지막 한 방울까지 부드럽고 깊은 맛을 내겠다는 창업자의 의지가 담긴 라멘집이다. 저온에서 천천히 끓여낸 돼지 뼈 국물이 먹는 동안에도 식지 않도록 그릇의 두께에도 특별히 신경을 썼다. 넓고 둥근 플라스틱 대신에 깊고 두꺼운 도자기 그릇을 사용하는 것. 아사히카와에 온 만큼 쇼유(간장) 라멘しょうゆらーめん이 탐나기도 하고, 이 집의 최고 인기 메뉴인 시오(소금) 라멘しおらーめん이 당기기도 한다. 어떤 걸 택해도 돼지 뼈 특유의 꼬릿함이 없어 라멘 입문자에게 추천한다. 상징처럼 올라간 빨간 매실이 입가심까지 책임진다. MAP ⑲

GOOGLE santoka main shop
MAPCODE 79 343 439*23(건물 뒤 주차장 D-Parking. 1000엔 이상 식사 시 1시간 무료권 발급)
TEL 0166-25-3401
PRICE 쇼유 라멘 1000엔, 시오 라멘 1000엔
OPEN 11:00~22:00(L.O.21:30)/목(공휴일 예외) 휴무
WEB www.santouka.co.jp
WALK JR 아사히카와역旭川 북쪽 출구 4분

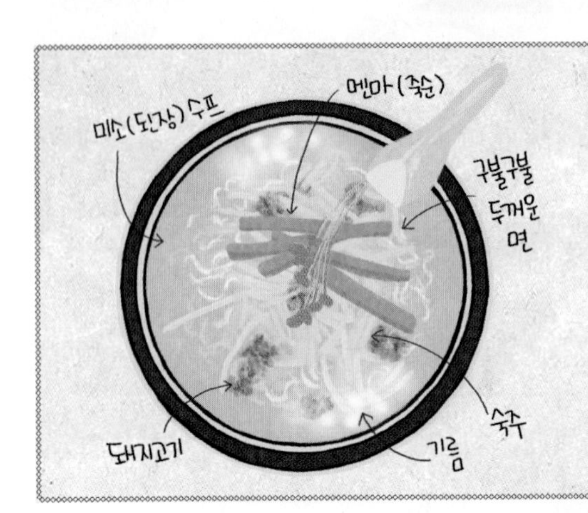

: WRITER'S PICK :

평균적으론 이렇답니다!

쇼유 라멘의 기본 간은 간장이다. 홋카이도답게 면은 굵고 구불구불한 것을 사용하며, 돼지기름인 라드를 넣어 육수에 방울방울 기름이 뜬다. 가리비, 옥수수, 버터 등 홋카이도 식재료를 올리는 것도 흔한 일. 하지만 돼지 뼈, 닭 뼈, 야채, 해산물 중 어떤 수프를 사용하느냐에 따라 집마다 스타일이 갈린다. 현장에서 마음에 든 라멘은 인스턴트 라멘을 한 봉지 쟁여오는 것도 괜찮겠다.

글로벌 인기 라멘집

바이코우켄 본점

梅光軒 旭川本店

홍콩, 방콕, 하와이에까지 지점을 낸 글로벌한 가게다. 실제로 가게에는 현지인보다 대만, 홍콩 여행자가 많다. '본점에 꼭 와보고 싶었다'며 인증샷을 남기는 모습이 인상적이었다. 돼지·닭 뼈, 생선, 채소 등을 넣은 깊이 있는 국물과 구불구불하고 두툼한 면발이 딱 홋카이도 스타일. 다만 수프가 다소 짜고 특유의 향이 있어 호불호가 갈리는 편이다. 인기 메뉴는 차슈 2장과 멘마, 대파가 듬뿍 든 쇼유 라멘醤油ラーメン. 작은 사이즈인 하프ハーフ 메뉴도 있다. 홋카이도 특산물인 버터와 옥수수를 토핑으로 올린 버터 콘 라멘バターコーンラーメン은 시원한 맥주 삿포로 클래식과 매우 잘 어울린다. 식사 시간에는 긴 줄을 각오할 것. 신치토세공항의 홋카이도 라멘 골목(255p)에도 입점해 있다. MAP ⑲

GOOGLE 바이코켄 아사히카와점
MAPCODE 79 343 588*14
TEL 0166-24-4575
PRICE 쇼유 라멘 1030엔(하프 800엔), 버터 콘 미소 라멘 1260엔(하프 1030엔)
OPEN 11:00~15:30(L.O.15:00), 17:00~21:00(L.O.20:30)/월 휴무
WEB www.baikohken.com
WALK JR 아사히카와역旭川 북쪽 출구 7분

파 라멘의 신세계

이치쿠라 본점

一蔵 旭川本店

기름이 풍성한 전형적인 홋카이도 라멘이 부담스럽다면 이치쿠라의 네기(파) 라멘ねぎラーメン을 추천한다. 돼지 뼈와 각종 채소를 12시간 이상 끓여 내 투명하고 깔끔한 수프를 만드는 게 이치쿠라 스타일. 국물은 기호에 따라 쇼유, 미소, 시오 등에서 선택할 수 있으며, 맑고 개운한 맛으로는 쇼유가 제격이다. 매운맛 없이 양껏 담아낸 파 또한 쇼유 라멘과 찰떡궁합. 현지인은 물론 아사히카와를 다시 찾는 여행자들의 재방문율이 높은 가게다. MAP ⑲

GOOGLE 이치쿠라 본점 아사히카와
MAPCODE 79 343 796*63
TEL 0166-24-8887
PRICE 네기 라멘·이치쿠라 라멘 1200엔
OPEN 18:00~다음 날 02:00/부정기 휴무
WEB www.ichi-kura.co.jp
WALK JR 아사히카와역旭川 북쪽 출구 10분

#Bus+Walk

어린이도 어른이도 필수 코스!
기적의 아사히야마 동물원

일본 전역에는 유명 동물원도 많고 그 안에서 배출된 스타도 많다. 도쿄 우에노 동물원에서 태어난 아기 판다 샹샹, 나고야 히가시야마 동물원의 잘생긴 고릴라 샤바니 등이 대표적이다. 하지만 동물원 자체가 스타인 곳은 이곳이 유일할지도 모른다. 일본의 인기 동물원 순위 1위에 꼽히는 아사히야마 동물원. 해외 여행자도 두루두루 소문을 듣고 찾아와 지금은 홋카이도 여행의 필수 코스가 되었다.

폐원 위기 동물원이 최고의 인기를 누리기까지

아사히야마 동물원

旭山動物園

경영악화로 폐원 위기에 처했던 동물원에 지금은 연간 300만 명의 방문자가 찾는다. 동물원 공간에 대한 새로운 발상의 결과로 따라온 성과. 사람들도 동물을 구경하지만, 동물들도 능동적으로 공간을 쓰며 사람을 관찰할 수 있다는 착안에서 출발했다. 기적이 일어나기까지는 사연도 많았다. 직원들의 숨은 노고는 영화로, 책으로 소개되며 많은 이의 관심을 불러일으키기도 했다.

기왕 이곳을 가보기로 했다면 적어도 반나절 이상은 투자해보자. 크진 않지만, 섬세하게 디자인한 각각의 공간과 사육사들이 직접 손으로 써놓은 정성 어린 동물 정보들, 먹이 주는 시간에만 관찰할 수 있는 귀여운 친구들의 애교와 행동 양식까지, 동물의 삶은 최대한 존중하면서 관람객에게는 새로운 경험을 전하는 아사히야마 동물원이 있어 우린 아사히카와로 떠난다. MAP ⑱

GOOGLE 아사히야마 동물원
MAPCODE 79 357 855*84(주차장)
TEL 0166-36-1104
PRICE 1000엔, 중학생 이하 무료
OPEN 09:30~17:15(8월 일부 기간 ~21:00, 10월 중순~11월 초 ~16:30, 11월 중순~4월 초 10:30~15:30)/폐장 1시간~1시간 15분 전까지 입장/12월 30일~1월 1일· 11월 4~10일 휴원
WEB www.city.asahikawa.hokkaido.jp/asahiyamazoo/
CAR JR 아사히카와역 12km

+MORE+

뚜벅이는 이렇게 이동해요!

JR 아사히카와역 북쪽 출구 앞 6번 버스 승차장에서 41·42(주말 급행편)·47번 아사히야마 동물원행 버스(약 30분 간격 운행, 500엔, 어린이 250엔)를 타고 약 40분 후 아사히야마 동물원 앞에서 내린다. 삿포로에서 아사히야마 동물원까지의 교통편 및 입장료를 포함하는 통합권 정보는 384p 참고.

재미 4배 추천 포인트!

동물들 밥때에 맞추자, 모구모구 타임もぐもぐタイム

스케줄을 정할 때 가장 염두에 두어야 하는 시간. 사육사들이 직접 동물들에게 먹이를 주며 행동, 습성, 성격 등을 설명해주는 모구모구 타임이다. 일본어로 진행하기 때문에 약간의 아쉬움은 있지만, 알아듣지 못해도 의외로 재미있다. 먹이를 먹으려고 한꺼번에 모여드는 펭귄, 시간을 귀신같이 알고 '아오~' 하고 부르짖는 늑대, 수조에 던져진 먹이를 먹기 위해 박력 있게 잠수하는 북극곰 등 먹이 앞에서 동물들이 발휘하는 야생 본능을 생생하게 관찰할 수 있다. 정문과 서문, 동문 각 입구 앞에 시간표가 있다.

포근한 정성이 담긴 손 그림 찾기

동물원 내에는 해당 동물에 대한 설명을 담당 사육사가 직접 손으로 써서 제작한 안내판이 있다. 동물에 대한 기본 정보는 물론 사육사가 전하고 싶은 내용을 글로, 그림으로, 사진으로 기록해두기도 한다. 애정이 없다면 할 수 없는 표현. 실제로 이 동물원에서 25년간 사육사로 일했던 아베 히로시는 기록을 모아 일러스트 책 <아베 히로시와 아사히야마 동물원 이야기>를 출간하기도 했다.

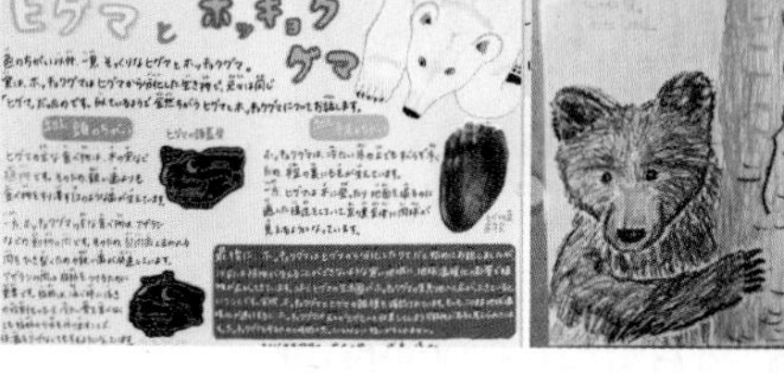

여기서만 맛볼 수 있는 동물원 먹거리

동물원에 있는 식당이지만, 흔한 유원지 식당과 달리 맛이 괜찮다. '맛있는 홋카이도'라는 별명이 피해가지 않는 곳으로, 특히 바다표범관에서 가까운 동물원 중앙식당을 추천한다. 식사 메뉴와 일반적인 주전부리는 물론, 귀여움이 폭발하는 동물 팬케이크와 쿠키는 이곳에서만 즐길 수 있는 특별 메뉴다.

꼭 사고 싶은 동물원 기념품

매점에는 앙증맞은 자태로 유혹하는 귀여운 인형, 액세서리, 문구, 과자 등 상품이 넘쳐난다. 빅스타 북극곰과 관련한 상품이 가장 많고, 동물원 곳곳에서 본 일러스트로 만든 열쇠고리나 에코백 등은 흔치 않아 소장 가치가 있다.

주목할 만한 시설!

펭귄관

아사히야마 동물원의 대표 이미지. 머리 위에서 펭귄이 수영하는 모습을 올려다볼 수 있다. 바다를 유유히 헤엄치는 펭귄을 보고 '펭귄도 날 수 있구나'라는 재미난 발상에서 시작됐다고. 생김새를 보며 여러 종류의 펭귄을 구별해보는 것도 재미나다.

바다표범관

실내와 야외를 넘나들며 바다표범의 수조를 관찰할 수 있다. 특히 실내 중앙을 수직으로 관통하는 투명한 관을 통해, 유독 어린아이가 서 있을 때만 관을 통과하는 장난기 많은 녀석도 관찰할 수 있다. 어린이를 동반한 여행자라면 이곳만큼은 놓치지 말길!

북극곰관

북슬북슬 흰 털옷을 입은 북극곰이 사는 곳. 어슬렁대는 북극곰을 아주 가까이서 관찰할 수 있는 뷰포인트가 특별하다. 여름에는 더위에 지쳐 늘어진 모습, 겨울에는 추위를 무서워하지 않는 박력 넘치는 모습 등 사계절 다양한 북극곰의 행동을 관찰할 수 있다.

레서판다(너구리판다)관

아사히야마 동물원의 라이징 스타. 아주 가까이서 움직이는 레서판다의 모습은 지나가던 사람의 발길도 붙드는 매력이 있다. 귀여운 외모에 팬서비스까지 굉장해 한 번 보면 사랑에 빠질 수밖에 없다.

: WRITER'S PICK :

하마와 호랑이의 엉덩이를 조심하세요!

야외 시설을 돌아다닐 땐 우리 근처에 메모 된 주의 사항을 꼼꼼히 체크해야 한다. 어떤 동물은 가끔 배설물을 분사해 깜짝 놀랄 상황을 만들기도 하는데, 실제로 시끄럽게 떠들던 학생들에게 배설물을 분사하는 하마의 테러 장면을 목격하기도 했다. 학생들은 놀라서 도망가고 어디선가 고스트버스터즈처럼 나타난 사육사가 주변을 청소하고는 바람처럼 사라지는 진기한 장면을 보았다.

#Bus+Walk

홋카이도 정원의 발상지
우에노 팜

토카치 가든 가도(438p)와 함께 아사히카와, 후라노, 비에이 지역의 정원을 묶어 '홋카이도 가든 가도北海道ガーデン街道'라고 부른다. 이 길을 따라 꽃과 초록이 가득한 정원이 이어지는데, 이 중 홋카이도 정원의 발상지이자, 홋카이도의 정원의 대표격이 바로 우에노 팜이다. 홋카이도의 꽃과 식물에 섬세한 디자이너의 손길이 닿으니 바로 이런 모습!

홋카이도가 있어 존재하는 정원
우에노 팜
上野ファーム

우에노 사유키는 영국 유학을 마치고 돌아와 가족 소유의 쌀 농장을 동경하던 영국식 정원으로 조성했다. 하지만 뭔가 부족함을 느끼던 차에 우연히 "홋카이도의 루피너스는 상당히 크네요. 색깔도 더 진하고 예뻐요"라는 관람객의 말을 듣고 홋카이도 고유의 정원을 고민하게 됐다. 이후 홋카이도가 위치한 북쪽의 생태와 기후, 풍토에 맞는 식물로 정원을 가꾸면서 오늘날 우에노 팜을 완성했고, 후라노의 카제노 가든(410p), 삿포로의 소라노 가든을 감수하며 정원 디자이너로 승승장구하고 있다.

65년 된 헛간을 개조한 나야 카페NAYA Café에서는 홋카이도의 식재료로 만든 음식과 디저트를 즐길 수 있다. 아사히카와 우유로 만든 신선한 소프트아이스크림이 별미. MAP ⑱

GOOGLE gnomes garden
MAPCODE 79 508 649*02(주차장)
TEL 0166-47-8741
PRICE 1000엔, 중학생 500엔, 초등학생 이하 무료
OPEN 4월 말~10월 중순 10:00~17:00
WEB uenofarm.net
CAR JR 아사히카와역 14km
BUS JR 아사히카와역 근처 18번 버스 정류장1条8丁目에서 666번 버스를 타고 약 45분 뒤 종점 하차/4월 말~10월 중순 09:30, 11:30, 12:30 운행(편도 610엔)
WALK JR 세키호쿠 본선 사쿠라오카역桜岡 15분

: WRITER'S PICK :

오리나 닭을 만나도 겁내지 마세요.

입구를 지나면 어디선가 오리와 닭의 울음소리가 들려온다. 거슬릴 정도는 아니고 오히려 정겨운 느낌. 꽃과 식물이 어우러진 풍경 안에 가끔 자유롭게 걸어 다니는 이들이 들어오기도 한다. 관람객은 이 모습을 놓칠세라 조용히 사진찍기에 열중하지만, 혹시 살짝 무섭기도 하다면 다른 길로 돌아가자.

#Drive

237번 국도 따라
비에이~후라노 꽃밭 완전 정복

렌터카로 여행한다면 비에이·후라노의 하이라이트, 237번 국도를 달려보자. 가 본 사람들이 잊지 못하고 회자하는 어여쁜 꽃밭이 이 길을 중심으로 퍼져 있다. 꼭 유명한 장소가 아니더라도, 눈에 띄는 풍경을 만나면 잠시 멈춰 설 수 있는 게 드라이브 여행자만의 특권. 237번 도로를 천천히 달리며 주변 풍경을 꾹꾹 눈에 담아보자.

가까이서 보아야 아름답다

칸노 팜

かんのファーム

후라노의 라벤더밭은 저마다 특색을 가지고 있다. 같은 라벤더를 심었어도 똑같은 곳은 하나 없이 다른 콘셉트를 내세우는 것이 특징. 한 번 다녀가는 여행자의 눈에야 잘 보이지 않겠지만, 밭을 관리하는 농원에서는 여러모로 세세하게 신경을 쓴다. 칸노 팜은 다른 라벤더밭과 달리 다양한 종류의 라벤더를 심는다. 서로 모양과 크기, 색이 모두 달라 전체적인 밭 모양의 통일성은 떨어지지만, 가까이서 꽃을 구경할 때면 다른 어느 곳보다도 흥미롭다. 농원 안에는 일본항공 JAL의 광고 촬영지로 소개된 5개의 나무가 명소로 자리하고 있다. 라벤더 외에 다양한 빛깔의 꽃을 심어 10월까지 즐길 수 있으며, 밭에서 재배한 감자, 옥수수, 호박과 목장 직송 소프트아이스크림도 판매한다. MAP ⑳

GOOGLE 칸노팜
MAPCODE 349 728 723*11(주차장)
TEL 0167-45-9528
OPEN 7월~10월 중순 09:00~일몰
WEB www.kanno-farm.com
CAR 사계채의 언덕 3.8km
WALK JR 비바우시역美馬牛 20분

JAL 광고에 등장한 일명 '아라시 나무'도 여기서 보인다.

+MORE+

남몰래 아껴둔 절경 포인트
슈지츠의 언덕 就実の丘

아사히카와에서 비에이로 들어서기 직전, 아사히카와공항 남동쪽에 위치한 전망 포인트다. 아직 많이 알려지지 않아서 화장실이나 주차장 같은 편의시설도 없는 농지에 불과하지만, 그만큼 비에이의 멋진 풍광을 남몰래 즐길 수 있는 숨은 절경 스폿이다. 다이세츠산의 주봉인 해발 2290m의 아사히다케旭岳를 비롯해 토카치다케 연봉, 아사히카와 시가지를 다각도로 감상할 수 있고, 아사히카와공항을 오가는 비행기들이 언덕 너머로 뜨고 내리는 모습도 카메라에 담을 수 있다. 노을이 붉게 물드는 해 질 녘이나 별빛 반짝이는 밤에 와도 좋은 곳. 일본 드라마 <갈릴레오 2> 10화의 오프닝 장소로도 알려졌다. 언덕에서 아사히카와공항 방향으로 난 도로는 롤러코스터처럼 업다운이 심해서 드라이브하는 재미가 쏠쏠하다. MAP ⑳

GOOGLE 슈지츠 언덕
MAPCODE 389 165 333*50
CAR 제루부의 언덕 6km, JR 비에이역 7.8km

2 형형색색의 꽃밭 카펫

사계채의 언덕

四季彩の丘

아주 길고 커다란 색색의 카펫을 깔아둔 듯 경이로운 풍경을 보여주는 곳. 축구장 약 10개 면적인 7ha 부지의 거대한 꽃밭이다. 스스로를 '비에이 대표 엔터테인먼트 가든'이라고 소개할 만큼 사계절 내내 색다르게 꾸민다. 진가는 여름과 겨울, 두 번 펼쳐진다. 여름에는 샐비어, 패랭이, 튤립, 양귀비, 작약, 금잔화, 맨드라미, 해바라기 등이 만발하는 모습이 장관이고, 겨울에는 소복이 쌓인 눈 사이로 스노모빌과 고무보트를 타는 즐거움을 누릴 수 있다. 복슬복슬한 알파카를 만나는 알파카 농장에서는 먹이 주기 체험도 가능하다. MAP 20

GOOGLE 사계채의 언덕
MAPCODE 349 701 216*45(주차장. 7~9월 유료)
TEL 0166-95-2758
PRICE **7~9월** 입장료 500엔(초등·중학생 300엔)/10~6월은 무료입장
4월 말~10월 말 트랙터 버스(노롯코호, 원내 15분 일주) 500엔(초등·중학생 300엔), 버기카(약 1km 전용 코스를 직접 운전) 1인승 800엔·2인승 1200엔, 카트(15분간 원내를 자유롭게 직접 운전) 4인승 2500엔
12월 초~4월 초 스노우 래프팅 1인 1000엔, 썰매 200엔, 스노모빌 1500엔
주차비 500엔/10~6월은 무료
OPEN 1~4월 09:10~17:00, 5·10월 08:40~17:00, 6~9월 08:40~17:30, 11~12월 09:10~16:30/알파카 목장은 폐원 30분 전에 폐장/레스토랑 11~3월 수 휴무
WEB shikisainooka.jp
CAR JR 비바우시역 2.5km, 타쿠신칸 2.7km, JR 비에이역 7.9km

직접 운전해서 달릴 수 있는 카트

대형 트랙터 버스, 노롯코호는 15분 정도 운행하며, 중간에 잠시 멈춰 포토타임도 준다.

사계채의 언덕 꽃 캘린더

*개화 시기는 날씨에 따라 달라지며, 꽃의 종류는 예고 없이 변경될 수 있다.

구분	5월			6월			7월			8월			9월			10월		
	초	중	하	초	중	하	초	중	하	초	중	하	초	중	하	초	중	하
튤립																		
무스카리																		
팬지																		
오리엔탈 양귀비																		
초롱꽃																		
층층이 부채꽃																		
작약																		
리야트리스																		
아이슬란드 양귀비																		
금붕어꽃																		
라벤더																		
금영화																		
클라키아																		
샐비어(사르비아)																		
메리골드(금잔화)																		
맨드라미																		
풍접초																		
플록스																		
코스모스																		
해바라기																		
코키아(댑싸리)																		
피튜니아																		
패랭이																		
다알리아																		
백일초																		
스토크																		
백겨자꽃																		
슈메이 국화(추명국)																		

튤립

무스카리

팬지

오리엔탈 양귀비

초롱꽃

층층이 부채꽃

작약

리야트리스

아이슬란드 양귀비

금붕어꽃

라벤더

금영화

클라키아

샐비어(사르비아)

메리골드(금잔화)

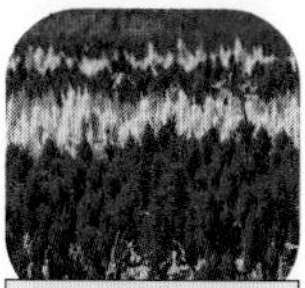

맨드라미

풍접초

플록스

코스모스

해바라기

코키아(댑싸리)

피튜니아

패랭이

다알리아

백일초

스토크

백겨자꽃

슈메이 국화(추명국)

사계채의 언덕 원내 지도

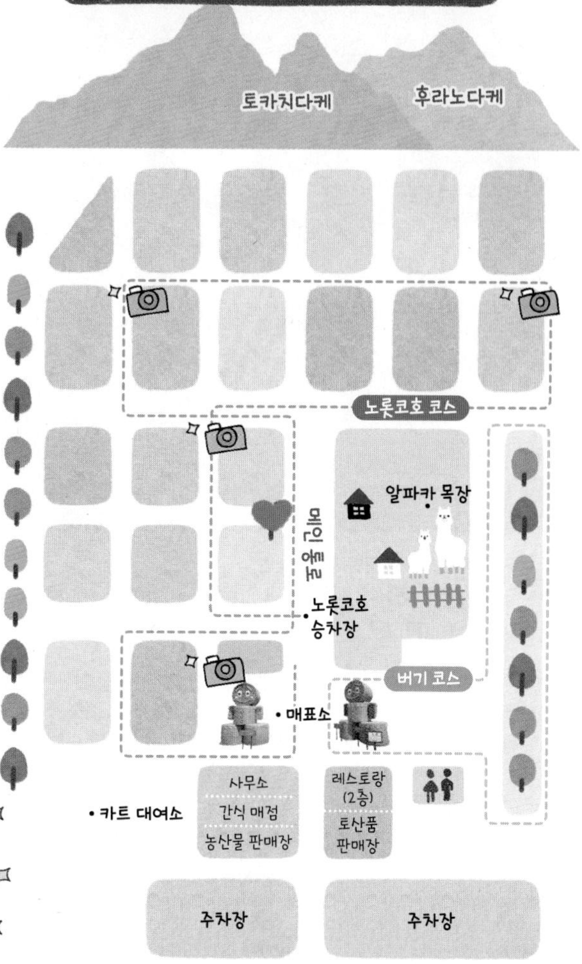

토카치다케

후라노다케

노롯코호 코스

알파카 목장

메인 도로

노롯코호 승차장

버기 코스

매표소

카트 대여소

사무소

간식 매점

농산물 판매장

레스토랑 (2층)

토산품 판매장

주차장

주차장

3 라벤더밭, 단 한 곳만 가야 한다면?

팜 토미타

ファーム富田

여행 전 보라색 물결이 넘실대는 라벤더밭을 상상했다면, 그 현실은 팜 토미타 농장일 것이다. 명실상부 후라노 라벤더 풍경의 대표 선수. 절정은 7월 중순부터 말까지이나, 7월 초나 8월 초에 방문해도 라벤더를 감상할 수는 있다. 이 기간을 벗어난 4~9월에는 크로커스, 수선화, 튤립, 해당화, 작약, 제라늄 등이 밭을 수놓아 어느 시기에 와도 차를 세울만한 가치가 있다. 기념품이 가득한 상점도 즐길 거리다. 6월 초~9월 말에는 가까운 곳에 JR 라벤더바타케역ラベンダー畑이 임시 오픈한다. MAP ⑱

GOOGLE 후라노 팜 토미타
MAPCODE 349 276 867*40(주차장)
TEL 0167-39-3939
OPEN 08:30~18:00
WEB farm-tomita.co.jp
CAR JR 후라노역 9.5km
WALK JR 라벤더바타케역(6월 초~9월 말 한정 운영) 7분

+MORE+

그냥 피어나는 라벤더가 아니야~

쇠퇴해가던 후라노를 '라벤더밭 풍경'의 관광 명소로 부흥시킨 장본인. 1950년대 향료용 라벤더 재배에 뛰어들었다가 1972년 무역자유화 이후 위태롭게 경영을 이어가던 팜 토미타는 1976년 JR 홋카이도 달력에 농장 전경 사진이 게재되며 반전의 기회를 얻는다. 전국의 포토그래퍼들이 후라노로 몰려들며 주변 농장의 회생까지 이끌어냈던 것. 농장은 매년 여름 다시 풍성한 라벤더 풍경을 꽃피우기 위해 1년 내내 자신들의 노하우로 라벤더를 지켜낸다. 특히 해마다 소복이 내리는 겨울 눈 속에서 라벤더가 살아남는 건 흔치 않은 일. 우여곡절이 많았기에 생명력이 더 강해진 듯싶다.

멜론 먹으며 쉬어가자

토미타 멜론하우스

とみたメロンハウス

홋카이도 멜론이라면 유바리 지역이 유명하지만, 후라노 멜론도 당도가 높아 맛이 좋다. 멜론하우스는 후라노 멜론이 출하하는 6~9월에만 운영하는 식당 겸 상점으로, 멜론으로 만든 다양한 먹거리를 판다. 지금까지 먹었던 멜론과는 다른, 홋카이도만의 멜론 세계를 경험할 수 있다. 팜 토미타와 가까워 함께 묶어보기 좋다. MAP ⑱

GOOGLE 토미타 멜론하우스
MAPCODE 349 276 769*38(주차장)
TEL 0167-39-3333
PRICE 멜론 조각 800엔, 멜론 반통 2800엔
OPEN 6~9월 09:00~17:00(날씨·수확 사정에 따라 달라질 수 있음)
WEB www.tomita-m.co.jp
WALK 팜 토미타 옆

산타의 수염은 달콤해

5 포푸라 팜

ポプラファーム

커다란 후라노 멜론을 반으로 잘라 소프트아이스크림을 올려주는 호화로운 디저트. 거꾸로 보면 마치 '산타의 수염サンタのヒゲ' 같아 이같이 이름 붙였다. 멜론을 수확하는 시기에만 맛볼 수 있는 한정 메뉴로, 여러 곳의 유사 메뉴 중에 원조는 이곳이다. MAP ⑱

GOOGLE 포푸라 팜 카페
MAPCODE 349 308 749*16(주차장)
TEL 0167-44-2033
PRICE 산타의 수염 大(멜론 1/2) 2500~2800엔, 小(멜론1/4) 1400~2000엔/시즌·멜론 크기·토핑에 따라 다름
OPEN 4~10월 09:00~17:00
WEB popurafarm.com
CAR 사이카노사토 5.5km
WALK JR 니시나카역西中 6분

트랙터 타고 즐기는 거대한 꽃밭

6 플라워랜드 카미후라노

フラワーランドかみふらの

커다란 트랙터를 타고 넓게 펼쳐진 꽃밭을 10분간 유람한다. 언덕 위로 입장하는 덕에 들어서자마자 광대한 꽃밭 전망이 시선을 압도한다. 토카치다케를 비롯해 멀리 병풍처럼 펼쳐진 산들도 매력적. 농장에서 직접 재배한 채소, 라벤더, 멜론 기념품을 파는 상점과 간단한 식사가 가능한 식당도 있다. 단, 라벤더가 목적이라면 팜 토미타로 가는 게 낫다. MAP ⑱

GOOGLE 플라워 랜드 카미 후라노
MAPCODE 349 518 477*36(주차장)
TEL 0167-45-9480
OPEN 09:00~17:00(6~8월 ~18:00, 12~4월 ~16:00)/12월 중순~1월 중순 휴원
WEB flower-land.co.jp
CAR 포푸라 팜 7.6km

#Drive

비에이 절경을 그대 두 눈에!
패치워크 로드

바로 옆 후라노에 비해 비에이는 그저 작고 조용한 시골 마을이었다. 비에이가 유명해진 건 각종 미디어가 주목하면서부터. 드넓게 이어진 밭에서는 흉작을 막기 위해 구역별로 매년 다른 작물을 심었고, 다 자라고 보니 그 모습이 마치 거대한 패치워크를 이루어 유럽의 시골 마을에 온 듯 이국적인 풍경을 자아냈다. 제루부의 언덕을 시작으로 비에이 언덕에 심어진 유명 나무들이 모인 이 일대를 '패치워크 로드パッチワークの路'라고 한다.

로드트립의 시작은 여기부터

시키노조호칸 (사계의 정보관)

四季の情報館

비에이역 앞 광장에 자리 잡은 관광 안내소. 관광 정보와 숙박시설 정보를 제공하고 특산품 코너와 마에다 신조의 미니 갤러리, 코인 로커 등이 있다. 비에이 관광버스 티켓도 구매 가능. MAP 20

GOOGLE 비에이 사계절 정보관
MAPCODE 389 010 566*51(역 앞 주차장)
TEL 0166-92-4378
ADD 1Chome-2-14 Motomachi, Biei
OPEN 08:30~17:00/토·일·공휴일 휴무
WEB www.biei-hokkaido.jp
WALK JR 비에이역 정면 출구 1분

우연히 와서 인생사진 건지는 곳

제루부의 언덕

ぜるぶの丘

라벤더, 해바라기, 양귀비, 팬지 등의 꽃이 만발하는 관광 농원이다. 237번 국도에서 이어져 우연히 들렀다가 인생사진 건지는 알찬 스폿이기도 하다. 3000송이 꽃이 피는 8ha 면적을 버기카(1인승 500엔)를 타고 둘러볼 수 있어 아이들에게도 인기 만점. 위로 조금만 가면 켄과 메리의 나무가 있으니 이를 먼저 둘러보고 호쿠세이의 언덕으로 가도 좋다. MAP 20

GOOGLE 제루부 언덕
MAPCODE 389 071 478*04(주차장)
TEL 0166-92-3160
OPEN 4월 중순~10월 초 08:30~17:00
WEB biei.selfip.com
CAR JR 비에이역 3.5km

: WRITER'S PICK :

자전거 여행도 가능은 하죠~

완만한 경사의 패치워크 로드에서는 자전거에 도전해볼 만하다. 실제로 JR 비에이역 앞에는 자전거 대여소가 여러 군데 있어 여행의 낭만을 유혹한다. 다만 완만한 언덕이라도 언덕은 언덕. 무릎이 좋지 않거나 체력이 부족하고 평소 자전거에 취미가 없었다면 좀 버거울 수 있다. 자전거 대여료는 대개 1시간에 일반 자전거 200엔~, 전기 자전거 600엔~.

속이 뻥 뚫리는 시원한 풍경!

호쿠세이의 언덕 전망 공원

北西の丘 展望公園

5ha 규모의 정원과 피라미드형 진밍대가 있다. 진망대에 오르면 비에이 마을의 구릉지와 다이세츠산의 능선, 주변 농원의 라벤더·해바라기·양귀비 등을 속 시원히 내려다볼 수 있다. 온 김에 소프트아이스크림을 파는 매점과 관광안내소에도 들렀다 가자. **MAP ⑳**

GOOGLE 호쿠세이노오카전망 공원
OPEN 봄~적설 시기(관광안내소 4월 말~10월 말)
MAPCODE 389 070 370*65(주차장)
CAR 제루부의 언덕 2km

: WRITER'S PICK :

사진 찍을 때 주의하세요!

비에이에서는 오버투어리즘과 관광객들의 무단 주차, 밭작물 훼손 등의 문제가 계속되자 명소로 유명한 나무들을 벌목하고 있다. 마일드세븐 언덕의 낙엽송이 잘려 나갔을 때도 큰 반향을 일으켰지만, 이번에는 개인이 아닌 시 차원에서 진행되는 만큼 더 큰 규모가 될 예정이다. 2025년 1월에 세븐스타 나무 옆 자작나무 가로수가 벌목되었고, 현재 다른 나무 소유주들과도 협의 중이라고. 사진을 찍을 때는 에티켓을 지키고, 밭에 들어가는 행동은 삼가자.

+MORE+

한 자리에서 만나자, 지역 특산물

동네 마트와 편의점 탐방을 애정하는 사람이라면 후라노, 비에이 지역의 특산물 판매점에 가보자. 이 고장에서 나고 자란 채소, 과일, 곡식, 유제품, 육류, 가공식품 등을 한 자리서 만나는 종합 쇼핑 공간이다.

❖ 후라노 마르셰 FURANO MARCHE

산지에서 바로 가져온 후라노 채소와 가공식품, 라벤더로 만든 다양한 기념품 및 생활용품을 판매하는 마켓이다. 이 지역 대표 상품들의 원스톱 쇼핑이 가능하다. 게다가 공간도 넓고 쉬어갈 만한 휴게 장소가 많은 것도 특징. 비에이 센카와의 차별점은 오늘 구운 빵을 파는 베이커리, 진한 소프트아이스크림 등으로 유혹하는 카페, 후라노산 재료를 잔뜩 넣은 버거가 있는 푸드코트 등 출출한 시간을 채워줄 간식거리가 많다는 점이다. **MAP ㉑**

GOOGLE 후라노 마르쉐 1
MAPCODE 349 001 744*51(주차장)
TEL 0167-22-1001
OPEN 10:00~19:00(10~6월 ~18:00)/
연말연시 휴무
WEB marche.furano.jp
WALK JR 후라노역 8분 **CAR** JR 후라노역 600m

❖ 비에이 센카 美瑛選果 本店

이 지역 농축산물을 한 자리에서 만날 수 있는 안테나 숍이다. 마켓, 공방, 레스토랑으로 구성된 세련된 공간이 돋보인다. 제철 채소와 과일, 비에이 목장의 우유, 빵과 가공식품 등을 만날 수 있다. 참고로 후라노 마르셰보다는 규모가 작고 상품군 역시 적은 편이다. **MAP ⑳**

GOOGLE 비에이센카 본점
MAPCODE 389 010 510*81(주차장)
TEL 0120-10-9347
OPEN 10:00~17:00(여름철 09:00~18:00)/
연말연시 휴무
WEB bieisenka.jp/store
WALK JR 비에이역 15분
CAR JR 비에이역 1.2km

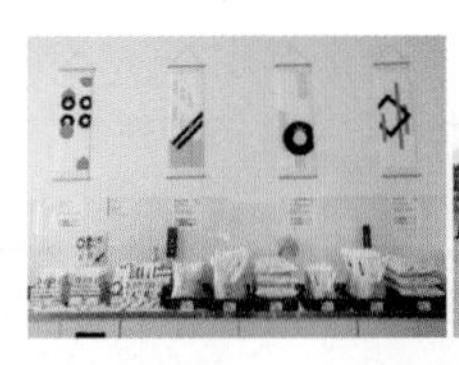

4 아쉬움을 남기고 사라진 절경

마일드세븐 언덕

マイルドセブンの丘

1978년 마일드세븐 담배 광고에 등장하며 유명해졌다. 이후로 '마일드세븐 언덕'이라는 이름까지 얻었으니 당시에는 그 광고가 대단히 멋있었나 보다. 보리밭 언덕 위 일렬로 선 낙엽송은 사계절 모두 아름다웠지만, 여름의 청량한 초록빛, 겨울의 새하얀 눈 이불이 특히나 인상적이었다. 절망스러운 소식은 2018년 여름, 이 언덕의 나무들이 잘려 나갔다는 것. 관광객들의 무단 침입에 골머리를 앓던 땅 주인이 결국 나무를 잘라버리는 특단의 조치를 취했다고. 현재 조촐한 군락과 낙엽송 5그루 정도만 남아 있다. MAP 20

GOOGLE 마일드세븐 나무
MAPCOD 389 064 290*38(주차장)
CAR 호쿠세이의 언덕 전망 공원 3.1km

예전 풍경

5 엄마 아빠 손을 맞잡고

오야코 나무

親子の木

멀리서 바라보면 흥겨운 떡갈나무 가족이다. 큰 나무 두 그루 사이에 키가 작은 나무가 서 있다. 그 모습이 마치 부모와 자식 같다고 하여 이름도 오야코(부모와 자식). 조금 떨어진 곳에 서 있는 나무를 두고 '시어머니 나무'라고도 하고, 주변에 작은 나무들이 계속 자라나 가족이 늘어난 게 아니냐는 소문도 있었다. MAP 20

GOOGLE 오야코나무
MAPCODE 389 097 860*15
CAR 마일드세븐 언덕 4.1km

인기쟁이 떡갈나무

세븐스타 나무

セブンスターの木

1976년, 이번엔 세븐스타라는 담배 패키지에 등장했던 떡갈나무다. 주변 주차장에 잠시 차를 두고 내려서 사진을 찍거나 풍경을 감상하기에 좋다. 멀리서 바라보아야 하는 오야코 나무와는 달리 가까이서 볼 수 있다는 게 매력적. 그만큼 모두가 원하는 포토 포인트라, 사람 없는 풍경을 원한다면 이른 아침에 와야 한다. MAP 20

GOOGLE 세븐스타나무
MAPCODE 389 157 096*22(주차장)
CAR 오야코 나무 2.1km

인증샷 명소가 될 줄이야!

켄과 메리의 나무

ケンとメリーの木

1972년 닛산 자동차 광고에 등장해 지금까지 사랑받는 나무다(켄과 메리는 광고에 등장했던 연인들의 이름). 정확히 말하면 큰 나무와 대조적인 색색의 주변 풍경이 사랑스럽다. 비에이 논밭에 생뚱맞게 서 있는 여느 나무처럼, 원래는 밭과 밭 사이의 경계를 표시하기 위해 심었다고. 농가에서도 이만한 인기는 상상하지 못했을 듯싶다. MAP 20

GOOGLE 켄과메리의나무
MAPCODE 389 071 603*38(주차장)
CAR 세븐스타 나무 4km

#Drive

박력 넘치는 언덕길
파노라마 로드

칸노 팜, 사계채의 언덕을 비롯해 비에이를 스타로 만든 풍경 사진가 마에다 신조의 갤러리 타쿠신칸이 있는 일대를 파노라마 로드パノラマロード라고 한다. 솟아났다 꺼지기를 반복하는 비에이의 언덕 중에서도 가장 박력 넘치는 경사 구간으로, 자전거나 도보보다는 드라이브하면서 즐기는 게 가장 현명한 방법이다.
전체 길이는 약 20km이며, 일반 자전거로 천천히 돌아본다면 3시간 이상 소요된다. 출발점은 JR 비에이역이다.

한적하고 평화로운 전망 포인트
산아이노오카 전망 공원
三愛の丘展望公園

파노라마 로드를 여유롭게 조망할 수 있는 전망 포인트. 북동쪽에 홋카이도에서 가장 높은 다이세츠산大雪山 국립공원과 홋카이도 10봉 중 하나인 활화산 토카치다케十勝岳 연봉이 펼쳐지고, 남서쪽으로는 완만한 언덕 너머로 비바우시 초등학교美馬牛小学校의 빨간 지붕이 보인다. 경치가 아주 빼어난 곳은 아니지만, 주위에 자연림이 우거진 산책로가 있고 관광객이 적어서 한가롭게 둘러볼 수 있다는 것이 장점. 자전거 여행 코스로도 주목받는 곳이다. MAP ⑳

GOOGLE 산아이노오카전망 공원
MAPCODE 349 792 536*43(주차장)
CAR JR 비에이역 4.6km

사진 속 풍경 그 자체
치요다 언덕 전망대
千代田の丘展望台

삼각탑 형태의 뾰족한 지붕이 인상적인 전망대. 360° 유리창으로 된 2층에 오르면 비에이의 그림 같은 구릉지대와 그 너머에 우뚝 솟은 홋카이도 최고봉 다이세츠산의 풍광이 시원하게 펼쳐진다. 그야말로 사진작가 마에다 신조의 작품 그 자체. 가을에는 분홍빛으로 물결치는 코스모스밭이 색채감을 더한다. 팜 치요다 농장과 레스토랑(414p)이 바로 근처에 있다. MAP ⑳

GOOGLE 치요다언덕 전망대
MAPCODE 349 734 780*73(주차장)
CAR 산아이노오카 전망 공원 2km, JR 비에이역 7km

3대가 담아낸 비에이 언덕 50년사

타쿠신칸

拓真館

비에이의 아름다움을 세상에 알린 풍경 사진가 마에다 신조의 갤러리. 그는 우연히 방문한 비에이에 매료돼 1998년 세상을 떠날 때까지 30년간 비에이 언덕을 사진에 담았고, 폐교한 초등학교 부지에 아담한 건물을 짓고 1987년 갤러리를 오픈했다. 내부에는 마에다 신조부터 그의 아들과 손자에 이르기까지 3대가 50년간 담아낸 비에이의 풍경 사진 전시실과 기념품점이 있다. 타쿠신칸(척진관)이란 이름은 동네 이름 '척진拓進'의 '척'에 마에다 신조의 이름 및 사진이라는 단어에 사용되는 '신真'을 더한 것이다.

갤러리 옆에는 마에다 신조가 사랑한 자작나무숲길白樺回廊이 있다. 좁다란 오솔길 양옆으로 쭉 뻗은 하얀 자작나무숲은 갤러리를 찾은 사람들에게 선물 같은 휴식. 자작나무숲길 입구에 있는 예쁜 초록색 건물은 로컬 식재료로 만드는 창작 요리 레스토랑 SSAW BIEI다. 홈페이지(s-s-a-w.com)에서 예약 필수, 음료는 테이크아웃 가능. MAP ⑳

GOOGLE 탁신관 갤러리
MAPCODE 349 704 366*54(주차장)
TEL 0166-92-3355
PRICE 무료
OPEN 10:00~17:00(11~3월 ~16:00)/폐장 15분 전까지 입장
WEB www.takushinkan.shop
CAR 치요다 언덕 전망대 2km, JR 비에이역 8.7km

비에이 최고의 전망 맛집

신에이노오카 전망 공원

新栄の丘展望公園

비에이 여행자들은 누구나 한 번쯤 들르는 인기 전망대. 파노라마 로드의 중간 언덕에 자리 잡고 있어서 어느 방향에서 보더라도 뛰어난 전망을 자랑한다. 초여름부터 8월까지는 사랑스러운 노란색 꽃으로 뒤덮인 들판이 아름다우며, 여기서 보는 일몰을 '일본 제일'로 꼽는 사람이 많을 정도로 오렌지빛으로 물드는 석양도 환상적이다. <겨울연가>의 윤석호 감독이 연출한 일본 영화 <마음에 부는 바람>을 촬영한 곳이기도 하다. 화장실, 휴게소, 매점 등의 편의시설도 갖췄다. MAP ⑳

GOOGLE 신영의 언덕 전망 공원
MAPCODE 349 790 617*07(주차장)
OPEN 봄~적설 시기(화장실 사용은 4월 중순~11월 초)
CAR 타쿠신칸 4.6km, JR 비에이역 4.1km

내가 바로 비에이의 슈퍼스타

크리스마스트리 나무

クリスマスツリーの木

넓은 밭 한가운데에 오도카니 서 있는 높이 약 8m의 이 가문비나무는 비에이의 상징이다. 이름의 유래는 크리스마스트리에 사용하는 나무와 비슷한 모양이어서 지었다는 설과 맨 끝의 가지가 별 모양이어서 지었다는 설로 나뉜다. 주변이 온통 새하얀 설원이 될 때 한층 아름다워서 한겨울에도 많은 관광객이 방문하는 포토 포인트. 밭은 사유지여서 들어갈 수 없고 먼발치에서 바라봐야 한다. MAP ⑳

GOOGLE 크리스마스 나무
MAPCODE 349 788 233*50
CAR 신에이노오카 전망 공원 2.4km, JR 비에이역 6.4km

#Drive

966번 도로 절경도 놓치지 않기!
시로가네

패치워크 로드에서 시로가네白金 온천 마을로 이어지는 966번 도로(토카치다케 온천 비에이선)에는 청의 연못, 흰 수염 폭포, 토카치다케 전망대 등 유명한 절경 스폿이 많다. 날씨가 맑다면 무조건 차를 타고 966번 도로를 달려보자.

1 오랜만에 만나는 크고 현대적인 시설
미치노에키 비에이 시로가네 비루케
道の駅びえい「白金ビルケ」

청의 호수에 가기 직전에 자리한 도로 휴게소. 2018년 오픈해 깔끔하고 현대적이다. 햄버거 맛집 비트윈 더 브레드BETWEEN THE BREAD, 테이크아웃 커피숍, 기념품점, 자전거 대여점 등이 들어서 있고 주차 공간도 넉넉해 비에이에서 청의 호수로 넘어갈 때 잠시 쉬어가기에 좋다. 비루케ビルケ는 자작나무를 뜻하는 독일어 'Birke'의 일본어 표기다. MAP 18

GOOGLE 미치노에키 비에이 시로가네비루케
MAPCODE 349 627 092*72(주차장)
TEL 0166-94-3355
OPEN 09:00~17:00(6~8월 ~18:00)/12월 31일~1월 3일 휴무
WEB biei-info.jp/biruke/
CAR JR 비에이역 15km, 타쿠신칸 12.7km

북유럽 숲으로 순간 이동
자작나무 가로수길
白樺街道

'홋카이도 자연 100선'에 선정된 자작나무 가로수길. 미치노에키 비에이 시로가네 비루케 앞에서 시로가네 온천 방향 966번 도로를 따라 4km가량 이어진다. 북유럽의 대표 수종인 자작나무는 산불이나 태풍 등으로 숲이 파괴된 자리에 자라는 나무로, 1926년 토카치다케十勝岳가 분화하고부터 이곳에서 자생하기 시작했다. 날씨가 좋은 날엔 정면에 보이는 해발 2052m의 비에이다케美瑛岳와 새하얀 자작나무가 어우러진 모습이 장관이다. MAP 18

GOOGLE 미치노에키 비에이 시로가네비루케(시작점)
MAPCODE 349 627 031*00
CAR 미치노에키 비에이 시로가네 비루케 바로 앞에서 시작

신비로운 푸른 연못

청의 연못(아오이케)

青い池

토카치다케가 분화한 뒤 비에이 마을과 주변 시로가네 온천 마을을 지키기 위해 제방을 쌓는 과정에서 생긴 연못이다. 2012년 애플사의 맥북프로 바탕화면이 되며 인기가 급상승했다. 독특한 푸른색이 많은 이의 발길을 끌어모으는 곳. 비현실적인 색의 원인은 아직 정확히 밝혀지지 않았지만, 주변 시로가네 온천에서 용출한 알루미늄 온천수의 유입이란 의견이 일반적이다. 흐린 날에는 물색이 푸르지 않아 실망할 수 있으니 꼭 맑은 날에 방문하기를 바란다. 겨울에는 연못이 있었나 싶을 만큼 두꺼운 눈 이불을 덮고 있다. 11~4월엔 야간 라이트업 이벤트가 펼쳐진다. MAP ⑱

GOOGLE 청의 호수
MAPCODE 349 568 748*77(유료 주차장)
OPEN 주차장 5~10월 07:00~19:00, 11~4월 08:00~21:30
PRICE 무료/주차장 500엔
WEB www.biei-hokkaido.jp/ja/shirogane-blue-pond
CAR 미치노에키 비에이 시로가네 비루케 1.8km, JR 비에이역 17km

겨울에도 얼지 않는 신비의 폭포

흰 수염 폭포

しらひげの滝

폭포수의 모습이 마치 흰 수염 같다고 해서 붙은 이름이다. 블루 리버라는 다리 중간에 서면 겨울에도 얼지 않는 흰 수염의 물줄기가 푸른색 강 위로 떨어지는 모습이 잘 보인다. 블루 리버교는 청의 연못에서 약 3km 떨어진 곳에 있어 함께 둘러보면 좋다. MAP ⑱

GOOGLE 흰수염폭포
MAPCODE 796 182 452*20(공영 주차장)
CAR 청의 연못 3.1km

꿀렁꿀렁 언덕 너머 장엄한 토카치다케까지

토카치다케 전망대

十勝岳望岳台

아직도 연기가 폴폴 솟아나는 토카치다케 화산의 모습이 눈 앞에 펼쳐지는 전망대다. 해발 930m. 앞으로는 후라노와 비에이의 풍경이, 뒤로는 토카치다케의 장엄한 모습이 보인다. 산책로도 1km가량 정비돼 있어 전망과 함께 고산식물을 구경하며 걸어보기 좋다. MAP ⑱

GOOGLE 토카치다케 전망대
MAPCODE 796 093 372*00(주차장)
CAR 흰 수염 폭포 5.1km

#Walk

요정이 나올 것 같은 '후라노 3부작' 배경지

후라노 3부작 투어의 기준!
신후라노 프린스 호텔

일본 전역에는 아름다운 마을이 많지만, 유독 후라노와 비에이가 유명해진 건 삿포로와의 접근성, 미디어의 활용, 관광 인프라의 발전 등이 이유가 되겠다. 이야기를 조금 더 보태자면 이 지역을 배경으로 한 일본 드라마의 역할이 상당했다는 것. 특히 일본의 유명 극작가 쿠라모토 소우의 '후라노 3부작' <북쪽 나라에서>(1981), <자상한 시간>(2005), <바람의 정원>(2008)이 지금도 많은 이들의 추억을 소환하고 있다. 이중 신후라노 프린스 호텔 근처 접근성이 좋은 촬영지 4곳을 소개한다.

1

현지인들이 인기 드라마를 추억하는 방법

후라노 드라마관

富良野ドラマ館

배경지를 만나기에 앞서 총정리를 하고 가자. '후라노 3부작'과 관련한 자료, 오리지널 굿즈가 있는 곳이다. 가장 오래된 <북쪽 나라에서>는 방영한 지 30주년이 훌쩍 지났지만, 현지인들은 아직도 이곳에서 드라마 속 감동을 떠올린다. 주인공들의 의상과 작품 시나리오, 드라마 블루레이 등도 판매해 일드 마니아에겐 '텅장' 주의가 필요한 곳. MAP ㉑

GOOGLE furano drama gallery
MAPCODE 919 553 393*00(주차장)
TEL 0167-22-1111(신후라노 프린스 호텔)
OPEN 09:15~18:45(7~8월 08:15~20:45)
WEB www.princehotels.co.jp/shinfurano/facility/dramakan/
WALK 신후라노 프린스 호텔 주차장 앞

2

바람이 부는 정원

카제노 가든

風のガーデン

후지TV 드라마 <바람의 정원>의 실제 촬영지로, 아사히카와 우에노 팜(395p), 삿포로 에스타 옥상의 소라노 가든을 설계한 유명 가든 디자이너 우에노 사유키의 손길이 닿았다. 드라마를 보지 않았어도 산책 코스로 충분히 매력적. 동화 속을 걷는 듯한 예쁜 꽃길이 인상적이다. MAP ㉑

GOOGLE 89F4+Q5 후라노시(매표소)
TEL 0167-22-1111
PRICE 1000엔, 어린이(7~12세) 600엔
OPEN 4월 말~10월 중순 08:00~17:00 (7~8월 06:30~17:00, 9월 중순부터 ~16:00)/ 폐원 30분 전까지 입장
WALK 후라노 드라마관 2분

③ 요정들의 테라스
닝구르 테라스
ニングルテラス

홋카이도 원주민인 아이누족의 민화에 등장하는 요정, 닝구르. 이 상상 속 생명체는 일본 극작가 쿠라모토 소우의 작품 <닝구르>에서 '숲의 지혜자'로 등장한다. 작은 통나무집이 옹기종기 모인 이곳은 소우의 아이디어에서 시작된 숲속 예술가 마을. 집집마다 나무로 만든 작은 소품, 그림엽서, 압화, 가죽 제품 등 수공예품을 판매한다. 마치 백설공주를 기다리는 난쟁이의 집 같은 분위기라 야간 라이트 업을 하는 밤이면 신비로움이 배가 된다. 단, 실내는 촬영 금지다. MAP ㉑

GOOGLE 닝구르테라스
TEL 0167-22-1111
OPEN 12:00~20:45(7~8월 10:00~)/가게마다 다름/부정기 휴무
WEB princehotels.co.jp/shinfurano/facility/ningle_terrace_store
WALK 후라노 드라마관 1분

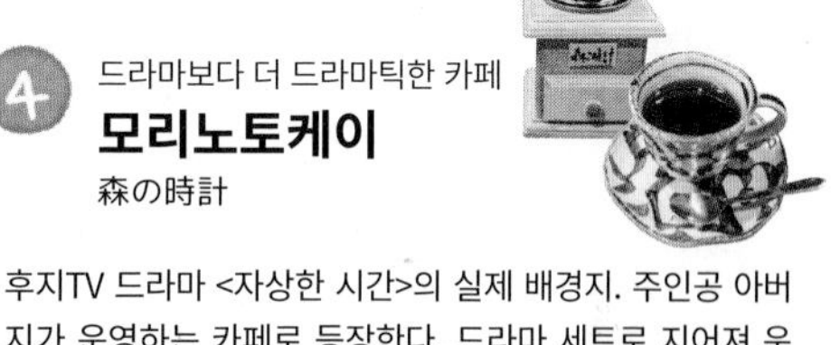

④ 드라마보다 더 드라마틱한 카페
모리노토케이
森の時計

후지TV 드라마 <자상한 시간>의 실제 배경지. 주인공 아버지가 운영하는 카페로 등장한다. 드라마 세트로 지어져 운영이 계속되고 있고, TV 속 모습을 그대로 간직해 방문자가 끊이지 않는다. 손님이 직접 핸드밀로 원두를 갈아 오리지널 커피オリジナルブレンドコーヒー의 향을 즐기고, 원두 가루를 받아 든 바리스타가 융드립으로 내려주는 커피 한 모금을 마시며 느긋한 시간을 보낼 수 있는 곳. 공간이 주는 아늑함과 향기를 즐기러 가볼 만하다. MAP ㉑

GOOGLE 모리노토케이
TEL 0167-22-1111
PRICE 커피·차 600엔~
OPEN 12:00~20:00(L.O.19:00)/시즌마다 다름
WEB www.princehotels.co.jp/shinfurano/restaurant/morinotokei/
WALK 닝구르 테라스 4분

후라노 식재료로 만들어 건강한

오무카레

이름에서 짐작할 수 있듯이 오무카레オムカレー는 오므라이스와 카레를 응용한 음식이다. 후라노 지역의 부흥과 발전을 기대하며 고안한 요리인 만큼, 쌀, 우유, 치즈, 와인 등 거의 모든 재료를 후라노산으로 써야 한다는 규정이 있다. 후라노 내 10여 곳의 식당에서 같은 이름의 메뉴를 판매하며, 모두 오므라이스 중앙에 후라노 홍보용 깃발을 세워 마무리하고는 후라노 병우유를 함께 제공해준다(우유가 없을 때는 당근 주스를 준다).

통나무집에서 먹는 향 강한 카레

유아독존(유이가도쿠손)

唯我独尊

1974년 오픈해 세월이 느껴지는 통나무집에 유독 독특한 분위기를 뽐내는 식당이다. 천천히 볶은 채소에 다양한 향신료를 넣은 카레가 유명하고 그중 수제 소시지 카레自家製ソーセージ付カレー와 오무카레オムカレー가 1, 2위를 다툰다. 카레는 전체적으로 향신료 맛이 강해 사람에 따라 호불호가 좀 나뉜다. 밀도 높은 소시지는 부드러운 소시지에 익숙한 사람에게 새로운 맛의 세계를 보여준다. 캠프장에 놀러 온 기분으로 후라노 카레의 가장 진한 맛을 느껴보자. MAP ㉑

GOOGLE 유아독존
MAPCODE 349 032 065*11(주차장)
TEL 0167-23-4784
PRICE 수제 소시지 카레 1550엔, 오무카레 1570엔
OPEN 11:00~21:00(L.O.20:30)
WEB doxon.jp
WALK JR 후라노역 5분

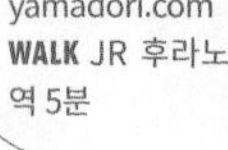

호호 불어 먹는 철판 오무카레

마사야

まさ屋

철판에 뜨겁게 볶아낸 오무카레가 명물인 식당이다. 양배추와 버터, 간장을 넣고 볶은 밥 위에 촉촉한 오믈렛을 올리고 도톰하게 썬 돼지고기볶음과 야채볶음, 카레 루와 데미그라스소스를 섞은 특제 소스까지 곁들여지니 냄새와 비주얼만으로 이미 합격! 모든 식재료는 당연히 후라노산이다. 이왕이면 셰프의 조리 과정을 가까이에서 지켜볼 수 있는 카운터석에 앉아보자. 철판 요리 전문점인 만큼 오코노미야키와 야키소바 맛도 상당해서 저녁엔 맥주 한잔을 하러 온 현지인들로 북적거린다. MAP ㉑

GOOGLE 철판 오코노미야키 마사야
MAPCODE 349 032 004*43(주차장)
TEL 0167-23-4464
PRICE 오무카레 1650엔(곱빼기 +150엔), 오코노미야키 800엔~
OPEN 11:30~15:00(L.O.14:30), 17:00~20:30(L.O.20:00)/목 휴무
WEB furanomasaya.com
WALK JR 후라노역 5분

+MORE+

카레의 영역을 넓혀보자!

❖ 카레노 후라노야 カレーのふらのや

국물이 있는 수프카레와 루 카레 전문점이다. 부드러운 뼈 있는 치킨 카레やわらか骨付きチキン가 인기 메뉴. MAP ㉑

GOOGLE 89VM+52 후라노
MAPCODE 349 001 791*57(주차장)
TEL 0167-23-6969
PRICE 부드러운 뼈 있는 치킨 카레 1180엔
OPEN 11:30~21:30(11~4월 ~21:00)/목·부정기 휴무
WALK JR 후라노역 13분

❖ 쿤엔코보 야마도리

くんえん工房 Yamadori

소시지 등의 훈제 가공식품도 파는 레스토랑. 추천 메뉴는 후라노 오무카레富良野オムカレー와 소시지 채소 수프카레ソーセージと野菜のスープカレー. MAP ㉑

GOOGLE 쿤엔코보 야마도리
MAPCODE 349 032 423*60(주차장)
TEL 0167-39-1810
PRICE 오무카레 1320엔, 소시지 채소 수프카레 1045엔
OPEN 11:00~15:00, 17:00~21:00/목 휴무
WEB kunenkobo-yamadori.com
WALK JR 후라노역 5분

신선함은 나의 몫!

우유, 푸딩, 치즈, 베이커리

차를 타고 후라노를 달리다 보면 목장에서 자유롭게 풀을 뜯는 소를 만난다. 드넓은 대지에서 산뜻한 공기를 마시며 노니는 소를 보고 있노라면 이곳의 우유와 유제품이 맛있을 수밖에 없다는 생각이 든다. 신선함 그대로, 후라노의 유제품을 실컷 맛보고 가자.

후라노의 맛있는 치즈, 여기서 만든다네

후라노 치즈 공방

富良野チーズ工房

자유 여행뿐 아니라 투어나 패키지 등 다양한 여행 루트에 포함되는 관광 명소다. 목장에서 짜낸 우유로 치즈, 버터, 아이스크림, 빵을 만드는 체험 공방(유료)과 견학 시설, 다양한 유제품을 판매하는 상점을 갖췄다. 주변 산책로도 잘 꾸며져 있어 아이스크림 하나 물고 잠시 쉬어가기 좋다. MAP ㉑

GOOGLE 후라노 치즈공방
MAPCODE 550 840 171*08(주차장)
TEL 0167-23-1156
OPEN 09:00~17:00(11~3월 ~16:00)
WEB furano-cheese.jp
CAR JR 후라노역 3.6km

따뜻한 바움쿠헨 한 조각 시식해봐요

하우스 폰 프라우 쿠로사와 본점

Haus Von Frau Kurosawa 本店

후라노 우유와 홋카이도 요츠바 버터로 바움쿠헨을 만든다. 거칠게 생긴 크리스피 바움쿠헨이 시그니처 메뉴. 향도 좋고 씹는 질감도 좋아 선물하면 꽤 사랑받는다. 가게에서는 따뜻한 바움쿠헨 조각을 시식해 볼 수 있다.
MAP ㉑

GOOGLE 하우스 폰 프라우 쿠로사와 본점
MAPCODE 349 001 656*54(주차장)
TEL 0167-56-7508
PRICE 크리스피 바움쿠헨 2400엔
OPEN 10:00~18:00/10~4월 수 휴무
WEB www.hausvonfraukurosawa.com
WALK JR 후라노역 10분

이 동네를 꽉 잡은 베이커리

후라노 델리스

Furano Delice

후라노 현지인들은 아끼고, 여행자들은 '인생 베이커리'로 칭한다. 갓 짜낸 우유로 만든 유제품이 유명하며, 그중에서도 베스트셀러는 후라노 우유 푸딩ふらの牛乳プリン이다. 후라노의 신선한 공기까지 담겠다는 자부심이 보기만 해도 느껴진다. 이밖에도 치즈케이크, 구움 과자 역시 언급을 안 하면 섭섭한 메뉴. 신후라노 프린스 호텔로 향하는 길목에 있어 여행자의 동선과도 잘 맞는다. 단, 휴일과 영업시간이 자주 바뀌는 편이라 방문 전 홈페이지 체크는 필수다. MAP ㉑

GOOGLE 후라노 델리스
MAPCODE 450 028 323*05(인근 전용 주차장)
TEL 0167-22-8005
PRICE 후라노 우유 푸딩+오늘의 케이크+블렌드 커피 or 아이스 커피 세트 1150엔
OPEN 10:00~17:00(카페 ~16:30)/화·수 휴무 (공휴일·1일인 경우 제외)
WEB www.le-nord.com
CAR 신후라노 프린스 호텔 3.5km

현지인들의 즐겨찾기

비에이·후라노 맛집

유명한 관광지임에도 비에이, 후라노에는 레스토랑이 넉넉지 않다. 여기에 성수기에는 여행자가 밀려들어 동선과 맞는 적절한 레스토랑을 찾기가 쉽지 않은 편. 비에이역, 후라노역 주변의 현지인에게도 인기 있는 맛집을 소개한다.

바삭바삭~ 비에이가 자랑하는 맛집

준페이

じゅんぺい

오픈 전부터 긴 줄이 늘어서는 이 지역 명물 식당이다. 홋카이도산 두툼한 생고기를 튀겨낸 돈카츠 덮밥ポークかつ丼(포크 카츠동)은 씹는 맛이 좋고, 오동통한 새우튀김이 올라간 새우튀김 덮밥海老丼(에비동)도 유명하다. 주문 즉시 바로 조리하는 주방에서 들리는 분주한 소리와 맛있는 냄새가 심상치 않은 곳. 현지인, 여행자 모두에게 알려진 맛집으로 각종 TV 프로그램에도 단골 출연했다. MAP ⑳

GOOGLE 준페이
MAPCODE 389 011 379*82(주차장)
TEL 0166-92-1028
PRICE 돈카츠 덮밥 1800엔(150g), 새우튀김 덮밥 1500엔(새우튀김 3개)
OPEN 11:00~15:00(재료 소진 시 일찍 마감)/월 휴무
WEB biei-junpei.com
WALK JR 비에이역 10분

목장에서 만나는 레스토랑

팜 레스토랑 치요다

ファームレストラン千代田

말, 토끼, 염소, 타조, 양 등 크고 작은 동물을 기르는 목장에서 먹이 주기 체험도 하고, 비에이 전경을 즐기는 전망대와 부드럽고 맛 좋은 소고기 요리를 내오는 레스토랑이 공존하는 공간이다. 레스토랑의 인기 메뉴는 비에이 와규 헬시 스테이크びえい和牛ヘルシーステーキ, 비에이 와규 비프 스튜びえい和牛ごろごろビーフシチュー. 쾌적한 시설 안에 먹을 거리, 즐길 거리를 다 갖췄다. 패키지 여행자에게는 필수 코스라, 여름 성수기에는 반드시 예약이 필요하다. MAP ⑳

GOOGLE 팜치요다레스토랑
MAPCODE 349 734 764*54(주차장)
TEL 0166-92-1718
PRICE 비에이 와규 헬시 스테이크(밥 또는 빵 선택) 3580엔, 비에이 와규 비프 스튜 2180엔
OPEN 11:00~20:00(봄·겨울은 ~16:00경)
WEB biei-fm.co.jp/restaurantinfo
CAR JR 비에이역 7.2km

따뜻한 일본식 프렌치 요리

카페 레스토랑 오키라쿠테이

CAFE RESTAURANT おきらく亭

비에이역에서 가까운 이 소담한 레스토랑에선 프렌치 요리를 일본식으로 재해석한 메뉴를 선보인다. 홋카이도의 길고 추운 겨울에 보양식 삼아 먹기 좋은 포토푀ポトフ(Pot-au-feu)는 닭고기와 채소를 푹 삶아 조리했고, 양고기와 감자를 넣은 그라탕子羊とジャガイモのグラタン은 호불호 없이 누구나 맛있게 즐길 수 있다. 평일 런치 메뉴(11:30~14:00)에는 샐러드, 수프, 밥이 포함되고, 이를 포함한 마감 시간까지는 카페로도 운영한다. 디너(17:30~19:00)는 전화 예약제로 운영한다. MAP ⑳

GOOGLE 오키라쿠
MAPCODE 389 010 414*44(주차장)
TEL 0166-92-3741
PRICE 포토푀 1450엔, 양고기와 감자를 넣은 그라탕 1800엔
OPEN 11:00~17:00(식사 11:30~14:00)/수, 둘째·넷째 목 휴무(7~8월은 수요일만 휴무)
WEB bieiokiraku.sakura.ne.jp
WALK JR 비에이역 3분

궁극의 햄·소시지와 요구르트

호비토

歩人

청의 호수로 향하는 966번 도로변에 있는 작은 식당. 빨간 지붕의 산장이 <반지의 제왕>의 호빗이 사는 집 같다 하여 호빗족을 '걷는 사람'이란 뜻의 한자로 변형해 만든 가게명이 재미있다. 대표 메뉴는 식품보존료를 넣지 않고 가게에서 직접 만든 저염 햄·소시지·베이컨 플레이트. 여기에 580엔을 추가하면 바게트 또는 밥(택1)과 디저트(커피·우유·주스·요구르트 중 택1)로 푸짐한 한 끼가 완성된다. 디저트로는 우유나 요구르트 추천. 비에이산 저지Jersey소에서 짜낸 고지방 우유라 고소하고 요구르트는 진하다. 가게가 좁아서 단체는 6명 이하만 받는다. MAP ⑱

GOOGLE 호비토 미사와
MAPCODE 349 653 897*60(주차장)
TEL 0166-92-2953
PRICE 햄·소시지·베이컨 플레이트 780~2350엔, 호비토 카레 1150엔, 커피 450엔~, 우유 400엔, 주스 470엔, 요구르트 400엔
OPEN 10:00~18:00(L.O.16:00)/화, 매월 둘째 월, 4·11월 둘째 주, 8월 둘째 월~수, 12월 26일~1월 휴무(홈페이지 확인)
WEB www.hobbito.com
CAR 미치노에키 비에이 시로가네 비루케 2.8km, 타쿠신칸 10km

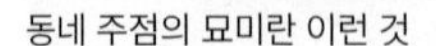

동네 주점의 묘미란 이런 것

후키노토우

ふきのとう

음식 솜씨 좋은 남편과 친절한 아내가 운영하는 이자카야. 관광객이 끊긴 비수기에는 후라노 주민들이 오손도손 모여 술잔을 기울이는 동네 사랑방이다. 간장 또는 된장으로만 심플하게 양념한 구운 주먹밥(야키 오니기리)과 두툼하고 부드러운 달걀말이(타마고야키) 같은 소박한 메뉴가 인기. 동네 식당치고 규모가 제법 크고 외국인 여행자에게도 친화적이어서 부담 없이 들를 수 있다. 영어 메뉴판 있음. MAP ㉑

GOOGLE 히노데마치 후키노토우
MAPCODE 349 032 124*50
TEL 0167-23-6023
PRICE 구운 주먹밥 200엔, 달걀말이 600엔, 닭날개 튀김(테바사키) 700엔, 임연수어 구이(호케) 1000엔, 하이볼 450엔
OPEN 18:00~23:00/일 휴무
WALK 후라노역 4분

풍로에 구워 먹는 맛 좋은 고기

마루마스

まるます

비에이와 후라노 사이, 카미후라노 마을에 있는 야키니쿠 전문점. 4인용 좌석부터 단체석, 야외 테이블까지 갖춘 대형 식당이다. 달콤하고 짭짤하게 간장 양념한 카미후라노산 돼지고기 토시살(부타사가리豚サガリ)이 명물로, 인기 메뉴는 토시살을 비롯해 목살, 흑모 와규, 소갈비, 우설 등 소고기와 돼지고기 7종으로 구성된 프리미엄 고기 모둠이다(밥과 국 기본 제공). 밥과 된장국, 토시살(180g)로 구성된 정식 메뉴나 돈카츠도 판매한다. 관광지나 역에서 거리가 꽤 떨어져 있으므로 렌터카 여행자에게 추천하며, 주차장도 넉넉하다. 야채 추가도 가능하지만, 상추 5장에 250엔으로 매우 비싸다. 영어 메뉴판 있음. MAP ⑱

GOOGLE 마루마스 카미후라노
MAPCODE 349 432 036*10(주차장)
TEL 0167-45-3521
PRICE 프리미엄 고기 모둠 2300엔, 와규 70g 1600엔, 점심 한정 고기 모둠 1인분 1950엔~
OPEN 11:00~14:30, 17:00, 21:45/일 휴무
CAR JR 카미후라노역 1.6km, 팜 도미타 6.8km

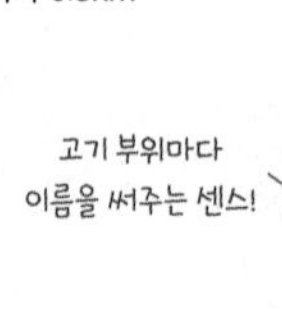

#Walk

여름에도 겨울에도 꿀잼 가득
토마무산 자락의 고급 휴양 리조트

후라노의 아랫동네 토마무トマム에는 여름엔 구름이 바다처럼 흘러가는 운해를 볼 수 있고
겨울엔 스노우 파우더와 함께 전 세계 스키어들의 성지가 되는 호시노 리조트 토마무가 있다.
홋카이도 여행을 더욱 색다르게 즐기고 싶다면 주목!

대자연 속 종합리조트

호시노 리조트 토마무

Hoshino Resorts TOMAMU 星野リゾート トマム

120년 전통의 리조트 그룹 호시노 리조트가 운영하는 대형 복합 리조트. 홋카이도 중앙부에 위치한 토마무산에 둘러싸인 약 1000ha(서울 여의도 면적의 약 3.5배)의 광대한 부지에 36층 초고층 타워 2동이 우뚝 솟아 있는 토마무의 랜드마크, 리조트 토마무 더 타워Tomamu the Tower와 전 객실 스위트룸으로 월풀욕조 및 개인 사우나를 갖춘 리조나레 토마무RISONARE Tomamu, 20여 개의 레스토랑이 있으며, 일본 최대 규모 실내 파도 풀장 미나미니 비치, 숲속 레스토랑 니니누푸리, 건축가 안도 타다오가 설계한 물의 교회, 여름과 겨울 전망이 아름다운 운해 테라스(무빙 테라스) 등 인상적인 시설도 많다. 4~10월 그린 시즌에는 여름 한정 숙박과 액티비티 프로그램이 있고, 11~3월 겨울 시즌에는 스키장 오픈과 아이스빌리지를 비롯한 다양한 겨울 액티비티를 즐길 수 있다.

GOOGLE 호시노 리조트 토마무
MAPCODE 608 511 157*43(더 타워 앞 주차장),
608 510 333*21(운해 테라스행 곤돌라 탑승장 앞 주차장)
TEL 0167-58-1111
WEB www.snowtomamu.jp
CAR JR 오비히로역 64.8km, JR 후라노역 70km,
신치토세공항 110km, JR 삿포로역 151km

● 호시노 리조트 토마무까지 가는 법

❶ JR

JR 삿포로역에서 JR 오비히로역까지 가는 특급 토카치特急とかち와 JR 구시로역까지 가는 특급 오조라特急おおぞら가 하루 10회 이상 JR 토마무역トマム을 지나간다. 삿포로역에서 약 1시간 40분, 오비히로역에서 약 1시간 소요. 신치토세공항에서 출발한다면 JR 신치토세공항역에서 쾌속 에어포트를 타고 한 정거장 이동해 JR 미나미치토세역南千歳에서 특급 토카치 혹은 특급 오조라로 환승한다. 총 약 1시간 10분 소요. 특급 토카치와 특급 오조라는 전 차량이 지정석이므로 열차를 타려면 JR 패스 소지자도 지정석을 예약해야 한다. 토마무역에서 리조트까지는 역 앞에서 무료 셔틀버스를 타고 간다. 약 5분 소요(2km).
아사히카와, 비에이, 후라노에서 갈 경우엔 삿포로로 가서 특급 토카치 또는 특급 오조라로 갈아타고 가는 방법밖에 없다. 따라서 열차를 타고 토마무를 방문할 계획이라면 삿포로~토마무~오비히로 코스로 일정을 짜는 것이 효율적이다.

PRICE 삿포로~토마무 5880엔, 오비히로~토마무 3480엔, 신치토세공항~토마무 4960엔(쾌속 에어포트 자유석 이용 시 5070엔)
WEB www.jrhokkaido.co.jp/global/korean/

*토마무역에서는 열차 티켓을 판매하지 않으므로 돌아갈 때는 스마트폰으로 QR코드를 스캔해 승차역 증명서를 발급한 후 하차 역에서 정산한다.

❷ 버스

삿포로, 신치토세공항에서 하루 1회 HRL(홋카이도 리조트 라이너)이 운행한다. 겨울에는 스키 버스가 1일 7회까지 운행한다.

PRICE 삿포로~토마무 6500엔, 신치토세공항~토마무 5500엔
WEB access-n.jp/resortliner_eng/

1 전 세계 스키어들이 모여드는
토마무 스키장
トマム スキー場

여기가 북극인가 싶을 정도로 별세계가 펼쳐지는 호시노 리조트 토마무는 유럽과 미국의 스키어들도 일부러 찾아오는 고퀄리티 스키 리조트다. 슬로프 29개, 리프트 5개, 최장 코스 4200m를 갖춘 방대한 스키장에서 크리스마스트리처럼 변신한 눈 쌓인 침엽수들이 어우러진 멋진 풍광을 누비며 '파우더 스노우'라는 별명을 가진 홋카이도의 피스트를 즐겨보자. 객실에서 내려가면 스키장과 연결된 렌탈숍에서 스키 및 보드용 장비와 액세서리 일체를 대여해주므로 빈손으로 와도 문제없다.

PRICE 리프트 1일권 7500엔(초등학생 5500엔), 4시간권 6500엔(초등학생 5000엔), 1회권 1000엔/스노우 카트 3000엔(신장 130cm 이상만 이용 가능)
OPEN 리프트 12월~3월 말 또는 4월 초(매년 다름) 08:45~18:00(12월~15:30)/스노우 카트 12월 중순~3월 09:00~15:00
WEB www.snowtomamu.jp/winter/ski/

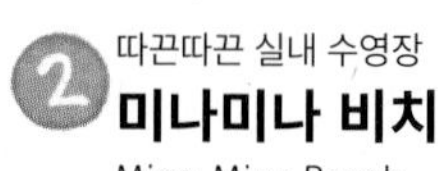

2 따끈따끈 실내 수영장
미나미나 비치
Mina-Mina Beach

추운 겨울에도 30°C를 유지하는 실내 수영장도 리조트에서 빼놓을 수 없는 즐길 거리다. 공기도 물도 따뜻해서 시간을 여름으로 되돌린 듯한 기분. 미나미나는 홋카이도의 선주민 아이누족의 말로 '웃는 얼굴'이라는 뜻이다. 수영복과 튜브를 대여할 수 있으며, 수영장 옆에는 숲에 둘러싸여 밤하늘을 바라보며 입욕할 수 있는 노천탕 키린노유木林の湯가 있다.

PRICE 2600엔, 초등학생 1100엔/리조트 숙박객 무료
OPEN 4월 25일~11월 1일·12월 1일~4월 1일 11:00~20:00(4월 26일~5월 6일, 7월 19일~8월 31일 10:00~)/최종 입장 19:00/2025년 기준
WEB 겨울철: www.snowtomamu.jp/winter/minamina/
여름철: www.snowtomamu.jp/summer/minamina/

3 냉랭한 마을, 사방이 얼음 천국
아이스빌리지
ICE VILLAGE

겨울 시즌에만 문을 여는 시설로, 얼음 카페, 얼음 호텔, 얼음 교회, 얼음 잡화점, 얼음 세이코마트, 얼음 라멘집, 얼금 극장, 아이스링크 등 얼음으로 만들어진 다채로운 시설을 이용할 수 있다. 불이 켜지는 밤에 더욱 낭만적이다.

PRICE 얼음 바 아이스 글라스 드링크 1300엔~/얼음 호텔 1박 1인당 2만8000엔
OPEN 얼음 바 1월 중순~2월 중순 17:00~22:00(L.O.21:45)/얼음 호텔 1월 중순~2월(체크인 22:00, 체크아웃 08:00)
WEB www.snowtomamu.jp/winter/icevillage/

안도 타다오의 교회 3부작

물의 교회

水の教会

1988년 호시노 리조트 토마무 안에 지은 교회. 빛의 교회(오사카부), 바람의 교회(효고현)와 더불어 안도 타다오가 건축한 교회 3부작 중 하나다. 일본의 교회 대부분이 그렇듯 결혼식장으로 사용되지만, 공간이 주는 느낌 자체가 매우 신성한 곳. 전면 통창 너머 연못에 설치한 거대한 십자가가 인상적이다. 내부는 누구나 무료로 둘러볼 수 있으나 시즌 혹은 날마다 방문시간이 변경될 수 있으므로 프런트에 문의 후 방문하자. 낮에도 예쁘지만 조명이 그윽하게 켜진 밤에 한층 분위기 있다. 고요하게 눈이 내린 겨울이면 평소에는 느끼지 못했던 공기의 무게까지 더해져 더욱 매력적이다.

GOOGLE 물의교회
PRICE 무료
OPEN 야간 견학 20:30~21:30(이동 시간 포함 약 15분간 진행)/21:25 최종 입장
WEB tomamu-wedding.com/waterchapel/

+MORE+

홋카이도에서 안도 타다오 찾기

일본의 세계적인 건축가 안도 타다오의 작품은 홋카이도에서도 만나볼 수 있다. 앞서 소개한 물의 교회를 비롯해 삿포로 시내의 키타카로 삿포로 본점(169p), 마코마나이 타키노 레이엔 묘지에 있는 대불 아타마 다이부츠 등이 그것이다.

'까꿍' 하는 대불을 보러 가자,
마코마나이 타키노 레이엔 真駒内滝野霊園

삿포로 남쪽에 있는 마코마나이 타키노 레이엔 묘지에는 안도 타다오가 설계한 독특한 불전 아타마 다이부츠덴頭大仏殿이 있다. 돔 모양의 지붕 위에 '머리 대불'이란 뜻의 아타마 다이부츠 대불이 머리만 쏙 내민 모습을 보려고 일부러 찾아오는 사람도 많다.
대불을 만나러 가는 길에 조성된 물의 정원頭大仏殿水庭은 일상에서 비일상으로 건너가는 역할을 한다. 이곳에서 마음을 정화하고 어머니의 자궁을 표현한 터널을 지나면 비로소 앉아있는 대불이 모습을 드러낸다. 뻥 뚫린 지붕을 통해 햇빛을 받는 높이 13.5m, 총중량 1,500t의 석조 불상이 보는 이를 압도하는데, 표정은 엄숙하지만 전체적인 곡선이 부드러워서 마음이 평온해진다. 돔 안에서는 에마絵馬(소원을 적는 작은 목판)에 소원을 쓰거나 점괘를 보는 오미쿠지를 뽑을 수도 있다. 7월 중순부터 8월 초에는 라벤더가 활짝 핀 보랏빛 풍경에 둘러싸인 대불을, 겨울에는 머리 위에 소복하게 눈이 쌓인 대불을 볼 수 있다.

GOOGLE 마코마나이타키노 영원
MAPCODE 9 014 334*61(주차장)
PRICE 입장료 300엔(초등학생 이하 무료), 에마 800엔, 오미쿠지 200엔
OPEN 09:00~16:00(11~3월 10:00~15:00)/11~4월에는 물의 정원에 물을 채우지 않음
WEB www.takinoreien.com
CAR JR 삿포로역 19km
BUS 지하철 난보쿠선 마코마나이역真駒内 하차 후 노선버스 真108번 환승, 약 23분 후 마코마나이타키노레이엔真駒内滝野霊園 하차

구름 위의 산책, 그것만으로도 좋아!

운해 테라스
雲海テラス

호시노 리조트 토마무가 있는 토마무산トマム山 한 켠(해발 1088m)에 올라 구름이 만드는 바다를 볼 수 있는 독특한 명소. 2006년 리조트 직원의 아이디어로 매년 5월 중순부터 10월 중순까지 해가 뜨기 전에만 문을 여는 새벽 카페가 20년 가까이 크게 사랑받으며 구름바다 이야기를 계속 써 내려가고 있다. 저 멀리 바다에서 만들어진 수증기가 구름이 되어 하늘을 덮으면 산 위쪽은 마치 구름바다 위에 올라선 듯한 독특한 풍경을 갖게 된다. 가장 인기 있는 계절은 운해가 발생하기 쉬운 가을이지만, 운이 따라야 볼 수 있다는 게 함정. 리조트 센터Resort Centre 앞 주차장에 차를 세우고 운해 곤돌라雲海ゴンドラ 탑승장으로 이동해 입장권(곤돌라 이용 포함)을 구매하자. 곤돌라를 타고 약 13분이면 도착한다. 테라스 주변에는 전망대와 산책로가 여러 곳 조성돼 있다. 산맥 사이에 떠 있는 것처럼 앉아 경치를 내려다 볼 수 있는 클라우드 바도 인기. 한여름이라도 일출 시간대의 평균 기온이 12°C에 불과하니 보온에 특히 신경 써야 하며, 어린이나 노약자는 계절과 관계없이 긴 소매 옷이나 경량패딩 등을 준비하자.

GOOGLE 운해 테라스/곤돌라 하부 탑승장: unkai gondola
MAPCODE 608 510 333*21(주차장)
PRICE 1900엔, 초등학생 1200엔(곤돌라+입장권)/리조트 숙박객 무료
OPEN 곤돌라: 5월 8일~10월 15일 05:00~08:00(5월 ~07:00/2025년 상행 기준(하행 막차 시각은 상행 최종 시각 30분 후)
WEB www.snowtomamu.jp/summer/unkai/

: WRITER'S PICK :

무빙 테라스 霧氷テラス

겨울철 운해 테라스는 수증기가 나뭇가지에 온통 얼어붙어 아름답게 반짝이는 자연 현상인 무빙霧氷을 감상할 수 있는 무빙 테라스로 변신한다. 테라스에서 200m가량 이어지는 산책로 클라우드 워크Cloud Walk를 걸으며 진정한 겨울왕국을 느껴보자.

PRICE 2200엔, 초등학생 1300엔(곤돌라+입장권)/리프트권 소지자 무료
OPEN 곤돌라: 12월 1~25일 09:00~15:00(하행 막차 15:30), 12월 26일~3월 09:00~15:30(하행 막차 16:00)/매년 조금씩 다름
WEB snowtomamu.jp/winter/ko/ski/muhyo/

SPECIAL PAGE

와인 애호가를 설레게 한 영화 속 풍경 홋카이도 와이너리

삿포로나 아사히카와에서 비에이·후라노를 오가는 사이, 와인을 좋아한다면 짧은 와이너리 투어에 나서보자. 탄광 마을로 이름을 알리던 소라치 지역이 지금은 녹지 속 와이너리로 주목받고 있다. '영화 한 편 찍어도 되겠네~' 하는 탄성이 절로 나오는 풍경에는 진짜 영화 촬영지가 있었다. 와인을 제법 진지하게 다룬 일본 영화 <해피해피 와이너리>. 날씨만 받쳐준다면 영화 속 풍경만큼이나 아름다운 눈 호강 여행을 할 수 있다.

포도밭을 품은 후라노 명물 디저트숍

캄파나 롯카테이

カンパーナ六花亭

홋카이도 디저트 명가 롯카테이가 후라노 와이너리 인근에 작정하고 차린 야심작. 축구장 11개 면적인 2만4000평의 구릉지에 펼쳐진 포도밭과 다이세츠산 연봉을 감상하며 후라노 한정판 디저트와 커피, 와인을 즐길 수 있다. 롯카테이의 '원픽' 과자인 마루세이 버터샌드를 비롯한 인기 상품은 낱개로도 구매할 수 있으니 하나씩 맛보고 기념품으로 사 가도 좋다. 가게 안에서 먹고 갈 수 있는 디저트를 주문하면 따끈한 커피는 무료다. 진한 데미글라스소스가 일품인 하야시라이스ハヤシライス, 토마토 조림과 치즈를 넣고 구운 샌드위치, 즉석에서 구운 후라노떡은 식사 대용으로 추천. 널찍하고 아늑한 점내 분위기와 건물 바로 옆 종루에서 울리는 종소리에 한참 쉬었가 가고 싶어진다. 총 주차 대수 200대. MAP ⑱

GOOGLE 캄파나 록카테이
MAPCODE 349 090 407*88(주차장)
TEL 0120-12-6666
PRICE 하야시라이스 1250엔, 쿠페 샌드위치 450엔
OPEN 10:30~16:30(겨울철 ~16:00)/화요일·부정기 휴무
WEB www.rokkatei.co.jp
CAR JR 후라노역 3km, 팜 토미타 9km
WALK JR 가쿠텐역 20분, JR 후라노역 40분

영화 속 그 와이너리!

호스이 와이너리

宝水ワイナリー

일본 영화 <해피해피 와이너리>에 등장한 와이너리다. 영화 속 장면을 친절하게 설명해주는 직원에게 한국에서는 이 영화가 '해피해피 와이너리'로 불린다니까 "이 영화는 슬픈 내용인데요"라며 제법 놀라는 눈치(원작의 제목은 '포도의 눈물ぶどうのなみだ'이다). 주변에 포도밭이 넓게 펼쳐져 있어 전망이 좋고, 숍에서는 시음과 함께 와인 구매와 기념품 쇼핑도 할 수 있다.

GOOGLE hosui winery
MAPCODE 180 068 804*60(주차장)
TEL 0126-20-1810
OPEN 10:00~17:00/1~3월 화·수, 연말연시 휴무
WEB housui-winery.co.jp
CAR JR 삿포로역 46km

작지만 실속 있는 와이너리

타키자와 와이너리

TAKIZAWA WINERY

타키자와 노부오 대표의 이름을 딴 와이너리. 첫 와인이 생산된 2013년 10월 이후 꾸준히 기술을 연마 중이다. 지금은 약 800그루의 포도나무가 자라는 중. 대규모 와이너리에 비하면 생산량이 적지만, 그 덕에 발매 몇 주 만에 품절되는 기록도 세우고 있다. 전망 좋은 숍에서는 시음도 하고 와인도 직접 구매할 수 있다. 레드 와인(피노 누아) 5000엔~.

GOOGLE 타키자와 와이너리
OPEN 10:00~16:00/화(공휴일은 제외) 휴무
MAPCODE 180 311 162*82(주차장)
WEB www.takizawawinery.jp
TEL 01267-2-6755
CAR JR 삿포로역 53km

Winter of Biei

TOKACHI
十勝
IN HOKKAIDŌ

토카치

오비히로

十勝(帯広)

넓은 하늘 아래 정갈하게 나눠진 경작지가 연이은 홋카이도 제일의 밭농사 지역。콩、팥、사탕무、감자 등 맛있는 홋카이도를 만드는 곳이다。밭농사만큼 낙농업도 유명해 'Made in 토카치'를 붙이고 나온 유제품과 육류、과자는 인기 브랜드로 통한다。유명 정원이 이어진 토카치 가든 가도는 이곳을 더 특별하게 만드는 비밀병기。아름다운 정원과 낭만적인 화원이 유럽에만 있는 것이 아니다。

위치 & 풍경

삿포로에서 약 200km. 중심 도시인 오비히로까지는 기차나 버스로 넉넉히 3~4시간 정도 걸린다. 홋카이도 면적의 10%를 차지하는 거대한 토카치 평야가 이 지역에 속해 있어 '홋카이도' 하면 떠오르는 목가적인 풍경을 원 없이 누릴 수 있다. 자연을 사랑하는 사람들이 가꾼 여러 정원은 여행의 목적이 되며, 이곳에 본사를 둔 홋카이도 대표 제과 브랜드 롯카테이와 류게츠는 여행의 흥이 되어준다.

베스트 여행 시기

파란 하늘과 초록색 밭이 끝없이 이어지는 여름. 5~8월에 절정의 모습을 보여준다. 최근 이상 기온 탓에 한여름에는 최고 30°C까지 올라가 '홋카이도의 여름이 이렇게 뜨거울 수 있구나' 싶지만, 다행히 습도는 낮은 편이다. 겨울에는 평균 기온이 약 4°C지만, 아침 최저 기온이 -20°C까지 내려갈 만큼 일교차가 크다. 춥고 눈이 많이 와 설경은 멋지지만, 겨울 여행은 그만큼 쉽지 않다.

여행이 필요한 사람들

☑ 꽃과 식물을 좋아하는 소년·소녀

☑ 달콤한 디저트와 빵, 또는 도톰한 돼지고기 덮밥을 좋아하는 사람

가는 법 삿포로 → 오비히로

토카치 여행의 시작점은 오비히로다. 오비히로공항帯広空港(obihiro-airport.com)이 있지만, 도쿄 하네다 공항을 오가는 노선 위주이므로 신치토세공항이나 삿포로역에서 기차나 버스를 타는 것이 일반적이다.

JR

JR 삿포로역에서 JR 오비히로역까지는 특급 토카치特急とかち와 특급 오조라特急おおぞら가 다닌다. 특급 토카치는 오비히로역을 종점으로 하루 5회 운행하며, 특급 오조라는 오비히로역을 지나 JR 구시로역까지 하루 6회 운행한다. 소요 시간은 2시간 30~50분으로 비슷하고 요금도 같다. 따라서 그저 오비히로역까지 가는 게 목적이라면 시간에 맞는 기차를 이용하면 된다. 다만 철도 마니아라면 외관부터 소리 등에서 엄청난 차이를 느낄 것이다. 신치토세공항에서 출발한다면 JR 신치토세공항역에서 쾌속 에어포트를 타고 한 정거장 이동해 JR 미나미치토세역南千歳에서 특급 토카치 혹은 특급 오조라로 환승한다. JR 구시로역에서는 특급 오조라를 타고 약 1시간 40분 소요된다. 특급 토카치와 특급 오조라는 전 차량이 지정석이므로 JR 패스 소지자도 좌석을 예약해야 한다.

PRICE 삿포로~오비히로 편도 8120엔, 신치토세공항~오비히로 편도 6710~7550엔, 구시로~오비히로 편도 5440엔
WEB www.jrhokkaido.co.jp/global/korean/

오비히로역

고속버스

삿포로에서 오비히로역까지 포테토 라이너와 오비히로 특급 뉴스타호가 다닌다. 기차의 반값에 탈 수 있지만, 4시간의 소요 시간은 기차의 1.5배가 넘으니 각자의 우선순위에 따라 결정하자.
홋카이도 주오 버스·JR 홋카이도 버스·호쿠토 교통·토카치 버스·홋카이도 타쿠쇼쿠 버스가 공동 배차하는 포테토 라이너는 오비히로역 북쪽 출구 앞까지 하루 10회 운행한다. 소요 시간은 약 4시간. 승차권 예매 방법은 333p 홋카이도 주오 버스를 참고한다.
홋카이도 버스가 운영하는 오비히로 특급 뉴스타호는 삿포로에서 오비히로 남쪽 출구 앞까지 하루 6회 운행한다. 인터넷 예매 시 할인되며, 전석 예약제지만 자리가 남은 경우 차내에서 티켓을 구매할 수 있다.
신치토세공항에서는 호쿠토 교통의 토카치 밀키 라이너가 하루 6회 출발한다. 약 2시간 30분 소요.

WEB 고속버스닷컴 www.kosokubus.com/kr/(한국어 온라인 예약)
발차오라이넷 secure.j-bus.co.jp/hon(일본어 온라인 예약)

■ 오비히로 특급 뉴스타호
帯広特急ニュースター号

ROUTE 시덴스스키노마에市電すすきの前 정류장(Google: 3942+7WC 삿포로) →오도리버스센터마에大通バスセンター前 정류장(오도리 버스 센터 북쪽, Google: 3965+84 삿포로)→삿포로에키마에札幌駅前 33번 정류장(도큐 백화점 서쪽, Google: 3982+MR3 삿포로)→오비히로역 앞(토카치 플라자 앞)
PRICE 인터넷 할인 3230엔, 사전 구매 3780엔(중·고등·대학생 3440엔), 차내 지급 4000엔(중·고등·대학생 3600엔)
WEB www.hokkaidoubus-newstar.jp/bus/newstar_obihiro

■ 포테토 라이너
ポテトライナー

ROUTE 삿포로에키마에札幌駅前 4번 정류장(Google: 387X+WR 삿포로)→주오 버스 삿포로 터미널 3번 승차장(Google: 삿포로터미널)→…→오비히로역 앞(북쪽 출구)
PRICE 3580~4110엔(학생 및 조기 할인 3180~3710엔)
WEB www.chuo-bus.co.jp/highway/

■ 토카치 밀키 라이너
とかちミルキーライナー

ROUTE 신치토세공항 국제선 터미널 85번 승차장→오비히로역 버스터미널
PRICE 편도 4000엔, 왕복 7600엔(중·고등·대학생 편도 3600엔, 왕복 7000엔)/어린이는 반값
WEB www.hokto.co.jp/b_obi_chitose.htm

오비히로 특급 뉴스타호 시간표

포테토 라이너 시간표

토카치 밀키 라이너 시간표

토카치 시내 교통

토카치는 삿포로나 오타루처럼 여행자가 많이 찾는 관광지는 아니다. 대중교통이 다소 불편하고 일본어를 잘 모르면 부담스러울 수 있는 지역. 식물을 사랑하는 사람들이 만들어 놓은 토카치 가든 가도十勝ガーデン街道는 렌터카를 타고, 시내 중심을 소소하게 즐기는 셀프 스위츠 투어는 도보로 여행을 즐겨보자.

❶ 렌터카

걸어 다닐 수 있는 오비히로 시내를 제외하면 렌터카 여행이 제격. 삿포로나 신치토세공항에서 오비히로까지 이동도 만만치 않기 때문에, 오비히로역 주변에서 렌터카를 수령하길 권한다.

WEB kr.tabirai.net/car/hokkaido/ (홋카이도 렌터카 가격 비교 사이트)

❷ 시내버스

여기저기 흩어져 있는 토카치 지역 명소를 여행할 때는 대중교통 이용이 쉽지 않음을 거듭 강조한다. 하지만 아예 방법이 없는 것은 아니다. 각 명소를 잇는 버스가 있긴 하고, 버스 티켓과 명소 입장권을 묶은 패스를 판매하기도 한다. 그러나 버스 배차 간격을 고려할 때 하루에 한 곳 이상 명소를 다녀오기가 쉽지 않고 버스팩으로 입장할 수 있는 명소도 시즌마다 달라질 수 있다. 꼭 버스를 이용해야 한다면 가고 싶은 명소를 우선 정한 뒤, JR 오비히로역 에스타ESTA 동관 2층 관광안내소에 도움을 요청하는 것이 좋다.

여행 팁

JR 오비히로역에 도착하기 전, 반드시 이용할 교통수단을 정하고 코스를 정하자. 렌터카를 선택했다면 렌터카 수령지를 역 주변으로 해두고, 대중교통을 이용한다면 일단 관광안내소에 들러 정보를 수집하는 것이 좋다.

토카치 관광안내소 とかち観光情報センター
Tokachi Tourism Information

JR 오비히로역 에스타 동관 2층에 있다. 주요 명소의 팜플렛, 각종 지도, 버스팩, 관광 택시 등의 정보를 제공한다. 특히 대중교통을 이용하는 뚜벅이 여행자라면 이곳에서 정보와 대안까지 꼼꼼히 마련한 뒤 여행을 시작하자.

GOOGLE 오비히로역
TEL 0155-23-6403
OPEN 09:00~18:00/연말연시 휴무
WEB obikan.jp/post_spot/1501/

#Walk

일본 소도시 여행의 기쁨
오비히로역 주변

토카치 지방의 중심도시로 삿포로와 구시로에서 직행열차가 운행하는 오비히로는 일본인들이 느긋한 소도시 여행을 즐기려고 자주 찾는 곳이다. 토카치에서 가장 사랑받는 디저트 가게와 부타동 맛집이 JR 오비히로역에서 도보권에 있어서 뚜벅이 여행자라면 오비히로 시내만 다녀가더라도 알차게 여행할 수 있다. 상업시설과 호텔은 대부분 오비히로역 북쪽에 있고, 남쪽은 한적한 대신 숙박료가 저렴한 편이다. 역 규모가 작아서 남북을 금세 이동할 수 있다. 오비히로역 북쪽 출구 바로 앞에 버스터미널과 환승 센터가 있다.

오비히로 먹방의 축소판

① 에스타 오비히로
ESTA Obihiro

오비히로의 현관을 지키고 선 쇼핑몰. JR 오비히로역 동쪽 1·2층에 있는 동관과 서쪽 1층에 있는 서관 중 주목할 곳은 서관. 토카치 신무라 목장, 크랜베리, 마스야 팡 등 토카치 지역의 내로라하는 디저트점 지점과 부타동 맛집, 토카치 명산품점 등이 알차게 입점해 여행자들이 이용하기 좋다. 동관 2층엔 규모가 꽤 큰 관광안내소가 있어 오비히로 여행의 휴식처이자 길잡이 역할을 하고 1층엔 100엔숍과 옷가게, 카페 등이 있다. MAP ㉒

GOOGLE 오비히로역
MAPCODE 124 594 739*71(오비히로역 남쪽 출구 앞 야외 유료 주차장)
TEL 0155-23-2181
OPEN 09:00~19:00/매월 셋째 수 휴무(8월 무휴)/상점마다 조금씩 다름
WEB www.esta.tv/obihiro/
WALK JR 오비히로역과 연결

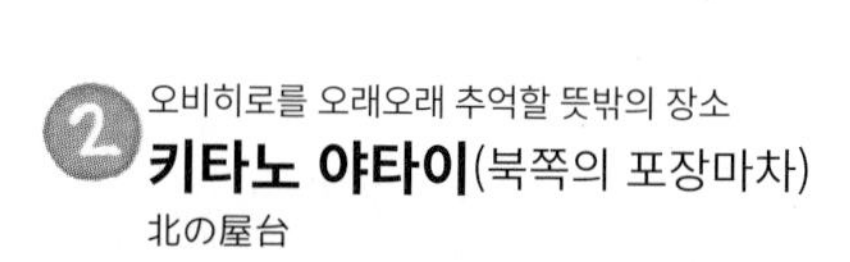

오비히로를 오래오래 추억할 뜻밖의 장소

② 키타노 야타이(북쪽의 포장마차)
北の屋台

아이도 어른도 함께 즐길 수 있는 안전하고 밝은 분위기의 보행자 전용 포장마차 거리. JR 오비히로역에서 도보 5분, 건물에 둘러싸인 160평 남짓한 공간에 초밥과 꼬치구이 같은 일식부터 이탈리안, 프렌치 등 제철 식재료를 활용한 수준 높은 다국적 요리와 술을 파는 점포 20여 개가 모여 있다. 21세기 초 경제 거품이 꺼져 텅 비어 가던 오비히로 도심지에 활력을 불어넣기 위해 지역 상인 조합이 조성한 곳으로, 활기차고 친화력 강한 점주들에게 여행지 추천도 받을 수 있다. 가게마다 난로가 설치돼 있어 겨울에도 따뜻하게 이용할 수 있고 중앙에 있는 공중화장실도 청결하게 관리한다. MAP ㉒

GOOGLE 기타노 야타이
OPEN 18:00~24:00/주 1회 휴무(요일은 가게마다 다름)
WEB kitanoyatai.com
WALK JR 오비히로역 북쪽 출구 5분

3 전 세계 유일의 이색 경마대회

오비히로 반에이 경마장

帯広競馬場

기수가 말이 끄는 450kg짜리 대형 철제 썰매를 타고 달리는 경마장. 1900년대 초 농업용 말의 힘과 가치를 시험하던 데서 유래했다. 경주로가 직선으로 200m에 불과하지만, 속도가 상당히 느려서 걸어가는 것보다 오래 걸릴 때도 있다. 코스 중간에 높이 1~1.6m의 언덕도 있어 빠르게 달리는 능력보다는 중량물을 끄는 힘이 중요하며, 코끝을 기준으로 도착을 결정하는 일반 경마와 달리 마차 끝이 결승점을 통과하는 순간을 도착 시간으로 간주하는 것도 반에이 경마의 특징이다.

경마장 입구에는 매일 산지 직송해 신선한 야채와 빵, 특산품, 술 등을 구경할 수 있는 시장인 산초쿠이치바産直市場와 홋카이도 말의 역사를 소개한 2층짜리 말 자료관馬の資料館, 식당, 카페 등을 포함하는 복합 관광 시설 토카치무라とかちむら가 있다. 경마장 뒤에는 조랑말, 염소, 토끼 등에게 먹이를 주거나 승마 체험을 할 수 있는 작은 동물원이 있다. MAP ㉓

GOOGLE 오비히로 경마장
MAPCODE 124 622 229*00(주차장)
TEL 0155-34-0825
OPEN 경주: 토·일·월 13:00~20:45, 3월 중순~4월 중순 휴무(시즌·요일마다 다름, 자세한 일정은 홈페이지 참고)/
토카치무라: 말 자료관 10:00~16:00, 12~3월 수 휴무, 산초쿠이치바 10:00~16:00, 수 휴무/시설마다 다름/
동물원: 경마장 오픈 시간~17:00, 화 휴무
PRICE 경주 관람 무료(일부 경기일 100엔~)/ 말 자료관 무료/동물원 무료(일부 경기일 100엔)
WEB www.banei-keiba.or.jp
BUS JR 오비히로역 북쪽 출구 앞 버스 정류장에서 2·17·31·72번 버스를 타고 약 10분 후 케이바조마에帯広競馬場前 하차
CAR JR 오비히로역 1.7km

오비히로의 원조 명물

부타동 맛집

숯불에 구워 간장 양념한 돼지고기를 따뜻한 쌀밥과 함께 먹는 덮밥, 부타동豚丼이 최초로 탄생한 곳이 바로 오비히로! 토카치산 돼지고기로 만드는 것은 공통이지만, 가게마다 사용하는 돼지고기 부위와 소스, 굽는 방법은 천차만별이다.

딱 한 집만 간다면 여기!

부타동노 판초

豚丼のぱんちょう

1933년 오픈한 부타동의 원조. 숯불에 바싹 구워 기름기를 쫙 빼고 불향을 입힌 두툼한 목살과 진하고 촉촉한 특제 간장소스가 맛의 비결. 송松, 죽竹, 매梅, 화華 순서로 밥과 고기의 양이 많아진다. 판초가 문을 연 이듬해에 개점한 하케텐はげ天 등 주변에 부타동 맛집이 포진해 있지만, 언제나 긴 줄이 늘어설 정도로 인기가 식지 않는다. MAP ㉒

GOOGLE 부타동 판쵸
MAPCODE 124 624 027*62
(근처 유료 주차장)
TEL 0155-22-1974
PRICE 송 950엔, 죽 1050엔, 매 1150엔, 화 1350엔
OPEN 11:00~19:00/월, 첫째·셋째 화 휴무
WEB www.butadon.com
WALK JR 오비히로역 북쪽 출구 2분

미슐랭이 선택한 삼겹살 부타동

부타동 톤타

ぶた丼のとん田

2002년에 오픈한 부타동 맛집. 오비히로의 쟁쟁한 부타동 노포들 사이에서 명함도 못 내밀 정도로 역사가 짧지만, 부타동에 흔히 사용하는 등심ロース(로스)이나 목살肩ロス(카타로스) 외에 안심ヒレ(히레)과 삼겹살バラ(바라)을 추가하고 한 그릇에 2가지 고기를 담은 모둠 메뉴를 개발해 단숨에 맛집으로 등극했다. 특히 부드럽고 간이 세지 않으면서도 불향이 잘 배어 있는 고기는 누구라도 좋아할 맛! 추천 메뉴는 등심 1점, 삼겹살 3점을 올린 로스·바라 모리아와세ロース·バラ盛り合わせ. MAP ㉓

GOOGLE 부타동 톤타
MAPCODE 124 597 338*63(주차장)
TEL 0155-24-4358
PRICE 로스·히레·바라 부타동 각 960엔, 로스·바라 모리아와세 1160엔
OPEN 11:00~18:00(재료가 소진되면 종료)
WEB butadonnotonta.com
CAR JR 오비히로역 2.6km

JR 오비히로역 안이라는 환상의 위치

부타동노 부타하게

豚丼のぶたはげ

1934년에 문을 열고 3대째 부타동을 만드는 가게. 토카치산 돼지 중에서 상위 2~3%의 특별한 돼지만 엄선해 850°C 고온에서 한 점 한 점 구워 낸다. 밥이 보이지 않을 정도로 그릇을 뒤덮은 큼직한 고기는 젓가락으로 잘릴 정도로 야들야들하고, 대대로 전수하는 비법 양념장 맛도 일품이다. 오비히로 시내의 부타동 맛집 중 가장 최적의 위치인 것도 장점. 고기양에 따라 가격이 달라진다. MAP ㉒

GOOGLE 부타하게
MAPCODE 124 594 739*71
(오비히로역 남쪽 출구 앞 야외 유료 주차장)
TEL 0155-24-9822
PRICE 고기 4점 1080엔, 6점 1480엔
OPEN 10:00~19:30(L.O.19:00, 화·목 15:00~17:00 브레이크 타임)/매월 셋째 수 휴무
WEB www.butahage.com
WALK JR 오비히로역 에스타 서관 1층

#Walk

2만 원의 행복
오비히로 스위츠 순례

토카치에서 첫 번째로 해야 할 일이 대자연을 보고 느끼는 것이라면, 두 번째는 먹는 것이다. 낙농 왕국 토카치의 위엄을 경험하는 시간. 오비히로 시내를 걸으며 빵순이, 빵돌이들의 행복한 2시간을 그려보았다. 첫 번째 루트는 90년 전통의 홋카이도 대표 과자점, 롯카테이 오비히로 본점에서 출발한다.

클래스가 다른 본점
롯카테이 오비히로 본점
六花亭 帯広本店

과자로 홋카이도를 평정한 롯카테이는 삿포로와 오타루를 비롯해 곳곳에 매장을 운영하고 있지만, 본점이라 하면 이곳을 말한다. 롯카테이를 상징하는 꽃무늬 패키지 상품이 다양하고, 간판 상품인 마루세이 버터샌드에 버터크림 대신 아이스크림을 채운 마루세이 아이스샌드マルセイ アイスサンド는 이곳과 니시산조점, 삿포로 본점에서만 한정 판매하는 것으로 꼭 맛봐야 한다. 바삭한 식감의 사쿠사쿠파이サクサクパイ도 추천. 1층은 상점, 2층은 카페와 레스토랑, 3층은 갤러리, 4층은 이벤트홀로 운영한다. 세금 제외 5000엔 이상 구매하면 면세받을 수 있다. MAP ㉒

GOOGLE 롯카테이 오비히로 본점
MAPCODE 124 624 353*58(주차장)
TEL 0155-24-6666
PRICE 사쿠사쿠파이 280엔, 마루세이 아이스샌드 300엔
OPEN 09:00~18:00
WEB www.rokkatei.co.jp
WALK JR 오비히로역 북쪽 출구 6분

렌터카 여행자들 '좋아요' 꾹!
롯카테이 니시산조점
六花亭 西三条店

2023년 오비히로 시내 북쪽에 새롭게 단장하고 재오픈한 롯카테이 숍 & 카페. 주차장이 부족한 본점과 달리 총 60대까지 수용하는 넉넉한 주차장을 완비해 렌터카 여행자들을 불러 모은다. 토카치산 붉은 벽돌 10만여 개를 쌓아 올린 건물은 백년 건축을 지향하며 2000년에 지은 것. 깔끔하고 모던한 느낌의 화이트 톤 인테리어도 인상적이다. 시내 중심에서 조금 떨어진 위치라 사쿠사쿠파이나 마루세이 아이스샌드 등의 인기 상품이 비교적 늦게 매진되는 것은 장점이지만, 면세 혜택은 없다. 2층의 카페에서 느긋하게 디저트와 커피를 즐기거나 간단한 식사도 할 수 있다. MAP ㉓

GOOGLE 롯카테이 니시산조점
MAPCODE 124 654 429*15(주차장)
TEL 0120-26-6666
PRICE 사쿠사쿠파이 280엔, 마루세이 아이스샌드 300엔, 니시산조점 한정 슈크림 270~300엔, 마르게리타 피자 1150엔
OPEN 09:00~18:00, 카페 11:00~16:30 (L.O.16:00)
WEB www.rokkatei.co.jp
CAR JR 오비히로역 1.7km

세월이 사랑한 스위트 포테이토

크랜베리 본점

クランベリー 本店

1972년 오픈 이래 고구마 모양을 그대로 본떠 만든 스위트 포테이토スイートポテト가 이곳의 시그니처 메뉴다. 크기도 상당하지만, 부드러우면서도 적당히 단맛이 한번 맛보면 잊을 수가 없다. 가게 안도 달콤한 고구마 향으로 가득. 손님의 반 이상이 스위트 포테이토를 사 간다. 오비히로 내 4개의 매장이 있으며, 접근성이 좋은 곳을 찾는다면 오비히로역 에스타 서관 1층도 추천한다. MAP ㉒

GOOGLE 오비히로 크랜베리 패스트리 샵
MAPCODE 124 624 712*25(주차장)
TEL 0155-22-6656
PRICE 스위트 포테이토 100g 270엔~
OPEN 09:00~20:00
WEB www.cranberry.jp
WALK JR 오비히로역 북쪽 출구 12분

스테디셀러 '산포로쿠'를 찾아서!

류게츠 오도리 본점

柳月 大通本店

토카치의 대표 제과 브랜드 류게츠에서 1947년 출시한 히트작 '산포로쿠三方六'를 맛볼 수 있다. 독일의 바움쿠헨과 토카치의 자작나무에서 영감을 얻은 이 과자는 홋카이도 내 공항과 주요 기념품점에서도 볼 수 있고, 홋카이도 출신의 유명 소설가 미우라 아야코가 애정한 스위츠로도 유명하다. 한입 크기의 적당한 사이즈에 아주 달지 않으면서 농후한 맛이 일품이다. MAP ㉒

GOOGLE 류게츠본점
MAPCODE 124 625 421*14(주차장)
TEL 0155-23-2101
PRICE 산포로쿠(소) 5개 750엔
OPEN 08:30~19:00
WEB www.ryugetsu.co.jp
WALK JR 오비히로역 북쪽 출구 10분

5

전국구로 성장해가는 동네 빵집

마스야 팡 본점

満寿屋 本店

오비히로에서 빵집이라면 이곳을 떠올릴 정도로 지역 내 평판이 좋은 빵집이다. 수수한 본점은 오래된 시골 빵집의 모습 그대로. 빵 종류 역시 크림빵, 식빵 등 친근한 구성으로 오랜 시간 사랑받았다. 토카치산 재료로 만든 빵이 가격도 저렴해 이것저것 사 먹을 수 있다는 것도 큰 기쁨이다. 오비히로역 에스타 서관에도 지점이 있으며, 2017년에 오픈한 도쿄 지점은 토카치 본점과 달리 세련된 인테리어로 모두를 깜짝 놀라게 했다. **MAP ㉒**

GOOGLE 마스야빵 본점 오비히로
MAPCODE 124 624 238*33
TEL 0155-23-4659
PRICE 각종 빵 150엔~
OPEN 09:30~16:00/연말연시 휴무
WEB www.masuyapan.com
WALK JR 오비히로역 북쪽 출구 7분

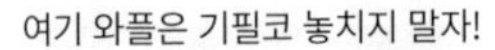

여기 와플은 기필코 놓치지 말자!

토카치 신무라 목장 JR 오비히로역점

十勝しんむら牧場 JR帯広駅

6

오비히로에서 북쪽으로 조금 떨어진 토카치 신무라 목장은 직접 만든 밀크잼ミルクジャム으로 유명하다. 방목한 젖소에서 짠 우유로 10여 종의 잼을 정성스레 만드는데, JR 오비히로역 내 테이크아웃 매장에서 이 밀크잼과 밀크잼을 넣은 와플을 맛볼 수 있다. 오비히로에 왔다면 꼭 맛봐야 하는 간식. **MAP ㉒**

GOOGLE 토카치 신무라 목장 오비히로역점
TEL 0155-26-2346
PRICE 밀크잼 플레인 842엔, 밀크잼 와플 324엔, 소프트아이스크림 432엔
OPEN 09:30~17:00/셋째 수 휴무(변경 가능, 8월은 무휴)
WEB milkjam.net/esta/
WALK JR 오비히로역 에스타 서관 1층

TOKACHI

#Drive

오비히로~토카치 가든 가도
렌터카 완전 정복!

조용한 정원 속 잘 가꿔진 꽃길을 걷는 시간, 도시 생활자에겐 드문 힐링의 기회다. 잠시 현실을 떠나 여행다운 여행을 꿈꾼다면 토카치 가든 가도를 따라가 보자. 토카치 가든 가도에 속한 정원 모두 보석 같은 곳이지만, 다소 빠듯하다면 우선순위를 정해 몇 군데는 과감히 삭제하거나 오비히로역 근처에 숙소를 정하고 1박 2일 코스로 다녀와도 좋다.

+MORE+

토카치 가든 가도가 속한 홋카이도 가든 가도 여행법!

아사히카와 우에노 팜(395p)과 함께 다이세츠 모리노가든大雪 森のガーデン, 후라노 카제노 가든(410p)을 비롯한 다음의 토카치 가든 가도가 모두 250km 길이의 홋카이도 가든 가도北海道ガーデン街道에 속한다. JR 오비히로역 관광안내소에서는 이들 정원 중 3~5곳을 골라 2000~3300엔에 입장할 수 있는 할인 티켓とかち花めぐり共通券도 판매하니 5월 중순~10월 중순에 여행 예정이라면 염두에 두자. 더불어 이들 정원을 여행할 때는 모기퇴치제를 준비할 것도 추천한다.

WEB www.hokkaido-garden.jp/english/

1 홋카이도다운 광활한 베이커리
마스야 팡 무기오토
ますやパン 麦音

토카치의 유명 베이커리 마스야 팡의 플래그십 스토어. 잔디밭에 둘러싸인 넓은 부지는 축구장 1.5개 면적으로, 단독 베이커리로는 일본 최대 규모다. 이른 아침부터 오픈 키친에서 쉴 새 없이 구워 내는 120종의 빵은 토카치산 밀을 포함해 100% 현지 식재료로 만드는데, 식사용 빵도 많고 모닝 수프 세트도 있어서 토카치 가든 가도 드라이브에 나서기 전에 아침식사를 하기에도 제격이다. 널찍한 정원 테라스석에 앉아 먹으면 더 꿀맛! 매일 공개하는 인기 순위를 참고해 빵을 고르는 것도 요령이다. 본점(436p)은 오비히로 시내에 있다. MAP ㉓

GOOGLE masuya mugioto bakery
MAPCODE 124 503 494*83(주차장)
TEL 0155-67-4659
ADD Minami 8 Sen-16-43, Obihiro
PRICE 각종 빵 155엔~
OPEN 06:55~18:00
WEB www.masuyapan.com
CAR JR 오비히로역 3.8km, 미나베 가든 1.8km

화려한 꽃과 초목이 무성해지는 여름이면
인생사진 스폿이 되니 시간을 여유롭게 두고 다녀오자.

2 어른들의 정원
마나베 가든
真鍋庭園

오비히로역에서 가장 가까운 정원이다. 잉어 연못이 있는 일본정원, 오스트리아 티롤식 하우스를 모델로 한 붉은 지붕 집과 유럽식 정원, 어린이 정원 등 다양한 스타일의 정원이 있다. 감람석 폭포, 다람쥐 교회 등 볼거리도 많은 것이 특징. 북유럽과 캐나다산 침엽수림과 귀족이 쉬어 갈 것 같은 휴식 공간이 어른들의 취향을 저격한다. 가을에는 홋카이도 내에서도 손꼽히는 단풍 명소가 된다. MAP ㉓

GOOGLE 마나베 가든
MAPCODE 124 474 686*63(주차장)
TEL 0155-48-2120
PRICE 1000엔, 초등·중학생 200엔
OPEN 08:30~17:30/폐원 30분 전까지 입장/10·11월은 단축 운영
WEB www.manabegarden.jp
CAR 토카치 힐즈 6.5km
BUS 오비히로역 앞 버스터미널 10번 승차장에서 2번 순환선循環線(1시간 간격 운행)을 타고 약 10분 뒤 니시욘조산주큐초메西4条39丁目 하차 후 도보 5분

계절이 만드는 테마파크

3 토카치 힐즈

十勝ヒルズ

파릇파릇한 연둣빛이 시작되는 봄부터 단풍이 지는 가을까지, 1000여 종의 꽃과 나무가 계절마다 색을 바꾼다. 푸른 꽃·흰 꽃이 거울처럼 하늘을 비추는 스카이 미러 가든, 35종의 장미 향이 바람을 타고 번지는 로즈 가든 등 일종의 꽃 테마파크인 셈. 이름처럼 언덕 위에 있어 토카치 풍경을 한눈에 내다볼 수 있고, 그럼에도 오르내리는 동선이 없어 편하게 산책할 수 있다. 공식 홈페이지에서 때마다 개화한 식물을 업데이트해주니 참고할 것. MAP ㉓

GOOGLE 토카치 힐즈
MAPCODE 124 419 258*51(주차장)
TEL 0155-56-1111
PRICE 1000엔, 중학생 400엔, 초등학생 이하 무료
OPEN 4월 말~10월 말 09:00~17:00
WEB www.tokachi-hills.jp
CAR JR 오비히로역 10km

: WRITER'S PICK :

맛있는 식사도 정원 안에서!

대부분 가든이 카페와 레스토랑, 기념품숍을 갖추고 있다. 토카치에서 맛집을 찾아다니는 것도 좋지만, 식사는 때맞춰 각각의 정원 안에서 해결하길 더 권한다. 위치도 위치지만, 정원 또는 가까운 농장에서 수급한 식재료를 이용해 건강하고 맛있는 음식을 만들어 제공한다.

소박한 토카치 풍경

4 이나다 낙엽송 방풍림

稲田カラマツ防風林

매서운 바람을 막으려고 밭 한가운데 심은 낙엽송이 약 420m에 걸쳐 곧게 뻗은 모습이 매우 운치 있는 길. 목가적인 주변 풍경과 방품림이 어우러진 '가장 홋카이도다운 풍경'을 만날 수 있는 곳으로, 오비히로 팸플릿에도 자주 등장한다. 초록빛으로 물드는 여름, 단풍이 지는 가을, 눈 쌓인 풍경이 신비로운 겨울까지 사계절 내내 아름다움을 뽐내며, 낙엽송 사잇길을 걸으며 진한 흙 내음을 느끼는 일도 낭만적이다. 오비히로 축산대학 동쪽, 오비히로 농업 고등학교 부지 내에 조성돼 있다. 주차장은 따로 없고 방품림 입구에 잠시 차를 세울 만한 공간이 있다. MAP ㉓

GOOGLE 이나다 낙엽송 방풍림
MAPCODE 124 442 097*53
CAR JR 오비히로역 7km

오비히로의 상징

5 행복역

幸福駅

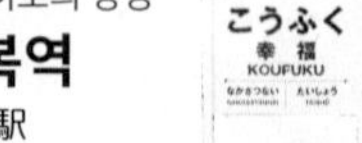

지금은 기차가 다니지 않는 역사에 마련한 오래된 공원이다. 아기자기한 분위기와 '행복'이라는 이름에 이끌린 많은 이가 찾아와 커플 촬영을 하고 웨딩 사진까지 찍어가곤 한다. MAP ㉓

GOOGLE remains of kofuku
MAPCODE 396 874 146*55 (주차장)
CAR 시치쿠 가든 12km

6
제과 회사의 정원이 이렇게 멋질 일인가!
롯카노모리
六花の森

홋카이도 유명 제과 브랜드 롯카테이의 커다란 정원이다. 과자 패키징에 들어간 시그니처 꽃 여섯 종을 비롯해 졸졸 흐르는 시냇물 소리를 들으며 다양한 꽃을 감상할 수 있다. 동화 속에 나올 것은 나무집은 크로아티아의 옛 민가를 옮겨온 것. 각 나무집 안에는 사진, 회화 등의 예술 작품이 전시돼있다. 그중 롯카테이 봉투 디자인으로 둘러싸인 방이 가장 유명하고, 로댕의 작품에서 영감을 얻은 언덕 위 <생각하는 사람>도 하이라이트다. MAP ㉓

GOOGLE 롯카노모리
MAPCODE 592 389 731*07(주차장)
TEL 0155-63-1000
PRICE 1000엔, 초등·중학생 500엔
OPEN 4월 말~10월 중순
WEB www.rokkatei.co.jp/facilities/
CAR 마나베 가든 28.5km

아이스크림이 선물하는 휴식 시간
토카치노 프로마주 본점
十勝野フロマージュ本店

롯카노모리에서 차로 5분, 걸어서는 10분 거리에 있는 유제품 전문점이다. 지역 주민들에겐 카망베르 치즈가 사랑받지만, 치즈만큼이나 아이스크림도 발군. 진하고 부드러운 홋카이도 아이스크림은 여행의 즐거움을 두 배로 만들어준다. 근처 미치노에키 나카사츠나이에 지점이 있다. MAP ㉓

GOOGLE t fromages
MAPCODE 396 660 821*17(주차장)
TEL 0155-63-5070
PRICE 젤라토(S) 500엔, 젤라토(W) 600엔, 소프트아이스크림 500엔
OPEN 10:00~17:00/수 (공휴일·7~9월은 제외) 휴무
WEB t-fromages.com
CAR 롯카노모리 800m

콩이 주인공인 휴게소
미치노에키 나카사츠나이
道の駅 中札内

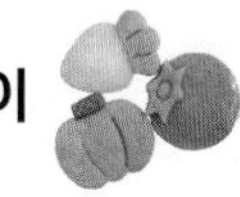

일본의 도로 휴게소 '미치노에키'의 특징은 지역 특산품을 강조하고 휴게소마다 농촌 체험 액티비티를 개발해 도시 시민들과 연결점을 만들어가는 것이다. 토카치 평야 남서부에 위치한 농촌 지대 나카사츠나이의 대표 농작물은 콩. 휴게소에서는 콩과 관련한 레스토랑, 카페, 상점을 비롯해 콩 자료관 빈스 하우스ビーンズ邸를 운영하고 있다. MAP ㉓

GOOGLE tokachi bean museum
MAPCODE 396 660 713*05(주차장)
TEL 0155-67-2811
OPEN 자료관 09:00~17:00/ 12~3월 월·연말연시 휴무
WEB michinoeki-nakasatsunai.jp
CAR 토카치노 프로마주 900m

9 소녀 같은 할머니의 정원
시치쿠 가든
紫竹ガーデン

이미지가 강한 롯카노모리, 세련된 토카치 힐즈 등과 비교하면 수수하고 정겨운 느낌이다. 1992년, 남편을 잃고 '앞으로 어떻게 살아갈까'를 고민하던 시치쿠 할머니가 옛날 옛적 들꽃이 피던 들판을 추억하며 가꾼 정원이다. 할머니는 돌아가셨지만 지금도 축구장 약 7개 면적인 1만5000평 부지에 계절별로 2500여 종의 꽃과 식물들이 자란다. 특히 각종 꽃이 만발하는 5~9월에 절정을 만날 수 있다. MAP ㉓

GOOGLE 시치쿠 가든
MAPCODE 124 040 142*04(주차장)
TEL 0155-60-2377
PRICE 1000엔, 어린이 200엔
OPEN 4월 중순~11월 말 08:00~17:00
WEB shichikugarden.com
CAR 미치노에키 나카사츠나이 12km/JR 오비히로역 22km

10 '북쪽의 대지' 홋카이도 이름값 하는 정원
토카치센넨노모리
十勝千年の森

다른 정원들과 떨어져 있어 여행 일정을 계획할 때 따로 고려하는 게 좋다. 홋카이도의 별명인 '북쪽의 대지' 스케일에 걸맞은 정원으로, 공간마다의 영감 역시 홋카이도 자연에서 얻고 있다. 유명 가든 디자이너 댄 피어슨이 설계한 어스 가든과 2012년 영국 정원 디자이너 협회에서 주최한 SGD 어워즈의 대상에 빛나는 메도우 가든 등 화려한 라인업의 테마 정원을 감상할 수 있다. MAP ㉓

GOOGLE 토카치센넨노모리
MAPCODE 608 059 685*81(주차장)
TEL 0156-63-3000
PRICE 1200엔, 초등·중학생 600엔, 미취학 아동 무료
OPEN 09:30~17:00(7·8월 09:00~, 9월~10월 중순 ~16:00)/10월 중순~4월 중순 휴무
WEB www.tmf.jp
CAR 행복역 52km, JR 오비히로역 32km

: WRITER'S PICK :

토카치센넨노모리 관람 포인트 3

❶ **어스 가든** Earth Garden
역동적으로 물결치는 잔디 언덕과의 물아일체 경험하기.

❷ **메도우 가든** Meadow Garden
자생종과 원예종이 아름답게 조화를 이뤄 계절마다 다른 풍경을 선사한다.

❸ **세그웨이 투어**
전기모터로 구동되는 1인용 세그웨이를 타고 가이드와 함께 90분 동안 정원을 둘러본다. 입장료 포함 9800엔(이틀 전까지 홈페이지 예약 필수).

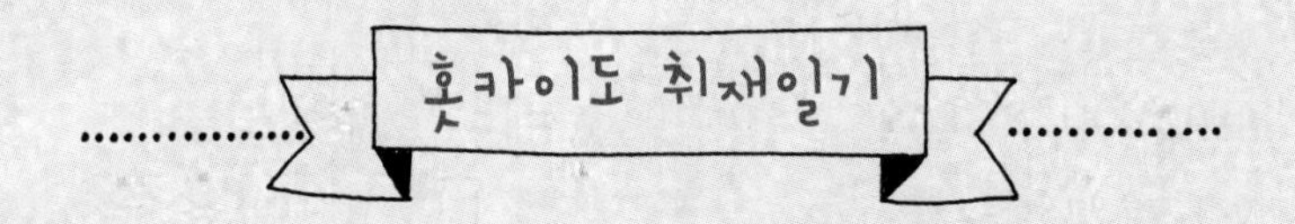

홋카이도의 여름이 이래도 돼?

토카치에서 내려오던 어느 해 여름.
하코다테에서 왔다는 할머니가 정말 혀를 내두르며 말했다.

“홋카이도가 미쳤나 봐. 너무 덥지 않니?”

홋카이도에서의 두 번째 여름이라, 여기가 원래 이런가보다~ 하면서 지냈는데
할머니의 날씨 이야기는 정말 끝날 줄 몰랐다.
하코다테로 넘어와 에어비앤비 호스트에게 물었다.
여기가 원래 이렇게 더운 게 아니냐고.

“원래는 여름의 끝자락이나 되어야 이 정도 더위가 오거든요”

덥긴 더운데 갑자기 7월 중순에 더워져서 놀랐다고 한다.
8월이나 되어야 30°C 가까이 되는데,
7월 중순에 벌써 28°C가 넘어 다들 놀란 것 같다고.
홋카이도의 여름도 어쨌든 여름이다.

덥지만, 춥고 비 오는 것보다는 좋다고.
스스로를 위로 중.

시치쿠가든에서
만난 할머니

KUSHIRO&AKAN-
釧路/阿寒摩周国立公園
MASHU NATIONAL PARK

구시로 & 아칸-마슈 국립공원

釧路&阿寒摩周国立公園

일본 최대의 습지와 화산 활동으로 생긴 3개의 호수가 모여 자연의 민낯을 드러낸다。 운이 좋으면 홋카이도 사슴、홋카이도 여우、홋카이도 다람쥐 등 야생동물과 마주칠 수 있고、신비로운 녹조식물 마리모와 스코틀랜드 괴생물을 닮은 굿시의 이야기도 들을 수 있다。 아직 신비로운 자연이 뒤덮고 있는 세계。 잊고 살던 탐험심이 발휘되는 곳、구시로다。

위치 & 풍경

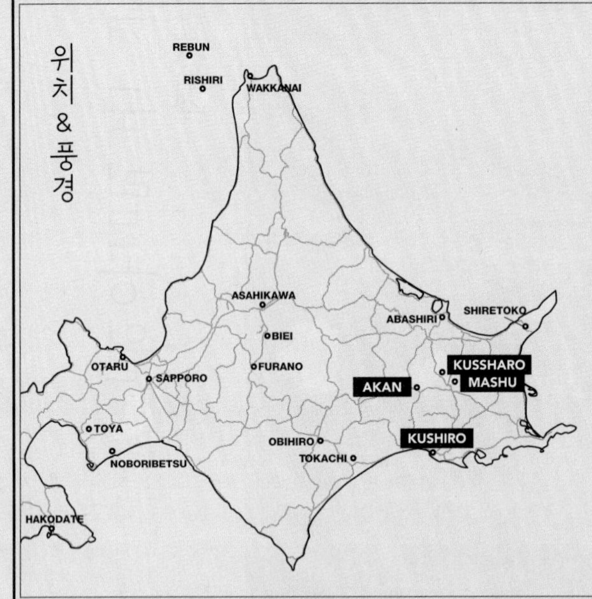

삿포로에서 동쪽으로 약 320km. 바다였던 구시로 일대는 빙하기가 지난 뒤 바닷물이 빠지면서 거대한 습지로 드러났다. 람사르 협약에 의거하여 1997년 일본 제1호 습지로 등록된 습원 국립공원은 그 면적이 270km² 이상. 두루미, 홋카이도 사슴(에조시카エゾシカ), 홋카이도 여우(키타키츠네キタキツネ), 홋카이도 다람쥐(에조리스エゾリス) 등의 서식지로, 일반인이 출입할 수 있는 구역에 한해 흐리고 서늘한 날 이들 동물과 마주칠 기회가 많다고 알려졌다.

구시로 근교에는 화산 활동으로 생긴 3개의 호수(마슈·굿샤로·아칸호)도 모여있다. 자연이 직접 만든 대자연의 수려한 풍경 속으로 직접 걸어 들어가 보자.

여행 시기 베스트

구시로 습원 동쪽으로 향하는 관광기차(노롯코 기차)가 대략 4월 말부터 10월 초까지 운행한다. 여름의 최고 평균 기온은 22°C로 선선하지만, 겨울의 최저 평균 기온은 -12°C까지 떨어져 야외 활동하기 좋은 6~9월에 여행을 계획할 것을 추천한다. 반드시 겨울 풍경을 봐야겠다면 방한에 각별히 신경을 쓰고 통제 구역이 있는지 미리 조사해가자. 습지와 호수, 숲의 특성상 벌레 등에 노출되기 쉽고 일교차 또한 심한 편이니 여름에도 얇은 긴 소매 옷을 준비해 간다.

사람들 여행이 필요한

- ☑ 동식물과 생태에 관심이 많은 어른과 어린이
- ☑ 거대한 습원과 칼데라호 등 대자연 속에서 휴식하고 싶은 여행자

가는 법 삿포로 → 구시로

삿포로에서 구시로까지는 렌터카를 타도 4시간, 기차를 타도 4시간 정도 소요된다. 반면 항공편으로는 공항에서 시내까지의 이동 시간을 포함해도 4시간 이내로 도달할 수 있어 이 편을 가장 먼저 고려하길 추천한다. 출발지가 삿포로가 아닐 경우에는 시간과 비용 등을 고려해 가장 합리적인 방법을 택하자.

JR

JR 삿포로역에서 JR 구시로역까지 특급 오조라 特急おおぞら가 한 번에 연결한다. 하루 약 6편 운행하며, 소요 시간은 4시간~4시간 30분이다. 중간에 JR 오비히로역에서도 정차한다. 전석 지정제로, 좌석 예약 필수.
아바시리에서 갈 경우 쾌속 시레토고 마슈호しれとこ摩周号와 센모 본선釧網本線 각역정차가 구시로 습원을 관통해 구시로까지 간다. 소요 시간은 3시간 10~40분.

PRICE 삿포로~구시로 편도 10320엔, 아바시리~구시로 편도 4400엔
WEB www.jrhokkaido.co.jp/global/korean/

항공

신치토세공항에서 바로 구시로로 이동할 때 추천한다. 구시로공항까지 비행시간은 45~50분, 구시로공항에서 약 20km 떨어진 시내까지는 비행기 도착 시각에 맞춰 공항 리무진이 운행한다. 소요 시간은 JR 구시로역까지 45분, 무MOO 쇼핑센터까지 55분이다. 요금은 950엔.

WEB kushiro-airport.co.jp(구시로공항)
akanbus.co.jp/airport/(공항 리무진)

고속버스

홋카이도 주오 버스·구시로 버스·아칸 버스가 공동 배차하는 스타라이트 구시로호가 하루 4회 구시로역 앞까지 운행한다. 요금은 기차보다 저렴하지만, 시간이 1시간 30분 이상 더 소요돼 총 5시간 40분 이상은 예상해야 한다. 완전 예약제로 운영하므로 탑승 전 예매 필수. 주오 버스 승차권 예매 방법은 333p 참고.
홋카이도 버스가 운행하는 구시로 특급 뉴스타는 하루 4~5회 스스키노에서 출발해 오도리 버스센터 앞과 삿포로역 앞을 지나 구시로역 앞에 도착한다. 전석 예약제지만, 자리가 남은 경우 차내에서 티켓을 구매할 수 있다. 야간 버스는 23:14에 출발해 다음 날 05:20에 역 앞에 도착한다. 야간 버스를 이용하면 시간과 숙박비를 절약할 수 있지만, 피곤함을 버틸 체력이 안 된다면 피하는 것이 좋다.

WEB www.kosokubus.com/kr/(한국어 온라인 예약)

■ **스타라이트 구시로호** スターライト釧路号

ROUTE 삿포로에키마에札幌駅前 3번 정류장(Google: 387X+RR 삿포로)→주오 버스 삿포로 터미널 6번 승차장(Google: 삿포로터미널)→…→구시로역 앞
PRICE 5230~6000엔(조기 할인 4630~5400엔)
WEB www.chuo-bus.co.jp/highway/

스타라이트 구시로호 시간표

구시로 특급 뉴스타호 시간표

■ **구시로 특급 뉴스타호** 釧路特急ニュースター号

ROUTE 시덴스스키노마에市電すすきの前 정류장(Google: 3942+7WC 삿포로)→오도리버스센터마에大通バスセンター前 정류장(Google: 3965+84 삿포로)→삿포로에키마에札幌駅前 33번 정류장(Google: 3982+MR3 삿포로)→구시로역 앞釧路駅前→피셔맨스 워프 무フィッシャーマンズワーフMOO(누사마이교 근처 쇼핑센터)
PRICE 인터넷 할인 4770엔, 사전 구매 5500엔(학생 2750엔), 차내 지급 6000엔(학생 3000엔)
WEB www.hokkaidoubus-newstar.jp/bus/

시내 교통 구시로

시내 주요 볼거리는 도보로 다녀올 수 있지만, 하이라이트는 습원이다. 이를 제대로 즐기려면 '동쪽=노롯코 기차(454p), 서쪽=아칸 버스(456p)'라는 공식을 기억하자. 근교인 마슈·굿샤로·아칸호까지는 렌터카가 가장 편하지만, 뚜벅이 여행자라면 투어 버스인 피리카호(459p)를 이용해도 좋다.

☆ 동쪽 = 노롯코 기차/서쪽 = 아칸 버스

노롯코 기차

아칸 버스

구시로 & 아칸-마슈 국립공원
비호로고개 전망대
美幌峠 展望台
커피 & 스위츠 카논
Coffee & Sweets 花音
굿샤로호 스나유
屈斜路湖 砂湯
굿샤로호
屈斜路湖
굿샤로
屈斜路
이오산
硫黄山
川湯温泉
마슈호
摩周湖
마슈호 제3 전망대
摩周湖第三展望台
美留和
마슈호 제1 전망대
摩周湖第一展望台
마슈
摩周
摩周
아칸호
阿寒湖
아칸
阿寒
라 비스타 아칸가와
Hotel & Spa Resort La Vista Akangawa Kushiro
누사마이교
幣舞橋
南弟子屈
JR 센모 본선
JR 釧網本線
磯分内
標茶
茅沼
토로역
塘路
온네나이 비지터 센터
温根内ビジターセンター
구시로시츠겐역
釧路湿原
細岡
새틀라이트 전망대
サテライト展望台
구시로시 습원 전망대
釧路市湿原展望台
遠矢
구시로공항
釧路空港
0
5km
구시로역
釧路
東釧路
JR 네무로 본선 JR 根室本線
JR 센모 본선 JR 釧網本線
JR 하나사키선 JR 花咲線
구시로
釧路
구시로역 앞 버스터미널
釧路駅前バスターミナル

#Walk

홋카이도 동부의 관문
구시로역 주변

탁 트인 태평양과 맞닿은 홋카이도 동부 최대 항구 도시, 구시로. 천혜의 원시림이 살아 숨쉬고, 여름(6월~8월 중순)에는 잦은 안개 탓에 한낮 최고 기온이 평균 21°C 안팎에 불과해 여름 피서지로 각광받는다. JR 구시로역에서 구시로강 쪽으로 도보 10~15분 거리인 스에히로末広 지역에 맛집과 주점이 모여 있다.

홋카이도 동부 여행 계획을 세우자!

JR 구시로역

JR 釧路

1960년대에 지은 민자 역사가 영화 세트장인가 싶을 만큼 예스러운 분위기를 풍긴다. 삿포로·오비히로를 잇는 특급 오조라와 아바시리를 잇는 센모 본선釧網本線의 시·종착역이자, 일본 최동단에 있는 네무로시와 서쪽에 있는 신토쿠新得를 연결하는 네무로선根室線의 중간역이다. 역 앞에 주차장과 택시 승차장이 있고, 동쪽에는 구시로 습원으로 향하는 아칸 버스와 고속버스, 공항 리무진 등이 발착하는 구시로역 앞 버스터미널釧路駅前バスターミナル이 있다.
MAP 25

GOOGLE 구시로역
MAPCODE 149 256 459*85(유료 주차장)
TEL 0154-24-3176
OPEN 미도리노마도구치みどりの窓口(JR 티켓 카운터) 05:30~22:30

아침식사는 캇테동으로!

와쇼 시장

和商市場

오래된 도시에서 가장 오래된 시장인 와쇼 시장은 1954년 설립 이후 60개의 점포가 활발히 영업 중이다. 시장의 명물이자, 구시로 명물로 통하는 것은 '제멋대로 덮밥'이란 이름의 캇테동勝手丼. 여러 가지 해산물 토핑을 각각 따로 구매한 뒤 내 맘대로 섞어 먹는 것이 캇테동만의 매력이다. 상점마다 해산물 종류나 신선도 등이 다르니 충분히 둘러본 뒤에 선택하자. 상인들이 그날그날 물 좋은 해산물을 추천해주기도 한다. MAP 25

GOOGLE 와쇼 시장
MAPCODE 149 256 450*35(시장 정문 건너편 유료 주차장, 시장 내 점포에서 주차권에 도장 받으면 30분 무료)
TEL 0154-22-3226
PRICE 08:00~17:00/일 휴무/가게마다 다름
WEB www.washoichiba.com
WALK JR 구시로역 5분

그림 같은 구시로 석양

누사마이교

幣舞橋

누사마이교 위의 청동상 시리즈.
각각의 이름은 <춘>·<하>·<추>·<동>으로,
사계절을 상징한다.

습원 탐험이나 노롯코 기차 유람을 마치고 다시 JR 구시로역 앞으로 돌아왔다면 늦은 오후에 들러볼 만한 시내 명소다. 습원을 제외하고는 볼거리가 드문 구시로에서 어두운 바다 위로 붉고 그윽한 해가 지는 장면은 무엇보다 오랜 기억으로 남는다. 사계절을 여성으로 형상화한 동상도 볼거리. MAP ㉕

GOOGLE 누사마이 다리
MAPCODE 149 226 382*02
WALK JR 구시로역 15분

구시로 강변의 새로운 명소,
<Cool KUSHIRO> 조형물

누사마이교 근처 먹거리 집합소

구시로 피셔맨스 워프 무

釧路フィッシャーマンズワーフMOO

구시로시의 관광과 경제 활성화를 위해 1989년 오픈한 대형 쇼핑센터다. 지금은 쇼핑 장소라기보다는 시장과 포장마차 콘셉트의 식음료 판매 부스, 레스토랑, 비어홀 등이 들어찬 푸드센터에 가깝다. 평소에는 별 볼 일 없는 곳이지만, 간페키로바타가 시작되는 5~10월 저녁이면 관광객들로 북적인다. 쇼핑센터 바로 옆 큰길가에는 둥근 유리 건물로 된 상설식물원 에그EGG(Ever Green Garden)가 있는데, 카페 야외 테이블에서 경치를 즐기며 가벼운 식사나 커피 한잔하기에 좋다. MAP ㉕

GOOGLE 구시로 피셔맨스 워프 무
MAPCODE 149 226 460*07(주차장)
OPEN 1층 쇼핑 존 10:00~19:00(7~8월 09:00~, 연말연시 ~17:00)/ 2층 항구의 포장마차 11:30~14:00(L.O.13:45), 17:00~24:00(L.O.23:30), 12월 31일 휴무/3층 구시로 안개의 맥주원 13:30~14:00, 17:00~21:00
에그: 06:00~22:00(11~3월 07:00~)
WEB www.moo946.com
WALK 누사마이교 북단

4

계절 한정! 노천에서 즐기는 로바타야키

5 간페키로바타

岸壁炉ばた

구시로에 오면 꼭 경험해봐야 할 것. 신선한 어패류를 직접 숯불에 구워 먹는 로바타야키炉端焼き다. 시내에는 1년 내내 운영하는 로바타야키 가게가 많지만, 5~10월에 방문했다면 구시로 피셔맨스 워프 무MOO 앞으로 펼쳐지는 노천 포장마차 간페키로바타로 가자. 노을 지는 바다를 배경으로 신선한 해산물과 시원한 맥주가 있는 낭만의 시간이다. 오픈 시간보다 일찍 가 자리를 잡는 게 좋으며, 일몰 시간에 노을이 잘 보이는 전망 좋은 곳에 자리를 잡아보자. 바람의 방향에 따라 숯불의 열기로 얼굴이 후끈 달아오르기도 하니 주의! MAP ㉕

GOOGLE 간페키 로바타
MAPCODE 149 226 460*07(주차장)
TEL 0154-23-0600
OPEN 5월 셋째 금요일~10월 말 17:00~21:00(L.O.20:45)/강풍 등 날씨에 따라 예고 없이 휴무
WEB www.moo946.com/robata
WALK 구시로 피셔맨스 워프 무 바로 앞 강변

: WRITER'S PICK :

간페키로바타 이용법!

시스템이 좀 독특하다. 먼저 입구의 티켓 창구에서 1000엔 단위의 티켓(50엔X2장, 100엔X2장, 200엔X1장, 500엔X1장)을 사면 직원들이 숯불이 있는 테이블 자리를 정해 알려준다. 위치를 기억한 뒤, 티켓 창구 옆으로 늘어선 가게를 돌아보며 먹고 싶은 재료를 골라 티켓과 교환한다(잔돈을 거슬러준다). 이후 재료를 가지고 자리로 돌아와 숯불에 직접 구워 먹으면 끝! 재료 가격은 가게마다 다르며, 보통 안주는 300엔부터, 생맥주는 550엔부터 시작해 1인당 2000엔 이상의 예산은 필요하다.

맛집 찾아 삼만리

구시로의 명물 음식점

구시로는 역뿐만 아니라 도시 전체가 오래된 인상이지만, 미슐랭 가이드에 소개된 맛집도 있는 저력 있는 미식의 동네다. 신선한 해산물을 소박하게 요리한 향토 요리는 현지인뿐 아니라 여행자에게도 인기 있다.

현지인이 사랑하는 꽁치구이 밥

우오마사

魚政

쇼핑센터 무에서 놓치지 말아야 할 꽁치구이 밥 산만마さんまんま. 일본의 여러 매체에 소개되며 인기가 물올랐다. 꽁치의 배를 갈라 찹쌀과 멥쌀을 섞어 양념한 밥을 넣고 끈으로 묶은 다음 숯불에 구워낸다. 숯불 향이 그대로 배 있고 두툼하니 씹는 맛도 좋다. 일본 전역의 백화점에서 홋카이도 먹거리를 소개할 때 빼놓지 않는 상품이다. 현지에서 어디 한번 제대로 즐겨보자. MAP ㉕

GOOGLE kushiro uomasa
MAPCODE 149 226 460*07(구시로 피셔맨스 워프 무 주차장)
TEL 0154-24-5114
PRICE 산만마 960엔
OPEN 10:00~19:00(여름철 09:00~, L.O.18:45)/부정기 휴무
WEB sanmanma.com
WALK 구시로 피셔맨스 워프 무 2층

100% 리얼 로바타야키 체험

로바타 하마반야

炉ばた浜番屋

현지인만 알음알음 찾아가는 로바타야키 맛집. 홋카이도산 제철 해산물을 비롯해 감자와 아스파라거스 등의 야채를 숯불에 구워 먹는데, 친절한 직원이 구이 상태를 체크하면서 먹는 방법까지 알려줘서 로바타야키 초심자도 마음 놓고 즐길 수 있다. 오동통한 가리비와 게를 비롯해 모든 해산물이 신선하고 맛있고 가격도 저렴하다. 구시로강 건너편, 관광객의 발길이 드문 곳에 자리해 영어가 통하지 않는 게 아쉽지만, 현지인의 로바타야키 문화를 리얼하게 경험하고 싶다면 추천! MAP ㉕

GOOGLE 8RJ6X9HJ+VH
TEL 0154-43-0114
MAPCODE 149 226 217*18(가게 앞 주차)
PRICE 털게 시가, 가리비(중) 450엔, 오징어 1000엔
OPEN 17:30~22:00
WALK 구시로강의 누사마이교를 건너 오른쪽으로 강을 따라 5분

탄쵸 시장의 명물 라멘

우옷치 라멘 공방

魚一 らーめん工房

와쇼 시장 건너편에 자리한 탄쵸 시장くしろ丹頂市場에 있는 라멘 가게. 푸짐한 해산물 라멘으로 미슐랭에도 소개됐다. 라멘은 토핑에 따라 일반 라멘, 차슈 라멘, 조개 라멘, 굴 라멘 4종류로 나뉘며, 국물에 따라 시오(소금), 쇼유(간장), 미소(된장), 교쇼(어간장), 에비쇼(새우간장) 라멘으로 구분된다. 추천 메뉴는 직접 담근 어간장 맛이 일품인 교쇼 라멘魚醤ラーメン. 담백한 맛あっさり味과 진한 맛こってり味 중 취향껏 선택한다. 해산물 특유의 시원함이 라멘의 느끼함을 잡아줘 우리 입맛에도 잘 맞고, 후루룩 넘어가는 얇고 쫄깃한 면을 사용해 감칠맛을 더한다. 영어 메뉴판 있음. MAP ㉕

GOOGLE uocchi ramen kobo
MAPCODE 149 255 329*71
TEL 0154-23-4541
PRICE 교쇼 라멘 담백한 맛 990~1880엔/진한 맛 1070~1950엔
OPEN 08:00~17:30/수·부정기 휴무
WALK JR 구시로역 6분

구시로 대표 B급 구루메!

이즈미야 총본점

泉屋 総本店

대단한 음식은 아니지만, 일본 곳곳에는 지역 주민들이 자주 찾아 명물이 된 독특한 B급 구루메가 있다. 구시로를 대표하는 B급 구루메는 스파카츠スパカツ. 그 원조가 바로 이곳 이즈미야다. 뜨거운 돌판에 스파게티 면을 가득 담고 그 위에 돈카츠를 올린 뒤 소스를 붓는 음식이다. 스파게티와 돈카츠 모두 대중적이라 맛은 중간 이상 보장된다. 그렇다고 또 엄청난 맛은 아닌지라 구시로에 온 김에 한 번쯤 경험 삼아 먹기 좋다. 양이 상당하니 배는 비워두고 출발할 것. MAP ㉕

GOOGLE 이즈미야 본점
MAPCODE 149 226 567*88
TEL 0154-24-4611
PRICE 스파카츠 1320엔
OPEN 11:00~21:00(L.O.20:30)/월 1회 화요일·부정기 휴무
WALK JR 구시로역 13분
WEB izumiya946.jp

+MORE+

로바타야키 & 잔기 원조 식당이 구시로에?!

구시로는 로바타야키뿐 아니라 홋카이도식 닭튀김 요리 잔기ザンギ의 발상지이기도 하다. 구시로엔 워낙 쟁쟁한 맛집이 많아서 원조 식당이라고 해서 특별할 건 없지만, 궁금하다면 가볍게 체크해두자.

❖ 토리마츠 鳥松

1960년 오픈한 잔기 원조 식당. 닭날개나 닭가슴살 등을 튀긴 잔기를 맛볼 수 있다. 카운터석 10석뿐인 허름하고 비좁은 가게. 테이크아웃은 2인분부터 할 수 있다. MAP ㉕

GOOGLE kushiro torimatsu
PRICE 잔기 650엔
OPEN 17:00~24:30/일 휴무
WALK JR 구시로역 15분

❖ 로바타 炉ばた

1951년 로바타야키를 최초로 고안한 가게. 90세에 가까운 주인 할머니가 손수 해산물을 구워낸다. 2022년 화재로 폐업 위기에 처했다가 주인 할머니의 손녀가 주도한 크라우드 펀딩이 성공해 2023년 재기했다. 해산물 가격은 그때그때 달라서 메뉴에 표기돼 있지 않다. 90분 시간제 한 있음. MAP ㉕

GOOGLE 8RJ6X9MQ+G2
PRICE 1인당 4000엔~
OPEN 17:00~23:00/부정기 휴무
WEB www.robata.cc
WALK JR 구시로역 16분

#Train

노롯코 기차 타고
동부 습원 일일 나들이

방대한 구시로 습원 국립공원을 효율적으로 즐기는 방법. 하나, 기차를 타고 습원 동쪽을 돌아본다. 둘, 버스나 렌터카를 타고 습원 서쪽을 둘러본다. 특히 관광 기차 노롯코 기차를 타고 여행하는 동부는 난이도가 쉬운 편이다. JR 구시로역에서 출발해 종점인 JR 토로역을 찍고 되돌아오는 기차만 타면 차창 밖으로 알아서 풍경이 펼쳐지기 때문. 단, 구시로역 → 토로역 진행 방향을 기준으로 왼쪽 창가 자리를 사수해야 함을 꼭 기억해두자.

기차만 타도 두근두근

구시로 습원 노롯코 기차

くしろ湿原ノロッコ号

대략 4월 말부터 10월 초(2025년은 4월 26일~10월 5일)까지 구시로 습원을 바라보며 달리는 관광용 미니 기차다. 자유석 1량과 지정석 3량 중 지정석은 창문 전체가 열리는 점이 매력적. 지역 가이드가 동승해 종착지인 JR 토로역까지 가는 약 45분 동안 구시로와 습원에 관해 설명해준다. 설명은 일본어로만 진행되지만, 커다란 창으로 습원 풍경을 바라볼 수 있는 것만으로도 충분한 가치가 있다. 기차 안에서는 구시로 한정 음료와 스낵도 판매한다. JR 구시로시츠겐역이나 토로역 중 한 곳에서 하차한다.

구시로 습원 노롯코 기차의 정차역은 구시로釧路·히가시쿠시로東釧路·구시로시츠겐釧路湿原·호소오카細岡·토로塘路 총 5개다. 보통 7월 중순~9월 중순에 하루 2회, 그 외 기간에 하루 1회 운행하며, 운행하지 않는 날도 있으니 시간표를 꼭 확인하고 가자. 9월 말(2025년은 9월 20~30일)에는 석양 노롯코호가 운행한다.

PRICE 구시로역~토로역 편도 680엔, 어린이 340엔/지정석 이용 시 840엔 추가/JR 홋카이도 레일패스 사용 가능
WEB www.jrhokkaido.co.jp/travel/kushironorokko/

- 운행 개시일 1개월 전 10:00부터 일본 전국 JR 기차역의 미도리노마도구치みどりの窓口(JR 티켓 카운터)에서 승차권을 구매하거나 에키넷(www.eki-net.com)에서 예약한다.
- 아바시리~구시로 구간을 달리는 JR 쾌속 시레토고 마슈호와 센모 본선 각역정차도 같은 구간을 달린다. 노롯코 기차를 놓쳤다면 참고하자.

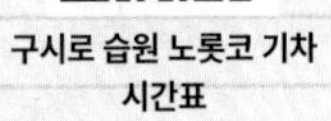

구시로 습원 노롯코 기차 시간표

구시로 습원 노롯코 기차 한국어 안내

: WRITER'S PICK :

구시로 습원 카누·카약 예약하기

구시로 습원에서 카누나 카약 등 액티비티를 운영하는 업체가 많다. 한국에서 홈페이지를 통해 예약하거나, 현지에서 구시로역 관광안내소의 도움을 받아 예약할 수 있다. 체험 시간은 1시간~2시간 30분, 경비는 7000~3만 엔 정도다.

레이크사이드 토로レイクサイドとうろ
www.shitsugen.com

토로 네이처 센터 塘路ネイチャーセンター
www.dotoinfo.com/naturecenter

힐링 카누 구시로 ヒーリングカヌー釧路
www.healingcanoe946.com

카누 숍 히라이와 カヌーショップヒライワ
hiraiwa-canoe.com

노롯코 기차 여행의 시작점

JR 구시로역

JR 釧路

3번 승강장에서 구시로 습원을 바라보며 달리는 노롯코 기차가 출발한다. 본격적인 여행에 앞서 역내 관광안내소(09:00~17:30)에 들러 정확한 기차 시각을 확인하고 가자. MAP ㉕

➡ 자세한 내용은 449p를 참고하세요.

습원을 가만히 바라보고 싶을 때 선택!

JR 구시로시츠겐역

JR 釧路湿原

습원 동쪽의 뷰 포인트인 호소오카 전망대細岡展望台와 가까운 무인역이다. 전망대는 역에서 나와 108계단을 오른 뒤 5~10분 걸으면 나오는데, '108계단'이라는 이름이 다소 공포스럽긴 해도 오르기에 아주 힘든 편은 아니니 크게 걱정할 필요는 없다. 드넓은 습원이 한눈에 내려다보이는 전망대 끝에 닿으면 '가슴이 탁 트인다'라는 문장을 이해할 수 있을 것이다. 역으로 돌아오는 길에는 호소오카 비지터스 라운지細岡ビジターズラウンジ에도 들러 산포도가 들어간 야마부도 소프트아이스크림을 맛보자. 나무로 지어진 멋스러운 건물에서 맛보는 아이스크림은 꿀맛. MAP ㉔

GOOGLE 구시로시쓰겐역
MAPCODE 149 654 764*34(주차장)
TRAIN JR 구시로역에서 노롯코 기차를 타고 2번째 역 하차

습원 액티비티를 즐기고 싶을 때 선택!

JR 토로역

JR 塘路

노롯코 기차의 종착지인 무인역. 근처에 토로호가 있어 습원 액티비티 중 인기가 가장 많은 카누 체험을 할 수 있다. 다만 카누가 목적이라면 토로역 근처에서 1박은 해야 한다. 기차가 토로역에 정차하는 시간은 30~50분으로 다소 짧기 때문. 당일치기 여행자라면 역 근처 호수만 잠깐 둘러본 뒤 기차로 복귀해야 하며, 다행히 기차가 2회 운행하는 기간이라면 첫 번째 기차를 타고 와 2~3시간 느긋하게 산책한 뒤 두 번째 기차를 타고 구시로역에 돌아가도 좋다. MAP ㉔

GOOGLE 도로역
MAPCODE 576 810 814*75(주차장)
TRAIN JR 구시로역에서 노롯코 기차를 타고 4번째 역(종점) 하차

#Bus

아칸 버스 타고
서부 습원 일일 탐험

철로가 이어진 동부와는 달리 구시로 습원의 서부는 버스나 렌터카를 이용해 여행해야 한다. 기차에서 얌전히 바라본 모습과는 달리 웅장하고 광대한 풍경을 아주 가까이서 감상할 수 있는 게 서부 여행의 매력. 다만, 버스 여행에는 인내심이 필요한 만큼, 시간표를 잘 참고해 세부 계획을 세우는 것이 관건이다. 큰 줄기로는 이른 아침 온네나이 비지터 센터로 출발해 트레킹 코스를 걸은 뒤, 구시로시 습원 전망대를 거쳐 시내로 다시 돌아오는 루트를 추천한다.

구시로 서부 여행 계획을 세우자!

구시로역 앞 버스터미널

釧路駅前バスターミナル

JR 구시로역에서 나오면 왼쪽의 슈퍼 호텔 건물 1층에 버스터미널이 있다. 터미널 앞 15번 승차장에서 버스를 타고 가는 서부 습원의 주요 명소는 구시로시 습원 전망대와 온네나이 비지터 센터. 두 곳 모두 하루 5~6회 운행하는 아칸 버스阿寒バス 츠루이선鶴居線 그린파크 츠루이グリーンパークつるい 방면 버스를 타고 각각 40분, 45분 소요된다. 구시로역 출발 기준 08:45~19:15(토·일·공휴일 ~16:55)에 1시간 20분~2시간 간격 운행. MAP ㉕

GOOGLE 수퍼 호텔 쿠시로 에키마에
MAPCODE 149 256 459*85(JR 구시로역 앞 유료 주차장)
PRICE 습원 전망대 편도 690엔, 온네나이 비지터 센터 편도 730엔
WEB www.akanbus.co.jp/route
WALK JR 구시로역 2분

: WRITER'S PICK :

렌터카 여행의 루트는?

렌터카 여행이라면 구시로 시내에서 출발, 전망대에서 습지 전경을 먼저 감상한 뒤 온네나이 트레킹 코스를 걷고 근교인 아칸-마슈 국립공원으로 바로 넘어가길 권한다.

서부 습원 탐험대의 망루

구시로시 습원 전망대

釧路市湿原展望台

구시로 습원 전체를 조망할 수 있는 곳이자 또 다른 습원 산책로의 출발점이다. 이 지역에서 자라는 사초과 식물 야치보우즈谷地坊主를 형상화한 전망대는 유료. 이를 기준에 두고 양쪽에 각각 산책로 입구가 있다. 한쪽에서 출발하면 다른 쪽으로 나오는 2.3km의 순환형 코스로, 습원을 바라보고 오른쪽 입구로 들어가는 것이 체력이 필요한 구간을 초반에 통과할 수 있어 한결 수월하다. MAP ㉔

GOOGLE 구시로습원 전망대
MAPCODE 149 548 478*54(주차장)
TEL 0154-56-2424
PRICE 산책로 무료/전망대 480엔, 고등학생 250엔, 초등·중학생 120엔
OPEN 08:30~18:00(11~4월 09:00~17:00)/연말연시 휴무
WEB ja.kushiro-lakeakan.com/things_to_do/3639/
BUS 구시로역 앞 버스터미널에서 아칸 버스 츠루이선 그린파크 츠루이グリーンパークつるい행을 타고 약 40분 뒤 시츠겐텐보다이湿原展望台 하차/온네나이 비지터 센터에서 약 6분 소요
CAR JR 구시로역 15.3km

+MORE+

유료 전망대보다 여기가 절경!
새틀라이트 전망대 サテライト展望台

구시로시 습원 전망대에서 시작하는 산책로 중간중간에는 훌륭한 전망 포인트가 몇 군데 있다. 그중 최고로 꼽히는 곳이 해수면에서 67~72m 높이의 새틀라이트 전망대다. 벌레, 계단 등으로 가는 길은 좀 험난해도 드넓은 습원을 발밑에 둔 풍경만큼은 잊을 수 없는 장관이다. 출발점인 구시로시 습원 전망대의 반대편, 호쿠토 전망대원지北斗展望台園地에 있다.

습원 안으로 성큼성큼 들어가 보자!

3 온네나이 비지터 센터
温根内ビジターセンター

습원 한가운데로 들어가 축축한 습지에서 자라는 각종 식물을 관찰하며, 잠자리와 나비를 벗 삼아 걸어보자. 산책의 출발점은 온네나이 비지터 센터. 이 안에 전시된 각종 동식물 자료를 훑어본 뒤, 휠체어도 다닐 수 있을 만큼 곱게 깔린 나무데크를 따라 습원 산책로를 여유롭게 걸을 수 있다. 계절마다 달라지는 풍경은 이곳에 다시 올 이유를 만들어 준다. 다만, 습지와 가까운 만큼 산책길에 나설 때는 벌레 퇴치 스프레이 등으로 무장하길 권한다. MAP ㉔

GOOGLE 온네나이 비지터 센터
MAPCODE 149 699 199*73(주차장)
TEL 0154-65-2323
PRICE 무료
OPEN 09:00~17:00(11~3월 ~16:00)/화·연말연시 휴무
WEB www.kushiro-shitsugen-np.jp/kansatu/onnenaiv/
BUS 구시로역 앞 버스터미널에서 아칸 버스 츠루이선 그린파크 츠루이グリーンパークつるい행을 타고 약 45분, 온네나이 비지터 센터 하차
CAR JR 구시로역 19.4km

#Drive

신비로운 세계로 드라이빙!
아칸-마슈 국립공원

구시로 습원에서 차로 1~2시간, 화산이 만들어 낸 독특한 칼데라호 3곳이 있다. 감탄이 절로 나오는 풍경의 마슈호, 모래를 파면 그대로 온천이 되는 굿샤로호, 느긋하게 유람하기 좋은 아칸호. 서로 다른 매력이 한데 모인 이 일대는 '아칸-마슈 국립공원阿寒摩周国立公園'이라고도 한다. 여름엔 안개가 자주 끼니 출발 전 일기예보를 확인한다.

맑고 투명한 블루

마슈호 제1 전망대

摩周湖第一展望台

약 20km 둘레의 칼데라 호수, 마슈호의 별명은 '신비로운 호수'다. 신비로우리만치 투명도가 높은 것으로 유명하다. 안개나 구름이 자주 껴 모습을 쉽게 드러내지 않는 것도 이 별명의 이유. 큰맘 먹고 가도 제대로 못 볼 가능성이 크니 아예 마음을 비우고 출발하자. 마슈호 제1 전망대는 이 주변에서 가장 인기 있는 전망대다. 호수를 생성한 마슈다케摩周岳 화산을 배경에 두고 맑은 날 푸르고 아름다운 호수 풍경이 펼쳐지는 곳. 중간에 떠 있는 작은 섬의 이름은 카무이슈カムイシュ다. 여름철 주차비 500엔(이오산 주차장과 공용). MAP ㉔

GOOGLE 마슈호 제1전망대
MAPCODE 613 781 371*24(주차장)
TEL 0154-82-2200
CAR JR 구시로역 80.4km

2

지금껏 보지 못한 저세상 경치

마슈호 제3 전망대

摩周湖第三展望台

마슈호 전망대 중 가장 높은 곳(해발 670m)에 자리한 전망대. 제1 전망대에서 북쪽으로 약 3km 떨어진 곳에 있다. 규모나 인기는 제1 전망대에 못 미치지만, 카무이슈섬을 한층 가까이에서 내려다볼 수 있고 신비로운 물빛의 호수 면에 비친 활화산 마슈다케도 정면에서 감상할 수 있다. 전망대 건너편 길가에 무료 주차장이 있고 매점이나 화장실은 없다. 10월 말~4월 초에는 안전상의 이유로 도로가 폐쇄돼 접근할 수 없다. MAP ㉔

GOOGLE 마슈호 제3전망대
MAPCODE 613 870 562*27(주차장)
WEB www.kawayu-eco-museum.com
CAR 마슈호 제1 전망대 3.2km

第三展望台

부글부글 분출되는 유황과 수증기
이오산(유황산)
硫黄山

마슈호와 굿샤로호의 사이 흰 연기를 뿜어대는 활화산이다. 풍겨오는 유황 냄새와 하늘로 오르는 수증기가 심상치 않아, 마치 지구 깊숙한 곳의 소리가 들리는 듯하다. 분출구 가까이로 갈 수 있어 호기심을 자극하는 이오산은 박력 넘치는 모습으로 관람객을 압도한다. 출입 한계를 확인하고, 기념사진을 찍을 때는 주의할 것. 근처 매점에서는 분출구에 넣어 순식간에 삶은 온천 달걀을 판매한다. MAP 24

GOOGLE iozan parking lot
MAPCODE 731 713 798*37 (주차장. 여름철 마슈호 제1 전망대 주차장과 공용 주차비 500엔)
TEL 0154-82-2191
CAR 마슈호 제1전망대 15km

4 직접 만드는 신기한 셀프 온천
굿샤로호 스나유
屈斜路湖 砂湯

일본 최대이자 세계에서 2번째로 큰 칼데라 호수로 꼽히는 굿샤로호. 동–서 지름 약 26km, 남–북 지름 약 20km에 이르는 커다란 호수다. 중간에 품은 나카섬中島 역시 둘레가 12km나 돼, 담수호 안에 있는 섬 중 일본 최대 크기를 자랑한다. 다만 호수 전체가 산성을 띠는 탓에 물고기는 산성에 강한 무지개송어 정도가 살고 있다. 스나유는 굿샤로호 근처에서 가장 유명한 온천 마을이다. 호숫가의 모래를 파면 그 자리에서 바로 온천수가 퐁퐁 솟아, '마음대로 온천을 만들어보세요'라는 문구처럼 나만의 즉석 온천을 일궈볼 수 있다. MAP 24

GOOGLE 스나유 노천온천
MAPCODE 638 148 532*00(주차장)
TEL 0154-84-2254
WEB sunayu.teshikaga.asia
CAR 이오산 10km

+MORE+

뚜벅이 여행자는 피리카호 ピリカ号~!!

4월 중순~10월 말 매일 아침 8시에 구시로역 앞 버스터미널을 출발하는 투어 버스다. 구시로 근교의 주요 지점에서 잠시 머물기 때문에 뚜벅이 여행자에게는 동아줄 같은 버스. 예약은 반드시 하루 전까지 완료해야 하고, 예약을 놓쳤다면 당일 버스터미널로 가서 남은 자리가 있는지 확인 후 티켓을 구매한다. 다시 구시로역 앞으로 돌아오는 시간은 오후 5시쯤이다.

ROUTE 구시로역 앞 버스터미널(08:00) → 피셔맨스 워프 무(08:05) → 구시로 프린스 호텔(08:08) → 구시로시 습원 전망대(차창 견학) → 마슈호 제1 전망대(30분 정차) → 이오산(30분 정차) → 굿샤로호 스나유(20분 정차) → 아칸호 온천 마을(13:05, 2시간 정차, 자유 점심시간) → 구시로공항(16:10, 하차 가능) → 구시로역 앞 버스터미널(16:50) → 피셔맨스 워프 무(16:54) → 구시로 프린스 호텔(16:55)
PRICE 6000엔, 어린이 3000엔
WEB www.akanbus.co.jp/sightse/pirika.html(예약 가능)

5 ‘그림 같다’는 말은 이럴 때

비호로고개 전망대

美幌峠 展望台

굿샤로호와 아칸-마슈 국립공원을 내려다보는 해발 525m의 비호로고개에 마련된 전망대다. 유황과 수증기를 내뿜는 이오산과 멀리 시레토코 연봉이 파노라마로 펼쳐져 ‘천하의 절경’이라 불리며 매년 많은 방문객이 찾는다. 미치노에키가 있는 곳이라 주차장이 꽤 넓으며, 식당과 매점 규모도 커서 쉬어 가기에도 좋다. 휴게소 뒤로 난 완만한 계단을 5분 정도 오르면 전망대가 나온다. 안개도 자주 끼지만, 구름바다 운해雲海와 맞닥뜨릴 확률도 높다. 운해는 봄, 가을 동틀 무렵부터 이른 아침에 습도가 높고 기온이 낮은 무풍 상태일 때 볼 수 있으니 방문 전 일기예보를 확인한다. MAP ㉔

GOOGLE 비호로고개 전망대
MAPCODE 638 225 484*16(주차장)
WEB www.town.bihoro.hokkaido.jp
CAR 굿샤로호 스나유 26.4km/메만베츠공항 32km/JR 아바시리역 50.5km

: WRITER’S PICK :

아칸-마슈 국립공원 최고의 드라이브 코스

비호로고개 전망대에서 나와 243번 국도를 타고 구시로 방향으로 내려가다 52번 지방도와 만나는 지점까지 약 18km 구간은 홋카이도 시닉 바이웨이가 꼽은 12개의 ‘슈이츠나 미치’ 중 하나다. 온몸 가득 바람을 느끼면서 파란 하늘과 호수, 짙은 녹색 밭에 둘러싸인 도로를 달려보자.

+MORE+

굿샤로호의 괴생명체, 굿시 クッシー

영국 네스호에 네시라는 괴생명체가 산다는 소문처럼, 먼 옛날 굿샤로호에서도 괴생명체를 보았다는 중학생의 제보에 따라 굿시라는 괴생명체에 대한 전설이 떠돌고 있다. 믿거나 말거나지만, 호수 옆 매점에서 모형으로 그 모습을 확인하면 왠지 진짜일 수도 있지 않을까라는 생각도 든다.

아칸호의 마리모는?

이끼 같은 모습의 동그란 녹조 생물 마리모는 부드럽게 보이지만, 직접 만져보면 의외로 따끔따끔할 정도로 단단하다. 아칸호의 마리모는 유독 크기로 유명하다. 10cm 이상 자라는 마리모가 다른 지역에서는 흔치 않기 때문. 1년에 3~4cm 성장하는 마리모는 정말 좋은 조건을 만났을 때만 10년 이상 자라 30cm가 된다. 단, 이렇게까지 커지면 햇빛이 닿지 않는 안쪽은 망가지게 돼 스스로 개체를 분리하며 각각이 다시 한 개체로 성장을 거듭한다.

+MORE+

오래오래 머물고 싶은 분위기 맛집
커피 & 스위츠 카논 Coffee & Sweets 花音

굿샤로 호숫가 마을의 민가를 개조한 카페 겸 레스토랑. 스테인드글라스를 통과한 부드러운 빛이 가게 안을 은은하게 비추고, 일본 가정집을 방문한 듯 아늑한 분위기와 레트로 감성이 담긴 소품들이 차분하고 따뜻한 느낌을 준다. 홋카이도산 밀과 버터, 우유 등으로 만든 수제 케이크에 드립 커피를 곁들여 느긋하게 시간 보내기 좋은 곳. 오믈렛 런치 또는 하루 10식 한정 오늘의 런치를 주문하면 밥 또는 빵, 국 또는 수프, 샐러드가 곁들여 나온다. 주문한 음식이 나오기까지 한참 걸리므로 느긋한 마음과 넉넉한 일정이 필요하다. 영어 메뉴판 있음. MAP ㉔

GOOGLE J9VV+F9 데시카가조
MAPCODE 731 797 861*53(주차장)
PRICE 커피 500엔~, 디저트 300엔~, 오늘의 런치 1400엔, 오믈렛 런치 1100엔
OPEN 10:30~17:00(런치 11:00~15:00)/화·수 휴무
WEB www.sweets-kanon.com
CAR 굿샤로호 스나유 4.2km/JR 카와유역 7.5km

6 조용한 호숫가의 휴양지
아칸호
阿寒湖

동그란 공 모양의 녹조류 마리모가 사는 둘레 약 30km의 호수. 물가에 떠 있는 추루이섬チュウルイ島과 홋카이도에서 가장 유명한 아이누족의 마을 아이누코탄アイヌコタン으로 유명하다. 볼거리, 즐길 거리와 함께 고급 료칸과 호텔 등 숙박 시설이 다채로워 일본인에게는 휴양지로, 여행자에게는 마슈호·굿샤로호와 함께 여행할 때 베이스캠프로 통한다. MAP ㉔

GOOGLE 아칸호
MAPCODE 739 341 668*72
WEB ja.kushiro-lakeakan.com
CAR 굿샤로호 스나유 59km/JR 구시로역 71km

#Walk

아칸호 온천 마을에서
1박 2일 힐링 여행

신경통, 류머티즘에 효과가 있다고 알려진 아칸호(아칸코) 온천. 고급 료칸에서 힐링을 즐겼다면 유람선을 타고 나카섬(나카지마中島)에 다녀오거나, 부글대는 진흙 온천 길을 걷고 홋카이도만의 볼거리를 찾아 일부러 시간을 내어볼 만하다. 뚜벅이 여행자는 구시로역 앞 버스터미널에서 아칸 버스 아칸선阿寒線을 타고 약 1시간 50분 뒤 종점인 아칸코 온천阿寒湖温泉(아칸코 버스센터)에서 하차한다. 하루 4~5회 운행. 구시로공항에서는 아칸공항라이너阿寒エアポートライナー가 하루 5~6회 운행한다. 약 1시간 15분 소요.

DAY 1

관광안내소부터 시작해보자!

1 아칸 관광협회 마을 만들기 추진 기구

阿寒観光協会まちづくり推進機構

마을 사람들이 모여 만든 비영리 활동 조직 아칸 관광협회 마을 만들기 추진 기구의 사무실이자 관광안내소다. 참고로 일본의 소도시 중에는 '마을 만들기まちづくり'라는 이름으로 주민들이 직접 나서서 동네의 매력 포인트를 찾고 알리는 경우가 많다. 아칸호와 주변 관광지에 대한 안내, 각종 팸플릿 등 자료를 제공하는 이곳은 마을의 중심에 있어 여행을 시작하기에도 좋은 포인트다. MAP 26

GOOGLE C3MW+7F 쓰베쓰조
MAPCODE 739 342 600*24(주차장)
TEL 0154-67-3200
OPEN 09:00~18:00

이란카라프테~ 아이누!

2 아이누코탄

アイヌコタン

홋카이도를 비롯해 사할린, 쿠릴열도 등에 걸쳐 거주하던 원주민을 아이누アイヌ라고 한다. 홋카이도 곳곳에는 이들의 흔적이 남아 있고, 그중에서도 아이누코탄은 아이누족의 마을을 비교적 큰 규모로 재현해 놓은 공간이다. 아이누 사람들의 거주지와 식문화, 의복, 공예품 등을 관찰할 수 있으며, 동물의 동작을 흉내 내거나 일상의 노동 등을 춤으로 표현한 아이누 전통 무용 공연도 관람할 수 있다. 아이누 전통 무용 공연은 2009년 유네스코 무형 문화유산에 등록되었다. MAP 26

GOOGLE 아칸호 아이누 민속마을
MAPCODE 739 341 668*72(상가 전용 주차장)
TEL 0154-67-2727
OPEN 10:00~22:00(상점마다 다름)
WEB www.akanainu.jp
WALK 아칸 관광협회 마을 만들기 추진 기구 10분

3 산책도, 온천욕도 다 마쳤다면 아칸관광기선

阿寒観光汽船

아칸호 온천 마을에 도착했다면 우선 호수 주변을 산책하고 노천탕이 있는 숙소에 여유롭게 머물며 온천욕을 하는 것이 첫째다. 그래도 시간이 남는다면 유람선을 타보자. 아칸호 위를 유유히 떠다니며, 마리모 관찰센터マリモ展示観察センター가 있는 추루이섬에 15분간 정박하는 유람선이다. 총 탑승시간은 1시간 25분. 아칸호가 꽁꽁 얼어버리는 겨울(12월~4월 중순)에는 운항하지 않는다. MAP ㉖

GOOGLE akankisen
MAPCODE 739 341 711*03(주차장)
TEL 0154-67-2511
PRICE 2400엔, 어린이 1240엔(마리모 관찰센터 입장료 420엔 포함)
OPEN 5~11월 06:00~16:00, 4월 부정기 운항/세부 시간표는 홈페이지 참고
WEB www.akankisen.com
WALK 아칸 관광협회 마을 만들기 추진 기구 5분

+MORE+

위기의 아이누!

19세기 메이지 정부가 아이누의 토지를 점령하고 '홋카이도'란 지명으로 개칭하며 개척사가 시작됐다. 일본 사람들과 외모나 풍습이 달랐던 아이누족은 철저한 동화정책으로 고유의 역사와 문화가 말살되었고 사유지 개념이 없던 차에 토지마저 빼앗기며 수많은 아이누족이 강제 이주를 당했다. 2007년 유엔 선언 '선주민족권리'를 통해 원주민으로서의 권리는 인정받았으나, 현재까지 차별은 남아 있고 그들의 언어를 기억하는 사람이 점차 줄면서 스스로의 정체성을 유지하는 데 어려움을 겪고 있다.

4 아이누족의 향토 요리가 궁금하다면 마루키부네

丸木舟 阿寒湖店

아이누코탄에는 많진 않지만, 몇 군데의 식당이 있고 이 주변에서만 먹을 수 있는 독특한 메뉴들을 판다. 이 집은 굿샤로호 근처에서 아이누 문화를 살린 료칸 마루키부네의 아칸호점. 홋카이도 사슴고기를 밥에 얹은 야세이동野生丼과 밥 위에 양념 돼지고기를 올리고 달걀로 마무리한 코탄동コタン丼이 된장국과 절임 반찬을 곁들인 한 끼 식사로 나온다. 조금 모험심을 발휘한다면 이 지역 물고기 빠리모모로 만든 생선회 빠리모모 루이페パリモモルイペ까지 맛볼 수 있는 세트 메뉴에 도전해보자. MAP ㉖

GOOGLE marukibune cafe
MAPCODE 739 341 668*72(상가 전용 주차장)

TEL 0154-67-2304
PRICE 야세이동 2000엔(세트 2800엔), 코탄동 1800엔(세트 2600엔)
OPEN 11:00~21:00/부정기 휴무
WEB www.marukibune.com
WALK 아칸 관광협회 마을 만들기 추진 기구 8분

5 족욕탕도 갖춘 귀여운 온천 마을 빵집 팡 드 팡

Pan de Pan

온천 마을의 빵집답게 가게 앞에 족욕탕을 만들어 둔 귀여운 가게다. 다양한 종류의 빵과 케이크, 커피와 음료를 판매하며, 시골 빵집이라고 생각하면 서운할 정도로 종류도 제법 많고 맛도 뒤지지 않는다. 크루아상과 데니쉬 패스트리는 인기가 많아 오후에 품절인 경우가 대부분. 가게 안에는 몇 개의 테이블이 있어 잠시 쉬었다 갈 수 있다. MAP ㉖

GOOGLE pan de pan
MAPCODE 739 342 639*61(주차장)
TEL 0154-67-4188
PRICE 각종 빵 200엔~
OPEN 09:00~16:00/수·목 휴무
WEB tsurugasp.com/akan-pandepan/
WALK 아칸 관광협회 마을 만들기 추진 기구 2분

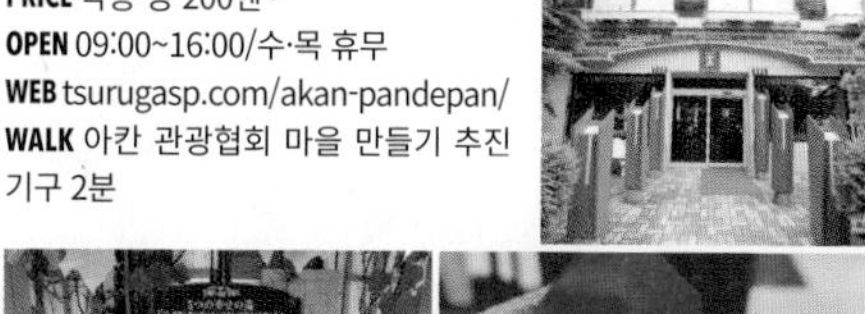

DAY 2

6 귀여워 보여도 가까이 가지 마세요!

봇케 산책로

ボッケ遊歩道

'봇케'는 아이누어로 '진흙 화산'이라는 뜻이다. 이 산책로의 하이라이트는 부글대는 봇케를 보는 것. 보글보글 귀여워 보여도 가까이 다가가면 위험하니 조심해야 한다. 호텔 아칸코소를 기점으로 호수를 둘러 걷기 시작하는 산책로로, 봇케를 기준으로 한 바퀴 돌고 나온다면 20~30분 정도 걷는다. 침엽수와 활엽수가 공존하는 독특한 식생을 관찰할 수 있고, 숲에 서식하는 에조 사슴과 에조 다람쥐가 가끔 출몰해 산책에 즐거움을 더한다. MAP ㉖

GOOGLE akankoso(산책로 시작 부근)
MAPCODE 739 342 651*47(유료 주차장)
WALK 아칸 관광협회 마을 만들기 추진 기구 5분

7 봇케 산책로 끝에서 만나요~

아칸호반 에코 뮤지엄센터

阿寒湖畔エコミュージアムセンター

아칸호 주변의 숲, 호수, 화산을 5개의 관을 통해 소개하는 뮤지엄이다. 비디오, 사진, 조형물 등 여러 방법으로 표현된 전시물과 수중 생물, 육상 생물, 아이누 문화 등을 전시하는 다채로운 공간이 있다. 통유리창 너머로 푸른 숲이 보이는 카페 구역에서는 잠시 쉬어가도 좋다. 특히 아이와 함께 온 가족여행자에게 추천. MAP ㉖

GOOGLE akankohan eco museum center
MAPCODE 739 342 828*26(주차장)
TEL 0154-67-4100
OPEN 09:00~17:00(8월 1~20일 ~18:00)
/화(공휴일은 그다음 날) 휴무
WEB akankohan-vc.com
WALK 아칸 관광협회 마을 만들기
추진 기구 6분

8 호텔·료칸을 벗어나 맛집을 찾는다면?

아지신

味心

온천 마을에 머무는 여행자는 보통 조식과 석식을 호텔·료칸에서 해결한다. 따라서 온천 마을의 맛집이라 하면 대부분 점심 장사만 하거나 이자카야로 운영하는 경우다. 아지신 역시 홋카이도 특유의 메뉴를 만날 수 있는 이자카야 겸 식당이다. 홋카이도 사슴고기구이鹿肉ロースト, 돈카츠 덮밥カツ丼, 달걀 덮밥玉子丼 등으로 식사를 제공하고, 젤리로 마리모를 표현한 칵테일 마리모히토マリモヒート로 호숫가에서의 특별한 밤을 선물한다. 뒷골목 소박한 선술집 분위기로, 문 앞을 지키는 고양이는 사람이 드나들면 알아서 자리를 피해준다. MAP ㉖

GOOGLE ajishin akan
MAPCODE 739 342 674*72
TEL 0154-67-2848
PRICE 사슴고기구이 1200엔, 돈카츠 덮밥 950엔, 마리모히토 650엔
OPEN 11:00~13:00, 18:00~22:00/부정기 휴무
WALK 아칸 관광협회 마을 만들기 추진 기구 4분

To do List.

아바시리 & 시레토코

網走&知床

일본의 국민 배우 사카이 마사토 주연의 영화 〈남극의 쉐프〉는 실제로 남극 기지 요리사였던 작가의 경험을 바탕으로 한다. 그런데 영화 속 추위를 담아낸 촬영지는 남극이 아닌 북극에 가까운 아바시리! 남극에 비하면야 나은 편이지만, 실제로 아바시리의 겨울 추위 역시 혹독하기로 유명하다. 아바시리 오른쪽에 불쑥 튀어나온 시레토코반도는 유네스코 세계자연유산에 등재된 대자연의 무대다. 유빙 워크, 유빙 다이빙 등 남극을 체험할 수 있는 곳이 가까운 일본에도 있다.

위치 & 풍경

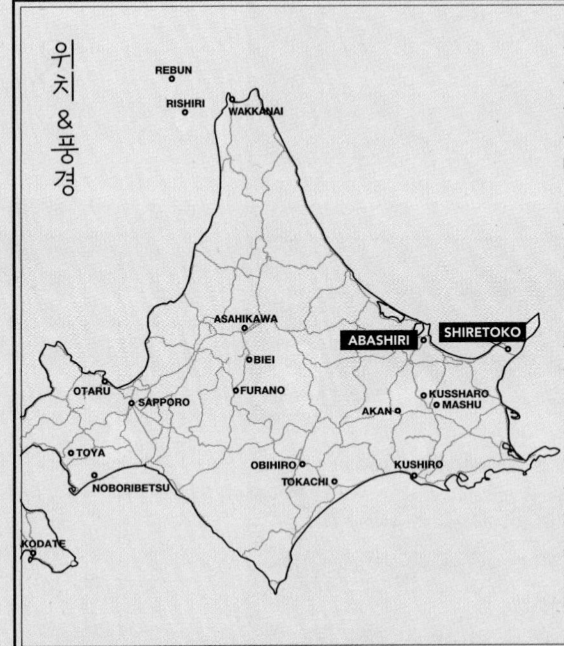

삿포로에서 북동쪽으로 약 330km. 오호츠크해 유빙을 만나기 위해 우리가 기꺼이 감수해야 할 거리다. 물은 0°C에서 얼지만, 염분이 있는 바다는 0°C 이하가 되어야 얼기 때문에 자연에서 표류하는 해빙을 만난다는 것은 행운이다. 아바시리에 이런 운이 따르는 건 만주 일대를 흐르던 아무르강의 담수가 사할린 근처의 바다로 흘러들면서, 비교적 높은 온도에서 얼 환경이 마련됐기 때문이다. 여기에 대륙의 차가운 바람, 남쪽으로 흐르는 해류의 영향이 이곳 일본에까지 유빙을 안전하게 실어 왔다. 참고로 <무한도전> 레전드 편으로 꼽히는 오호츠크해 편의 촬영지가 바로 아바시리다.

유빙이 내려오는 북반구의 최남단이자 남반구의 야생 생태계를 보여주는 호수 시레토코 5호(고코)는 이 지역의 하이라이트다. 해양과 육상 생태계가 모두 자연 그대로 보존된 곳으로, 2005년 유네스코 세계유산으로도 등재되었다.

여행이 필요한 사람들

- ☑ 산책과 다양한 동식물 관찰을 즐기는 사람
- ☑ 조금 어려워도 남들이 많이 가지 않는 곳을 탐험하고 싶은 사람
- ☑ 온 세상이 눈 천지에 혹독한 추위를 겪어보고 싶은 사람

베스트 여행시기

유빙이냐, 호수냐에 따라 여행의 최적기는 2가지로 나뉜다. 먼저 유빙은 1월 말부터 보이기 시작해 3월 말까지를 시즌으로 친다. 날씨에 따라 매년 조금씩 바뀐다는 점은 염두에 두자. 시레토코 5호 산책 코스는 4월 말에서 10월 중순까지만, 운영한다. 그중에서도 불곰 활동기인 5~7월은 전문 가이드와 동행하는 투어만 가능해 반드시 예약이 필요하다.

여행 팁

자연이 살아 있는 아바시리, 시레토코를 여행하는 중에는 벌레와 만날 일이 많다. 벌레 물린 데나 벌에 쏘였을 때 바르는 약을 준비해 간다. 시레토코 5호의 지상 산책로를 걸을 때는 야생동물이 놀라지 않도록 작은 방울을 달고 다니자. 더불어 현지에서 파는 곰 퇴치 스프레이도 구매해 두는 것이 안전하다.

사계절 추천 옷차림

봄·가을 4~6월 9~10월 점점 따뜻해지는 시기지만, 종종 기온이 내려가는 날이 있다. 얇은 스웨터 등으로 몸을 따뜻하게 하고 날씨가 갑자기 추워질 때를 대비해 봄철용 점퍼를 항상 소지하자. 얼었던 땅이 녹는 시기로 질펀한 길 때문에 신발이 더러워질 수 있다. 산책 시에는 등산화나 장화를 추천. 비 오는 날을 대비해 작은 우산을 챙긴다.

여름 7~8월 평균 18~21°C의 따뜻하고 상쾌한 날씨다. 종종 안개가 끼는 날이 있고 기온이 떨어지기도 하니 긴 소매 옷은 일단 챙기자. 운전을 한다면 강렬한 햇빛을 피할 선글라스를 반드시 준비한다.

겨울 11~3월 기온이 점점 내려가 2월 중에는 영하로 떨어진다. 보온이 뛰어난 긴 소매 옷과 두꺼운 스타킹, 스웨터, 코트 등을 입고 모자, 머플러, 장갑 등도 반드시 챙길 것. 통풍이 좋은 넉넉한 사이즈의 양말을 신고 발목 위로 올라오는 신발을 추천한다. 신발에는 눈이나 빙판길을 걸을 때 유용한 스파이크를 붙이는 것도 좋다. 반면 이런 옷차림으로 실내에 들어가면 땀을 흘릴 수밖에 없으니 여분의 옷도 챙긴다. 다용도 핫팩은 필수!

삿포로 → 아바시리 & 시레토코 가는 법

아바시리, 시레토코가 이번 여행의 목표라면 신치토세공항에서 바로 메만베츠공항女満別空港으로 이동하자. 렌터카나 버스, 기차로 5시간 이상의 거리를 비행기가 2시간 이내로 단축해준다.

항공편 + 버스

아바시리와 가장 가까운 공항인 메만베츠공항까지 신치토세공항·오카주공항, 도쿄 하네다공항에서 비행기로 닿을 수 있다. 신치토세공항에서 메만베츠공항까지 비행시간은 45~50분, 시내 이동까지 고려한다면 2시간 정도 예상하자. ANA·JAL항공에서는 종종 외국인을 위한 특가 프로모션을 진행한다. 공항에서 아바시리와 시레코토까지는 아바시리 버스網走バス와 샤리 버스斜里バス가 운영하는 메만베츠공항선女満別空港線을 이용한다. 아바시리 시내까지 가는 버스는 비행기 도착 시각에 맞춰 운행하며, 소요 시간은 아바시리역까지 26분, 아바시리 버스터미널까지 35분이다. 시레토코의 베이스캠프인 우토로 온천 마을까지 가는 버스(시레토코 에어포트라이너)는 하루 2~3회 운행하며, 우토로 온천 버스터미널ウトロターミナル까지 약 2시간 10분 소요된다.

PRICE 메만베츠공항~아바시리역·아바시리 버스터미널 1050엔/메만베츠공항~유빙 쇄빙선 탑승장 1150엔/메만베츠공항~우토로 온천 마을 3500엔

WEB www.hokkaido-airports.com/ja/memanbetsu/(메만베츠공항)
www.abashiribus.com/memanbetsu/(아바시리 버스)
www.sharibus.co.jp(샤리 버스)

메만베츠공항

아바시리 버스

샤리 버스

우토로 온천 버스터미널

기차 + 버스

JR 삿포로역과 JR 아사히카와역에서 JR 아바시리역까지 특급 오호츠크特急オホーツク를 타고 이동한다. 하루 2회 운행하며, 소요 시간은 각각 약 5시간 20분, 약 3시간 40분이다. 토·일·공휴일에는 JR 아사히카와역에서 특급 다이세츠大雪가 하루 2회 추가 편성된다. 삿포로에서 특급 라일락ライラック을 타고 아사히카와에서 특급 다이세츠로 갈아타고 가면 특급 오호츠크와 소요 시간이 비슷하고 요금은 같으니 원하는 시간대만 고려하면 된다.

아바시리역에서 시레토코의 우토로 온천 마을까지 가는 방법은 2가지가 있다. ❶ 아바시리역에서 시레토코 에어포트라이너를 타고 이동하는 방법(하루 2회 운행, 2800엔), ❷ JR 시레토코샤리역知床斜里까지 로컬 기차 센모 본선을 타고 이동한 뒤 역 앞의 샤리 버스터미널斜里バスターミナル에서 시레토코선知床線 또는 시레토코 에어포트라이너 버스로 갈아타는 방법이다(기차 하루 6회, 버스 하루 총 7회 운행, 총 2690엔). 두 가지 방법 모두 우토로 온센 터미널ウトロ温泉ターミナル까지 총 소요 시간은 1시간 40분~2시간 10분. 버스 요금은 내릴 때 기사에게 현금으로 지급한다. 이왕이면 환승 횟수가 적은 방법부터 염두에 두길 권한다.

PRICE 삿포로~아바시리 자유석 9530엔/지정석 1만60엔(JR), 아사히카와~아바시리 자유석 8360엔/지정석 8890엔(JR), 아바시리~우토로 2800엔(버스), 아바시리~시레토코샤리 1040엔(JR), 샤리~우토로 1650엔(버스)

WEB www.jrhokkaido.co.jp/global/korean/
www.sharibus.co.jp(샤리 버스)

Only 버스

홋카이도 주오 버스·홋카이도 키타미 버스·아바시리 버스가 공동 배차하는 돌리민트 오호츠크호가 삿포로에서 아바시리까지 하루 6회 운행한다. 소요 시간은 약 6시간. 삿포로에서 시레토코의 우토로 온천 마을까지 곧장 가려면 주오 버스 삿포로 터미널 5번 승차장에서 야간버스 이글라이너를 타고 약 6시간 45분 이동한다.

삿포로에서 출발하는 두 경우 모두 인터넷·전화·현장 예매를 통한 완전 예약제임을 체크해두자. 자세한 예매 방법은 333p 홋카이도 주오 버스 참고.

WEB www.chuo-bus.co.jp/highway/(주오 버스)
www.kosokubus.com/kr/(한국어 온라인 예약)

■ 돌리민트 오호츠크호 ドリーミントオホーツク号

ROUTE 삿포로에키마에札幌駅前 3번 정류장(Google: 387X+RR 삿포로)→주오 버스 삿포로 터미널 5번 승차장(Google: 삿포로터미널)→…→아바시리역 앞→아바시리 버스터미널

PRICE 편도 6510~7250엔(학생 및 조기 할인 5910~6650엔)

■ 이글라이너 イーグルライナー

ROUTE 주오 버스 삿포로 터미널 5번 승차장→…→샤리 버스터미널→…→우토로온센 버스터미널→키타코부시 시레토코 호텔 & 리조트→키키 시레토코→호텔 시레토코

PRICE 편도 8800엔, 왕복 1만6700엔

샤리 버스 시레토코선 시간표(PDF 다운로드)

돌리민트 오호츠크호 시간표

아바시리 & 시레토코 시내 교통

주요 명소를 제외하면 볼거리가 많은 편이 아니다. 여름이 지나면 다소 황량해지는 느낌도 있다. 교통 역시 편리한 편이 아니어서 순환·투어 버스 등을 십분 활용하는 게 좋고, 무엇보다 계획에 차질이 없도록 버스 시간표를 꼼꼼히 체크해야 한다. 택시는 대부분 콜택시제로 운행해 길가에서 잡기란 여간 쉽지 않다.

렌터카

삿포로부터 렌터카를 가져가기보다는 메만베츠공항이나 JR 아바시리역에서 인수하는 방법을 추천한다. 메만베츠공항에서 아바시리역까지 차로 약 30분, 시레토코 우토로 온천 마을까지는 약 2시간 30분 소요된다. 특히 시레토코반도에서는 야생동물 로드킬에 각별히 주의해야 한다. 더불어 동물을 만나도 먹이 주는 것은 절대로 금지!

버스

아바시리는 관광 시설 메구리 버스를 타고, 시레토코는 노선버스 1일 자유 승차권인 시레토코 주유 티켓을 이용해 여행할 수 있다. 또한 시레토코에서는 가이드가 동승하는 투어 버스도 이용할 수 있다.

❶ 관광 시설 메구리 버스 観光施設めぐりバス

1일권을 구매하면 아래의 모든 정류장에서 자유롭게 승하차할 수 있다. 유빙 시기인 1월 중순부터 3월까지는 하루 10회, 이외 기간에는 하루 4회 운행한다. 1일권은 처음 탑승한 버스에서 하차할 때 기사에게 구매한다. 1일권 구매 시 아바시리 시내 구석구석을 다니는 도코 버스どこバス(1회권 500~700엔)도 무제한 이용할 수 있다.

ROUTE 4월~1월 중순: 아바시리 버스터미널 3번 승차장 → JR 아바시리역 2번 승차장 → 형무소 앞 → 아바시리 감옥박물관 → 오호츠크 유빙관 → 플라워 가든 하나 텐토(7월 15일~9월) → 아바시리 감옥박물관 → 형무소 앞 → JR 아바시리역 → 아바시리 버스터미널

1월 중순~3월: 유빙 쇄빙선 탑승장 ⇆ 아바시리 버스터미널 3번 승차장(반대편은 4번 승차장) ⇆ 모요로 입구(아바시리 시립 향토박물관 분관) ⇆ JR 아바시리역 2번 승차장(반대편은 1번 승차장) ⇆ 형무소 앞 ⇆ 아바시리 감옥박물관 ⇆ 오호츠크 유빙관 ⇆ 홋카이도 북방민족박물관

PRICE 편도 180~510엔, 메구리 버스+도코 버스 1일권 1800엔, 메구리 버스 2일권 2200엔

WEB www.abashiribus.com/regular-sightseeing-bus/(메구리 버스)
www.dokobus-abashiri.jp(도코 버스)

❷ 노선버스

4월 말~10월까지 샤리 버스가 운행하는 노선버스 중 시레토코선知床線이 우토로 온천 버스터미널에서 시레토코 자연 센터와 시레토코 5호 등까지 하루 6~7회 운행한다. 요금이 비싼 구간이므로 우토로 온천 버스 터미널~시레토코 자연 센터~시레토코 5호를 왕복할 수 있는 시레토코 주유 티켓知床周遊キップ을 구매하자. 단, 갈 때 올 때 한 방향으로만 이동해야 한다. 우토로 온천 버스터미널에서만 구매할 수 있다.

PRICE 시레토코 주유 티켓 1400엔(구매 당일에만 유효)/시레토코선 구간별 요금: 우토로 온천 버스터미널~시레토코 자연 센터 340엔, 우토로 온천 버스터미널~시레토코 5호 700엔, 시레토코 자연 센터~시레토코 5호 480엔

WEB www.sharibus.co.jp/rbus.html

❸ 시레토코 정기관광버스 定期観光バス

4월 말부터 10월까지 가이드가 함께 타는 투어 버스다. 시내버스 운행 시각과 배차 간격을 신경 쓰지 않아도 된다는 점이 최대 이점. 총 3가지 코스는 전석 예약제로 운영된다. 투어 날짜의 1달 전부터 전날 오후 5시까지 웹사이트(신용카드 결제 가능), 전화, 우토로 온천 버스터미널, 숙박하는 우토로 지역의 호텔 프런트를 통해 예약할 수 있다.

TEL 0152-23-0766(08:00~17:00)
WEB www.sharibus.co.jp/tkbus_a.html
(예약 시 'WEB予約' 버튼 클릭)

A 시레토코 낭만 만남호 知床浪漫ふれあい号 A코스

ROUTE 샤리 버스터미널(09:15) → 오신코신 폭포オシンコシンの滝 → 우토로 온천 버스터미널(10:15)

PRICE 1900엔, 어린이 1000엔

B 시레토코 낭만 만남호 B코스(10:18~14:20)

(A코스 이용 후 이어서 탑승 가능)

ROUTE 우토로 온천 호텔들(호텔 시레토코 10:18, 시레토코 다이이치 호텔 10:21, 키키 시레토코 내추럴 리조트 10:25/예약된 경우에만 정차, 승차권은 우토로 온천 버스터미널에서 구매) → 우토로 온천 버스터미널(10:30) → 푸유니 고개(10:40, 차내에서 감상) → 시레토코 고개(10:55~11:05) → 시레토코 자연 센터(11:20~12:50, 자유 점심시간) → 시레토코 5호(13:05~13:55) → 우토로 온천 버스터미널(14:20)

PRICE 3300엔, 어린이 1800엔

C 시레토코 낭만 만남호 C코스

(B코스 이용 후 이어서 탑승 가능)

ROUTE 우토로 온천 버스터미널(14:30) → 하늘로 이어지는 길(15:00경, 차내에서 2~3분 감상) → 샤리 버스터미널(15:20)

PRICE 1900엔, 어린이 1000엔

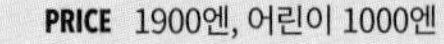

관광 시설 메구리 버스

아바시리 & 시레토코

시레토코곶 知床岬
카슈니 폭포 カシュニの滝
시레토코반도 知床半島
시레토코 5호 知床五湖
카무이왓카 폭포 カムイワッカの滝
후레페 폭포 フレペの滝
쿤네보루 クンネポール
시레토코 자연 센터 知床自然センター
우토로 온천 마을 ウトロ温泉
시레토코고개 知床峠
라우스조 羅臼町
하늘로 이어지는 길 시작점 天に続く道
시레토코샤리역 知床斜里
호텔 보스 HOTEL BOTH
JR 센모 본선 JR釧網本線
하마코시미즈역 浜小清水
노토로곶 能取岬
노토로호 함초 군락지 能取湖サンゴ草群落地
노토로호 能取湖
아바시리역 網走
아바시리 버스터미널 網走バスターミナル
아바시리 網走
호쿠텐 노오카 레이크 아바시리 츠루가 리조트 Hokuten no oka Lake Abashiri Tsuruga Resort
아바시리호 網走湖
JR 센모 본선 JR釧網本線
濤沸湖
메르헨 언덕 メルヘンの丘
JR 세키호쿠 본선 JR石北本線
西女満別
메만베츠공항 女満別空港
0 10km

#Bus

메구리 버스 타고 아바시리 한 바퀴!

관광 시설 메구리 버스(이하 '메구리 버스')를 이용하면 아바시리 지역의 주요 관광 명소를 하루에 다 둘러볼 수 있다.
단, 아침부터 부지런히 다닐 각오는 필수!

별걸 다 잘 만들어 놨네
아바시리 감옥박물관
博物館 網走監獄

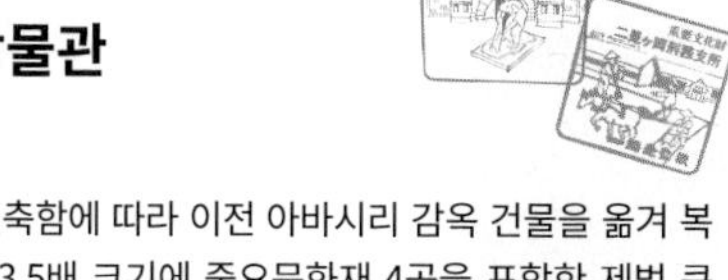

1973년 아바시리 형무소를 재건축함에 따라 이전 아바시리 감옥 건물을 옮겨 복원한 박물관이다. 도쿄 돔의 약 3.5배 크기에 중요문화재 4곳을 포함한 제법 큰 역사박물관으로, 상상보다 훨씬 세심한 시설에 비싼 입장료 값을 하는 곳이다. 메이지 시대 최대 700명까지 수용하던 실제 감옥은 물론, 오늘날 아바시리 감옥 수감자의 점심을 그대로 재현한 '감옥 식사'도 먹어볼 수 있다. 감옥박물관에서 감옥 식사 체험이라니 별 걸 다 관광 콘텐츠로 만드는 발상이 신기하다. 꼼꼼히 돌아본다면 2~3시간이 훌쩍 지나간다. MAP 28

GOOGLE 구 아바시리형무소
MAPCODE 305 582 354*10(주차장)
TEL 0152-45-2411
PRICE 1500엔, 고등학생 1000엔, 초등·중학생 750엔
OPEN 08:30~19:00(10~4월 09:00~17:00)
WEB www.kangoku.jp
BUS JR 아바시리역에서 메구리 버스를 타고 7분 뒤 아바시리 감옥박물관 하차
CAR JR 아바시리역 3.9km

+MORE+

홋카이도 개척사를 만든 수감자들

감옥이라면 극악무도한 범죄자가 우글댈 곳이 상상되지만, 사실 이곳의 수감자 중 상당수는 정치범이었다. 그들은 혹독한 추위, 열악한 식사, 구타 등을 견디며 220km 길이의 아바시리~아사히카와 연결도로와 1474동의 건물을 8개월 만에 지었다. 농사와 목축업에도 동원되어 메이지 유신 이후 홋카이도 개척사의 밑거름이 됐다. 역사와 문화 보존이라는 명목으로 정리된 박물관의 콘텐츠를 보면 그들의 일상이 얼마나 끔찍했을지 짐작되면서 씁쓸한 기분도 든다.

: WRITER'S PICK :

정류장 주의!

메구리 버스 노선에는 감옥박물관 말고도 현재 감옥으로 사용하고 있는 아바시리 형무소 앞 정류장이 따로 있다. '형무소 앞 刑務所前' 정류장에서 내리면 진짜 감옥에 갈지도 모르니 '아바시리 감옥박물관博物館網走監獄' 정류장인지 확인하고 내릴 것.

2 이곳은 매일 영하 15°C!
오호츠크 유빙관
オホーツク流氷館

아바시리의 상징은 뭐니 뭐니 해도 유빙! 이곳은 1년 내내 영하 15°C 이하로 떨어지는 유빙 시즌의 추위를 느낄 수 있는 공간으로, 지하에는 실제 유빙을 체험할 수 있는 유빙관이 있다. 입장 시 필수 지참 품목은 물에 젖은 수건. 들어가자마자 얼어버리는 수건을 성화 주자처럼 높이 들고 생생한 인증샷을 남겨보자. 수건과 함께 두꺼운 방한용 옷은 유빙관에서 대여해준다. 자꾸만 보게 되는 마성의 플랑크톤 클리오네Clione 역시 킬링 포인트. 작고 투명한 몸통과 유빙 아래를 날아다니듯 헤엄치는 모습이 별명처럼 '유빙의 천사'답다. 3층의 탁 트인 전망대에서는 오호츠크해와 아바시리 그리고 멀리 시레토코 풍경을 감상할 수 있다. 1층에서 파는 유빙 아이스크림도 꼭 맛보고 가자. MAP ㉘

GOOGLE 오호츠크 유빙관
MAPCODE 305 584 667*22(주차장)
TEL 0152-43-5951
PRICE 990엔, 고등학생 880엔, 초등·중학생 770엔
OPEN 08:30~18:00(11~4월 09:00~16:30, 12월 29일~1월 5일 10:00~15:00)
WEB www.ryuhyokan.com
BUS 아바시리 감옥박물관에서 메구리 버스를 타고 5분 뒤 오호츠크 유빙관 하차
CAR JR 아바시리역 4.5km, 아바시리 감옥박물관 2.4km

3 추운 동네 사람들은 이렇게 산다네~
홋카이도 북방민족박물관
北海道立北方民族博物館

홋카이도 원주민인 아이누족을 비롯해 에스키모 같은 북방민족의 생활상과 언어, 종교 등 폭넓은 자료를 전시한다. 한국어 오디오 가이드를 제공하는 것이 큰 장점. 하이라이트는 추위에 대비한 각종 의복이다. 나무나 물고기 껍질로 만든 옷 등 다소 충격적인 의상부터 소재의 발달과 교역의 활성화로 발전한 의복의 변천사를 보는 것이 흥미롭다. 아이누 사람들이 사용했다는 나무 선글라스는 직접 착용해보자. MAP ㉘

GOOGLE 홋카이도 북방민족박물관
MAPCODE 305 584 156*01(주차장)
TEL 0152-45-3888
PRICE 550엔, 고등·대학생 200엔, 초등·중학생 무료
OPEN 09:00~17:00(10~6월 09:30~16:30)/월 휴무(7~9월 무휴)
WEB hoppohm.org
BUS 오호츠크 유빙관에서 메구리 버스를 타고 2분 뒤 홋카이도 북방민족박물관 하차
CAR JR 아바시리역 4.9km, 오호츠크 유빙관 1km

+MORE+

'삿포로'와 '시레토코'는 아이누의 언어!

홋카이도에는 아이누어를 사용한 지명이 많다. 삿포로도 그중 하나. '마르다'라는 의미의 '삿'과 '크다'라는 의미의 '포로'가 합쳐졌다. 시레토코 역시 '지면'의 라는 뜻의 '시리'와 '돌출된 끝부분'이라는 뜻의 '에토크'가 결합한 아이누 단어다.

터프한 상남자도 카메라를 드는 꽃밭

플라워 가든 하나 텐토

フラワーガーデン はな·てんと

3.5ha면적에 약 4만2000송이의 꽃이 피는 꽃밭이다. 아바시리 시민들이 직접 심고 가꾸는 명소. 7월 초부터 10월 중순까지 국화, 샐비어, 맨드라미, 금잔화 등 여러 종류의 꽃이 피었다가 지는데, 꽃밭으로서의 역할을 다한 겨울철에는 스키장으로 변신한다. 길을 가다가 멈춰서 사진 찍는 사람이 많은 곳. 거칠게 바이크를 타고 와 정성스레 해바라기를 카메라에 담는 아저씨가 인상적이었다. MAP ㉘

GOOGLE hana tento flower park
MAPCODE 305 553 325*41(주차장)
TEL 0152-44-5849
WEB visit-abashiri.jp/ko(왼쪽 메뉴에서 '전망' 클릭 > '플라워 가든 하나·텐토' 클릭)
BUS 메구리 버스를 타고 하나 텐토 하차(꽃이 피는 기간에만 정차)
CAR JR 아바시리역 5.6km, 아바시리 감옥박물관 4km

+MORE+

사누키 우동 장인도 울고 갈 솜씨
우동 넥스트 UDON NEXT

탱탱한 면발과 담백한 국물, 고소한 튀김 맛에 감탄사를 연발하게 되는 우동집. 쫄깃한 면발을 오롯이 즐기려면 냉우동 섹션에서 면을 쯔유에 찍어 먹는 자루우동ざるうどん과 면에 소스를 자작하게 부어 먹는 붓카케우동ぶっかけうどん을 추천한다. 튀김, 밥 추가 가능. 대기 명단에 이름을 올릴 때 주차 위치를 체크하고 차에서 기다리면 점원이 부르러 온다. 아바시리 감옥박물관과 매우 가깝다. 영어 메뉴판 있음. MAP ㉘

GOOGLE udon next
MAPCODE 305 613 065*10(주차장)
PRICE 자루우동 600엔, 붓카케우동 650엔, 츠키미 텐토잔 카케우동月見天都山かけうどん 950엔, 야채튀김 170엔~, 치쿠와튀김 180엔, 오뎅 모둠 550엔~
OPEN 11:00~15:00(L.O.14:30, 재료 소진 시 영업 종료)/수·부정기 휴무(홈페이지에서 확인)
WEB udonnexttm.wixsite.com/official
WALK 아바시리 감옥박물관 10분
CAR 아바시리 감옥박물관 800m/JR 아바시리역 3.2km

#Bus+Walk

세계자연유산
청정지역 우토로 온천 & 시레토코에서의 1박 2일!

아바시리 옆 시레토코는 여행을 계획할 때 시기, 날씨, 체력, 경비 이 4박자를 모두 고려해야 한다. 불곰이 활동하는 5~7월에는 지상 산책로가 폐쇄되기도 하고, 기상 상황이 나쁠 때는 바다에 크루즈가 뜨지 못한다. 교통이 편리한 곳도 아니어서 체력적으로 고단함은 물론 경비가 꽤 많이 필요한 것도 사실. 하지만 이 모든 것을 감수해도 좋을 만큼 호수 주변 산책은 경이로웠다.

DAY 1

: WRITER'S PICK :

시레토코에서 이것만은 꼭!

❶ 시레토코 세계유산센터 방문
❷ 시레토코 5호 주변 산책
❸ 시레토코 크루즈 탑승
❹ 겨울 유빙 워크 체험(485p)

경비와 체력은 조절할 수 있다!

시레토코 여행을 앞두고는 후기를 꼼꼼하게 찾아보는 것이 좋다. 체력과 정신력이 따라주는 20대에겐 삿포로에서 출발하는 우토로 온천행 야간 버스를 권한다. 경비는 물론 시간을 아끼기에는 이만한 게 없는 선택.

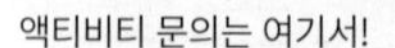

액티비티 문의는 여기서!

① 우토로 관광안내소
ウトロ観光案内所

국도 휴게소 안에 자리하고 있다. 시레토코의 교통, 크루즈, 겨울 시즌 유빙 워크와 시레토코 5호, 음식점 등에 관한 정보와 숙소 예약 서비스를 제공한다. 이 지역에서 생산한 식재료나 다양한 기념품을 판매하는 매점과 식당도 함께 운영하니 세계유산센터에 방문하는 김에 겸사겸사 둘러보자.

MAP ㉙

GOOGLE utoro information centre
MAPCODE 894 824 881*24(주차장)
TEL 0152-24-2639
OPEN 08:30~18:30(11~4월 09:00~17:00)
WALK 우토로 온천 버스터미널 8분

일본어를 몰라도 괜찮아요~

② 시레토코 세계유산센터
知床世界遺産センター

시레토코반도 전체의 자연 정보와 교통 정보를 제공하는 이곳은 본격적인 여행에 앞서 꼭 들러봐야 하는 곳이다. 불곰과 사슴을 포함해 이 지역에 서식하는 다양한 동·식물과 생태계 전반을 그림과 사진 등을 통해 자세히 소개한다. MAP ㉙

GOOGLE shiretoko world heritage centre
MAPCODE 894 854 043*07(주차장)
TEL 0152-24-3255
OPEN 08:30~17:30(10월 중순~4월 중순 09:00~16:30)/10월 21일~4월 19일 화·12월 29일~1월 3일 휴무
WEB shiretoko-whcc.env.go.jp
WALK 우토로 관광안내소 1분

③ 바다에서 바라보는 시레토코
크루즈
クルーズ

시레토코반도를 바다에서 바라보는 이색 체험이다. 주변의 다양한 동식물을 함께 관찰할 수 있으며, 특히 홋카이도 불곰을 멀리서 보게 될 가능성이 크다. 크루즈 운영 업체는 여럿 있으니 우토로 관광안내소에서 시간에 맞는 프로그램을 추천받자. 대부분의 크루즈 회사들이 비슷한 코스를 운영하며, 4월 중순~말부터 10월 말~11월 초까지 운항한다. 제일 인기 있는 크루즈는 대형 선박이라 흔들림이 적고 전망대도 설치된 오로라 크루즈. 오로라 매표소에서 티켓을 구매한 후 터널을 통과해 주차장(유료)에 차를 세우고 걸어가면 승선장이다. MAP ㉙

■ **시레토코 관광선 오로라** 知床観光船 おーろら(Aurora) **운항 정보**

코스	소요 시간	요금	출발 시각
비경 시레토코곶 코스(대형선)	3시간 45분	7800엔	6~9월 10:15
르샤만 코스(소형선)	2시간	6000엔	4월 말~10월 말 09:15
카무이왓카 폭포 코스(대형선)	1시간~1시간 30분	3500엔	4월 말~10월 말 08:30, 12:30(부정기 운항), 14:45

*초등학생은 반값

GOOGLE 8RP63XFR+6P(매표소)
OPEN 08:00~17:00
WEB www.ms-aurora.com/shiretoko/en/
CAR 우토로 온천 버스터미널 700m(주차장 기준)

+MORE+

느긋하게 하루쯤은 온천을!
우토로 온천ウトロ温泉

우토로 관광안내소 주변은 시레토코 최대의 온천지로, 호텔부터 민박까지 다양한 숙박 시설을 갖춘 시레토코 여행의 베이스캠프다. 철분, 염분을 많이 함유한 갈색 온천은 신경통, 근육통, 피로회복, 냉증, 만성 피부병, 만성 부인병 등에 효과가 있다고 알려졌다. 당일 온천이 가능한 호텔이 더러 있다는 것도 장점.

+MORE+

크루즈에서 보는 시레토코 주요 포인트!

✽는 시레토코 8경

❶ 오신코신 폭포オシンコシンの滝 ✽
비스듬하게 경사진 바위를 따라 흐르는 모습이 장관이다.

GOOGLE 오신코신 폭포(전망대)
MAPCODE 894 727 074*54(주차장)
CAR 우토로 온천 버스터미널 6.8km(전망대 기준)

❷ 오론코 바위オロンコ岩 ✽
우토로항 근처에 있는 높이 60m의 거암. 바위 위까지 170개의 가파른 돌계단으로 오를 수 있다.

GOOGLE oronko rock
MAPCODE 894 854 430*68(유료 주차장)
CAR 우토로 온천 버스터미널 650m

❸ 유히다이夕陽台 ✽
젊은 연인들의 데이트 코스로 인기인 석양 명소. 겨울엔 언덕 아래 보이는 오호츠크해에 끝없이 펼쳐진 유빙이 석양에 붉게 물든 모습을 볼 수 있다.

GOOGLE yuhidai observatory
MAPCODE 757 540 495*37
CAR 우토로 온천 버스터미널 1.3km

❹ 푸유니곶プユニ岬 ✽
우토로에서 시레토코 자연 센터로 향하는 오르막 도중에 자리 잡은 명소. 멀리 아칸-마슈 국립공원의 산이 바라보이는 절경에 석양이 아름다우며, 겨울엔 소문난 유빙 관람 포인트다. 334번 국도 한쪽에 차를 잠시 세우고 둘러볼 수 있다.

GOOGLE 8RP732Q5+FW(전망대)
CAR 우토로 온천 버스터미널 3.7km(전망대 기준)

❺ 후레페 폭포フレペの滝(乙女の涙) ✽
높이 100m의 절벽에서 바다로 쏟아지는 폭포. 별명은 '아가씨의 눈물'이다. 시레토코 자연 센터의 산책 코스를 통해 접근할 수 있다.

❻ 시레토코 5호知床五湖 ✽ ➡ 480p

❼ 카무이왓카 폭포カムイワッカの滝 ✽
32m 낙차가 지는 폭포. 온천수가 섞여 내려온다.

❽ 르샤ルシャ
홋카이도 불곰이 자주 출몰하는 불곰 관찰 코스의 성지.

❾ 카슈니 폭포カシュニの滝
옛날 옛적 아이누족이 우토로에 갈 때 하룻밤 묵어가던 곳.

❿ 시레토코곶知床岬
특별 보호 구역으로 지정돼 바다에서만 볼 수 있는 지역.

⓫ 시레토코고개 知床峠 ✽
우토로에서 시레토코를 횡단해 라우스조羅臼町를 오가는 334번 국도에서 가장 높은 해발 738m의 고개. 드라이브 코스로도 인기가 높고, 여기에서 바라보는 시레토코반도 최고봉 라우스다케羅臼岳(해발 1660m)의 경치가 훌륭하다. 6~10월에만 통행 가능.

GOOGLE 시레토코 고개 주차장(주차장)
MAPCODE 757 493 212*04(주차장)
CAR 우토로 온천 버스터미널 15.5km

DAY 2

어서 와 홋카이도 불곰은 처음이지?

4 시레토코 자연 센터

知床自然センター

시레토코 관련 영상 상영 및 산책 시 주의할 점, 홋카이도 불곰 피하는 방법 등에 관해 강의하는 곳. 기념품숍과 레스토랑도 있으며, 시레토코 5호의 대루프를 산책할 때 유용한 장화(1일 550엔)를 비롯해 쌍안경, 곰 퇴치 스프레이, 트레킹 폴, 스노슈, 아쿠아슈즈, 전기 자전거도 대여할 수 있다.
시레토코 5호를 다녀온 후 시간이 남는다면 후레페 폭포 산책로(왕복 2km, 40분~1시간 소요), 숲을 가꾸는 현장을 볼 수 있는 산책로(왕복 5km, 약 3시간 소요), 홋카이도 개척 당시의 주택과 오두막이 있는 산책로(2.5km, 약 2시간 소요) 등 다양한 코스 중 한 군데를 걸어보는 것도 좋다. MAP ㉗

GOOGLE 시레토코 자연센터
MAPCODE 757 603 547*05(주차장)
TEL 0152-24-2114
OPEN 4월 20일~10월 20일 08:00~17:30, 10월 21일~4월 19일 09:00~16:00/연말연시, 12월 매주 수 휴무
WEB center.shiretoko.or.jp
CAR 우토로 관광안내소 5.3km
BUS 샤리 버스 시레토코선과 라우스선이 우토로 온천 버스터미널에서 6월 말~9월 하루 10회, 그 외 기간 하루 3회 다닌다. 약 10분 소요, 340엔

+MORE+

우토로 온천 마을의 식당들

번화가처럼 식당이 많지 않고, 있어도 영업시간이 짧으며, 가격이 비싸거나 서비스가 만족스럽지 못한 경우도 있다. 우토로 온천 버스터미널에서 가까운 본즈 홈을 우선 염두에 두고 국도 휴게소나 편의점 등 다양한 곳을 유연하게 찾아보자.

❖ **본즈 홈** ボンズホーム

소박하지만 달짝지근하고 감칠맛 나는 감자 그라탕栗じゃが芋のグラタン(850엔)을 맛볼 수 있다. MAP ㉙

GOOGLE 본즈홈
MAPCODE 894 854 145*54
TEL 0152-24-2271
OPEN 11:30~17:00(여름 ~19:00)/완판 시 영업 종료/부정기 휴무
WEB www.bonshome.com/cook.html
WALK 우토로 온천 버스터미널 1분/우토로 관광안내소 5분

⑤ 여기까지 산 넘고, 물 건너온 이유!
시레토코 5호(시레토코고코)
知床五湖

5개의 크고 작은 호수가 모여있는 곳, 그래서 이름이 시레토코 5호다. 반도 자체가 세계자연유산으로 등재된 시레토코에서 일반인의 출입이 자유롭고, 산책로가 2가지로 잘 정비돼 있어 여행자들에게 사랑을 받는다.
산책로 중 하나는 편도 800m의 고가목도다. 널빤지와 목책으로 설치한 길은 유모차나 휠체어도 다닐 수 있을 만큼 산책이 쉽다. 이렇게 편한 길을 따라 웅장한 자연을 만나며 1번 호수 주변까지 둘러볼 수 있다는 게 가장 큰 매력이다. 소요 시간은 약 40분.
거친 야생과 더욱 가까워지고 싶다면 지상 산책로에 도전해보자. 입장 전 시레토코 5호 필드하우스知床五湖フィールドハウス에서 티켓을 구매(자동판매기 이용)한 후 10분간 교육을 수료하고 출입 허가증을 받아야 한다. 지상 산책로는 3km 대루프(약 3시간 소요)와 1.6km 소루프(약 1시간 30분 소요)로 나뉘며, 두 루프 다 고가목도 구간이 포함돼 있다. 대루프로 산책하면 5개의 모든 호수를, 소루프를 따라서는 1·2호 호수 주변을 산책할 수 있다. 대루프의 경우 질퍽한 진흙 길이 다소 포함돼 있지만, 이곳까지 온 노력이 아깝지 않을 색다른 추억을 선물한다. 대루프를 걸을 예정이라면 시레토코 자연 센터에서 장화를 빌려 신는 것이 좋다. MAP 27

GOOGLE 시레토코고코 필드 하우스
MAPCODE 757 730 274*12(주차장)
TEL 0152-24-2299
PRICE 고가목도 무료
5월 초~7월 불곰 활동기 소루프 3500엔, 6~11세 2000엔, 5세 이하(상담 필요) 2000엔/대루프 4500~5300엔, 6~11세 2250~4500엔, 5세 이하(상담 필요) 100~4500엔
그 외 기간 대루프·소루프 250엔, 초등학생 100엔/
겨울철 에코 투어 6000엔
OPEN 4월 말~10월 중순 08:00~18:30(9월 중순~10월 중순 ~17:30), 10월 말~11월 초 08:30~16:30/1월 중순~3월 중순에는 전문가 동반 1일 2회 에코 투어
WEB www.goko.go.jp
가이드 투어 예약: www.goko.go.jp/fivelakes/
CAR 우토로 관광안내소 14km/시레토코 자연 센터 9km
BUS 6월 말~9월에 샤리 버스터미널~우토로 온천 버스터미널~시레토코 자연 센터~시레토코 5호를 연결하는 샤리 버스 시레토코선이 하루 6회 다닌다. 우토로 온천~시레토코 5호 약 25분 소요

: WRITER'S PICK :

5~7월 불곰 활동기라면 여기를 주목!

홋카이도 불곰이 활동하는 5~7월에는 지상 산책로의 규정이 더 엄격해진다. 교육 프로그램과는 별개로 전문 가이드와 함께 입장하는 투어 프로그램으로만 입장이 가능하다. 이때는 인솔자를 따라 최대 10명씩 입장해 시레토코 5호 주변을 걷는다. 홈페이지에서 사전 예약 필수. 그 외 기간에는 불곰을 발견했을 때 대처요령 등을 교육받은 후 인솔자 없이 자유롭게 돌아볼 수 있다. 단, 시기에 상관없이 불곰 출현 시 수시로 지상 산책로를 폐쇄한다. 고가목도는 불곰의 접근을 막는 전기 철책이 설치돼 있어 안전하기 때문에 언제든지 열려 있다.

#Drive

렌터카 타고
아바시리·시레토코 주변 한 바퀴!

오호츠크해와 호수에 둘러싸인 아바시리와 시레토코 일대를 여행할 땐 렌터카가 편리하다. 메만베츠공항과 아바시리역 주변에서 여러 렌터카 업체가 영업한다. 겨울엔 안전한 주행이 가능한 사륜구동 차량으로 예약하자.

1 렌터카 여행의 묘미는 바로 이런 것! 하늘로 이어지는 길

天に続く道

➡ 자세한 내용은 106p를 참고하세요.

GOOGLE 하늘로 이어진 길 시작점
MAPCODE 642 561 460*83(주차장)
CAR 아바시리역 32.6km,
우토로 온천 버스터미널 43.7km

2 홋카이도 동쪽에서 만난 동화 속 한 장면 메르헨 언덕

メルヘンの丘

7그루의 낙엽송이 사이 좋게 뿌리 내린 풍경이 비에이를 연상케 하는 곳. 메만베츠공항과 아바시리 시내를 연결하는 240번 국도 옆에 있다. 비에이처럼 관광객이 붐비지 않고 제법 큰 규모의 무료 주차장도 마련돼 있어 여유롭게 감상할 수 있다. 겨울철 일몰 무렵 설경이 펼쳐진 언덕 위로 가지마다 눈이 쌓인 커다란 나무가 늘어선 모습이 특히 아름답다. 메르헨Märchen(독일어로 동화)이라는 이름은 동화 속에 나올 법한 풍경이라는 뜻에서 붙인 것이다. MAP ㉗

GOOGLE 메르헨 언덕
MAPCODE 305 308 400*41(주차장)
CAR 메만베츠공항 6.5km/JR 아바시리역 13.6km

온통 파랑, 온통 초록!

노토로곶

能取岬

일본에서 13번째로 넓은 호수인 노토로호能取湖(58만㎡)에서 오호츠크해로 돌출한 곳. 바다에서 융기한 높이 40~50m의 해안절벽으로 이루어졌다. 남쪽으로 탁 트인 초원, 북쪽으로 투명한 오호츠크해, 멀리 동쪽으로 보이는 시레토코반도의 원시림에 가슴이 뻥 뚫리고, 흑백의 대비가 뚜렷한 팔각형 등대 주변으로는 싱그러운 녹색 초원이 꿈결처럼 펼쳐진다.
등대를 뒤로 하고 조금 더 가면 오호츠크해를 배경으로 우뚝 솟은 오호츠크 탑オホーツクの塔이 있다. 북양어업을 개척한 선조들을 기리려고 아바시리 경제인들이 세운 탑으로, 높이 10m의 기둥 2개를 배경으로 서 있는 3m 키의 어부 동상이 인상적이다. 5월 중순~10월 중순에는 곶 주변에 방목한 소와 말이 한가로이 풀을 뜯는 목가적인 풍경사진을 남길 수 있고 겨울엔 아바시리에서 가장 먼저 유빙을 볼 수 있다. 유빙 감상 최적기는 1월 말~3월 초다. 입구에 100대가량 수용 가능한 무료 주차장과 화장실이 있다. MAP 27

GOOGLE 노토로 곶
MAPCODE 991 104 043*66(주차장)
CAR JR 아바시리역 11.7km

붉게 깔린 염생식물 레드카펫

노토로호 함초(산고초) 군락지

能取湖サンゴ草群落地

오호츠크해와 연결되는 광대한 노토로호의 해수호 호반에 펼쳐진 함초 군락지. 함초가 빨갛게 물드는 8월 말~9월 말이면 드넓고 푸른 바다와 하늘, 붉은 함초가 만들어낸 풍경이 넋을 잃을 정도로 황홀한데, 함초를 가까이서 감상할 수 있는 데크가 조성돼 있어 쉽고 편안하게 장관을 즐길 수 있다. 함초가 가장 붉게 물드는 9월 중순엔 축제(노토로호 산고초 마츠리能取湖さんご草まつり)도 열린다. 단, 이 시기에는 함초만큼이나 많은 모기가 기승을 부리니 모기 퇴치제를 꼭 챙겨가자. 입구에 무료 주차장과 화장실이 마련돼 있다. MAP 27

GOOGLE 우바라나이 산호초 군락지
MAPCODE 525 359 280*14(주차장)
PRICE 무료
WEB www.sangosou.com
CAR JR 아바시리역 13.2km

신비로운 자연의 한 조각, 유빙

아바시리 오호츠크 연안에 1월 말부터 모습을 나타내는 유빙은 운이 좋으면 4월 초까지도 볼 수 있다.
그래도 본격적인 유빙 시즌은 2~3월경. 이 기간 아바시리에서는 유빙 크루즈를, 시레토코에서는 유빙 워크를 체험할 수 있다.

아바시리 겨울 여행의 꽃

유빙 관광 쇄빙선 오로라

流氷観光砕氷船 おーろら

수평선 위 육안으로 유빙이 보이기 시작하는 날을 '유빙 첫날'이라 하고 이때부터 쇄빙선(크루즈) 운항을 시작해 유빙이 떠다니는 아바시리 앞바다를 약 1시간 항해한다. 배 밑에 유빙이 부딪혀 배 전체가 진동하는 경험은 꽤 독특한 추억. 항해를 하며 흰 꼬리 수리, 물개 등 다양한 동물도 만날 수 있다. 전망 데크에서 바닷바람을 맞으면 상당히 춥지만, 객실 안은 비교적 따뜻한 편이다. 크루즈는 당일 현장 예약도 가능하지만, 결항의 가능성이 있어 며칠 여유를 두고 계획하는 것이 좋다. 시즌에는 삿포로에서 항구까지 투어 버스를 운행하기도 한다. MAP 29

GOOGLE 유빙 관광 쇄빙선 오로라
MAPCODE 305 678 310*45(티켓 판매소)
TEL 0152-43-6000
PRICE 대형선 4500엔, 초등학생 2250엔(특별석 500엔 추가)/소형선 8000엔, 초등학생 4000엔
OPEN 대형선 오로라(약 1시간 소요): 대개 1월 20~31일 하루 4편, 2월 하루 5~7편,
3월 하루 3~5편(세부 스케줄은 홈페이지 참고)/예약자가 15명 이하인 경우 결항
소형선 오로라(약 2시간 소요): 2월 중순~3월 말 하루 1~2편(임시편)
WEB www.ms-aurora.com/abashiri/(예약 가능)
WALK JR 아바시리역 20분/아바시리 버스터미널 8분

: WRITER'S PICK :

추위에 어떤 완전무장이 필요할까?

실외는 추우나 실내는 따뜻해 방심하다가 감기에 걸리기 쉽다. 여러 겹의 옷을 준비하되 입고 벗기 쉬운 방한복으로 대비할 것. 니트 모자, 넥워머, 장갑 등의 보온을 위한 패션 소품은 필수다. 미끄러지지 않는 방수 신발과 핫팩도 챙겨갈 것!

TV에서만 보던 오지 체험이 여기에!

유빙 워크

流氷ウォーク

우토로 온천 마을 주변에는 유빙의 압력 때문에 크루즈가 다닐 수 없다. 대신 2~3월 유빙 위를 걸어 다닐 수 있는 짜릿한 유빙 워크 체험이 기다리고 있다. 보온이 뛰어난 드라이슈트를 입고 가이드와 함께 유빙 위를 걷거나, 유빙이 부유하는 바다 위에 둥둥 떠보는 독특한 체험을 할 수 있다. 운이 좋으면 바다의 천사 클리오네Clione를 볼 수 있고 시간에 따라서는 유빙 위에서 일몰을 감상하기도 한다. 완전 예약제로 운영되며, 우토로 관광안내소에서 업체를 추천받거나 미리 홈페이지를 방문해 비교한 후 예약을 진행한다. 유빙 상황이 좋지 않아 당일 취소되는 경우가 아니라면 프로그램은 보통 1시간 정도 진행된다. 나이와 신체 조건에 제약이 있어 초등학생 이상~75세 이하, 키 130~190cm, 몸무게 110kg 미만만 체험이 가능하다. MAP ㉙

PRICE 7000엔~
WEB www.shinra.or.jp/ryuhyo_walk.html(시레토코 내츄럴리스트 협회 SHINRA)
www.kamuiwakka.jp/driftice/(고질라 바위 관광ゴジラ岩観光)
www.tar2uga.co.jp/snow/index-2.html(타루타루가タルタルーガ)

+MORE+

드라이슈트를 입어볼까?

드라이슈트는 옷을 입은 채 착용하는 신발 일체형 보호복이다. 공기가 들어가 보온 효과가 있고 물에 떠 오르기 쉬운 특징이 있다. 쉽게 땀이 날 수 있으니 착용 전 통기성·흡습성이 좋은 속옷을 입고 귀를 덮는 따뜻한 모자를 쓰자. 치마는 피한다. 슈트는 내부로 물이 들어오지 않도록 디자인되었으나, 약간은 젖을 수 있다.

기차를 타고 오호츠크해를 감상하자

류효모노가타리호(유빙 기차)

流氷物語号

오호츠크 해안을 달리는 관광 기차다. 1월 말~2월 말(매년 다름) 유빙 시즌에 JR 아바시리역부터 시레토코샤리역知床斜里까지 약 50분, 매일 2회 운행한다. 창밖으로 유빙을 관람하며 달리는 그야말로 관광을 위한 기차. 도중에 JR 키타하마역北浜에 10분 정도 정차해 전망대를 둘러볼 수 있다. 아바시리로 돌아오는 기차는 JR 하마코시미즈역浜小清水에서 20분간 잠시 쉬어가 기념품 쇼핑할 짬이 난다.

PRICE 편도 자유석 970엔, 지정석 1810엔 (바다쪽 좌석은 전석 지정석으로 운영)
WEB www.jrhokkaido.co.jp/train/tr041_01.html

WAKKANAI &
稚内/利尻島/礼文島
RISHIRI & REBUN

왓카나이 & 리시리섬 & 레분섬

稚内 & 利尻島 & 礼文島

“북쪽의 대지”라는 별명을 가진 홋카이도 최북단. 왓카나이는 러시아 사할린과 불과 43km 떨어져 있다. 예상대로 추위도 대단해 여행 중 만난 현지인 가이드는 “사무이 사무이 왓카나이寒い寒い稚内(춥다 추워 왓카나이)”를 노래처럼 흥얼거렸다. 왓카나이에서 배로 1~2시간, “꽃의 섬” 리시리섬과 레분섬은 날씨가 또 달랐다. 오호츠크해보다 동해의 영향을 많이 받아 비교적 겨울이 덜 시린 편. 전 지구에 찾아온 이상기온은 홋카이도의 북단에도 춥지 않은 겨울을 가져다 주었다.

위치 & 풍경

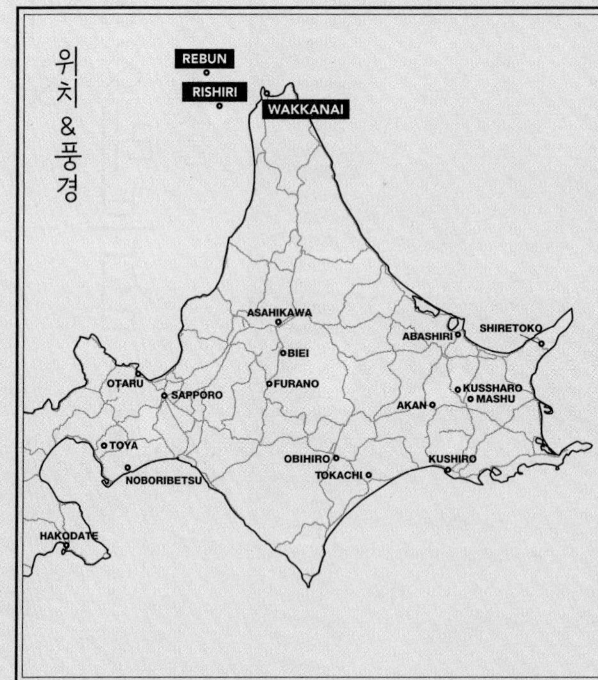

삿포로에서 북쪽으로 330km 올라가는 왓카나이. '최북단'이라는 수식어 탓인지 어딜 가도 황량하다. 다소 민감한 여행자는 왓카나이에서 악몽을 꾸기도 한다니 뭔가 싸늘한 기분이 드는 동네. 종종 보이는 러시아어 표지판과 이상한 나라 사람들의 작품인 양 기이한 건축물도 강한 인상을 남기고, 사할린 근처에서 격추된 대한항공 007편 희생자 위령비까지 있어 '정말 사연이 많은 영혼이 머무는 걸까' 싶은 생각이 절로 든다. 왓카나이 옆 동그란 섬 리시리부터는 분위기가 또 달라진다. '리시리 후지산'에 올라 누리는 바다와 대자연의 아름다움은 힐링이 되고, '꽃의 섬' 레분에서의 동네 한 바퀴는 큰 위로가 된다. 오호츠크해와 동해를 다 만나는 바다, 맑은 날 뚜렷하게 보이는 사할린 풍경, 유화로 그린 듯한 섬의 모습이 먼 데까지 온 노고에 수고했다고 말해주는 듯하다.

베스트 여행 시기

5월 중순 벚꽃 시즌부터 10월 단풍 시즌까지가 절정이다. 겨울에는 눈이 많이 와 특별 폭설 지대로 지정될 때가 많다. 지옥의 혹한을 맛보고 싶지 않다면 11~2월은 피하는 것이 좋다. 연간 최고 기온은 30°C 이하지만, 여름의 햇볕은 강렬해 더위와 자외선에 대비해야 한다.

여행이 필요한 사람들

- ☑ 야생화, 땅끝마을, 하이킹이란 키워드에 끌리는 사람
- ☑ 다시마, 성게, 가리비 등 해산물을 좋아하는 사람
- ☑ 거리가 멀어도 특별한 곳으로 여행하고 싶은 사람

가는 법 삿포로 → 왓카나이 & 리시리섬 & 레분섬

이 세 지역은 함께 묶어 여행할 것을 추천한다. 삿포로에서 왓카나이까지는 어떤 교통수단을 이용해도 4~5시간 이상 소요되며, 가장 추천하는 방법은 항공편을 이용하는 것이다.

항공편

왓카나이공항稚内空港, 리시리공항利尻空港을 이용할 수 있다. 왓카나이공항에는 삿포로 신치토세공항과 도쿄 하네다공항 연결편이, 리시리공항에는 주로 삿포로 오카다마공항札幌丘珠空港 연결편이 다닌다. 삿포로에서 왓카나이·리시리섬까지는 비행시간만 약 1시간이다.
왓카나이공항에 도착하면 소야 버스宗谷バス가 운행하는 공항연락버스空港連絡バス를 타고 JR 왓카나이역까지 30분 만에 닿을 수 있다. 요금은 편도 800엔(어린이 400엔). 리시리공항에서 오시도마리항 페리터미널鴛泊港フェリーターミナル까지는 비행기 도착 시각에 맞춰 출발하는 소야 노선버스로 25분 정도 걸린다. 요금은 편도 380엔.

WEB www.wkj-airport.jp(왓카나이공항)
www.soyabus.co.jp/airport(소야 버스)

왓카나이공항 & 공항연락버스

리시리공항

기차

JR 삿포로역에서 왓카나이역까지 하루 1회(07:30) JR 특급 소야特急宗谷가 한 방에 이동한다. 소요 시간은 5시간 12분. JR 아사히카와역에서는 삿포로에서 출발한 특급 소야와 특급 사로베츠特急サロベツ가 하루 총 3회 다녀 여행 동선을 꾸릴 때 고려하면 좋다. 소요 시간은 약 3시간 40분. JR 왓카나이역에 도착했다면 왓카나이 페리터미널까지는 도보로 이동할 수 있다. 이후 리시리섬과 레분섬 사이는 페리를 타고 움직인다.

PRICE 삿포로~왓카나이 편도 자유석 1만890엔/지정석 1만1420엔, 아사히카와~왓카나이 편도 자유석 8690엔/지정석 9220엔
WEB www.jrhokkaido.co.jp/global/korean/

왓카나이역

호쿠토 교통

고속버스

삿포로 TV 타워 남쪽의 오도리 버스센터大通バスセンター 1층 1번 승차장에서 왓카나이역 앞 버스터미널稚内駅前バスターミナル과 페리터미널까지 호쿠토 교통北都交通의 왓카나이호わっかない号를 타고 간다. 야간버스를 포함해 하루 약 6회 예약제로만 운행한다. 열차에 비해 저렴한 것은 장점이나 6시간 가까이 버스를 타야 하므로 체력적으로 힘든 것이 단점이다.

PRICE 편도 6700엔(인터넷 할인 6030엔), 왕복 1만2220엔
WEB www.hokto.co.jp/sapporo-wakkanai/
발차오라이넷 secure.j-bus.co.jp/hon(일본어 온라인 예약)

왓카나이호 시간표

페리가 주요 교통편인 만큼 이 지역 여행을 계획할 땐 페리 시간에 맞춰 스케줄을 계획하는 것이 좋다.

하트랜드 페리 ハートランドフェリー

왓카나이~리시리섬(리시리토)~레분섬(레분토)을 오갈 때 타는 페리다. 1등석과 2등석으로 나뉘지만, 2등석도 깔끔해 불편하지는 않다. 시간표는 홈페이지에서 실시간으로 확인하며, 티켓은 승선 당일 페리 터미널에서 직접 구매하거나 홈페이지(영어 지원)에서 예약한다. 날씨와 상황에 따라 결항 가능성이 있다는 것을 항상 염두에 둘 것. 승선 당일 출항 시각 30~40분 전까지 발권 수속을 완료할 것(예약자 포함).

WEB www.heartlandferry.jp/korean/

■ **페리 운항 정보**(2025년 기준, 시즌마다 변동 가능, 초등학생은 반값)

운항 노선	1일 왕복 횟수	소요 시간 (편도)	요금			
			1등석(라운지/다다미실)	2등 지정석	2등 자유석	자동차 (3m 미만)
왓카나이 ⇄ 리시리 오시도마리항	2~3회	약 1시간 40분	6610엔	4250엔	3590엔	1만6540엔
왓카나이 ⇄ 레분 카후카항	2~3회	약 1시간 55분	7270엔	4610엔	3950엔	1만8610엔
리시리 오시도마리항 ⇄ 레분 카후카항	1~2회	약 45분	3290엔	2110엔	1800엔	6070엔

*선실 종류는 페리마다 다름, 홈페이지 예약 시 5% 할인

왓카나이 페리터미널

하트랜드 페리

렌터카

렌터카는 삿포로에서 왓카나이로 넘어와 공항이나 역 주변에서 인수할 것을 추천한다. 리시리섬과 레분섬은 특수 지역이라 렌터카 요금이 비싼 편이다. 4시간 이용에 1만엔 이상을 예상하자. 리시리·레분섬에 갈 때는 렌터카를 왓카나이 페리터미널 유료 주차장에 두고 갈 수도 있고(하트랜드 페리가 운영하는 페리터미널 앞 주차장 이용 시 1일 1000엔, 1박 2일 2000엔), 차량을 페리에 태우고 갈 수도 있다. 단, 차량을 페리에 실을 때는 반드시 차량등록증이 있어야 한다. 자칫하면 각 섬에서 렌터카를 따로 인수하는 것보다 비용이 더 들 수 있으니 꼼꼼히 따져본 후 결정하자. 렌터카를 페리에 싣고 간다면 왓카나이 → 리시리섬 → 레분섬 → 왓카나이 순서로 여행하는 게 효율적이다.

정기관광버스 定期観光バス

이 지역의 대중교통은 불편하지만, 여행자에게는 정기관광버스가 있어 이동이 어렵지 않다. 일본인 가이드가 동반하는 투어 버스로, 코스와 시간표는 계절에 따라 매우 유동적이므로 홈페이지 체크는 선택이 아닌 필수다. 예약은 아쉽게도 발차오라이넷(소야 버스 홈페이지의 예약 링크 이용)과 전화로만 가능하며, 당일 빈 좌석이 있으면 현장 접수도 가능하니 왓카나이 버스터미널, 리시리 오시도마리·쿠츠가타항 페리터미널, 레분 카후카항 페리터미널에 들러보자.

TEL 0162-22-3114(왓카나이역 앞 버스터미널 안내소, 09:00~17:00)
WEB www.soyabus.co.jp/ko/teikan/course

❶ 왓카나이 A코스

일본 최북단과 홋카이도 유산 순회 코스.
5월 3~5일, 5월 20일~9월 08:00발→11:55착(3시간 55분 소요)

ROUTE 왓카나이역 앞 버스터미널 → 왓카나이항 북방파제 돔(차창) → 왓카나이 공원 → 노샤푸곶 → 소야 구릉 지대 → 소야곶 → 왓카나이공항(도중 하차 가능) → 왓카나이역 앞 버스터미널
PRICE 3600엔, 어린이 1900엔

❷ 왓카나이 B코스

일본 최북단과 기념탑 파노라마 코스.
5월 3~5일, 5월 20일~8월 14:00발→18:15착(4시간 15분 소요)

ROUTE 왓카나이역 앞 버스터미널 → 왓카나이항 북방파제 돔(차창) → 개기 백 년 기념관 → 왓카나이 공원 → 소야 구릉 지대 → 노샤푸곶 → 왓카나이역 앞 버스터미널
PRICE 3900엔, 어린이 2000엔

❸ 리시리 A코스

아름다운 리시리섬 후지산 순회 코스.
5월 3~5일·20~31일 08:35발→11:45착,
6~9월 09:05발→12:15착(3시간 10분 소요)

ROUTE 오시도마리항 페리터미널 → 히메누마 → 오타토마리누마 → 센호시미사키 공원 → 리시리공항(도중 하차 가능) → 오시도마리항 페리터미널
PRICE 3500엔, 어린이 2000엔

❹ 리시리 B코스

리시리 주요 명소 순회 코스.
6~9월 13:40발→16:10착(2시간 30분 소요)

ROUTE 쿠츠가타항 페리터미널沓形港フェリーターミナル → 리시리 정립박물관(8~9월 한정) → 센호시미사키 공원 → 오타토마리누마 → 리시리정 향토박물관利尻町郷土資料館(6~7월 한정) → 쿠츠가타항 페리터미널
PRICE 3300엔, 어린이 1800엔

❺ 레분 A코스

꿈의 섬 레분 순회 코스.
5월 3~5일, 5월 20일~9월 08:40발→12:30착(3시간 50분 소요)

ROUTE 카후카항 페리터미널 → 스카이곶 → 스코톤곶 → 모모다이네코다이桃台猫台 → 카후카항 페리터미널(6~9월 도중 하차 가능) → 키타노 카나리아 파크 → 카후카항 페리터미널
PRICE 3600엔, 어린이 1900엔

❻ 레분 B코스

레분섬 명소 탐방 코스.
6~9월 14:15발→16:40착(2시간 25분 소요)

ROUTE 카후카항 페리터미널 → 스카이곶 → 스코톤곶 → 카후카 페리터미널
PRICE 3300엔, 어린이 1800엔

정기관광버스

여행 팁

제대로 둘러보려면 적어도 2박 3일은 필요하다. 숙소는 왓카나이에서 1박, 리시리섬이나 레분섬에서 1박 하는 것이 좋다. 페리를 이용해 움직이기 때문에 해상 상황에 민감하다. 스케줄 변동을 예상하여 여행 기간, 환전 등은 넉넉하게 준비해가자.
왓카나이 일대와 리시리·레분섬은 '리시리·레분·사로베츠 국립공원'으로 관리된다. 현지인들은 혹독한 추위를 견뎌낸 고유종, 희소종의 식물을 보호하기 위해 '담아 가는 것은 사진만'이라는 캐치프레이즈를 강조한다. 식물을 채취하는 것은 엄격히 금지되며, 길이 나 있는 곳 이외로는 걷지 않는다. 특히 습지의 경우 발자국을 남기는 것만으로도 땅에 상처가 될 수 있어 각별한 주의가 필요하다.

왓카나이 & 리시리섬 & 레분섬

스코톤곶
スコトン岬
스카이곶
澄海岬
레분섬
礼文島
레분다케
礼文岳
레분 폭포
礼文滝
하나레분
Hana Rebun
모모이와 전망대
桃岩展望台
카후카항 페리터미널
香深港フェリーターミナル
키타노 카나리아 파크
北のカナリアパーク
유히가오카 전망대
夕日ヶ丘展望台
리시리공항
利尻空港
리시리 마린 호텔
Rishiri Marine Hotel
리시리 후지 온천
利尻富士温泉
오시도마리항 페리터미널
鴛泊港フェリーターミナル
호쿠로쿠 야영장
北麓野営場
히메누마
姫沼
사토우 식당
さとう食堂
쿠츠가타항 페리터미널
沓形港フェリーターミナル
리시리산
利尻山
리시리섬
利尻島
리시리 정립박물관
利尻町立博物館
오타토마리누마
オタトマリ沼
센호시미사키 공원
仙法志御崎公園
0 5km

소야곶
宗谷岬
백조개 길
白い道
소야곶 목장
宗谷岬牧場
세계 평화의 종
世界平和の鐘
소야미사키 유빙관
宗谷岬流氷館
노샤푸곶
ノシャップ岬
카라후토
樺太食堂
왓카나이 페리터미널
稚内フェリーターミナル
왓카나이역
稚内
南稚内
왓카나이공항
稚内空港
JR 소야 본선
JR宗谷本線
抜海
勇知
兜沼
徳満
豊富
238
254
1077
889
106
40
121
1119
138
811
763
444

#Drive

사할린을 바라보는 땅끝마을
왓카나이에서 1박 2일!

얼마나 추웠는지 아이누어로 '왓카나이'는 '차가운 물이 흐르는 계곡'이라는 뜻이다. 기온이 25°C 이상인 날이 손에 꼽힐 정도로 여름에도 서늘한 동네. '최북단의 100엔숍', '최북단의 맥도날드' 등 '최북단의 ○○○'을 찾는 것도 소소한 재미다. 사할린까지 가는 배가 있고, 어느 순간부터는 거리에 러시아어 도로 표식이 보이기 시작한다. JR 왓카나이역에서 여행을 시작해 왓카나이 주요 포인트만 둘러보는 데는 하루도 충분하다. 리시리섬, 레분섬까지 간다면 페리 시간을 고려해 숙박 계획을 잡아보자.

DAY 1

1

최북단 여행의 시작

JR 왓카나이역

JR 稚内駅

최북단 역만의 특권, 이곳에서 철로가 끝난다는 표지물이 '철도 덕후'들에겐 성지로 통한다. 왓카나이 버스터미널, 복합상업시설 키타카라キタカラ와 연결된 역사 1층에는 편의점, 관광안내소, 기념품숍, 식당, 베이커리 등이 들어서 있다. 역 안에는 무려 영화관도 있는데, 이곳이 일본 최북단의 영화관인 셈이다. MAP 31

GOOGLE 왓카나이 역
MAPCODE 353 876 833*02(무료 주차장)
TEL 0162-23-2583

2

왓카나이 별미 게살 덮밥

히토시노미세

ひとしの店

멀고 먼 왓카나이. 보통 이른 아침에 역에 도착하거나 떠나게 돼 영업하는 식당을 찾기가 쉽지 않다. 역 앞에 위치한 히토시노미세는 이른 아침부터 영업해 고마운 가게다. 깔끔한 실내에 앉아 넉넉히 식사를 해도 좋고, 열차에 타기 전 에키벤을 사서 기차 안에서 즐겨도 좋다. 밥 위에 게살을 올려 완성하는 카니메시かにめし가 이 집의 인기 메뉴다. 현금 결제만 가능. MAP 31

GOOGLE CM9G+4J 왓카나이
MAPCODE 353 876 799*18(주차장)
TEL 0162-23-4868
PRICE 정식 850엔~, 카니메시 3500엔
OPEN 06:30~15:00/월 휴무
WALK JR 왓카나이역 1분

3

독특하게도 생겼도다!

왓카나이항 북방파제 돔

稚内港 北防波堤ドーム

1931년부터 5년간 공들여 세운 일종의 방파제다. 당시 기차가 이 근처까지 운행해 승객들은 여기서 사할린으로 가는 배를 갈아탔다고 한다. 강한 바람과 파도로부터 승객들을 보호하기 위해 만들었으며, 70여 개 기둥이 늘어선 독특한 외관은 일본 드라마와 광고에도 종종 등장하면서 이 지역 명소로 등극했다. 지금의 모습은 1980년 개보수한 것이다. 돔과 이어진 시오사이 프롬나드しおさいプロムナード에서 '파도 소리'를 만끽하며 바닷가를 산책하자. MAP 31

GOOGLE 왓카나이항 북방파제 돔
MAPCODE 964 006 082*31(주차장)
WALK JR 왓카나이역 9분
CAR JR 왓카나이역 700m

사할린을 바라보는 전망대에 오르다

왓카나이 공원

稚内公園

왓카나이 시내를 바라보는 언덕에 위치한 공원이다. 현지인에게는 여러 기념비와 조형물로, 여행자에게는 해발 170m 위의 전망 포인트로 각광받고 있다. 특히 개기백년기념탑에서는 저 멀리 러시아 사할린의 모습까지 360° 파노라마로 펼쳐진다.

MAP ㉛

GOOGLE 왓카나이 공원
MAPCODE 353 875 662*30(개기백년기념탑 앞 주차장)
PRICE 공원 무료/개기백년기념탑 400엔, 초등·중학생 200엔(6~9월 18:00 이후에는 반값)
OPEN 공원 24시간/개기백년기념탑 5~10월 09:00~17:00(6~9월 ~21:00)/월 휴무(6~9월은 오픈)
WEB w-shinko.co.jp/hoppo-kinenkan/ (개기백년기념탑)
CAR 왓카나이항 북방파제 돔 2km/ JR 왓카나이역 1.9km

1 개기백년기념탑開基百年記念塔 전망대에서 바라본 왓카나이. 1978년 왓카나이에 관공서가 설치된 지 100주년을 기념하며 세웠고 시내 어디서든 보인다. 1, 2층에는 왓카나이시 북방기념관이, 4층에는 전망대가 있다. 지상 70m의 전망대가 이 공원을 찾는 이유.

2 빙설의 문氷雪の門. 제2차 세계대전 말 소련군을 피해 사할린에 살던 일본인들이 왓카나이로 이주한 이후 1963년 세운 비석이다.

3 9인 여성의 비九人の乙女の碑. 제2차 세계대전에서 일본이 항복을 선언한 뒤 소련군이 사할린에 진출했다. 이 당시 사할린 우체국에 남아 연락 업무를 담당하던 일본 여성 9명이 스스로 목숨을 끊는다. 이들의 죽음은 순직으로 인정되었고 시신은 야스쿠니 신사에 묻히며 이 같은 추모비가 세워진 것. 왓카나이에는 일본제국 시대를 그리워하는 상징물이 아직도 많다.

4 남극관측 사할린허스키훈련 기념비南極観測樺太犬訓練記念碑. 1957년 남극 관측을 위해 편성된 22마리 개 썰매 부대 중 남극에 버려졌다가 극적으로 살아 돌아온 2마리, 타로와 지로를 모델로 그들의 공적을 알리기 위해 제작한 기념비다. 기단은 남극에서 가져온 돌을 사용했다.

5

지도에서 북쪽 꼭지점

노샤푸곶

ノシャップ岬

아이누어로 '턱처럼 튀어나온 곶' 혹은 '파도가 부서지는 곳'이라는 의미다. 노을로 유명한 곳이라 해가 질 때 방문하기를 추천한다. 왓카나이를 대표하는 사진 모델로 자주 등판하는 돌고래 조각상이 있다. 붉게 지는 노을과 함께 돌고래를 멋스럽게 담아보는 것이 이 날의 목표. 리시리섬과 레분섬이 보이는 지점으로, 곁에는 42.7m 높이 등대와 노샤푸 한류 수족관ノシャップ寒流水族館이 있다. **MAP 30**

GOOGLE 노샷푸곶
MAPCODE 964 092 502*64(주차장)
CAR 왓카나이 공원 4.7km/JR 왓카나이역 4.6km

*** 왓카나이 월별 일몰 시각**

1월	16:04~16:37	2월	16:45~17:18	3월	17:26~17:59
4월	18:07~18:39	5월	18:45~19:14	6월	19:18~19:26
7월	19:04~19:25	8월	18:16~18:57	9월	17:16~18:04
10월	16:24~17:07	11월	15:53~16:16	12월	15:51~15:59

+MORE+

황량한 땅끝마을, 뭘 먹어야 할까?

왓카나이에는 유독 관광지가 흩어져 있어 식당 영업 시간을 맞추기가 영 힘들다. 뚜벅이라면 JR 왓카나이역 안의 매점과 근처 식당을 이용하고, 여유가 있다면 역 안 관광안내소에서 그때그때 인기 있는 식당을 물어봐도 좋겠다.

❖ 스테이크 하우스 반 ステーキハウスヴァン(Vin Steak House)
이 지역에서 인기 1, 2위를 다투는 대표 맛집. 왓카나이 브랜드 소 스테이크를 코스로 제공한다. 코스에 따라 7000~1300엔. **MAP 31**

GOOGLE vin steak house wakkanai
MAPCODE 353 876 856*13(주차장) **TEL** 0162-24-1315
OPEN 18:00~20:00/첫째·셋째 월 휴무
WALK JR 왓카나이역 3분

❖ 우로코테이 うろこ亭
카이센동, 우니동을 비롯해 새우, 연어, 임연수어 등 해산물을 좋아하는 사람이라면 행복해할 곳. 해산물 덮밥 2000엔~. **MAP 31**

GOOGLE 우로코이치
MAPCODE 353 876 084*86(주차장) **TEL** 0162-23-7821
OPEN 10:30~15:30, 17:00~20:30/일·12월 31일~1월 6일 휴무
WEB sakanaya.uroco1.com **WALK** JR 왓카나이역 12분

❖ 데노즈 デノーズ(DINO'S)
내공 있는 햄버거 가게. 18cm 버거 스랏피죠スラッピージョー(1800엔)가 인기 메뉴다. **MAP 31**

GOOGLE 디노즈 왓카나이
MAPCODE 353 876 833*02(건물 뒤쪽 무료 공영 주차장)
OPEN 11:00~18:30/부정기 휴무 **WALK** JR 왓카나이역 3분

❖ 카라후토 樺太食堂
양질의 리시리 다시마를 먹고 자라 성게 특유의 쿰쿰한 냄새나 쓴맛이 없어 별미로 꼽히는 왓카나이산 보라성게(무라사키 우니)를 실컷 맛볼 수 있다. 단골들이 '무적의 성게 덮밥'이라 부르는 우니다케우니동うにだけうに丼을 주문하면 푸짐한 성게에 더해 가리비나 게 중에서 좋아하는 것 1종을 토핑해준다. 겨울엔 문을 닫는다. **MAP 30**

GOOGLE 왓카나이 카라후토
MAPCODE 964 093 450*25(주차장) **TEL** 0162-24-3451
PRICE 우니다케우니동 4950엔
OPEN 4월 말~10월 초 08:00~일몰
WEB www.unidon.net
CAR 노샤푸곶 200km

낯선 곳에서 한국인 희생자들에 마음이 철렁

소야곶

宗谷岬

드넓은 소야 구릉 지대의 비경을 감상하다 보면 소야곶에 도착한다. 238번 국도와 이어진 이곳은 일본의 진정한 땅끝. 일본 최북단 땅의 비日本最北端の地の碑가 여행자들의 기념 촬영 명소다. 최북단 비석에는 그다지 감흥이 없더라도, 기도의 탑祈りの塔만큼은 꼭 짚고 가자. 1983년 9월 1일 소련에 의해 격추된 대한항공 007편 탑승 희생자를 기리기 위해 1985년 세워졌다. 당시 희생자 대부분이 한국인이라 더욱 숙연해진다. 가까운 곳에 세계 평화의 종世界平和の鐘이 있고, 소야곶의 땅끝에 서면 바다 너머로 사할린 땅이 보인다. 기념품숍 안 소야미사키 유빙관宗谷岬流氷館에서 실제 유빙도 관람하고 가자. MAP ㉚

1 일본 최북단 땅의 비
2 기도의 탑
3 세계 평화의 종
4 19세기 탐험가이자 측량가로 홋카이도 북부와 서부 지도를 제작한 마미야 린조間宮林蔵

GOOGLE 소야곶
MAPCODE 998 067 388*32(주차장)
WEB welcome.wakkanai.hokkaido.jp
CAR 노샤푸곶 36.2km/JR 왓카나이역 31km

+MORE+

저 까만 깨들이 다 흑소라고?
소야곶 목장 宗谷岬牧場

소야곶으로 가는 길, 드넓은 소야 구릉 지대에 왓카나이의 자랑인 검은 소를 키우는 목장이 있다. 목장 규모는 도쿄 돔의 약 250배. 사료가 아닌 초원의 풀을 먹고 자라는 왓카나이 흑소 1000여 마리를 방목한다. 초원에 까만 깨처럼 보이는 게 있다면 그게 바로 흑소다.

GOOGLE 소야곶 목장

왓카나이 드라이브 1번지

백조개 길

白い道

➡ 자세한 내용은 107p를 참고하세요.

GOOGLE 백조개 길 **MAPCODE** 805 814 722*66 **CAR** 소야곶 8km

일본 가장 북쪽의 시장

왓카나이후쿠코 시장

稚内副港市場

왓카나이에서 생산하는 농수산물과 기념품이 모인 시장이다. 거대 문어, 커다란 게, 신선한 왓카나이 우유 등 이곳에서만 만날 수 있는 식재료가 가득하다. 구매하면 좋은 리스트를 꼽자면 품질 좋기로 유명한 리시리 다시마, 해산물을 이용한 홋카이도 인스턴트 라멘 등이다. 여러 상점이 모여 있어 한 번에 구경하기 좋다. 식당과 온천, 옛 거리를 재현한 전시 공간도 나름의 즐길 거리. MAP 31

GOOGLE wakkanai fukukou
MAPCODE 353 846 737*06(주차장)
TEL 0162-29-0829
OPEN 09:30~19:00(상점마다 다름)
WEB fukkoichiba.hokkaido.jp
CAR 소야곶 30km/JR 왓카나이역 1.2km

+MORE+

가리비도 먹고 가세요~

조수의 흐름이 강한 오호츠크해에서 자란 이 동네 가리비ほたて(호타테)는 작으면서도 육질이 단단하고 저수온에 견디기 위해 온몸에 고루 퍼져 있는 지방 덕분에 고소한 맛이 난다. 소야곶 일대의 식당에는 가리비 메뉴가 많은데, 특히 가리비 라멘이 이 지역 명물로 꼽힌다. 단, 가리비 라멘은 우리 입맛에 짠 편이라 활가리비를 사용한 덮밥류나 구이류를 추천한다.

❖ **사루후츠 마루고토칸** さるふつまるごと館

238번 국도 휴게소 사루후츠 공원道の駅 さるふつ公園 안에 있는 향토 음식점. 4월~10월 말에 맛볼 수 있는 가리비 덮밥(호타테동ほたて丼)은 탱탱한 가리비 관자의 달큰한 맛이 일품이다. 직접 구워 먹는 가리비 버터구이さるふつ帆立バター焼き도 인기. 식사 후 우유나 푸딩, 커피로 입가심할 수도 있다.

GOOGLE 사루후츠 마루코도칸
MAPCODE 680 591 168*22(휴게소 주차장)
TEL 01635-4-7780
PRICE 가리비 덮밥 1760엔, 게와 가리비 덮밥カニとほたて丼 1980엔, 가리비 버터구이 1개 550엔/계절 한정(홈페이지 확인)
OPEN 4~11월 09:00~17:30, 12~3월 10:00~17:30
WEB komatsusuisan.jp
CAR 소야곶에서 아바시리 방향으로 30.7km

#Bus+Walk

바람이 불어오는 곳
리시리섬 하루 여행

왓카나이 해안에서 20km 떨어진 동그란 모양의 섬, 리시리. 중앙에는 리시리산이 볼록 솟아올랐다. 제주도의 10분의 1 크기인 작은 섬이지만, 차를 타고 조금만 이동해도 날씨가 확확 달라져 독특했다. 단언컨대 리시리섬은 글이나 사진, 영상으로 그 매력을 충분히 담을 수 없다. 직접 와서 이곳의 공기를 마시고 두 눈으로 오롯이 느껴보길 진심으로 권한다.

리시리섬으로 입항!

오시도마리항 페리터미널
鴛泊港フェリーターミナル

리시리 페리 터미널은 두 곳, 여행자에게 유용한 위치는 오시도마리 페리터미널이다. 왓카나이, 레분섬을 오가는 페리가 이곳을 거친다. 시골 섬마을의 터미널이지만, 깔끔하고 깨끗한 시설이 마음에 든다. 여름 시즌에는 삿포로에서 리시리공항으로 비행기를 타고 들어올 수 있는데, 항공편 시각에 맞춰 이곳 페리터미널까지 운행하는 버스가 다니기도 한다. MAP ㉚

GOOGLE 오시도마리 페리터미널
MAPCODE 714 552 655*71(주차장)
TEL 0163-82-1121

우니동 먹고 든든히 여행 시작!

사토우 식당
さとう食堂

이렇게 먼 섬마을 식당에 무려 미슐랭 표시가 붙었다. 홋카이도 미슐랭 가이드 2012 특별판에 등장한 빕구르망 가게로, 가장 유명한 것은 제철에만 맛볼 수 있는 신선한 우니동(성게 덮밥)이다. 공포의 시가로 계산되기 때문에 주문 전 가격을 묻고 시작하는 것이 좋다. 말똥성게인 바훈우니バフンウニ가 좀 더 비싸고, 보라성게인 무라사키우니ムラサキウニ가 비교적 저렴한 편이다. 반반씩 섞어 주문하면 금상첨화. 처음에는 성게 맛만 오롯이 즐기고 조금 먹다가 와사비 간장을 풀어 즐겨보자. 달고 부드러운 성게가 입안에서 사르르 녹는다. MAP ㉚

GOOGLE sato shokudo
MAPCODE 714 552 623*73(가게 앞 주차)
TEL 0163-82-1314
PRICE 우니동 5000~8000엔(시가에 따라 다름)
OPEN 4~10월 09:00~16:00/부정기 휴무
WEB www.rishiri-plus.jp/shima-shop/satou-shokudou/
WALK 오시도마리항 페리터미널 건너편

: WRITER'S PICK :

리시리섬에선 송영 차량으로 이동

섬 안에는 버스와 택시가 있지만, 이용이 다소 불편하다. 호텔이나 민박에서 비행기나 배 시간에 맞춰 숙소로 향하는 송영 차량을 제공해주기도 하니 리시리섬에서 숙박한다면 숙소에 문의를 해보자. 숙박하지 않는다면 도착 후 관광안내소에서 노선버스를 확인할 것.

리시리섬의 신령스러운 산

리시리산

利尻山

표고 1721m, 약 20만 년 전에 생성돼 7000년 전 활동을 멈춘 화산이다. 일본의 100대 명산 중 하나로, 포토그래퍼에게 사랑받는 산이자 홋카이도 대표 과자 시로이 코이비토 패키지의 모델이기도 하다. 별명은 '리시리 후지산'. 등반은 만만치 않다. 왕복 약 11시간, 11.4km를 걸어야 하고 오르막과 거친 길이 있어 초보자에게는 약간 어려운 코스다. 정상으로 갈수록 바람이 매우 강하며, 깊은 골짜기가 몇 줄기나 뻗어 있어 지형이 몹시 거칠다. 물론 고생을 보상하듯 등산하며 바라보는 훌륭한 바다 전망도 장관이지만, 사실 이 산 자체의 아름다움은 레분섬이나 사로베츠サロベツ 벌판에서 가만히 바라볼 때 진가가 드러난다. MAP ㉚

GOOGLE rishiri north foot campground
MAPCODE 714 490 509*24(주차장)
CAR 오시도마리항 페리터미널 3.5km

바람과 마주 서서 리시리 풍경 삼매경

유히가오카 전망대

夕日ヶ丘展望台

석양이 아름다워 이름도 '석양의 언덕 전망대'. 계단을 오르면 리시리섬의 풍경이 펼쳐진다. 바다 쪽 이어진 절벽 너머에 리시리산이 보인다. MAP ㉚

GOOGLE yuhigaoka deck
MAPCODE 714 580 718*28(주차장)
CAR 오시도마리항 페리터미널 2km

+MORE+

리시리산 등반 필수 규칙

등산화는 필수, 여름에도 긴 옷을 갖춰 입어야 한다. 장갑과 지팡이, 물과 초콜릿 등 등산의 기본 준비물도 챙길 것. 가장 많이 찾는 오시도마리 루트로 갈 경우, 호쿠로쿠 야영장北麓野営場에서 시작해 통행 금지선이 있는 1719m까지 등반할 수 있다. 출발 전 반드시 숙소에 비치된 등산계획서登山計画書를 써 등산로 입구에 제출하자. 혹시 모를 사고에 대비하기 위함이다. 낙석과 낙상에 주의하고 등산에 자신이 있더라도 날씨가 달라지면 욕심을 버리고 하산할 것. 아래는 초행자가 가장 당황하는 리시리산 필수 규칙이다.

❶ 휴대 화장실을 사용한다.

숙소에서 비닐 휴대 화장실을 구매한다. 등산로 전용 공간에서 볼일을 볼 땐, 오물을 휴대 화장실에 담아 나와 등산로 입구의 지정된 장소에 버린다.

❷ 지팡이에는 캡을 씌운다.

지팡이 앞부분의 뾰족한 부분이 토양에 구멍을 내 붕괴를 촉진할 수 있다. 이런 위험을 방지하기 위해 지팡이 앞부분에는 고무 캡을 씌워둘 것.

❸ 식물에 상처를 주지 않고 정해진 보도로만 걷는다.

식물 위에 앉거나 식물을 밟지 않는다. 토양의 침식을 방지하기 위해 보도를 벗어난 곳도 걸어서는 안 된다.

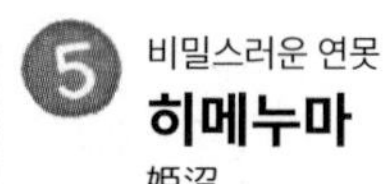

비밀스러운 연못

히메누마

姫沼

리시리섬 여행의 필수 코스. 1917년 작은 늪을 중심으로 만든 인공 호수다. 주변에 1km의 나무데크 산책길이 있으며, 한 바퀴 천천히 걷는 데 30분 정도 걸린다. 원시림에 둘러싸인 조용한 분위기에서 때론 리시리산도 보고 까막딱따구리도 만나는 귀한 경험을 기대해볼 수 있다. MAP 30

GOOGLE himenuma parking lot
MAPCODE 714 495 847*32(주차장)
CAR 유히가오카 전망대 6.1km/오시도마리항 페리터미널 4.2km

무조건 날씨가 좋은 날 가야 해!

오타토마리누마

オタトマリ沼

리시리섬에서 가장 큰 규모의 호수로 날씨가 화창한 날엔 리시리산을 조망하기 좋은 인기 스폿이다. 히메누마에서 봤던 풍경과는 또 다른 모습을 기대하시라. 역시 주변에는 1.5km 산책로가 있고 원시림과 함께 다양한 식물과 새들을 만나볼 수 있다. 근처의 식당, 기념품숍에서 식사를 하거나 간식으로 요기를 하고 가자. MAP 30

GOOGLE 오타토마리 늪
MAPCODE 714 109 801*60(주차장)
CAR 히메누마 19.6km/오시도마리항 페리터미널 20.8km

천연 수영장의 물개 두 마리

센호시미사키 공원

仙法志御崎公園

리시리섬 남쪽의 공원. 대단한 볼거리가 있는 건 아니지만, 이곳 앞바다를 천연 수족관 삼아 점박이물범 두 마리가 살고 있다. 근처에서 파는 먹이를 사 들고 먹이 주기 체험을 해보자. 거칠게 올라오는 파도를 감상하거나, 리시리 다시마를 파는 상점을 둘러보고 동네 베이커리 빵을 간식 삼아 여행의 소소함을 누리는 즐거움이 있다. MAP 30

GOOGLE senhoshimisaki park
MAPCODE 714 042 776*72(주차장)
CAR 오타토마리누마 6.2km/오시도마리항 페리터미널 26.9km

8 리시리섬과 마을의 모든 것

리시리 정립박물관

利尻町立博物館

리시리섬에 관한 다양한 자료를 전시하고 있다. 수산 자원이 풍부한 리시리 해역에 사는 이곳 사람들의 생활상을 그려볼 수 있다. 리시리 다시마를 채취하는 모습, 자갈 해변의 건조장에서 건조·가공하는 모습, 성게를 잡는 모습 등을 따라가 보며, 곰이 출몰했을 당시의 화제성만큼이나 생생하게 기록된 마을의 에피소드도 들여다보자. MAP 30

GOOGLE rishiri choritsu museum
MAPCODE 714 101 252*23(주차장)
TEL 0163-85-1411
PRICE 200엔, 고등학생 이하 무료
OPEN 09:00~17:00/월(공휴일은 그다음 날)·연말연시 휴관 (7~8월은 무휴)
WEB www.town.rishiri.hokkaido.jp/rishiri/1365.htm
CAR 센호시미사키 공원 2.1km/오시도마리항 페리터미널 28km

소박하면서도 호사스러운 시간

리시리 후지 온천

利尻富士温泉

1996년 발굴한 약알칼리성 온천이다. 신경통, 근육통, 관절염, 오십견, 타박상, 염좌, 피로회복 등 다양한 질환에 도움을 주는 것으로 알려져 있다. 투명한 물은 온도가 낮은 편이라 약간 가열해 이용한다. 연간 6만여 명이 찾는 인기 시설로, 리시리섬 주민이 약 5000명인 것을 감안하면 대단한 숫자다. 당일 입욕이 가능하며, 일본어 소통만 된다면 현지인과 도란도란 이야기 나누면서 스스럼없이 여행 정보를 묻기도 좋다. 대중탕 건물 근처에는 6~10월 무료로 이용할 수 있는 족욕탕도 마련돼 있다. MAP 30

GOOGLE 66Q8+XC 리시리후지조
MAPCODE 714 551 491*71(주차장), 714 551 494*08(족욕탕)
TEL 0163-82-2388
PRICE 500엔, 초등학생 250엔, 3세~취학 전 150엔
OPEN 12:00~21:00/11~4월 월 휴무
WEB www.town.rishirifuji.hokkaido.jp/rishirifuji/1204.htm
CAR 리시리 정립박물관 24.3km/오시도마리항 페리터미널 1.5km

리시리섬에서 먹어 볼 음식들

일본 곳곳을 여행하다 보면 유독 '리시리콘부利尻昆布'를 쓴다며 자랑하는 식당이 많다. 예를 들면 라멘이나 전골 요리의 국물을 만들 때, 해산물 요리의 소스 등을 만들 때 리시리 다시마인 리시리콘부를 사용한다는 것. 일본 다시마 중 최고로 치는 리시리 다시마의 고향에 오니 관광지마다 가득 진열된 다시마를 보는 게 연예인을 만나는 것만큼이나 신기했다. 리시리 다시마와 이를 먹고 자란 성게는 필수고, 이곳의 청정수와 그 물로 만든 음료 또한 놓치지 마시길.

리시리 다시마
(리시리콘부)
利尻昆布

리시리 일대 바다에는 북쪽으로 향하는 동해 난류, 사할린에서 내려온 한류, 리시리산의 눈이 녹아 미네랄을 다량 함유한 담수가 만난다. 이런 환경에서 자란 다시마는 '리시리 다시마'라는 유명 특산품으로 완성되고, 섬에서는 이를 저렴하게 구매할 수 있다. 현지인이 귀띔하기를 맑은 물에 다시마 한 조각을 넣고 아침마다 마셔보란다. 미네랄이 풍부해 건강에 무척 좋다고.

명주 다시마
(토로로콘부)
とろろ昆布

말린 다시마를 실처럼 가늘게 만들어 '실 다시마'라고도 불린다. 다시마를 사용하듯 음식에 넣어 먹으면 되는데 된장국 등에 간단히 넣어 먹으면 좋다. 점성이 있고 늘어지는 식감이 독특한 편. 이런 식감 때문에 호불호가 있지만, 리시리섬에 온 만큼 한 번 시도해보자.

리시리콘부 라멘
利尻昆布ラーメン

라멘 메뉴를 파는 리시리섬 내 식당에서는 리시리 다시마로 국물을 내는 경우가 많다. 다시마가 만드는 깊고 맑은 국물이 일품. 식당에 다시마 라멘이 있다면 먹어보자.

성게 등 해산물

리시리 다시마를 먹고 자란 성게는 품질이 우수하고 맛이 좋기로 유명하다. 캔에 가공해 넣은 성게는 기념품으로도 제격. 그밖에 주변 바다에서 건진 신선한 해산물은 리시리, 레분섬 여행자에게 주어지는 특권이다.

미루피스
ミルピス

1967년 미루피스쇼텐ミルピス商店을 창업한 할머니가 직접 개발한 달콤한 젖산(유산) 음료다. 리시리섬에서만 맛볼 수 있는 음료로, 미루피스쇼텐(Google: milpis market)에 직접 방문하지 않고도 관광지 휴게소와 식당 등에서 맛볼 수 있다.

리시리아
リシリア

리시리산의 눈이 녹은 지하수로 만든 리시리섬의 물이다. 뼈, 머리카락, 손톱, 혈관을 튼튼하게 하는 규소 함유량이 높고 인체에 흡수가 빠른 약알칼리성 천연 미네랄 워터로 역시 특산품 중 하나다.

인덱스

바

사

아

자

차

카

타

THIS IS HOKKAIDO

THIS IS
디스이즈홋카이도
HOKKAIDO

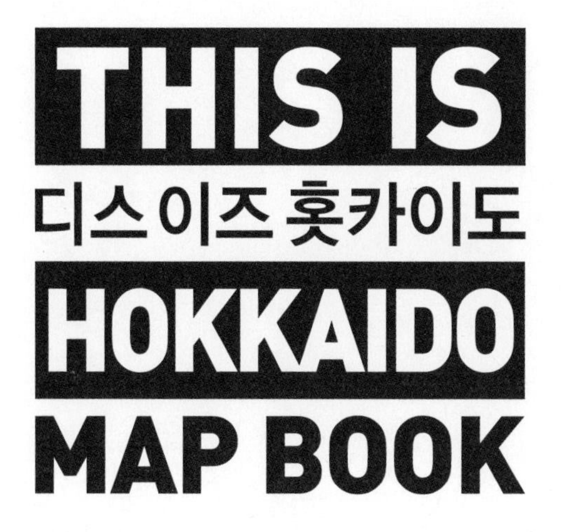

TERRA

홋카이도 전도

레분섬
礼文島
왓카나이
稚内
카후카항 페리터미널
香深港フェリーターミナル
리시리공항
利尻空港
왓카나이공항
稚内空港
쿠츠가타항 페리터미널
沓形港フェリーターミナル
리시리섬
利尻島
쇼산베츠 콘피라 신사
豊岬 金比羅神宮
미치노에키 오비라 니신반야
道の駅 おびら鰊番屋
동해
East Sea
쿠니마레 주조
国稀酒造
아사히카와공항
旭川空港
카무이곶
神威岬
시마무이 해안
島武意海岸
미치노에키 이시카리
<아이로도 아츠타>
道の駅石狩 <あいろーど厚田>
샤코탄반도
積丹半島
오타루
小樽
요이치
余市
타키가와역
滝川
로이스 카카오 & 초콜릿 타운
ROYCE' CACAO & CHOCOLATE TOWN
타키자와 와이너리
TAKIZAWA WINERY
호스이 와이너리
宝水ワイナリー
삿포로
札幌
조잔케이 온천
定山渓温泉
호헤이쿄댐
豊平峡ダム
홋카이도 볼파크
에프 빌리지
Hokkaido Ballpark F Village
호시노 리조트 토마무
星野リゾート トマム
루스츠 캠핑장
시코츠호 온천
支笏湖温泉
토마무역
トマム
도야호
온천
洞爺湖温泉
도야호
洞爺湖
시코츠호
支笏湖
신치토세공항
新千歳空港
모랏푸 캠핑장
도야역
洞爺
노보리베츠 온천
登別温泉
마코마나이
타키노 레이엔
真駒内滝野霊園
노보리베츠역
登別
삿포로 맥주 홋카이도 공장
サッポロビール㈱ 北海道工場
기린 맥주 홋카이도 치토세 공장
キリンビール 北海道千歳工場
오누마 공원
大沼国定公園
유노카와 온천
湯の川温泉
하코다테
函館
하코다테공항
函館空港

이 책의 지도에 사용된 기호

- 관광 명소
- 식당, 이자카야
- 카페, 디저트점
- 상점
- 숙소
- 온천
- 캠핑장
- 관광안내소
- 성당, 교회
- 신사
- 공항
- 항구, 페리터미널
- 버스터미널
- 버스 정류장
- 334 273 도로 번호
- 기차역
- JR 역
- 中央口 기차역 출입구
- H07 지하철
- 노면전차
- 로프웨이
- 0 200m 축척

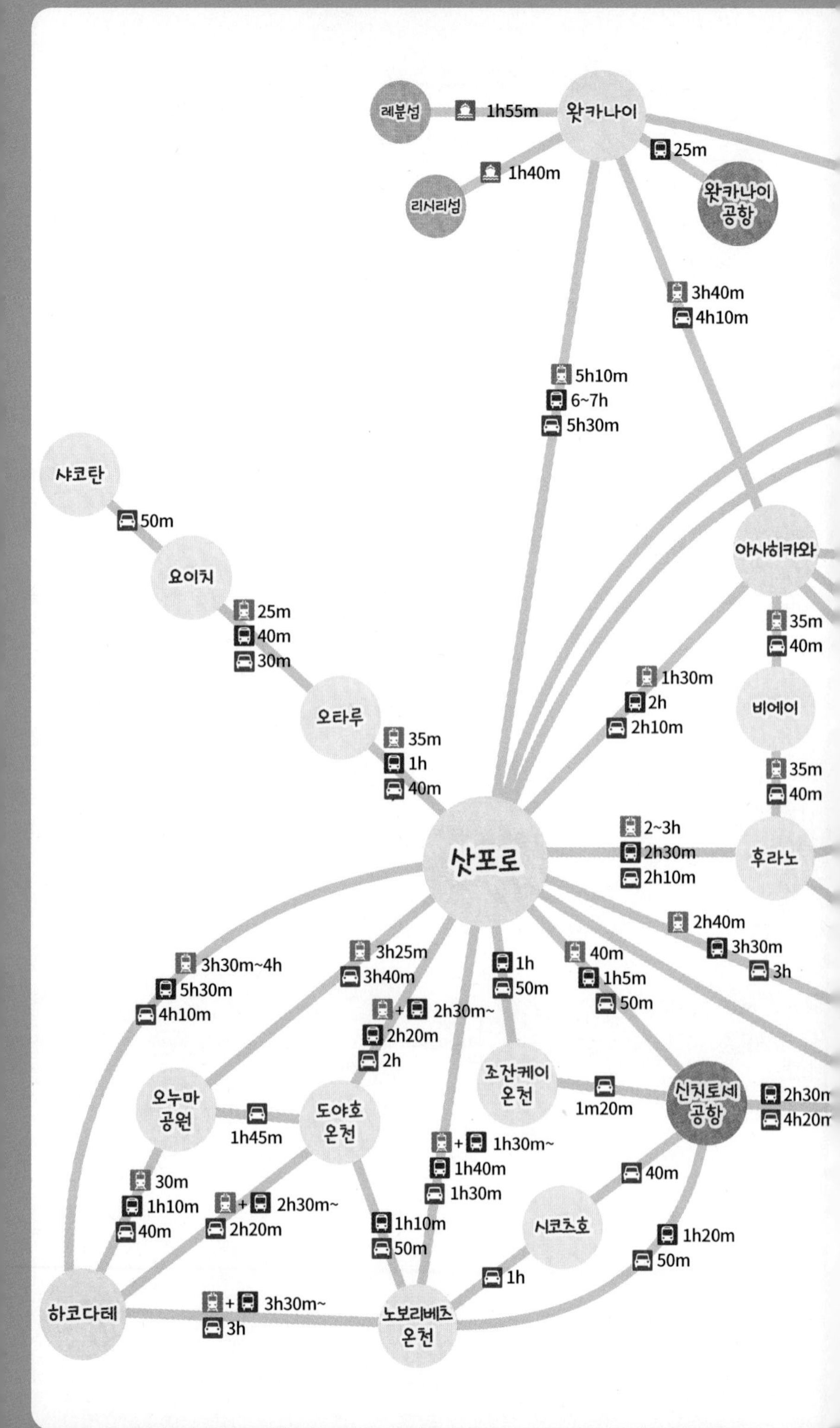

레분섬
1h55m
왓카나이
25m
왓카나이 공항
1h40m
리시리섬
3h40m
4h10m
5h10m
6~7h
5h30m
샤코탄
50m
요이치
25m
40m
30m
아사히카와
35m
40m
오타루
1h30m
2h
2h10m
비에이
35m
1h
40m
35m
40m
2~3h
2h30m
2h10m
삿포로
후라노
2h40m
3h30m
3h
3h30m~4h
5h30m
4h10m
3h25m
3h40m
1h
50m
40m
1h5m
50m
+ 2h30m~
2h20m
2h
조잔케이 온천
1m20m
신치토세 공항
2h30m
4h20m
오누마 공원
1h45m
도야호 온천
+ 1h30m~
1h40m
1h30m
40m
30m
1h10m
40m
+ 2h30m~
2h20m
1h10m
50m
시코츠호
1h20m
50m
1h
하코다테
+ 3h30m~
3h
노보리베츠 온천

홋카이도 내 주요 도시 간 열차·버스·자동차 소요시간

* h는 시간, m은 분을 의미함(예: 3h10m=3시간 10분)
* 소요시간은 대략적인 시간으로 현지 사정에 따라 바뀔 수 있음
* 신치토세 공항에서 홋카이도 내 주요 공항까지는 45분~1시간 소요됨
* 열차 버스 자동차 페리

① 삿포로 광역도
② 삿포로 시내 중심
시로이 코이비토 공원
(시로이 코이비토 공장)
白い恋人パーク
(白い恋人工場見学)
마루야마 공원
円山公園
홋카이도 신궁
北海道神宮
오쿠라야마 전망대
大倉山ジャンプ競技場
마루야마 동물원
円山動物園
모이와산
藻岩山
삿포로 모이와야마 전망대
札幌もいわ山展望台
소엔역
桑園
삿포로역
札幌
나카지마 공원
中島公園
모에레누마 공원
モエレ沼公園
후쿠즈미 버스터미널
福住バスターミナル
삿포로 돔
札幌ドーム
신삿포로역
북해도 개척촌(홋카이도 개척촌)
북해도 박물관
산림공원온천 키요라
삿포로 히츠지가오카 전망대
さっぽろ羊ヶ丘展望台
0 1km
키타노료바 3호점
키타노료바 2호점
키타노료바 1호점
北の漁場
키타노구루메테이
北のグルメ亭
삿포로 장외 시장
札幌市場外市場
소엔역
桑園
파티스리 시이야
Pâtisserie SHiiYA
회전스시 토리톤 마루야마점
回転寿しトリトン円山店
마루야마사료
円山茶寮
리타루 커피
RITARU COFFEE
미기시 코타로 미술관
三岸好太郎美術館
홋카이도립 근대미술관
北海道立近代美術館
홋카이도 지사공관
北海道知事公館(旧三井クラブ)
디앤디파트먼트 프로젝트 삿포로 by 3KG
D&DEPARTMENT PROJECT SAPPORO by 3KG
삿포로시 자료관
札幌市資料館
오도리 웨스트
大通ウェスト
스페이스 1-15
SPACE 1-15
마루야마 공원
円山公園
마루야마 팬케이크
円山ぱんけーき
0 200m

❷ 삿포로 시내 중심
칸조도리히가시 環状通東 H04
N04 키타주하치조 北18条
수프카레 코코로 カレー食堂 心
H05 히가시쿠야쿠쇼마에 東区役所前
지하철 도호선 東豊線
피칸티 Picante
H06 키타주산조히가시 北13条東
N05 키타주니조 北12条
소세가와 강 創成川
0 200m
삿포로 맥주 박물관 サッポロビール博物館
삿포로 비어 가든 サッポロビール園
❸ 삿포로역 주변
홋카이도 삿포로 관광안내소 北海道さっぽろ観光案内所
홋카이도 삿포로 음식과 관광 정보관 北海道さっぽろ 食と観光 情報館
삿포로역 札幌
JR 하코다테 본선 JR函館本線
JR 치토세선 JR千歳線
T38 JR 타워 전망대 T38 JRタワー展望室
JR 타워 JRタワー
苗穂
다이마루 백화점 DAIMARU
아피아 (지하상가) APIA
게이오 플라자 호텔 삿포로 Keio Plaza Hotel Sapporo
도큐 백화점 東急百貨店
삿포로 さっぽろ N06
H07 삿포로 さっぽろ
삿포로 팩토리 & 삿포로 개척사 맥주 양조장 Sapporo Factory & 札幌開拓使麦酒醸造所
홋카이도청 구본청사 北海道庁旧本庁舎
아카렌가 테라스 赤れんがテラス
치카호(지하상가) チ·カ·ホ
❹ 오도리 공원 & 스스키노
그랜드 호텔 삿포로 Sapporo Grand Hotel
삿포로 시계탑 札幌市時計台
주오 버스 삿포로 터미널 中央バス 札幌ターミナル
오타루행 고속 오타루호 北1条西7丁目
오로라타운 (지하상가) オーロラタウン
삿포로 TV 타워 さっぽろテレビ塔
T10 버스센터마에 バスセンター前
오도리 공원 大通公園
오도리 버스 센터 大通バスセンター
N07 T09 H08 오도리 大通
소세가와 이스트 創成川イースト
니조 시장 二条市場
니시욘초메 西4丁目
니시핫초메 西8丁目
폴타운(지하상가) POLE TOWN
리틀 주스바 Little Juice Bar
다누키코지 狸小路
다누키코지 상점가 狸小路商店街
SMILE HOTEL
와다시 라멘 우메키치 和だしらぁめん うめきち
기쿠스이 菊水 T11
토요히라 강 豊平川
지하철 도자이선 東西線
신 라멘요코초 新ラーメン横丁
삿포로 전차 札幌市電
N08 스스키노 すすきの
시세이칸쇼갓코마에 資生館小学校前(西創成)
H09 호스이스스키노 豊水すすきの
스스키노 すすきの
원조 삿포로 라멘요코초 元祖さっぽろラーメン横丁
그랜드 호스텔 엘디케이 삿포로 Grand Hostel LDK Sapporo
에비소바 이치겐 총본점 えびそば 一幻 総本店
히가시혼간지마에 東本願寺前
지하철 난보쿠선 南北線
지하철 도호선 東豊線
시내행 공항버스 나카지마코엔 中島公園
야마하나쿠조 山鼻9条
나카지마코엔 中島公園 N09

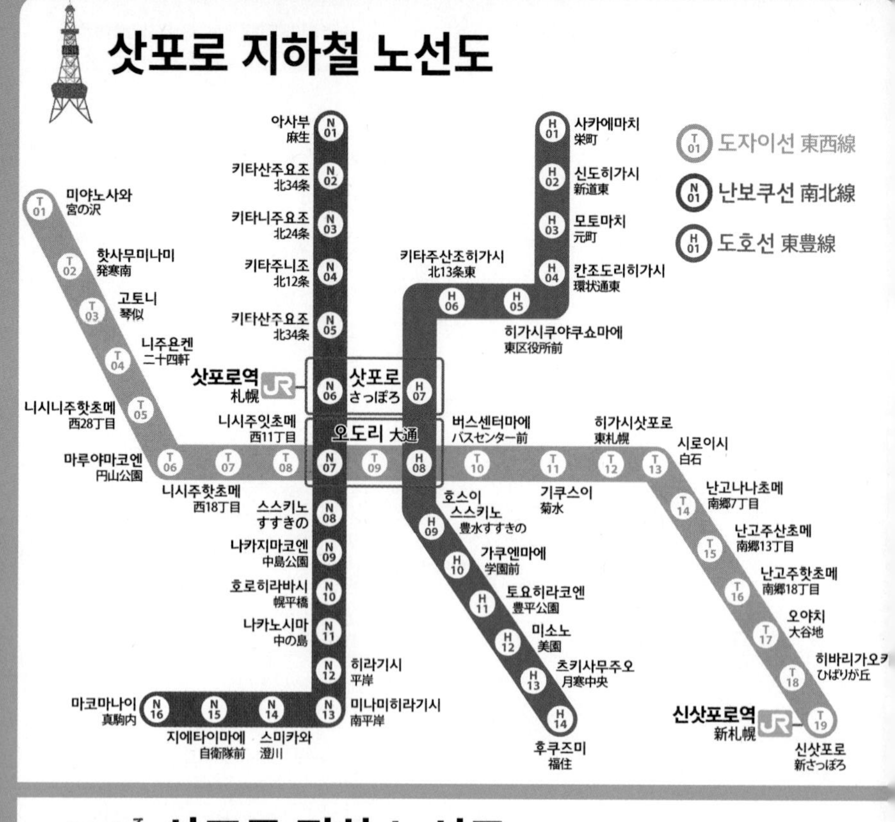

삿포로 지하철 노선도
도자이선 東西線
난보쿠선 南北線
도호선 東豊線
아사부 麻生
키타산주요조 北34条
키타니주요조 北24条
키타주니조 北12条
키타산주요조 北34条
삿포로역 札幌
삿포로 さっぽろ
오도리 大通
스스키노 すすきの
나카지마코엔 中島公園
호로히라바시 幌平橋
나카노시마 中の島
히라기시 平岸
미나미히라기시 南平岸
스미카와 澄川
지에타이마에 自衛隊前
마코마나이 真駒内
미야노사와 宮の沢
핫사무미나미 発寒南
고토니 琴似
니주욘켄 二十四軒
니시니주핫초메 西28丁目
마루야마코엔 円山公園
니시주핫초메 西18丁目
니시주잇초메 西11丁目
버스센터마에 バスセンター前
히가시삿포로 東札幌
시로이시 白石
난고나나초메 南郷7丁目
난고주산초메 南郷13丁目
난고주핫초메 南郷18丁目
오야치 大谷地
히바리가오카 ひばりが丘
신삿포로역 新札幌
신삿포로 新さっぽろ
기쿠스이 菊水
사카에마치 栄町
신도히가시 新道東
모토마치 元町
칸조도리히가시 環状通東
키타주산조히가시 北13条東
히가시쿠야쿠쇼마에 東区役所前
호스이 스스키노 豊水すすきの
가쿠엔마에 学園前
토요히라코엔 豊平公園
미소노 美園
츠키사무주오 月寒中央
후쿠즈미 福住

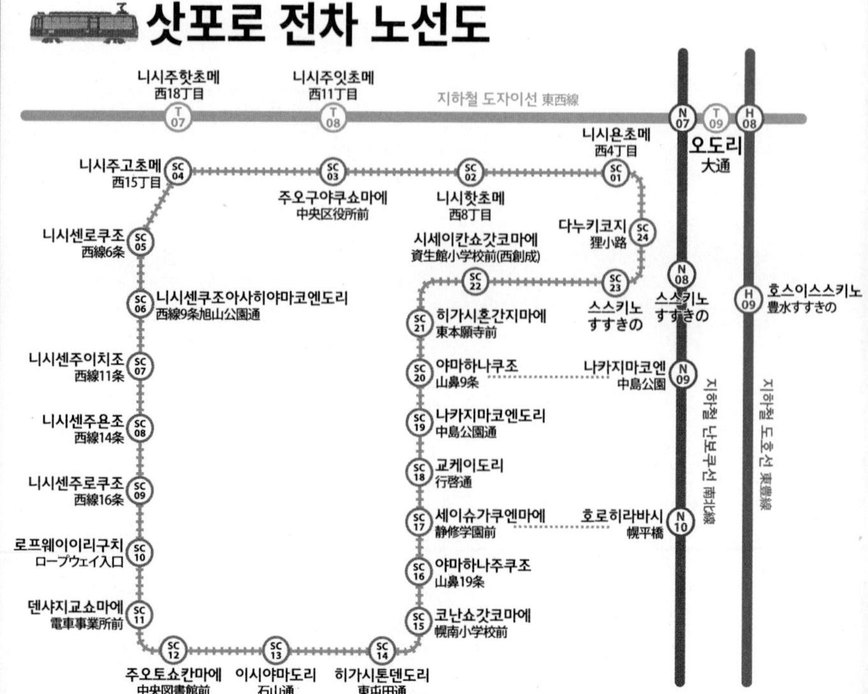

삿포로 전차 노선도
지하철 도자이선 東西線
니시주핫초메 西18丁目
니시주잇초메 西11丁目
오도리 大通
니시욘초메 西4丁目
니시핫초메 西8丁目
주오구야쿠쇼마에 中央区役所前
니시주고초메 西15丁目
다누키코지 狸小路
시세이칸쇼갓코마에 資生館小学校前(西創成)
스스키노 すすきの
스스키노 すすきの
호스이스스키노 豊水すすきの
니시센로쿠조 西線6条
니시센쿠조아사히야마코엔도리 西線9条旭山公園通
히가시혼간지마에 東本願寺前
니시센주이치조 西線11条
야마하나쿠조 山鼻9条
나카지마코엔 中島公園
니시센주욘조 西線14条
나카지마코엔도리 中島公園通
교케이도리 行啓通
니시센주로쿠조 西線16条
세이슈가쿠엔마에 静修学園前
호로히라바시 幌平橋
로프웨이이리구치 ロープウェイ入口
야마하나주쿠조 山鼻19条
덴샤지교쇼마에 電車事業所前
코난쇼갓코마에 幌南小学校前
주오토쇼칸마에 中央図書館前
이시야마도리 石山通
히가시톤덴도리 東屯田通
지하철 난보쿠선 南北線
지하철 도호선 東豊線

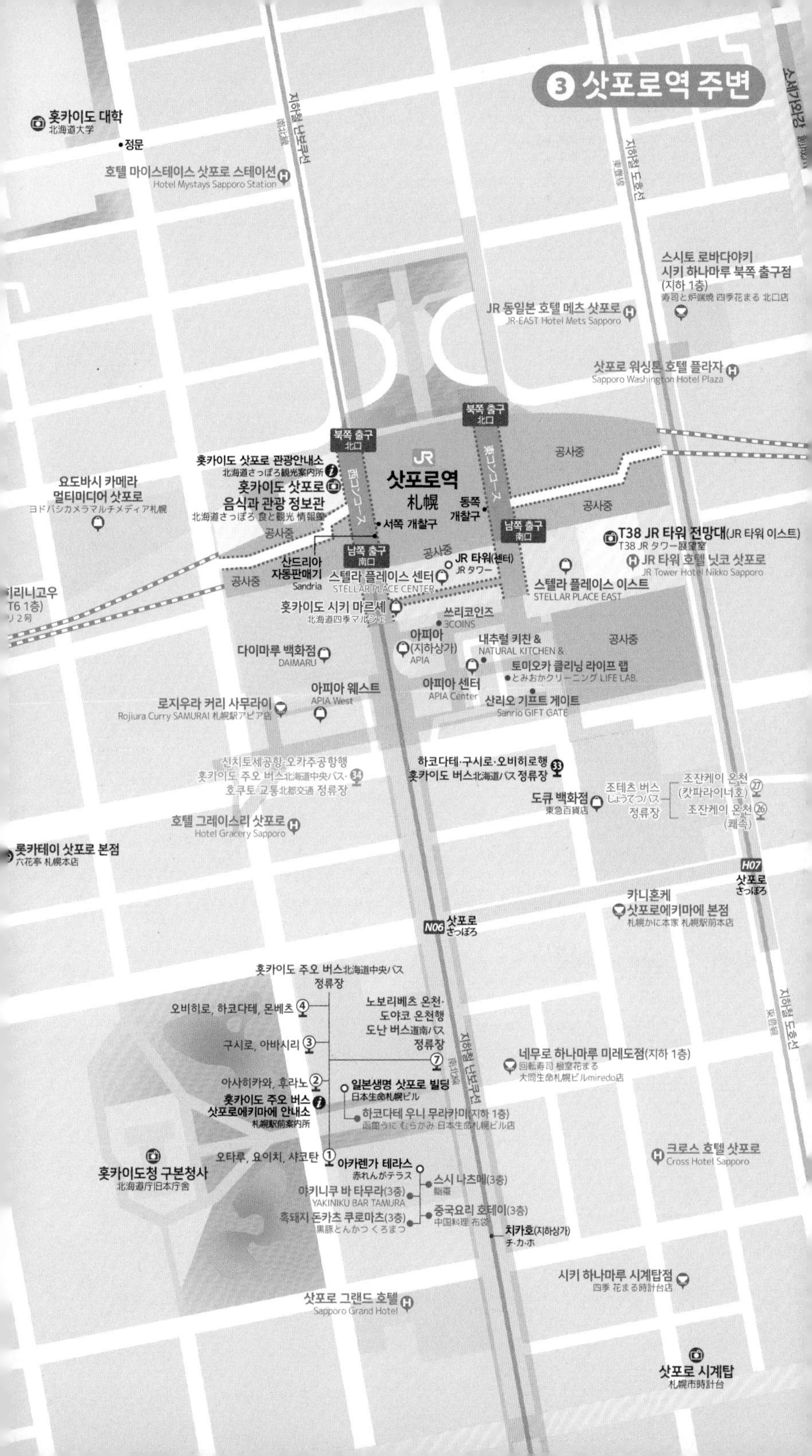
③ 삿포로역 주변
홋카이도 대학
北海道大学
정문
호텔 마이스테이스 삿포로 스테이션
Hotel Mystays Sapporo Station
지하철 난보쿠선
南北線
지하철 도호선
東豊線
소세이가와강
스시토 로바다야키
시키 하나마루 북쪽 출구점
(지하 1층)
寿司と炉端焼 四季花まる 北口店
JR 동일본 호텔 메츠 삿포로
JR-EAST Hotel Mets Sapporo
삿포로 워싱턴 호텔 플라자
Sapporo Washington Hotel Plaza
북쪽 출구
北口
공사중
홋카이도 삿포로 관광안내소
北海道さっぽろ観光案内所
홋카이도 삿포로
음식과 관광 정보관
北海道さっぽろ 食と観光 情報館
요도바시 카메라
멀티미디어 삿포로
ヨドバシカメラマルチメディア札幌
삿포로역
札幌
서쪽 개찰구
동쪽
개찰구
남쪽 출구
南口
T38 JR 타워 전망대(JR 타워 이스트)
T38 JR タワー展望室
JR 타워 호텔 닛코 삿포로
JR Tower Hotel Nikko Sapporo
산드리아
자동판매기
Sandria
JR 타워(센터)
JR タワー
스텔라 플레이스 센터
STELLAR PLACE CENTER
스텔라 플레이스 이스트
STELLAR PLACE EAST
홋카이도 시키 마르셰
北海道四季マルシェ
쓰리코인즈
3COINS
다이마루 백화점
DAIMARU
아피아
(지하상가)
APIA
내추럴 키친 &
NATURAL KITCHEN &
토미오카 클리닝 라이프 랩
とみおかクリーニング LIFE LAB.
아피아 센터
APIA Center
아피아 웨스트
APIA West
로지우라 커리 사무라이
Rojiura Curry SAMURAI 札幌駅アピア店
산리오 기프트 게이트
Sanrio GIFT GATE
신치토세공항, 오카주공항행
홋카이도 주오 버스北海道中央バス·
호쿠토 교통北都交通 정류장
하코다테·구시로·오비히로행
홋카이도 버스北海道バス 정류장
도큐 백화점
東急百貨店
조테츠 버스
じょうてつバス
정류장
조잔케이 온천
(캇파라이너호)
조잔케이 온천
(쾌속)
호텔 그레이스리 삿포로
Hotel Gracery Sapporo
롯카테이 삿포로 본점
六花亭 札幌本店
H07
삿포로
さっぽろ
N06
삿포로
さっぽろ
카니혼케
삿포로에키마에 본점
札幌かに本家 札幌駅前本店
홋카이도 주오 버스北海道中央バス
정류장
오비히로, 하코다테, 몬베츠
구시로, 아바시리
아사히카와, 후라노
노보리베츠 온천·
도야코 온천행
도난 버스道南バス
정류장
홋카이도 주오 버스
삿포로에키마에 안내소
札幌駅前案内所
일본생명 삿포로 빌딩
日本生命札幌ビル
하코다테 우니 무라카미(지하 1층)
函館うに むらかみ 日本生命札幌ビル店
네무로 하나마루 미레도점(지하 1층)
回転寿司 根室花まる
大同生命札幌ビルmiredo店
오타루, 요이치, 샤코탄
아카렌가 테라스
赤れんがテラス
야키니쿠 바 타무라(3층)
YAKINIKU BAR TAMURA
스시 나츠메(3층)
鮨棗
흑돼지 돈카츠 쿠로마츠(3층)
黒豚とんかつ くろまつ
중국요리 호테이(3층)
中国料理 布袋
치카호(지하상가)
チ·カ·ホ
홋카이도청 구본청사
北海道庁旧本庁舎
크로스 호텔 삿포로
Cross Hotel Sapporo
시키 하나마루 시계탑점
四季 花まる時計台店
삿포로 그랜드 호텔
Sapporo Grand Hotel
삿포로 시계탑
札幌市時計台

④ 오도리 공원 & 스스키노
N06 삿포로
さっぽろ
H07 삿포로
さっぽろ
5
일본생명 삿포로 빌딩
日本生命札幌ビル
하코다테 우니 무라카미(지하 1층)
函館うに むらかみ 日本生命札幌ビル店
홋카이도 주오 버스
삿포로에키마에 안내소
札幌駅前案内所
아카렌가 테라스
赤れんがテラス
크로스 호텔 삿포로
Cross Hotel Sapporo
홋카이도청
구본청사
北海道庁旧本庁舎
스시 나즈메(3층)
鮨菜
야키니쿠 바 타무라(3층)
YAKINIKU BAR TAMURA
중국요리 호테이(3층)
中国料理 布袋
흑돼지 돈카츠
쿠로마츠(3층)
黒豚とんかつ くろまつ
지하철 도호선
東豊線
소세가와강
수프카레 히게단샤쿠
すーぷかりー ひげ男爵
치카호(지하상가)
チ·カ·ホ
시키 하나마루 시계탑점
四季 花まる時計台店
삿포로 그랜드 호텔
Sapporo Grand Hotel
18
지하철 난보쿠선
南北線
12
삿포로 시계탑
札幌市時計台
창성천
주오 버스
삿포로 터미널
中央バス
札幌ターミナル
오타루행
고속 오타루호
時計台前
NHK 삿포로
방송국
오타루행
고속 오타루호
北1条西4丁目
삿포로시청
札幌市役所
키타카로 삿포로 본점
北菓楼 札幌本館
비세 스위츠
BISSE SWEETS
천공 스페이스
스카이 블루
天空スペース
スカイブルー
시내행 공항버스
오도리코엔
通公園
230
토쿠미츠 커피(2층)
TOKUMITSU COFFEE
세이코마트(지하 1층)
セイコーマート
오도리 비세
大通ビッセ
오로라타운
(지하상가)
AURORA TOWN
조잔케이행
조테츠 버스
大通西1
삿포로 TV 타워
さっぽろテレビ塔
이시야 삿포로오도리 본점
ISHIYA 札幌大通本店
하코다테행
홋카이도 버스
大通バスセンター前
텐바
(오로라타운 지하 1층)
天馬
사에라
(지하 3층)
さえら
동구리
(Le trois 1층)
DONGURI
오도리
버스 센터
大通バスセンター
패뷸러스
FABULOUS
오도리 공원
大通公園
N07 T09 H08
오도리
大通
마루이 이마이
丸井今井
소세가와 이스
創成川イース
지하철 도자이선 東西線
36
삿포로 미츠코시
백화점
札幌三越
파르페, 커피, 리큐르, 설탕
Parfait, Coffee, Liquor, Sato
새터데이스
초콜릿
Saturdays Chocolate
니시욘초메
西4丁目
삿포로 파르코
札幌PARCO
다이마루후지 센트럴
DAIMARUFUJII CENTRAL
사카나야노 다이도코로
니조 시장 본점
魚屋の台所 二条市場本店
아지노산페이(4층)
味の三平
바리스타트 커피
BARISTART COFFEE
다이소
ダイソー
코토부키 커피(2층)
寿珈琲
삿포로 전차
札幌市電
도큐 스테이 삿포로 오도리
Tokyu Stay Sapporo Odori
캔두
Can★Do
수프카레 킹(지하 1층)
Soup Curry King
트레져
TREASURE
미나미니쥬교
みなみにじょうばし
오이소
大磯
폴타운(지하상가)
POLE TOWN
수프카레
가라쿠
SOUP CURRY GARAKU
니조 시장
二条市場
라젠트 스테이 삿포로 오도리
La'gent Stay Sapporo Oodori
라이온
다누키코지점
ライオン 狸小路店
다누키코지 상점가
狸小路商店街
다누키코지
狸小路
모육 삿포로
moyuk SAPPORO
41피시스 삿포로
41PIECES Sapporo
아오아오 삿포로(4~6층) AOAO SAPPORO
소니 스토어(3층) SONY STORE
로프트(3층) Loft
퀸즈 소프트크림 카페(1층)
クイーンズソフトクリームカフェ
도미 인 프리미엄
삿포로
Dormy Inn Premium
Sapporo
메가 돈키호테
MEGAドン・キホーテ
다누키코지 상점가
狸小路商店街
바라펭긴도우
パーラー・ペンギン堂
수프카레 소울스토어(2층)
スープカレー SOUL STORE
SMILE HOTEL
카오스 히
Chaos Hea
만다라케(2층)
まんだらけ
노르베사 노리아
NORBESA ノリア
머큐어 호텔 삿포로
Mercure Hotel Sapporo
하코다테행
홋카이도 버스
市電すすきの前
맥도날드
스스키노
すすきの
N08
스스키노 니카 사인
すすきのニッカ大看板
시내행 공항버스
스스키노
すすきの
삿포로롯지
게스트하우스 & 바
SappoLodge Guesthouse & Bar
시세이칸쇼갓코마에
資生館小学校前(西創成)
조잔케이행 조테츠 버스
すすきの
스스키노
すすきの
신 라멘요코초
新ラーメン横丁
코코노 스스키노
COCONO SUSUKINO
원조 삿포로
라멘요코초
元祖さっぽろ
ラーメン横丁
H09 호스이스스키노
豊水すすきの
스스키노
すすきの
삿포로 전차
札幌市電
지하철 도호선
東豊線
스스키노 시장
すすきの市
수프카레 바 단(2층)
札幌スープカレーBAR暖
라멘 신겐
らーめん 信玄
멘야 유키카제
스스키노 본점
麺屋雪風 すすきの本店
다루마 7.4점
だるま 7.4店
0
100m
지하철 난보쿠선
南北線
히가시혼간지마에
東本願寺前

6 조잔케이 온천
카페 가케노우에
cafe gakeno-ue
아메노히토 유키노히
雨ノ日と雪ノ日
수이잔테이 클럽 조잔케이
翠山亭倶楽部定山渓
定山渓大橋
조잔케이 뷰 호텔
Jozankei View Hotel
시라이토 폭포
白糸の滝
白糸の滝
定山渓温泉
東2丁目
第一ホテル前
조잔케이 유라쿠소안
Jozankei Yurakusoan
타로노유 족욕탕
足のふれあい太郎の湯
제이 그라세
J·glacee
定山渓湯の町
조잔케이 관광협회
定山渓観光協会
쇼게츠 그랜드 호텔
章月グランドホテル
누쿠모리노 야도 후루카와
ぬくもりの宿 ふる川
定山渓神社前
다이코쿠야 상점
大黒屋 商店
조잔케이 겐센공원
定山源泉公園
조잔케이후타미 공원
定山渓二見公園
토요히라강
조잔케이 만세이카쿠 호텔 밀리오네
定山渓万世閣 Hotel Milione
定山渓
후타미 현수교
二見吊橋
커피 & 스낵 프랑세
COFFEE & SNACKS Francais
호헤이쿄 온천
豊平峡温泉
0
200m
5 스스키노 중심부
키노토야 베이크
(폴타운 지하 1층)
KINOTOYA BAKE
모육 삿포로
moyuk SAPPORO
아오아오 삿포로(4~6층)
AOAO SAPPORO
소니 스토어(3층)
SONY STORE
로프트(3층) Loft
퀸즈 소프트크림 카페(1층)
クイーンズソフトクリームカフェ
라이온 다누키코지점
ライオン 狸小路店
다누키코지 상점가
狸小路商店街
다누키코지
狸小路
메가 돈키호테
MEGAドン・キホーテ
츠바키X드림 돌체
(폴타운 지하 1층)
椿-DREAM DOLCE
라멘 요시야마쇼우텐
らーめん吉山商店
인 프리미엄 삿포로
y Inn Premium Sapporo
쿠사치 스스키노 본점(7층)
くさち すすきの本店
다누키코지 상점가
狸小路商店街
스미레 스스키노점(2층)
すみれ すすきの店
향토요리 오가(8층)
郷土料理 おが
만다라케(2층)
まんだらけ
밀크무라 삿포로 본점(6층)
ミルク村 SAPPORO 本店
노르베사 노리아
NORBESA ノリア
홋카이도 카니쇼군 삿포로 본점
北海道かに将軍 札幌本店
카니야 본점
かに家 本店
로지우라 커리 사무라이 사쿠라점(2층)
Rojiura Curry SAMURAI さくら店
스아게+
(都志松ビル 2층)
すあげ+
머큐어 호텔 삿포로
Mercure Hotel Sapporo
하코다테행 홋카이도 버스
市電すすきの前
맥도날드
아이요 미나미 4조점(2층)
あいよ すすきの 南4条店
시키 하나마루 스스키노점
(머큐어 호텔 2층)
四季 花まる すすきの店
스스키노
すすきの
N08
스스키노
すすきの
스스키노 니카 사인
すすきのニッカ大看板
조잔케이행 조테츠 버스
すすきの
신 라멘요코초
新ラーメン横丁
시아와세노레시피 스위트 플러스(5층)
幸せのレシピ～スイート～Plus
시내행 공항버스 스스키노
すすきの
코코노 스스키노
COCONO SUSUKINO
직영 치토세츠루
直営 千歳鶴
삿포로 라멘 하루카
札幌ラーメン悠-はるか-
다루마 4.4점
だるま 4.4店
원조 삿포로 라멘요코초
元祖さっぽろ ラーメン横丁
효세츠노몬
氷雪の門
마츠오 징기스칸 스스키노점
松尾ジンギスカン すすきの店
요루노시게팡
夜のしげぱん
이타다키마스
いただきます。
다루마 본점
だるま 本店
아지노히츠지가오카
味の羊ヶ丘
케야키 스스키노 본점
けやき すすきの本店
징기스칸 마루타케 스스키노 본점
じんぎすかん マルタケ すすきの本店
다루마 5.5점
だるま 5.5店
카이요테이
(지하 1층)
開陽亭
지하철 난보쿠선
南北線
지하철 도호선
東豊線
니기리메시
にぎりめし
스스키노 시장
すすきの市
삿포로 징기스칸
さっぽろジンギスカン
수프카레 바 단(2층)
札幌スープカレーBAR暖
다루마 6.4점
だるま 6.4店
0
50m

7 오타루 시내 중심
이세즈시
伊勢鮨
유즈코우보우
Yuzu koubou
운하 크루즈 탑승장
運河クルーズ
호텔 노르드 오타루
Hotel Nord Otaru
오타루 창고 넘버 원
小樽倉庫 No.1
호텔 소니아 오타루
Hotel Sonia Otaru
오타루 운하
小樽運河
아지도코로 타케다
市場食堂 味処たけだ
산카쿠 시장
三角市場
도미 인 프리미엄 오타루
Dormy Inn Premium Otaru
토카이야
澄海家
中央通
OMO5 오타루 by 호시노 리조트
OMO5小樽 by 星野リゾート
구국철 테미야선
旧国鉄手宮線
스테인드글라스 미술관
ステンドグラス美術館
나루토야 오타루역점
なると屋 小樽駅店
주오도리
아이스크림 파라 미소노
アイスクリーム パーラー美園
센트럴타운 미야코도리
セントラルタウン都通
오타루역
小樽
예키렌터카 홋카이도 오타루 지점
駅レンタカー北海道小樽
오타루역 버스터미널
小樽駅バスターミナル
구 미츠이 은행 오타루 지점
旧三井銀行小樽支店
아사쿠사교
浅草橋
서양미술관
西洋美術館
니토리 미술관
似鳥美術館
데누키코지
出抜小路
이로나이 교차로
色内交差点
오타루 운하 터미널
小樽運河ターミナル
오타루 바인
小樽バイン
쿠와타야 오타루 본점
桑田屋 小樽本店
오타루 다이쇼글라스관 본점
小樽大正硝子館 本店
야부한
籔半
시립 오타루 미술관·문학관
市立小樽美術館·文学館
토요타 렌터카 오타루역 앞 이나호 2초메 지점
トヨタレンタカー小樽駅稲穂2丁目
일본은행 구 오타루점 금융자료관
日本銀行旧小樽支店金融資料館
아마토우 본점
あまとう 本店
오텐트 호텔 오타루
Authent Hotel Otaru
카마에이 공장직영
かま栄 工場直
만지로
万次郎
뉴산코 본점
ニュー三幸 本店
쿠키젠
群来膳
사카이마
마사즈시 본점
政寿司 本店
스시야도리
寿司屋通り
스이텐구 신사
水天宮
JR 하코다테 본선
JR函館本線
454
17
5
697
0
100m

테미야 공원
手宮公園
운하 공원
運河公園
구 일본우선 오타루점
旧日本郵船 小樽支店
프레스 카페
PRESS CAFÉ
JR 하코다테 본선
JR函館本線
구국철 테미야선
旧国鉄手宮線
오타루 운하
小樽運河
오타루역
小樽
이로나이 교차로
色内交差点
오타루역 버스터미널
小樽駅バスターミナル
사카이마치도리
堺町通り
스이텐구 신사
水天宮
7 오타루 시내 중심
메르헨 교차로
メルヘン交差点前
미나미오타루역
南小樽
러브레터 눈밭
오타루 텐구산 로프웨이역
小樽天狗山スキー場
텐구야마 전망대
天狗山展望台
8 오타루 광역도
0
500m
사카이마치도리
堺町通り
르타오 파토스
LeTAO PATHOS
르타오 초콜릿
LeTAO le chocolat
키타이치글라스 3호관
北一硝子三号館
롯카테이 오타루 운하점
六花亭 小樽運河店
오타루 본관
北菓楼小樽本館
키타이치글라스 아웃렛
北一硝子アウトレット
오르골당
뮤지엄
르타오 본점
LeTAO 本店
오르골당 증기시계
蒸気からくり時計
메르헨 교차로
メルヘン交差点前
오타루 오르골당 본관
小樽オルゴール堂 本館
미나미오타루역
南小樽
삿포로
0
100m

9 요이치 & 샤코탄
시마무이 해안
島武意海岸
린코소
鱗晃荘
913
카무이곶
神威岬
229
229
샤코탄
積丹
수중전망선 뉴샤코탄호
水中展望船ニューしゃこたん号
229
229
샤코다케
積丹岳
998
229
요이치
余市
998
228
569
스페이스 애플 요이치
道の駅 スペースアップルよいち
JR
니카위스키 홋카이도 공장 요이치 증류소
ニッカウヰスキー北海道工場余市蒸留
요이치역
余市
229
998
755
5
36
229
5
0
5km
1022

카무이곶

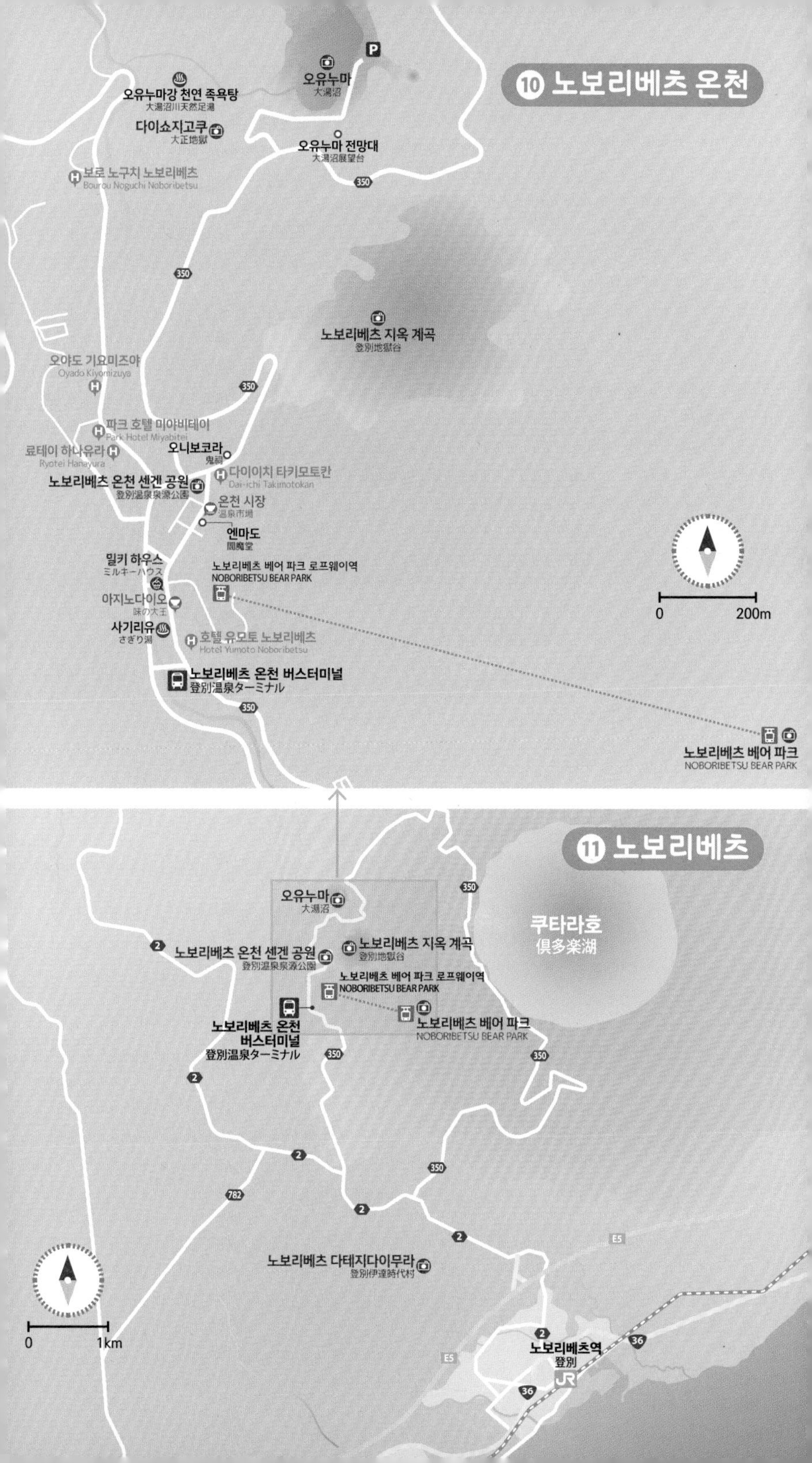

⑩ 노보리베츠 온천
오유누마
大湯沼
오유누마강 천연 족욕탕
大湯沼川天然足湯
다이쇼지고쿠
大正地獄
오유누마 전망대
大湯沼展望台
보로 노구치 노보리베츠
Bourou Noguchi Noboribetsu
350
노보리베츠 지옥 계곡
登別地獄谷
오야도 기요미즈야
Oyado Kiyomizuya
파크 호텔 미야비테이
Park Hotel Miyabitei
료테이 하나유라
Ryotei Hanayura
오니보코라
鬼祠
다이이치 타키모토칸
Dai-ichi Takimotokan
노보리베츠 온천 센겐 공원
登別温泉泉源公園
온천 시장
温泉市場
엔마도
閻魔堂
밀키 하우스
ミルキーハウス
노보리베츠 베어 파크 로프웨이역
NOBORIBETSU BEAR PARK
아지노다이오
味の大王
사기리유
さぎり湯
호텔 유모토 노보리베츠
Hotel Yumoto Noboribetsu
노보리베츠 온천 버스터미널
登別温泉ターミナル
0
200m
노보리베츠 베어 파크
NOBORIBETSU BEAR PARK
⑪ 노보리베츠
쿠타라호
倶多楽湖
오유누마
大湯沼
노보리베츠 온천 센겐 공원
登別温泉泉源公園
노보리베츠 지옥 계곡
登別地獄谷
노보리베츠 베어 파크 로프웨이역
NOBORIBETSU BEAR PARK
노보리베츠 베어 파크
NOBORIBETSU BEAR PARK
노보리베츠 온천
버스터미널
登別温泉ターミナル
2
350
782
E5
36
노보리베츠 다테지다이무라
登別伊達時代村
노보리베츠역
登別
JR
0
1km

⑫ 도야
사이로 전망대
サイロ展望台
도야호
洞爺湖
레이크 힐 팜
Lake Hill Farm
나카섬
中島
글라 글라
gla_gla
더 윈저 호텔 도야
The Windsor Hotel Toya
불랑제리 윈저
Boulangerie Windsor
온천 100주년 기념비
開湯100年記念モニュメント
와카사이모 본점
わかさいも 本店
도야코기선 탑승장
洞爺湖汽船
규스케
牛助
더 레이크 뷰 도야 노노카제 리조트
The Lake View Toya Nonokaze Resort
콘피라 화구 재해유구산책로
金比羅火口災害遺構散策路
도야(호스텔)
The Toya
비지터센터
ビジターセンター
도야호 온천 관광종합안내소
洞爺湖温泉観光総合案内所
도야호 온천 버스터미널
洞爺湖温泉バスターミナル
도야역
洞爺
우스산 도야호 전망대
有珠山洞爺湖展望台
우스산초 로프웨이역
有珠山頂
미마츠마사오 기념관
三松正夫記念館
우스산
有珠山
우스산 로프웨이
우스산 지오파크
有珠山ジオパーク
우스산 화산 전망대
有珠山火口原展望台
0
1km

⑬ 하코다테 광역도
JR 하코다테 본선
JR函館本線
하코다테 츠타야 서점
函館 蔦屋書店
七重浜
도난이사리비 철도
道南いさりび鉄道
五稜郭
롯카테이 고료카쿠점
六花亭 五稜郭店
고료카쿠 공원
五稜郭公園
아지사이 본점
あじさい 本店
고료카쿠 타워
五稜郭タワー
하코다테시 호쿠요 뮤지엄
函館市北洋資料館
쉬어 스타 하코다테
シエスタ ハコダテ
고료가쿠코엔마에
五稜郭公園前
杉並町
柏木町
深堀町
中央病院前
千代台
競馬場前
駒場車庫前
유노카와
湯の川
函館アリーナ前
(市民会館前)
유노카와온센
湯の川温泉
유노카와 온천
湯の川温泉
하코다테공항
函館空港
堀川町
昭和橋
千歳町
新川町
松風町
하코다테역 앞 버스터미널
函館駅前ターミナル
하코다테역
函館
하코다테
에키마에
函館駅前
函館どつく前
하코다테 전차
5계통
大町
베이 에어리어
ベイエリア
市役所前
魚市場通
모토마치
元町
末広町
하코다테 전차 2・5계통
주지가이
十字街
하코다테 로프웨이역
函館山ロープウェイ
하코다테야마
函館山
宝来町
하코다테 전차
2계통
하코다테야마
로프웨이
函館山ロープウェイ
하코다테야마
전망대
函館山展望台
青柳町
谷地頭
⑭ 하코다테 시내 중심
⑮ 유노카와 온천
0
1km

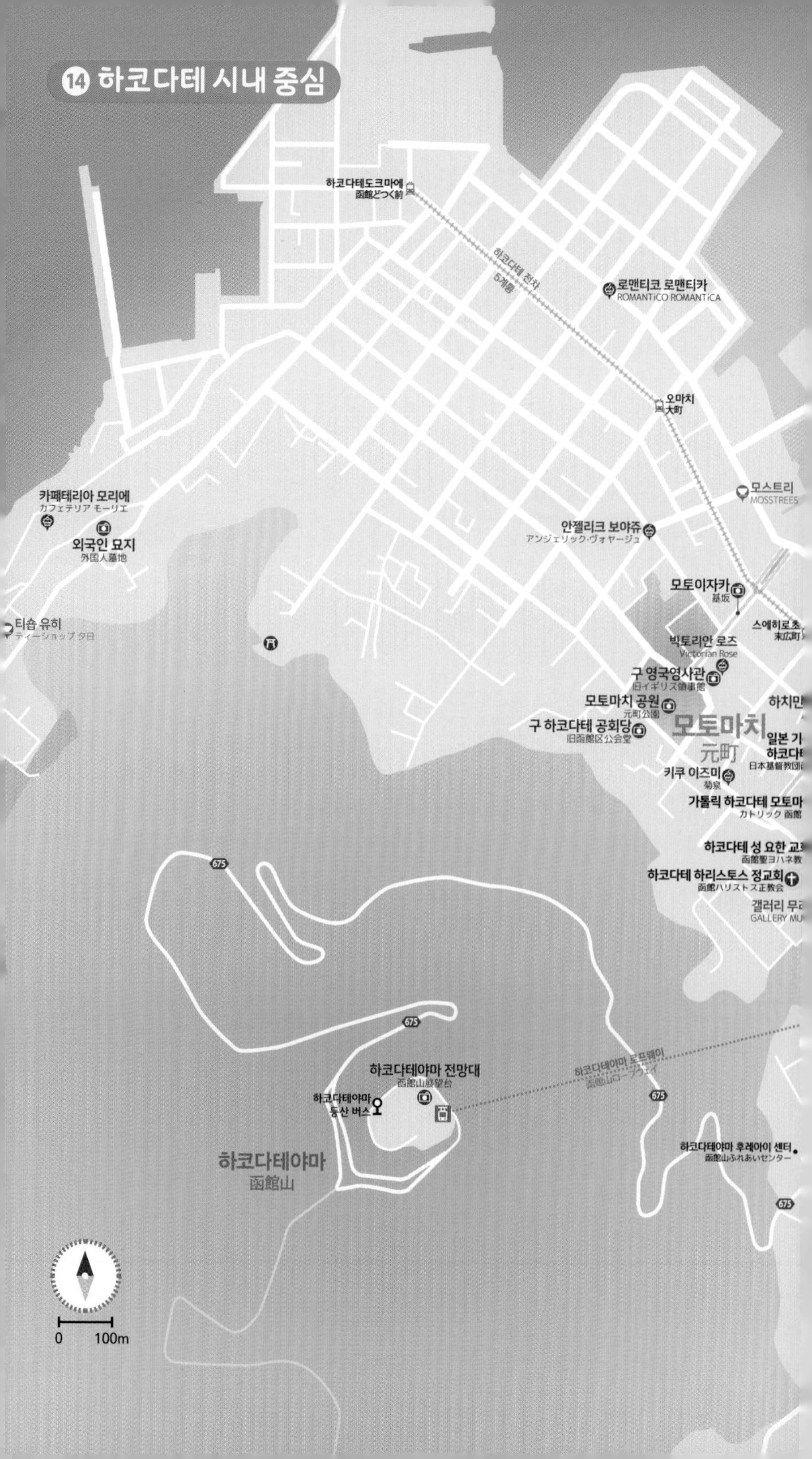

14 하코다테 시내 중심
하코다테도크마에
函館どつく前
하코다테 전차
5계통
로맨티코 로맨티카
ROMANTiCO ROMANTiCA
오마치
大町
모스트리
MOSSTREES
카페테리아 모리에
カフェテリア モーリエ
외국인 묘지
外国人墓地
안젤리크 보야쥬
アンジェリック·ヴォヤージュ
모토이자카
基坂
티숍 유히
ティーショップ 夕日
빅토리안 로즈
Victorian Rose
구 영국영사관
旧イギリス領事館
모토마치 공원
元町公園
구 하코다테 공회당
旧函館区公会堂
모토마치
元町
키쿠 이즈미
菊泉
가톨릭 하코다테 모토마
カトリック 函館
하코다테 성 요한 교
函館聖ヨハネ教
하코다테 하리스토스 정교회
函館ハリストス正教会
갤러리 무
GALLERY MU
675
하코다테야마 전망대
函館山展望台
하코다테야마 로프웨이
函館山ロープウェイ
하코다테야마
등산 버스
하코다테야마 후레아이 센터
函館山ふれあいセンター
하코다테야마
函館山
0
100m

하코비바
ハコビバ
쁘띠 멜뷰 하코다테에키마에
Petite Merveille Hakodate Eki-mae
온지키 니와모토 하코다테역전점
おんじき庭本 函館駅前店
하코다테역
函館
시키사이칸 JR 하코다테점
北海道四季彩館 JR函館店
北口
中央口
西口
하코다테역 앞 버스터미널
函館駅前ターミナル
돈부리 요코초
どんぶり横丁
프리미어 호텔 캐빈 프레지던트 하코다테
Premier Hotel Cabin President Hakodate
마루하쇼텐
波商店
하코다테 아침시장
函館朝市
마코토 야스베 쇼쿠도
馬子とやすべ食堂
아지도코로 키쿠요 식당
味処きくよ食堂 朝市本店
아지노1번
函館朝市 味の一番
우니 무라카미 하코다테 본점
うにむらかみ 函館本店
차무
茶夢
잇카테이 타비지
一花亭たびじ
아사이치쇼쿠도 하코다테 붓카케
朝市食堂 函館ぶっかけ
하코다테 에키마에
函館駅前
다이몬요코초
大門横丁
시야쿠쇼마에
市役所前
베이 에어리어
ベイエリア
하코다테 비어
HAKODATE BEER
라 비스타 하코다테 베이
La Vista Hakodate Bay
스타벅스 하코다테 베이사이드점
bucks 函館ベイサイド店
베이 하코다테
BAYはこだて
하코다테 오르골당
函館オルゴール堂
스내이플스
SNAFFLE'S
하코다테 해물시장
はこだて海鮮市場
이카이카테이
いかいか亭
카네모리요부츠칸
金森洋物館
카네모리 홀
金森ホール
하코다테 히스토리 플라자
函館ヒストリープラザ
하코다테 메이지칸
はこだて明治館
우오이치바도리
魚市場通
카네모리 아카렌가 창고군
金森赤レンガ倉庫
하세가와 스토어
ハセガワストア ベイエリア店
럭키 피에로 베이 에어리어 본점
Lucky Pierrot ベイエリア本店
캘리포니아 베이비 CALIFORNIA BABY
빵공방 모토마치 본빵
パン工房 元町ぽん・ぱん
하코다테 전차 2·5계통
다이산자카
大三坂
리틀핏
二十間坂 Little feet
주지가이
十字街
하코다테 코게이샤
はこだて工芸舎
하코다테 칼 레이몬
Carl Raymon
오지오 본점
OZIO 本店
호타루
ホタル
니줏켄자카
二十間坂
하코다테 로프웨이역
函館山ロープウェイ
호라이초
宝来町
라미네르
LAMINAIRE
하코다테 전차 2계통
아오야기초
青柳町
0 100m

하코다테 전차 노선도

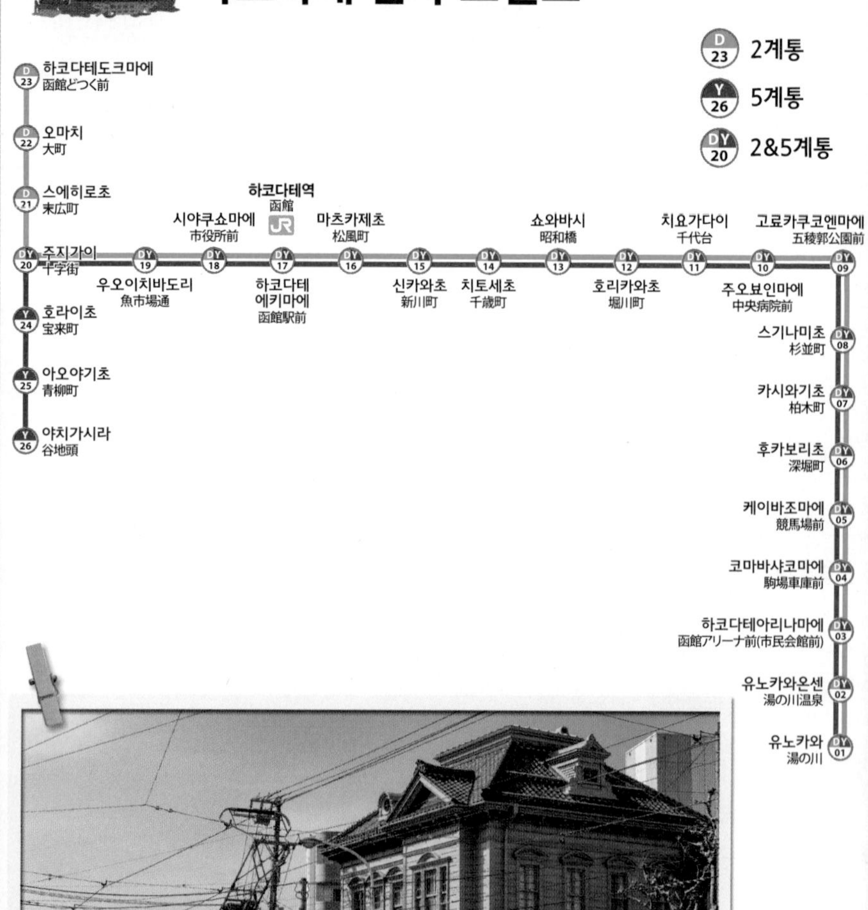

D 23 2계통
Y 26 5계통
DY 20 2&5계통
D 23 하코다테도크마에 函館どつく前
D 22 오마치 大町
D 21 스에히로초 末広町
DY 20 주지가이 十字街
Y 24 호라이초 宝来町
Y 25 아오야기초 青柳町
Y 26 야치가시라 谷地頭
DY 19 우오이치바도리 魚市場通
DY 18 시야쿠쇼마에 市役所前
하코다테역 函館
JR
DY 17 하코다테 에키마에 函館駅前
DY 16 마츠카제초 松風町
DY 15 신카와초 新川町
DY 14 치토세초 千歳町
DY 13 쇼와바시 昭和橋
DY 12 호리카와초 堀川町
DY 11 치요가다이 千代台
DY 10 주오뵤인마에 中央病院前
DY 09 고료카쿠코엔마에 五稜郭公園前
DY 08 스기나미초 杉並町
DY 07 카시와기초 柏木町
DY 06 후카보리초 深堀町
DY 05 케이바조마에 競馬場前
DY 04 코마바샤코마에 駒場車庫前
DY 03 하코다테아리나마에 函館アリーナ前(市民会館前)
DY 02 유노카와온센 湯の川温泉
DY 01 유노카와 湯の川

⑮ 유노카와 온천
유구라 신사
湯倉神社
미스즈 커피 유카와점
MISUZU coffee 湯川店
유노카와
湯の川
83
하코다테 전차
2·5계통
천사의 성모
트라피스틴 수도원
天使の聖母トラピスチヌ修道院
100
유노카와온센
湯の川温泉
긴게츠
銀月
유메구리부타이
湯巡り舞台
로 노구치 하코다테
urou Noguchi Hakodate Ryokan
0
100m
커피룸 키쿠치
COFFEE ROOM きくち
이온 유노카와
AEON Yunokawa
호텔 반소
Hotel Banso
마츠쿠라 강
松倉川
278
하코다테공항
函館空港

湯の川
3001
5

16 오누마 공원
조시구치역
銚子口
아카이가와역
赤井川
JR 하코다테 본선
JR函館本線
하코다테 오누마 프린스 호텔
Hakodate Onuma Prince Hotel
오누마호
大沼
나가레야마온센역
流山温泉駅
오누마 공원
大沼国定公園
이케다엔역
池田園
준사이누마호
蓴菜沼
오누마코엔역
大沼国定公園
코누마호
小沼
오누마역
大沼
하코다테
0
1km
17 오누마코엔역 주변
0
50m
보트 대여소
오누마 공원
大沼国定公園
브로이하우스 오누마
ブロイハウス大沼
타니구치카시호
谷口菓子舗
누마노야
沼の家
스테이션 호텔 아사히야
ステーションホテル旭屋
오누마코엔역
大沼国定公園
우체국
컨트리 키친 발트
Country Kitchen WALD
하코다테
JR 오누마코엔역 관광안내소
大沼観光案内所

18 아사히카와 & 후라노 & 비에이
아사히카와
旭川
19 아사히카와역 주변
20 패치워크 로드 & 파노라마 로드
21 후라노
当麻
우에노 팜
上野ファーム
永山
사쿠라오카역
桜岡
키타히노데역
北日ノ出
南永山
新旭川
東旭川
近文
아사히카와역
旭川
旭川四条
아사히야마 동물원
旭山動物園
神楽岡
緑が丘
西御料
西瑞穂
西神楽
西聖和
千代ヶ岡
패치워크 로드
パッチワークの路
北美瑛
비에이
美瑛
비에이역
美瑛
파노라마 로드
パノラマロード
비바우시역
美馬牛
칸노 팜
かんのファーム
사계채의 언덕
四季彩の丘
제트코스터의 길
ジェットコースターの路
호비토
歩人
미치노에키 비에이 시로가네 비루케
道の駅びえい「白金ビルケ」
자작나무 가로수길
白樺街道
청의 연못(아오이케)
青い池
흰 수염 폭포
しらひげの滝
시로가네 온천 마을
白金
토카치다케 전망대
十勝岳望岳台
플라워랜드 카미후라노
フラワーランドかみふらの
카미후라노역
上富良野
마루마스
まるます
니시나카역
西中
팜 토미타
ファーム富田
포푸라 팜
ポプラファーム
토미타 멜론하우스
とみたメロンハウス
라벤더바타케역
(여름 한정 운영)
ラベンダー畑
나카후라노역
中富良野
鹿討
캄파나 롯카테이
カンパーナ六花亭
学田
후라노
富良野
후라노 호텔
Furano Hotel
후라노역
富良野
신후라노 프린스 호텔
New Furano Prince Hotel
0
5km

⑲ 아사히카와역 주변
지유켄
自由軒
호시노 리조트 오모7
아사히카와
Hoshino Resorts OMO7 Asahikawa
이치쿠라 본점
一蔵 旭川本店
바이코우켄 본점
梅光軒 本店
호텔 루트인 그랜드
아사히카와 에키마에
Route-Inn Grand
Asahikawa Ekimae
산토우카 아사히카와 본점
山頭火 旭川本店
토요타 렌터카
Toyota Rent a Car
JR 인 아사히카와
JR Inn Asahikawa
이온몰
아사히카와역점
AEON MALL
병원
JR 홋카이도
렌터카
JR Hokkaido
Rent-a-car
호텔 WBF 그랜드
아사히카와
Hotel WBF Grande
Asahikawa
다이세츠 지비루칸
大雪地ビール館
JR
아사히카와역
旭川
닛폰 렌터카
ニッポンレンタカー
0
200m

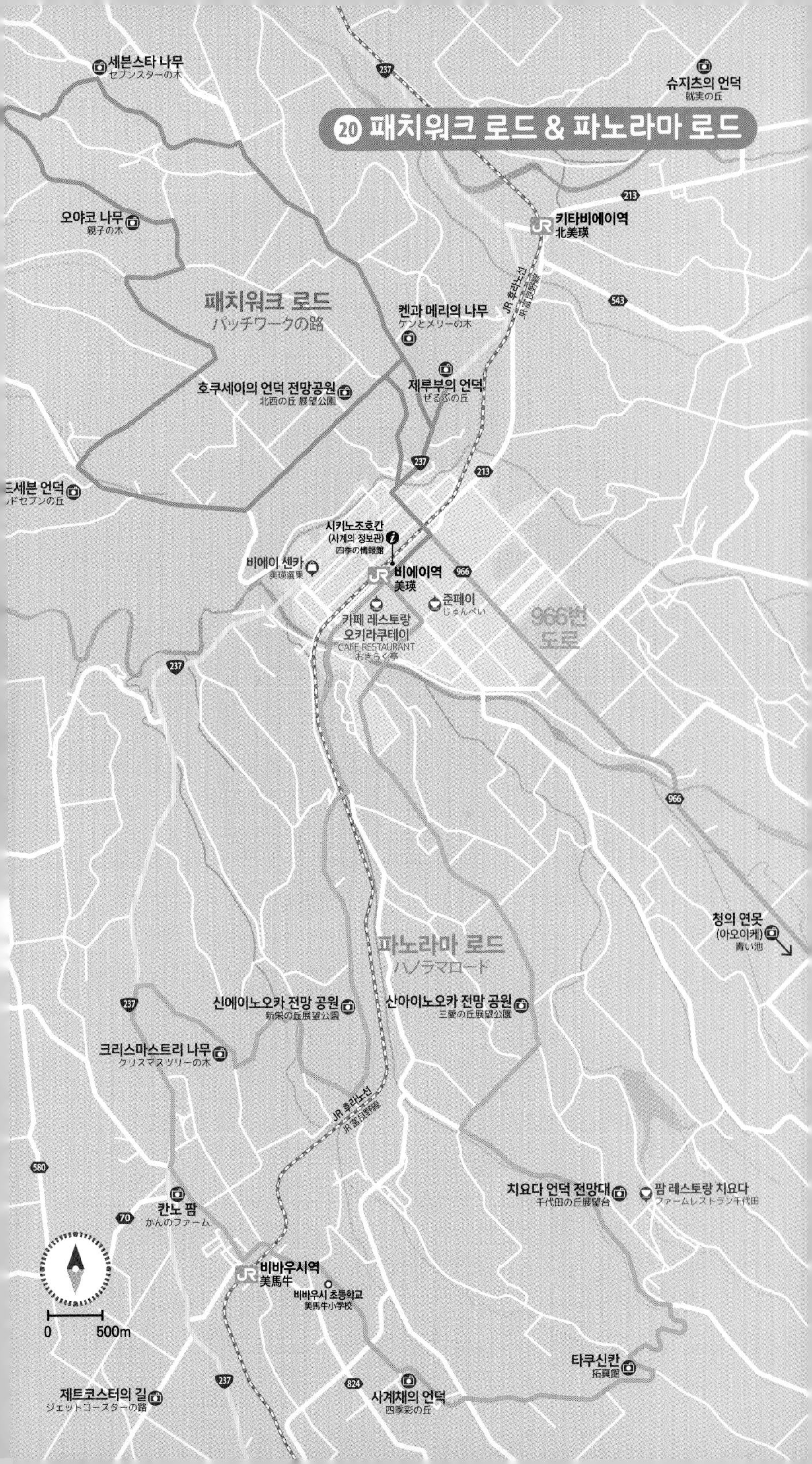
20 패치워크 로드 & 파노라마 로드
세븐스타 나무
セブンスターの木
슈지츠의 언덕
就実の丘
오야코 나무
親子の木
키타비에이역
北美瑛
JR 후라노선
JR富良野線
패치워크 로드
パッチワークの路
켄과 메리의 나무
ケンとメリーの木
제루부의 언덕
ぜるぶの丘
호쿠세이의 언덕 전망공원
北西の丘 展望公園
세븐 언덕
ドセブンの丘
시키노조호칸
(사계의 정보관)
四季の情報館
비에이 센카
美瑛選果
비에이역
美瑛
준페이
じゅんぺい
카페 레스토랑
오키라쿠테이
CAFE RESTAURANT
おきらく亭
966번
도로
청의 연못
(아오이케)
青い池
파노라마 로드
パノラマロード
신에이노오카 전망 공원
新栄の丘展望公園
산아이노오카 전망 공원
三愛の丘展望公園
크리스마스트리 나무
クリスマスツリーの木
JR 후라노선
JR富良野線
치요다 언덕 전망대
千代田の丘展望台
팜 레스토랑 치요다
ファームレストラン千代田
칸노 팜
かんのファーム
비바우시역
美馬牛
비바우시 초등학교
美馬牛小学校
0
500m
타쿠신칸
拓真館
제트코스터의 길
ジェットコースターの路
사계채의 언덕
四季彩の丘
237
213
543
966
580
70
824

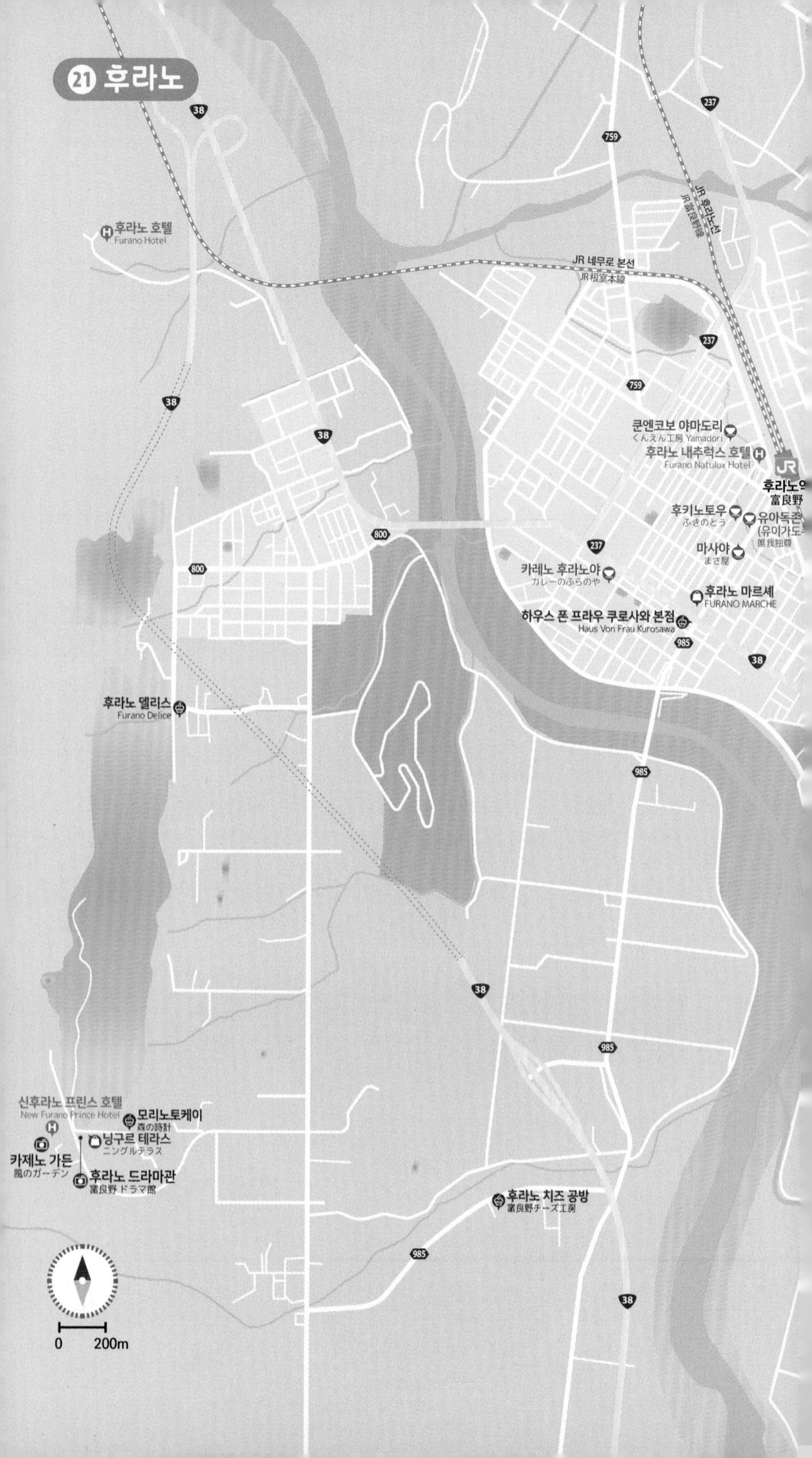

21 후라노
후라노 호텔
Furano Hotel
JR 네무로 본선
JR 根室本線
JR 후라노선
JR 富良野線
큰엔코보 야마도리
くんえん工房 Yamadori
후라노 내추럭스 호텔
Furano Natulux Hotel
JR
富良野
후키노토우
ふきのとう
마사야
まさ屋
카레노 후라노야
カレーのふらのや
후라노 마르셰
FURANO MARCHE
하우스 폰 프라우 쿠로사와 본점
Haus Von Frau Kurosawa
후라노 델리스
Furano Delice
신후라노 프린스 호텔
New Furano Prince Hotel
모리노토케이
森の時計
닝구르 테라스
ニングルテラス
카제노 가든
風のガーデン
후라노 드라마관
富良野 ドラマ館
후라노 치즈 공방
富良野チーズ工房
唯我独尊
0
200m

22 오비히로역 주변
크랜베리 본점
クランベリー 本店
류게츠 오도리 본점
柳月 大通本店
롯카테이 오비히로 본점
六花亭 帯広本店
도미 인 오비히로
Dormy Inn Obihiro
마스야 팡 본점
満寿屋 本店
키타노 야타이(북쪽의 포장마차)
北の屋台
슈퍼 호텔 프리미어 오비히로 에키마에
Super Hotel Premier Obihiroeki-mae
리치먼드 호텔 오비히로 에키마에
Richmond Hotel Obihiro Ekimae
부타동노 판초
豚丼のぱんちょう
오비히로역 버스터미널
帯広駅バスターミナル
에스타 서관
ESTA 西館
토카치 신무라 목장
十勝しんむら牧場 JR帯広駅
부타동노 부타하게
豚丼のぶたはげ
오비히로역
帯広
토카치 관광안내소(ESTA 2층)
Tokachi Tourism Information
호텔 니코 노스랜드 오비히로
Hotel Nikko Northland Obihiro
0
200m
23 토카치 & 오비히로
御影
토카치센넨노모리
十勝千年の森
오비히로
帯広
롯카테이 니시산조점
六花亭 西三条店
오비히로역 버스터미널
帯広駅バスターミナル
柏林台
부타동 톤타
ぶた丼のとん田
西帯広
오비히로역
帯広
大成
오비히로 반에이 경마장
帯広競馬場
芽室
札内
모리노 스파 리조트 홋카이도 호텔
Mori no spa Resort Hokkaido Hotel
마스야 팡 무기오토
ますやパン 麦音
마나베 가든
真鍋庭園
이나다 낙엽송 방풍림
稲田カラマツ防風林
토카치 힐즈
十勝ヒルズ
시치쿠 가든
紫竹ガーデン
행복역
幸福驛
토카치노 프로마주 본점
十勝野フロマージュ本店
미치노에키 나카사츠나이
道の駅 中札内
롯카노모리
六花の森
0
3km

24 구시로 & 아칸-마슈 국립공원
0 5km
비호로고개 전망대
美幌峠 展望台
커피 & 스위츠 카논
Coffee & Sweets 花音
굿샤로호 스나유
屈斜路湖 砂湯
굿샤로호
屈斜路湖
굿샤로
屈斜路
川湯温泉
이오산
硫黄山
마슈호
摩周湖
마슈호 제3 전망대
摩周湖第三展望台
美留和
마슈호 제1 전망대
摩周湖第一展望台
마슈
摩周
摩周
아칸호
阿寒湖
아칸
阿寒
라 비스타 아칸가와
Hotel & Spa Resort La Vista Akangawa Kushiro
누사마이교
幣舞橋
南弟子屈
JR 센모 본선
JR 釧網本線
磯分内
標茶
茅沼
토로역
塘路
온네나이 비지터 센터
温根内ビジターセンター
구시로시츠겐역
釧路湿原
細岡
새틀라이트 전망대
サテライト展望台
구시로시 습원 전망대
釧路市湿原展望台
遠矢
구시로공항
釧路空港
구시로역
釧路
東釧路
JR 네무로 본선 JR 根室本線
JR 센모 본선 JR 釧網本線
JR 하나사키선 JR 花咲線
구시로
釧路
구시로역 앞 버스터미널
釧路駅前バスターミナル
243
391
52
241
240
53
274
272
38
392
44
142
E38
E44

25 구시로역 주변
JR 네무로 본선
JR 根室本線
JR
구시로역
釧路
구시로역 앞 버스터미널
釧路駅前バスターミナル
삿포로발 홋카이도 버스
釧路駅前(北大通13丁目)
JR 세모 본선 JR釧網本線
JR 네무로 본선 JR根室本線
와쇼 시장
和商市場
우옷치 라멘 공방
魚一 らーめん工房
토리마츠
鳥松
로바타
炉ばた
이즈미야 총본점
泉屋 総本店
아나 크라운 플라자 호텔 쿠시로
Crowne Plaza ANA Kushiro
구시로 피셔맨스 워프 무
釧路フィッシャーマンズワーフ
MOO
도미 인 프리미엄 구시로
天然温泉 幣舞の湯 ドーミーイン PREMIUM釧路
우오마사(2층)
魚政
에그
EGG
간페키로바타
岸壁炉ばた
누사마이교
幣舞橋
구시로 센추리 캐슬 호텔
Kushiro Century Castle Hotel
로바타 하마반야
炉ばた浜番屋
0
100m
26 아칸호 온천 마을
아칸호
阿寒湖
아칸호반 에코 뮤지엄센터
寒湖畔エコミュージアムセンター
봇케 산책로
ボッケ遊歩道
아칸 유쿠 노 사토 츠루가
Akan Yuku no sato Tsuruga
레이크 아칸 츠루가 윙스
Lake Akan Tsuruga Wings
아칸관광기선 탑승장
阿寒観光汽船
마루키부네
丸木舟 阿寒湖店
아지신
味心
아이누코탄
アイヌコタン
팡 드 팡
Pan de Pan
아칸 관광협회 마을 만들기 추진 기구
阿寒観光協会まちづくり推進機構
아칸호 버스센터
阿寒湖バスセンター
0
100m

27 아바시리 & 시레토코

시레토코반도
知床半島

카슈니 폭포
カシュニの滝

카무이왓카 폭포
カムイワッカの滝

시레토코 5호
知床五湖

후레페 폭포
フレペの滝

쿤네뽀루
クンネポール

시레토코 자연 센터
知床自然センター

우토로 온천 마을
ウトロ温泉

시레토코고개
知床峠

라우스조
羅臼町

노토로곶
能取岬

노토로호 함초 군락지
能取湖サンゴ草群落地

노토로호
能取湖

아바시리역
網走

아바시리 버스터미널
網走バスターミナル

아바시리
網走

호쿠텐 노 오카 레이크 아바시리 츠루가 리조트
Hokuten no oka Lake Abashiri Tsuruga Resort

아바시리호
網走湖

JR 센모 본선
JR釧網本線

하마코시미즈역
浜小清水

시레토코샤리역
知床斜里

하늘로 이어지는 길 시작점
天に続く道

메르헨 언덕
メルヘンの丘

JR 세키호쿠 본선
JR石北本線

女満別

메만베츠공항
女満別空港

호텔 보스
HOTEL BOTH

JR 센모 본선
JR釧網本線

0 10km

28 아바시리

토요코 인 홋카이도 오호츠크 아바시리 에키마에
Toyoko Inn Hokkaido Okhotsk Abashiri Ekimae

아바시리 버스터미널
網走バスターミナル

유빙 관광 쇄빙선 오로라 탑승장
流氷砕氷船のりば

도미 인 아바시리
Dormy Inn Abashiri

아바시리역
網走

JR 세키호쿠 본선
JR石北本線

JR 센모 본선 JR釧網本線

가츠라다이역
桂台

아바시리호
網走湖

우동 넥스트
UDON NEXT

오호츠크 유빙관
オホーツク流氷館

홋카이도 북방민족박물관
北海道立北方民族博物館

아바시리 감옥박물관
博物館網走監獄

플라워 가든 하나 텐토
フラワーガーデン はな·てんと

0 500m

29 우토로 온천 마을

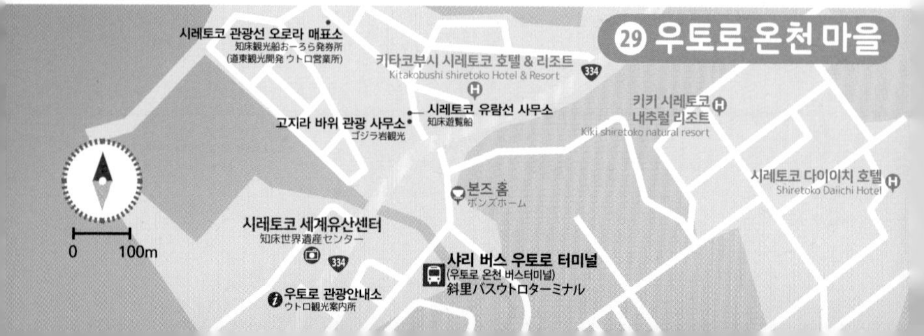

시레토코 관광선 오로라 매표소
知床観光船おーろら発券所
(道東観光開発 ウトロ営業所)

키타코부시 시레토코 호텔 & 리조트
Kitakobushi shiretoko Hotel & Resort

시레토코 유람선 사무소
知床遊覧船

고지라 바위 관광 사무소
ゴジラ岩観光

키키 시레토코 내추럴 리조트
Kiki shiretoko natural resort

시레토코 다이이치 호텔
Shiretoko Daiichi Hotel

본즈 홈
ボンズホーム

시레토코 세계유산센터
知床世界遺産センター

샤리 버스 우토로 터미널
(우토로 온천 버스터미널)
斜里バスウトロターミナル

우토로 관광안내소
ウトロ観光案内所

0 100m

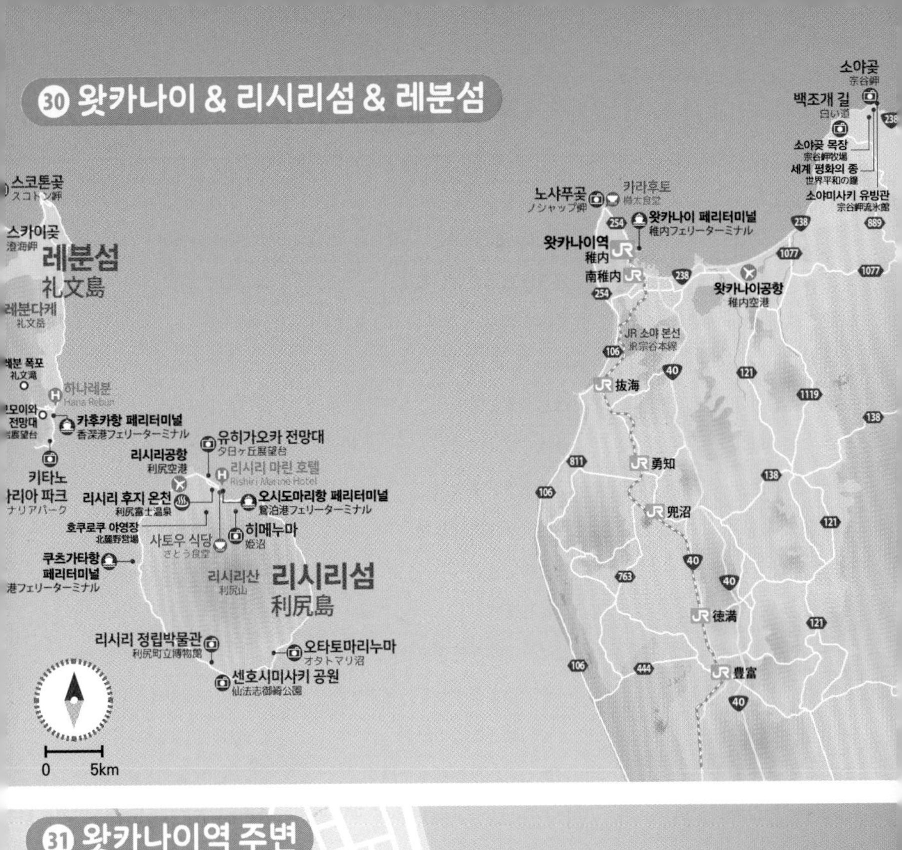
30 왓카나이 & 리시리섬 & 레분섬
소야곶
宗谷岬
백조개 길
白い道
소야곶 목장
宗谷岬牧場
세계 평화의 종
世界平和の鐘
소야미사키 유빙관
宗谷岬流氷館
스코톤곶
スコトン岬
스카이곶
澄海岬
레분섬
礼文島
레분다케
礼文岳
폭포
礼文滝
하나레분
Hana Rebun
카후카항 페리터미널
香深港フェリーターミナル
키타노
리아 파크
ナリアパーク
노샤푸곶
ノシャップ岬
카라후토
樺太食堂
왓카나이 페리터미널
稚内フェリーターミナル
왓카나이역
稚内
南稚内
왓카나이공항
稚内空港
JR 소야 본선
JR宗谷本線
抜海
勇知
兜沼
徳満
豊富
유히가오카 전망대
夕日ヶ丘展望台
리시리공항
利尻空港
리시리 마린 호텔
Rishiri Marine Hotel
리시리 후지 온천
利尻富士温泉
오시도마리항 페리터미널
鴛泊港フェリーターミナル
호쿠로쿠 야영장
北麓野営場
히메누마
姫沼
사토우 식당
さとう食堂
쿠츠가타항
페리터미널
港フェリーターミナル
리시리산
利尻山
리시리섬
利尻島
리시리 정립박물관
利尻町立博物館
오타토마리누마
オタトマリ沼
센호시미사키 공원
仙法志御崎公園
0
5km

31 왓카나이역 주변
9인 여성의 비
九人の乙女の碑
빙설의 문
氷雪の門
사할린 개 훈련 기념비
南極観測樺太犬訓練記念碑
호텔 오카베 시오사이테이
Hotel Okabe Shiosaitei
왓카나이항 북방파제 돔
稚内港 北防波堤ドーム
스테이크 하우스 반
ステーキハウスヴァン
(Vin Steak House)
서필 호텔 왓카나이
Surfeel Hotel Wakkanai
도미 인 와카나이
내추럴 핫스프링
Dormy Inn Wakkanai
Natural Hot Spring
데노즈
デノーズ(DINO'S)
왓카나이 공원
稚内公園
히토시노미세
ひとしの店
개기백년기념탑
開基百年記念塔
왓카나이역 앞 버스터미널
稚内駅前バスターミナル
왓카나이역
稚内
왓카나이 페리터미널
稚内フェリーターミナル
JR 소야본선
JR宗谷本線
우로코테이
うろこ亭
왓카나이후쿠코 시장
稚内副港市場
0
200m

여행 일본어

안녕하세요.	おはようございます。 こんにちは。 こんばんは。	오하요고자이마스(아침 인사) 곤니치와(점심 인사) 곤방와(저녁 인사)
고맙습니다.	ありがとうございます。	아리가또 고자이마스
죄송합니다(Excuse Me).	すみません。	스미마셍
네 / 아니오	はい / いいえ	하이 / 이이에
처음 뵙겠습니다.	はじめまして。	하지메마시테
나는 ○○○입니다.	私は ○○○です。	와타시와 ○○○데스
잘 먹겠습니다.	いただきます。	이따다키마스
잘 먹었습니다.	ごちそうさまでした。	고치소사마데시따
괜찮습니다.	大丈夫です。	다이죠부데스
실례합니다.	失礼します。	시쯔레이시마스
나는 일본어를 못 합니다.	私は日本語ができません。	와따시와 니홍고가 데끼마셍
~까지는 어떻게 가나요?	~まではどうやって行きますか？	~마데와 도우얏떼 이끼마스까?
화장실은 어딥니까?	トイレはどこですか？	토이레와 도꼬데스까?
얼마나 걸립니까?	どのくらいかかりますか？	도노구라이 카카리마스까?
(식당에서) 혼자(2명/3명/4명)입니다.	ひとり(二人/三人/四人)です。	히토리(후타리/산닌/요닌)데스
이것(저것/물) 주세요.	これ(あれ/お水) ください。	코레(아레/오미즈) 쿠다사이
얼마입니까?	いくらですか？	이꾸라데스까?
계산해 주세요.	お会計お願いします。	오카이케- 오네가이시마스
카드로 계산할 수 있나요?	カードでいいですか？	카도데 이이데스까?
영수증 부탁합니다.	レシートお願いします。	레시-토 오네가이시마스

입국 카드 작성 예시(영어로 작성)

外国人入国記録 DISEMBARKATION CARD FOR FOREIGNER 외국인 입국기록 [ARRIVAL]
英語又は日本語で記載して下さい。Enter information in either English or Japanese. 영어 또는 일본어로 기재해 주십시오.

氏名 Name 이름	Family Name 영문 성 Hong		Given Names 영문 이름 Gil Dong
生年月日 Date of Birth 생년월일	생년월일(일/월/년도) 13 07 1998	現住所 Home Address 현주소	国名 Country name 나라명 KOREA / 都市名 City name 도시명 SEOUL
渡航目的 Purpose of visit 도항 목적	☑ 観光 Tourism 관광 ☐ 商用 Business 상용 ☐ 親族訪問 Visiting relatives 친척 방문 ☐ その他 Others 기타 (방문 목적 체크)		도착 항공기 편명·선명 OZ123 일본 체재 예정 기간 5days
日本の連絡先 Intended address in Japan 일본의 연락처	일본의 연락처 숙소명		TEL 전화번호 숙소 전화번호

1. 日本での退去強制歴・上陸拒否歴の有無 Any history of receiving a deportation order or refusal of entry into Japan 일본에서의 강제퇴거 이력 · 상륙거부 이력 유무	☐ はい Yes 예 ☑ いいえ No 아니오
2. 有罪判決の有無（日本での判決に限らない） Any history of being convicted of a crime (not only in Japan) 유죄판결의 유무 (일본 내외의 모든 판결)	☐ はい Yes 예 ☑ いいえ No 아니오
3. 規制薬物・銃砲・刀剣類・火薬類の所持 Possession of controlled substances, guns, bladed weapons, or gunpowder 규제약물 · 총포 · 도검류 · 화약류의 소지	☐ はい Yes 예 ☑ いいえ No 아니오

以上の記載内容は事実と相違ありません。I hereby declare that the statement given above is true and accurate. 이상의 기재 내용은 사실과 틀림 없습니다.

署名 Signature 서명 서명

1. 일본에서 강제퇴거 이력, 상륙거부 이력 유무
2. 유죄판결의 유무 (일본 내외의 모든 판결)
3. 규제약물, 총포, 도검류, 화약류의 소지